"大国三农"系列规划教材

普通高等教育"十四五"规划教材

农业昆虫学

Agricultural Entomology

蔡青年 等◎编著

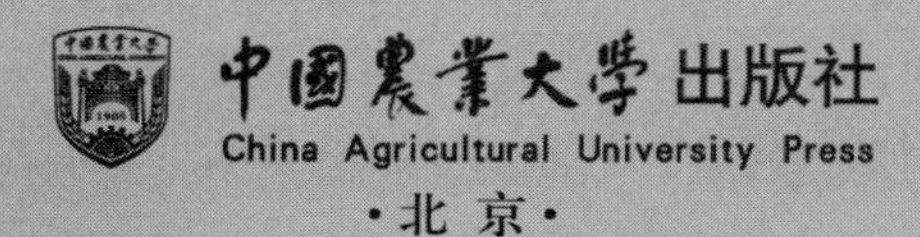

中国农业大学出版社
China Agricultural University Press
·北京·

内 容 简 介

本教材总结了作者关于农业昆虫学多年教学经验，结合现代农业昆虫学发展特点编写而成。全书主要内容分为农业昆虫学基本理论、害虫种群管理技术和农业害虫管理案例分析3个部分。教材融入了现代农业昆虫学的新成果和新进展，初步构建了农业昆虫学的基本理论体系。同时，在传承传统农业昆虫学教科书的基础上，紧跟现代农业科技发展，补充了新的知识，优化了知识结构，体现了教材的完整性、系统性和先进性。书后附了大量的国内外最新文献，以供读者拓展学习。

本书可作为我国高等农业院校植物保护专业的骨干(核心)课程教材，也可以供植物保护相关领域如森林保护、植物生产类其他专业师生教学参考，还可以作为农林生产中相关科技人员的参考用书。

图书在版编目(CIP)数据

农业昆虫学 / 蔡青年等编著. —北京：中国农业大学出版社，2021.10(2024.1 重印)
ISBN 978-7-5655-2637-4

Ⅰ.①农… Ⅱ.①蔡… Ⅲ.①农业害虫-昆虫学-高等学校-教材 Ⅳ.①S186

中国版本图书馆 CIP 数据核字(2021)第 208549 号

书　名 农业昆虫学
作　者 蔡青年　等编著

策划编辑 梁爱荣　　**责任编辑** 梁爱荣　刘彦龙
封面设计 李尘工作室
出版发行 中国农业大学出版社
社　址 北京市海淀区圆明园西路 2 号　　**邮政编码** 100193
电　话 发行部 010-62733489,1190　　读者服务部 010-62732336
编辑部 010-62732617,2618　　出 版 部 010-62733440
网　址 http://www.caupress.cn　　**E-mail** cbsszs@cau.edu.cn
经　销 新华书店
印　刷 河北朗祥印刷有限公司
版　次 2021 年 11 月第 1 版　2024 年 1 月第 2 次印刷
规　格 787×1092　16 开本　24 印张　600 千字
定　价 76.00 元

编 著 者

主要编著者 蔡青年 中国农业大学

其他编著者（按姓氏拼音排序）

侯有明 福建农林大学

华红霞 华中农业大学

黄欣蒸 中国农业大学

李 虎 中国农业大学

李 贞 中国农业大学

李传仁 长江大学

肖 春 云南农业大学

徐环李 中国农业大学

闫 硕 中国农业大学

张茂新 华南农业大学

赵紫华 中国农业大学

前　言

“农业昆虫学”是高等农业院校植物保护专业的骨干(核心)课程。作为一门重要专业理论和实践性较强的课程,在农业昆虫学课程教学实践中,让学习者更好地践行理论指导实践,为农业高水平发展保驾护航是本课程的首要任务。农业生态系统是以农作物生产为主体,多种生物和非生物环境相互联系的复杂系统,农业昆虫是该系统中重要的功能群组,为农业生态系统稳定和可持续性发展提供了重要的生态服务功能。了解昆虫种类在特定农作物系统中的生存和发展状态,以及与农田生态环境的相互关系,是农业昆虫(或害虫)科学管理的理论基础。

党的二十大报告中明确提出,必须坚持科技是第一生产力、人才是第一资源、创新是第一动力,深入实施科教兴国战略、人才强国战略、创新驱动发展战略。本教材在总结农业昆虫学研究新成果和新进展的基础上,初步构建农业昆虫学基本理论体系,传播农业昆虫学是研究和探索解决农业生态系统中的昆虫学问题、维护农业昆虫与作物生产系统和谐发展的理念和思想。在传承传统农业昆虫学教科书的基础上,本教材构建了农业昆虫学理论体系,补充并优化了农业害虫管理技术的知识和结构;强调了害虫的生态系统管理思想,重视农业昆虫学基本理论指导作用,明确组建区域性害虫种群管理技术体系的重要性。

本教材包括农业昆虫学基本理论概述、害虫种群管理技术和农业害虫管理案例分析 3 个部分。农业昆虫学基本理论概述包括农业昆虫及农业昆虫学、农业昆虫学基本理论、农业昆虫与其他生物间关系、种植制度和田间管理对农业昆虫的影响,以及地理气候条件对农业昆虫的影响等 5 个章节。害虫种群管理技术包括害虫管理基本理论与策略、植物检疫技术、农艺管理技术、植物(作物)抗虫性、有益生物保育与利用、不育害虫管理技术、物理和机械管理技术、化学农药调控技术、有害生物综合管理以及农业害虫田间调查与预测预报等 10 个章节。农业害虫管理案例中,优化了各类作物所有害虫的传统格局,通过不同作物的重要害虫作为案例,阐明农业昆虫学基本理论对害虫管理技术运用的指导作用,这样就形成了十一章。在这些章节中，地下害虫、蔬菜类、果树类、储粮和迁飞性害虫等综合类群作为独立的5个章节，介绍环境条件的特殊性、害虫特有的生物学特性及其管理技术，其余按作物分为小麦、玉米和马铃薯、水稻、大豆、棉花和糖料作物害虫及其管理技术等6个章节，分别介绍各类农作物重要害虫种类、生物学特性、种群发生规律、发生影响因素及综合管理技术。为了方便学习，针对案例分析部分相近害虫的为害习性和种群发生规律等重要特征，本书采用了大量表格对比或图解方式，以帮助读者识别和加深理解。

本教材编写分工如下：蔡青年编写绪论及第一、六、八、十二、十三、十五、十六、十七、二十三至二十六章及第九章第一、二、四节，李虎编写第二章，李贞编写第三、二十一章，闫硕编写第四、十八章，赵紫华负责第五、七章，徐环李编写第十一、二十二章第一、二、三、四节，黄欣蒸编写第十章，张茂新负责第十四章，侯有明编写第二十章，华红霞编写第十九章，肖春编写第九章第三节，李传仁参与编写第二十二章第五、六、七节。此外，李贞和徐环李核验了全篇拉丁学名，案例分析部分重要害虫图由徐环李收集并提供。中国农业大学植保学院本科生王晓研(2015级)和李筱婷(2017级)提供了封面部分彩图，植物保护专业部分本科生试用了本教材，提出了建议并鼓励出版。研究生李林蓉、康振烨、刘苗苗、梅昊协助了相关资料的整理和稿件校对，在此表示衷心感谢！我们还要特别感谢中国农业大学植物保护学院对本书出版的支持和资助，中国农业大学出版社的编辑们在稿件审阅、校对和排版等方面付出的辛苦劳动。

在编写过程中，虽然我们尽力追求完善，但由于学识和知识水平所限，加上时间仓促，教材中一定会有许多不足和理解不到位之处，恳请广大同行和读者提出宝贵的意见和建议，以便再版修订时进一步完善。

编著者

2024年1月

目　录

第二篇
害虫种群管理技术

第三篇

农业害虫管理案例分析

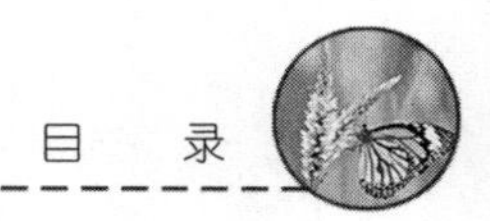

绪　论

第一节　我国农业昆虫学研究历史

一、古代农业昆虫学研究(1840 年以前)

我国有关农业昆虫学的研究最早始于一些经济昆虫的研究,如蚕、蜜蜂和白蜡虫等,真正农业昆虫学的研究是随着害虫日趋重要而开展的,包括了一些天敌昆虫的研究。最开始的农业昆虫学研究集中在生活习性相关的描述,如为害、发生时间、生活环境等。蝗灾、水灾和旱灾称为我国古代 3 大自然灾害。秦始皇四年十月,蝗虫从东方来,蔽天(《汉书·五行志》)。蝗虫所生,必于大泽之涯(《农政全书》),喜食高粱、榖、稗之类。对螳螂的记载最早见于《郑志》(魏・郑小同)中“螳螂,螵蛸母也”,更详细的描述在《蜀本草》中“螵蛸,此物躲在小桑树上、丛荆棘间,乃螳螂卵也,三月、四月中,一枚出螳螂数百”(蜀·韩保升,935 年)。对鳞翅目昆虫的描述有“蛅蟖,毛虫,好在果树上,大小如蚕,背有五色斓毛,刺有毒,欲老者口中吐白汁,凝聚如雀卵,以甕为茧,其中化蛹,羽化而出作蛾,放子如蚕子于叶间”(唐·陈藏器《本草拾遗》)。此外,宋朝的沈括描述了捕食性昆虫对作物的保护作用。由此可见,作为一个古老的农业国,自古开始,我国科学家们就对农业昆虫,尤其农作物害虫及天敌昆虫进行了描述和记载,并在生产实际中运用。

二、近代农业昆虫学研究(1840—1949 年)

我国近代农业昆虫学的研究工作,可以追溯到 19 世纪中叶,其后百余年中,这门学科从无到有,我们大体可将其划分为 5 个阶段,即孕育阶段(1840—1910 年)、初创阶段(1911—1932 年)、发展阶段(1933—1936 年)、全面抗战期间(1937—1945 年)和战后恢复阶段(1946—1949 年)。每个阶段都凝聚着老一辈昆虫学家们的艰辛和开创性成就。

1.孕育阶段(1840—1910 年)

在近代农业昆虫学发展的早期,老一辈的昆虫学家们充分认识到,我国是一个农业大国,历史发展的经验告诉我们，解决农作物病虫害的问题，不能习惯于“兵来将挡，水来土掩”的策略，应该加强对农业昆虫的系统学术研究、人才培养和宣传交流。因此，1859年，在上海《英国亚细亚学会杂志》发表1篇早期论文《过去13个世纪上海邻区飞蝗降落现象》。1865年，上海农学会创办《农学报》，刊登了主要农作物的害虫发生与防治的译文。这些文章涵盖了水稻、果树、蔬菜、茶树、家禽及卫生昆虫，以及有益生物的利用等。19世纪末，在浙江蚕学馆教育大纲中首次设害虫论课程。在老一辈科学家的推动下，于20世纪初，政府开始重视农业昆虫学对农业的重要性，并规定高等、中等和初等农业学堂开设昆虫学和虫害学课程，还于1906年，在贝子花园（北京动物园）成立农事试验场，开展农业研究和科学试验。

2. 初创阶段（1911—1932年）

在我国近代农业昆虫学发展过程中，华东地区作出一些开创性的贡献。首先，在1920年，位于南京的东南大学农科率先设立病虫害系，其师生成为我国创立和开拓近代农业昆虫学的前导。随后，相继成立了江苏省昆虫局和浙江在嘉兴设浙江昆虫局等政府的管理部门，还创立了一些涉及昆虫研究的机构，如中国科学社生物研究所（1922），静生生物调查所（1928），中央研究院自然历史博物馆（1929，后改名为中央研究院动植物研究所、动物研究所）等。同时，开展了大量农业昆虫学系统而深入的研究工作，例如1918年，开展了螟虫种类和生活习性调查，并研究了三化螟成虫发生、生物学习性、卵寄生蜂种类等。上海大量棉造桥虫造成的危害（1919—1921），引起了南京高等师范学校农业专修科和上海实业界的关注。1921年由实业家穆抒斋资助在江苏南汇（今上海市浦东新区）设立棉虫研究所，进行调查和系统试验。1922年，由江苏省昆虫局聘请美国加州大学昆虫学系主任C. W. Woodworth任局长兼总技师，研究棉虫、稻螟和飞蝗等重要害虫。浙江省昆虫局，先后设立昆虫生活史、稻虫、果虫、棉虫、菜虫、仓库害虫和寄生蜂等研究室（所）（1924—1933），大力开展农业昆虫的系统科学研究。

在各昆虫局行政领导和组织下，经过农业昆虫学家们共同努力，初步实现了棉虫、稻虫和飞蝗研究的科学化，也初步弄明白了我国当时直接威胁农业生产的主要害虫。通过大量田间调查和研究，初步认识到，金刚钻是影响江苏沿海及大江南北棉区的主要蕾铃害虫；大小地老虎是威胁棉苗的主要害虫。在水稻害虫的研究方面，以三化螟为研究重点，逐步涉及白背飞虱、稻螟蛉、稻铁甲虫、稻黑蝽、稻蝗和稻叶蝉等重要害虫；系统调查了稻螟虫种类和生活习性，深入研究了三化螟成虫发生、生物学特性、卵寄生蜂的种类等。飞蝗研究方面，初步查明我国特别是江苏省的蝗虫种类及分布。

3. 发展阶段（1933—1936年）

针对当时影响农业生产中的重大害虫，1933年制定出了我国近代植保史上第一个病虫害防治研究规划《中国植物病虫害防治计划草案》，计划研究的害虫有蝗虫、螟虫等水稻害虫，麦类及其他谷菽害虫，棉虫、桑蟥、园艺害虫、仓库害虫、松毛虫、白蚁等。同时，中央农业实验所建立病虫害系，负责研究全国病虫害问题。

面对农业生产中的重要害虫，科研院所在开展系统性研究学科发展中发挥着重要作用。1934—1935年，中央棉产改进所和全国稻麦改进所相继成立，农业昆虫学工作者的研究范围涉及稻螟、棉虫、仓库害虫、果树害虫、蔬菜害虫、松毛虫、烟草蚜虫和甜菜害虫等，并结合飞蝗、稻螟和仓库害虫，开拓昆虫生态学和害虫猖獗学研究。

蝗灾自古就是我国三大自然灾害之一，不仅严重影响我国农业生产，而且严重影响人们生

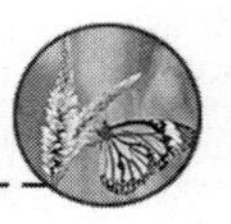

活的方方面面。为了深入了解蝗虫的生存与发展，降低蝗灾的影响，科学家们特别重视蝗虫研究。在大量实地考察和调研的基础上，划分出我国飞蝗的适生区、偶灾区和不适生区，初步明确了其在南北分布的地理和气候限制因素。

粮食生产自古以来是一个国家最重要的基础，粮食作物病虫害的研究也是农作物害虫研究的重点。这个时期，非常重视针对稻虫的研究。在分析了三化螟、二化螟和大螟在我国的地理分布及其生态特征的基础上，阐明了水稻品种孕穗期与螟虫幼虫发生期吻合是造成白穗严重的重要原因。并根据生态学研究，了解了稻蝗的发生环境及其猖獗条件，1934 年提出了稻飞虱类和稻叶蝉类发生预测预报方法。

棉花害虫研究方面，在调查主要产棉省害虫发生情况的基础上，确定了研究的重点害虫和区域。果树和蔬菜害虫研究，重点立足于华东地区，调查了浙江柑橘产区的害虫种类和生活习性；了解了南京、上海、杭州、广州市郊及沪宁铁路沿线蔬菜害虫种类多，危害严重的状况。另外还加强了仓储害虫研究，重点研究了谷象、米象的产卵习性与温湿度的关系。

在开展大田作物害虫研究的同时，也重视害虫天敌调查，初步了解相关害虫的天敌资源。调研了水稻害虫、柑橘蚧壳虫、松毛虫，以及棉花、柑橘、荔枝、蔬菜、甘蔗和茶树害虫的天敌，认为在农作物上，捕食性和寄生性天敌兼顾，还系统地研究了广赤眼蜂生物学特性，为赤眼蜂人工繁殖奠定了基础。

4.全面抗战期间(1937—1945 年)

战争永远是全方位破坏性的。面对外敌侵入，国家的首要任务是消灭或赶走侵略者。前方战士流血牺牲，后方科技工作者和研究机构虽然颠沛流离，缺乏好的研究条件，但为了支援抗战，并没有停止调查研究，大量研究工作转入敌后，为前线提供必需的粮食和其他农产品。此时，最重要的事件就是大量的研究工作转移到我国大西部，开展了我国西部农作物病虫害的大量调查和研究，从而对西部农作物病虫害的种类和发生状况有了更深入的了解。

在艰苦的工作和生活条件下，广大科技工作者克服重重困难，通过广泛的调研，较全面了解了我国农林害虫、仓储害虫及其主要天敌。同时，将东部地区积累的许多关于农作物病虫害调查和研究的经验和方法运用到西部的农业生产中，弄清了四川、贵州、广西和云南等西部省份的水稻主要害虫种类与发生危害情况，以及管理策略，保证了粮食生产；还重点研究了云南水稻害虫发生与农事操作的关系，初步了解了农事操作能影响水稻害虫的发生与危害，为农艺管理技术在水稻害虫管理中的应用提供了依据；提出了五倍子蚜研究重点应该转向阐明蚜虫与寄主植物之间的关系，为五倍子蚜更好地寄主适应性和提高五倍子产量指明了方向。

5.战后恢复阶段(1946—1949 年)

随着第二次世界大战的结束，国内抗战也取得了伟大的胜利，随着大规模的家园重建，抗战时期西迁政府部门和研究机构大量回迁。由于战乱，农业科技工作者大批西迁，并在我国西部地区开展调查研究，在极其困难的条件下，没有中断农作物病虫害的研究工作。同时，农业昆虫学家们也认识到我国地大物博，中东部和西部地理气候条件存在巨大差异。因此，为了更好地开展全国农作物病虫害研究，全面掌握全国病虫害发生和发展情况以及管理的经验，开始设置大区实验中心，根据不同区域地理气候条件调研农作物主要病虫的发生和危害情况。并且克服重重困难，初步开展全国植保工作交流，交流各区域研究经验、方法及信息，既促进了学科交流和发展，又为中东部和西部农业生产服务。从全国着眼，改变思路，促进了农作物害虫

研究的发展。例如，通过全国大区域合作，调查全国棉区害虫种类、分布、发生情况、寄主植物、天敌等，并大量开展农药的研究、试验和新农药的开发（见害虫种群管理技术部分）等。

三、现代农业昆虫学研究（1949 年至今）

1. 机构建设与人才培养

新中国成立以后，科学研究得到了迅速发展，昆虫学也不例外。首先，研究机构得到了调整、充实和扩展。中国科学院设立了昆虫研究所，一些分院也设立了昆虫学研究机构。我国是一个农业大国，自然非常重视与农业生产相关的病虫害机构的建设。国家成立了中国农业科学院，并设立植物保护研究所从事农作物病虫害的研究工作，随后各省市相继成立了地方农业科学院，并设有相应的植物保护研究所开展农业昆虫和植物病害的研究。农业教育是培养从事农业科学人才的基地，国家及发达省市相继建立了农业大学，并设立农业昆虫学相关教学研究机构。因此，关于农业昆虫学的研究机构更加齐全，这些机构在从事更加系统科学研究的基础上，培养了大批人才，昆虫学或农业昆虫学的研究队伍迅速壮大。

2. 学术研究与交流

随着研究队伍的不断壮大，昆虫学研究工作不断系统而深入，也更加注重全国性研究与交流。除了周期性的全国交流外，还先后创刊了《昆虫学报》《昆虫知识》《植物保护学报》《生物防治》等与农业昆虫学相关的重要学术期刊，规范了昆虫学各科名词及昆虫目科、主要害虫和益虫名称的中文统一命名。为了适应我国经济社会的发展和需要，中国动物志编委会组织相关专家编写了《中国经济昆虫志》，至 1996 年全志完成，历时 38 年，共完成了 55 册，涉及 11 目 215 科 3 275 属 9 306 种。经济昆虫志的完成，为农林害虫的防治及推动我国植保事业发展作出了巨大贡献。同时，全国重大害虫大规模协作和系统的深入研究，极大地推动了我国农业昆虫研究工作的发展。

3. 重要研究成果

组织机构的完善和大量科技人才的参与，解决了长期以来一直悬而未决的重大农业昆虫学问题。两大重要迁飞性害虫一直是我国农作物重要害虫，自古以来一直被认为是重大农作物灾害。新中国成立后，我国共发现 3 个飞蝗亚种，其中以东亚飞蝗分布最广、为害最重；并对东亚飞蝗的蝗卵、食性、生殖、飞翔与迁飞、飞蝗变型等问题开展了大量研究，为了解飞蝗生物学提供了重要的基础资料；阐明了东亚飞蝗在我国发生时期、各地有效积温及发生代数，分析了大发生周期性与猖獗期持续问题，大发生与气候、天敌、食物、生态学特性的关系。在总结东亚飞蝗 1000 年来的发生变迁后发现，东亚飞蝗在我国的发生无明显周期现象，其成虫产卵与土壤含水量及含盐量有明显关系。

黏虫是我国粮食作物的主要害虫之一，发生为害规律复杂。针对黏虫的大发生，中国农业科学院植保所等 10 多个单位进行全国协作，研究了黏虫迁飞越冬规律，明确了黏虫的越冬规律，揭示了黏虫季节性南北往返迁飞为害的规律，并据此设计了中长期测报方法。

针对水稻主要害虫展开了研究，基本明确了各稻区重要害虫的地理分布、发生世代、为害作物种类、为害方式及生态学等科学问题，认为我国稻作害虫按地理分布可分为华南、华东、华中及西南地区，以三化螟和稻瘿蚊的为害最为突出；北方稻区，东北稻区以稻潜叶蝇、负泥虫及

稻摇蚊为害较为突出，华北稻区以稻飞虱、浮尘子、稻苞虫等为害较严重。

棉花害虫方面，至20世纪60年代基本明确了主要害虫在黄河流域、长江流域、西北内陆棉区、辽河流域棉区和华南棉区的发生世代、主要寄主、生活习性、为害特点、天敌种类及发生与环境的关系。

地下害虫是一类食性广泛而发生隐蔽的重要农业害虫。华北、东北等地研究机构开展了系统的调查工作，发现为害作物的主要地下害虫50余种，并研究了它们的分布区域及主要猖獗地区。在科研人员的努力下，明确了我国主要地下害虫的种类及分布、发生规律与生活习性。

4.新世纪农业昆虫学研究进展

(1)农业昆虫与农田生物环境　农业景观是指农田与非耕地(草地、防护林地、树篱、居民点、设施温棚及道路等)多种景观斑块的镶嵌，包括了尺度、空间格局和镶嵌动态。农业景观变化及生境碎片化严重影响着农业生态系统中的农业昆虫物种间的相互关系，尤其大尺度农田景观结构的作用非常重要。农田生态系统通常可以区分为作物生境和邻近的非作物生境。区域化特定作物植被类型和结构能够影响农业昆虫种类、数量和时空分布。农田作物布局或改变大田周围非作物生境的植被组成及特征能影响农业生态系统中农作物害虫及其天敌的相互关系，提高天敌对害虫的作用效能。例如，非作物生境面积百分率和生境隔离度，影响作物田节肢动物(农业昆虫)群落多样性，同样也影响着农业昆虫种类、多度和年际间的变化，如玉米田周围不同景观结构中蚜虫种群丰度影响了玉米田瓢虫多度和种群发展。因此，也有人将农田景观多样性、非作物田面积比率、生境碎片化程度用作农业害虫及其天敌关系的评价指标之一。

(2)农业害虫与寄主植物协同进化　在农业生态系统中，寄主植物与植食性昆虫经过长期的协同进化，已经形成了相互适应性。植物颜色和挥发性物质通过视觉和感觉器官作为植食性昆虫搜索和定位寄主植物的重要线索。而植物体内的营养状况则决定着植食性昆虫的取食和生长发育。植食性昆虫对寄主植物适应性机制依赖于植物防御物质和昆虫体内解毒系统之间的适应性平衡系统。植物作为植食性昆虫及其天敌的重要媒介，其作用在于为植食性昆虫提供了充足的营养，而植食性昆虫取食诱导的植物挥发物成为了昆虫天敌的重要桥梁，从而形成了农业生态系统中重要寄主植物—植食性昆虫—昆虫天敌之间的三级营养关系。

在研究烟粉虱与寄主植物相互关系中，发现了烟粉虱成功整合植物解毒酶基因进入粉虱体内，用来抵御寄主植物的防御，从而适应更广泛的寄主植物。这是一种最新发现的昆虫适应寄主植物的机制。

(3)农业昆虫与微生物之间的相互关系　农业昆虫与微生物的关系主要包括两个方面，即昆虫共生菌和植物病原微生物。关于昆虫共生菌的研究揭示了昆虫和共生菌长期共存、相对稳定并可遗传的互利共生共同体。它们可以辅助昆虫对食物利用，调控宿主的生长繁育，以及通过影响昆虫的生物学特性，增强昆虫的生态适应性。

在植物病原菌与植物关系的研究中，越来越发现，不可忽视植食性昆虫。通过共同的寄主植物，形成了植物病原物—寄主植物—植食性昆虫三者互作系统，植物的任何防御反应都会影响这两个以植物为营养源的生物体。例如在植物病毒和介体昆虫系统中，植物病毒可以通过寄主植物操控介体昆虫传播和扩散病毒。这种三者互作系统不仅相互之间影响，而且还会影响到生态系统中与之相关其他生物种群如天敌类，甚至整个生物群落，深入了解三者关系及其延伸到对整个生态系统的作用对农业昆虫学的研究和农田生态系统的可持续发展都具有重要意义。

(4)非生物因素的胁迫影响　任何一种农业昆虫都生活在特定的农业生态系统中，毫无疑问，它们都要受到生态系统中各种生物和非生物因素的影响。斑潜蝇耐寒性能通过其热激蛋白基因诱导表达调控温度阈值，而且这种温度阈值与两种斑潜蝇在自然界中的分布北界高度一致；二氧化碳是空气中不可缺少的气体，高浓度二氧化碳胁迫能显著影响多世代农业昆虫的生理生化、种群发育和行为生态学特征。

化学药剂是最重要的人工释放非生物因素，常常是极易引起农业生态系统不稳定的因素。在化学药剂持续胁迫下，许多农业昆虫能很快适应这种胁迫作用，甚至导致一些农业害虫增加了取食量并促进了其种群发展。其重要的机制就是提高了这些农业昆虫解毒环境毒素的能力。

(5)农业重要害虫迁飞机制　进入新世纪后，农业昆虫学的发展与研究开始回归到深入了解农业昆虫自身的发生规律以及生态环境影响机制。例如，在迁飞性昆虫研究方面，明确了有翅类昆虫成虫期迁飞型转化的关键时期；飞蝗相互转换的(迁飞型和非迁飞型)机制；黏虫黑化型和正常型的遗传分化差异及与迁飞行为的关系等。许多昆虫中都有滞育现象，这种现象一直被认为是由滞育激素调控，我国科技人员通过对甜菜夜蛾和棉铃虫的深入研究，明确了调节昆虫滞育的分子机制。

第二节　我国害虫管理历史及成就

一、早期的简易方法及其发展

我国早期害虫控制通常采用扑打、捕捉、烧杀和饵诱等最原始而简易的方法。有些方法沿用了很长的历史，甚至在现代作物害虫预报和控制中，饵诱方法还作为重要的方法。

1.人工扑杀

《吕氏春秋》中有人工扑杀害虫的较早记载，“蝗、螟，农夫得而杀之”。汉平帝时曾对捕得蝗虫者以石(即斗)受钱，激励人们人工捕杀蝗虫。唐开元四年(716)采用开沟和火烧相结合的方法捕杀蝗虫，收到了“捕蝗百万余石”的效果。宋景祐元年(1034)采用掘取蝗卵的方法除蝗。清代周焘《敬筹除蝻灭种疏》中认为捕成虫不如捕若虫，捕若虫不如掘蝗卵。为了有效地扑打田间蝗虫，还制定了扑打庄稼地内蝗蝻的方法：“蝗蝻在庄稼地内，则用夫曲身持刮，搭在根下赶扑，顺垄而行，遍赴壕内，或赶出空地，再行扑打，庶不损伤禾稼。”采用抄袋式捕捉蝗虫的方法有“有翅之蝗，露尚未干，虽不能飞，捉则纵去者，用小鱼斗及菱角小口袋抄之。”除了蝗虫外，稻苞虫和黏虫也是我国古代禾谷类作物的重要害虫，在提高捕杀这些害虫效率方面，清代创造了专治稻苞虫的竹制虫梳和专治黏虫的滑车等，直到20世纪50年代初，华北有的地区仍在沿用。

我国古代简易灭虫方法有围打蝗虫、焚飞蝗、扑打禾间蝗蝻、掘蝗卵、扑打庄稼地蝗蝻。捕杀黏虫时，发明了黏虫车。

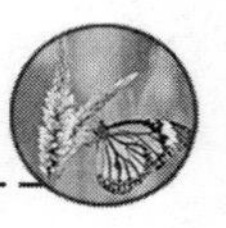

2.光诱和烧杀的方法

此法在周幽王时已采用。饵诱方法除虫的记载，首见于汉代崔寔《四民月令》，书中提到用包过或插过炙脯的草把，插置瓜田四角以诱治虫蚁。

3.根据害虫的发生规律和生活习性捕杀

李秘园《捕蝗记》认为一天之中要抓住蝗虫"三不飞"，即早晨沾露不飞、中午交配不飞、日暮群聚不飞的时机进行扑打最有效。

4.农艺技术管理害虫的产生和发展

春秋战国时期，除人工扑杀防治害虫外，还创造了农艺措施管理害虫的方法，即有意识地通过农业栽培技术措施，以加强或创造有利于作物生长发育、不利于虫害繁殖的环境条件，从而达到避免或抑制虫害的目的。①抗虫品种选育。通过选种抗虫作物品种避免虫害，北魏《齐民要术》中已见记载。该书收录了86个粟的品种中有14个系"免虫"品种。南宋董煟《救荒活民书》引北宋吴遵路的经验，根据蝗虫不食豆苗的特性，提倡广种豌豆以避免蝗害。后来许多治蝗专书都有类似记载，并指出除豌豆外，还有绿豆、豇豆、芝麻、薯蓣，以及桑、菱等10多种蝗虫不食的作物。②适时栽植和精耕的防虫作用。《吕氏春秋·任地》中认为"得时的麻不怕蝗害，得时的大豆和麦不生虫"，还强调了精耕可以起到除草和避虫的作用。③轮间作与防虫。明清时期，轮作制度被列为害虫防治的重要手段之一。例如，种棉两年，翻稻一年，则虫螟不生，超过三年不轮种则生虫害。《沈氏农书》认为种芋年年换新地则不生虫害。清代蒲松龄在《农桑经》中主张豆地宜间种麻子，认为麻能避虫。④杂草与防虫。宋代《陈敷农书》中，更加明确描述了除草与防虫的关系，提到桑田除草的目的之一是防虫。明末《沈氏农书》中，更进一步认识到杂草是害虫越冬和生息的场所，强调了冬季铲除草根的除虫作用。

5.有益生物利用方法的产生和发展

古人对昆虫的天敌早有观察。《诗经·小雅》载有名叫蜾蠃的细腰蜂经常衔负螟蛉的幼虫，南北朝时陶弘景《名医别录》指出这是一种寄生现象。

《南方草木状》说岭南一带柑农常到市场连巢买蚁控制柑橘虫害，是世界上以虫治虫的最早记载。关于保护益鸟，《礼记·月令》已载有不准在早春时节探巢取卵、捕杀雏鸟的禁令。汉隐帝乾祐年间，鉴于鸲鸟能吞食蝗虫，曾敕令禁捕。据晋代黄义仲《十三州记》记载，上虞地方因雁能为农田食虫除草，对违禁捕捉雁者处以刑罚。此后，明代利用家鸭控制稻田蟛蜞和蝗蝻等的为害，也是古代人民的一种创造。

6.害虫调控药物和方法

自古以来，我国一直是农业大国，在与农作物害虫的长期斗争中，积累了许多经验和方法，特别是用药物调控害虫种群，一直走在了世界前列。

我国古代用于控制害虫的药物种类范围颇广，例如，植物性药剂包括嘉草、莽草、牡蘜等；动物性的有蜃灰、蚕矢、鱼腥水等；矿物性药剂由来已久，主要有食盐、硫黄、石灰、砒霜等。尤其像硫黄和石灰，至今我们还用于一些特定作物病虫害的预防，如园林植物和果树冬季的刷白等。

除了药剂种类外，其使用方法也是多种多样，如混入收藏、拌种子种植、浸水或煮汁洒喷、点燃熏烟和直接塞入或涂抹虫蛀孔等。其他方法包括收获物处理和种子预处理以防虫害的方法，如汉代王充《论衡》提到麦种，必须烈日晒干然后收藏；《农政全书》提到棉籽用腊雪水浸可以防蛀；《豳风广义》和《农便览》等提到用沸水和雪水冷热交替浸种可以防病防虫等。

7.害虫控制法令和守则

我国一直非常重视政府参与农作物害虫防控，以及行之有效技术的推广工作。宋代颁布的“熙宁诏”和“淳熙”是世界上最早的治虫法规。在控制害虫技术推广方面，针对我国发生的蝗灾，《救荒活民书》中记载了“捕蝗法”，为世界上最早的捕蝗手册；金代泰和八年(1208)绘制的“捕蝗图”是世界上最早的捕蝗宣传画，有效地指导对蝗灾的控制工作。

此外，在蝗灾的控制过程中探索出一些治虫规律。如明代曾根据历史统计和实地调查，基本划定了我国的蝗区，提出了从生态上改造蝗虫滋生基地的正确主张。清代史茂认为，治蝗工作应该“未发塞其源，既萌绝其类，方炽杀其势，是故生长必有其地，蠕动必有其时，驱除必有其人，扑灭必有其器，经画必有其法”。

二、近代害虫管理研究与发展(1840—1949 年)

我国近代害虫管理的研究工作，大体与农业昆虫学的研究同步，但其发展过程差别较大，不同的发展时期同样取得了一些丰硕成就。

1.初期阶段及其成就

近代害虫管理是随着对外交流的开放而兴起，开启我国近代害虫管理的新时代。这一阶段主要以介绍国外的害虫防控技术为主，如生物防治、益虫保护、法规治虫、农药、杀虫植物及除虫器具等。同时，开始系统积累害虫防控资料和前期准备工作。

1918 年浙江制定四季螟虫控制示范方案，在嘉兴设置稻田寄生蜂保护试验区，并在各县设预测灯，试验诱蛾灯的适宜光波和设置高度。1919—1921 年，针对上海棉造桥虫为患，探索控制方法和示范推广。1922 年，成立江苏省昆虫局，主持全国的害虫研究与控制事宜。1924 年，三化螟在浙江严重发生时，设置诱蛾灯 4 万盏，对控制危害发挥了重要作用。1926 年，仿制喷雾器在江苏获得成功。1931 年，浙江设计制造了第一台万能喷雾器。1932 年，上海商检局公布商品检验法。

2.发展阶段

(1)重要特点　1933 年，制定出我国近代植保史上第一个病虫害防治研究规划《中国植物病虫害防治计划草案》，除计划主要害虫研究外，还计划了药剂和药械研究、全国虫害损失估计及植物检疫。1934—1935 年，中央棉产改进所和全国稻麦改进所相继成立，提出研究与指导防治并举，试行蝗患和螟灾预测；以改进松毛虫防治技术为重点，开拓天敌昆虫调查与生物防治方法研究；扩充杀虫剂、药械的研制与推广。1936 年，中央农业实验所与中央棉改所联合成立药械制造室，设计制成双管、自动式两种喷雾器。1937 年，组织北部 5 省大面积控制棉蚜。全国抗战的胜利，形成了我国害虫管理的社会环境。政府部门和研究机构大量回迁，并开始设置大区实验中心，同时，开始注重植保工作的全国交流，在提高全国病虫害管理水平中发挥了重要作用。

(2)主要业绩　针对棉花害虫，解决了控制棉蚜中棉油乳剂的调制问题，同时挖掘推广治蚜土法；使用砒酸钙控制棉大卷叶螟。在果树和蔬菜害虫方面，在了解了南京、上海、杭州、广

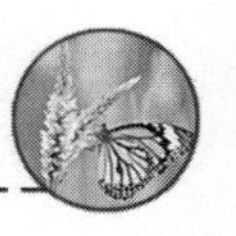

州市郊及沪宁铁路沿线蔬菜害虫种类多，危害严重的基础上，建立药剂控制示范区，推广了药剂控制害虫；广泛开展了害虫天敌调查，并系统地研究了广赤眼蜂及捕食松毛虫的有益生物螳螂和松鼠等。针对玉米螟控制，提出调整播期可以避免为害；提倡彻底烧毁残株。提出防重于治的观点。针对粟灰螟控制，选育出了抗螟品种'狼尾谷'。大力推动越冬控制水稻螟虫，试用熏蒸处理，改良积谷方法防控仓库害虫。

杀虫技术方面，针对南京松毛虫暴发，结合振枝，用研制成功的涂胶法，阻断毛虫上树。室内测定了雷公藤精的胃毒作用；广泛开展杀虫药剂研制，包括自制除虫菊制剂；试验利用雷公藤、苦皮藤、巴豆和闹羊花防治害虫。土法批量生产砒酸钙和砒酸铅，利用牛胶和无患子改进硬水植物油乳剂以及植物油钠皂，发现豆薯种子有触杀、胃毒和拒避作用。试验制造硫酸铜、碱式硫酸铜、硫黄粉、可湿性硫黄粉、氯化苦和硫酸烟碱等，探究波尔多液控制棉叶蝉的杀虫作用机理，充实对波尔多液防病治虫的认识。

加强植物检疫及检疫处理：上海商检局设立植物病虫害检验处，开展园艺植物蚧类和贮粮害虫检疫，以及除虫灭菌方法的试验研究。

另外，此阶段还注重调查全国棉区害虫种类、分布、发生情况、寄主植物、天敌等；大量开展农药的研究、试验和新农药的开发；六六六粉剂与毒饵诱杀蝗虫在我国首次试验成功。滴滴涕、砒素剂玉米粉及其代替物诱饵控制烟夜蛾，在河南试验示范获得成功。新兴杀虫剂滴滴涕在我国的仿制合成，鱼藤精乳剂创制成功，使农药商品化生产水平进一步提高。

三、现代害虫管理研究与发展

20 世纪 50—70 年代，以化学农药为主的害虫管理技术得到广泛的应用，代表药剂有六六六、滴滴涕、1605、1059 等有机氯和有机磷杀虫剂。少数学者开始研究害虫抗药性的问题。直到 20 世纪 70—90 年代，我国确定了植保方针"预防为主，综合防治"，正式开展了害虫综合治理的宣传和研究工作，并逐渐形成了研究"3R"问题的规模。20 世纪 90 年代中叶，随着全世界范围内棉铃虫暴发成灾，我国棉花等相关作物也遭受了惨重的损失，业内开始充分认识到，此前害虫种群管理已经不适合现代农业的发展，而且大量化学农药的使用带来了有害生物控制与农业生产的矛盾，因此，开始大力宣传和重点强调害虫种群的生态调控。

现代分子生物学的发展，加快了生物技术育种的步伐。目前，已经培育并广泛应用于生产实践，如随着抗棉铃虫的转基因抗虫棉在我国棉花生产中试种，这种棉花得到了生产者的普遍认可，抗虫棉由小范围种植到大规模的种植。从此，我国大规模地开展转基因抗虫研究和技术储备。外源基因培育特定抗性性状如抗病、抗除草剂和抗虫的品种已经发展成为一项成熟的分子育种技术。随着更多新的外源基因的加入，转基因作物品种在现代农业生产上正在发挥着重要作用。不过，随着转基因抗虫植物的安全性遭到普遍质疑，我国对进一步推广其他转基因作物一直持谨慎的态度。

进入 20 世纪 90 年代，另一项新的分子生物学技术应运而生，即 RNA 干扰（RNA interference，RNAi）技术。该技术是在研究秀丽新小杆线虫[*Caenorhabditis elegans*（Maupas）]时发现并证实了在进化过程中高度保守的、由双链 RNA（double—stranded RNA，dsRNA）诱发同源 mRNA 高效特异性降解的现象。由于使用 RNAi 技术可以特异性剔除或关闭特定基因的表达，所以，该技术已被广泛用于探索生物基因功能和医学领域传染性疾病及恶性肿瘤的治疗。目前,该技术在昆虫领域广泛用于昆虫功能基因的鉴定,并在通过寄主植物介导的害虫生长发育和解毒酶基因干扰培育抗虫作物品系方面取得了成功,这一技术将在未来农作物抗虫性分子育种方面具有巨大的潜力。

附:国外农业昆虫学研究及害虫管理重要事件表

一、(农业)昆虫学研究史

表 0-1　国外(农业)昆虫学研究重要事件

年限	代表人物	国籍/头衔	贡献
1.认识昆虫初期			
1800—1700 B.C.(公元前)			马里亚蜜蜂:两个带有一滴蜂蜜的金铸蜜蜂
1350	Konrad von Megenberg	德国	用实物和图画描述了昆虫和爬虫类
1551	Conrad Gessner	瑞士动物学家	出版了《动物历史》第一集,其中提到了一些昆虫
1602	Ulisse Aldrovandi	意大利博物学家	出版 *Animalibus Insectis Libri Septem, Cum Singulorum Iconibus AD Vivum Expressis*。书中描述了一些昆虫和其他无脊椎动物
1653	Jan van Kessel	比利时	绘制了一些昆虫版画
2.昆虫生物学研究			
1662—1667	Jan Goedart	博物学家	出版了变态和自然历史,通过铜版雕刻图解了一些昆虫的变态
1669	Jan Swammerdam	荷兰博物学家	出版昆虫史,正确地描述昆虫的生殖器官和变态
1705	Maria Merian	德国	第一次记录了许多蝴蝶和蛾种类的全生活周期,被称为"昆虫学之母"
1740	Charles Bonnet	瑞士博物学家	通过观察雌蚜,发现了孤雌生殖
3.昆虫生理生态学研究			
1859	Charles Darwin	英国博物学家	出版了《物种起源》。最著名的达尔文进化论观点就是自然选择,也是一个敏锐的昆虫学家
1934	Vincent B. Wigglesworth	昆虫生理学家	撰写了第一本关于昆虫生理学的书,即《昆虫生理学原理》,被称为"昆虫生理学之父"
1969			在肯尼亚内罗毕建立了"国际昆虫生理与生态中心"
1973	Karl Ritter von Frisch (1886—1982)	奥地利动物学家	因为发现昆虫之间通信这一开创性的研究成就,1973年获得了生理学或医学诺贝尔奖

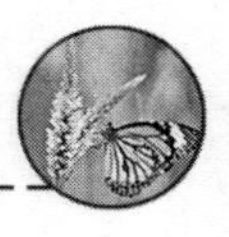

二、害虫管理研究史

表 0-2 国外害虫管理研究重要事件

年限	代表人物	国籍/头衔	贡献
1.方法研究与科学管理			
1807	Agostino Bassi (1773—1856)	意大利细菌学家	开始研究真菌引起的家蚕病害
1838	Benjamin Dann Walsh (1808—1869)	英格兰昆虫学家	应用昆虫学先驱,第一个倡导农民使用科学家的方法来控制昆虫
1847	Edmond Ruffin	美国	在出版的《农民登记册》(*Famer's Register*)描述了玉米象虫或麦蛾(*Sitotroga cerealella* Olivier)生活史和农业防控研究
1860	John Curtis (1791—1862)	英国昆虫学家	出版了《农业昆虫》,是英国和爱尔兰农作物害虫的自然经济史
1878	Charles Valentine Riley(1843—1895)	英籍美国昆虫学家	在美国组织了第一个政府农业昆虫学服务机构
1951	Raymond Bushland (1910—1990),Edward Knipling(1909—2000)	美国昆虫学家	开创了不育昆虫技术研究工作
2.化学农药的研究			
1935	Gerhard Schrader (1903—1990)	德国化学家	发现了强力杀虫剂,称为有机磷类农药(Sarin and Tabun)
3.有害生物综合治理(IPM)的兴起			
1962	Racheal Carson	美国海洋生物学家和作家	出版了著名的书《寂静春天》(*Silent Spring*)
1966	联合国粮农组织(FAO)及生物防治国际组织(IOBC)	罗马	提出害虫综合控制一词(integrated pest control,IPC),并开始在欧洲地区应用
1972	Richard Milhous Nixon	美国总统	在美国,IPM于1972年2月被制定为国家政策,当时尼克松总统指示联邦机构采取步骤,在所有相关部门推进IPM的概念和应用
1979	Jimmy Carter	美国总统	卡特总统建立了一个跨部门联合机构——IPM协调委员会,确保IPM实践的发展和实施
Mid-1980			在IPM战略思想的指导下,瑞典、丹麦、荷兰等国在全国范围内已将化学农药的总用量减少了50%~75%,而害虫为害仍得到有效的控制

续表 2

年限	代表人物	国籍/头衔	贡献
4.生物技术与害虫管理			
1981	Schnepf 等		首次成功地克隆了一个编码 Bt 杀虫晶体蛋白基因，揭开了利用基因工程培育抗虫植物的序幕
1987	Veack 等		在比利时的 Montagu 实验室里，Veack 等用 *CryIA(b)*基因与 *NPT* 基因融合，转化烟草，得到了微弱的抗虫性。这是一次开创性的工作
1989	Hofte 等		首次根据 Bt 的杀虫范围对其基因进行分类，Cry 表示晶体蛋白，CryI-鳞翅目专一性，CryII-鳞翅目和双翅目专一性，CryIII-鞘翅目专一性，CryIV-双翅目专一性，Cyt 表示细胞毒素
1991	Perlak 等		在不改变毒蛋白的氨基酸序列的情况下，选用植物所偏爱的密码，对 CryIA(b)基因进行了改造，获得了 *PM* 基因(partly modified gene)和 *FM* 基因(fully modified synthetic gene)。转入烟草后，Bt 基因表达株系的抗性分别比野生型提高了 10 倍和 100 倍
1998	Fire 等		以秀丽新小杆线虫为材料，成功实现了 *unc-22* 的 dsRNA 干扰该基因功能，术语“RNA interference(RNAi)”首次提出，并定义为转录后基因沉默

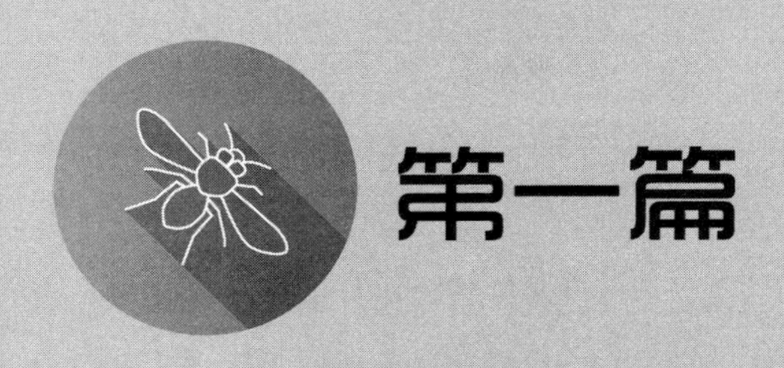

第一篇

农业昆虫学基本理论概述

第一章

农业昆虫及农业昆虫学

本章知识点

- 了解农业昆虫的基本组成及其作用
- 理解农业昆虫的复杂性
- 掌握农业昆虫学的概念及其重要性
- 明确农业昆虫学的研究内容
- 了解农业昆虫学与相关学科的关系

农业是人们非常熟悉的产业，主要是以农作物为植物主体而生产农产品的非自然生态系统，通常称为农业(田)生态系统。与自然生态系统一样，该系统同样由生物因素和非生物因素组成，农业昆虫只是农业生态系统中的一个组成成分。然而，长期以来，由于农业害虫取食农作物会直接或间接导致作物产量和品质的损失而备受关注，人们在作物保护方面千方百计地要控制住害虫种群。但是，人们往往忽略了一个基本的事实，即农业害虫不等于农业昆虫，它们只是农业昆虫中的一员，它们与其他昆虫、生物因素和非生物因素形成了一个整体系统，长期单一针对某一个因素，如对害虫实施人为的管理，将引起整个系统更加不稳定，甚至会形成恶性循环。农业生态系统中，每一种昆虫的存在都占据了一定的生态位，都发挥着各自的生态服务功能。农业害虫的管理应该根据生态学原理实施系统管理，在确保农作物产量和品质的同时，维护生态系统的安全可持续发展。

第一节　农业昆虫及其作用

一、农业昆虫

所谓农业昆虫是指那些与人类农业生产有密切关系的一类昆虫，例如为害农作物及其产品的害虫、传粉的昆虫、天敌昆虫等。因为农业昆虫在所有供养人类生活的陆地环境中占有重要的地位，所以它们通常是我们最重要的食物、纤维和其他自然资源的竞争者。通过取食作物叶、吸取作物汁液、钻蛀作物根、茎或叶，以及传播植物病原物，农作物害虫直接影响农产品生产。此外，它们还取食纤维，破坏木质建筑材料，破坏储存谷物，加速其腐烂过程。在发达国家，昆虫损害的经济损失占国民生产总值的10%，而在一些发展中国家则高达25%。

当我们完全专注于害虫可能造成巨大的经济损失和控制它们的策略时，还应该珍视对人类有益的昆虫。在农业生态系统中，植食性、肉食性和腐蚀性等不同层次的昆虫，维持着系统中的物质循环和能量转化。此外，许多昆虫，如蜂类、甲虫类、蛾类等，在植物繁衍中承担了传粉授粉的作用，给农作物生产带来了巨大的经济效益。

二、昆虫在农业中的作用

在农田生态系统中，害虫的天敌昆虫，如瓢虫、草蛉、食蚜蝇，是一类重要的农业昆虫和害虫自然控制因素，它们增强了农田生物群落的稳定，防止了害虫种群爆炸式增长。到目前为止，天敌昆虫已经超过6 000种，作为生物因素控制农作物害虫。一些天敌昆虫还可以通过人工繁育后，释放到田间控制害虫，如瓢虫、草蛉、赤眼蜂和烟蚜茧蜂等。

此外，还有一类重要的农业昆虫扮演着开花植物（被子植物）授粉者的重要角色。这些植物是许多陆地生态系统的主要生产者，在没有昆虫媒介的情况下，不能完成异花授粉而繁殖，显花植物与传粉昆虫已经形成了一种紧密的共生关系。各种各样花的类型吸引着不同种类的昆虫，如蜜蜂、蝴蝶、黄蜂、蛾类、甲虫和苍蝇等。如果没有昆虫传粉，许多农作物，如扁桃、苹果、樱桃、蓝莓、黄瓜、南瓜、其他瓜类等，都将没有生产率。例如，在美国，有超过25万的商业和业余养蜂人管理着400多万个蜂箱，每年为2 000万～2 500万 hm^2 的农田提供授粉服务。这些服务每年花费种植者约5 000万美元，但通过提高农产品的产量和品质，他们每年能获得超过9亿美元的净收益。除了地上与植被相关的农业昆虫外，农田地表和土壤昆虫在养分循环和改善土壤理化性质方面也发挥着重要作用。

三、农业昆虫的复杂性

在农田生态系统中，农业昆虫作为该系统中非常重要的节肢动物类群比较复杂，总体来说，可以分为3个大类群，即农业害虫（主要是植食性的）、害虫天敌昆虫和中性昆虫。农业昆虫的出现通常与区域生态环境关系密切，并不是所有的农业昆虫都发生于各个不同生态区域，特定种类农业昆虫的发生受诸多因素影响，如地理气候条件、寄主范围（动植物种类）、农田小气候、人类活动强度等。地理气候条件通常影响农业昆虫的发生、发生世代以及分布范围，一种昆虫由于受地理气候的影响可以成为某些区域的常见种类，也可能分布全国甚至全世界许多地区。例如水稻褐飞虱，虽然属于重要迁飞性害虫，但它主要发生在长江流域及以南水稻产区，而小菜蛾则是世界性的重要蔬菜害虫，发生于我国各蔬菜产区。

就昆虫寄主和食性而言，也具有复杂性。以植食性昆虫为例，几乎找不到一种作物只有一种昆虫取食为害的，往往是一种作物可以遭受多种植食性昆虫的取食与为害，例如取食玉米的害虫就有玉米螟、玉米蚜、禾谷缢管蚜、双斑萤叶甲、灰飞虱等。反过来说，植食性昆虫的取食植物同样比较复杂，通常它们的食性可分为多食性、寡食性和单食性，大多数植食性害虫都属于前两种。我们熟悉的棉铃虫、黏虫就属于多食性害虫，而蔬菜上的菜粉蝶则属于寡食性害

虫，只有少数害虫属于单食性，著名的水稻害虫稻褐飞虱和三化螟属于此类食性，它们只取食水稻和野生稻。

农田生态系统中，作物生长期的田间小气候对农业昆虫的种类和数量都有较大的影响。除了受大气环流的影响外，田间小气候的形成与农作物种类和品种、种植制度、田间水肥管理以及农事操作均有密切的关系。例如，在农业和景观级农业集约化生产中，针对农田甲虫类群的研究发现，为了获得农作物产量，增加农田的管理强度，减少了甲虫的总体数量，而小型和中型以及无翅甲虫的丰富度都没有受到影响，通常高产农田都降低了植食性和捕食性甲虫数量。

1. 一种植物受到多种昆虫为害

昆虫和植物都是地球上较古老的生物类群，植物作为初级营养生产者，为地球上许多植食性动物提供了赖以生存的食物，当然包括植食性昆虫。在昆虫中，以植物活体为食的昆虫约占昆虫总类的40%～50%，数量巨大。许多植食性昆虫还属于多食性昆虫，即一种植食性昆虫能取食多种植物以满足其营养需求。因此，一种植物受多种昆虫为害是非常常见的现象(图1-1)。例如苹果害虫包括苹果蠹蛾、苹小食心虫、梨小食心虫、桃小食心虫等。又如棉花害虫就有棉蚜、棉铃虫、多种盲蝽、棉红铃虫等(案例分析部分详细介绍)。

2. 一种昆虫取食多种植物

这部分内容将在案例分析部分的“寄主范围”详细介绍。大多是植食性昆虫在与植物协同进化的过程中，形成了相互适应机制，为了生存和繁衍后代，这些植食性昆虫必须扩大食物来源。例如桃蚜(烟蚜、菜蚜)，寄主植物有74科285种。寄主植物主要有梨、桃、李、梅、樱桃等蔷薇科果树；夏寄主(次生寄主)作物主要有白菜、甘蓝、萝卜、芥菜、芸苔、芜菁、甜椒、辣椒、菠菜等多种作物。又如小菜蛾，寄主植物包括甘蓝、紫甘蓝、青花菜、薹菜、芥菜、花椰菜、白菜、油菜、萝卜等十字花科植物(图1-2)。

图1-1　多种昆虫取食一种植物

为害甘蓝、紫甘蓝、青花菜、薹菜、芥菜、花椰菜、白菜、油菜、萝卜等十字花科植物

图1-2　一种昆虫取食多种植物

3. 一种昆虫只取食一种植物

在昆虫与植物的协同进化过程中，虽然许多昆虫扩大了其食物来源，但也有少数的植食性昆虫寄主范围比较狭窄，它们通常只取食一种植物，这些植食性昆虫的食性被称为单食性。不过，这样的一些农业害虫一直是部分农作物的重要害虫，例如，水稻褐飞虱和三化螟只为害水稻和野生稻，大豆食心虫只为害大豆和野生大豆等。由此可见，这些单食性昆虫能够在单一寄主上生存和种群繁殖，说明其具有较强的环境适应性，其种群一直保持并延续的机制是一个非常值得探究的问题。

第二节 农业昆虫学及其任务

一、概念及其意义

农业昆虫学是从昆虫学发展起来的一门应用学科，重点关注与农业生产密切相关的昆虫学问题。它以农业生态系统为基础，主要研究并阐明农田昆虫种类、个体发育及生物学特性、种群发生规律和影响因素，以及与农田生态环境之间相互关系及其生态服务功能的科学问题。

作为一门学科，我们在研究农业昆虫时，应该将其视为农业生态系统的一类功能群组，重点揭示这些昆虫种类在特定农作物系统中的生存和发展状态，以及与生物和非生物环境的互作关系，为农业昆虫（或害虫）的科学管理奠定理论基础。

二、研究内容

根据农业昆虫学含义，该学科基本定位于应用基础研究类型。其关注重点是与农业环境相关的特定昆虫种类在农业生态系统中的生存与发展，及其与该系统中诸多相关环境（生物和非生物）的互作关系。因此，该学科开展的研究工作应该包括农业昆虫种类识别及其功能、地理分布、生物学特性、与寄主植物的互作关系、种群发生规律及影响因素、与环境相互作用和联系，以及对特定作物生产的影响。这些研究将揭示两个方面的规律，即共性规律和区域性规律。所谓共性规律，就是昆虫内在或遗传因素决定的生长发育及对环境适应性，如个体发育和生物学特性，影响并制约种群发展的因素等，每种昆虫都有其生存发展的特殊规律；所谓区域性规律，就是由于地理气候条件和农作物种植制度的差异，都会表现出区域性差异，因而，通过系统研究，阐明区域性农业生态系统中农业昆虫生存发展规律，这对农业昆虫的管理和利用，最大限度地减少农作物产量和品质的损失、保护农田环境、维护生态平衡以及促进农业生产的可持续发展具有重要的意义。

三、与相关学科的关系

与农业昆虫学密切相关的学科自然是昆虫学领域的一些学科，如普通昆虫学、昆虫生物学、昆虫生态学等，这些学科知识是学好农业昆虫学和从事农业昆虫学研究的理论基础。此外，与农业昆虫学相关的其他学科还有农业生态学、生物地理学、化学生态学、微生物学、分子生物学、气候气象学等。例如，我们学习和研究农业昆虫的科学问题都是以农业生态系统为基础，利用农业生态学的理论去分析农田环境的变化对农业昆虫个体生长发育和种群生存与发展影响是该学科的重要任务之一。生物地理学有助于帮助我们研究农业昆虫起源、地理分布的特点、重要地理气候条件对特定种类的影响规律，以及全球的扩散与迁飞规律。化学生态学让我们更深入了解农业昆虫物种内、物种间以及其与环境之间的通信，如雌雄虫引诱、种内个体告警、植食性昆虫定位寄主、有益昆虫寻找猎物等。现代昆虫学研究发现，许多农业昆虫的

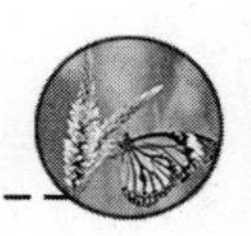

生长发育、生活习性、寄主适应性以及抗逆性等与昆虫肠道微生态，特别是肠道微生物关系密切，因此，微生物学也是农业昆虫学的密切相关学科。与微生物学相似，分子生物学的发展为从分子水平进一步阐明农业昆虫适应多变的农业生态系统机制提供了技术保证。农业气象学的知识为我们更多地了解全球气候变化和特定农业生境小气候影响农业昆虫种类差异、生物学习性变化和种群动态奠定了基础。

第二章

农业昆虫学基本理论

本章知识点

- 了解农业昆虫学基本分类单元及农业相关重要目科种昆虫
- 熟悉农业昆虫田间基本识别方法
- 掌握农业昆虫重要生物学特性
- 重点理解农业昆虫在农业生态系统中的作用

农业昆虫学的理论基础来自昆虫学的基本理论和知识储备，但又不同于普通昆虫学，具有较强的针对性和专业性。农业昆虫学的服务对象是农业生态系统，除了特定昆虫种类外，受特定系统的局限性，各种生物因素和非生物因素都可以影响农业昆虫的生物学特性、生态学行为及其生态服务功能。需要重点关注的是特定昆虫种类在生态系统中的生物学特性、与其他生物因素的相互联系、一系列农田管理的影响，以及地理气候条件和农田小气候的影响等，这些基本理论有助于充分了解农业生态系统中昆虫种群与环境的相互联系及其发生规律，从而科学合理地指导农业昆虫种群的管理。

第一节　农业昆虫分类与鉴定

农业昆虫是农业生态系统中所有昆虫种类的总称，包括很多以农作物为食，并能引起农作物经济损失的一类昆虫，我们称为农业害虫。另有一类农业昆虫，它们能以农业害虫为食，能控制害虫种群密度在一个较低水平，避免或减少农作物的经济损失，我们称其害虫天敌或益虫。此外，还有一类重要的农业昆虫，它们能帮助农作物传粉，如蜜蜂，保证虫媒作物充分授粉而被称为传粉昆虫，另外一些昆虫可取食残渣败叶等有机质，加速了农业生态系统的物质和能量循环，常被称为中性昆虫。无论哪一类农业昆虫，都是维持农业生态系统稳定、健康发展，保证农业可持续发展不可或缺的重要组成部分，因此，首先必须认识它们，知道它们的名称，然后才能了解它们在农业生态系统中的地位和作用，这就是农业昆虫分类与鉴定的必要性和意义。

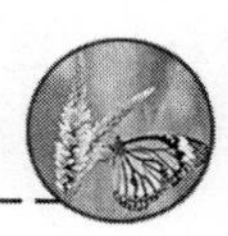

一、分类阶元

农业昆虫不仅种类繁多，而且同一种昆虫还有多个不同的形态。同种昆虫常有成虫、卵、幼虫等几个虫态，还有性二型、多型性、季节型等多样性。对于如此多样的昆虫，不加系统整理，管理和利用这些昆虫就无从下手。昆虫分类学就是用科学的方法，从形态、生物学、生理、生态等方面加以研究。通过比较分析，找出一种(类群)昆虫的特殊性，识别其种类，并通过概括归纳，找出一些共性，归成大的类群，整理出一个系统，即分类系统。

农业昆虫的分类与其他生物基本相同，都是由界、门、纲、目、科、属和种 7 个阶元组成(图 2-1)。通过昆虫学基础知识的学习，多数情况下，农业昆虫田间识别都可以鉴定到科的水平。

Kingdom(界)　Animal(动物界)
Phylum(门)　Arthropoda(节肢动物门)
Class(纲)　Hexapoda(Insecta 昆虫纲)
Order(目)　Lepidoptera(鳞翅目)
Family(科)　Noctuidae(夜蛾科)
Genus(属)　*Helicoverpa*(实蛾属)
Species(种)　*Helicoverpa armigera*(棉铃虫)

图 2-1　生物物种分类阶元(以棉铃虫为例)

二、种的田间识别

在农业生产实践中，面对数量较多的农业昆虫，如何快速识别一些重要昆虫种类是很多没有田间经验的人面临的较大难题。不过，在总结大量农业昆虫形态识别特征的基础上，我们还是可以发现一些重要农业昆虫中文命名的规律，了解这些规律性的形态识别特征将极大地方便我们田间鉴定农业昆虫种类。

昆虫体色是物种描述中比较常用的特征，而一些重要昆虫种的命名采用了独特的体色，如绿盲蝽、稻绿蝽和大青叶蝉等，它们通体为绿色；铜绿金龟子则通体具有铜绿光泽；麦红吸浆虫体色为橘红色，而麦黄吸浆虫体色则为姜片黄，等等。昆虫触角是重要感觉器官，在物种描述中触角的节数具有典型科的特征，但在一些近缘种比较中，触角长短通常作为区别特征。这里的触角长度概念通常是与昆虫体长对比而言，如荻草谷网蚜(以前称为麦长管蚜)触角与身体等长或超过，而麦二叉蚜触角为体长的一半或稍长，禾谷缢管蚜触角仅为体长之半。有些昆虫种类触角的长短也是区别雌雄的依据，如沟金针虫雄虫触角长于体长，而雌虫触角则短于身体长度。

许多农业昆虫翅的颜色和图案常常是田间种的识别特征，特定的昆虫类群其翅面斑纹具有其特殊性。例如鳞翅目昆虫成虫，其鳞片通常组成了不同的斑纹，成为该目种类描述的必须特征。典型的鳞翅目昆虫翅面模式斑纹代表是夜蛾科小地老虎的前翅(图 2-2)，主要斑纹包括 5 条横线(内、中、外横线，亚缘线和缘线)、棒状纹、环形纹、肾形纹以及 3 个楔状纹等。具有模式图中斑纹的重要农业昆虫包括地老虎类、甜菜夜蛾、甘蓝夜蛾、黏虫、草地贪夜蛾等夜蛾科昆虫，以及玉米螟、稻纵卷叶螟等螟蛾科昆虫。其主要差异在于一些模式斑纹显示的多少，有些仍然显示在翅面，而另外一些则消失。在鳞翅目许多农业昆虫种类识别中，翅面斑纹的形状和数量至关重要，例如粉蝶类种类识别时，翅面斑纹的形状、数量多少等，稻弄蝶（稻苞虫）类成虫前翅和后翅斑纹数量、形状及排列方式等都是识别种的重要特征。

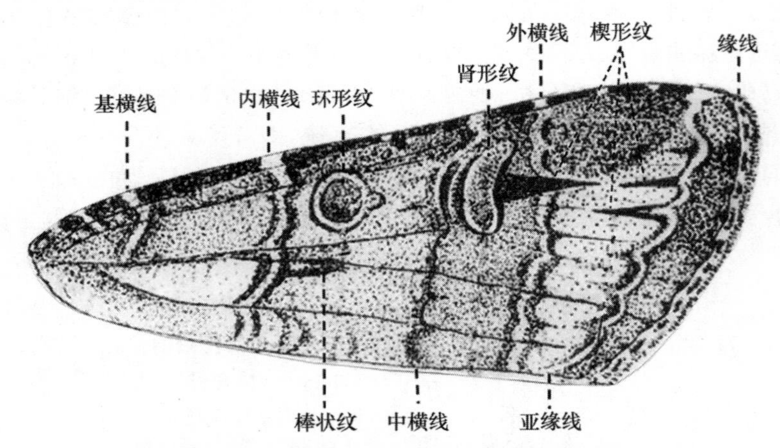

图 2-2　鳞翅目昆虫（小地老虎）成虫前翅斑纹模式图

在许多半翅目和鞘翅目常见农业昆虫田间识别特征中，身体背面和鞘翅/半鞘翅上的斑点或纹也是特定种的鉴定依据，如七星瓢虫、龟纹瓢虫、双斑萤叶甲、黄条跳甲、中黑盲蝽、三点盲蝽、金缘吉丁虫、星天牛、绿豆象、豌豆象、蚕豆象、马铃薯瓢虫、茄二十八星瓢虫、黑尾叶蝉、电光叶蝉等。

农业昆虫胸腹背部特征也常常成为一些种类田间识别特征，如白背飞虱的胸部背板有一黄白色纵脊，沟金针虫幼虫胸腹背面中央有一浅沟，黑带食蚜蝇成虫腹背有黑色横带，柑橘大实蝇成虫腹部背面有褐色“十”字纹，而橘小实蝇成虫腹背面有褐色“T”纹。在草地贪夜蛾幼虫识别中，前胸背板黑色，中胸与后胸节背面黑色斑点排成一排，腹部第 8 节背部 4 个黑色斑点形成正方形，这些特征就是该虫幼虫特有标志。

根据寄主和取食特点识别昆虫种类也是田间常用方法。许多农业害虫的中文种名中，常常包含寄主植物和为害特征，如稻纵卷叶螟、棉大卷叶螟、稻管蓟马、稻水象甲、大豆食心虫、梨（苹）小食心虫、苹果顶梢卷叶蛾、甘薯天蛾、豆天蛾、马铃薯瓢虫、茄二十八星瓢虫。一些有益生物，特别是寄生性天敌也带有猎物的名称，如烟蚜茧蜂、螟蛉绒茧蜂、稻纵卷叶螟绒茧蜂、稻螟赤眼蜂、松毛虫赤眼蜂、玉米螟厉寄蝇、黏虫缺须寄蝇等。

三、农业主要目重要昆虫/螨虫种类

所有的昆虫属于节肢动物门昆虫纲，在昆虫纲中所有昆虫分属 30 多个目，其中与农业生产密切相关的昆虫主要集中在 8 个目。另外，蛛形纲中与农业相关的有蜱螨目和蜘蛛目。表 2-1 中列举了农业重要节肢动物 2 纲 9 目中的常见种类。因蜘蛛目昆虫种类繁多，不在表中列出。

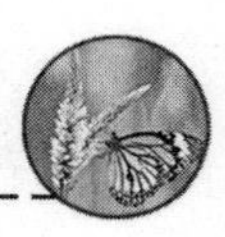

表 2-1　农业重要节肢动物目科种一览简表

目名	主要科重要昆虫/螨虫种类
直翅目	斑翅蝗科：东亚飞蝗、云斑车蝗 斑腿蝗科：中华稻蝗、日本黄脊蝗 蝼蛄科：华北蝼蛄、东方蝼蛄
缨翅目	管蓟马科：稻管蓟马、麦管蓟马 蓟马科：稻蓟马、烟蓟马、棕榈蓟马
半翅目	蝽科：稻褐蝽、稻黑蝽、稻绿蝽 缘蝽科：针缘蝽、稻蛛缘蝽 盲蝽科：绿盲蝽、苜蓿盲蝽、中黑盲蝽、三点盲蝽 网蝽科：梨网蝽、香蕉网蝽 花蝽科：细角花蝽、微小花蝽 叶蝉科：黑尾叶蝉、大青叶蝉、棉叶蝉 蜡蝉科：斑衣蜡蝉 飞虱科：褐飞虱、白背飞虱、灰飞虱和甘蔗扁角飞虱 蚜科：棉蚜、麦二叉蚜、荻草谷网蚜、桃蚜、高粱蚜、萝卜蚜 绵蚧科：吹绵蚧 盾蚧科：桑盾蚧、矢尖盾蚧、梨圆蚧 蜡蚧科：白蜡虫、红蜡蚧、朝鲜球坚蚧 粉虱科：温室白粉虱；烟粉虱
脉翅目	草蛉科：大草蛉、丽草蛉、中华草蛉
鳞翅目	夜蛾科： 食叶种类：黏虫、草地贪夜蛾、斜纹夜蛾、稻螟蛉、棉小造桥虫、甜菜夜蛾 蛀食种类：大螟、棉铃虫、鼎点金刚钻 切根种类：小地老虎、大地老虎、黄地老虎 螟蛾科：二化螟、三化螟、稻纵卷叶螟、玉米螟、高粱条螟、粟灰螟、豆荚螟、菜螟、棉卷叶野螟、桃蛀螟、梨大食心虫 卷蛾科：大豆食心虫、梨（苹）小食心虫、苹果顶梢卷叶蛾、褐带长卷叶蛾、拟小黄卷叶蛾 菜蛾科：小菜蛾 天蛾科：甘薯天蛾、豆天蛾；鬼脸天蛾、雀纹天蛾 谷蛾科：谷蛾、衣蛾 刺蛾科：黄刺蛾、褐刺蛾、扁刺蛾 麦蛾科：麦蛾、棉红铃虫、甘薯麦蛾、马铃薯块茎蛾（烟草潜叶蛾） 蛀果蛾科：桃蛀果蛾（桃小食心虫） 粉蝶科：菜粉蝶、大菜粉蝶、东方粉蝶、斑粉蝶、褐脉粉蝶 弄蝶科：直纹稻弄蝶、隐纹谷弄蝶、中华稻苞虫 凤蝶科：柑橘凤蝶、玉带凤蝶、花椒凤蝶 蛱蝶科：苎麻赤蛱蝶、苎麻黄蛱蝶
鞘翅目	步甲科：金星步甲、皱鞘步甲、麦穗步甲 叶甲科：（又名：金花虫）大猿叶虫、小猿叶虫、黄守瓜、黄曲条跳甲 叩头虫科：沟叩头虫（沟金针虫）、细胸叩头虫（细胸金针虫）

续表 2-1

目名	主要科重要昆虫/螨虫种类
鞘翅目	丽金龟科:铜绿异丽金龟;鳃金龟科:暗黑金龟、华北大黑鳃金龟 拟步甲科:黄粉虫、黑粉虫、赤拟谷盗、杂拟谷盗、网目沙潜 芫菁科:豆芫菁 吉丁虫科:柑橘小吉丁虫、金缘吉丁虫 皮蠹科:谷斑皮蠹、黑皮蠹 天牛科:桑天牛、星天牛、橘褐天牛、桃红颈天牛 豆象科:绿豆象、豌豆象、蚕豆象 象甲科:玉米象、米象、稻象甲、稻水象甲、蒙古灰象、甜菜象甲 瓢虫科:益虫:澳洲瓢虫、龟纹瓢虫、黑襟瓢虫、七星瓢虫、异色瓢虫 害虫:马铃薯瓢虫、茄二十八星瓢虫
膜翅目	叶蜂科:麦叶蜂、梨实蜂 茎蜂科:梨茎蜂 姬蜂科:黄带姬蜂、黏虫白星姬蜂、螟蛉悬茧姬蜂、棉铃虫齿唇姬蜂、螟黑点疣姬蜂 茧蜂科:螟蛉绒茧蜂、稻纵卷叶螟绒茧蜂、麦蛾茧蜂、红铃虫甲腹茧蜂、玉米螟长距茧蜂、斑痣悬茧蜂 小蜂科:广大腿小蜂、无脊大腿小蜂、粉蝶大腿小蜂、甜菜龟甲大腿小蜂、金刚钻大腿小蜂 跳小蜂科:螟蛾点缘跳小蜂、毛虫点缘跳小蜂、盾蚧毛鞭跳小蜂、绒蚧阔柄跳小蜂 金小蜂科:红铃虫金小蜂、蝇蛹金小蜂、黑青小蜂、稻苞虫金小蜂、凹金小蜂、凤蝶金小蜂 赤眼蜂科:广赤眼蜂、稻螟赤眼蜂、玉米螟赤眼蜂、松毛虫赤眼蜂、拟澳洲赤眼蜂
双翅目	瘿蚊科:麦红吸浆虫、麦黄吸浆虫、稻瘿蚊、柑橘花蕾蛆、高粱瘿蚊 实蝇科:柑橘大实蝇、柑橘小实蝇、瓜实蝇、地中海实蝇、苹果实蝇、樱桃实蝇、枸杞实蝇 潜蝇科:麦叶灰潜蝇、美洲斑潜蝇、豆秆黑潜蝇、三叶草斑潜蝇、南美斑潜蝇、番茄斑潜蝇 黄潜蝇科:麦秆蝇、稻黄潜蝇、黑麦秆蝇 花蝇科:灰地种蝇、葱蝇、萝卜蝇 眼蕈蚊科:迟眼蕈蚊(韭蛆)、平菇厉眼蕈蚊 食蚜蝇科:细腰食蚜蝇、黑带食蚜蝇 寄蝇科:伞裙追寄蝇、玉米螟厉寄蝇、黏虫缺须寄蝇
蜱螨目	叶螨科:二斑叶螨、朱砂叶螨、截形叶螨 绒螨科:内亚波利斯异绒螨、无视异绒螨、棉足绒螨(寄生棉蚜) 植绥螨科:西方盲走螨、智利小植绥螨、芬兰钝绥螨、加州钝绥螨(捕食螨)

第二节 农业昆虫重要生物学特性概述

农业昆虫生物学是讨论重要农业昆虫个体发育史阶段及其重要生物学习性,包括生殖方式、雌虫产卵方式、成虫、幼虫/若虫习性,以及它们在一年中的发生经过(或特点),即它的年生活史。

在农业生态系统中,农业昆虫的种类繁多,各不相同。每种昆虫都有其特定的生物学特性,可称为种的生物学特性。这些生物学特性都是它们在漫长的演化过程中逐步形成的,具有

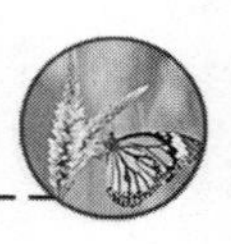

相对稳定性。不过，在一定的地理气候条件影响下，这些物种又处在不断地演变中，其生物学特性可能会有所改变，这种改变往往不易为人们所觉察。随着所处环境特殊性或地区间的长期地理隔离，可能会逐渐形成一种昆虫的不同地理种群，这些种群间会表现出一定的生物学特性差异。因此，研究农业昆虫生物学不仅对昆虫种类的演化理论十分重要，而且对区域性农业生态系统中经济昆虫科学合理的管理具有重要的实践意义。

这里，我们将简要地介绍农业昆虫生物学的若干重要方面，以了解农业昆虫生物学的特殊性。

一、生殖方式及雌虫产卵习性

虽然大多数农业昆虫都属于雌雄异体的动物，也就是说，它们主要行两性生殖。但在种类分化繁多的昆虫纲里，还有若干种特殊的生殖方式，也反映了不同昆虫种类的适应性。

1. 两性生殖

两性生殖(gamogenesis)是绝大多数农业昆虫的生殖方式。两性生殖需要经过雌雄交配，雄性个体产生的精子与雌性个体产生的卵子结合后，才能正常发育成新个体。

2. 孤雌生殖

昆虫世界无奇不有，也有不少农业昆虫种类，其卵不经过受精就能发育成新个体，这种现象称为孤雌生殖(parthenogenesis)。昆虫孤雌生殖大致可分为 3 种类型，即偶发性孤雌生殖、经常性孤雌生殖和周期性孤雌生殖。在偶发性孤雌生殖中，这些昆虫正常情况下行两性生殖，只是偶尔会出现不受精卵发育成新个体的现象，如家蚕。经常性孤雌生殖广泛存在于膜翅目昆虫中，包括重要的传粉昆虫蜜蜂，雌蜂产的卵并非所有的都是受精卵。此外，还有一些经常性孤雌生殖的农业昆虫，在自然情况下雄虫极少，甚至雄虫还没有被发现过，例如一些叶蜂、瘿蜂(没食子蜂)、小蜂、粉虱、介壳虫、蓟马等。

周期性孤雌生殖最常见的农业害虫就是蚜虫。许多蚜虫在温暖地区通常终年行孤雌生殖，这些蚜虫被称为不全周期性蚜虫。而在寒冷地区，只在冬季将要来临时才产生雄蚜，雌雄交配，产受精卵越冬，度过不良环境，从春季到秋季连续十余代都以孤雌生殖繁殖后代，几乎没有雄蚜。这种孤雌生殖和两性生殖随季节变迁而交替的现象，被称为“异态交替”(heterogeny)，这些蚜虫被称为全周期性蚜虫。

孤雌生殖对昆虫的广泛分布发挥着重要作用，它们往往是农作物的重要害虫。因为即便只有一头雌虫被偶然(如风吹、人为携带)带到新的地区，就有可能在新的地区大量繁殖，建立较大的种群。同时，即使在不适宜的环境条件下，出现大量个体死亡时，只要能保留极少数个体就相当于保住了它的种群。因此，孤雌生殖昆虫可以认为是对恶劣环境的适应和扩大种群分布的方式。

3. 多胚生殖

多胚生殖(polyembryony)是一个卵产生 2 个或更多个胚胎的生殖方法。这种生殖方法常见于膜翅目的一些寄生蜂类，如小蜂科、细蜂科、小茧蜂科、姬蜂科、螯蜂科等的部分种类。多胚生殖的寄生峰，将卵产在寄主昆虫的卵、幼虫或蛹里，寄生蜂幼虫孵化后，取食寄主作为营养并在寄主体内发育，待发育成熟后，或到寄主体外化蛹，或变成成虫离开寄主。多胚生殖的昆虫是农业生态系统中食物链较高营养级的重要组成部分。

4. 产卵习性

对卵生昆虫而言，卵是个体发育的第一个虫态，也是不活动虫态，昆虫雌虫的产卵行为和选择方式都有特殊的卵保护性适应。农业昆虫产卵行为和方式随种类不同而异。有的单个卵分散产，有的一次性将卵聚集产在一起成为卵块；有的产在暴露的组织，有的则产在隐蔽场所等。了解农业昆虫的产卵行为和方式，为我们田间识别和调查这些昆虫种类及其种群密度提供了极大的便利。

在农田生态系统中，许多农业昆虫最常见的产卵场所是农作物各种器官。例如，水稻二化螟和三化螟的卵块产在稻叶或叶鞘上；棉铃虫的卵为散产，大部分产在嫩叶、生长点、花蕾和苞叶上；梨大食心虫卵产在梨芽基部、桃的新梢或果实上；豌豆象卵产在豌豆嫩荚上，绿豆象卵产在绿豆种子上。而一些捕食性昆虫同样可能产卵于植物组织表面，如瓢虫和草蛉，常常将卵块产在猎物较多的植物组织表面。在草蛉卵块中，每粒卵都通过一根细丝支撑植物组织表面，等等。

有些农业昆虫产卵比较暴露，也有许多农业昆虫产卵具有较强的隐蔽性，它们常常会将卵产于寄主体内或组织中、农田土壤中或水田的近水植物组织上，甚至水中，这些产卵方式极具隐蔽性，通常很难被发现。有些植食性昆虫，如盲蝽、叶蝉、飞虱、叶蜂、象鼻虫等将卵(卵块)产在植物组织中；一些寄生性昆虫，如姬蜂、小茧蜂、小蜂、金小蜂、赤眼蜂，则将产卵器插入寄主身体或卵里去产卵。也有昆虫将卵产在农田土壤中或水田的近水植物组织上，如蝗虫、稻水象甲等。小麦红吸浆虫产卵在麦穗护颖和外颖之间，而黄吸浆虫产卵于麦穗内外颖之间。在农田中，各种昆虫选择不同的产卵方式的原因，首先是为它们的后代准备好食物，其次，对比较隐蔽产卵的昆虫来说，还有保护卵的作用。

此外，为了保护后代，许多雌虫为产的卵准备了更精细的保护措施。产在植物表面的卵或卵块外常有覆盖物，如三化螟的卵块表面覆盖有黄褐色鳞片状茸毛，二化螟卵块表面覆盖一层胶质，苹果巢蛾的卵外有红褐色的胶状物，螳螂的卵产在坚硬的卵囊里，蝗虫的卵也包在卵囊里。这些覆盖物或卵囊可以避免卵在干燥环境下水分过量蒸发，也可部分地避免天敌捕食。产在植物组织或寄主体内的卵，除了具有保护作用外，还可以从寄主体内获得胚胎发育或孵化所必需的水分，也方便下一代取食。

掌握农业昆虫成虫产卵习性，便于调查这些昆虫田间分布和种群密度，从而可以比较准确地了解特定农田生态系统中农业昆虫的基本状况，并在生产实际中科学合理地管理这些昆虫。

二、世代和年生活史

1. 世代的概念

昆虫个体发育过程通常分为两个阶段，即胚胎发育和胚后发育。胚胎发育是指从卵发育成幼虫或若虫的过程，幼期昆虫破卵而出的过程，称为孵化。在昆虫个体发育中，一个新个体(卵或幼虫)从离开母体开始发育到性成熟产生后代为止的整个发育过程称为昆虫的一个世代。昆虫发育一个世代时，不同变态类型所出现的虫态不同。农业昆虫中最常见的变态类型为完全变态和不完全变态。完全变态类型中，昆虫完成一个世代通常都要经过 4 个虫态，即

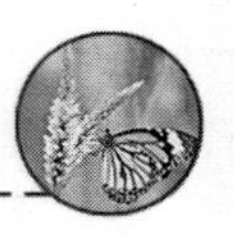

卵、幼虫、蛹和成虫，其中卵和蛹是这类昆虫相对静止虫态；而不完全变态类型中，昆虫完成一个世代一般经过卵、若虫和成虫3个虫态，只有卵是这类昆虫的一个相对静止虫态。值得注意的是，在不完全变态类型中，有些孤雌生殖的昆虫，它们在特定条件下，成虫并不产卵，而是直接产出若虫，最典型的是蚜虫，一般在一年四季比较温暖的地区，它们在取食的寄主植物上繁殖时都是直接产若虫，这也是这些昆虫对环境条件的适应。

2.年生活史及其意义

农业昆虫的年生活史简单说就是一种昆虫在1年内的发育史，也简称生活史。具体概念是指农业昆虫从当年越冬虫态开始活动算起，到翌年该越冬虫态结束为止的发育过程。昆虫越冬虫态随着种类不同，生活史不同，越冬虫态也各不相同。一般可分为两种类型：①以固定虫态越冬。许多农业昆虫常常以固定虫态越冬。鳞翅目夜蛾科许多昆虫往往以蛹在土壤中越冬，如棉铃虫、小地老虎、黏虫、草地贪夜蛾等，而一些鞘翅目昆虫如七星瓢虫、异色瓢虫则以成虫在较干燥、温暖的枯枝落叶下、杂草基部近地面的土块下、土缝中、树皮裂缝处潜伏越冬。还有些昆虫以老熟幼虫或高龄若虫越冬，如水稻三化螟以老熟幼虫在稻桩内越冬，二化螟以老熟幼虫在稻桩内、杂草、茭白等处越冬，桃小食心虫以老熟幼虫在土壤中结茧越冬，华北蝼蛄则以高龄若虫在土壤中越冬。②有些农业昆虫也以不同虫态越冬。例如，东方蝼蛄主要以成虫越冬，而少量的高龄若虫也可以越冬。稻纵卷叶螟的越冬虫态比较复杂，如南岭山脉以北到洞庭湖、鄱阳湖滨的南端一线，有些稻区有少量幼虫及蛹越冬；从南海岸线到南岭山脉之间地区，包括两广南部、台湾、福建南部，常年有部分蛹和幼虫越冬。在温带和寒带，农业昆虫越冬是年生活史中抵御不良环境、完成生活史和繁衍后代的一种生存对策。

在农业生态系统中，农业昆虫的年生活史特征，如越冬虫态、场所、越冬期间的活动、越冬后活动时间等，都会影响该系统的稳定性和可持续性。研究农业昆虫年生活史具有重要意义。通过对特定昆虫年生活史的研究，我们可以了解它们一年内的发生情况、与农田相关生物发生时间的吻合度及种群发展规律。充分了解重要农业昆虫及其天敌各代发生时间和完成发育所需的时间以及天敌种群的跟随规律，来指导农业生态系统的管理，可以促进农作物生长，有效管控农作物害虫种群，充分发挥有益生物管理害虫种群的最大功效。

三、农业昆虫习性

昆虫习性(habits)主要包括昆虫的活动和行为，是昆虫生物学特性的重要组成部分。昆虫习性具有种或种群特性，不可能所有昆虫存在共同习性，但某一些(类)昆虫可以有共同习性，如夜蛾类昆虫一般均有夜间出来活动的习性，螟蛾科的一些昆虫幼虫(二化螟、三化螟、玉米螟、桃蛀螟、高粱条螟、粟灰螟等)具有钻蛀性等，而且这些习性对科学管理农业生态系统中的昆虫十分重要。下面就农业昆虫的重要习性作一概括。

1.昼夜节律

昼夜节律(circadian rhythm)是指昆虫与自然界中昼夜变化规律相吻合的现象。绝大多数农业昆虫的活动不仅与季节密切相关，而且在活动期间，还与每天的昼夜节律紧密配合，如取食、交配、扩散与迁飞等，甚至包括一些昆虫的卵孵化、成虫羽化都具有昼夜节律。昼夜节律是这些昆虫生存、繁育的重要生活习性。例如日出性农业昆虫包括瓢虫、草蛉、食蚜蝇、蝶类以及许多甲虫类，夜出性包括大量的鳞翅目昆虫，这些昆虫通常会表现出夜间活动规律，它们在不同时间段如黄昏、午夜和黎明都表现出特定的活动和行为。此外，由于自然界中昼夜长短是随季节变化的，所以，许多昆虫的活动节律也具有较强的季节性。一年多代昆虫，各世代的昼夜节律反应会有所不同，明显的活动和行为反应主要表现在迁移、滞育、交配、繁殖等方面。

2.食性

昆虫作为一类动物常常处于生态系统食物链中的较高层级，食物是支撑其活动、生长发育和繁衍后代的重要能源来源。所谓食性(feeding)，就是昆虫的取食习性。昆虫是地球上最多的动物类群，其种类繁多。这些千差万别的昆虫，与它们食性分化具有密切的关系。根据其食物的性质，可以将昆虫食性分为植食性、肉食性和腐食性。植食性和肉食性通常分别指以植物和动物的活体为食的食性，而以动植物的尸体、粪便等腐烂物质为食的昆虫则均可列为腐食性。

在农业生态系统中，由于植食性昆虫取食农作物，导致人类赖以生存的食物或商品大量减产或失去经济价值，所以，将这类昆虫划为农业害虫。一些粮食作物重要害虫包括蝗虫、黏虫、水稻螟虫类、飞虱类、玉米螟、草地贪夜蛾、麦蚜、麦吸浆虫、马铃薯甲虫等；蔬菜重要害虫包括菜粉蝶类、小菜蛾、菜蚜类、白粉虱、潜叶蝇类、蓟马类等；果树重要害虫包括食心虫、天牛、实蝇类等。这些植食性昆虫在引起农作物产量和经济损失的同时，还是导致农田生态系统不稳定和不可持续的重要因素。

肉食性昆虫是农业生产中另一大类昆虫，通过捕食和寄生方式，它们以活体节肢动物为食，这些节肢动物包括了大部分农业害虫，通常称之为害虫天敌或有益昆虫。在昆虫纲中，鞘翅目的步甲科、虎甲科、瓢虫科的大部分种类、膜翅目的细腰亚目、双翅目的寄蝇科和食蚜蝇科等都是重要的农业害虫天敌，它们在农业生态系统中发挥着自然控制害虫种群密度的作用。

与植食性和肉食性昆虫相比，人们对腐食性昆虫的重视程度远远不够。其实，这类昆虫同样是农业生态系统中不可或缺的重要昆虫类群，通过取食植物腐朽的残枝败叶、动物尸体和牲畜粪便等，加速了系统中的物质和能量循环，维持了土壤生态平衡，并促进农作物健康生长。

除了以食物性质划分食性外，了解农业昆虫不同食性的范围在农业生产中具有特殊的意义。如在植食性基础上，根据昆虫取食植物种类多少可进一步分为多食性(polyphagous)、寡食性(oligophagous)和单食性(monophagous)3种类型。在农业生产上，无论是植食性还是肉食性昆虫，它们的寄主范围宽窄直接影响农业生态系统中农业昆虫管理策略和技术的应用。就植食性昆虫而言，寄主范围差异较大的植食性害虫，一般能取食亲缘关系较远的植物种类，被称为多食性害虫，如稻水象甲(*Lissorhoptrus oryzophilus* Kuschel)能取食7科56种植物，美洲斑潜蝇(*Liriomyza sativae* Blanchard)能为害14科64种植物，温室白粉虱[*Trialeurodes vaporariorum*(Westwood)]寄主有70科270种植物，棉蚜(*Aphis gossypii* Glover)能为害74科285种植物。那些主要取食一个科或少数近缘科若干种植物的常被称为寡食性害虫，如小菜蛾[*Plutella xylostella* (Cinnaeus)]能取食十字花科的39种植物，豆荚螟[*Etiella zinckenella*(Treitschke)]寄主为豆科植物。还有一类植食性昆虫，它们只取食一种植物，被称为单食性害虫，如水稻三化螟[*Tryporyza incertulas*(Walker)]和稻褐飞虱(*Nilaparvata lugens* Stål)，寄主植物为水稻和野生稻；大豆食心虫[*Leguminivora glycinivorella*(Matsumura)]主要为害大豆及野生大豆。值得重视的是，一些单食性农业害虫，如三化螟、稻褐飞虱、大豆食心虫等，都是农作物常发性重要害虫。

此外，基于食物范围，我们经常听到一种说法，称为杂食性(omnivorous)，指的是那些既能取食植物性，又能取食动物性及腐生性食物的一类昆虫，它们对食物性质和范围没有选择性，这类昆虫主要集中在储物害虫中，而在农业生态系统中通常罕见。然而，许多人，甚至一些专业人员口头表达或其出版物中，经常将多食性和杂食性混用，这是非常不科学，也不专业的。

3.趋性

所谓趋性(taxis)就是对自然环境中特定刺激的某种定向反应。通常刺激物会多种多样，有非生物的如热、光、化学物质等，也有生物源的，如植物的颜色和挥发物、昆虫体表挥发物及雌虫性信息素等。根据朝向和背离刺激源的方向性，可以分为正趋性和负趋性。正趋性通常叫作引诱或吸引，而负趋性则叫作驱避。根据刺激源种类，又可以分为许多类型，农业昆虫中常见的趋性种类有趋光性和趋化性。

了解农业昆虫的趋性对管理其田间种群具有重要意义。许多农业昆虫对光有明显的反应，如大多数夜出性蛾类有趋光性，而黎明即将结束时，它们又表现出避光性，因此，利用重要夜蛾类害虫的这种趋性，可以在夜间采用灯光诱杀，而在黎明时，又可以采用杨柳枝把诱集成虫。不过，不同的昆虫对光波长的反应不同，鞘翅目、鳞翅目和双翅目、半翅目昆虫分别对 400 nm、360 nm 和 520 nm 波长光有强烈趋光性。值得注意的是，许多有益昆虫同样具有趋光性，如 320～580 nm 波长的光捕获天敌昆虫比例高达 21.4%，而 360 nm 波长光诱捕天敌昆虫比例相对较低，但也占总诱捕虫量的 16.3%。因此，在生产实际中，利用趋光性管理害虫种群时，光源波长和开灯时间的选择对保护田间有益生物非常重要。

在复杂的农田生态系统中，充满着种类繁多的化学信息物质，来自昆虫、植物以及环境中的生物活性物质都会引起昆虫行为反应，影响着昆虫寻找寄主、交配、产卵及天敌昆虫搜寻猎物等过程。许多农业昆虫广泛利用了农田生态系统中的信息物质，例如根据寄主植物气味寻找寄主的害虫有马铃薯甲虫[*Leptinotarsa decemlineata* (Say)]、有翅和无翅大豆蚜(*Aphis glycines* Matsumura)、棉铃虫[*Helicoverpa armigera* (Hübner)]、菜粉蝶[*Pieris rapae* (L.)]、小菜蛾[*Plutella xylostella* (L.)]等。另外，我们熟悉的昆虫性信息素，通常由雌虫释放后吸引雄虫交配，具有物种特异性。此外，还有一类由植食性昆虫诱导的植物挥发物，既可以引诱同种个体前来取食，又可作为利它素，为它们的天敌昆虫提供搜寻线索。这主要是植物受植食性昆虫伤害后，产生的一些挥发性萜烯类化合物，天敌昆虫通过这些化合物可以比较顺利找到猎物。目前，农业昆虫的趋化性已经广泛用于生产实际，并作为重要的害虫管理技术。如设置害虫性诱剂和干扰雌雄虫交配的迷向丝，在农作物上喷施印楝素作为产卵忌避剂，阻止褐飞虱(*Nilaparvata lugens* Stål)、斜纹夜蛾[*Spodoptera litura* (Fabricius)]、橘潜叶蛾[*Phyllocnistis citrella* (Stainton)]、稻瘿蚊[*Pachydiplosis oryzae* (Wood-Mason)]等在寄主植物上产卵等。

4.群集性

群集性(aggregation)是指同种昆虫大量个体高密度地聚集在一起的习性，通常分为临时性群集和永久性群集两种类型。所谓临时性群集是指昆虫仅在某一虫态或某一段时间内群集生活，不久后就分散到周围植物上去。如许多产块状卵的昆虫，如斜纹夜蛾、瓢虫、草蛉、二化螟、三化螟等，卵或刚孵化幼虫通常会临时群集在一起，一旦低龄幼虫全部孵化或虫龄稍大后即分散生活。永久性群集是指这些昆虫所有虫态一直群集生活在一起，不会分离。如马铃薯甲虫、蜜蜂、红火蚁、稻褐飞虱、白背飞虱等。虽然如此，但在某些农业昆虫中，两者界限并非十分明显，如东亚飞蝗有群居型和散居型之别，两者可以互相转化。

5.扩散与迁飞

扩散(dispersal)是指同种昆虫个体在一定时间内短距离空间位置变化的现象。昆虫扩散可分为主动扩散和被动扩散。前者是昆虫个体因密度效应或因觅食、求偶、寻找产卵场所等由原发地向周边地区转移、分散的过程；而后者则是由于水力、风力、动物或人类活动而导致昆虫由原发地向其他地区转移、分散的过程。

主动扩散常常具有昆虫种的遗传性，使昆虫在特定区域或寄主上表现出一定的分布型。而被动扩散可使一些昆虫突破特定地理阻隔，从而扩大其分布区域，如果是农业害虫，常常会导致这些害虫在新分布区猖獗，从而对农作物生产构成极大威胁。因此，所有国家或地区通常都会高度重视危险性农业害虫的检疫，以控制其传播与蔓延。

迁飞(migration)通常指同种昆虫个体大量聚集后通过飞行或借助气流而大量、持续地远距离迁移的现象。迁飞具有昆虫物种遗传特性，是一种种群行为。许多农业重要害虫具有迁飞习性，如东亚飞蝗、黏虫、小地老虎、棉铃虫、草地贪夜蛾、稻纵卷叶螟、稻褐飞虱、白背飞虱和草地螟等。对这类重要的迁飞性害虫，应广泛开展全国性或国际性合作，加强并完善监测和预警系统是有效掌握其种群动态的重要途径。

第三节　农业昆虫在农业生态系统中的作用

一、农业生态系统特点

农业生态系统有以下特点：以栽培作物为中心，栽培作物及与之有关的营养链占首要地位；各个营养级之间多样性差，植物群落和栽培作物趋向于单一化；各类动物和微生物类群也趋于单一化；生态系统中的能量交换过程发生了很大的变化；人为作用限制或改变了生物群落的自然演替。

在农业生态系统中，生物环境是农业昆虫赖以生存的食物链。以农作物为主要植被的农田生态系统，大大简化了农业昆虫的种类。由于该系统的不稳定性，也同样形成了包括昆虫在内的不稳定的节肢动物群落。人为可操控的特定作物系统，改变了许多农业昆虫的生存环境，适者生存的自然规律得到了集中的体现，因而，形成了以少数昆虫为主的相关动物群落，这就导致少数甚至个别昆虫的暴发而造成农作物重大经济损失。这些突发灾害通常与人为管理密切相关，诸如耕作粗放、种植制度单一化、水肥管理不当以及病虫害缺乏科学干预等。因此，科学管理以农作物为主的农业生态系统是维持农业昆虫各级营养链之间平衡发展的重要保证。图 2-3 表示的是农业生态系统中的重要组成。

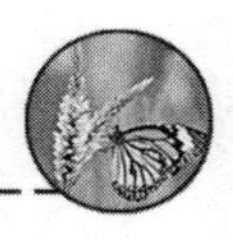

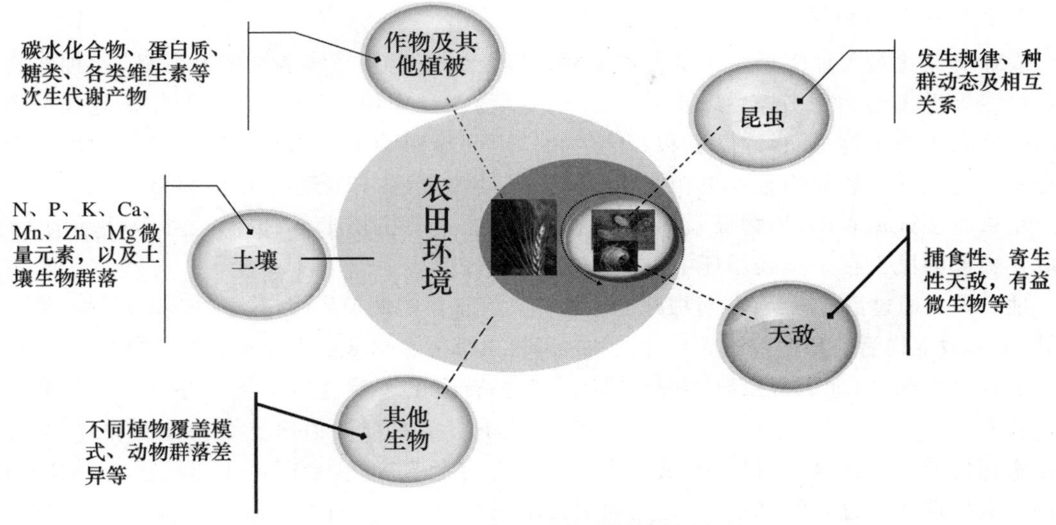

图 2-3 农业生态系统中的重要组成

二、农业昆虫生态服务功能

昆虫是地球上最多样化的动物，具有广泛的生态服务功能，包括种子传播、授粉、有机物处理和营养循环等。这些过程有助于调节植物多样性、光合作用、土壤肥力和生态系统结构。作为生态系统中食物网的重要组成部分，支持和调节着上下营养层次的生物多样性，促进生态系统内能量流动。良好的生物多样性和生态平衡系统有助于作物传粉者种群发展和病虫害种群的生物调控。

1.植被繁衍服务

许多昆虫是植物的重要传粉动物，85%的被子植物都要依赖昆虫传粉。在这些传粉昆虫中，除了最熟悉的蜜蜂外，其他类群包括无刺和独居蜜蜂、大黄蜂、苍蝇、蝴蝶类、蛾类和许多甲虫等。农业生产的集约化促进了自然景观的碎片化和原有动物栖息地的丧失。这一过程减少了生物多样性，均质化了农田镶嵌景观。因此，农业生态系统中的大多数野生动植物种类被限制在小型的半自然生境，散布在农田景观中。蜜蜂和其他传粉昆虫可以提高许多作物的产量、质量和营养价值。农业生态系统中的大多数传粉者都需要自然和半自然的栖息地来筑巢和取食。传粉昆虫种类的觅食范围不同，受周围景观影响的规模也不同，农田边界物种多样性受邻近土地利用规模的影响，如作物类型及其农艺管理等。因此，加强农业生态系统中植被多样性对保护传粉昆虫，并充分发挥其传粉服务功能至关重要。

此外，在长期演化过程中，昆虫与植物形成了互惠共生关系，昆虫为了持续获得喜欢取食的植物或植物营养组织，主动承担传播种子的功能，如蚂蚁与特定植物互惠互利。据报道，依赖蚁类传播种子的植物大约涉及 80 科 90 属，约 2 800 种。这类植物种子常常含有丰富蛋白质、脂肪和油类等蚁类嗜食成分的种胚，这些成分能作为诱饵吸引蚁类帮助其完成自身种子传播，促进植被的繁荣。

2. 有机质分解和营养循环

农业集约化极大地降低了土壤生物多样性以及农业生态系统的功能和服务，增加作物多样性可以促进土壤生物多样性以及地上和地下生物相互作用。例如，不同的作物轮作可调节较高营养水平的生物(捕食性昆虫和其他生物)，也间接影响了植物废弃物的分解速率。取食植物根部昆虫和土居动物是一类功能独特的土壤动物类群，广泛存在于大多数陆地生态系统中。越来越多证据表明，植物根系和根系衍生物是土壤有机质形成、分解及养分循环的关键，而取食根部的昆虫在土壤碳循环中扮演着重要角色。

地下害虫通过消耗根组织，对根际物质循环具有重要的调控作用，并可以改变根沉积数量和质量、土壤微生物活性和群落组成。叶类和根部害虫都能影响分解生物和土壤结构形成过程。

值得注意的是，地下害虫对土壤有机质形成和转运的影响与地上害虫存在一些本质的不同。首先，食叶害虫可能影响地下资源配置，而地下害虫对根的消耗更直接控制根际生产力、死亡率和物质流动。其次，根部害虫的废弃物直接与土壤接触，会促进土壤微生物对其利用，维持土壤物理化学过程的稳定。第三，通过去除调控植物养分和水分吸收的植物组织，根部害虫对寄主植物资源分配的影响与食叶害虫对参与光合作用和繁殖组织的损害完全不同。

此外，植食性昆虫能够沉淀大量的粪便在废弃物和土壤表面，从昆虫粪便中返回到土壤中的氮能够超过叶片废弃物；从昆虫尸体返回土壤中的养分比植物叶片废弃物中的养分更容易分解，特别在暴发期，更能促进废弃物的分解。植食性昆虫可能影响植物根部分泌物或根与其共生物之间的互作，从而影响着土壤营养动态。由于植食性昆虫活动而改变作物相冠层结构和覆盖范围，增加光有效性，引起农田小气候的变化，从而改变农田生态系统中的营养循环。

3. 改善土壤团聚体

土壤结构是指原生颗粒和土壤有机化合物排列成团聚体和相应孔隙，在气水交换、养分循环和抗侵蚀等方面发挥着关键作用。众所周知，土壤团聚体优劣与土壤微生物或较大土壤动物，特别是蚯蚓有着密切的关系，但很少有人关注小型昆虫如弹尾虫(跳虫)对土壤结构质量的影响。弹尾虫属于昆虫纲弹尾目昆虫，身体大小介于 0.2 mm 至 10 mm 之间，约有 7 500 种，是地球上最丰富的节肢动物之一，也可能是最古老的六足动物(图 2-4)。弹尾虫从植物中摄取活的或死的有机物质，或捕食线虫和微生物，如真菌。它们是食物网中作为分解者的重要成员和构建土壤团聚体的主要参与者。有人认为，这些土壤微节肢动物的粪便作为土壤团聚的起始核，有助于土壤团聚体形成。弹尾虫能以各种不同来源的食物为食，包括细菌、植物碎片、根或线虫，但几乎所有弹尾虫都以真菌菌丝为食，并可以显著影响丛枝菌根真菌(arbuscular mycorrhizal fungi，AMF，土壤中有益真菌类)及丛枝菌根真菌与植物共生，从而具有调节植物生长、根系生物量或植物氮吸收等功能。因此，从表面看，土壤中许多微小昆虫并不影响农作物产生，也不是农业害虫或天敌昆虫，但它们维持了水稳定的土壤团聚体，通过促进土壤聚集来维持生态系统的可持续性。

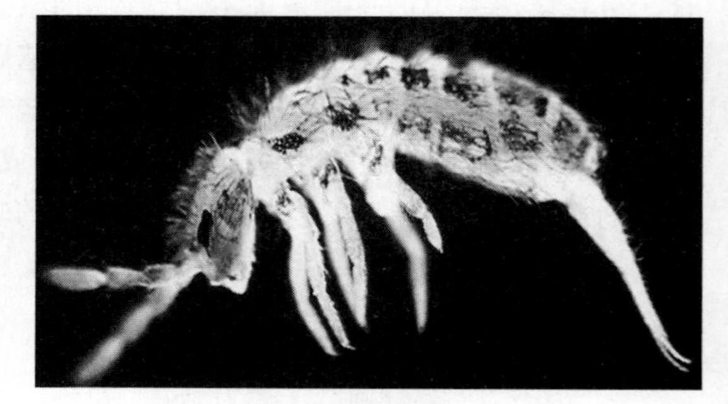

图 2-4　弹尾虫

4. 维持农田益害种群平衡

在昆虫纲中，有大量植食性昆虫，它们取食

植物，造成农作物经济损失。不过，在农业生态系统中，也有许多肉食性昆虫是很多重要害虫的天敌，它们通常发挥着生物控害的作用。在这些肉食性昆虫中，大约 28%的种类捕食其他昆虫，2.4%寄生其他昆虫。农业生态系统中的农作物是植被主体部分，作物害虫的发生不可避免，而这些天敌昆虫在调控害虫种群上起着十分重要的作用。据报道，在农田生态系统中，通常天敌的控害作用在 50%以上。正因为天敌昆虫的控害作用，在北美洲已知的 8.5 万种昆虫中，需要人为干预的害虫只有 1 425 种，占 1.7%。在我国，稻田生态系统中，植食性昆虫及其天敌达 1 927 种，其中需要人为干预的重要害虫只有 10 多种，约占稻田节肢动物种类的 1%。很显然，在自然农业生态系统中，虽然昆虫种类很多，但真正对人类造成经济损失的有害种类极少，这说明捕食性或寄生性有益生物保持了很好的自然控制作用，维持了农业生态系统中昆虫益害种群平衡。

第三章

农业昆虫与其他生物间关系

本章知识点

- 了解农业昆虫与农田生物之间关系的重要性
- 了解植食性昆虫与寄主植物互作及三级营养关系
- 了解传粉昆虫与显花植物的关系
- 了解昆虫肠道微生物对昆虫的重要性
- 了解植物病原微生物-植物-植食性昆虫三者之间的关系

在农业生态系统中，环境条件的特殊性决定了农业昆虫复杂的生态学联系，特别是生物之间的相互关系。农业昆虫与其他生物之间的关系是这种相互联系中重要的关系，包括同种昆虫其他个体、其他节肢动物类群、有限的植物种类，以及微生物（共生微生物、昆虫病原微生物和植物病原微生物），任何一种相互联系都会影响到农业昆虫及其他生物种群发展和生态环境的适应性。这些相互关系一直是农业昆虫学领域的关注和研究的焦点。

第一节　农业昆虫与植物关系

一、植食性昆虫与寄主植物的相互关系

自然界中，植物为昆虫提供食物和栖息环境，两者相互作用、协同进化，成为自然生态系统的重要组成部分。而在农业生态系统中，由于单一作物的大面积种植，农业害虫暴发成灾的现象经常发生，给农业生产造成巨大危害。植食性昆虫不仅可以通过取食对作物造成直接损害，有些害虫还可以作为植物病原物的传播介体导致植物病害的发生和蔓延。究其原因，在于作物与植食性昆虫长期协同进化过程中，形成了一系列相互识别与相互作用的关系。

1. 寄主植物定位与识别

伴随着植物的颜色、形状和气味等表型特征与昆虫感受系统的发展，昆虫可以综合利用植

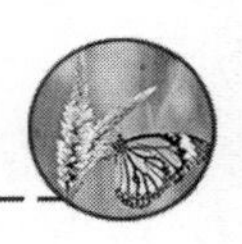

物的表观特征识别寄主植物。植物挥发物是植食性昆虫与寄主植物通信联系的重要化学信号，在一定距离范围内，植食性昆虫可以通过嗅觉感受器感受到寄主植物的气味，并找到寄主植物。植物挥发物主要是一些低分子量的醇类、醛类、酮类、酯类和萜烯类化合物组成的混合物，具有植物种类、生育期和部位特异性。这些化合物为植食性昆虫搜索和定位寄主植物提供了重要线索，还可以影响昆虫取食和产卵等多种行为。例如，果树的挥发物法尼烯对苹果蠹蛾具有较强的引诱作用；棉花、番茄等的挥发物，可诱导交配后的美洲棉铃虫雌蛾定位寄主植物，并刺激其产卵。同样，当植食性昆虫取食植物后，受害的植物也会释放挥发物，不过，与健康植株有明显的差异，称为害虫诱导植物性挥发物（herbivore-induced plant volatiles，HIPVs）。HIPVs 会因昆虫种类和为害程度的不同具有特异性，并传递出植物生存状况、生理状态和已有的植食性昆虫分布情况等复杂信息，从而有效调节其他植食性昆虫觅食和产卵行为，躲避种内和种间的生存竞争。例如，取食十字花科蔬菜的小菜蛾[*Plutella xylostella* (L.)]利用幼虫为害后寄主释放的异硫酸酯引导成虫定位寄主植物并产卵；而被叶蝉（*Cicadulina storeyi* China）取食的玉米苗释放出挥发物强烈驱避同类其他个体；同样，西花蓟马[*Frankliniella occidentalis* (Pergande)]取食后的黄瓜苗驱避二点叶螨[*Tetmnychus urticae* Koch)，以及斜纹夜蛾[*Spodoptera litura* (Fabricius)]取食后诱导的水稻挥发物驱避褐飞虱（*Nilaparvata lugens* Stål）等。

昆虫视觉在寄主寻找过程中也发挥了重要作用。有些昆虫种类视觉非常灵敏，常常用来识别和定位寄主，而另一些昆虫则需要综合利用视觉和寄主气味定位寄主植物。例如，一种跳甲（*Altica engstroemi* J. Sahlberg）主要通过视觉寻找寄主；一种蝴蝶[*Mechanitis lysimnia* (Fabricius)]则可以通过视觉判别寄主植株的大小和叶片多少，从而决定产卵量。假桃病毒叶蝉[*Homalodisca coagulata* (Say)]因视觉欠佳而不能准确定位寄主植物，而需要寄主气味辅助其视觉搜索寄主。拟辣根猿叶甲[*Phaedon cochleariae* (Fabricius)]雌雄虫的寄主搜寻机制不同，雄虫主要依赖视觉，而雌虫则靠视觉和嗅觉的共同完成。昆虫之所以能利用视觉搜寻寄主植物，主要是根据昆虫复眼感知植物反射的特定光谱来识别寄主植物。如桃蚜[*Myzus persicae* (Sulzer)]对 518 nm 波长的浅黄色最敏感，能发射出浅黄色光的植物可能就是桃蚜要寻找的寄主。另外，寄主植物的形态差异和农田景观的复杂性都会影响昆虫对寄主植物的选择性，如麦类作物叶片边缘增加会显著降低麦二叉蚜[*Schizaphis graminum* (Rondani)]的选择和取食；农田景观格局差异能影响马铃薯甲虫[*Leptinotarsa decemlineata* (Say)]、桃蚜和荻草谷网蚜[*Sitobion miscanthi* Takahashi，以前称为麦长管蚜[*Sitobion avenae* (Fabricius)]等迁入寄主所在的农田。

由此可见，植食性昆虫通过嗅觉和视觉巧妙地利用植物气味和组织表面光波来寻找和定位寄主植物，这种默契的配合充分说明昆虫与植物在长期协同进化中的适应性。在农业生态系统中，植物多样化种植，特别是增加非寄主植物的种植，将会直接影响植食性昆虫及其相关生物种群的动态。

2. 寄主植物取食鉴定

昆虫在利用嗅觉和视觉完成寄主定位并到达寄主植物后，还会通过一系列接触性试探最终决定是否取食。接触性物理刺激可以直接影响昆虫是否取食和在植株上的取食部位。植物表面的物理性状，如光滑或粗糙、毛刺的有无等都能对昆虫产生触觉刺激，影响昆虫的取食选择。例如，禾本科植物叶片表面的茸毛对蝗虫类的取食无显著影响，但叶片边缘毛刺对咀嚼式

口器的触觉刺激可以促进蝗虫进一步的咬食反应;相反,大豆茎叶的多毛状态不利于刺吸式口器叶蝉的取食。

昆虫在持续取食前,往往会试食寄主,此时味觉起着关键作用。例如,蚜虫和叶蝉类,一般会先用口针吸食小部分植物汁液,如果不适应,便会转移到其他组织或植物上取食;而蝗虫等咀嚼式口器昆虫则会通过味觉感受器试探后再取食。昆虫的味觉感受器主要分布在触角、口器、足和产卵器上,决定着植食性昆虫取食和产卵选择性。植食性昆虫的味觉也很灵敏,可感受植物体内包括糖类、蛋白质、氨基酸等重要营养成分,以及盐类、酸类和次生代谢物质,它们都影响昆虫的取食选择性。例如,当粉蝶和蜜蜂足的跗节触及花蜜或者糖液时,诱发这些昆虫伸喙吮吸动作。一般植物体内糖类含量越高,蛾、蝶、蝇和蜂等昆虫的取食量越大。但在玉米叶中,糖类浓度较低时,能引发玉米螟低龄幼虫取食和聚集,而高浓度的蔗糖会抑制叶蝉的取食。因此,昆虫的触觉和味觉对食物的适口性、营养物质类型和含量,以及营养价值具有决定性作用。

3.植食性昆虫寄主适应性

植食性昆虫与寄主植物经过长期的协同进化形成很好的适应性,这种适应性机制可分几个步骤。首先,在取食植物前后,昆虫的分泌物或相关信号分子被寄主植物识别,并激活植物体内的诱导防御机制;随后,昆虫会产生效应子激活体内防御系统以应对寄主植物的防御;紧接着植物会通过自身特异性防御基因和资源再分配增强其防御能力;最后,昆虫为了获得营养物质,动用自身防御系统应对寄主植物的防御。这样,植食性昆虫与其寄主植物形成了长期共存的适应性平衡系统。由于植食性昆虫种类和取食方式不同,寄主植物相应防御反应差异也较大。在这个适应性平衡系统中,植物防御涉及重要植物激素如茉莉酸(jasmonic acid,JA)和水杨酸(salicylic acid,SA)。一般认为,JA 主导植物对咀嚼式口器昆虫的防御,如美洲棉铃虫(*Helicoverpa zea*)取食烟草后,其唾液腺分泌的葡萄糖氧化酶可以抑制 JA 介导的尼古丁及其他植物防御物质合成;而 SA 则负责刺吸式口器昆虫和植物病原的防御,如 SA 介导了番茄对马铃薯长管蚜的防御。不过,有时事实并非完全如此。目前有证据表明,SA 和 JA 之间的互作可以影响植物病原和刺吸式口器昆虫的防御,例如 SA 通过抑制 JA 介导的防御增加了白粉虱对拟南芥的浸染。昆虫除了通过取食时口腔分泌物刺激寄主植物的防御反应外,还可以在产卵过程中分泌产卵液诱导植物防御反应。例如,欧洲粉蝶[*Pieris brassicae* (L.)]雄虫通过交配分泌苯乙腈附着在雌虫体表阻止其他雄虫再交配,而该化合物通过雌虫产卵液触及植物后可诱导植物防御反应。同样,菜粉蝶[*Pieris rapae* (L.)]和白背飞虱[*Sogatella furcifera* (Horváth)]也都可以通过产卵液刺激寄主植物的防御反应。

针对寄主植物的防御,昆虫也进化了一套适应寄主植物的防御系统,除了规避植物物理防御的行为外,面对植物防御化合物的主要是昆虫的解毒酶系统,最常见的包括细胞色素 P450、谷胱甘肽转移酶和酯酶类,例如棉铃虫细胞色素 P450 解毒棉花的棉酚、水稻褐飞虱谷胱甘肽转移酶解毒水稻芦竹碱和阿魏酸、黑腹果蝇的谷胱甘肽转移酶负责解毒十字花科作物的芥子油苷和四羟壬烯醛等。最新研究还发现了一种全新的昆虫解毒机制,即烟粉虱[*Bemisia tabaci*(Gennadius)]和寄主植物之间通过基因转移提高昆虫的防御能力。烟粉虱能将寄主植物体内的解毒酶基因整合到自身基因组,用以抵御寄主植物的防御,从而大量扩展了烟粉虱的寄主范围达 600 多种作物。

综上所述,植食性昆虫对寄主植物的适应性除了我们知晓的一些相互防御机制,以达到适应性平衡外,可能还有较多的未知机制需要我们深入探索和研究。随着科技进步,新的研究技

术一定能让我们更清楚地了解植食性昆虫与寄主植物相互适应的机制，这将会有利于我们更好地管理农业生产系统中害虫种群。

4. 植物-害虫-天敌的关系

农业生态系统中，植物-害虫-天敌之间形成的三级营养互作是农业昆虫与相关生物之间最重要的关系，这里，植物是害虫和天敌的重要媒介。植物作为初级生产者为植食性昆虫提供丰富的营养，助其个体发育和种群发展，同时，也为肉食性的天敌提供了丰富的猎物，其中，害虫诱导植物挥发物（HIPVs）在害虫与天敌之间充当着"红娘"的作用，并为天敌精准搜寻定位猎物提供了重要线索。

植物作为害虫及其天敌的重要媒介，作用在于为害虫提供了充足的营养。寄主植物通过其颜色和挥发性物质为害虫提供搜寻和定位寄主植物的线索，害虫取食适口的营养物质促进了种群快速发展。害虫天敌通过害虫聚集取食植物时体表释放的挥发物，或者当害虫取食寄主植物后，植物释放的利己素如害虫诱导植物挥发物质（HIPVs）等，吸引多种自然天敌猎食害虫，这就是农业生态系统著名的三级营养关系。例如棉铃虫（*Helicoverpa armigera* (Hübner)］幼虫为害反枝苋后诱导的植物挥发物 β-榄香烯对雌性中红侧沟茧蜂［*Microplitis mediator* (Haliday)］具有显著的引诱效果；红圆蚧［*Aonidiella aurantii* (Maskell)］为害柑橘后，诱发的植物挥发物 D-柠檬烯和 β-罗勒烯，能吸引印巴黄蚜小蜂（*Aphytis melinus* DeBach）。另外，甜菜夜蛾［*Spodoptera exigua* (Hübner)］、草地贪夜蛾［*Spodoptera frugiperda* (J. E. Smith)］等多种鳞翅目害虫为害玉米后，玉米产生的醇类、烯类和酯类挥发物，通过不同挥发物的组合模式吸引缘腹盘绒茧蜂［*Cotesia marginiventris* (Cresson)］、短管赤眼蜂（*Trichogramma pretiosum* Riley）和岛甲腹茧蜂（*Chelonus insularis* Cresson）等多种寄生蜂前来猎食害虫的幼虫和卵。同样，捕食性天敌也可以利用多种 HIPVs 准确快速地定位猎物。例如，荻草谷网蚜［*Sitobion miscanthi* (Takahashi)］为害小麦诱导的乙酸酯类物质，能显著引诱黑带食蚜蝇［*Episyrphus balteatus* (Degeer)］；诱导的水杨酸甲酯，也能特异性地引诱异色瓢虫［*Harmonia axyridis* (Pallas)］。此外，除了地上部分三级营养关系外，地下部分植物根系受害后，同样可以分泌吸引天敌的化学信息素。例如，玉米根萤叶甲（*Diabrotica virgifera virgifera* LeConte）幼虫为害玉米根部后，会释放（反式）-β-石竹烯，作为昆虫病原线虫特异性信号物质，助其精准定位猎物。植物作为初级生产者，无论是提供营养物质还是挥发物或 HIPVs，都是三级营养关系的核心，植物气味单一或混合组分形成了不同天敌种类选择性。因此，农业生态系统中，植物-害虫-天敌三级关系是经过长期协同进化，既相对保守，又具有特异性的适应体系。

近些年的研究还发现，植物-害虫-天敌三者关系还具有明显的昼夜节律性，如在斑潜蝇-利马豆-寄生蜂的互作关系中，斑潜蝇寄生蜂的羽化高峰和活动节律与利马豆受斑潜蝇为害后挥发物释放节律具有较好的一致性，如果改变光周期条件，三者的活动节律就紊乱。此外，人类活动对全球气候变化的影响，同样可以影响植物-害虫-天敌相互关系。所以，虽然害虫-植物-天敌关系是长期协同进化且具有一定稳定性的系统，但环境因素对它们的影响不可忽视。

二、传粉昆虫与植物的互利共生关系

在植物与昆虫的相互关系中，显花植物与传粉昆虫之间的互作关系是农业生态系统中重

要的互利共生关系。全球大约有2/3的种子植物由昆虫传授花粉，许多农作物，如果蔬、油料作物、棉花和牧草都依赖昆虫传粉，以提高产量和质量。显花植物为这些传粉昆虫提供了丰富的食物源，而昆虫在取食花蜜和花粉时，帮助植物传粉，让植物生产更多优质产品。农业生态系统中的传粉昆虫以膜翅目的蜂类为主，也包括鳞翅目的蝶类和蛾类、双翅目的蝇类和虻类以及鞘翅目的多种昆虫。据美国调查，虫媒作物的年产值为46亿～189亿美元，而且呈逐年上升的趋势。

显花植物与传粉昆虫之间互助协作关系由植物与昆虫长期演化而来，显花植物利用花朵的气味和颜色为传粉昆虫搜寻和定向植物提供线索，这些昆虫通过访花、吸食花蜜和取食花粉等完成植物花粉传播，传粉昆虫为植物物种繁衍和创造新物种作出了巨大贡献。不同种类植物花朵释放的气味不同，具有物种特异性，也特异性地吸引不同昆虫种类。如吸引蛾类的显花植物释放大量的苯环类挥发物，而萜烯类和含氮挥发物较少。在苜蓿等显花植物中，花粉成熟时散发出的气味强烈，可以像昆虫的外激素一样调控其行为，引诱传粉昆虫高效地完成授粉过程。花朵气味的释放与传粉昆虫活动习性密切相关，且呈现明显的昼夜节律性，如一些植物的花朵夜间释放气味，吸引蛾类传粉。植物花朵气味的释放与昆虫传粉过程密切相关，某些植物的气味常常在昆虫取走花粉后立即停止分泌，而有些已授粉花朵也能释放挥发物，其作用是驱避其他传粉昆虫，并引导这些昆虫搜寻和定位未授粉花朵。此外，一些昆虫还利用显花植物花的颜色快速完成传粉过程。自然条件下，白色、黄色和紫色花朵以及黄色花药的反射光谱主要由紫外线组成，可以被昆虫视觉感知，大大提高昆虫的觅食和传粉效率。

显花植物与传粉昆虫的这种互利共生关系已经广泛应用于农业生产实践，极大地提高了作物的产量和改善农产品的品质。例如，角额壁蜂[*Osmia cornifrons* (Radoszkowski)]应用于果园传粉，改善果品的质量；在畜牧业发达的国家和地区，苜蓿切叶蜂[*Megachile rotundata* (F.)]常用于为苜蓿授粉，提高苜蓿种子的产量；欧洲熊蜂(*Bombus terrestris* L.)广泛应用于温室番茄传粉，以提高果品的商品价值。值得注意的是，授粉昆虫虽然为人类作出了很大的贡献，但人类的农业活动常常影响着它们的种群发展，特别是广泛使用化学农药会极大地杀伤传粉昆虫，导致其自然种群锐减，因此，作物生产系统中田间管理应该注重对这些农业昆虫种群的保护。

第二节　农业昆虫之间的相互作用

一、生态位适应性

根据竞争排除法则，在同一生境中的两个竞争物种，如果生态位完全重叠，则两个物种不能和谐共存。如果确实要共存于同一生境中，则必然存在生态位的分化。在农业生态系统中，处于同一生态位或同一营养级的植食性昆虫间和自然天敌间均存在竞争。昆虫物种的竞争主要指种间竞争，即两个或两个以上物种在生活时间、生存空间和营养生态位上有一定程度的重叠，且由于共同利用相同资源而相互干扰或抑制的现象。

1. 植食性昆虫之间

在农业生态系统中，处于同一生态位的害虫之间经常出现对有限的食物和空间资源的竞争，这种竞争是利用相同资源而产生的竞争。在这样的竞争中，不能获取足够生存资源的种群处于劣势，其种群数量就会逐渐减少；而占据有利资源的种群，将成为该生态位特定条件下的优势种群，有时甚至会出现竞争取代。例如，在粮库生态系统中，储粮中节肢动物种类较多，经常在粮堆中混合发生，很多类群都有分布在粮堆上层的偏好，在空间生态位上有众多交叉和重叠，以食物和空间作为生存资源的种间竞争较为常见。例如，玉米象[*Sitophilus zeamais* (Motschulsky)]的种群数量在单独和混合饲养时均高于谷蠹(*Rhizopertha dominica* Fabricius)，具有更强的竞争力；四纹豆象[*Callosobruchus maculatus* (Fabricius)]雄虫可以干扰绿豆象[*Callosobruchus chinensin* (L.)]产卵并影响后者的正常发育，在两者处于同一生态位的情况下，四纹豆象种群能够完全取代绿豆象。又如烟粉虱[*Bemisia tabaci* (Gennadius)]和桃蚜[*Myzus persicae* (Sulzer)]均为半翅目的刺吸式口器昆虫，且两者均嗜食茄科、十字花科和豆科作物，生态位重叠现象突出，在食物资源有限的情况下，两者间存在种间竞争，且会随着种群数量增长而加剧，从而影响个体的发育和种群发展。

多数成功入侵物种能够在入侵地建立种群并取代具有相同生态位的土著物种，就是因为它们比土著物种具有更强的资源竞争能力。例如，世界性害虫缨翅目的西花蓟马[*Frankliniella occidentalis* (Pergande)]已在全球迅速扩散，凭借其较强竞争力，与各地常发蓟马种类竞争生态位，迅速成为扩散地蓟马优势种。此外，2019 年入侵我国的草地贪夜蛾[*Spodoptera frugiperda* (J. E. Smith)]，被认为是“世界十大植物害虫”之一，属于玉米型，偏食玉米，已成为我国大江南北的玉米重要害虫。由于与之具有相同生态位的黏虫，经过我国几十年的综合管理，现在很少取食玉米等禾本科植物，而玉米螟属于钻蛀性害虫，从食物资源来看，玉米食叶性鳞翅目昆虫在我国大片玉米生产区很少，草地贪夜蛾正好适应并占据了玉米作为食物资源的生态位。关于同类物种竞争食物和空间资源生态位的还有稻褐飞虱和白背飞虱。如江汉平原水稻区，白背飞虱和褐飞虱都是水稻重要植食性昆虫，它们在水稻上取食和活动空间几乎一样，即水稻植株的中下部叶鞘。通常白背飞虱早于褐飞虱发生，当褐飞虱进入稻田后，两个物种会出现一段时间的交集，随着褐飞虱的竞争性种群发展，到水稻生长中后期，褐飞虱基本取代了白背飞虱成为优势种群。

2. 天敌昆虫之间

在昆虫种间竞争中，天敌昆虫之间采取相互干扰竞争，即处于相似生态位两种生物中的一种，通过生殖干扰，甚至直接捕食或寄生另一种生物，以限制另一种生物接近或利用资源的现象。这种种间竞争关系通常可分为集团内捕食作用和致死干扰作用。

集团内捕食作用，指在同营养级别的物种间既存在对资源的竞争关系，又存在着捕食或寄生关系，主要发生在相同目标昆虫的天敌物种之间。例如，同样以利用烟粉虱作为猎物的寡食性捕食性天敌小黑瓢虫[*Delphastus catalinae* (Horn)]和寄生性天敌浅黄恩蚜小蜂[*Encarsia Sophia* (Girault & Dodd)]，小黑瓢虫可以取食体内含有浅黄恩蚜小蜂幼虫的烟粉虱若虫，从而抑制浅黄恩蚜小蜂种群密度。

致死干扰作用通常指植食性昆虫的多种寄生性天敌间通过内外竞争作用方式使竞争双方

的一方直接致死。天敌之间的竞争会影响昆虫群落的大小、结构和稳定性，寄主的可利用性对天敌繁殖来说至关重要，因此，寄主资源的有限就会导致天敌间的强烈种内和种间竞争。例如，通过多寄生和取食寄主，浅黄恩蚜小蜂和漠桨角蚜小蜂（*Eretmocerus eremicus Rose and Zolnerowich*）分别使对方后代种群数量降低50％和92％。丽蚜小蜂（*Encarsia formosa* Gahan）和匀鞭蚜小蜂（*Encarsia luteola* Howard）通过烟粉虱若虫体内种间杀卵作用或杀死若虫体内的异种寄生蜂幼虫后，再产卵于若虫体内，或幼虫孵化后取食若虫及前面寄生蜂卵或幼虫，以降低对方种群数量。在被两种内寄生蜂阿里山潜蝇茧蜂[*Fopius arisanus* (Sonan)]和屈氏潜蝇茧蜂[*Diachasmimorpha tryoni* (Cameron)]多寄生的寄主地中海实蝇[*Ceratitis capitata* (Wiedemann)]体内，阿里山潜蝇茧蜂的个体会受到竞争者分泌的毒素作用导致生理抑制而死亡，而屈氏潜蝇茧蜂的幼虫会受到竞争者的咬食、蛰刺等物理攻击而死亡。

集团内捕食和致死干扰这两种竞争作用之间既相互涵盖，又不完全相同，但两者的作用结果一致，即一种天敌昆虫杀死另外一种天敌昆虫。天敌昆虫之间相互竞争作用的强度既影响目标猎物昆虫的种群数量，还会影响天敌种群的发展，这可能就是一个生态系统中物种之间的相互制约，平衡发展。

二、植食性昆虫与天敌昆虫之间的相互影响

在农业生态系统中，植食性昆虫和它们的天敌昆虫组成了食物链中的重要营养共生系统，通过捕食者或寄生生物与猎物形成相互制约的种群发展关系。植食性昆虫的发生和种群发展影响其自然天敌种类和种群动态，而作为高一营养级生物，通过捕食或寄生关系又牵制着植食性昆虫种群的繁衍。自然状态下，天敌种群动态常常与其猎物之间呈现追随效应，即天敌种群发生的高峰经常滞后于其猎物或寄主的种群高峰。事实上，农业生态系统中的天敌和猎物并不是一一对应的关系，一种天敌往往捕食/寄生多种猎物/寄主，反过来，一种植食性昆虫会面临多种天敌的猎食，这都是非常常见的现象，所以，植食性昆虫与它们的天敌种群间的变化规律通常会呈现出较复杂的状况。例如，在苜蓿田中，当豌豆蚜[*Acyrthodiphon pisum* (Harris)]存在时，可以增加捕食性瓢虫的种群数量和聚集程度，由于瓢虫是多食性捕食者，它可以捕食另一种植食性昆虫苜蓿象甲[*Hypera postica* (Gyllenhal)]，也控制着苜蓿象甲种群发展。很显然，这两种捕食者与猎物之间呈现出不对称的互作关系，苜蓿象甲的存在并不影响瓢虫和蚜虫之间的相互作用强度。这种因一种猎物种群数量的增加，而增加了共有天敌种群数量，进而增加共有天敌对另一种猎物的猎食，并控制其种群发展的现象被称为表观竞争。表观竞争现象在生态系统中普遍存在，尤其是在空间和食物资源竞争不是很突出的情况下，天敌介导的植食性昆虫表观竞争很可能是影响这些昆虫种群丰富度和物种共存的主要原因。因此，表观竞争对维护农业生态系统中节肢动物（昆虫）群落结构和生物多样性具有重要作用。其实，表观竞争形成的原因主要是两种猎物具有不同的内禀增长率，内禀增长率较高的物种可以维持一个高密度的天敌种群，从而增加多食性天敌对内禀增长率较低物种的捕食胁迫。

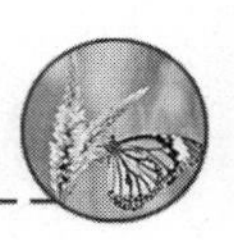

第三节　农业昆虫与微生物之间的相互关系

一、昆虫共生菌

昆虫与其体内共生菌之间形成密切而稳定的互利共生关系广泛存在于几乎所有昆虫中。共生菌可以辅助宿主昆虫对食物利用，包括宿主很难直接从食物中获取的营养组分，调控宿主生长繁育，以及通过影响宿主昆虫的生物学特性，而增强昆虫的生态适应性。因此，共生菌对昆虫的生物生态学特性具有重要影响。昆虫体内的共生菌主要包括酵母类、真菌和细菌类，经过2亿～2.5亿年漫长的协同进化，形成了相对稳定并可遗传的互利互惠共同体。按共生菌与宿主昆虫之间互作关系的紧密程度和传递方式来划分，昆虫体内共生菌可分为初级共生菌（也称必须共生菌）和次级共生菌（也称兼性共生菌）两种类型。初级共生菌主要分布于宿主体内的含菌细胞体中，可为宿主昆虫不均衡的食物来源供给多种必需营养物质，并通过亲子代垂直传播。例如，蚜虫与其初生共生菌（*Buchnera*）属菌群的共生关系可以追溯至1.6亿～2.8亿年前，经过长时间的协同进化，两者形成了专性共生关系，缺少任何一方均不能独立完成种群繁衍。次级共生菌分散或聚集于血腔中，主要通过个体间接触和食物水平传播，也可以通过宿主繁殖垂直传播。次级共生菌有多种菌种，广泛存在于昆虫体内，在介导昆虫降解植物毒素、应对捕食和寄生性天敌、病原微生物感染、环境热胁迫和化学杀虫剂等生物和非生物方面协迫发挥了重要作用。正是由于共生菌的获取和共生关系的形成才大大促进了宿主昆虫对新食物源利用，拓展了昆虫类群在自然生态系统中更广泛的分布。

二、昆虫病原微生物

昆虫病原微生物作为重要有益生物在调控昆虫种群中发挥着重要作用。在昆虫与寄主植物互作系统的研究中发现，一些昆虫病原真菌也参与了这个系统的相互作用，并协助寄主植物调控昆虫种群。这些真菌可以在植物体内定殖，并协助植物防御植食性昆虫的取食和影响其种群发展。例如，白僵菌［*Beaveria bassiana*（Bals.）］是我们熟悉的昆虫病原真菌，白僵菌处理罂粟植株后，可以在植物组织内定殖，并帮助植株防御罂粟茎瘿蜂［*Iraella luteipes*（Thompson）］，阻碍其取食寄主植物。其主要机制是定殖于植株体内的昆虫病原真菌诱导植物产生有毒次生代谢物，阻碍植食性昆虫取食，或者虽能取食但影响昆虫生长发育。而另一些昆虫病原真菌则可以诱导植物产生系统性抗性，以保护宿主植物免受植食性昆虫的伤害。

杆状病毒是鳞翅目昆虫幼虫的重要病原物。当植食性昆虫取食病毒污染的植物组织后，导致病毒浸入昆虫体内并大量增殖，致使染毒昆虫的取食和行为发生重大改变。例如，染毒昆虫会爬行至寄主植物顶端，虫体死亡后，表皮开裂并释放大量病毒粒子。这些病毒粒子可随风飘落于寄主组织表面，当其他昆虫取食附着病毒粒子的植物组织时，病毒获得再次侵染的机会，如此往复，逐步扩大病毒传播与扩散。另一方面，植食性昆虫取食可诱导植物防御，寄主植物的防御化合物进入昆虫体内后，还可抑制杆状病毒在寄主昆虫体内的增殖。最新研究发现，杆状病毒为了应对植物防御物质不利影响，在其侵入寄主昆虫体内后，改变了昆虫口腔分泌物和肠道内微生物多样性，从而降低植物对昆虫的识别和被诱导的防御反应，大幅降低了进入昆虫体内的植物防御物质，有利于该病毒在寄主昆虫体内的快速增殖。

由此可见，生态系统中的食物网是联系相关生物的复杂系统，表面上看，各食物链似乎很简单，但实质上，在这个食物网中，蕴藏着很多有待更深入探究的互作机制。昆虫病原微生物干预植物与植食性昆虫互作系统就是一个非常典型的案例。

三、植物病原微生物

植物病原微生物和植食性昆虫都以植物作为它们共有的食物源，所以，它们之间相互作用不可避免。无论是植物病原微生物还是植食性昆虫，当它们侵染植物时都会激活植物体内的防御反应机制，主要表现为植物形态特征的变化和体内代谢资源的重新配置，诱导植物防御有利于保护植物自身免受侵害。当植食性昆虫取食受病原物侵染的寄主植物时，由于病原物诱导植物防御，可能会提高或降低寄主植物对植食性昆虫的营养适合度，从而影响昆虫在寄主植物上的取食行为和分布状况。例如，感染白绢病[*Athelia rolfsii*（Curzi）C. C. Tu & Kimbr]的花生叶片中糖含量显著升高，而可溶性酚酸类化合物含量显著下降，致使甜菜夜蛾[*Spodoptera exigua*（Hübner）]幼虫更加偏好取食感病叶片，这些叶片更有利于甜菜夜蛾幼虫的生长发育。在植物病毒与介体昆虫互作系统中，植物病毒通过改变寄主植物的颜色、气味和生理代谢等间接影响植食性昆虫的行为、定殖和取食，“操控”着介体昆虫传播和扩散植物病毒。例如，在荠蓝上，桃蚜[*Myzus persicae*（Sulzer）]和病毒的互作系统中，感染非持久型花椰菜花叶病毒（cauliflower mosaic virus，CaMV）的荠蓝会显著降低桃蚜的取食行为，促使桃蚜快速离开染毒寄主而寻找新的无毒寄主，提高非持久型 CaMV 的扩散效率；而感染持久型芜菁黄化病毒（turnip yellow virus，TuYV）的荠蓝显著地促进桃蚜的取食和发育，增加了介体昆虫获取病毒量，加速介体种群繁殖并快速提高个体密集度，缩短有翅蚜产生时间并增加其数量，这就形成了持久型 TuYV 独特高效的传播方式。

植物侵染病原微生物后，不仅直接影响植食性昆虫的生长发育和行为表现，还会影响其天敌种群。例如，甜菜夜蛾幼虫取食感染白绢病的花生植株后，其寄生蜂边室盘绒茧蜂[*Cotesia marginiventris*（Cresson）]在感病植株上的搜寻频率显著高于健康植株；柑橘木虱[*Diaphorina citri*（Kuwayama）]是柑橘黄龙病的传播介体，当柑橘木虱取食感染黄龙病的柑橘叶时，它的寄生蜂亮腹釉小蜂[*Tamarixia radiata*（Waterston）]更偏好选择取食感病叶片的柑橘木虱，显著提高了木虱的寄生率。

植物病原微生物、植物和植食性昆虫三者的互作关系不仅相互之间影响，而且还会影响到生态系统中与之相关的其他生物种群，如天敌类，甚至整个生物群落。深入了解三者关系及其对整个生态系统的作用，对农业昆虫学的研究和农田生态系统的可持续性发展都具有重要意义。

第四章

种植制度和田间管理对农业昆虫的影响

本章知识点

- 了解农田生态系统中种植制度的变化对昆虫种群的影响
- 了解农艺技术使用如何改变田间农业昆虫种类和数量
- 了解田间管理对节肢动物群落组成和结构的影响
- 了解特定区域农田生态系统中重要害虫种类的差异性

农业生态系统是以农作物为主体的非自然系统，种植制度和农田管理是必不可少的农艺技术，也是该系统复杂多变的根本原因，并直接控制着农业昆虫种类和种群动态。由于我国各地地理气候条件、种植和田间管理习惯有较大的差异，因此，深入了解种植制度和田间管理对农业昆虫种群影响的基本规律，可以为区域化农业生态系统中昆虫种群和群落的科学管理提供理论指导。

第一节　作物种植模式对农业昆虫的影响

在大力实施乡村振兴战略背景下，农业提质增效离不开优质的农作物品种，这就是老百姓口中的“民以食为天，粮以种为先”的道理。优质品种一方面可以依靠本国农业科技人员改良和培育；另一方面还可以通过域外引进。在优质品种推广应用过程中，可能会影响原有农业生态系统的稳定性，特别是种植区节肢动物群落多样性的波动，直接改变农业昆虫种群和组成，如特定害虫种群数量可能会增加，有益生物种群不变或下降，农田传粉昆虫种类减少等。因此，特定区域作物品种引进和推广及所采用种植模式应该充分考虑农业生态系统中节肢动物多样性变化，并评估该策略对有害和有益生物的影响。

我国农作物常见种植模式主要包括连作、轮作、间套作和覆膜等。不同作物相同模式之间或同一模式不同作物组配，在改变了农业生态系统中主体作物组成的同时，将会影响农田生物多样性的组成和结构，尤其与农作物密切相关的一些生物如害虫、有益生物及土壤生态系统等。充分了解作物种植模式对农田复杂生物网络的影响，有利于提升农作物产量和品质，维护各生物类群之间的和谐发展，保证农业生态系统可持续发展。

一、连作和轮作模式

连作是指一年内或连年在同一块地上连续种植同一种作物的种植方式。在农业生产实践中，长时间连作会导致土壤生态系统退化，如酸化加重、有害生物数量增加、有益生物数量减少，导致产量低且品质退化等，这被称为连作障碍。常年种植单一作物为一些重要植食性昆虫提供了连续不断的食物、栖息和繁衍的场所，导致植食性昆虫种类趋于少数或极少化，同时有益生物种类也简单化，特别不利于保持农业昆虫种类平衡发展，而改变了农田生物间的相互关系和系统稳定性。如花生连作增加了蛴螬和地老虎的种群密度，连作年限越长，种群密度越大，形成了以蛴螬和地老虎为优势种的土壤节肢动物群落。同样，马铃薯属于冷凉气候条件下的重要块茎类作物，是一些重要植食性昆虫如蝼蛄、金针虫、蛴螬和小地老虎[*Agrotis ypsilon* (Rottemberg)]等的食物源，马铃薯连作也会在不同区域农田生态系统中形成以少数地下植食性昆虫为中心的土壤节肢动物群落，从而改变了土壤生态环境。相同作物连作不仅影响地下昆虫种类和数量以及土壤生态系统，也会影响地上农田生态系统中一些昆虫的连带关系。如水稻三化螟[*Tryporyza incertulas*(Walker)]是单食性昆虫，只取食水稻和野生稻，一直是长江流域双季稻和三季稻区重要农业昆虫，随着农业产业结构调整、种植制度的改变，双季稻和三季稻全部改为单季稻，实行种养结合、轮作等多样化种植，近几年来，在该地区难觅三化螟的踪迹。因此，农作物单一化连续种植会导致农田生态系统中少数农业昆虫种类急剧增加或减少，改变了相关生物之间关系，而影响区域生态系统的稳定性。

作物轮作是指不同种类作物在相同年份不同生长季节或不同年份生长季节倒茬种植的一种轮换种植方式。农业生产面对不同地理气候环境，不同区域和作物种植习惯差异较大，而作物轮作是现代农业产业中普遍采用的种植模式。因此，轮作模式具有较强的区域化特点。针对特定区域的农业昆虫种类发生的特点，科学合理的轮作制度可以改善农田生态环境，改变农田生物群落组成和多样性，维护农田生态系统的可持续性。例如，燕麦-豌豆-胡麻-燕麦单序轮作有利于抑制燕麦上蚜虫种群数量，这种种植模式延续到第 4 年时，蚜虫种群数量降低了 34.6%，且随种植年限逐年降低。十字花科蔬菜与其他科作物合理轮作，可以动态调节田间节肢动物的种群数量，维护农田益害种群平衡，防止害虫为害。如甘蓝与大豆、玉米轮作，改变了农田生物群落的组成，寄生蜂的种群密度有所提高，从而降低了蚜虫等植食性昆虫种群密度。所以，调整种植模式，在年内或年间有序地轮换种植不同作物或复种组合，都会降低一些植食性昆虫形成优势种群的机会，减少化学农药的使用，从而保持相对稳定的农田生态系统。

二、间套作模式

间套作模式实际指的是间作和套种两种。所谓间作是在同一个生长季节，在同一块地上按照一定的行、株距和垄地宽窄比例种植几种作物的种植方式。而套种是在前季作物生长后

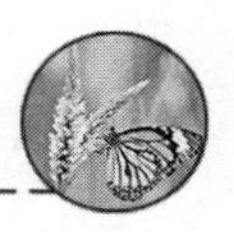

期,株行间播种或移栽后季作物的种植方式。这些种植方式是高效种植模式,能有效地利用光、热、水、肥及土地等资源,提高复种指数和年总产量。间套作是我国传统农业种植模式,具有保持农田生态系统生物多样性、稳定生态系统、提高资源利用效率等优点,在我国精细农业中占有重要地位。在农业生产实践中,科学配置间作套种作物种类不仅能改善地力,促进作物养分吸收,提高光能利用,改善作物的生理生化特性等,还可以增加植食性昆虫种类多样化,改善食物链上生物种类多样性,从而维持良好的农业生态系统的稳定和发展。

作物种类多样化种植能改变作物生产系统中农业昆虫种类和组成,也为有益生物提供了良好的栖息、保护与繁殖场所,有利于增加农田有益生物种类和数量。在作物行间有计划地间套作一些蜜源植物,能显著增加一些寄生性有益生物和传粉昆虫的种群密度,既增加了显花作物的授粉,又可以控制一些植食性昆虫的为害。例如,大白菜与莴苣间套作可以增加有益昆虫和捕食性蜘蛛种群丰富度;小麦与油菜或荷兰豆间套作可以提升捕食性天敌的丰富度或维护农业昆虫群落的稳定性。马铃薯与玉米或向日葵间套作能降低马铃薯甲虫种群密度,马铃薯和玉米间套作马铃薯甲虫幼虫数量显著低于马铃薯和向日葵间套作,且与玉米间套作还能显著提高异色瓢虫[*Harmonia axyridis*(Pallas)]种群数量,而与向日葵间套作有利于草蛉、食蚜蝇等有益昆虫种群数量发展。马铃薯播种初期间套种向日葵或玉米能在一定程度上阻隔马铃薯甲虫的扩散和定殖。小麦套种棉花促进了麦田有益昆虫种类转移到棉田,以控制棉花苗期蚜虫;棉田间套种向日葵或荞麦可以有效降低棉蚜[*Aphis gossypii* (Glover)]、烟粉虱[*Bemisia tabaci* (Gennadius)]、小长蝽[*Nysius ericae*(Schilling)]等害虫的种群密度,却有利于朱砂叶螨[*Tetranychus cinnabarinus*(Boisd.)]种群发展;而与大豆间套作会提高棉田访花昆虫种群密度。总的来说,合理的作物间套作可以充分利用特定作物系统保育有益生物种群,从而控制作物害虫种群,这对农业生态系统稳定性和可持续性具有积极意义。

三、覆盖模式

作物覆盖模式是农业生产实践中常见的栽培方式,主要指利用覆盖物(包括薄膜、秸秆、草本植物等)提高土壤温度,延缓土表水分流失,促进土壤微生物活动,有利于有机物分解和作物养分吸收,极大地改善了土壤微生态环境,也影响了田间小气候。例如,果园行间播种覆盖作物有利于改善园区小气候和生物物种多样化,并优化生物群落结构。

作物覆盖模式对田间节肢动物的影响主要是一种间接作用,无论是果园生草,还是作物田覆膜和秸秆,主要还是为一些作物生产系统中节肢动物提供食物和栖息场所,进而增强农田生态系统生物多样性,维护良好的生态服务功能。如在马铃薯和西瓜田中盖草能降低马铃薯叶蝉[*Empoasca fabae*(Harris)]的种群密度,却有利于马铃薯甲虫成虫种群发展,并没有增加这种甲虫卵和幼虫数量,这可能与天敌种群密度高有关。在柠檬园中,堆肥或木屑覆盖可以显著增加土壤中捕食螨种群数量,它是柑橘蓟马[*Pezothrips kellyanus*(Bagnall)]的重要捕食性天敌。此外,田间覆盖物为其他捕食性天敌类群如步甲科和隐翅虫科的甲虫及皿蛛科和狼蛛科的蜘蛛提供了更适宜的环境条件。地膜作为促进作物生长的措施广泛用于生产实际,覆膜种植能阻碍一些土壤栖息的植食性昆虫成虫出土和一些地表活动的农业昆虫,特色地膜还可以降低地下植食性害虫的种群数量,如日晒高温覆膜大量杀灭韭蛆(*Bradysia odoriphaga* Yang et Zhang)，降低其种群数量。因此，覆盖种植可以增加农业昆虫种类和多样性，维护节肢动物群落内种群间的良好关系。

第二节　田间管理对农业昆虫的影响

一、作物种植方式

在作物生产系统中，影响农业昆虫的作物种植主要包括作物品种特性、种植方式、播种时间和种植密度等。作物品种对植食性昆虫的抗感性不仅影响植食性昆虫种群发展，而且由于猎物种群变化连带影响天敌的种群变化。例如，小麦抗蚜虫的品种虽然降低了蚜虫种群数量，根据天敌的跟随效应，寄生性天敌种群数量同样减少，但从寄生率来看，抗性品种反而提高了蚜虫寄生率，表明抗性品种为天敌提供了更多合适的猎物。葡萄品种'信依乐'促进了烟蓟马种群发展，而品种'秋黑'和'摩尔多瓦'则不利于烟蓟马的选择性。品种叶片厚度会影响昆虫的选择性，如朝鲜球坚蚧喜欢选择叶片厚的寄主植物。同一抗性作物会影响不同农业昆虫种类的适应性，如转 Bt 基因抗虫棉花不利于棉铃虫[*Helicoverpa armigera* (Hübner)]生存与种群繁衍，却非常适合盲蝽类的种群发展。

前面我们已经描述了种植制度对农业昆虫的影响，这里所说的种植方式主要指作物景观、播种期、种植密度和农田周边种植。作物种植在斑块和景观尺度上，将不同植物组合为单一栽培形式，会减少天敌昆虫的丰度和多样性，降低了植食性昆虫种群自然调控服务功能。寄主作物斑块的连通性又有利于植食性昆虫的移动和种群建立，这样，无论天敌活动如何，都会促进植食性昆虫种群发展，这种单一化农田景观非常不利于农田生态系统的健康发展。如果将不同作物种类镶嵌/斑块种植，或者在农田边界种植就形成了不同的农田景观，对农业昆虫的影响可能会大不相同。如以玉米或绿豆包围大豆田的边界，可有效地防止烟粉虱侵入大豆田建立种群。当大豆被玉米、绿豆和向日葵的混合物包围时，又阻止了蚜虫进入大豆田繁殖。

在作物种植环节，播种期和种植密度也是生产实际中最常见的种植方式，它们直接影响着农业昆虫种类和种群动态。如黄瓜提早播种，烟粉虱若虫种群密度低，种植密度大的黄瓜植株，烟粉虱若虫侵染率高且种群数量较大。大豆不同播种时间与曲纹灰蝶[*Lampides boeticus* (L.)]、烟粉虱[*Bemisia tabaci* (Gennadius)]、苜蓿蚜[*Aphis craccivora* (Koch)]和稻绿蝽(*Nezara viridula* L.)的发生和种群数量有显著相关性。

二、田间管理技术

农业生产中的田间管理比较多，不同作物在生长季节田间管理通常包括施肥、灌水、中耕、秸秆还田，有的还有杂草防除和整枝整形等，但所有的农作物在其整个生产过程两项主要田间管理不可缺少，即施肥和灌水。这两项基本管理技术不仅决定着作物产量和品质，而且影响着整个农业生态系统生物群落和可持续性；也影响农业昆虫种类及其种群动态。

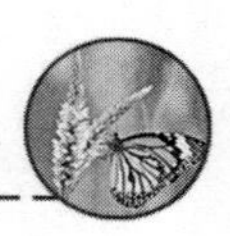

土壤施肥对昆虫和植物关系的影响包括两个方面：一是影响植物自身的营养状况和生长发育，二是通过植物影响植食性昆虫的个体大小、发育历期、存活率、寄主选择、成虫寿命和生殖力等。植物对植食性昆虫防御性和耐受性与土壤的物理、化学及生物特性有关。高含量有机质和高生物活性的土壤一般肥力较高且较均衡，可以维护较好的节肢动物群落稳定。不当的土壤营养管理技术会导致生态系统失去平衡，作物不能健康生长，有益生物控害能力不够，还促进植食性昆虫生长发育和种群发展而导致作物害虫暴发。在美国，施用氮肥较多的棉花，大幅度增加棉铃象[*Anthonomus grandis*(Boheman)]的种群数量。施肥的甘蓝中，水和氮含量较高，芥子油苷含量较低，有利于菜粉蝶[*Pieris rapae*(L.)]和东方粉蝶(*P. canidia* Sparrman)成虫产卵和幼虫为害。肥料的种类与农业昆虫的发生与种群密度关系密切。如使用畜粪、菜籽饼和生物有机肥能抑制二化螟、稻纵卷叶螟和稻飞虱的种群数量。马铃薯施用粪肥不利于马铃薯甲虫[*Leptinotarsa decemlineata* (Say)]种群增长，1 龄幼虫存活率较低，幼虫发育迟缓。烟粉虱成虫较喜欢在施用氮肥的黄瓜植株上取食和产卵，而不喜好同时施用钾磷肥的植株，单独施用磷肥的黄瓜植株均降低成虫寿命及繁殖力。总之，仅施用氮肥有利于植食性昆虫取食和种群繁殖，而多施用磷钾肥则不利于许多植食性昆虫的种群发展。此外，合理施肥会增加生态系统的高级营养阶层，如捕食者和寄生生物种类和种群数量，从而调节生态系统中节肢动物群落结构。

作物生产过程中，另一项田间重要管理技术就是水的管理。水是农作物生产中绝对不可缺少的成分。许多农业昆虫对农田水管理比较敏感，和农作物一样，太多或太少的水都不利于昆虫种群发展。特别是在一些干旱地区，灌溉则有利于地下植食性昆虫成虫产卵和幼虫存活，如在西北干旱地区播种前必须灌水的农田，不论是否翻耕，灌水后即可发现黄地老虎的卵，而未灌水的农田极难发现该虫的卵和幼虫。另外，灌溉季节对农业昆虫的存活往往会有较大的影响，如春播前农田浇灌后，土壤温度、湿度变化较大，不利于地老虎、蛴螬等地下害虫生存，通常其死亡率在 90%以上。冬季上冻之前田间灌溉冬季作物，则能导致表层一些昆虫越冬蛹如鳞翅目夜蛾科许多昆虫和一些冬季在作物根际越冬的昆虫如小麦蚜虫等死亡，从而降低来年春季这些昆虫的基数。同样，在水稻产区，一般在稻田翻耕时灌水约 20 cm，可以杀死在稻茆内越冬的螟虫老熟幼虫。综上所述，田间水肥管理对农田生态系统影响较大，可以直接调节田间农业害虫种类和种群数量。

三、作物种植区域

我国是一个农业大国，幅员辽阔，地理气候条件复杂，特定区域性农业生态系统特征表现突出，因而，农业昆虫种类和发生数量差异较大。特定区域农业昆虫分布差异主要取决于作物主产区的栽培品种、气候环境因素和昆虫生物学特性。例如，我国马铃薯是重要的粮菜两用作物，按产区分为北方一作区、中原二作区、西南混作区和南方冬作区等四大区，就主要植食性昆虫发生种类而言，各产区分布情况差异显著，如北方一作区和中原二作区的蚜虫、马铃薯瓢虫[*Henosepilachna vigintioctomaculata* (Motschulsky)]、蛴螬和金针虫种群数量较大；西南混作区以蚜虫、地老虎和马铃薯瓢虫为主；南方冬作区则以蚜虫、马铃薯块茎蛾、蛴螬和地老虎等为主。当然，跟随性较强的有益生物种类同样具有较大差异。

水稻是我国最大的粮食作物，分布于南北五大产区（华中稻区、西南稻区、华南稻区、东北稻区和华北稻区），从二化螟、三化螟、稻纵卷叶螟、褐飞虱、白背飞虱和灰飞虱等六大植食性昆虫的分布与发生情况可以看出，各产区差异很大。二化螟和灰飞虱基本分布于各水稻产区，而其他四种重要植食性昆虫主要分布于华中、华南和西南稻区。虽然上述部分植食性昆虫在很多区域都有分布，但由于各地地理气候条件的差异，种群发展具有明显的区域性特点和季节性适应性。此外，正如前面所述，各区域种植制度和方式以及田间管理水平的差异导致各区域性生态环境差异，也影响到各区域农业昆虫种类和数量，乃至整个节肢动物群落的差异性。

第五章

地理气候条件对农业昆虫的影响

本章知识点

- 了解昆虫对气候条件的依赖性
- 了解地理气候条件对昆虫地理分布及其生长发育和种群发展的影响
- 了解气候变化对不同昆虫类群的影响

昆虫是一类强烈依赖外界环境条件的动物，全球地理气候条件的差异造成了区域性昆虫种类分布和数量的不均衡性。我国幅员辽阔、地理气候条件复杂及农业区域化特征突出，这决定了农业昆虫种类和分布具有明显的区域性。影响农业昆虫的气候条件主要集中在温度、湿度、降雨和风(气流)4 大因子，它们决定着农业昆虫的生存、生长发育、分布、迁飞与扩散。掌握地理气候条件对农业昆虫影响的基本规律，有利于制定不同区域农业生态系统和应对未来气候变化中农业昆虫科学管理决策。

第一节　昆虫种群的气候依赖性

昆虫是动物界中分布范围最广的自然生物类群，从赤道到极地，从高山到湖泊，都能发现它们的踪迹。地理气候条件决定了昆虫的分布和区系，其中有的昆虫物种分布在有限的区域，有的则广泛甚至全球分布。一些昆虫种类仅在特定的季节发生，而另一些种类则可以在多个季节发生并持续保持种群数量。因此，昆虫演化出不同的时空生态位，与环境形成了长期的协同进化关系，反映了不同昆虫种群对栖境和气候的需求和适应。由于昆虫个体小、分布广及世代周期短，所以比高等动物更容易受到地理气候条件的影响，因而，被称为 r 对策物种，具有受极端气候影响后迅速恢复种群水平的特性。在农业生态系统中，即使是同一种作物的不同地理区域，昆虫类群的组成也会存在很大的差异。

昆虫种群的发生发展与地理气候条件密切相关，气候因素可直接影响昆虫的生长发育和繁殖，导致昆虫发生期和发生量的不同，也可通过种间关系间接影响昆虫种类和种群发展。气候因素联合其他环境条件共同决定了昆虫的分布及扩散的适应范围。暴露在极端环境条件下的昆虫通常会采取不同的方式,包括躲避和迁移行为,或者形态学、生活史及生理特征改变来保护种群和适应环境。长期生活在特定环境条件下的昆虫个体将形成可遗传的差异反应累积,最终会导致该物种种群的进化,形成对地理气候依赖的种群。如面对高温或低温胁迫,昆虫会表现出较强的耐热性或耐寒性,并形成具有适应性特征的种群间变异,如季节和地理变异等。

气候形成的因素主要包括3方面:①太阳辐射。太阳辐射是地面和大气热能的源泉,地面热量收支差额是影响气候形成的重要原因。②地理环境。地理环境对气候影响主要表现在地理维度、海陆分布、地形和洋流等方面,地理位置的不同影响太阳辐射和大气环流,形成特定的区域性地理气候特征。③环流因素。包括大气环流和天气系统。大气环流主要改变地表的水热交换过程,形成地理气候带,表现出巨大差异气候特点。地理气候条件不仅会塑造昆虫种群的生活史特征,也使昆虫生长、发育和繁殖等特征表现出与环境条件高度匹配性。多变的气候条件往往导致昆虫种群数量不稳定、种群变异大、发育世代短、较高繁殖力及多化性的特点。而在较稳定的农田小气候条件下,昆虫则会形成较为稳定的种群密度,具有种群波动小、发育世代长、竞争力较强、繁殖率较低、存活率较高等特点。

第二节　地理气候条件影响昆虫种群

昆虫属于变温动物,其生命活动与气候条件密切相关,任何一种昆虫都适应其物种特异性的气候条件。温度湿度是昆虫生命活动不可缺少的条件,昆虫需要在一定的温度湿度范围内才能完成正常的生命活动,超过一定的范围就会受到抑制,甚至引起死亡。因此,在区域性农业生态系统中,深入了解地理气候条件影响昆虫生命活动的各方面对管理农业昆虫发生与种群发展具有重要的意义。

一、温度对昆虫的作用

昆虫在其生命活动过程中需要一定的热能,其主要来源于太阳热辐射和体内新陈代谢所产生的代谢热量。温度是对热的度量,也是昆虫进行生命活动的条件之一。在亚热带和温带地区,地球生物圈内的气温或土表温度有明显的季节性和昼夜变化,这种有节律的变化与昆虫的生活、生存和种群消长都有十分密切的关系。昆虫具有变温动物特性,其新陈代谢与恒温动物不同,代谢率通常是随着环境温度的升降而增减。因而,外界温度的变化直接影响昆虫的代谢率高低,从而影响昆虫的生长发育、生存繁殖和行为等。

1.对昆虫生存的影响

影响昆虫生存的温度范围通常分为致死高温、亚致死高温、适温、亚致死低温和致死低温区。当外界温度超过某种昆虫的有效温度范围时,昆虫常表现出生命活动失常,甚至死亡。在致死高温区或亚致死高温区,反映出高温对昆虫的致死效应或昆虫的耐热性问题,如温室白粉虱[*Trialeurodes vaporariorum* (Westwood)]在41 ℃及以上高温暴露一小时,存活率就会从79.6%下降至13.5%。而致死低温区或亚致死低温区,则反映低温对昆虫的致死效应或昆虫的耐寒性问题。如在−10～−2 ℃低温下暴露数小时,西花蓟马[*Frankliniella occidentalis* (Pergande)]各虫态的存活率均随温度的降低而降低。小菜蛾是十字花科蔬菜的主要害虫,其

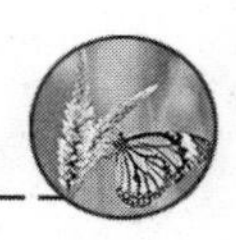

幼虫抗寒力较强，在－1.4 ℃时尚可取食。不言而喻，在适温区，昆虫生命活动活跃，生存和繁殖率高，种群发展迅速。

2.对昆虫生长发育的影响

昆虫调节体温的能力较差，它的体温基本上取决于周围环境中的温度条件。在其有效温度范围内，温度升高，昆虫体内新陈代谢加快，主要是激活一些酶和激素的活性，加速体内各类生化反应，促进昆虫发育和种群繁殖。如在 20～35 ℃温度范围内，草地贪夜蛾[*Spodoptera frugiperda* (J. E. Smith)]的发育历期随着温度的升高而缩短，每年发生代数相应就会增加。相反，超出了昆虫的有效温度范围，昆虫体内各类酶或激素的活性都会受到抑制，或不同酶系或激素之间产生失调现象。特别是在极端温度条件下，昆虫体内酶系会遭到破坏，部分生化反应将被抑制或停止，昆虫的生长发育急速下降或停滞，最终导致昆虫死亡。如番茄潜叶蛾[*Tuta absoluta* (Meyrick)]在 35 ℃环境下，卵的存活率仅有 11%，且孵化的幼虫无法完成正常发育。因此，环境温度直接影响昆虫生长发育和种群发展。

3.对昆虫繁殖的影响

除了物种遗传特性外，温度是影响昆虫繁殖的重要外界因素之一。在自然界，昆虫繁衍后代也要求适宜的环境温度，一般都接近于生长发育的适温范围。温度的动态变化对昆虫繁殖力有重要影响。这种影响常常发生在成虫期，如雌虫卵巢发育、卵成熟阶段及产卵量等。在适温范围内，繁殖力随温度升高而增强

在较低温度下，昆虫的成虫虽能生存，寿命也会延长，但性腺发育缓慢或不能发育成熟，或不能交尾产卵或产卵极少。在过高的温度下，成虫寿命短，雄虫精子不易形成，或失去活动能力，也可引起雄性不育，虽然雌虫也产卵，但多为未受精的无效卵。所以，只有在适宜的温度下，成虫性成熟快，产卵前期和产卵期均短，产卵量和繁殖力最大，非常有利于昆虫种群增长。一般来说，昆虫繁殖的适宜温度范围较其生长发育的适温范围要窄得多，主要是因为昆虫生殖细胞不像体细胞那样是已分化成型的细胞，大多处于分裂旺盛的初生状态，对外界条件的反应要敏感得多。例如，高温对梨小食心虫[*Grapholita molesta* (Busck)]的交尾时间和成虫存活率并没有显著影响，但会导致雄虫的净生殖率降低，雌虫的寿命和产卵期则延长，卵的孵化率显著降低。

二、湿度和降雨对昆虫的作用

在自然界中，昆虫常常会以各种方式适应生活环境中湿度和水的影响，自然环境中空气和土壤中湿度高低，也是影响昆虫的生存与地理或田间分布的重要因素。

1.水分的生态作用

水是昆虫生存必需的条件之一。昆虫和其他生物一样，都需一定的水分来维持其正常的生命活动。体内新陈代谢的各种生化反应，都需在溶液或胶体状态下完成。昆虫体内的含水量一般为其体重的 45%～92%。水是很好的溶剂，对许多化合物有水解和电离作用。水溶液是许多生物吸收化学元素和运转物质及能量的重要媒介，直接参与体内新陈代谢，无水也就无原生质的生命活动。因此，外界环境中的湿度和水分通常会调节昆虫体内水分，当失去平衡时，便不同程度地影响昆虫生长发育、繁殖和生存。

在昆虫生长发育过程中，通过水分吸收和排出完成与外界环境的水分交换，以调节昆虫体内

水分的平衡。昆虫摄取水的方式主要包括:①从食物和饮水中获取水分。这是昆虫的主要取水方式,如蜜蜂须经常饮水,鳞翅目的蛾蝶类常常吸食露水或直接饮水等。②利用代谢水。从虫体自身生物代谢过程中获得水分,如1.0 g脂肪完全氧化,可产生1.07 g水,糖和蛋白质的氧化过程中同样产生水分。此外,昆虫的代谢水不会随便排出体外,许多昆虫在粪便排出前还有一个水分重新吸收环节。③昆虫体壁或卵壳吸收水分。一些昆虫在不同虫态发育过程中需要从外界环境吸收水分以补充体内水分不足,如东亚飞蝗的卵,从产出到孵化,卵内水分要增加到卵重的40%,才能完成发育,其中一部分水就是卵壳从周围土壤中吸收的。许多昆虫产卵在植物组织中,如卵壳直接吸收植物组织中的水分。当水分缺乏或遇干旱年份,不能满足昆虫特定虫态水分要求时,发育就受到抑制,如成虫产卵量和卵孵化急剧下降,导致昆虫种群数量骤减。

昆虫体内水分的排出,主要靠废物排泄,也可通过体壁、气门和节间膜等体表蒸发。此外,在昆虫变态过程中,如孵化、蜕皮、化蛹和羽化时都会大量失水。如果遇天气干旱,空气或土壤湿度过低,就会过多失水或很难得到水分补充,往往导致昆虫发育不良、羽化不健全,或羽化后生殖能力降低,甚至引起死亡。如玉米螟,越冬幼虫化蛹前必须咀嚼一定含水量的玉米秸秆或直接吸水,否则不能化蛹,而它的卵在干旱时,胚胎发育虽已完成,但不能孵化。外界环境中的湿度或水分直接影响昆虫的吸水或排水机制,如果昆虫与外界环境的水分交换不畅通,可引起其体内的水分失去平衡,从而影响昆虫生存、生长发育和种群繁衍。

2. 湿度对昆虫的影响

和水一样,湿度也直接影响昆虫的生长、发育、繁殖和生存,不同的是强调生态环境中的含水量如大气相对湿度和田间小气候中的湿度。环境湿度也是昆虫获取水分的重要途径,它对昆虫生长发育的影响不像温度那样明显,不同昆虫种类对环境湿度适应性差异较大,一般湿度过低或过高都影响昆虫的新陈代谢和生长发育。例如,在土壤不同湿度环境下,小地老虎[*Agrotis ypsilon* (Rottemberg)]幼虫发育历期和死亡率均有不同,土壤相对湿度30%~70%时,发育历期基本相同,死亡率较低;湿度达到90%时,则不利于其生存,死亡率明显增加。而在卵期,若温度适宜,相对湿度0~100%对其发育和生存基本无影响。大地老虎(*Agrotis tokionis* Butler)卵期,温度为25 ℃,相对湿度为70%时,发育和生存最适宜,湿度过高或过低,都使发育延迟,且湿度降低时死亡率会增加。黄地老虎[*Agrotis segetum* (Denis et Schiffermüller)]各虫态在20~30 ℃时,湿度影响基本不显著。喜欢高湿环境的昆虫还有菜粉蝶幼虫、玉米螟成虫、稻褐飞虱和白背飞虱等,特别是两种飞虱,较高的空气相对湿度和高湿田间小气候有利于若虫生长发育,促进成虫产卵和飞虱种群发展。

干旱天气往往会引起一些蚜虫、叶螨等害虫(螨)的大发生。除了这些害虫对干旱条件的适应性外,干旱还激活了寄主植物体内的水解酶,提高其体内可溶性糖类浓度,从而更有利于这类害虫(螨)的营养代谢并加快了种群繁殖。如为害花生的苜蓿蚜[*Aphis craccivora* (Koch)],相对湿度60%~70%有利于其发育、繁殖和为害;如相对湿度在80%以上或低于50%,则有明显的抑制作用且发生为害轻。棉花红蜘蛛喜高温干燥气候条件,气温25~30 ℃,相对湿度35%~55%最适宜其繁殖,相对湿度高于70%繁殖受抑制,所以,其大发生总与高温干旱气候条件相配合。可见湿度对昆虫发育和存活的影响因昆虫种类和虫态(龄期)而有所不同。

3. 降雨对昆虫的影响

虽然降雨与空气湿度密切相关,降雨提高空气和土壤湿度而影响昆虫的生存、生长发育和繁殖,但降雨本身也直接影响一些昆虫生存和种群繁殖。大雨或暴雨会对蚜虫、粉虱、叶蝉、飞虱等小型昆虫和螨类以及昆虫初孵幼虫和卵有冲刷、黏着等机械致死作用。对这些昆虫的影

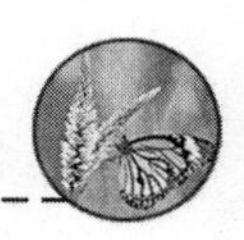

响强度与降雨强度、降雨频率与降雨量密切相关。降雨还会迫使远距离迁移昆虫被迫降落，妨碍害虫天敌的活动而降低天敌寄生或捕食效率。如在长江流域，如果6月下旬到7月上旬雨日多、雨量大，到7月下旬，稻苞虫[*Parnara guttata* (Bermer et Grey)]就可能大量发生。其主要原因之一是该地区夏季雨期早、雨量大，阻碍了稻苞虫一些寄生性天敌的活动，降低了稻苞虫种群自然控制作用；一场大的降雨迫使迁飞昆虫褐飞虱和白背飞虱降落稻田，大雨过后会在稻田大量发生。同样，6月到7月中旬雨量大则有利于棉绿盲蝽[*Lygocoris lucorum* (Meyer-Dür)]卵孵化，发生为害较严重。

同一地区不同年份或季节内降雨日期、次数、降雨强度等的变动远比气温大。雨季来临是造成多种农业害虫发生量和为害程度季节性差异的主导因素。因此，在农业害虫预警和预报工作中应注重研究季节性降雨与农业害虫种群消长的关系。

三、光和辐射对昆虫的作用

光是生态系统中能量的主要来源，昆虫不能像植物那样直接吸收光能制造养分，但光对昆虫仍是非常重要的。昆虫是变温动物，自然界中的光除了作为昆虫热能重要来源外，在其进化过程中，光因素与昆虫的生命活动有直接或间接的关系。

1.光的波长及照度对昆虫的影响

与昆虫生命活动有关的光条件主要有光的性质，即光的波长或颜色。昆虫对光的敏感性与光谱波长密切相关。昆虫常对光波(或颜色)有选择性，不同昆虫种类表现出不同程度的趋光性。如二化螟[*Chilo suppressalis* (Walker)]和三化螟[*Tryporyza incertulas* (Walker)]对330～400 nm波长的光趋性最强，用该范围的黑光灯比其他波长光源诱集效果更好。许多昆虫对蓝光(波长为450～470 nm)有较强趋性，如烟粉虱、白背飞虱、西花蓟马和米象等。值得注意的是，同种昆虫对同一波长光的趋性与性别、时间和光照度等有关。此外，光波还能影响昆虫的生物特性，包括发育、滞育、繁殖力(交配、产卵前期、产卵期和产卵量)和存活率等。

影响昆虫的光还有植物的花色与叶色，决定了一些植食性和访花昆虫的趋向性。如大菜粉蝶[*Pieris brassicae* (L.)]趋向于黄色及蓝色花，但雌蝶主要在绿色及蓝绿色背景叶上产卵；黏虫(*Mythimna separata* Walker)喜选择枯黄的叶片或叶尖上产卵。不同传粉昆虫通常偏爱不同花色，如蜜蜂、熊蜂喜欢黄色、蓝色和白色，而对红色不敏感；蝶类偏爱红色或紫色等较鲜艳的花色；蝇类喜欢暗色、褐色或绿色花；甲虫则偏爱暗色、淡黄色或草绿色花等。因此，昆虫对光波的反应因种而异，且不同性别或不同发育阶段均有差异。

光的照度主要影响昆虫昼夜节奏、飞翔活动、交尾、产卵、取食、栖息以及迁飞昆虫起飞迁出等。依照昆虫活动与光照度的关系，可将其昼夜活动习性分为4大类：①白天活动型。如双翅目中蝇类、鳞翅目蝶类、同翅目中蚜虫等。②夜间活动型。如许多鳞翅目夜蛾科幼虫、鞘翅目金龟甲科、某些叶甲科成虫等。③黄昏活动型。如小麦吸浆虫等，主要是在暗光下活动，全暗或强光下均停止活动。④昼夜活动型。如某些天蛾、天蚕蛾成虫或家蚕、柞蚕幼虫等。

有证据表明，一些迁飞性昆虫起飞迁出时，需要一定光照度的触发，方能起飞升空。白天迁飞昆虫，当光照度小于某一值时不起飞，如黑豆蚜，光照度小于6单位勒克斯(lux或lx)时不起飞，夜间起飞的昆虫，光照度大于某一值时不会起飞，如小地老虎，光照强度为0.4 lx时，飞翔开始下降，1.0 lx以上时，起飞完全受到抑制。此外，光照度与昆虫的体色或聚集程度也

有一定关系。光照度与昆虫活动间的关系，不但因种而异，还有阶段性。

2.光照周期与昆虫生活的关系

自然界的光照有年和日的周期变化，一般光照以每日内光照时数作为基本单位。中纬度地区，某地一年内以冬至日光照最短，自冬至后到夏至光照逐渐变长，而夏至日光照最长，从夏至后到冬至时日光照逐渐变短。这样，便形成了光照的年周期变化。在同一时间里，每日光照时数又因纬度而异。夏季高纬度地区的光照长于低纬度地区。昆虫的季节性生活史、滞育特性、世代交替等均与光照周期变化有密切关系，如蚜虫的季节性多型现象。

所有季节性的或地理的光周期现象，都是以光的日周期为基础的。生物体对日周期时间性的同步反应，也称为光周期反应或生物节律。而生物体内的光周期反应也正是生物物候现象的机制，也是生物对气候的一种适应性。如亚洲玉米螟是长日照反应型昆虫，临界光周期会随地理纬度的北移而增长。一般认为低纬度地区的昆虫对光周期反应不明显。

四、风和气流对昆虫的作用

风和气流是影响昆虫发生的重要因素，特别是对农业生态系统中的小气候环境的影响。风与环境中水分蒸发和扩散密切相关，通过增加土壤和生物表面水分蒸发量和流动影响环境湿度，同时也改变环境温度，从而影响生态系统中生物包括昆虫的生长发育和种群繁衍。如在小暑前后，长江流域有预测棉红蜘蛛发生的谚语“南洋风起棉叶红”就很好地诠释了风、温度和湿度与棉红蜘蛛发生的关系。

风和气流还是影响昆虫迁移扩散的重要因素。在我国，全年各季节气压分布差异形成了高空大气环流季节性变化的特点与季风环境，即春夏季为西南季风，从秋季起则西北风盛行。这种特殊的大气环流与季风气候也决定了我国一些重要农业昆虫北迁南回的迁飞习性和规律。近年来，国内外用雷达监测空中迁飞昆虫的运行规律证明，迁飞昆虫在高空飞行过程中常有成层飞行的现象。如一些蚊、蝇类可被风带到 25～1 680 km 以外，蚜虫可借风力扩散距离达 1 220～1 440 km，水稻褐飞虱可借助季风从雷州半岛越冬地迁飞到长江流域水稻产区。甚至一些无翅昆虫也可通过附着在枯枝落叶碎片上，随上升气流传播到远方。对这些昆虫迁飞规律的深入研究，可为我国迁飞性昆虫迁入区域发生期预测和农业害虫的早期预警提供科学依据。

第三节　气候变化与农业昆虫

全球气候变化是气候系统内部和外部因子（自然、人为）共同作用的结果。全球气候变化产生的主要原因在于 CO_2 等温室气体的释放改变了大气组成，导致全球气候变暖。1901—2014 年，全球最高和最低气温分别上升了 1.1 ℃和 1.6 ℃，预计到 21 世纪末，全球最高气温会升高 1.1 ℃到 6.4 ℃。

全球气候变化直接影响生物的生存与发展，作为变温动物的昆虫对这种气候变化，如气温升高、干旱、CO_2浓度升高等都会表现出积极响应和高度敏感。当然，气候变化将会影响农业生态系统。农业昆虫是该系统中的重要组成部分，受持续气候变化的影响，区域性农业生态系统中的昆虫群落势必改变其组成和结构，进而影响到农林生态系统的结构与功能。了解农业

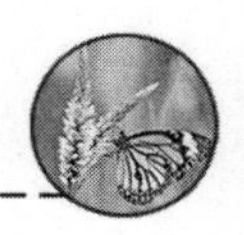

昆虫对全球气候变化响应的一般规律，进一步明确作物生产系统中农业昆虫响应机制，对农业生态系统中农业昆虫种群管理具有重要意义。

一、气候变化与农业昆虫种群变化

1.全球气候变化影响昆虫发生期

全球气候变化最显著特征是温室效应或全球变暖，而温度又是影响昆虫发生的重要因素。气候变暖有利于本地昆虫越冬和春季早发，迁飞昆虫提早起飞，以及常见昆虫田间高峰期提前等，这样将会改变一些农业昆虫的发生规律。例如，温带的气候增温有利于昆虫越冬，在北半球高纬度地区，夏季延长增加了昆虫可利用的有效积温。在英国洛桑，自 1964 年以来的虫情数据分析显示，当冬季平均气温增加 1 ℃，麦无网长管蚜[*Metopolophium dirhodum* (Walker)]、麦长管蚜[*Sitobion avenae* (Fabricius)]、桃蚜[*Myzus persicae* (Sulzer)]等蚜虫的迁飞期会提前 3～9 d。当冬季均温增加 1.5～2.1 ℃时，这些蚜虫种群的迁飞期提前 4～19 d。在西班牙，意大利蜜蜂[*Apis mellifera ligustica* (Spinola)]和菜粉蝶[*Pieris rapae* (L.)]首次出现时间均随当地春季气温的升高而发生期提前。

环境温度增加会加快昆虫各虫态发育，缩短各代发生时间而增加昆虫发生代数。由于全球变暖，欧洲的多种鳞翅目昆虫由原来的一年发生 1～2 代增加到 2～3 代，非洲的玉米螟[*Pyrausta nubilalis* (Hübner)]和热带的扶桑绵粉蚧[*Phenacoccus solenopsis* (Tinsley)]均随着温度升高增加了发生世代数。昆虫世代数的增加已经成为全球气候变化的重要生态学效应。

2.气候变化影响昆虫种群增长

气候变化会影响昆虫种群繁衍的一些生物学指标如发育速率、生殖力及存活率等，导致昆虫种群数量增长发生改变。随着气候变暖，特别不利于那些低温适生昆虫种类，其种群将会逐渐萎缩。而高温频繁出现会对像蚜虫这样的昆虫种群造成不利影响。当温度达到 31 ℃时会抑制麦蚜的发育、存活和繁殖，阻碍蚜虫种群的增长。气候变暖会增加昆虫发生期的有效积温，使许多昆虫的生长期缩短，生长速率增加，进而导致昆虫发生世代数增加，种群密度增大。同时，气候变暖会大幅度提高昆虫的越冬存活率，增加翌年发生的种群基数，如果是农业害虫则可能暴发成灾，严重影响农业生产。气候变化还是造成区域性干旱的重要原因之一，同样会改变一些昆虫的种群发展。如 2003 年西欧地区极端干旱期间，致使寄主植物抗性降低，导致蛀干害虫大暴发；而干旱使植物叶片中含氮量减少，食叶性害虫种群增长却受到了抑制。因此，气候变化对昆虫种群的影响是与之相关环境因素综合作用的结果。

二、气候变化导致种间关系改变

气候变化往往伴随着局部温度、湿度和降雨等非生物环境的变化，影响生态系统功能，如营养物质和矿物质的循环、优势物种种群结构的演替及食物链的动态变化等。这些影响作用于农业生态系统必然会改变农业昆虫种群与环境及其他物种的关系，被迫重新构建新的物种间关系。例如，气温升高影响了蚜虫的发育和繁殖等生物学指标，从而改变了荻草谷网蚜

[*Sitobion miscanthi* (Takahashi)]、麦二叉蚜[*Schizaphis graminum*(Rondani)]、禾谷缢管蚜[*Rhopalosiphum padi*(L.)]3种麦蚜间的种间竞争关系，影响了3种麦蚜田间种群结构，使禾谷缢管蚜的相对优势度显著增加，另外两种麦蚜的相对优势度则明显降低。

气候变化在影响农业害虫发生的同时，也会使之与寄主植物及天敌的同步发生期错位。以昆虫为寄主的寄生蜂往往会因为气候变化导致寄主昆虫的发生提前或延迟而影响昆虫—寄生蜂之间的同步性，导致寄生蜂寄生率下降。气候变化改变了显花植物的花期，导致植物花期与传粉昆虫发生时间重叠性改变而造成传粉昆虫食物短缺，进而降低传粉昆虫的物种丰富度。气候变化还能影响植物—害虫—天敌的三级营养关系，如臭氧浓度升高会显著增加番茄释放挥发物，这些挥发物大量吸引丽蚜小蜂(*Encarsia formosa* Gahan)寄生于烟粉虱[*Bemisia tabaci* (Gennadius)]，而在烟粉虱种群繁殖速率不变或被抑制的情况下，不利于害虫天敌种群保育。因此，全球气候变化正在强烈地改变着物种间的互作关系，也影响着植物—害虫—天敌三级营养关系，给生态系统的稳定性带来了极大的挑战。

三、分布范围

昆虫的分布范围取决于地理气候条件，从热带到寒带，形成了特定昆虫种类的分布格局。全球气候变化，必将影响依赖环境条件的昆虫生存和分布范围。正如前面所述，昆虫是变温动物，对环境温度有较强的依赖性，全球变暖也必然会对昆虫的地理及垂直分布产生较大影响。一些昆虫的分布区域会逐渐扩大，如迁飞性昆虫北迁范围会进一步向北推移，受低温限制的昆虫也将向高海拔和高纬度地区迁移扩散。

全球变暖将使冬季缩短，春季提早，使原本分布受限制的昆虫扩大适生区域。如1960—2000年的40年间，在日本中部，稻绿蝽的分布北界向北推移了70 km。在气候变化的背景下，欧洲35个非迁徙性蝴蝶物种中，有63%的种类分布范围向北移动。由于冬季最低温的限制，橘小实蝇[*Baetrocera dorsalis* (Hendel)]主要分布在非洲南部、中美洲等热带和亚热带地区，随着气候变暖，橘小实蝇已经向欧洲地中海南部、美国南部等高纬度地区扩散。

此外，气候变暖还加剧了农业害虫的入侵，使这些害虫在原来不构成危害的地区定殖。例如，由于冬季低温，难以定殖加利福尼亚的马铃薯尖翅木虱[*Bactericera cockerelli* (Sulc)]，在1999—2000年再次入侵加利福尼亚时成功定殖并建立了常年发生的种群，还扩大了寄主范围，给当地农作物造成了严重损失。不仅是农业害虫，全球变暖也导致舞毒蛾[*Lymantria dispar*(L.)]、冬尺蠖[*Operophtera brumata*(L.)]等林业害虫向更高海拔或更高纬度地区扩展。同样，蚊子等卫生害虫分布范围扩大，导致一些热带亚热带疾病向寒冷边缘地带传播，给人类健康构成潜在威胁。

昆虫对气候变化的响应是人类未来面临的一个新挑战，关乎人类的生存与发展。全球气候变化无疑会影响人类食物来源的农业生态系统，并改变该系统中重要组分农业昆虫的群落结构，从而影响农业生产的安全和可持续性。因此，深入研究全球气候变化对农业害虫、传粉昆虫和有益生物等物种种类、组成结构、种群变化和生态服务功能的影响，将在制定农业昆虫系统管理策略，维护农业生态系统可持续发展中发挥重要作用。

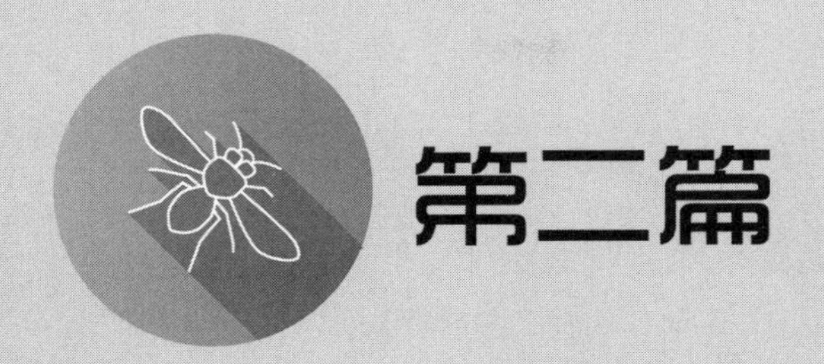

第二篇

害虫种群管理技术

第六章

虫害管理基本理论与策略

本章知识点

- 农业昆虫学的基础理论及其在了解农业昆虫中的作用
- 害虫管理的理论基础
- 虫害概念及其重要意义
- 虫害发生的原因及其控制途径
- 真正理解一些基本概念及其在实际中的应用
- 科学的害虫管理对农田生态系统的重要性

农业害虫又称为农作物害虫,主要是指以农作物为食,大量取食后导致农作物经济损失的一类农业昆虫。农作物害虫是农业生态系统中的重要组成部分,农作物害虫管理主要以农业昆虫学理论为基础,结合特定农业生态系统的特点,优化该系统中与害虫种群发生密切相关的生物和非生物控制因素,既能将害虫种群控制在经济为害水平以下,又能保证农作物生产健康可持续发展的一套科学管理系统。在农业生态系统中,人类从事的各种农事活动都可能引起昆虫种群、生物群落及环境之间相互关系的改变。这些改变都会导致昆虫种群间、昆虫与其他生物和非生物环境之间,普遍存在并能引起生理、行为反应的物理和化学等信息联系发生较大的变化。深入了解这些信息联系的变化是制定科学害虫管理策略的理论基础。

第一节　虫害概念及其控制策略

在农田生态系统中,作物—害虫—天敌相互制约、相互联系而形成一个有机的整体。作物除对植食性害虫直接作用外,还间接地为天敌提供避难所、中间寄主、食物和引诱物质等,以增加天敌的控害功能。作物的种类与数量的变化势必影响害虫的为害与天敌的作用。总的趋势而言,大面积单一作物种植,农田生态系统的生物多样性降低是导致害虫种群暴发的重要原因。

害虫管理作为农业生产的一项重要措施,在农业可持续发展中具有举足轻重的作用。不可否认，害虫危害制约了农业可持续发展，而一味地强调害虫防治/治理也是农业生态环境恶化的重要根源之一。因此，害虫管理必须从农业生态系统综合考虑，根据农业昆虫学、农业生态学、经济学和生态系统调控等基本理论，强调并重视对与害虫发生密切相关生态系统各组分实现科学合理的调控，最大限度地发挥自然系统内各种生物资源的作用，构建农作物害虫与作物生产系统内其他组分和谐发展的共同体，维护农业生产可持续发展。

一、虫害概念及其意义

1.虫害的概念

农作物作为一类初级生产者，有植食性昆虫取食并不奇怪。关于农业害虫的概念我们在农业昆虫学部分给出了定义。根据害虫的定义，我们知道并不是所有植食性昆虫都是农作物害虫，包括取食少量农作物组织的昆虫。在这里，我们需要明确的是虫害的概念。在农作物生长季节很难避免植食性昆虫取食其组织和器官，如吸食花蜜和花粉，甚至汁液，取食少量叶片等，我们是否就应该认定为农作物虫害？因此，弄清楚农作物虫害的概念对我们管理农业昆虫非常重要和必要。所谓农作物虫害，就是害虫取食农作物后能造成其经济损失的现象，或称为农作物发生了虫害。因此，我们经常所说防治害虫实际上是控制这些农业昆虫的种群密度，以免它们大量取食农作物后造成虫害。

农作物害虫造成虫害的严重程度与它们为害部位和取食方式有着密切的关系。食叶性害虫主要取食植株叶片，造成叶片缺刻、孔洞，严重时，叶片被大量取食后，造成植物光合作用严重缺失，影响作物生长和产量损失；如果为害叶菜类，则严重影响其商品性状。此类害虫种类较多，如菜青虫、黏虫、蝗虫、稻纵卷叶螟、草地螟、甜菜夜蛾、叶甲类等；刺吸性害虫通过其针状（锉状）口器吸植株叶片、茎秆和果穗，造成叶片失绿、形成变色斑点、叶片皱褶、心叶扭曲，或果实（籽粒）被吸成空瘪粒，甚至空壳等，影响植株正常生长和结实而造成经济损失。引起这类虫害常见的昆虫有蚜虫、粉虱、蚧壳虫、飞虱、叶蝉、蝽类、蓟马和小麦吸浆虫等。钻蛀性害虫通过钻入植株心叶、叶鞘、茎秆或穗轴内取食为害，通常造成作物枯死、花叶、叶鞘变色、枯黄、叶片枯萎、折茎、枯心、枯穗等，其留下的蛀孔还可以侵染腐生菌，从而引起严重的经济损失，如水稻上有二化螟、三化螟、大螟等，小麦上有麦茎蜂、麦秆蝇等，玉米上有玉米螟、棉铃虫、桃蛀螟、高粱条螟等。

2.理解虫害概念的意义

既然虫害是植食性昆虫取食农作物后造成其经济损失的现象，那么在生产实际中，要想避免作物因昆虫取食造成经济损失，就必须以是否有经济损失作为确定管控害虫种类的基本原则，以提高害虫管理的准确性。

根据虫害确定管理对象，在生产实际中，我们只需要针对实际发生的少数农业害虫的生物学特性、对农田环境的影响等，制定管理这些植食性昆虫的策略，即可以挽回农作物的经济损失，避免害虫管理的盲目性。

为了避免虫害发生，针对特定植食性昆虫种类，需要采用具体管理措施或害虫综合管理技术体系，并通过挽回作物经济损失来评价这些措施的效果，因此，虫害发生程度应该作为评价管理效果的重要依据。

二、虫害发生原因

1. 害虫来源

害虫来源（虫源）是虫害发生的必备条件，在同等条件下，虫源基数越大，发生虫害的可能性越大。根据害虫来源不同可分为本地和外来两种害虫虫源。大多数情况下，为害农作物害虫主要是本地虫源，这些害虫通常在当地田间残株败叶、土壤内、农田周边杂草丛中、附近林地，甚至包括农舍周边等场所越冬或越夏。如玉米螟、二化螟和三化螟等螟虫类存在于植株秸秆和残茬内。还有一些在土壤中，如棉铃虫、地老虎、甜菜夜蛾等夜蛾科昆虫、小麦吸浆虫、蝗虫等以蛹（或茧）、老熟幼虫、卵等在土壤中滞育越冬或越夏。

还有一部分害虫，虽然种类不多，但为害农作物严重，甚至给农业生产造成重大经济损失。这些害虫就是我们熟知的迁飞性害虫，它们的越冬或越夏受到寄主植物和气温的影响，虫源只能来自异地，如水稻褐飞虱、白背飞虱、稻纵卷叶螟、黏虫、棉铃虫和东亚飞蝗，还有近两年入侵我国的玉米重要害虫草地贪夜蛾等。为寻觅最适合寄主作物和躲避恶劣气候条件，这些害虫每年凭借自身迁飞能力或借助气流，北迁南回地往复我国重要的农业生产区域，多代次辗转为害，如果管控不及时，将给农业生产造成严重损失。

2. 害虫种群数量

前面我们已经说过，虫害的发生并不是某种害虫少数种群密度所致，而是需要达到一定经济为害水平的种群密度。要达到虫害的种群密度，天时是一个关键的影响因素，即环境条件。所谓环境条件就是既适合作物生长又适合害虫种群发展的温度、湿度、光照等大气环境条件，以及农业生态系统中的小气候生境。每种害虫在其发育过程中的不同虫态都有起点温度、最适合温度和临界低温或高温的限制，超出临界温度都不适宜其发生和种群发展。各种害虫对温度的要求有较大差异，有些害虫的发育起点温度较低，如蚜虫、小菜蛾等，每年相对发生较早；有些害虫常常对湿度或水分有要求，如玉米螟越冬幼虫必须取食潮湿越冬寄主或露水才能化蛹，菜粉蝶、黏虫、棉盲蝽等也都是喜湿的害虫，一些农作物的重要害螨（非昆虫）却喜欢相对湿度较低的环境条件，在长江流域棉区就有“南阳风起棉叶红”的谚语，说的就是这种害螨喜欢高温干旱的气候条件。因此，“天旱”和“天涝”都有适宜的害虫（螨）发生。光照同样影响害虫发生和种群发展。昆虫属于变温动物，需要从阳光中获得初始能量，开启它们体内的新陈代谢，同时，光周期还是影响昆虫滞育和解除滞育的关键因素。此外，大气环流也是不可忽视的因素之一，对异地虫源的迁飞和害虫区域扩散均具有助推作用（见第三篇案例分析）。

3. 寄主作物生育期

在有一定数量虫源的前提下，合适的气候条件是保证害虫种群发展的环境条件，而适宜寄主植物（作物）生育期又是促进害虫种群密度迅速发展的另一个必备条件。首先，我国现阶段种植的农作物品种中，抗虫品种非常少，几乎所有产量和品质性状良好的品种均表现出感虫性。其次，除了少数食叶性害虫外，多数害虫的发生和严重危害都对作物敏感生育期有一定的要求。例如，棉铃虫喜食棉花的蕾和幼铃，棉盲蝽喜食嫩叶和蕾。水稻害虫中，钻蛀型的二化螟和三化螟严重为害常常发生在水稻分蘖期，褐飞虱和白背飞虱通常大发生于水稻封行以后，而稻纵卷叶螟往往喜欢为害水稻旗叶，而且旗叶越宽的品种，受害越重。在小麦害虫中，荻草谷网蚜大量发生与为害总是在小麦抽穗以后，所以通常称为“穗蚜”，而小麦吸浆虫成虫产卵最佳时期是小麦抽穗扬花阶段。在果树害虫中，一些重要害虫成虫在果实上产卵时，通常对果实大小有要求，如柑橘实蝇类在柑橘幼果上产卵，各种果树食心虫在桃、梨和苹果果实上产卵，等等。由此可见，合适的农作物生长期有利于植食性昆虫种群的迅速发展，并对农业生产造成严重损害。

三、虫害控制基本途径

害虫虫源、合适环境条件下发展的种群数量以及作物易受害生育期3个环节相吻合，是农作物发生虫害(灾)的重要前提。在农业生态系统中，许多农事活动都会影响上述3个环节，因此，农作物虫害(灾)的管理绝不是依靠单一措施能解决的问题，而是一个系统管理工程。这里，我们将明确科学管理上述3个环节的基本途径。

1.科学管理田间生物群落

一个农业生态系统中，最主要的生物群落包括植被和节肢动物群落。植被群落由农作物及其周边植被环境组成，通过田间的管理，尽可能减少植食性昆虫寄主作物以外的野生寄主，或增加重要害虫非寄主植物，或在温带农作系统中，加强冬季田间管理等，以减少虫源基数。节肢动物群落主要由植食性动物和以它们为食的有益生物组成，为了减少害虫虫源基数，最大化有益生物的保育管理工作，应充分发挥以益控害自然控制作用，如设置不良环境条件下有益生物庇护所，早春种植引诱有益生物的植被等。总之，采用科学合理的农田系统管理措施，增强有利于农作物生产的生物群落，控制好农作物害虫虫源基数。

2.营造不利于害虫种群发展的环境条件

除了害虫虫源外，营造不利于害虫种群发展的环境条件也是一个重要环节。即便存在虫源，其种群数量一直维持在较低水平，农作物也不会有经济损失。科学合理管理好作物生产系统，创造有利于作物生长，而不利于害虫种群发展的环境具有重要意义。在特定农业生态系统中，虽然管理作物生产系统无法改变自然气候条件中的温度、湿度、光照和风等因素，却能影响农田小气候环境，如品种选种、种植制度、耕作方式、冬季管理、水肥管理以及针对害虫种群的调控技术，如有益生物保育和利用、物理机械调控技术和适时采用化学调控技术等。科学合理的资源配置能营造农田环境不利于害虫种群繁殖，有利于农作物生长，最大功效地发挥自然因素调控害虫种群的作用。

3.调节作物易受害敏感生育期

调节农作物易受害敏感生育期与害虫盛发期的配合关系，能完全避免或大幅度降低作物虫害。通常采用的方法包括：①选择抗性或生育期一致的品种；②调整作物播期，根据不同作物的季节适应性，提前或推迟播种期，以错开害虫特定虫态的发生盛期；③种植诱集作物吸引易感生育期害虫为害，减少被保护作物的虫害；④间作驱避植物，降低害虫成虫产卵量等。这些措施的运用都具有害虫和作物种类的特异性，根据具体作物与害虫系统单一或联合应用才能发挥理想的效果。

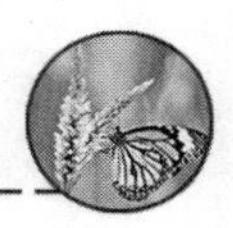

四、作物害虫种群管理经济学

在现代农业生产中，农产品的生产已经不是自给自足的生活用品，而是农业商品，特别强调产品的经济价值。因此，农产品的生产过程必须遵从经济规律。农业生产中有害生物的管理是保证农产品安全生产，并获取更大经济效益的重要环节，挽回农产品经济损失是害虫系统管理的目标。害虫管理计划的发展依赖于3个领域的知识，即作物经济学、害虫种群动态和害虫管理技术。其中，作物经济学是首要考虑是否对害虫采取管理措施的前提条件。在决定是否采取措施控制害虫的过程中，经济因素至关重要。

1.经济损害水平

经济损害水平(economic injury level，EIL)是害虫管理经济学中重要概念，指的是能引起农作物经济损害的害虫最低密度，也即由采取控制害虫措施而增加农产品的产值与所投入控制费用相等时的害虫密度。这个概念是1959年由美国昆虫学家斯特恩(V. M. Stern)等提出并用于害虫综合控制。因为首次将经济学观点引入害虫管理理论，所以一经提出颇受害虫管理工作者重视。1972年黑德利(J. C. Headley)根据经济边际分析原理，形成了控制费用、控制收益及净控制效益随控制后害虫种群密度而变化的曲线。其重要结论是，在不断加大控制压力降低害虫种群密度的过程中，随着种群密度不断下降，控制费用逐渐增加，越是想要降低害虫种群密度，其控制力度就会加大，控制成本就会越高，而产值增长率就会不断下降。如图6-1所示，经济损害水平可以理解为一个害虫密度指标，无论是自然发生的，还是经过一定控制以后的种群密度(图6-1 *P*)，如果低于特定指标(图6-1 *A*)，无须继续或增加控制力度，因为害虫种群密度并不会导致经济损失，增加控制本身的成本增长量大于生产效益增长量，从作物经济学角度看，并不合算。

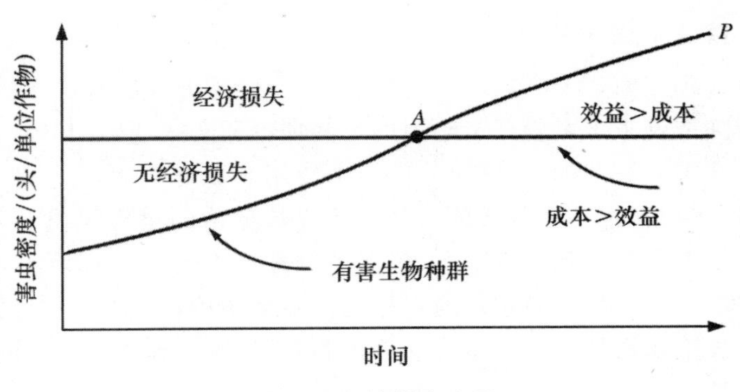

图6-1　经济损害水平

2.经济阈值

经济阈值(economic threshold，ET)又称调控阈值(control threshold)或调控指标(control index)，是害虫种群最佳调控时机的一种密度指标(图6-2 B)，由经济损害水平派生而来，即害虫种群的某一密度，在此密度下应采取控制措施，以阻止害虫种群密度达到经济损害水平。这一指标也是1959年由美国昆虫学家斯特恩(V. M. Stern)在管理害虫研究中与经济损害水平一起提出来的。在实际应用中，它与经济损害水平(EIL)特别容易混淆。经济损害水平是在

作物经济学上，通过客观分析虫情发展状况，权衡未来害虫种群发展是否值得采取调控措施，以获得最好经济效益而调控害虫的最佳密度。而经济阈值是为了达到上述目的而采取调控行动时的害虫种群密度。值得注意的是，虽然经济阈值和经济损害水平都表示害虫种群密度，在害虫种群调控措施仅为化学药剂调控技术，且害虫为直接为害作物的虫态时，一般前者通常小于后者（图 6-2 *B*）。但如果调控技术针对的虫态不是直接为害作物的虫态，或者存在有益生物等自然控制因素的情况下，经济阈值也可能大于经济损害水平的害虫密度。

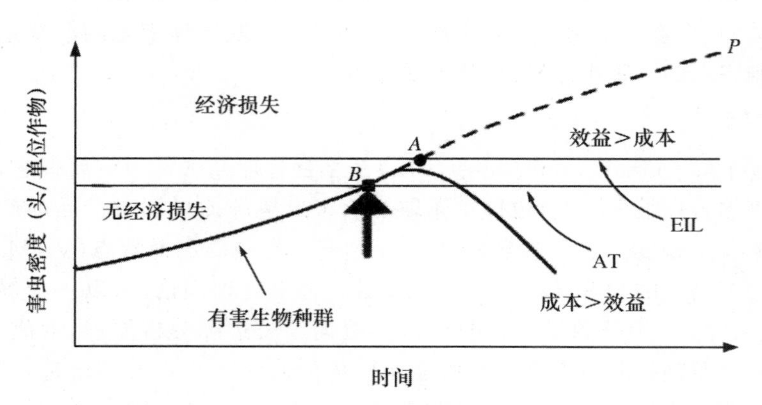

图 6-2　经济阈值

在化学药剂调控技术的决策中，基于经济损害水平（EIL）和经济阈值（ET）的虫害管理决策对害虫管理程序至关重要，因为这两个指标明确了在农作物害虫发生时，可以或不能容忍的害虫密度，同时，也指导种植者何时应该消除或减少一些不必要控制措施的使用。这极大地促进了农业生产中针对害虫管理技术如化学药剂调控技术规范化，避免了盲目性，也有利于农业生态系统的安全性和可持续性。

3. 经济阈值在害虫管理中的应用

在可持续害虫管理方面，Arif 等（2017）提出了害虫管理方案决策层次的概念，并认为成功和可持续的害虫管理依赖于害虫管理策略中的一些理论和实践基础，其中，经济决策阈值就是重要的基础之一。在害虫管理中，经济决策阈值主要用于以有效而经济的方式来设计和实施害虫管理方案，而经济损害水平和经济阈值是经济决策阈值的重要组成部分。这种决策阈值所了解的农业生态系统中全面和真实信息，确保了合理并及时使用环境不友好的措施如杀虫剂，因为在害虫管理中，我们强调使用环境友好的措施来调控导致农作物经济损失的害虫种群密度。对这些经济决策阈值的全面和适当的认识和利用，可以提高种植者的效益，确保环境安全和保护生物多样性。

经济阈值（ET）是经济决策阈值的重要组成部分，也最具实际操作性，在许多情况下，种植者常常愿意用于决策害虫管理方案，多数情况下，重点针对杀虫剂等调控技术而实施管理决策。经济阈值在害虫管理过程中的使用有 4 个规则：①无阈值规则。适用于抽样调查不经济，针对困难问题所采取的及时补救措施；对及时补救和处理的问题不切实际；害虫经济阈值过低；一般害虫种群密度的平衡位置始终集中在经济损害水平（EIL）之上。②经验阈值规则。该规则建立在昆虫学家的技能、专业知识和经验的基础上，它是常见害虫管理方案中使用最广泛和最频繁的经济阈值规则。通常根据这些专业学者长期的野外经验来确定害虫的经济阈

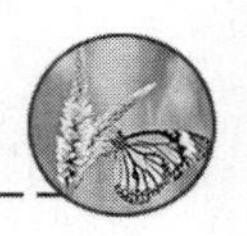

值。③简单阈值规则。就是在控制条件下，针对某种害虫的不同为害程度开展的田间试验，确定其经济阈值。④综合阈值规则。它预示的是生态（环境）阈值水平。这种经济阈值的确定和计算涉及不同生物和非生物胁迫对害虫、植物和天敌三级营养级联的所有可能交互影响。综合阈值的计算与实施只能针对特定定位区域农田生态系统才有意义。

第二节　害虫发生类型及基本管理策略

一、常发（关键）性害虫

这类害虫对农田生态环境有较强的适应性（包括资源和空间的适应）。在整个农作物生长季节，经常发现其为害多种植物，具有广泛寄主适应性，一般为多食性害虫。这类害虫种类少，是农作物关键害虫。通常，这些害虫种群数量较大，引起作物直接经济损失。相对经济损害水平（EIL）有较高的平均种群密度，种群管理难度较大，常常导致严重经济损失。在大发生情况下，随着害虫行为和生活习性的变化，其有强的抗逆力和抗药性，有些还具有间歇迁飞习性，例如棉铃虫、金龟子类、甜菜夜蛾、水稻螟虫、玉米螟、小菜蛾、柑橘实蝇类、果树食心虫类、螨类、各种蚜虫等。

针对这类农业害虫的管理策略必须采用农业生态系统综合管理技术，科学合理地运用种植制度和耕作栽培技术，加强科学的水肥管理，创造有利于农作物生长和有益生物繁育，而不利于害虫种群发展的农田生态条件。重视压低害虫种群基数，控制后续代别种群迅速发展。特别强调针对特定关键害虫单项调控技术的联合组配，形成科学的综合管理害虫区域化技术体系。特别注意的是，用于这些害虫的化学药剂调控技术只能是权宜之计。

二、偶发性害虫

这类害虫也是农作物非常普遍的农业昆虫类型，一般年份，它们常常存在农作物田间，但很少引起作物经济损失。偶尔会在某些年份的发生高峰期，其种群密度达到经济损害水平（EIL）。必须指出的是，随着现代农业产业结构的调整与变化，这类害虫与常发性害虫不能绝对分开，它们之间常常可以相互转换，千万不可小视。这类害虫还可能周期性大发生，从大的时间尺度上来分析，其大发生的频次可能间隔时间较长（几年至几十年），一旦发生，对农作物生产将具有极大的威胁，如盲蝽象类、小麦吸浆虫类、一些地下害虫的大小年等。

这类害虫的管理策略包括：①重视田间调查，加强中长期预测预报，掌握其每年发生动态和大发生频次的间隔时间；②在注重常发性害虫田间管理技术时，应该考虑对这类害虫的兼顾性；③在常发性害虫种群综合管理技术中，根据农田生态系统的区域性特点，最好考虑兼容性管理；④化学药剂通常是一种较好的备选方案。

三、潜在或次要害虫

这类害虫具有一定的欺骗性。第一，它们长期存在于农业生态系统中，也取食常见的农作物某些组织或器官，种群密度常常在农作物经济损害水平以下。第二，具有一定的隐蔽性，如卷（缀）叶、潜叶，以及并不取食经济作物重要的组织或器官等。第三，对农作物的危害具有潜在性，生产者不会立刻意识到，例如大多数蚜虫及其他刺吸式口器害虫、潜叶蝇（蛾、甲虫）、介壳虫类等。第四，这些害虫通常不会是大范围发生的农业害虫，可能成为局部或特定作物上的重要害虫，如稻负泥虫常发生于东北稻区和南方山区稻田；许多介壳虫常常为害植物茎秆和枝条等。第五，这类害虫与常发性害虫同时发生时，针对常发性害虫采取的调控技术往往会影响它们的种群发展，一旦某项技术完全控制住了常发性害虫，而对潜在性害虫效果不佳时，特定的潜在性害虫很快就会上升成为重要害虫。如在棉花生产中，随着我国长江和黄河流域大量种植抗棉铃虫的转基因棉，棉铃虫威胁得到了极大的缓解，随之而来的是潜在害虫盲蝽象迅速上升为该区域的棉花主要害虫。

因此，在管理策略上，对潜在或次要害虫不可视而不见，除了参照偶发性害虫的管理策略外，还应该加强开发有益生物的保育和应用技术，以及化学药剂的新剂型的使用技术。同时，应该高度重视这些害虫局部或特定寄主植物的综合管理技术。

四、迁飞性害虫

这是一类比较特殊的昆虫，通常它们的成虫个体会聚集在一起，跨越环境条件几乎完全不同的生态区域远距离辗转迁徙，在不同生态区域取食植物并繁殖后代。这种远距离迁飞习性也是一些昆虫种类长期进化适应的结果（参考案例分析部分“迁飞害虫及其管理技术”），既有其特定种群遗传特性，也有其种群对环境的适应性。古书上记载这类害虫“神出鬼没，来去无踪”。生态学上归纳为“同期突发”现象，来时迅猛，去时急匆。迁飞性害虫通常会与气候条件密切相关。重要的迁飞性害虫有东亚飞蝗、黏虫、沙漠蝗、稻褐飞虱、草地贪夜蛾等。

针对这类害虫的特殊性，在管理策略上应与其他害虫有所不同。具体为：①如果虫源地在我国境内，应加强虫源地的种群调控，控制其种群发展，如改造虫源滋生地环境，控制其发生与迁飞。②加强监测（包括异地预测、迁入地预测、虫源性质分析），作出预警和准确预报，以便掌握入侵最佳时期，并做好控制预案。③对周期性迁飞害虫，同样重视害虫综合管理技术，可以根据多年经验，构建特定害虫的综合管理技术体系，将化学药剂调控技术作为应急措施；针对周期性迁飞不规律的害虫，化学药剂调控技术是常备的应急措施，在其发生盛期及时用药，并做到统一指挥，协调行动，短期内大面积施药，以控制其种群密度。

第三节　农业害虫生态系统管理策略

现代农业的发展已经从传统作物生产和保护转向提质增效和生态友好的作物生产和保护系统，农业产业要采用以自然资源为基础的技术，农业生产系统就应该大幅度降低以有毒化学

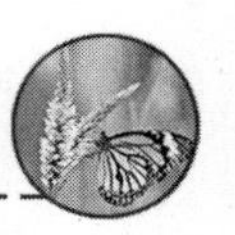

药剂为基础的应用技术。一个更健康、高效而可持续的农业生态系统应该最少使用有毒化学药剂，这将取决于科学合理的害虫管理系统。

一、昆虫生态学管理

在农业生态系统中，要实现害虫种群生态调控，应该强调以害虫生命活动阶段为目标，通过生命活动赖以生存的最少资源（途径）将其生存和种群发展潜力降至最低限度。昆虫生态学管理必须遵循昆虫生态学原理，以可靠准确的昆虫生态适应信息、多样化生产模式和植物保护策略为基础，设计农作物生产系统，将植物保护任务分配到多种策略中去，从而最大功效地保护农作物免受害虫危害。

昆虫生态学的研究提供了概念和理论框架，为害虫科学管理提供了理论基础。农业害虫与农业生态系统中其他生物的交互作用影响害虫管理策略。在农业生态系统中解决害虫问题主要依靠种群生态调控，这是古老而廉价又生态兼容的重要策略之一。通过昆虫生态学研究，更加深入了解在作物生产系统中害虫季节性生命周期的薄弱环节，以及与其他自然因素相互作用的重要信息，从而调节负面影响害虫生活、生存和种群发展的食物、物理和化学等关键因素，并借助一些生态友好的方式避免害虫种群积累和暴发成灾而造成农作物经济损失。

在漫长的进化过程中，植物与植食性昆虫及其天敌间形成了复杂的相互作用关系，应该充分利用作物抗性与天敌作用系统调控害虫种群作为一项可持续管理策略。例如，小麦抗蚜品种除了本身对荻草谷网蚜的防御作用外，还能提高蚜虫寄生蜂对蚜虫的寄生率，实现了作物抗虫性与害虫天敌联合控制害虫种群的作用。在对斑潜蝇食物网中 7 科 10 种植物化学物质与寄生性天敌关系的研究中发现，尽管斑潜蝇的寄主和非寄主植物释放的挥发性化学物质有 100 多种，但植物受伤后几乎均能释放已醇(3Z)-hexenol，而寄生蜂对这种挥发性化学物质表现出最为明显的趋性，并能很好地区分斑潜蝇寄主植物和非寄主植物释放源，精确定位斑潜蝇位置，成功地寄生害虫。在自然界中，寄生蜂利用植物释放出的挥发性化合物来寻找寄主广泛存在于植物－昆虫－天敌昆虫三级营养关系中。

以昆虫生态学研究为基础的农业生态系统多样性保护可以减少害虫问题。不同种植方式和采用多种多样的管理策略可以多方面胁迫害虫种群。这些技术的广泛应用使害虫难以找到其适宜的作物寄主，也难以迅速对抗所采取的害虫管理措施。

二、害虫生态系统管理

生态系统管理影响有害生物与生态系统其他功能和结构组分的相互作用，并有利于有害生物管理技术的可持续性。因此，了解当前生态系统的结构（组成）至关重要。生态系统的物理结构代表了其密度依赖（生物）和非密度依赖（非生物）组分的大小和分布。这两种组分决定了害虫管理策略的应用类型和强度。如果一个生态系统的生物和非生物因素严重影响害虫生存和种群发展，那么就不应该最低限度地实施人为害虫管理策略，反之，必须加强害虫管理策略。

农业生态系统的物理结构也决定了优势昆虫种类及其竞争者，同样也决定了害虫复合种群的性质，有助于害虫管理方案的选择。为了维持害虫有益生物（捕食者和寄生性天敌）存活和种群繁衍，建立和保存不受农事活动干扰的岛礁区非常必要，如植物篱、杂草丛生边界、草地行、林地和沟渠，以及作物行间种植等。这些区域为有益生物提供了栖息和繁殖场所，以便随时迁入作物田发挥控制害虫作用。

高度重视作物生产系统的科学合理管理不仅优化并改善了农业生态系统的物理结构中各组分，而且有利于害虫生态系统管理，促进农作物增产增效，如耕作方式、植被覆盖及覆盖种植等维持了农田生物多样性。与传统农田相比，这些生产实践保护了农田植被多样性，大幅度增加了有益昆虫种群数量。在这样的作物生产系统中，通过适当保留未受农事活动干扰区域，可以维持害虫和有益生物之间的益害平衡。

生态系统的另一个组成部分是营养结构，它以数字金字塔、生物量金字塔或能量金字塔的形式代表每个营养层次的生物数量、质量(生物量)或能量含量。营养结构包括害虫和它们的捕食者和寄生性天敌。这些害虫与其天敌的相互作用影响着植食动物和肉食动物关系的复杂性，以及生态系统的结构和功能。如果营养结构有利于害虫而不利于有益生物，那么，该营养系统必须实施害虫管理策略。

许多生物因素都可以影响作物产量和品质，其中，农业害虫是重要的生物因素之一，所以加强农田害虫种群管理是农业产生集约化的主要目标之一。农业害虫作为农业生态系统中的重要组分，以往频繁地针对害虫种群实施单一目标管理策略，表面上看似乎解决了害虫问题，实际上只是一种临时而短暂的现象。因为农业生态系统是一个整体，暂时解决了一种害虫问题，可能破坏了与这种害虫相互联系的生物网络，从而引发整个生态系统的不稳定，不久可能又出现其他有害生物的问题，如此恶性循环。因此，关于农业生态系统中的害虫及其他有害生物的问题，必须设计和实施科学的系统管理策略，不提倡实行单一目标管理策略。

三、农业生物多样性与害虫管理

1.农业生态系统生物多样性的特点

农业生态系统包括作物、杂草、节肢动物、微生物及与其相关的地理气候环境、土壤、人以及社会环境因素等。农业生态系统类型决定了生物多样性的丰富程度，通常表现在4个方面，即农业生态系统及其周边的植被多样性，农业生态系统中种植的持续性，人为管理强度及农业生态系统与周围自然环境的隔离程度。

农业生物多样性的类型和丰富程度常常因种植年限、物种多样化、物理结构和人为管理的农业生态系统差异而有所不同。生物多样性中不同组分间的相互作用也是其复杂性的一个方面，可以科学地利用生物之间的互作关系来提高有益生物保育和利用效果，改善土壤环境，并合理开发和利用它们为作物生产系统提供更好的生态服务功能。这样，就必须充分了解土壤、微生物、植物、害虫及有益生物等多种组分间相互联系，制定农业生态系统的科学管理策略和方法。

2.害虫种群管理

农业生物多样性有助于设计害虫稳定的农业生态系统。通过特定区域分析、系统结构设计和采用最佳农田管理技术等环节，实现长期可持续的农业生态系统。每个环节都有具体的要求，特定区域分析包括确定植物、主要害虫种类和有益生物等关键成分，以及较理想的生物多样性类型；系统结构设计主要是选择系统管理策略，如种植模式，包括轮作、间套作和覆盖作

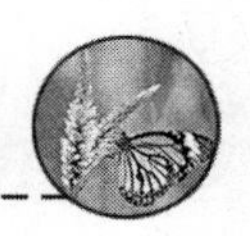

物等；而采用最佳农田管理技术是较关键的实践环节，主要有土壤肥水管理、栽培管理、田间有害生物科学管理等，以加强并维护农田生物多样性，发挥其管控害虫种群的功能。

增加农业生物多样性为作物生产系统中有益生物提供更多的生存和繁衍的机会（图 6-3）。与单一作物（品种）种植相比，在多品种或作物类群种植模式中，倾向于增加天敌的数量和多样性，特定害虫类群在成虫产卵的寄主植物选择、幼虫取食习性及种群发展等均会受到来自植物和有益生物的影响，并能限制害虫种群快速增长，所以具有生物多样性的作物生产系统更有能力调控有害生物种群发展。农业生态系统内的整体生物多样性也可能影响有益生物服务功能，例如，显花植物，在生长季节为昆虫天敌提供花蜜（碳水化合物）和花粉（蛋白质）等营养资源。植被多样化种植，如作物间套作，可以为农田有益生物提供食物选择和庇护场所，有利于它们的种群生存与发展。在农业生产实践中，许多农艺管理技术都有潜在影响生物多样性的服务功能。结合到具体害虫种群管理，就应该周密考虑农田管理技术应用，以丰富农田生物多样性，保持农田生态系统的稳定为目的，实现最大功效地发挥自然因素控制有害生物种群的作用。

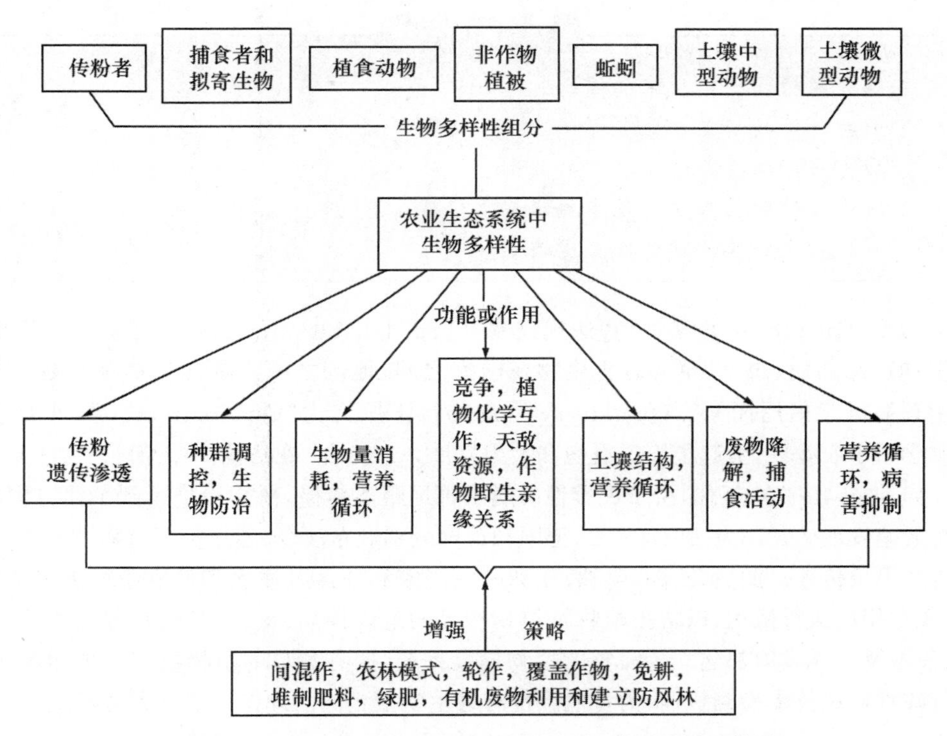

图 6-3　农业生态系统中生物多样性组分、功能及增强策略

（仿 Miguel A. Altieri，1999）

第七章

植物检疫技术

- 正确理解植物检疫技术的概念
- 了解植物检疫的基本任务
- 掌握有害生物检疫对象确定的原则
- 了解检疫处理的方法和基本要求
- 了解有害生物风险评估及其重要意义

植物检疫(Quarantine),又称为"法规控制"(Legislative Control)是使用法规的手段,控制植物及植物产品的病、虫、杂草等有害生物在国家之间、地区之间人为的传播和蔓延。植物检疫概念由预防医学借用而来。Quarantine 一词的拉丁原文为"Quadroginta",意即 40 天。植物检疫概念用于农业后,引起了广泛重视和大力发展。1660 年,在法国卢昂地区产生了最早的检疫法规。19 世纪 40—70 年代,由于灾难性的病虫害远距离传播,植物检疫得到了西方国家的高度重视而迅速发展。1873 年和 1877 年,德国和英国分别颁布法令,禁止美国植物及其产品进口,防止马铃薯甲虫传入。此后,欧洲、美洲、亚洲一些国家和地区及澳大利亚等纷纷制定植物检疫法令,并成立相应执行机构,以防止植物及植物产品的危险性病、虫、杂草等有害生物传入本国。现如今,我国及世界各国都建立了完整的植物检疫系统,拥有各自的植物检疫法规和条例,以及完备的行政管理和技术检测机构,为将危险性有害生物拒之国门外作出了巨大贡献。

第一节　任务与对象

一、植物检疫的任务

植物检疫是管理外来危险性有害生物一项根本性管理技术措施。在农作物虫害发生第一个环节就是害虫的来源,植物检疫的概念告诉我们,它是以法规的手段,控制植物及植物产品

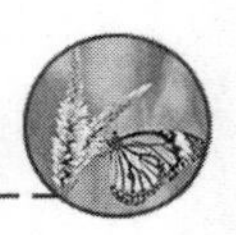

的危险性有害生物在国家之间、地区之间人为的传播，因此，植物检疫阻止危险性有害生物的源头具有极其重要的作用。除杜绝危险性病、虫、杂草在国与国之间进出外，在国内局部地区发生的检疫性危险性有害生物，更应加强检疫、管控和封锁，禁止传出已发生区域。由此可见，植物检疫作为重要害虫管理技术，其目的在于保障我国农业生产健康而可持续发展，保障并促进国内外农产品贸易。

植物检疫的主要任务包括：①做好植物及植物产品国与国或国内地区间调运的检疫检验工作，杜绝危险性病、虫、杂草的传播与蔓延；②查清检疫对象在国内外的主要分布、为害情况及适生条件，并根据实际情况划定我国的疫区和保护区，对危险性有害生物的疫区，应该实施有效的封锁与尽可能采取铲除技术；③建立无危险性病、虫的种子和苗木基地，提供安全种苗，为农林产业服务；④针对危险性有害生物开展风险性评估，做好预警方案，防患于未然。

二、植物检疫对象确定的原则

全世界有害生物浩如烟海，在对重要有害生物展开调查、研究和综合分析的基础上，每个国家或本国不同地区都应该确定该国或地区重要的植物检疫对象，即那些对农业和林业生产具有危险性的，必须防止其随同植物及植物产品人为传播蔓延的植物病、虫和杂草。

植物检疫对象的确定，是根据国家和地区需要保护农林业生产的实际要求和病、虫、杂草发生特点而确定的。不同国家和地区所规定的检疫对象可以有所不同，但确定植物检疫对象都要遵从一些共同原则，包括：①主要依靠人类活动而传播的危险性病、虫、杂草。这些有害生物通常自身自然传播能力较弱，主要依靠人类商业活动，如种苗调运、农产品贸易及其商品包装物携带等传播蔓延。②对农林业生产威胁很大，能造成严重经济损失，通过植物检疫方法，理论上可以完全消除或阻止它们向外传播蔓延。③仅在局部地区发生，分布尚不广泛的危险性病、虫、杂草，或分布虽广但还有未发生地区需要保护。上述原则不能分割，必须综合考虑确定检疫对象。由于植物及植物产品在转运过程中最容易携带植物检疫对象，所以，根据有害生物种类、植物及植物产品类型及其他载体如包装材料、交通运载工具、土壤等，分门别类接受检疫检验。

随着植物检疫对象的确定，就划分出了疫区和保护区。所谓疫区，是指某种检疫对象发生为害的地区，全称为某种植物检疫对象的疫区。而保护区，是指某种检疫对象尚未分布和发生的地区，在这些区域必须严格实行植物检疫措施，防止人为地将检疫对象传入该地区，也称为某种植物检疫对象禁止传入地区。例如在我国，马铃薯甲虫 20 世纪 90 年代传入新疆维吾尔自治区的北疆，目前在天山以北的地区分布与发生，这些地区就是马铃薯甲虫的疫区，其他未分布地区则是其保护区。值得注意的是，疫区和保护区的划定并不是一成不变的，划分时应慎重考虑，要有利于农业生产，还应该根据情况的变化及时调整。

三、植物检疫分类

任何一种生物被确定为检疫对象后，都必须严格开展植物检疫，以防止其人为地随种子、苗木、农产品和包装物等运输，作远距离传播。根据危险性有害生物可能传播范围，植物检疫可分为对外检疫和对内检疫两类。所谓对外检疫，通常是防止国外危险性有害生物输入国内未发现或虽发现但分布不广的地区，又叫进口检疫；为了履行国际义务，按输入国的检疫要求，禁止危险性有害生物自国内输出,叫出口检疫。而对内检疫则是防止国内已有的危险性有害生物从已发生的地区向尚未发生地区蔓延扩散的检疫工作。此外,按检疫的场所和方法还可分为入境口岸检疫、原产地田间检疫和入境后隔离种植检疫。还有针对携带植物及植物产品对象不同的旅客检疫和货物检疫等。

第二节 害虫检疫处理的方法和基本要求

植物检疫处理是检疫检验发现有害生物后必须面对的重要任务,而检疫处理方法选择和技术程序都具有很强的原则性和规范性。一般的处理方法包括禁止入境或限制进口、消毒除害处理、改变输入植物材料的途径、铲除受害植物,以及消灭初发疫源地等。在研究和处理过程中,害虫检疫处理都有严格的规范和要求。

一、害虫检疫处理研究规范的基本要求

2012 年,联合国粮农组织的植物检疫处理技术小组(TPPT)提出了植物检疫处理研究规范,其中,基本要求包括:①清晰而准确地描述目标有害生物及寄主货物,二者在贸易中的自然联系,以及与处理方式的关系;②处理时,目标有害生物、寄主植物及其环境的状态应与贸易中的状况相似,或者偏差在允许的范围之内;③有效性验证试验中,处理对象应为被处理货物中可能存在耐受能力最强的虫态或条件;④若需制定通用标准,处理对象应是该目标有害生物组(目、科、属)最为耐受的种类;⑤处理结果能够满足贸易需要;⑥依据研究结果发表的论文或报告应适度透明清晰,以供检疫处理管理部门评估。

二、检疫处理研究规范的基本要素

在综合上述规范性文件和标准的基础上,将害虫检疫处理研究规范的基本要素分为试验材料、试验设计与剂量监测、试验操作与数据分析、试验控制、记录保存 5 个方面。

1. 试验材料

试验材料主要有害虫和寄主。总体要求是目标害虫饲养良好,寄主产品处置妥当。具体包括:①准确鉴定害虫种类,保存试验害虫的标本;②经过有害生物风险分析,确定目标害虫及其寄主;③使用最合适的寄主材料饲养目标害虫,控制一致的、良好的饲养条件,记录害虫的生长发育指标;④若为人工饲料饲养的目标害虫,需要比较与寄主饲养种群对检疫处理的耐受性差异;⑤寄主材料最好选用商业贸易中使用的产品。

2. 试验设计与剂量监测

总体要求是重视试验设计,准确监测剂量(浓度)。具体包括:①在剂量响应试验中,设计等间距的目标剂量(target dosage),包括辐照吸收剂量、药剂浓度、冷热处理温度和时间等,数量在 5 个以上,每个处理的试虫数量不低于 50 头,试验重复 3 次以上;②试验设计与数据分析方法综合考虑、协调一致;③剂量均匀,尽可能缩小最低和最高剂量的差异;④按照公认的国际

(国家)标准校准、验证和使用剂量(浓度)测定系统,准确检测实际处理过程的剂量(浓度)。⑤辐照处理研究中,应定期进行常规剂量测定(routine dosimetry)。

3.试验操作与数据分析

其要求是规范化操作剂量—响应试验,科学分析试验数据,合理解释试验结果。具体包括:①开展预备试验,确定剂量范围;②重新设计目标剂量,开展剂量—响应试验;③准确监测剂量(浓度),控制对照的死亡率(一般不应超过10%);④通过统计分析(方差分析、协方差分析、概率值分析、回归分析等),比较各虫态的耐受性;⑤应用概率值分析、回归分析等,预测最耐受虫态达到预期处理效能(如ED99、ED99.99等)的最低剂量(浓度)。

4.验证试验与控制

要求精确控制验证试验,以建立有效的检疫处理技术指标。具体包括:①根据预测剂量(浓度)和处理效能的要求,确定目标剂量;②根据处理效能(最低死亡率、置信水平)要求,确定害虫的最低数量;③控制并监测剂量(浓度),尽量缩小最大值与最小值的偏差;④根据处理害虫的数量和死亡率,确定害虫的最低死亡率及其置信水平;⑤测试分析寄主产品的耐受能力,建立科学合理的检疫处理技术指标。

5.记录保存

总体要求是核实所有试验记录的有效性并完整保存文档。试验记录及文档至少应包括:①有害生物学名、来源地;②寄主植物的学名,包括品种名称;③试验条件,包括控制条件、试验设计、数据、试验地点、日期等;④试验数据统计分析结果及其解释、结论;⑤参考文献。

第三节　重大植物检疫性有害生物疫情风险评估

一、风险评估的作用和意义

随着国际贸易往来的增多和各种人为因素影响的急剧增加,外来有害生物入侵对环境和经济造成的影响越来越大,导致生态系统的服务功能降低,生物多样性的丧失加快,环境资源破坏,危害农林业生产等,造成巨额经济损失。检疫性有害生物风险评估是评价其传入(包括进入、定殖)和扩散的可能性、潜在的经济和环境影响等各项指标的风险大小,并识别、预测和处理传入过程中的不确定事件,使各方面风险降到最低程度的科学评估。风险评估内容主要有研究潜在外来物种可能传播途径,为做好检疫决策方案提供依据,同时,评估如何控制外来物种在新地区定居后的分布情况,包括在新环境下的生活状况、应急反应以及预测其造成当地环境和经济损失,以便建立科学合理的预警机制和管理技术体系。

二、有害生物风险评估程序

1.准备阶段

有害生物风险评估是指评价有害生物的传入和扩散可能性及其潜在的经济影响。按照联合国粮农组织/国际植物保护公约(FAO/IPPC)的检疫性有害生物风险分析标准(ISPM Pub. No. 11),有害生物风险评估分3个阶段:①开始阶段。主要包括查明有害生物的潜在途径;查明可能需要采取植物健康措施的(可能引致损失的,即具有潜在经济重要性的)有害生物;审议或修改植物健康的政策和重点活动。②确定风险评估地区。应尽可能确切地确定有害生物风险评估地区,以便收集这些地区的信息。③收集信息和审查早先的有害生物风险评估;收集各种有关信息,包括有害生物的特性、分布、寄主、与商品的联系等。应当核查以前是否已经做过相关的有害生物风险评估。若已经做过,要核实其内容的有效性。这一阶段的结果是明确鉴别有害生物及其危害条件。

2. 有害生物风险评估

IPPC对检疫性有害生物的定义是指对受威胁的地区具有潜在的经济重要性(经济重要性标准),但尚未在该地区发生,或虽已发生但分布不广(地域标准)并进行控制的有害生物(管理标准)。根据此定义,先确定目标是否为检疫性有害生物,然后再根据一定的标准确定其风险,最后得出风险是否可以接受,如果不能接受,应该给出采取措施是否可降低风险的结论。

(1)有害生物分类　根据搜集的有害生物信息,核实其在风险分析地区的存在和管制状况,定殖和扩散以及经济影响潜力,从而明确有害生物是否符合检疫性有害生物的经济标准、地理标准和管理标准,将其分类为检疫性、非检疫性和限定的非检疫性有害生物(主要涉及植物或植物种苗与繁殖材料)。

(2)评估传入和扩散的可能性　评价有害生物进入、定殖和定殖后扩散的可能性大小。查明有害生物风险评估地区中生态因子利于有害生物定殖的地区,以确定受威胁地区,即生态因素适合某种有害生物的定殖的地区。

(3)评估潜在的经济影响　考虑有害生物的影响,包括直接影响(对评估地区潜在寄主或特定寄主的影响,如产量损失、控制成本等)和间接影响(如对市场影响、社会影响等),分析经济影响(包括商业影响、非商业影响和环境影响等),查明有害生物风险评估地区中有害生物的存在将造成重大经济损失的地区。

3. 风险管理

风险评估和风险管理之间有直接的依赖关系,且本质上都具有分析的特性。风险管理的意义在于对降低风险方案识别和评价,确认可以降低风险的风险管理措施中各种可选择方案,评价这些方案的效率和影响,并决定或推荐可以接受的降低风险管理策略。

三、有害生物定性和定量风险评估

1. 定性评估方法

定性有害生物风险评估最常用的方法是建立评价风险因素的指标体系,并对这些指标进行综合评价。首先分析能够产生或增加有害生物风险的各种因素,可以按场景分析的框架进行分析,也可采用其他方法,例如逻辑层次分解和征询专家意见等分析,应用逻辑关系运算或模糊数学综合评判模型,确定主要的风险因素,制定评价各个风险因素可能性的标准,可以划分为多个等级,简单地给予大、中、小或者高、中、低等风险描述,形成一个指标体系,最后按照一定的规则综合各个风险因素的评价,得出最终的评估结果。

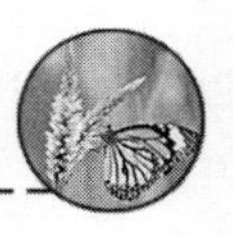

2. 定量评估方法

定量有害生物风险评估是在时间和空间上分析造成风险的各个风险事件，进而建立这些风险事件之间的函数关系(数学模型)，对其进行虚拟现实的模拟(计算机模拟)。与定性评估相比，风险性定量评估要困难得多，因为涉及一些不确定因素的赋值或给予权重的问题。尽管如此，对风险性定量评估研究和探索一直没有停止。

3. 定性和定量评估常用工具

用于定量和定性有害生物风险评估的工具有许多，如各种地理信息系统(GIS)，软件包如Desktop GARP、MaxEnt；GAM 模型等。另外，常用的较为成熟的分析工具有 CLIMEX、MARYBLYT 等，还有一些计算机咨询系统(包括气候相似距数据库等)也可以应用。定性风险评估是非常有效且实用的评估方法，常常在数据不全或时间和经费有限的情况下，以定性风险评估为主。还可根据实际情况将两者结合使用，如在一些关键点上利用定量评估方法，而其他部分(如难以定量)则采用定性评估的方法。当然，定量风险评估更科学合理，也是有害生物风险评估未来发展方向，因此，随着科学技术快速发展，检疫性有害生物的现有分布、寄主范围、发生与环境条件的关系等生物信息数据越来越丰富，定量风险评估将会越来越重要。

4. 潜在分布区域风险等级

鉴于当前有害生物风险性评估技术手段，我们还不能做到完全定量风险评估，所以，有害生物潜在分布区的风险等级主要分为 5 级，即高、中高、中、中低和低风险区。当然，在有害生物风险管理实施过程中，为了校正预测的准确性，通常还需要通过易发生区域的实际关键指标来校正潜在风险等级。

第八章

农艺管理技术

- 了解农艺管理技术与害虫管理的历史
- 掌握害虫管理中农艺技术的实际应用
- 了解生物多样性与害虫管理的关系
- 了解一些常用的利用生物多样管理害虫种群的基本方法

农业害虫是以农作物为中心的农业生态系统中的重要组分，因此，农田环境中其他任何组分的变化都会直接或间接影响农业害虫种群。现代农业的管理越来越重视对科学技术的利用，不仅提高了农业生产效率，而且改善了农业生态环境，更有利于现代农业可持续发展。农艺管理技术就是科学使用传统农艺措施，在全面分析农业害虫与寄主作物、有益生物、其他植被，以及农田气候和土壤环境等相互关系的基础上，加以综合管理，形成有利于农作物生长发育，而不利于农业害虫种群发展的管理技术体系。

第一节　发展概况

我国是古老的农业大国，我们的祖先很早就创造性地运用农艺技术来管理害虫种群发生和发展，即通过有意识地采用农业栽培技术措施，以加强或创造有利于作物生长发育、不利于虫害繁殖的环境条件，从而达到避免或抑制虫害的目的。①抗虫品种选育。北魏《齐民要术》中已记载 86 个粟品种中有 14 个系为“免虫”品种。南宋《救荒活民书》中总结前人经验，根据蝗虫不食豆苗的特性，提倡广种豌豆以避免蝗害。后来许多治蝗专书都有类似记载，并指出除豌豆外，还有绿豆、豇豆、芝麻、薯蓣，以及桑、菱等 10 多种蝗虫不食的作物。②适时栽植的防虫作用。《吕氏春秋·任地》中有“得时的麻不怕蝗害，得时的大豆和麦不生虫”。③轮间作与防虫。《沈氏农书》认为种芋年年换新地则不生虫害，还进一步认识到杂草是害虫越冬和生息的场所，强调了冬季铲除草根的除虫作用。明清时期，轮作制度被列为害虫控制的重要手段之一，指出种棉两年，翻稻一年，则螟虫不生，超过三年不轮种则生虫害。由此可见，我国许多古

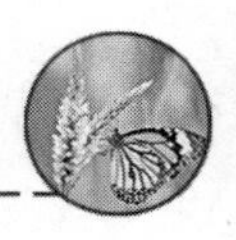

农书中较详细地描述了翻耕、轮作、适时播种、施肥、灌溉等农事操作和选用适当品种可以减轻有害生物对农业生产的影响。

国外农艺管理技术在害虫管理中的运用要比我国晚得多，但在系统理论总结和成功案例方面，取得了较大的成果。18世纪末，J. H. 黑文斯(1792)首先报道冬小麦'underhill'品种可抗黑森瘿蚊。19世纪初，英国报道苹果品种'Winter majetin'抗苹果绵蚜。美国的T. W. 哈里斯(1841)较系统地阐述了在害虫管理中调节播种期、施肥、田园清洁、秋耕和选用抗虫品种等农艺措施。20世纪，美国E. D. 桑德森(1915)开始以生态学观点研究多种农艺措施调控害虫方法。R. H. Painter(1951)出版《作物抗虫性》专著，作物抗虫性的研究和利用开始成为农业昆虫学的一门分支学科。直到20世纪70年代，有害生物综合管理(IPM)理论提出后，农艺措施调控害虫成为其重要的组成部分，并作为一项具有预防作用的策略日益受到重视。

进入21世纪后，随着现代农业的发展，更加强调科学而系统地管理农业生态系统中的害虫问题，无论是IPM的理论和实践，还是害虫种群的生态调控或管理，都越来越重视农艺管理技术在害虫种群可持续管理中的重要性。

第二节　理论基础和重要作用

一、理论基础

在农业生态系统中，农作物害虫种群发生发展与其所处的环境条件有着密切联系。农业生态学、农业昆虫学和昆虫生态学是科学有效管理农业害虫的重要理论基础。农业害虫是以农作物为中心的生态系统中一个重要组成部分，任何农艺管理技术的使用都会影响生物和非生物环境，农田环境中任何组成部分的改变都会直接或间接影响农业害虫种群结构和数量的变动，或有利或抑制害虫的发生发展，影响农作物虫害发生。

农作物本身是植食性害虫赖以生存的必要条件。在农田生态系统中，种植和耕作制度选择、各项农艺管理技术实施，直接影响田间小气候和农田土壤生态环境，这不仅影响农作物生长发育状况，而且将改变作物生产系统中与之相关联的生物之间的联系，从而直接或间接地影响农业害虫发生和种群发展。因此，加强农业昆虫学的研究，充分掌握耕作、栽培及其他农艺管理技术与害虫种群发生的规律，遵循区域性农业生态条件，周密地设计农作物生长期间农业生态系统的管理策略和技术，形成区域化特定作物生产系统害虫种群管理的技术体系，将有利于控制害虫种群数量，避免农作物经济损失。

二、控害特点和主要作用

根据农业生态系统的特点和农业生产的需要，我们可以将农作物生产中重要环节概括成八个字，也就是我国曾经指导农业生产的“八字方针”，即“土”(深耕、改良土壤)、“肥”(合理施肥)、“水”(科学用水)、“种”(培育、繁殖和推广良种)、“密”(合理密植)、“保”(植物保护技术)、“工”(注重生产工具改革)、“管”(加强田间管理)。在现代农业中，“八字方针”仍然具有非常重要的现实意义，科学合理地运用好每项农艺管理技术，可以有效管理农作物害虫种群。这些管理技术在控制农业害虫方面具有如下特点：①在农业生产中，无须额外投入。许多农艺技术都是农作物生产中的常规操作技术，如耕整土地、作物种植以及作物生产过程中田间管理等。②管理害虫种群具有安全、有效、易推广和规模化的特点。③农艺技术措施多样化，对农业害虫种群的作用也多样化，具有持久性和综合性，害虫很难对这些农艺技术产生防御作用而失效。

农艺管理技术贯穿于整个农作生产阶段，包括在农业生产的各个环节，从作物管理过程来看，具有时间和空间的多样性，所以，农艺管理技术在控制害虫种群方面的作用包括：①直接杀灭害虫。如冬春灌溉、间苗、整枝打叶和去顶等措施。②切断食物链和滋生场所。如农田除草、作物种植改制等。③耐害和抗害作用。如选择抗耐害品种、合理种植、施肥、水的管理等。④避害作用。如调整播种时期，避开害虫危害的敏感生育期。⑤诱集作用。如小面积或行栽害虫嗜食植物或营造害虫产卵场所，诱集害虫产卵和取食，集中杀灭。⑥恶化害虫生境。如滩涂、湖泊周边改造，创造不利于害虫的生存环境。⑦为天敌提供栖息和繁殖场所。如作物合理布局、间作套种，田边种植害虫非寄主植物等。

三、农艺管理技术控制害虫局限性

在农作物生产系统中，应该充分考虑农艺管理技术对农田害虫或有害生物的影响，这些影响在控制田间生物群落，主要害虫种群数量，调节作物危险期与害虫盛发期的相互关系等方面均可能发挥重要作用。但任何一些农业害虫管理技术都不是万能的，农艺管理技术在调控害虫种群方面同样具有局限性。现代农业首先要求增产增效的农作物生产系统，我们在设计作物种植制度和农田管理策略和技术时，基本前提当然是优先考虑作物生产增产增效，不能单纯考虑害虫种群管理而不计成本，因此，当农业增产增效和害虫种群调控成本之间产生矛盾时，需要更加科学合理的管理策略。另外，还应该明确，种植制度和农艺管理技术的特定区域化特点，以及区域性长期生产实践习惯，也是推广新的农艺管理理念和技术初期往往比较困难的原因。因此，应该充分考虑其科学合理性，因地制宜性，要更多开展试验示范工作，在生产实践中让种植者自愿接受新技术和理念。此外，农艺管理技术中的各项技术措施往往具有较强地域性和季节性，涉及作物生产各个环节，科学合理调配这些技术，旨在维护农业生态系统各组分间有利于作物而不利于害虫(有害生物)的相互关系，并不是针对特定害虫(有害生物)的控制措施，因此，不具有快速抑制害虫种群的作用，如果某种害虫(有害生物)种群大量发生与危害时，必须采取应急措施。

第三节　主要农艺技术及其作用

在现代农业生产中，围绕农业商品生产和提高经济效益，从整地开始直到农产品收获后的田间管理已经不是传统农业的食品生产过程，而是注重具有一定科技含量的技术运用。这些管理技术强调在营造有利于农作物健康生长系统的同时，也注重对农田害虫(有害生物)种群的管理。现代农业中一些常见的农艺管理技术可归纳为以下几个方面。

一、种植制度

农业产业更加注重农产品的产量和效益，在特定农业生产区域，开始重视设计比较科学的种植模式，包括轮作、间套作以及不同熟制等，不仅可以使农业增产增效，而且具有较好的农业害虫种群管理作用。轮作是一种传统农业生产中常见的种植模式，设计一套理想轮作模式除了促进轮作作物生长发育外，通常还能提高作物的抗虫能力，恶化食性专一或较单纯害虫的营养条件，抑制其种群数量。随着作物种类变换，耕作栽培技术也相应变化，从而改变了田间环境条件，这种环境条件的变化可能会不利于某些害虫种群发生发展。例如，在豌豆-大豆轮作系统中，作物根系代谢的吲哚生物碱具有一定的杀虫活性，有利于抑制作物害虫发生与为害；在燕麦-豌豆-胡麻-燕麦单序轮作中，轮作第4年的燕麦单株蚜虫种群数量降低了34.6%，且随种植年限逐年降低。十字花科植物与其他科作物合理轮作也能抑制一些害虫的发生。例如，在甘蓝与大豆、玉米轮作田中，增加了蚜虫寄生率，有效地抑制了蚜虫种群增长。大豆与禾谷类作物轮作，也能有效地管控大豆食心虫为害。有条件的区域，采用水旱轮作，常使多种害虫的发生受到严重的影响。如小麦吸浆虫食性比较单纯，仅适生于旱地，采取麦稻轮作就可以基本抑制其为害小麦。水稻和棉花轮作，可大大减轻小地老虎、棉铃虫、斜纹夜蛾、棉红蜘蛛等的为害。一般来说，采用轮作模式管理农业害虫种群发生时，农作物害虫本身应该具备的特点包括：①食性专一或寄主范围较窄，或虽为多食性害虫但在某一季节食性有严格的限制；②对环境变化比较敏感，一旦农田环境改变，其生长发育和种群繁殖非常缓慢；③扩散能力较小的害虫。值得注意的是，采用哪些作物种类组配轮作模式必须做到科学决策，不适当的轮作作物种类形成的农田生态系统环境，也可能对农作物有不利或无明显的影响，却为某些害虫的发生与为害提供了有利条件。

现代农业生产中，由于大量集约化种植，农业机械化越来越普遍。与轮作模式相比，间套作模式应用区域还非常有限，但在我国农业生产实践中，不同作物种类区块分布和镶嵌种植在特定农业区域仍然较多。间套作复种模式不仅涉及不同作物种类，还具有一定的时间和空间格局的差异，这种模式对农业生态系统各组分的影响相对更复杂些，包括间套作作物间、不同作物与其他生物组分之间以及不同作物共同的影响。间作、套种作物种类合适与否直接关系到害虫发生与为害程度，其主要原因在于影响害虫食料条件及田间小气候。例如，高矮秆作物间套种组合，形成较好的通风透光条件，不利于一些喜湿或荫蔽条件下生活的害虫如黏虫、玉米螟生存与种群发展；麦棉套种有利于麦田有益生物转移至棉花田调控棉花苗期棉蚜种群密度。而棉豆间作则有利于棉红蜘蛛的发生，因为棉花和大豆都是红蜘蛛的寄主植物；玉米与大豆间作，往往地下害虫蛴螬类发生和为害较重。有些蔬菜产区，偶有棉花与大蒜或葱间作的习惯，这有利于烟蓟马为害，因为棉、葱、蒜均为烟蓟马的适宜寄主，这类间作为烟蓟马提供充足的食料条件。因此，农业生产中设计间套作模式时，作物种类选择务必考虑实施的间套作系统与各作物重要害虫发生的相关关系。

随着现代农业产业结构的调整，一些作物种植制度的改变，也极为显著地影响特定害虫发生。例如，在长江流域水稻生产系统中，水稻单季和双季改制种植，引起了螟虫种类和危害程度变化。在单季稻区，稻田螟虫以二化螟为主，随着单季改双季稻后，三化螟成了主要螟种。近几年来，这些地区又将双季稻改为单季稻，并增加了一些种养结合模式，现在稻田螟虫以二

化螟为主，三化螟难觅踪迹，同时，螟虫为害水稻的程度大幅降低。在北方玉米种植地区，随着春播玉米面积缩小，夏播玉米面积不断扩大，第1代玉米螟因缺乏食物和繁殖场所，抑制了第2和3代玉米螟发生和为害。农作物种植制度的改变，一部分属于国家产业结构调整，还有一部分属于种植者自行改变，这些改制对农业生态系统中有害生物的影响往往改制在先，而研究滞后，其结果是改制决策在如何影响农作物病虫害方面并没有科学依据，因此，现代农业产业结构调整应该充分发挥科学研究的先导作用，为国家和种植者的作物生产结构调整提供决策指导。

二、耕作栽培方式

农作物种植之前，通常会采用不同方式处理农田土壤，常见的有耕整土地和免耕。土壤是作物生产系统中最基础而重要的营养级，也是许多农业昆虫生活和栖息的场所。土壤不同耕整方式会改变其环境，在影响作物生长发育的同时，也影响与之密切相关的农业昆虫生存与发展。翻耕整地是不可缺少的农艺管理技术，通常对害虫的影响主要包括直接将地面或浅土中的害虫深埋而影响其出土，或将土中害虫翻出地面使其暴露在不良气候或便于有益生物的捕食，甚至可能直接杀死一部分害虫。翻耕整地还能间接影响昆虫种群，主要是通过改善土壤理化性质，调节土壤气候，提高土壤保水保肥能力，促进作物生长健壮，增强农作物抗虫能力。例如，在小麦生产中，麦田不同耕作方式就影响麦蚜种群，翻耕显著降低了麦蚜种群密度，而深松土壤则显著增加了麦蚜种群密度。南方稻区秋冬季深耕稻田，显著提高三化螟越冬死亡率，因为三化螟老熟幼虫主要在稻茬中越冬，如果稻田翻耕加上灌水浸泡效果更好。此外，许多夜蛾科的蛹期都在土壤中栖息度过不良环境，作物生长期中耕或收获后翻耕土壤，对蛹期的破坏性较大，可抑制下代发生的虫口基数。必须指出，虽然耕翻整地影响多数害虫的发生，但这种影响作用大小还要受多方面的因素制约，具体效果往往与害虫种类、耕作时期、深度、方法、工具、耕后的处理不同而异。如果操作不当，反而会营造有利于害虫发生的环境条件。

农作物播种和密度管理是农业生产另一个重要环节，现代农业高度重视农作物的种子选育和处理，许多旱地作物的种子均发展了包衣技术，极大地降低了种子携带有害生物进入农田的风险。种子包衣使种子播下后发芽快、出苗早、出苗齐、生长健壮，有助于抵御作物苗期某些害虫为害。在生产实践中，调整播期已经成为一种重要的害虫管理技术。一种害虫在一个地区发生为害过程往往与其取食植物的生长发育期有密切关系。根据农作物播种期的可塑性，适当提早或延迟播期，使作物易受虫害的危险期与害虫发生为害盛期错开，就可能避免或减轻作物受害。该项技术使用通常对发生代数较少或每年只发生一代的害虫效果会较好。具体运用时应考虑当地的气候条件、作物和品种的特性及主要害虫的发生为害特点。例如，麦秆蝇的产卵对小麦生育阶段有选择性，在拔节期尤其拔节末期着卵量最多，到孕穗期着卵减少，在抽穗期则极少着卵。因此，在春麦区适当早播可以减轻受害。在南方稻区，采取调整播种期和栽插期，错开水稻易受螟害危险生育期与螟虫发生盛期，可以降低水稻螟害。

作物栽培密度与害虫的发生、为害程度密切相关。种植密度直接影响作物田小气候环境，如温湿度、通风透光等。合理密植能充分利用地力、空间和光照，促进作物生长发育，是提高单位面积产量的有效措施之一，也是影响害虫发生的重要环境条件。特别是一些对环境条件要求较高的害虫，如黏虫、稻飞虱、棉铃虫等，喜在高湿条件下生活，因此密植农田郁闭程度大，有

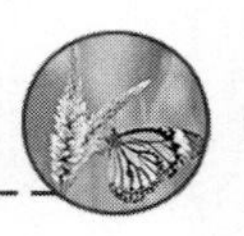

利于其发生为害。而红蜘蛛类害虫则相反，高温干旱的田间条件有利于其大发生。因此，在规划作物种植密度时应该在尽可能不影响作物产量和品质的前提下，兼顾重要有害生物的田间管理。

三、作物覆盖模式

作物覆盖是现代农业生产中比较常见的作物种植模式，覆盖物主要包括薄膜、秸秆和植被。覆盖模式直接延缓了土壤水分蒸发，提高了土壤温度，增强了土壤微生物活动，有利于土壤中有机物分解和作物养分吸收，极大地改善了土壤微生态环境和农田小气候，同时，还间接调控着农业生态系统中的有害生物发生与为害。作物覆盖种植对害虫的影响大多是间接作用，农田不管是覆膜还是秸秆覆盖更多的益处在于为一些地表有益节肢动物提供了栖息场所，增强了天敌如步甲、蜘蛛类和捕食螨等控制作物害虫的能力。如草莓田间覆盖禾谷类秸秆为夜间活动的植绥螨科、密卡螨科和蠊螨科捕食性螨提供了白天栖息场所，通过它们的夜间捕食活动，有效降低了草莓上植食螨（二斑叶螨和草莓跗线螨）的种群密度。覆盖种植还可以促进土壤中寄生性真菌如佛罗里达新接霉菌繁殖，提高其寄生植食性螨类如二斑叶螨寄生率，发挥害螨生防菌的作用。在柑橘园中，捕食螨以柑橘蓟马为食，堆肥或木屑覆盖的土壤中显著增加了捕食性螨的数量，显著减少了柑橘蓟马[*Pezothrips kellyanus*(Bagnall)]成虫羽化数量。同样，燕麦秸秆覆盖种植洋葱田间，能显著减少烟蓟马成虫和幼虫的种群密度。此外，为了让田间覆膜成为一项害虫管理技术，根据特定害虫对光（颜色）的反应开发了一系列反光膜。生产中利用银色或金属光泽的反射膜覆盖也能有效降低某些害虫发生。如在控制西瓜烟粉虱时，银色或金属光泽反射膜比标准黑色膜更有效，而不影响捕食和寄生性天敌发生。所以，通过覆盖种植模式保护了农田有益生物类群，可以充分发挥覆膜和有益生物联合控制有害生物的作用。

四、田间肥水管理

田间管理始终贯穿于作物生产的整个过程，涉及多种农艺管理技术。清洁田园是田间管理的重要环节，特别是作物收获后清洁田园是管理农田有害生物的重要措施之一。各种农作物田间残余物如枯枝落叶、落果、残茬、废弃活体枝叶等，往往潜藏着许多害虫的不同虫态，秋冬季又常是一些害虫越冬场所。另外，非农田生境植被常常是某些害虫的野生寄主、蜜源植物和越冬场，它们也成为某些害虫早春和作物收获后的重要食料来源和早春虫源地，因此，清洁田园对管理许多害虫种群具有重要意义。

农作物生长期科学合理施肥是保证作物健康生长的重要措施，同时也是害虫管理的重要环节。科学使用肥料，特别是多施有机肥，不仅改善土壤理化性状，营造良好的土壤环境，而且能为作物提供充足的营养，促进作物的生长发育，提高作物的抗虫能力，避开有利于害虫的作物危险生育期或加速虫伤部分愈合。例如，稻田氮、磷、钾肥合理施用，在促进水稻生长发育的同时，也可避开易受螟虫为害的生育期。韭菜迟眼蕈蚊成虫发生期田间施用常规用量的石灰氮、沼液，对韭菜迟眼蕈蚊的控制效果明显。沼液对韭菜迟眼蕈蚊成虫有显著驱避产卵的作用，且杀幼虫效果好，石灰氮和碳酸氢铵具有良好的杀幼虫活性。因此，石灰氮和沼液可作为

韭菜迟眼蕈蚊生态控制的重要方法之一。果园中合理施肥促使果树生长健壮，有利于提高果树对蚜虫、螨类等具刺吸口器害虫的抵抗能力。稻田施用石灰可直接杀死蓟马、飞虱和叶蝉等害虫。

虽然农田肥料科学管理有利于作物生产，也有利于害虫种群管理，但肥料使用不当，可能在影响作物生长发育的同时，也给害虫发生和为害创造了有利的条件。如大量施用氮肥会导致农作物徒长和病虫害发生严重；有机肥虽然好，但施用未腐熟的豆饼、花生饼、棉籽饼和牲畜粪便等会吸引种蝇类害虫成虫产卵，导致根蛆严重发生。由此可见，加强农作物、肥料和害虫三者相互关系的研究，是肥料科学管理的重要技术和决策支撑。

作物生产离不开肥料，也离不开对水的管理。在作物生产系统中，适时灌溉和排出多余的水能迅速改变农田环境条件，促进作物生长，同样是害虫管理的重要技术措施。例如在北方，冬季来临适时浇冬季作物越冬水，不仅保证了冬季作物安全越冬，还能显著提高作物根际和土表越冬害虫的死亡率，大幅度降低害虫越冬基数。冬季作物早春灌水，可迫使蛴螬、金针虫等地下害虫向土表下转移，推迟其对作物根部的为害期。水稻收获后，稻田适时灌水管理，能恶化在稻茬中幼虫的越冬环境；春季适当提早春耕灌水，可以大量杀灭稻茬内的越冬螟虫。同样在水稻田，适时排水和晒田，能显著抑制稻水象甲、稻摇蚊和稻水蝇等稻根害虫对水稻的为害。因此，农田水的管理也要采用科学方法，适时用好水才能促进农业生产健康可持续发展。

五、农业生物多样管理害虫实践

根据农业生态学和农业昆虫学理论，农业生态系统的最佳形式取决于各种生物与非生物因素间相互作用水平。通过对不同生物生态功能的集成，如提高土壤营养自我调节功能、增强有益节肢动物群落控制害虫的能力等措施，可使整个生态系统的功能朝着有利于人们需求的方向发展，这对维持农业生态系统稳定和可持续发展都非常重要。要科学合理地开发和利用生物间的相互关系，就必须在充分了解该系统中土壤、微生物、植物、昆虫及自然天敌等多种元素间相互关系的基础上，科学制定农业生态系统的管理策略和技术系统。

在科学管理现代农业生态系统中，可利用生物多样性来改善作物病虫害种群管理水平，合理调配田间植被，使之向着有利于有益生物种群繁殖的方向发展，从而保持农业生态系统中昆虫群落稳定性。例如，通过作物时间和空间上混种，增加作物多样性；通过轮作、选种早熟品种、采用休闲期等措施，造成在时间上不连续的单一种植；设置小而分散的邻近作物田和荒地，形成镶嵌现象，为有益生物提供庇护所和选择性食物；种植多年生农作物和饲料作物；作物较高密度种植或者保留一定量的特定杂草；采用同种作物多品系混合种植，在农田形成较高遗传多样性等。为了实现农田有害生物科学管理，一些增加农田生物多样性措施也逐步在农业生产实践中得到了推广应用。必须指出，许多农艺管理技术都有潜在发挥生物多样性功能的优势，科学合理地运用这些技术，丰富农田生物多样性，保持农田生态系统的稳定，可以最大功效发挥生态因素控制有害生物发生与为害的作用。

综上所述，现代农业的发展越来越重视环境友好的农艺措施推广与应用，如农作物品种、各种功能膜和植物秸秆覆盖、秸秆还田，以及缓释肥料和微生物肥料的施用等，先进技术的使用在生产健康农产品方面具有巨大潜力，也为农业可持续发展和维护良好的生态系统管理提供了切实可行的解决方案。

第九章

植物(作物)抗虫性

本章知识点

- 植物抗虫性的概念及其发展历史和趋势
- 了解植物抗虫机制
- 植物抗虫性分类
- 了解植物抗虫性对昆虫的防御作用
- 作物抗虫性鉴定方法
- 了解现代生物技术在研究植物抗虫机制及害虫种群调控中的应用前景

植物对有害生物的抵抗性是植物与生俱来的一种能力,但受气候和地理环境以及长期自然演化的影响。植物的这种能力也会逐渐发生改变,特别是在栽培作物中,甚至同种作物中,随着育种工作的开展,特定性状定向培育导致一些作物品种丧失了其对有害生物抵抗能力,另一些品种可能具备防御特定有害生物的能力,这就是植物抗性特性,它主要包括植物抗虫性和抗病性。随着农作物抗虫品种的推广应用,植物抗虫性作为农业昆虫学的一个分支方向备受青睐,并形成了植物抗虫性的理论与实践体系,为区域性农作物害虫管理提供了一些有效的途径。当前,植物抗虫性研究已经发展到了分子水平,分子抗虫育种技术将在未来农作物生产中发挥更大的作用。

第一节　植物抗虫性研究的历史

一、植物抗虫性概念的形成

植物抗虫性(plant resistance to insects),简言之为植物防御害虫侵害的一种可遗传的特性。植物抗虫性作为植物与植食性昆虫相互关系中发展起来的一个新的分支,自认识开始就越来越受到广泛的关注。随着研究工作的持续展开,人们对植物抗虫性的认识也经历了从表象到本质，从单一作物和植食性昆虫逐步深入到植物与昆虫的互作系统的过程，从有关植物抗虫性概念的不同表述时期就可见一斑。Snelling (1941)认为抗虫性包括避免、耐害，或在比其他同种植物受害较严重的情况下能恢复伤害等性状。Painter (1951)认为抗虫性是影响昆虫最终危害程度的可遗传的特性的相对大小，生产上表现为某一品种在相同虫口密度下比其他品种优质高产的能力。Beck(1965)则认为，抗虫性是一种集体的可遗传的性状，植物种、亚种、无性系或个体能利用这一性状减少昆虫的种、生物型和个体利用植物作为寄主的概率。Smith (1993)表述抗虫性是使一种植物或一个品种较少遭受害虫为害的遗传性质。朱麟和古德祥(1999)将抗虫性定义为"植物抗虫性是由遗传决定，以植物物理、化学因子为基础，对昆虫行为和生物学产生负面影响，且可诱导和可利用包括天敌和微生物作用在内，并在一定时间内随环境条件而相对稳定的多级营养层协同演化的防御体系"。无论植物抗虫性的概念如何发展，其抗虫性的本质不会改变，具体包括以下几点：①植物抗虫性是植物自身一种内在或可遗传的特性；②抗虫性比较一定是在同种植物的不同品种或品系之间；③在农业生态系统中，往往受到多种因素的影响，包括物理、生物和农事管理等，植物抗虫性具有较强的区域性特点，不同区域环境条件和农业管理的差异通常会影响抗性特征的表现。

二、我国植物抗虫性认识与发展

从植物抗虫性的发展历史看，在我国，虽然人们对植物抗虫性认识较早，但仅限于一些描述性认识，如《吕氏春秋》中简单描述了抗虫性状，《齐民要术》记载了 14 种谷物具有"早熟、耐旱、免虫的特性"。直到 20 世纪初期，我国一些科学家才真正开始了相关作物一些重要害虫的抗性研究工作，如稻螟类、玉米高粱钻茎虫类、棉大卷叶螟及棉蚜等。由于选育抗虫品种管理害虫能有效地减轻农作物虫害，保证作物增产的稳定性，因此，备受国内外重视。

新中国成立后，植物抗虫研发工作发展很快，在国内研发取得了丰硕成果。例如陕西关中地区，1952 年以前，小麦受小麦吸浆虫的严重危害，1953 年后推广了能抗吸浆虫的'西农6028'良种，有效地抑制了小麦吸浆虫的发生与为害。从 1953 年起，我国内蒙古春麦区推广'萨县长芒麦'和'甘肃 96 号'这两个丰产品种，代替了原有抗麦秆蝇'红小麦'等中早熟品种，以致麦秆蝇又严重发生，其后通过推广抗麦秆蝇的'新白麦'品种，才有效控制了麦秆蝇在该春麦区的危害。此外，在我国，除了已报道的上述两种麦作害虫外，其他应用抗虫品种控制为害粮食作物的害虫有麦蚜、稻螟虫、稻飞虱和稻瘿蚊、玉米螟、高粱条螟、粟灰螟、高粱蚜；为害棉花的棉叶蝉、棉蚜、棉红蜘蛛、盲蝽象、棉大卷叶螟；为害大豆的大豆食心虫和豆荚螟；为害果树的苹果绵蚜、食心虫和葡萄根瘤蚜等。由此说明，植物抗虫现象具有一定的普遍性。我国作物品种资源丰富，特别是现代科技的发展，为优良品种的选育工作提供了技术支持，因此，我国筛选和利用农作物品种抗虫性为农业生产增产增效服务将有巨大潜力。

三、国外植物抗虫性研究与应用

植物抗虫性研究虽然在国外起步较晚，但发展非常迅速，而且取得了实质性成果。1788年，Issac 报道了早熟小麦受黑森瘿蚊为害较轻。Havens(1792)报道纽约抗黑森瘿蚊的小麦品种'underhil'是抗虫品种最早的记载。随后，Lindely(1831)报道了'Winter majetin'苹果品

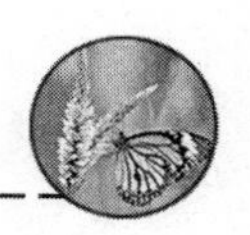

种能抗苹果绵蚜。利用抗虫植物取得突出成效的最早而有名的实例是抗葡萄根瘤蚜挽救了法国葡萄酒工业。植物抗虫性研究和发展最快的是美国,从 1914 年起,在美国持续培育了抗黑森瘿蚊的小麦品种,并先后培育出 20 多个抗虫小麦良种。植物抗虫性的研究不仅取得了卓著的实际成果并应用于生产实践,而且还形成了植物抗虫性的基本理论。1951 年,Painter 出版了第一部抗虫研究方面的专著《植物抗虫性》,为植物抗虫性的研究向纵深发展奠定了基础。据国际文献数据统计,20 世纪 50—60 年代,以植物抗虫性研究和利用的论著数量增长最快,80 年代初有关抗虫性的年平均论文篇数为 60 年代初的 5.86 倍。从 20 世纪 50—80 年代,相继发表了 3 篇著名的文献综述和 3 部有关植物抗虫和抗虫育种的专著,这些归纳和总结形成了植物抗虫性研究的重要理论基础。

四、现代生物技术在植物抗虫中的研究与应用

随着现代生物学技术的快速发展,人们越来越重视植物抗虫性的研究与实践。20 世纪 80 年代,植物组织培养与细胞培养在植物抗虫性研究中的应用,相继从植物愈伤组织培养中生产如生物碱、苯醌、呋喃香豆素、蛋白质和单宁等物质和杀虫素等。特别是玉米愈伤组织表现出对草地夜蛾、西南玉米杆草螟和谷实夜蛾的类似抗性植株叶片,以及抗草地夜蛾的百慕大群岛牧草品种的愈伤组织表现与整株叶片相似的抗性反应;还成功从感蔗杆螟甘蔗愈伤组织中获得抗螟害再生植株,这些研究基本突破了通过植物组织培养与细胞培养方法培育植物抗虫性品种的技术瓶颈。

现代分子生物学的发展,加快了生物技术育种的步伐。在植物组织培养与细胞培养研究的同时,关于苏云金杆菌(*Bacillus thuringiensis*,Bt)杀虫晶体蛋白的研究工作也获得了更加深入的研发。1987 年,随着 Fischhoff 等首次将 Bt 杀虫蛋白基因克隆到番茄中,育成对鳞翅目食叶害虫具抗性的转基因番茄植株,开启了转基因生物(genetically modified organism, GMO)或基因工程生物(genetic engineering organism,GEO)育种时代,即利用基因工程技术改变其遗传物质的生物体。这些技术通常被称为 DNA 重组技术,即利用不同来源的 DNA 分子,将它们组合成一个分子,创造一组新的基因,然后,将这组新的基因转移到一个有机体中,培育出具有特定性状的植物品种或品系,是一种插入来自不同物种的 DNA 的生物。目前,这些技术已经培育并广泛应用于生产实践的抗虫品种,如抗棉铃虫的转基因抗虫棉,抗玉米螟的转基因抗虫玉米等。使用外源基因培育特定抗性性状如抗病、抗除草剂和抗虫的品种已经发展成为一项成熟的分子育种技术,随着更多新的外源基因加入,转基因作物品种在现代农业生产上正在发挥着重要作用。

进入 20 世纪 90 年代,另一项新的分子生物学技术应运而生,即 RNA 干扰技术(RNA interference,RNAi)。该技术是在研究秀丽新小杆线虫[*Caenorhabditis elegans*(Maupas)]时发现并证实了在进化过程中高度保守的,并由双链 RNA(double－stranded RNA,dsRNA)诱发同源 mRNA 高效特异性降解的现象。由于使用 RNAi 技术可以特异性剔除或关闭特定基因的表达,所以该技术已被广泛应用于探索生物基因功能和医学领域传染性疾病及恶性肿瘤的治疗。目前,该技术在昆虫领域广泛用于昆虫功能基因的鉴定,并成功实现了寄主植物介导的害虫生长发育或解毒酶基因干扰培育抗虫作物品系,因此,在不久的将来,这些新技术将为农作物抗虫性分子育种和研发环境友好的农业害虫管理技术提供全新的策略。

第二节 植物抗虫机制

植物抗虫性是害虫与寄主植物间在一定环境条件下互作关系的集中表现。在农业生态系统中,作物品种能够抵御害虫为害有多方面的原因,主要还是作物品种本身具有一种或几种不适合害虫生存和生长发育的特性,能使害虫不在其上产卵或取食;或虽能产卵或取食但不能正常生长发育;或虽能生长发育但不影响作物正常生长发育和产量损失。根据植物的不同抗虫性表现,Painter(1951)在其专著《植物抗虫性》中提出植物抗虫性的 3 种机制,一直得到学术界的认可并沿用至今。

一、寄主选择性

植食性昆虫与其寄主之间复杂的相互作用是一个漫长持续进化的结果。在不考虑相对少见的互利共生案例的情况下,似乎任何平行进化的趋势都必须限于植物防御机制和昆虫对抗适应的发展。这样,昆虫和植物之间的关系可以简单划分为昆虫对寄主选择和植物对昆虫抗性两个主要方面,这两个方面往往不能完全分离。昆虫寄主选择性表现在以某些种或品种为栖居、产卵及取食的场所。这种选择性受到植物生物化学、形态解剖、物候或由于植物生长特性所形成的小生态条件等方面的影响。按照抗虫性机制来划分,植物能抵御植食性害虫的选择性就是我们通常所说的不选择性(nonpreference)或排趋性(antixenosis),在实际研究中,非偏好性比较容易理解,这些寄主并不是植食性昆虫嗜食的植物。而关于排趋性的说法则很容易被误解,主要的是与非寄主植物容易混淆。必须指出的是,植物对植食性昆虫抗性的一个基本前提,即必须是昆虫寄主植物。在植食性昆虫对寄主植物选择时,昆虫表现出相对选择行为,这种行为可能是由于一些寄主植物形态特征或本身挥发性物质的差异,导致特定植食性昆虫种类表现出不选择行为。例如,菜粉蝶和小菜蛾成虫对十字花科植物产卵的选择性,这些植物中芥子油苷的含量高低直接影响着成虫产卵的选择行为,这种化合物含量较高的植物强烈引诱成虫产卵。小麦红黄吸浆虫成虫的产卵部位分别是小麦小穗的外颖和护颖与内外颖之间,它们的成虫产卵时,通常不会选择一些内外颖和护颖紧密品种。豆荚无毛的品种抗大豆食心虫,叶面多茸毛的棉花品种表现出抗棉蚜、棉叶蝉特性。水稻螟虫成虫产卵或幼虫钻蛀稻株时,对水稻生育期具有明显的选择性,水稻易受螟害的生育期是分蘖和孕穗期。在农作物生产中,这样的实例非常普遍,所以,植食性昆虫对寄主植物表现出的非偏好性或排趋性受植物本身和环境的综合影响。

二、寄主植物抗生性

寄主植物抗生性(antibiosis)是植物抗虫机制一个重要方面,主要特点是这类植物虽不能排斥害虫在其上取食、产卵和栖居,但由于这些植物在生长发育过程中产生有毒化合物或者一些不利于植食性昆虫生长发育的营养物质,抑制了害虫的取食或生长发育及种群发展,从而避免了作物经济损失。比较著名的例子就是玉米中一种氧肟酸类的有毒化合物,俗称“丁布”,该

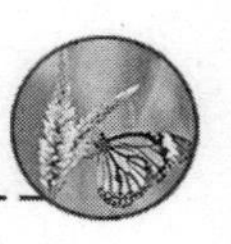

化合物在玉米心叶前期含量较高，能抑制幼虫取食和生长发育，甚至导致低龄幼虫死亡。棉酚是棉花体内的重要有毒化合物，一定棉酚含量的棉花品种对棉铃虫和棉铃象甲都具有较好抗性。同样，禾本科植物中的阿魏酸和芦竹碱是麦类作物抗蚜虫和水稻抗褐飞虱的重要抗生性化合物。值得注意的是，在植物抗虫性研究中，一定要明确抗生性作物品种并不一定导致直观的昆虫个体死亡，植物抗虫性评价也很难采用害虫死亡率作为评价指标，因为植食性昆虫通常能在这些含有植物抗生性化合物的作物品种上取食、生活并完成发育，但其成活个体的体型变小、体重减轻、雌虫生殖力降低，因此，植物抗生性的最终效果主要是降低或延缓昆虫种群发展，并控制昆虫种群密度在作物经济损害水平以下。

三、作物忍耐虫害特性

作物耐害性(tolerance)是作物本身固有的特性，具有作物种类特性，不同作物耐害性有很大的差异。这里，我们强调作物耐害性是指作物耐受虫害的能力，即在这类作物品种上，害虫可以在其上正常取食、生长发育和繁殖，其种群数量也常常能达到经济损害水平，但这些作物具有较强耐受害虫为害的能力而不会引起产量和品质的损失。这种情形一般分两种情况：①害虫取食和为害非作物产量和品质性状的组织和器官。害虫能在一些作物上正常取食和发育，但不能侵害作物主要产量形成的器官，因而产生了避害作用。②有些作物品种虽然也遭受害虫的取食和为害，害虫生长发育不受影响，但由于某些作物本身具有很强的增殖或补偿能力，最终，作物的产量和品质未受影响或影响不显著。大多数情况下，作物忍耐虫害的机制通常指后一种情况。在作物对害虫为害的耐害性中，作物具有一定增殖或补偿能力，即为受到害虫取食的作物所具有的一种自发性自我弥补损害的能力。害虫为害植物后，植物对为害或损伤的补偿反应常表现在多方面，主要包括营养器官、繁殖器官和植物生理生化水平。例如，水稻旗(剑)叶受稻纵卷叶螟为害后，倒二叶叶宽、叶长及叶面积各增加 10%左右；番茄受棉铃虫伤害后，受伤害花蕾的补偿数超过了被取食数，虽然花的补偿能力比蕾小些，但基本上达到完全补偿，还有小果被棉铃虫取食后也能部分补偿。柑橘潜叶蛾潜食嫩梢叶片，减少光合叶面积，但若受害面积在 20%以下，并不显著影响叶片的光合强度。植物在受害时的增殖或补偿能力是自身的一种潜在适应性。了解农作物的耐害性，科学合理地利用好作物增殖或补偿能力对害虫管理决策和保证作物生产都有重要意义。

作物品种对害虫的抗性机制通常很复杂，它可能由几种类型的抗性机制共同作用。上述 3 个抗虫性机制，虽然表面上有差异，而其内在都具有相互联系。这种内在因素可以一种或同时几种在一个品种上表现，但在有些情况下，很难将它们绝然分开。实际上，这 3 种抗虫性机制是寄主植物对植食性昆虫取食的一系列反应结果。植物与昆虫之间的系列反应分成两个方面，就植食性昆虫而言，昆虫利用植物过程包括植物定位、取食或产卵反应、维持持续取食和生长发育及繁殖等；而植物的表现则相应地有吸引或排斥害虫取向定位、刺激或抑制取食、寄主植物被大量取食后，对害虫营养效应与毒害效应以及寄主植物自身受害后的增殖与补偿能力。在这个系列反应过程中，昆虫有植物定位、取食或产卵反应和维持持续取食等 3 阶段，寄主植物则通过排斥害虫定位和抑制取食等作出相应反应，最终的结果就产生了不选择性机制；害虫取食后生长发育及繁殖与植物毒害效应在害虫代谢方面的表现则为抗生性机制，而植物在受害后自身的增殖与补偿反应属耐害性机制(图 9-1)。

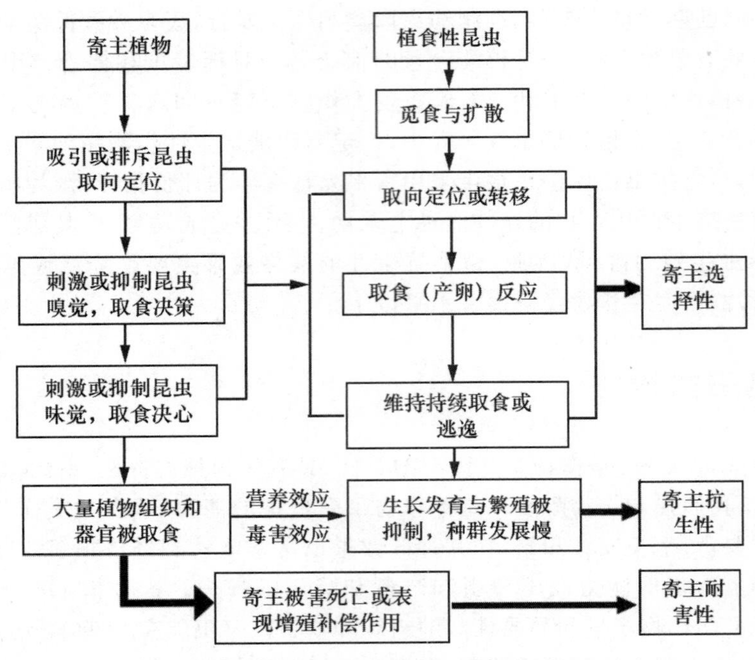

图 9-1　寄主植物与植食性昆虫相互关系
（仿夏基康并修改）

第三节　植物抗虫性的分类

植物抗虫性是植物对昆虫的一种防御功能，也是植物与昆虫在长期共存中协同进化的结果。就植物而言，对昆虫的防御并不是孤立或单一的，而是通过植物的形态特性、生化物质以及环境因素共同组成的防御体系。因此可以说，植物对昆虫的抗虫性不是一种被动的适应，而是一种主动的抵抗机能。植物抗虫性的分类方式有多种，如根据抗虫性产生的来源可以划分为组成抗虫性(constitutive resistance)或内在抗虫性(inherent resistance)或遗传抗虫性(genetic resistance)和诱导抗虫性(induced resistance)或生态抗虫性(ecological resistance)；根据植物抗虫性形成的方式可划分为物理抗虫性（physical resistance）和化学或生化抗虫性(chemical resistance)。为了便于在作物生产实践中更好和更方便地了解植物抗虫性类型，这里，将重点介绍植物组成抗性，涉及的抗虫方式为物理和化学或生化抗虫性。

一、物理抗虫性

植物物理抗虫性属于组成抗虫性类型，是植物本身所固有的，具有可遗传特性。具有这种抗虫性的植物利用体表一些特有的形态特征，如株高、穗紧密、体毛、组织和器官的颜色独特、体表蜡质和角质等，通过影响害虫行为反应来阻止害虫产卵、取食和扩散等活动，使植物表现出对害虫的防御能力。

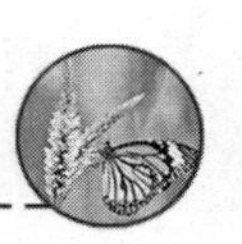

(1)植物颜色　植物的颜色常常影响害虫寻找、识别和定位寄主植物。一些害虫对寄主植物的颜色表现出较强的正趋性,另一些害虫则表现负趋性或不选择性。如蚜虫和美洲斑潜蝇对黄绿色有正趋性;棉铃虫、棉铃象和菜粉蝶等对浓绿色有正趋性;棉铃象、蚜虫和叶蝉等对红色植物表现不选择性,如红叶棉花能降低棉铃虫成虫产卵量的29.7%～50.5%和棉花蕾铃受害率的31.9%～58.6%;红或紫色鸡脚棉能降低棉铃虫成虫产卵量的20.2%～47.3%和棉花蕾铃受害率的22.4%～58.6%。

(2)大小(高度、长度、宽度和厚度等)　一些植物高度或一些器官长度、宽度或组织厚度等都可能影响植食性昆虫的选择性。如二化螟和大螟喜欢在较高水稻品种上产卵,豆荚盲蝽喜欢在较高的大豆植株上产卵;玉米蜡蝉喜欢在高大的高粱上产卵为害;大豆食心虫喜欢在豆荚长度4～5 cm的大豆品种上产卵。花丝长的玉米能抗美洲棉铃虫。水稻上常见的螟虫喜欢在宽叶的水稻品种上产卵为害等。

(3)硬度　硬度主要指植物组织纤维化或角质化程度。一般表皮坚硬的农作物品种常表现出抗虫性,如吉林的大豆品种'铁荚四粒黄'抗大豆食心虫。

(4)紧密度　一些有穗的作物,小穗的紧密度常常作为一个抗穗部害虫的指标。如穗部紧密的高粱品种能抗高粱穗虫,小穗部紧密的小麦能抗小麦吸浆虫和蚜虫等。

(5)表面形态结构和硬度　植物叶片和枝干上的毛状体,表面蜡质或树脂等都会给特定害虫的寄主定位和取食带来不适。例如,一些植物表面蜡质层会影响害虫取食,如菜粉蝶、甘蓝蚜、小菜蛾和桃蚜在光滑型品系上的种群数量都少于其他非光叶品系;大多数芸薹属(*Brassica*)植物叶片上有一层厚厚的蜡质,它们能增强对光波反射能力,使植株显得更白,从而降低植物对害虫的吸引力;大豆叶面的毛茸密度影响豆杆黑潜蝇(*Melanagromyza sojae* Zehntner)及蛇潜蝇(*Ophiomyia* spp.)的产卵,当毛茸密度超过300根/cm^2以上时,潜蝇不喜欢产卵;棉花上的毛茸对海灰翅夜蛾[*Spodoptera littoralis*(Boisd.)]的产卵有抑制作用。

(6)绒毛腺体(腺毛)　在许多植物中,特别是在茎秆上着生有腺毛的植物,这些腺毛常常会分泌一些具有抗虫作用的化合物。这些化合物包括两类,一类是固着性化合物,主要是黏性物,用于黏着害虫,使其死亡;另一类则是有毒和忌避性利己素,这类化合物又包括两类,即特定化合物和广谱性化合物,主要涉及生物碱类、类黄酮类、萜类、烃类、蜡类、脂肪酸类和醇类等,它们都属于寄主植物生化防御物质。

二、化学(生化)抗虫性

植物对昆虫的化学防御以植物体内初生和次生化合物为基础,包括一些营养物质、次生有毒化合物以及一些抗营养因子等。

1.植物营养组分与抗虫性

寄主植物的营养物质主要包括糖类、蛋白质和氨基酸类等,它们虽然是昆虫必需的一些营养元素,但这些营养物质在植物组织中种类和含量的差异也表现出与抗虫性的相关性。豌豆抗虫品种中的氨基酸总含量较感蚜品种低,感瓜实蝇的瓜类品种中游离氨基酸种类较多,并含有半胱氨酸和酪氨酸,而抗虫品种中并不存在。另外,感虫品种中的组氨酸、甘氨酸、苏氨酸和亮氨酸含量均较高。豌豆品种对豇豆象抗性显示,豆荚的全醣含量和总含氮量与豆荚上虫孔数呈正相关。高粱对高粱蚜的抗性与可溶性总氮、可溶性总糖和游离氨基酸的含量呈负相关。

小麦中一些营养物质同样也与小麦抗蚜性有关。不过,不同的营养物质种类与小麦抗不同害虫种类密切相关(表 9-1)。

2.植物防御次生物质

目前已知植物对昆虫的化学防御性物质不下 3 万种,它们的化学结构多种多样,非常复杂,其多样性和在药学及工业上的应用早已为人们所熟知。随着研究的深入,它们在植物与植食性昆虫的相互关系中的作用越来越明确。植物由于本身缺乏移动的能力,在进化过程中不得不依赖次生性物质来避免植食动物的侵害。除了次生性物质以外,植物还含有其他一些物质如蛋白酶抑制剂、糖类衍生物、木质素等也都可以防御植食性昆虫。

表 9-1 麦类营养物质与抗虫性(蔡青年等,2003)

营养物质	抗害虫种类
还原糖	黄吸浆虫、麦红吸浆虫
蔗糖	荻草谷网蚜、禾谷缢管蚜
可溶性糖	荻草谷网蚜、麦二叉蚜
氨基酸总量	荻草谷网蚜、禾谷缢管蚜
游离氨基酸	荻草谷网蚜
甘氨酸(Gly)、脯氨酸(Pro)、谷氨酸(Glu)、亮氨酸(Leu)、丙氨酸(Ala)、组氨酸(His)	荻草谷网蚜
胱氨酸(Cys)	荻草谷网蚜
赖氨酸(Lys)、蛋氨酸(Met)、缬氨酸(Val)、精氨酸(Arg)和 γ-氨基丁酸	荻草谷网蚜、麦二叉蚜
酪氨酸(Tyr)	荻草谷网蚜、吸浆虫
苏氨酸(Thr)	禾谷缢管蚜、吸浆虫

(1)生物碱　这是一大类含氮的碱性有机化合物。维管植物中有 15%～20%的种类含有生物碱。在有花植物中生物碱的种类特别多;在双子叶植物中,毛茛科、防已科、马钱科、茄科中的生物碱含量很高。生物碱大多对昆虫有防御作用,它们或是阻碍昆虫的取食(主要作用于味觉),或是对昆虫有抗生作用,引起昆虫中毒。

生物碱主要有:①羽扇生物碱,如爪豆碱,常存在于羽扇豆属植物中,这种成分对取食金雀花花朵的黑斑灰蝶有防御作用。②吡啶生物碱,其中最重要的就是烟碱,它在烟草根部合成后积累于叶中,对昆虫有神经毒性而常被用作杀虫剂。③甾醇生物碱,在茄科植物中最受关注,包括分布于马铃薯及其近亲植物中的茄碱、番茄碱、垂茄碱等,对马铃薯叶甲取食和生长有抑制作用。④莨菪生物碱,如分布于颠茄中的颠茄碱草(阿托品)由鸟氨酸形成,对马铃薯叶甲有明显的抗生作用,其幼虫取食颠茄叶后死亡率很高。⑤芦竹碱,广泛存在于禾本科植物,如麦类作物和水稻,具有抗麦蚜和稻褐飞虱的作用。

(2)非蛋白氨基酸　植物内含有的这类物质可成为昆虫的抗代谢物质,它们可以影响氨基酸的同化和代谢及蛋白质的生物合成而对昆虫具有毒性。一个突出的例子就是刀豆氨酸,它存在于刀豆等豆科植物中,是精氨酸的类似物,对烟草天蛾、家蚕、棉铃象甲等昆虫有毒性。

(3)生氰苷　这种化合物通常对害虫具有毒性,大约分布在 60 个科的植物中,其中蔷薇科、毛莨科、亚麻科、豆科和大戟科等中含量较丰富。苦杏仁含苦杏仁苷高达 1.8%,水解时释

放出氰酸(HCN);高粱叶内含生氰苷,可被葡萄糖苷酶水解为葡萄糖和配基氰醇,后者很容易分解出对昆虫有毒性的氰酸;亚麻苦苷和百脉根苦苷分布于亚麻、三叶草及其他豆科、大戟科和菊科的某些植物中。有的金合欢含有生氰苷作为防御敌害的因素,以它们的叶子喂养黏虫时,导致较高的死亡率。

(4)芥子油苷　这类物质存在于十字花科的花菜科、木犀草科等植物中,是较早用于研究植物与昆虫关系的化合物。其中,最突出的是黑芥子苷酸钾,它可以被分解为异硫氰酸酯、葡萄糖和硫酸盐。芥子油苷对不取食十字花种植物的昆虫如黑风蝶幼虫有毒性。另外,它还具有忌避剂、刺激物和抗生性的作用。

(5)萜类　凡由甲戊二羟酸衍生,且分子式符合$(C_5H_8)n$通式的化合物及其衍生物均称为萜类化合物,包括单萜、倍半萜、双萜和三萜。萜类广泛分布于植物中,骨架庞杂、种类繁多、数量巨大、结构千变万化、生物活性广泛。它们大多具有异戊二烯结构单元,其骨架以5个碳为基本单位。

单萜是由两个异戊二烯单位组成,其分子量在萜类中最小。它们是植物香精油的主要成分,使植物具有独特的气味。有的单萜对有的昆虫可引起忌避或抗生作用。如松由于含香叶烯和苧烯而对西松大小蠹有驱避作用和毒性,白花假荆芥含有的假荆芥内酯也有驱避昆虫的作用。

倍半萜分布于菊科、伞形花科等植物中,有的带苦味或具毒性。从热带东非的双子叶植物树皮中分离出的一羟二醛二甲萘,在浓度为0.1 mg/kg时即能引起莎草黏虫的拒食作用。有保幼激素活性的法尼醇存在于很多植物的组织中,它与存在于枞树中的幼生素均能导致昆虫的形态变化。棉花的棉籽酚是一种二聚倍半萜,浓度超过2%就可抑制棉铃象甲的生长。

在植物中,很多双萜和三萜是分子量较大、结构较复杂的萜类物质,具有抗生作用或可引起昆虫拒食作用,多分布于根、种子等。赦桐叶有臭味,其中含有双萜赦桐素,可引起斜纹夜蛾拒食。棉花中含有对棉铃虫等夜蛾幼虫有毒的成分,称为杀夜蛾素。三萜可作为皂角苷的配基,而皂角苷广泛分布于植物中,苜蓿根部的皂角苷引起蛴螬拒食,大豆皂角苷抑制绿豆象的生长发育。广泛分布于葫芦科植物中的葫芦素有苦味,对二斑叶螨有防御作用,对豌豆细纹跳甲、辣根猿叶甲等有拒食作用。

(6)酚类物质　这是一类比较常见的植物次生性物质,许多是带羟基芳香环的衍生物,包括酚酸、香豆素、黄酮类等。存在于大麦和其他植物中的酚类物质有香草酸、没食子酸、丁香酸、香豆酸、咖啡酸、芥子酸等。阿魏酸同样是小麦和水稻重要的酚酸类化合物,这些酚类化合物在作物抗虫中发挥了重要的作用。

(7)光敏化合物　噻吩类化合物是大量存在于菊科植物中的一类特殊次生物质,对多种害虫具有很好的光活毒杀作用。噻吩类代表性的化合物是α-三噻吩(α-terthienyl,α-T)。按蚊、伊蚊、库蚊、烟草天蛾和菜粉蝶均对α-T敏感。

3.次生化合物防御昆虫作用

(1)有毒作用　如烟碱(烟草)、芥子油苷(异氰酸烯丙酯)、生氰糖苷(鸟足状车轴草)、除草菊酯(除草菊)、葫芦素(四环三萜类)、龙葵碱和颠茄碱等(茄科)等都对昆虫有毒性,常常是重要的天然杀虫剂。

(2)驱避作用　有些植物,如银胶菊(*Parthenium hysterophorus* L.)能产生驱避性化学物质,以阻止昆虫取食或在植株上产卵;韭菜有很强的驱虫作用。北美黑凤蝶[*Papilo polyxenes*

(Fabricius)]避食十字花科植物，因为这类植物会产生像黑芥子硫酸钾的挥发性有毒物质。芸香科植物中含有柠檬醛等挥发性物质，使植物具有某种难闻的气味，以致大多数昆虫避而不食它们。

(3)抑制生长发育　某些高等植物能产生干扰害虫正常生长发育的化合物，如冷杉、黄杉属植物中含有昆虫保幼激素类似化合物保幼酮，可以阻止昆虫幼虫蜕皮和生长。而一种筋骨草中则含有昆虫蜕皮类固醇化合物，能使昆虫幼虫快速蜕皮，干扰害虫正常生长发育。

(4)消化抑制　许多植物体内含有单宁、棉籽酚等酚类化合物，可阻碍昆虫肠道对食物中蛋白质的正常消化吸收，使昆虫难以获得营养而生长发育异常。害虫取食番茄时，能激发植物产生蛋白酶抑制剂，抑制昆虫对植物蛋白质的消化能力。

(5)警告信息素　警告信息素是昆虫释放提醒同种个体逃避敌害的化合物，在一些昆虫如蚜虫中广泛存在。一些昆虫取食某些植物后，同样可以释放警告信息素类似物。例如，桃蚜[*Myzus persica* e(Sulzer)]取食野生马铃薯时，该植物会释放出一种类似蚜虫警告信息素的物质，其他蚜虫个体认为有危险存在，就逃离这些植物，从而起到了保护植物的作用。

三、参与植物抗虫蛋白质衍生分子

植物蛋白质既是植物的营养物质也是植食性昆虫的营养来源，但一些贮藏蛋白的合成和积累已经被证实与植物防御密切相关，因为其中的一些蛋白质具有对昆虫的毒性或作为抗营养因子，如α-淀粉酶和蛋白酶抑制剂、凝集素和球蛋白等防御酶类(表 9-2)。这些蛋白质通常存在于豆科植物的种子和营养器官中，其衍生分子进入害虫体内，一般具有干扰其营养物质吸收、增加有毒物质吸收、破坏昆虫中肠、降低蛋白质的营养价值以及干扰昆虫体内化合物合成过程的信号传导等作用。

表 9-2　参与寄主植物抗虫性的蛋白质衍生分子(Mello 等，2002)

种类/亚类	功能
凝集素 Lectins	干扰营养物质吸收，增加有毒物质吸收
几丁糖酶 Chitinases	破坏昆虫中肠
α-淀粉酶抑制剂 α-amylase inhibitors	消化酶抑制剂
蛋白酶抑制剂 Proteinase inhibitors	消化酶抑制剂
吲哚-3-磷酸甘油裂解酶(Indole-3-glycerol phosphate lyase, IGL)	自由吲哚的形成
植物性贮藏蛋白(vegetative storage protein, VSP)	系统反应的一部分
谷胱甘肽转移酶(glutathione s-transferase, GST)	解毒或钝化有毒化合物
β-葡糖苷酶(β-glucosidase 1, BGL1)	未知
钙结合延长因子(calcium binding elongation factor, CaEF)	信号传导途径
橡胶素类似蛋白(hevein-like protein, HEL)	未知
磷脂酶 A2(phospholipase A2)	第二信号产生
MAP 激酶(MAPkinase)	转录因子的磷酸化
多酚氧化酶(polyphenol oxidade, PPO)	蛋白质的营养价值的降低

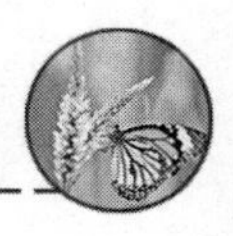

续表 9-2

种类/亚类	功能
1-氨基环丙烷基-1-羧酸氧化酶(1-aminocyclopropane-1-carboxylic acid oxidase,ACO)	乙烯生物合成
丙二烯氧合酶(allene oxide synthase,AOS)	茉莉酸生物合成
苯丙氨酸裂解酶(phenylalanine amonia-lyase,PAL)	苯丙烷基代谢途径
过氧化物酶(peroxidase,POD)	木质素合成,过敏反应
脂氧合酶(lipoxygenase,LOX)	茉莉酸生物合成

第四节　作物抗虫性的鉴定

作物品种对害虫的抗性和感性是相对的,而抗虫性到感虫性之间的变化具有连续性特点。如何做好作物品种的抗虫性评价对了解作物品种与特定害虫之间的关系,科学合理管理好害虫种群具有重要意义。由于为害作物品种的害虫种类很多,且不同害虫的为害类型差异较大,作物品种对害虫为害的反应也各不相同,因此,作物品种抗虫鉴定方法很难完全一样。这里,我们将介绍一些关于作物抗虫性鉴定的基本知识和要求。

一、鉴定方法

当作物品种在生产实际中应用时,其种植者特别希望了解该品种是否具有抗病虫的特性,这就是一个优良作物品种抗虫性鉴定的重要性。由于作物品种的多样性和为害作物的害虫种类多样化,作物品种对特定害虫的抗性鉴定和评价方法常常表现出较大差异。但无论哪种作物,所采用抗虫性评价方法都要较准确地反映被评价的作物品种对特定害虫的真实抗性,而且实际操作中所采用的方法要求快速简便。

就害虫种群而言,作物抗性评价通常采用一些生物学和生理指标,如害虫栖居密度、取食量、产卵量、体重、发育进度和繁殖率等。然后,根据这些指标划分,从抗至感划分出不同级别。例如,在麦类作物抗蚜虫的评价中,可以采用蚜量比值方法,即以某品种蚜量占全部观测品种平均蚜量的比值作为抗性级别标准,将抗蚜性分成高抗、抗、中抗、感虫、高感 5 级。也有根据食叶性害虫取食植物叶片后计算体重,作为评价指标来确定抗虫性级别的,如评价大豆对斜纹夜蛾的抗性就是采用斜纹夜蛾幼虫取食大豆叶片后,以幼虫和蛹的重量综合计算,划分大豆抗虫级别为高抗、抗、中抗、感虫、高感 5 级。

当然,也有人主张根据作物受害虫为害后的被害率[被害率＝被害株数/调查株数×100％]、被害指数[被害指数＝$\sum$(级值×相应级的株数)/(调查总株数×最高级值)]和产量损失率[产量损失率＝(未受害株产量－受害株产量)/未受害株产量×100％]等作为评价指标。例如,在水稻苗期抗褐飞虱的鉴定中,通常采用的是褐飞虱对水稻植株(秧苗)的致死性,根据一定虫量为害秧苗的死苗率划分各品种的平均抗性级别为高抗、抗、中抗、中感和感等 5 个级别。不过,以作物被害后的表型作为抗虫评价方法时,应该充分了解作物本身的遗传特性。有些作物被害后具有较强的补充能力,虽然表面看是受到了为害,但并不造成经济损失。

必须指出的是，使用产量损失率作为抗虫评价指标需要考虑周全，因为影响作物产量的因素除了害虫，还有很多因素，特别是涉及田间管理水平，所以，我们建议最好慎用。

二、虫源问题

作物抗虫性鉴定主要以田间自然感虫为主，通常选择常年发生较多害虫的区域设置抗虫性鉴定圃。一般来说，如果气候条件有利于害虫生长与繁殖，虫口密度大，就可得到较为准确的抗虫性鉴定结果。但如果遇到害虫发生量较小年份或处于周年波动较大地区，除自然虫源外，还可辅以人工接虫来增加害虫种群密度，或者增加感虫品种的种植，以营造对害虫的诱集环境，实现作物抗虫性鉴定所需要的充足虫量，以保证作物品种抗虫鉴定结果真实可信。

三、对照品种

在许多生物学试验中，设置对照是必需的，作物品种田间抗虫性鉴定也不例外。一般抗虫性鉴定都要设置对照品种，选择对照品种类型的总原则包括：①根据不同类型对照的特点，结合作物生长和害虫为害特性以及抗虫性鉴定方案等情况来确定相应的对照品种。②感虫品种具有适当的灵敏性与非饱和被害性，为较理想的对照品种。有时也可选高感、中抗或抗虫品种作对照。而高抗品种因对虫害反应的灵敏度很低，一般不宜作对照。至于同时选用感虫、中抗和(或)抗虫品种作为配套对照组，理论上可行，有时也是必要的。③在一种作物对同一害虫(或生物型)的抗性鉴定中，各地应选用统一、有代表性的对照品种。④设置对照品种的数量，应根据作物栽培特性、害虫分布型特点和环境条件的差异等来确定。一般每 20 份(或更少)至 50 份待鉴定材料需设置一个或一组对照，特殊情况下甚至可按 1∶1 的比例设置。

四、评估抗性表现

在田间开展作物品种抗虫鉴定中，作物抗虫性信息比较常用两个方面资料：①害虫方面，主要包括特定害虫虫态种群数量、发生程度和成虫产卵选择性等；室内抗虫性鉴定还可以使用害虫各虫态的生长发育信息，如取食量、害虫体重、发育进度和繁殖率等。②作物方面，主要有作物受害率、受害程度和作物产量损失率等；在抗虫性鉴定中，还可以使用一些作物形态学特征，如毛状体、表面蜡质、组织硬化、株叶形状、叶片颜色等与物理抗虫性相关的信息，作为综合鉴定和评价作物品种或种质资源抗虫性的参考。

五、抗性级别划分标准

根据害虫生长发育和种群发展情况，或者作物受害虫侵害的轻重或受虫害损失程度来确定作物品种抗虫性的强弱，通常以不同抗性级别表示。根据前述评估抗性表现可知，作物抗虫性级别的划分标准或等级则具有作物种类和害虫类型差异，有的为 4 级制(抗、中抗、中感、感)，有的为 5 级制(高抗、抗、中抗、感、高感)，还有更细的分为 6 级制(高抗、抗、中抗、中感、感、高感)。因此，在涉及具体作物和害虫时，应尽可能多地参考国际或国家相关标准。

第十章

有益生物保育与利用

本章知识点

- 如何理解有益生物保育和利用与常用的“生物防治”概念
- 了解有益生物保育和利用的历史,特别是在我国的发展
- 了解有益生物的主要类群及其应用
- 掌握有益生物应用策略
- 掌握大面积释放天敌的技术
- 认真理解有益生物对作物害虫影响的评价意义

有益生物(拟寄生物、捕食者、食虫生物和病原物)定向和非定向的使用,可以减少和调节有害生物的种群数量至经济危害水平以下,俗称生物防治(防控)。但在生产实际中,依靠所谓生物防治的害虫常常极少,一般都是在可控条件下,才具有较好的效果,因此,本章节使用了有益生物保育与利用的概念。农田生态系统中,有益生物是该系统的重要组成部分,在自然状态下发挥着调控有害生物种群的作用,只不过在该系统中由于生物环境的改变如单一农作物,以及频繁的农田管理,导致自然有益生物种群发展缓慢,而有害生物种群发展迅速,从而自然控害能力大幅度下降。在此,必须强调,首先要重视有益生物的保护和繁育,才能有效地发挥自然调控害虫种群的作用。

农田有益生物通常被称为有害生物的天敌。所谓天敌,就是自然界中袭击有害生物的生物类群。它们通过致死寄主或猎物或抑制猎物的繁殖潜力而降低其数量,是自然控制的一部分。在农业生态系统中,所有的昆虫都有天敌,对多数物种而言,天敌是其种群的主要调控因素,是实际生产中害虫管理的重要策略。在作物生产实际中,常常大量使用有益生物来调控害虫种群,它不同于自然控制,因为涉及有目的地操控捕食者、拟寄生物和病原菌等有益生物,它们可能被引入或本地存在,通过规模化繁殖后大量释放,以降低特定害虫种群数量,避免引起作物经济损失。这里需要强调的是,首先必须保护和繁育本地农业生态系统中的有益生物,然后辅之以有益生物引入和规模化释放。

作物害虫种群管理中,天敌如捕食者和拟寄生物的潜在效益一直为人们所知并得到了大力提倡。但在实际生产中,往往是重视有益生物的引入与释放,而忽视本地有益生物的保育,

因此，在有害生物的系统管理中，加强保育自然有益生物控害的作用，充分发挥生态系统在害虫种群管理中的服务功能。

第一节　有益生物研究历史

有益生物或天敌的利用，东西方发展历史差异较大。以我国为代表的东方国家对有益生物的认识和利用远远早于西方各国。在我国，晋代嵇含在《南方草木状》(公元 304 年)曾记载："交趾人以席囊贮蚁鬻于市者，其巢如薄絮，囊皆连枝叶，蚁在其中；并巢同卖。蚁赤黄色，大于常蚁。南方若无此蚁，则其实为群蠹所伤，无复一完者矣。"广州地区沿用"黄猄蚁"[*Oecophylla smaragdina*(Fabricius)]来控制柑橘园的害虫。而西方到 18 世纪才开始注意到臭虫的捕食性天敌。从有益生物认识和利用的发展历史来看，大致可以划分为四个阶段，即第一阶段(1888 年以前)，以观察和试验为主；第二阶段(1888—1940 年)，被称为传统生物调控新时代；第三阶段(1940—1962 年)，为忽视有益生物利用时期；第四阶段(1962 年至今)，由于农作物害虫管理方式的改变和对环境安全的高度重视，有益生物的应用变得越来越重要，并得到了快速发展。

一、观察和试验阶段

从历史发展来看，我国是最早记录使用有益生物的国家。公元 304 年，中国广东柑橘种植者将捕食性蚂蚁引入他们的果园，以保护柑橘不受害虫侵害。其他的尝试包括使用昆虫、鸟类、蜥蜴和蟾蜍控制昆虫，以及昆虫控制杂草等。在国外，1888 年，美国第一次尝试并成功引进有益生物管理害虫。经典案例是 1876 年从澳大利亚引进澳洲瓢虫控制加利福尼亚柑橘吹绵蚧，到 1889 年使其得到了有效控制。1888 年以前有益生物应用实践见表 10-1。

表 10-1　1888 年以前有益生物应用实践

年份	有益生物	控制害虫种类	重要特征
304	捕食性蚂蚁	柑橘害虫	中国农民将蚁巢放置橘树上
1776	臭虫猎蝽	臭虫	臭虫捕食者
1844	步甲	园内害虫	意大利米兰试验
1870	拟寄生物	象甲	美国迁徙的拟寄生物
1870	黄蚜小蜂属小蜂	蚧壳虫	美国迁徙的拟寄生物
1883	菜粉蝶绒茧蜂	菜粉蝶	从英国迁徙到美国
1876	澳洲瓢虫	柑橘吹绵蚧	美国从澳大利亚引进

二、经典有益生物应用阶段

这个阶段始于 1876 年，即美国从澳大利亚(1876 年)引进了一种澳洲瓢虫(*Rodolia cardinalis* Mulsant)到美国加利福尼亚，控制吹绵蚧(*Icerya purchasi* Maskell)，到 1889 年成功地控制了该虫，开启了经典有益生物应用实践的新时代。在 1888—1969 年期间，世界各地引

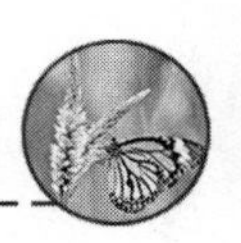

进天敌的成功案例多达225例。其中，夏威夷24例，日本富士9例，美国本土16例，加拿大16例，澳大利亚10例和新西兰11例。值得一提的是，1927年由英国白金汉郡皇家昆虫局建立了第一个有益生物控害实验室(farnham house laboratory)，目的是为了进一步开展有益生物应用的研究和实践。

三、缓慢发展阶段

随着第二次世界大战的结束，西方发达国家的军事化学研究机构转入民用化学工业，大量有毒化合物开始在农业有害生物控制中广泛应用，如有机杀虫剂，使农业产业工人在长期与害虫艰苦的斗争中看到一丝曙光，并由此进入了有机合成杀虫剂生产和使用的黄金时代。而有益生物利用的不足之处，如见效慢、成本高和使用不便捷性和对环境的要求等很快凸显出来。最普遍的认识就是，有了有机合成杀虫剂几乎帮助农业产业解决了所有的害虫问题，这让曾经的有益生物利用前景迅速被忽视。这从20世纪上半叶有关有益生物和杀虫剂方面出版的研究报告可以得到充分佐证。根据1915年、1925年、第二次世界大战期间和1946年的统计，有益生物和杀虫剂研究报告的比例分别为1∶1、0.3∶1、1∶6和1∶20。可以说，有益生物控制害虫的研究和利用进入到寒冬季节。即便如此，仍然有少数感兴趣的科技工作者和重要的项目在坚持开展有益生物研究和应用，并在有益微生物控制害虫为害方面也取得了一些成功，著名的案例是苏云金芽孢杆菌于20世纪50年代末首次商业化生产，为后续苏云金芽孢杆菌广泛应用和以此为基础的抗虫育种奠定了基础。

此外，在此阶段，1952年，国际生物控制委员会成立，并创办了两个有益生物研究与应用的国际学术期刊(*Entomophaga*，*Journal of Insect Pathology*)。

四、恢复发展阶段

化学合成杀虫剂的大量使用，不可否认给农业生产带来巨大的效益，也给害虫种群管理带来了极大的便捷。同样必须面对的残酷现实是持久性杀虫剂广泛应用于农业生产后带来的一系列副作用，包括有益昆虫大量被杀灭，次要害虫上升为主要害虫以及害虫再猖獗；大规模合成杀虫剂使用后，随着害虫对药剂抗性的发展，控制害虫的成本增加，农作物生产已经不可能有经济效益；杀虫剂长期滞留在环境中很难降解，并随食物链在植物和其他高营养级动物体内大量累积。这些现象称为“3R”问题，即害虫再猖獗(resurgence)、害虫抗药性(resistance)和农药残留(residue)。1962年，美国海洋生物学家Rachel Carson出版了著名的科普小说《寂静的春天》(*Silent Spring*)，向公众发出呼吁，要求制止使用有毒化学品的私人和公共计划，并警告这些计划将最终毁掉地球上的生命。此后一直到现在，有益生物研究与实践迅速发展并越来越引起广泛重视。在我国，20世纪50年代，有益生物繁育和应用开展得比较多，重点集中在我国的南方农作物上，例如，赤眼蜂的人工繁育，并用于防控甘蔗螟虫和玉米螟；从浙江引进大红瓢虫控制湖北柑橘吹绵蚧，然后，又引入四川省泸州市柑橘园，都获得了较大的成功；采用黑青小蜂和金小蜂控制仓库内越冬红铃虫等。几乎每个省(直辖市、自治区)都广泛开展了“以虫治虫”“以菌治虫”等科学试验和生产应用，取得了很大成就。

现代农业发展高度重视农业生产提质增效和农产品安全，有益生物保育和利用迎来了前

所未有的蓬勃发展机遇。在有益生物保育方面，种植者越来越认识到综合有害生物管理的重要性，农业生产中尽可能保育农业生态系统中本地有益生物类群，如少使用农药，选择性使用高效低毒杀虫剂，改善作物种植模式，增加农田生物多样性等。在有益生物研发和应用方面，广泛开展天敌昆虫的人工规模化繁育，除了人工繁育赤眼蜂外，已经工厂化和商品化生产的还有丽蚜小蜂、捕食螨、瓢虫和草蛉类，扩繁成本显著下降，周期明显缩短。在商品化有益微生物研究与应用方面，掌握并革新了菌种改良技术，获得枯草芽孢杆菌工程菌株、高效绿僵菌工程菌株、白僵菌菌株等，建立并优化了枯草芽孢杆菌、绿僵菌、白僵菌产业化生产的发酵工艺和后处理工艺，提高了枯草芽孢杆菌干粉活菌率，通过优化绿僵菌双相发酵工艺，提高了生产率，基本解决了长期困扰有益微生物制剂生产行业的关键技术难题，极大地促进了有益微生物制剂在农业生产上推广和使用，并组建了我国大区域病虫害可持续有益生物管理技术体系，大规模应用了新的技术成果。此外，也加强了其他生物源产品的应用，如植物源杀虫剂、性信息素等，这些以保护农田生态系统为指导，环境友好的害虫管理技术在现代农业生产中发挥了巨大作用。

第二节　有益生物类群

基于生态学和种群动态指导下的相关害虫种群调控，其目的是引入或操控天敌，以便控制害虫种群密度在经济损害水平以下，建立一个依靠天敌和猎物关系的可持续系统。有益生物是农业生态系统中重要的害虫天敌类群，其种类除昆虫外，还有蜘蛛和捕食螨类，以及一些其他动物种类。在昆虫纲中，害虫天敌主要集中在鞘翅目、脉翅目、膜翅目、双翅目、半翅目和蜻蜓目等。按有益生物致死害虫的方式可分为捕食性和寄生性(寄生蜂、寄生蝇和昆虫病原微生物)两类。

一、捕食性天敌

捕食性天敌种类很多，也是农田生态系统中最常见天敌种类，非常熟悉的包括蜻蜓、螳螂、猎蝽、花蝽、草蛉、瓢虫、步行虫、食虫虻、食蚜蝇、胡蜂和泥蜂等昆虫，还有蜘蛛类，在生产上重要的蜘蛛种类多属微蛛科、狼蛛科、球腹蛛科、蟹蛛科和圆蛛科，如草间小黑蛛、拟环纹狼蛛、水狼蛛和八斑球腹蛛等。捕食螨类则有绒螨、异绒螨、甲螨、益螨，智利小植绥螨、西方盲走螨、虚伪钝绥螨等都是国际上著名的捕食螨。我国利用捕食螨比较成功的有纽氏绥螨、尼氏钝绥螨和拟长毛钝绥螨等。

这类有益生物具有取食猎物所有虫态、捕食多种类的个体、没有高度专化型等特点。所以，一般捕食虫量大，在其生长发育过程中，必须取食大量昆虫后，才能完成生长发育各阶段。它们是作物生产系统中调控害虫种群数量的重要天敌。这些捕食性天敌，按其取食方式可分为咀嚼式和刺吸式口器捕食性天敌。咀嚼式口器天敌昆虫如瓢虫、草蛉、食蚜蝇、步甲、虎甲类等常常可捕食蚜虫、介壳虫、螨类和多种害虫的卵、幼虫等，如澳洲瓢虫和大红瓢虫常用于控制柑橘吹绵介壳虫。七星瓢虫、异色瓢虫、食蚜蝇、草蛉等是蔬菜、棉花、小麦等作物蚜虫的重要天敌，在控制蚜虫种群方面取得了较好的效果。而刺吸式口器天敌昆虫通常将口器刺入害虫

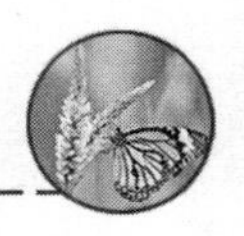

体内吸食体液，使害虫死亡。如猎蝽、小花蝽，还有捕食螨等都是生产实际中重要的天敌。

此外，还有一些非节肢动物捕食性天敌如脊椎动物中的鸟类、青蛙、蜥蜴等。这些捕食者对农田猎物并没有特别的选择性。

二、寄生性天敌

农业害虫的寄生性天敌主要是以幼虫寄生于害虫体内，取食害虫体液或内部器官，完成幼虫期生长发育，最终导致害虫寄主死亡。在昆虫纲中，最重要的寄生性天敌主要分布于膜翅目和双翅目，分别称为寄生蜂类和寄生蝇类。

1.寄生蜂类

绝大多数种类是属于膜翅目的姬蜂总科和小蜂总科昆虫，种类很多，全世界约有50万种。在生产实际中广泛应用的著名寄生蜂是赤眼蜂。我国自20世纪50年代开始系统研究赤眼蜂的人工繁育与田间释放应用技术。赤眼蜂工厂化生产工艺的改进和配套设备以及田间释放技术的研发，推动了我国害虫寄生蜂应用的整体快速发展，目前，利用赤眼蜂来防治松毛虫、玉米螟、棉铃虫、烟夜蛾、大豆食心虫、二化螟、稻纵卷叶螟、稻苞虫、甘蔗螟、豆荚螟等很多种害虫，也得到种植者和社会各界的广泛认可，仅吉林省每年释放松毛虫赤眼蜂控制玉米螟面积均稳定在230万 hm^2 左右，约占该省玉米种植面积的55%。另外，释放松毛虫赤眼蜂和稻螟赤眼蜂控制水稻二化螟，也取得了良好的控制效果。此外，我国一直在研发大规模人工繁殖其他赤眼蜂种类，如食胚赤眼蜂、广赤眼蜂、欧洲玉米螟赤眼蜂等。在有益生物应用成功案例中，膜翅目寄生蜂天敌占2/3以上，除了目前可大规模人工繁殖释放的赤眼蜂外，还包括小蜂、茧蜂、姬蜂、细蜂等。

在生产实际中应用寄生蜂管理作物害虫时，应该了解关于寄生蜂的基本知识。一般寄生蜂寄生害虫时，通常针对害虫某一虫态或几个虫态，不同种类寄生蜂能寄生害虫的虫态有卵、幼虫、蛹和成虫，还有幼虫龄期差别，如赤眼蜂寄生很多鳞翅目害虫的卵，而金小蜂则寄生棉红铃虫的幼虫，菜蛾绒茧蜂与菜蛾啮小蜂寄生小菜蛾低龄幼虫，而颈双缘姬蜂则寄生小菜蛾蛹等。寄生蜂的寄主范围因种类而异，有些仅寄生一种昆虫，有的则寄生几个近似种，甚至有的寄生很多种。此外，还有些寄生蜂本身还可以被另一种寄生蜂寄生，这种现象称为“重寄生”。

2.寄生蝇类

寄生蝇类属双翅目昆虫，它们大多寄生于蛾蝶类的幼虫和蛹内，以其体内营养为食，致寄主死亡。我国有寄生蝇450余种，分布广，其活动能力和繁殖能力都非常强，是农林害虫中一类重要寄生性天敌。寄生方式是寄生物和寄主长期协同进化、互相适应的结果。寄生蝇寄生方式按寄生蝇幼虫侵入寄主体腔的特点分为4个类型：①大卵生型寄蝇。将尚未完成胚胎发育的卵产于寄主表面，待幼虫孵出后，即钻入寄主体腔取食，如日本追寄蝇、伞裙追寄蝇、草地追寄蝇和双斑截尾寄蝇等。②微卵型寄蝇。将已完成胚胎发育的卵产于寄主的食料植物上，卵小而壳坚硬，必须随食物被寄主吞食后，借助寄主胃液的作用，才能孵出幼虫，幼虫孵化后再穿过消化道进入寄主体腔取食。如黑袍卷须寄蝇、横带截尾寄蝇、灰等腿寄蝇、夜蛾土蓝寄蝇等。③蛐生型寄蝇。将幼虫产于寄主食料或活动场所，当寄主取食或活动与之接触时，幼虫便附着在寄主体壁上，借助口器直接钻入其体腔，如黏虫缺须寄蝇、松毛虫小盾寄蝇和玉米螟厉寄蝇。④卵胎生型寄蝇。卵也为大型，白色，也是产于寄主体表，不同的是卵内胚胎发育已经在母体内发育成熟，卵产于寄主体表后立即孵化，如松毛虫狭颊寄蝇和常怯寄蝇。在生产实际中，人们总是希望这些寄生性天敌具有广泛的寄主范围，寄主范围越广，在农业生产上发挥的调控害虫种群作用自然更大。例如，草地螟寄生蝇有很多种类，属于多寄主寄生，双斑截尾寄蝇的寄主种类覆盖鳞翅目 12 个科近 70 种昆虫，而蓝黑栉寄蝇的寄主也有近 30 种。在草地螟寄生性天敌中，寄生蝇对草地螟的寄生率要高于寄生蜂，它们对草地螟种群的调控发挥了重要的作用。遗憾的是，有关寄生蝇的人工大规模繁殖和实际利用技术还有待进一步研发。

三、昆虫病原微生物

应用于管理害虫种群的昆虫病原微生物及其产品通常称为昆虫病原微生物或杀虫微生物。昆虫病原微生物用于作物生产系统管理害虫种群由来已久，并受到世界各国的高度重视，也得到了快速发展。应用最广泛的有苏芸金芽孢杆菌（*Bacillus thuringicnsis*）（简称 Bt）、白僵菌（*Beauvria bassirna* B.）及昆虫病毒等。在自然界中，能使昆虫感病的病原微生物很多，有细菌、真菌、病毒、原生动物、立克次体及线虫等，生产中可利用的昆虫病原物达 1 000 种以上，它们对农林业生态系统中的有害生物管理作出了巨大的贡献。

1. 细菌类

国内外应用最广泛的昆虫病原细菌主要有苏芸金杆菌、松毛虫杆菌、青虫菌等芽孢杆菌类。病原细菌通过害虫口腔进入消化道后，使害虫很快停止取食，虫体变软，组织溃烂，并从口器和肛门流出恶臭脓状液体而死亡。这类微生物常用于管理菜粉蝶、玉米螟、三化螟、稻纵卷叶螟、稻苞虫、松毛虫等多种农林害虫种群。关于病原微生物管理害虫的研究和应用历史较长。例如，苏云金杆菌，最早由贝林纳于德国苏云金省分离得到并命名。其在孢子形成的同时伴生菱形蛋白质晶体（伴孢晶体），对鳞翅目幼虫有强烈毒性。20 世纪 40 年代，人们已经发现了鳞翅目、双翅目和鞘翅目特异性株系，在法国用于商业化制剂占整个生物农药的 39%。我国生产上应用的细菌杀虫剂有杀螟杆菌、青虫菌、松毛虫杆菌等都是苏云金杆菌的变种。目前，这些细菌杀虫剂可控制 100 多种鳞翅目害虫。病原细菌制剂在国外常用于控制的农业害虫有 40～50 种，世界各国都非常重视昆虫病原细菌的应用与研发。

此外，还有日本金龟子芽孢杆菌（*Paenibacillus popilliae* Dutky），该菌在形成芽孢的同时形成一个具折光性的伴孢体，使菌体呈足迹状。从致病性来看，该芽孢杆菌是金龟子幼虫的专性病原菌。国际上有生产的商品，专用于控制金龟子幼虫（蛴螬），其营养体和孢子皆能使金龟子幼虫感病死亡。因此，该菌使患病的昆虫体液呈乳状，所以，又名乳状病芽孢杆菌，能长期控制金龟子虫口密度，且效果显著。

2. 真菌类

昆虫病原微生物除了细菌外，病原真菌也是非常重要的昆虫病原类群。能寄生于虫体的真菌种类很多，世界上已知的昆虫病原真菌有 530 余种，大多数属于半知菌亚门，其余分散在鞭毛菌亚门、接合菌亚门、子囊菌亚门以及担子菌亚门。同植物病原真菌相似，昆虫病原真菌侵染昆虫时，孢子通过寄主体壁主动入侵感染，这一过程涉及寄主识别、附着胞分化、体壁穿透、免疫拮抗及体内定殖等过程。

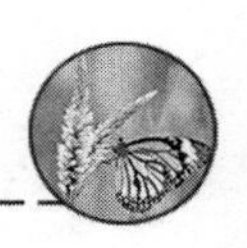

目前，已经成功使用的杀虫真菌有白僵菌、绿僵菌、赤座霉等。其中，以白僵菌应用较广泛。白僵菌是一种广谱寄生真菌，可寄生于5个目190多种昆虫和螨类，因虫体死后僵硬呈粉白色而得名。我国已大面积应用白僵菌控制大豆食心虫、玉米螟、松毛虫地老虎、蛴螬等数十种害虫，并有很好的效果。白僵菌对害虫的感染主要通过体壁进入虫体，当空气湿度较大时，病菌孢子萌发入侵，使虫体感病，在体内形成大量菌丝，直接吸收虫体养分，导致虫体僵硬而死。菌丝从体内伸出体外，布满体表，产生白色粉状孢子继续开始再次侵染，如此实现侵染循环。值得注意的是，白僵菌不仅能寄生农林害虫，也是家蚕、柞蚕的重要病害，所以，不宜在养蚕区应用。

除白僵菌外，昆虫另外一种重要的病原真菌是绿僵菌。绿僵菌是一种昆虫专性寄生菌，能寄生鳞翅目、直翅目、鞘翅目、同翅目等200多种害虫，如金龟甲、象甲、金针虫、鳞翅目害虫幼虫、蝽象等。对农林和卫生等害虫具有重要控制作用。该真菌的形态接近于青霉菌。菌落为绒毛状或棉絮状，最初白色，产生孢子时呈绿色，故称绿僵菌。绿僵菌以孢子发芽侵入昆虫体内，并在体内繁殖和产生毒素，导致昆虫死亡。死虫体内的病菌孢子散出后，可再次侵染其他昆虫，特别是可在害虫种群内形成重复侵染，在一定时间内会引起大量害虫死亡，因此，一次使用可维持较长时间害虫种群控制效果。

3.病毒类

大多数昆虫病毒可在宿主细胞内形成包涵体，这些包涵体在显微镜下一般均呈多角状，因此称为多角体病毒。根据是否形成多角体和多角体的形态及形成部位，可把昆虫病毒分成核型多角体病毒、质型多角体病毒和非包涵体病毒等。

(1)核型多角体病毒(NPV)　这是一类在昆虫细胞核内增殖的、具有蛋白质包涵体的杆状病毒。其数量是昆虫病毒优势类群，我国已报道的昆虫病毒有290余种，其中核型多角体病毒有212种。该病毒侵染昆虫的过程为病毒粒子由昆虫口腔进入宿主的中肠上皮细胞，再进入体腔，吸附并进入血细胞、脂肪细胞、气管上皮细胞、真皮细胞、腺细胞和神经节细胞，随后大量增殖，并重复感染，引起虫体生理机能紊乱，其虫体组织严重破坏，最终导致虫体死亡。

(2)质型多角体病毒(CPV)　这是一类在昆虫细胞质内增殖并具有蛋白质包涵体的球状病毒。全世界已记载过的质型多角体病毒宿主超过200种。我国已报道的有20余种，其中研究最多的是家蚕质型多角体病毒，也研究了马尾松毛虫、油松毛虫、茶毛虫、棉铃虫、舞毒蛾、小地老虎和黄地老虎等重要害虫的质型多角体病毒。质型多角体病毒的感染过程为病毒由昆虫口腔进入其消化道后，在胃液的作用下，溶解多角体蛋白并释放病毒粒子，然后，病毒粒子侵入中肠上皮细胞并在细胞内复制，复制过程中，在宿主细胞内形成病毒发生基质，合成并积累病毒蛋白质；细胞核内合成病毒RNA后转入细胞质，在细胞质中再组装成多角体病毒粒子。昆虫病毒以上述两种类型为主，另外还有颗粒体病毒(GV)、昆虫痘病毒(EPV)及非包涵体病毒。

研究并开发昆虫病毒用于农作物害虫种群管理具有较多优点，包括：①如致病力强，使用量少；专一性强，安全可靠，对宿主昆虫特异性较高，有利于保护天敌昆虫；②抗环境降解力强，作用较持久；③工艺简单，可大量生产，成本相对较低，也适合大面积推广。不过，昆虫病毒在实际繁殖和应用中也存在较多不足，主要包括：①病毒繁殖只能在活体宿主中完成，规模化量产就需要大规模饲养宿主昆虫，这还是比较困难的；②病毒保存和田间使用有严格环境要求，像病毒多角体，要求避开紫外光及日光，否则容易失活；③和其他有益微生物一样，寄主范围有限，对宿主致死速度较慢；④长期大量使用单一病毒种类易产生抗性。昆虫病毒用于农业害虫管理确实具有很多的优势，但规模化生产制剂的技术瓶颈还需要进一步深入研究。

4. 病原线虫

昆虫病原线虫是另一类重要的有益微小动物，农业上用于管理作物害虫的昆虫病原线虫有 4 个重要的科，即斯氏科（Steinenermatidae）、异小杆科（heterorhabditidae）、小杆科（Rhabditidae）和索科（Mermithidae），以前两个科为主。我国黑龙江、甘肃、云南、河北、广东等地采集到隶属斯氏线虫科和异小杆线虫科的线虫共计 40 多个品系 200 多种。昆虫病原线虫发育要经历卵、幼虫和成虫 3 个阶段，幼虫有 4 个龄期，经 4 次蜕皮后即为成虫。斯氏线虫科和异小杆线虫科均只有第 3 龄幼虫可存活于寄主体外，是具有侵染能力的虫态，又称为侵染期幼虫。侵染期幼虫一般滞育不取食，第 2 龄幼虫蜕下的皮常不脱落而成"鞘"，看似两层表皮，对外界不良环境抵抗力较强，这样的幼虫又称为耐受态幼虫，也是昆虫病原线虫生活史中唯一侵染寄主的阶段。昆虫病原线虫侵染期幼虫肠道内带有共生菌，一旦寻找到寄主，即通过寄主表皮的自然开口（口、肛门和气孔）、伤口或体壁节间膜进入昆虫体腔内，开始释放共生菌并直到寄主虫体内营养物质被耗尽以后，再寻找新寄主，引起寄主死亡。国内外也广泛开展了昆虫病原线虫的研究，有些已经广泛应用于农业生产中害虫种群管理。一些成功应用昆虫病原线虫管理的害虫类群有土栖性害虫、钻蛀性害虫和跳甲类蔬菜害虫等。如田间施用昆虫病原线虫后，韭蛆（*Bradysia odoriphaga* Yang & Zhang）的种群数量大幅降低。小卷蛾斯氏线虫[*Steinernema carpocapsae*（Weiser）]品系控制橘小实蝇的效果为 86.3%。除了昆虫病原线虫外，还有昆虫微孢子虫也是研究和应用较多的原生动物类，其中，蝗虫微孢子虫在我国控制蝗虫种群中发挥了重要作用。

5. 病原微生物制剂的优缺点

总的来说，昆虫病原微生物是农作物害虫管理中的重要有益生物类群，当大规模工厂化生产和广泛用于农业生产实际时，既有它突出的优势，也存在许多有待进一步研究解决的瓶颈问题。其重要的优势主要包括：对人、畜、作物和自然环境安全无害；不易使害虫产生抗性；有些微生物在环境中存活力强，可以长期压低虫口密度；微生物繁殖快、生产原料广、方法简便等。其存在的缺点包括：因其是选择性感染，具有害虫种类特异性；感染有潜伏期，杀虫效果慢；作用效果受环境条件中的温度、湿度和光照强度影响较大。因此，要充分发挥昆虫病原微生物在农业生产中的更大作用，还有待更深入细致的研究和技术革新。

第三节　有益生物应用策略

自害虫综合管理（IPM）出现及其在农业生态系统中应用以来，人们对利用有益生物来控制害虫越来越重视。IPM 强调只在必要时使用杀虫剂调控害虫种群，并且必须通过使用控制阈值和选择性杀虫剂，以最小化对非目标生物如害虫天敌的影响。此外，多样化农田景观生态环境为有益生物补充食物源，建立害虫天敌源生境，创造一个有利于天敌种群繁育的生态环境，以实现害虫种群最大限度的生物调控。

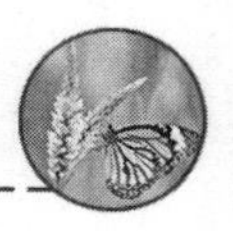

一、经典有益生物应用

针对本国(某地区)重要害虫或外来入侵害虫从域外国家(地区)引入或进口有益生物类群实施害虫生物控制被称为经典有益生物应用。利用引入有益生物调控农业害虫的成功案例较多,多数成功案例都在果园和林业。如澳洲瓢虫控制美国加利福尼亚柑橘吹绵蚧,引进有益生物控制苜蓿象甲,还有引入木薯粉蚧寄生蜂都成了比较经典的案例。以美国引进澳洲瓢虫控制柑橘吹绵介为例。19 世纪 80 年代,美国重要的柑橘产地加利福尼亚暴发了柑橘吹绵蚧,用尽所有该用的方法,控制效果不大。一次偶然的机会,美国的 Albert Koebele 到澳大利亚旅游,其间发现澳大利亚柑橘上同样有吹绵蚧,但发生程度远比加利福尼亚轻得多,通过实地调研和调查发现,一种瓢虫(澳洲瓢虫)长期管理着吹绵蚧的种群,使其不能出现大量种群暴发造成经济损失。Albert Koebele 如获至宝,并将澳洲瓢虫引入加利福尼亚柑橘园,到 1890 年,成功解决了加利福尼亚柑橘园吹绵蚧发生与危害的问题。

同样在美国,为了控制外来入侵的苜蓿象甲,从 1959 年开始,引进 11 种寄生性天敌和 1 种捕食性天敌。到 1970 年,在所有引进天敌种类中,6 种膜翅目寄生蜂建立了当地种群,它们寄生象甲的卵、幼虫和成虫。到 20 世纪 70 年代末,苜蓿象甲死亡率达到了 70%,有 73%的苜蓿田不再需要使用杀虫剂来控制苜蓿象甲。

经典有益生物调控策略一般工作程序包括:①指派专业人员到外来生物原产地考察;②针对目标入侵物种寻找并采集其天敌,这些天敌最好是在较低水平种群时具有控制作用;③天敌安全性评价;④引入并进行检疫性评估;⑤即将引入天敌类群的生物生态学特性研究;⑥引入天敌饲养并繁殖足够种群;⑦天敌释放与效果评价。完成这样一个项目通常需要较长时间。

由此可见,经典有益生物应用策略在引进有益生物管理本地有害生物中发挥着重要作用。随着我国进一步开放和国际贸易更加频繁,已经传入我国或正在威胁我国农业生产的危险性有害生物都是我们要加强管理的对象。已经传入我国的重要入侵害虫如稻水象甲、马铃薯甲虫和草地贪夜蛾等正在危害和威胁我国农业生产,国际上经典有益生物应用的成功案例,应该成为我国管理这些重大入侵农业害虫的典范。

二、有益生物种群保育和利用

在农业生产实际中,常常要面对的是一些常发性农作物重要害虫,这些害虫都有许多本地捕食性和寄生性天敌存在于农业生态系统中,只是由于农作物种植和农田管理的不科学和不合理,导致害虫种群数量剧增,而有益生物种群数量增幅不足以管控这些害虫种群。因此,保育和利用本地有益生物种群是现代农业生产中的基本要求,以实现增加农业生态系统中现有天敌的种群数量,稳定控制有害生物的效果。

有益生物保育在农业害虫种群管理策略中必须优先考虑。农业生态系统的特殊性,决定了我们必须采用一系列的田间管理技术。当我们制定农业生态系统管理策略时,必须考虑各个生产环节和田间管理技术对作物害虫种群的影响,同时,还应该特别重视如何最大限度地保育系统中的有益生物群落。实际上,大多数农艺管理技术只要科学合理地应用,都具有保育农田现有天敌种群的服务功能(见第八章),例如,周期性割除田间边界植物,在种植苜蓿等显花植物时，采用条割方式周期性地割除苜蓿等植物，促进天敌转移，为捕食性天敌提供选择食物，以及合理使用杀虫剂，包括减少应用次数、使用对天敌低毒的杀虫剂、避开天敌繁殖期，以及降低使用频次等。

总之，有目的地改善农田生态环境，可以提高农田生物多样性，为处于高端营养级的有益生物提供更丰富的食物源，将有利于加速有益生物的繁育和增强其生态服务功效。

三、大面积害虫天敌释放

在有益生物应用策略中，大面积害虫天敌释放也是重要害虫种群管理措施之一，即通过大量特定人工繁育的天敌释放来控制害虫种群。与本地有益生物保育不同，天敌释放不一定要求其对后代种群产生影响，重点强调对当代害虫种群的控制作用。在现代农业生态系统中，要系统管理农作物害虫种群，农业生产管理决策应该将农田有益生物保育和天敌释放相结合，毕竟大面积害虫天敌的释放只能作为一项环境友好的害虫种群管理技术之一。这是因为：①大面积害虫天敌释放具有较强的针对性，说明农田生态系统比较有利于特定害虫种群的发展，自然控制因素已经不能有效地管理害虫种群，必须大量增加特定害虫的天敌协同管理快速发展的害虫种群；②这预示着农业生态系统并不是一个运转良好的生态系统，该系统中各组分间已经出现了不平衡的状态，具有潜在不可持续的风险；③解决作物害虫问题将会增加农作物生产成本。目前，田间释放的害虫天敌都是由人工大规模饲养，已经商品化用于田间害虫种群控制。因此，大面积害虫天敌释放也需要深入了解害虫生长发育和发生规律，确定释放最佳时间，而且一个作物生长季节需要多次释放，方能达到有效控制害虫种群的效果。

正如我们前面所述（见第 2 节），我国对有益生物人工饲养和繁育的研发已经取得了显著成就，除了赤眼蜂已经商品化，大量用于农作物害虫种群管理外，大规模人工繁育的有益生物还有捕食螨、丽蚜小蜂、异色瓢虫等捕食性和寄生性害虫天敌，这些天敌的商品化将为我国环境友好地管理果树、蔬菜，甚至大田作物中害虫种群作出重要贡献。

四、有益生物应用局限性

有益生物应用固然有很多优点，如不污染环境、对人畜及农作物安全、不会引起抗药性，不伤害其他有益生物，一旦在特定生态系统中建立了种群就能自行繁殖扩散，具有稳定控制害虫种群的作用等。但其局限性也不可忽视。利用有益生物，主要是发挥其在自然平衡状态下控制害虫的作用，往往不能在短期内达到理想的控制效果，必须通过人工释放等方法予以加强。而在人工大量释放中，受到寄主和环境中多种因素的影响，还牵涉一些其他方面限制，如控害作用较缓慢，寄主范围较窄，批量生产和贮存运输也受限制等。此外，在一些特定情况下，如害虫种群密度远低于经济损害水平，或害虫种群密度非常高，即暴发期，以及对特定害虫种群实施铲除策略时，都不适合大面积释放天敌来控制害虫种群。因此，有益生物科学合理应用应该首先考虑本地有益生物的保育，必要时大面积释放天敌，以求发挥有益生物最大功效。

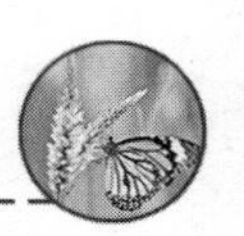

第四节 有益生物对作物害虫影响的评价

实际上，人们更多关注的是捕食者和拟寄生物在作物生产系统中的作用，很少评估这些有益生物对作物害虫的影响效果。在鳞翅目害虫及其天敌研究中所采用的方法，只有不到一半能使我们估量和客观评估天敌的影响。有益生物（如捕食者和拟寄生物）在控制作物害虫方面的潜在益处早已为人所知，天敌抑制害虫种群作为调节生态系统服务的一项重要手段已受到越来越多的重视。另外，保护和规模化繁育有益生物也是近年来研究的热点。如果能客观地评价有益生物对作物害虫种群影响，将对提高有益生物田间应用的科学合理性及作物害虫种群控制效果具有重要的指导意义。

一、有益生物影响评估现状

在害虫和天敌对景观复杂性反应方面，大多数研究首先考察了物种的存在和（或）丰富性，然后定性地推断天敌的影响。虽然这些为解决一些生态学问题提供了有用的数据，但必须指出的是，天敌影响的评估对指导田间害虫种群管理至关重要。在缺乏天敌对害虫种群影响的真实证据情况下，很难结合天敌活动确定实际害虫种群控制决策。为了将天敌的影响纳入有害生物综合管理（IPM），需要直接估量天敌对害虫种群的影响。目前，有益生物（天敌）影响的评估很少被纳入检验害虫种群控制效果的研究。

天敌影响的直接估计或证据可以提供一个切实而适用于建模系统的数据，目的在于确定某个点，在这个点上被认为，天敌的影响不再维持害虫种群在经济损害水平以下。在这种情况下，可能需要使用替代或补救方法，如加强控制或可能需要使用杀虫剂。这就是天敌影响评估重要性的关键。目前，在捕食者和拟寄生物文献中报道天敌影响的不同措施，主要集中在作物研究上。长期以来，评估有益生物对害虫种群影响存在一个误区，即评估天敌的影响往往是困难、耗时和成本高昂的，因此难以做到，但实际情况未必如此。在未来，这个领域的研究应该逐步完善，以确保充分发挥天敌在农业景观中的应用潜力。

二、评估天敌影响步骤及相关信息

在我们评价有益生物对害虫影响程度时，一些基本的信息和知识必须了解清楚。这些信息包括：①所评价的天敌是否会真正杀死害虫，也就是说在考虑天敌物种控制害虫种群的潜力时，第一步（但不是决定性的步骤）是确定天敌物种可能潜在地取食害虫。②天敌物种能杀死多少害虫，包括种类多少和个体数量，还有猎物的大小。因为不同龄期的猎物大小差异较大，如蚜虫。捕食性天敌取食低龄蚜虫个体数量自然比成蚜多，取食的速度当然更快，而寄生性天敌就不一样了，它们通常会选择寄生的猎物，个体太大或太小都不是它们猎杀的对象。③天敌种群如何应对猎物密度的变化，当猎物密度较低时，天敌是否还愿意陪伴，是否抑制天敌种群增长，反之又如何。特别是，当猎物密度达到了天敌难以应对的状态时，天敌种群又如何变化等。④天敌如何寻找猎物。农田生态环境是一个复杂的生态系统，各种信息混杂，天敌要想搜

寻到猎物也绝非易事。有研究表明，当害虫取食寄主植物后，寄主会合成并释放出利己素吸引天敌（主要指寄生性天敌），那捕食性天敌是否也能被这种利己素所指引就不得而知了。⑤天敌行为对害虫种群的间接影响。

除了天敌自身生物学和行为学特性外，生态系统因素和害虫管理措施都能影响天敌控制害虫效果的评价，这些因素包括作物生产系统中天敌和害虫种类和数量同时存在的状况，群落中其他物种及非生物因素影响天敌与害虫的相互作用，害虫控制是否遵循经济阈值，以及除害虫外，还有哪些其他因素影响作物产量等。总之，天敌（有益生物）对害虫影响的评估不是一件简单事情，需要充分了解天敌（有益生物）自身重要的信息外，还有与之相关的环境信息，掌握的信息越多越详细，我们就能更准确地评估天敌（有益生物）对害虫种群影响，效果也更符合实际情况，从而更科学合理地应用天敌（有益生物）管理作物害虫种群。

三、评估天敌影响害虫的方法

农作物害虫的有益生物主要包括捕食性和寄生性天敌，以及昆虫病原微生物 3 大类群。在有益生物控害研究和实践中，客观评估有益生物的控害作用在其保育与应用中具有重要的意义。天敌控害作用的评估可分为定性和定量两个方面。目前大多数对天敌影响的评估都为定性评估，通常就是明确这些有益生物具有寄生或捕食目标害虫的能力。而定量评估需要考虑的因素比较多，除了有益生物自身能力外，还需要考虑环境各因素的影响，通常需要采用一定的模拟模型来评估，评估结果不仅反映出有益生物对目标害虫的寄生或捕食能力，而且要明确在一定作物生产系统中能将害虫种群密度控制在经济损害水平以下的能力，以及避免作物产量损失的效果。

有关捕食性和寄生性天敌有益生物控害能力的定性评估方法较多，如田间系统调查及相关分析、直接观察法、食痕法及标记法、天敌排除或添加法、实验种群观察法和生命表分析法等。这些方法从不同角度反映了不同天敌种类攻击害虫的能力，具体评价方法可参考相关文献。

在农业生态系统中，一种生物通常会受到来自该系统生物和非生物因素的影响，一种或多种有益生物控制害虫种群的作用，即便是在特定生态系统中也比较复杂，因此，定量评价有益生物管理害虫种群的影响一直是昆虫生态学和害虫管理学研究的重点和难点。这里简单介绍一种定量评价方法，即生态能量学方法（ecological energetics）。该方法的基本原理为有机体的一切生命活动、生长、发育和繁殖等都伴随着能量的摄入、利用和转化。能量的不断流动是生态系统的重要功能，也是所有生态系统内在的、共有的特征。生态能量学主要是研究生物通过营养途径对能量的利用和转化效率，以及能量在不同营养层次生物类群之间的转移和转化规律。一般用能量收支或能量流表示。该方法以能量流为主线，通过一系列参数计算后分析控害功能，以捕食性天敌为例的控害功能分析是通过控害功能系数反映出来的，即控害功能系数为捕食性天敌摄入量与害虫净生产力的比值。由于生态能量学方法计算过程比较复杂，公式较多，这里不做更详细介绍。

第十一章

不育害虫管理技术

本章知识点

- 了解不育害虫管理技术概念及其原理
- 了解不育害虫技术使用要求和条件
- 了解不育害虫管理技术类型
- 了解现代生物学技术在不育害虫技术中的应用

通过大量释放不育雄性昆虫到田间自然种群中，干扰昆虫种群繁殖，从而有效管理害虫种群数量的技术称为不育害虫管理技术(the sterile insect technique，SIT)。

第一节　不育害虫技术发展历史

不育害虫管理技术的发展要追溯到20世纪初，在一些射线发现之后才开始了该项研究。1916年，Runner发现，大剂量的X射线适用于烟草甲虫[*Lasioderma serricorne* (F.)]种群控制。1927年，H. J. Muller报道，电离辐射显著诱导了果蝇的突变。20世纪三四十年代，A. S. Serebrovskii构思出释放不育害虫的想法，即将不育害虫释放到自然种群中，从而控制该害虫的自然种群。到20世纪50年代，当Muller特别努力宣传辐射的生物学效应时，经济昆虫学家们意识到，通过辐射很容易获得雄性不育。1967年以后，在加利福尼亚San Joaquin Valley的棉花田中，开始研究释放不育的棉红铃虫雄虫[*Pectinophora gossypiella* (Saunders)]控制其种群。在加拿大不列颠哥伦比亚的奥卡那根地区，也用这种辐射不育技术来抑制苹果蠹蛾(*Cydia pomonella* L.)种群。

20世纪70年代后，不育害虫技术陆续在管理重要双翅目害虫种群中开展了广泛研究与推广。20世纪70年代，为了阻止地中海实蝇[*Ceratitis capitata* (Wiedemann)]从中美洲入侵墨西哥南部，制订了第一个大规模辐射不育计划。20世纪八九十年代，使用辐射不育技术(SIT)根除了日本冲绳县和日本西南诸岛上瓜实蝇[*Bactrocera cucurbitae* (Coquillett)]的全部种群。随后，这项技术在智利、秘鲁、阿根廷用于控制地中海实蝇种群，在墨西哥用于控制实

蝇属(*Anastrepha*)实蝇种群。

1997年,坦桑尼亚桑给巴尔市的根除采采蝇(*Glossina austeni* Newstead)种群,证实了释放辐射不育雄虫技术与其他控制方法相结合,可创造持续的无采采蝇区。随着一些列研究和田间试验的成功,科学家们将目光瞄准了一些重要农业和卫生害虫,促进了不育害虫管理技术较大的发展,并先后在重要农业害虫如鞘翅目害虫蛴螬、棉铃象甲、甘薯象甲,鳞翅目害虫苹果蠹蛾、棉红铃虫等的田间试验中获得了成功。

第二节　不育技术使用要求和影响因素

从理论上讲,不育昆虫技术(SIT)似乎很简单,就是将大量人工饲养的、具有交配能力的不育雄性昆虫释放到同一物种的野生种群中,使它们与野生雌性昆虫交配,让雌虫产下的卵败育,从而阻止它们的种群发展。释放的昆虫通常是完全不育(或几乎完全不育),但遗传不育是物种(主要是鳞翅目)的一种选择,适当亚不育辐射剂量也产生部分不育雄性,而获得完全不育的后代。

不育昆虫技术的成功应用要求能够培养绝育和分布足够多的不育昆虫种群,足以覆盖田间种群比率(绝育:野生昆虫);不育的雄性昆虫能够成功与野生种群中的雄虫竞争交配。虽然不育昆虫技术的概念很简单,但实施起来却比较复杂。不育昆虫是在人工控制条件下大量繁育的昆虫种群,经过不育辐射后产生大量个体。在整个过程中,要求这些被辐射处理的昆虫必须保持竞争力,即具有生存能力和交配竞争性,并能成功与野生种群雌虫交配。因此,在实施不育昆虫技术时,必须确定目标昆虫后,尽可能详细了解目标昆虫生活状况及生物学特性,以及释放后可能受影响的外界因素和监测方法等。

一、使用不育技术的关键生物学因素

针对特定害虫种类,在决定是否有必要使用不育昆虫技术时,必须考虑这些害虫一些关键的生物学问题。这些生物学问题最终决定了使用不育昆虫技术抑制特定害虫种群的可行性和经济性。充分了解害虫的这些生物学问题有利于优化实施程序,避免突发事件,也关系到整个不育技术成败。

在实施不育昆虫技术时,首先,必须了解哪些害虫适合实施不育昆虫技术,确定目标害虫时,应该考虑到害虫在农业生态系统中的作用、影响害虫生存的负面或复杂因素,以及该技术集成到害虫管理系统(通常是整个区域)的潜力大小。其次,一定要预测是否能达到合适的不育种群和自然种群比例。预测依据应该包括目标害虫生态学特性和实际种群动态、影响生产、分布和释放的生物因素,以及要考虑与其他管理技术的集成形式等。最后,要充分估计在目标害虫种群中,释放不育雄虫能与野生雄虫竞争。要客观分析大规模饲养和绝育技术对目标昆虫行为和生理等方面的影响程度、进化过程和不育昆虫技术类型、目标昆虫交配体系、交配后哪些因素对其有影响及程度,以及考虑可以通过哪些方法来提高不育昆虫竞争潜力等。

昆虫化学通信通常涉及交配、取食或其他关键的昆虫生态学相互作用。因而,昆虫化学生态学对不育技术的重要影响不可忽视。特别是,在种内寻找和识别配偶时,通常涉及一些种内

个体间信息化学物质，通过不育技术处理后，不育雄性必须对信息化学物质有适当的反应，包括雌虫释放的性信息素可能是不育雄虫竞争的重要组分；催欲剂和（或）接触识别信息素可能在交配中扮演重要角色和影响竞争力；宿主或其他食物相关的利他素可能在交配制度中发挥关键作用，或者可能需要在食物中提供作为信息素组分的前体物质。另一方面，雌虫产生的性引诱信息素、类信息素或聚集信息素，以及宿主或其他食物相关的利他素也可以用于监测或评估不育害虫技术项目或评估不育雄虫质量。因此，昆虫化学生态学通常可以与不育昆虫技术相结合，更好地服务于有害生物综合管理计划。

二、不育技术管理害虫的要求

1. 害虫类型

采用不育害虫管理技术的害虫通常都有一些特殊性。下面 5 种类型昆虫可以考虑采用不育技术：①外来有害生物的初始种群，如果建立起来，将严重影响农业或环境生态系统，如在美国加州消灭墨西哥实蝇[*Anastrepha ludens* (Loew)]。②严重病害（植物或动物）的传播介体，如采采蝇(*Glossina* spp.)清除计划。③极大地增加管理成本和（或）潜在出口贸易中被检疫的“关键害虫”，如新世界螺旋蝇[*Cochliomyia hominivorax* (Coquerel)]在北美；实蝇属(*Bactrocera*)种类在日本冲绳。④控制一种重要害虫的替代方法破坏了调控其他重要害虫种群的生态过程，如对棉铃象[*Anthonomus grandis* (Boheman)]的化学控制不利于夜蛾类如棉铃虫(*Helicoverpa* sp.)的生物调控技术应用。⑤在重要害虫入侵的高风险区域，一个相当长时期，必须保持不育昆虫种群来防止该危险害虫种群的建立，如不育的地中海实蝇在美国加州洛杉矶的释放。

2. 生物学特性

适合采用不育技术或增加不育技术使用可行性的害虫，通常在其生物学特性方面有一些要求，包括：有性生殖是其唯一的害虫生殖方式；害虫具有成熟的规模化饲养方法，或较容易开发出规模化饲养方法；昆虫为完全变态的类型，因为这些昆虫的蛹是相对静止发育阶段，比较容易不育处理；经过辐射不育剂量处理的雄虫，具有与自然种群中的雄虫交配竞争能力；有成熟的方法用于监测已释放的不育和野生昆虫种群；要求用于辐射不育处理的昆虫具有较低内禀增长率等。

很多重要农业害虫，由于它们的生物学特性比较复杂，如果用于辐射不育技术可能会使不育无效或复杂化，所以，这些昆虫种群不适合用于不育技术管理。这些昆虫包括：虽然两性生殖是昆虫中比较普遍生殖方式，但一些昆虫可以不经过雌雄交配，孤雌生殖就可以繁衍后代；具有高度同步、聚集和短暂交配体制的社会性昆虫；生命周期较长的昆虫，完成一个世代常常需要几年甚至十几年，如蝉类，最长可达 17 年；昆虫本身是一种严重的害虫、病害载体或很麻烦害虫，如角蝇、蝗虫、家蝇或蟑螂；有迁飞行为的昆虫，包括长距离飞行和（或）沿天气锋面移动的迁飞昆虫，一些蛾类害虫如黏虫、草地贪夜蛾、稻种卷叶螟等，重要的迁飞性蝗虫如东亚飞蝗和沙漠蝗，以及半翅目的褐飞虱和白背飞虱等。因此，从昆虫生物生态学方面来看，生物学特性比较简单且受生态环境影响较小的重要农林和卫生昆虫比较适合采用不育昆虫技术来管理其种群。

3. 昆虫交配体制特点对不育释放研发的利弊

昆虫交配系统几乎和昆虫一样，有多种多样类型，表现在它们的相关生态资源、聚集类型或程度，雄虫之间竞争的类型或程度，雌性选择配偶的方式方法，以及信息化合物类型等。昆虫使用各种感官模式来定位、识别和评估潜在的配偶和相关资源，包括视觉、声音、气味、接触性化学感触等。

鉴于不育技术对昆虫种群的抑制主要是不育雄性与野生雌性交配的结果，那么被释放的不育雄性在自然界中争夺配偶的能力至关重要。不育雄性的交配竞争力主要表现在其交配倾向和交配相容性，它们是不育昆虫质量的主要组成部分，在释放不育昆虫过程中，有必要确保这些昆虫与目标昆虫种群的相容性。昆虫交配系统的特点直接影响不育害虫技术的应用，有的有利于释放不育昆虫，有的则不利于释放不育昆虫(表 11-1)。

表 11-1　昆虫交配系统的特点对不育技术的利和弊

交配体制特点	有利	不足
雄虫行为作用，包括任何求偶方式	简单	复杂
雌虫伴侣选择	被动(接受第 1 个雄虫)	主动(雄虫间选择)
性外激素	雌虫产生、简单的(1-或 2-组分)、远程	雄虫产生、复杂
成熟雄虫特点	长寿、积极分散者	短命、静栖者
雄虫之间竞争	间接的(争相抢占配偶)	争夺配偶或资源
交配时间和空间	分布在栖息地，不同时	高度聚集，如白蚁群

实施不育昆虫技术时，必须了解目标昆虫交配系统中使用的模式。不育雄虫必须具备与自然种群中雌性的沟通能力，作为信号的接受者和(或)发送者，具有充分竞争能力。大多数交配系统本身并不排除使用不育技术，但它们往往影响了该技术的效率和逻辑难度。一般来说，雄虫在交配中扮演的角色越复杂，就需要更加努力了解和跟踪雄虫行为，并纳入不育产品质量控制的一部分，确保生产的不育雄虫在自然种群中具有较强交配竞争力。

第三节　昆虫不育技术类型

不育昆虫技术问世以来一直受到世界各国的高度重视，技术发展越来越快。特别是一些重要害虫管理中的成功案例，更加激发了不育昆虫新技术的研发。辐射不育是最早的一代不育技术，随后研发出了化学不育技术，随着现代生物学，特别是分子生物学和生物技术的突飞猛进的发展，给不育昆虫技术带来了新的活力和技术创新机遇。近年来，昆虫遗传修饰技术的飞速发展为农林和卫生害虫的管理提供了更为新颖有效的思路，特别是与传统不育昆虫技术相结合，更加凸显出环境友好、物种特异和管理高效等优点，弥补了传统不育技术的不足，为害虫种群管理提供了遗传控制新策略。

一、辐射不育技术

(1)基本原理　辐射不育是利用辐射源对害虫进行照射处理，其结果主要是在昆虫体内产

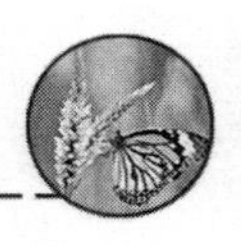

生显性突变，即染色体断裂导致配核分裂异常，产生不育并有交配竞争能力的昆虫，而后因地制宜地将大量不育雄性昆虫投放到该种的野外种群中去，造成野外种群中雌虫产的卵不能孵化或即使能孵化但因胚胎发育不良引起幼虫死亡，最终可达到彻底根除该种害虫的目的。

（2）辐射源和成功案例　辐射不育昆虫技术主要采用^{60}Co、^{137}Cs、α射线、β射线、γ射线、微波、红外线、可见光、紫外线和中子等辐射源对害虫照射处理。由于γ射线有很强的穿透力，因而用于研究较多。生产实际中，通常采用^{60}Co和^{137}Cs。照射时间一般在雄虫精子成熟期。照射的剂量以不影响其交配竞争力和寿命，又能在后代中表现高的显性致死率为标准。辐射不育技术是研究应用较早的技术，国内外成功的例子较多。我国已经报道的一些成功案例有^{60}Co-γ射线对桑天牛[*Apriona germari*(Hope)]雄虫的辐射不育试验，可育率降低9%，且子代幼虫无一成活。通常雌虫对辐照敏感，如辐射光肩星天牛[*Anoplophora glabripennis*(Motsch.)]雌虫，对其产卵行为产生了显著影响；烟青虫(*Helicoverpa assulta* Guenée)雌虫经过辐射处理后，产卵量显著低于未辐射雌虫，辐射处理雌虫与正常雄虫杂交后代，受精卵的孵化率降为1.23%。

二、化学不育技术

化学不育技术是通过某些化学物质使昆虫不育，不育昆虫与同类交配后产下的卵为不育卵，从而达到减少或消灭害虫的目的。化学不育不仅比辐射处理更为简单、经济，且无须大量释放害虫。

1.化学不育机制

一些化学药物能使昆虫一些生理代谢和生殖发育紊乱，导致昆虫不能正常繁殖后代，从而为我们害虫管理提供帮助。化学药物干扰产生不育的原因比较复杂，一般有干扰核酸的代谢，影响蛋白质合成，最后抑制卵巢或精巢的发育，如环磷氮丙啶(apholate)等化合物。总的来说，化学不育制剂主要是破坏细胞质里的核酸代谢和染色体分裂，致使性细胞不能形成，破坏受精，使两种性细胞不能正常结合，影响受精卵的正常胚胎发育，引起遗传突变等。

2.不育剂类型及作用

在目前已经发现的数百种化学不育化合物中，根据它们的作用方式大致可以划分为3大类，即抗代谢剂，如氨基蝶呤、甲基氨基蝶呤等；烃化剂，即辐射模拟剂，主要是氮芥及乙烯亚胺基类化合物，如TEPA(替派，三乙撑磷酰胺)等；其他具有生物活性的物质，如干预有丝分裂的秋水仙素等。前两类主要是破坏核酸代谢，从而间接地影响蛋白质合成，抑制卵巢或胚胎生长。这些化学不育剂作用于昆虫后，主要有3个方面的结果，即导致成虫不产生卵或精子；即便产生卵或精子，卵不孵化或精子死亡；导致显性致死突变或严重遗传障碍。

3.化学不育技术的优点及应用

与辐射不育技术相比，化学不育技术的优点主要包括：①化学不育剂直接干扰或破坏害虫生殖细胞，致其在遗传上不育，而一般杀虫剂则主要是提高昆虫死亡率；②与辐射不育相比，化学不育技术避免了考虑昆虫饲养、处理技术、雌雄技术差异、昆虫生物学特性等；③化学不育技术简单、经济，无须大量释放害虫，害虫不易产生抗性，其作用较迅速；④化学不育剂只是针对一个特定昆虫种群而很少影响周围生物群落。只要科学使用，对人畜比较安全，一般不会污染环境而引起公害。

例如，将不育剂六磷胺按 40 mL/株注入树干内时，光肩星天牛[*Anoplophora glabripennis* (Motsch.)]卵的不孵化率、孵化后幼虫致畸死亡率及校正后的总死亡率分别为 80.1%、81.4% 和 86.2%；经不育剂塞替派处理的荔枝蝽[*Tessaratoma papillosa* (Drury)]，雄虫睾丸严重萎缩而败育。此外，化学不育技术已对农业重要害虫如棉铃虫、山楂叶螨、斜纹夜蛾等开展了一些研究和田间试验。

三、遗传不育技术

向害虫种群中引入携带致死基因纯合子昆虫，它们在与野生型昆虫交配后产生的后代中，这些致死基因或阻遏调控系统的控制、或在雌虫中特异地表达、或直接作用于 X 染色体，导致后代在特定条件、发育阶段或性别发育中致死，从而降低害虫种群数量，达到高效控制重大农林害虫的目的。

遗传不育技术关键步骤包括特异致死基因的筛选（表 11-2），释放携带显性致死基因昆虫（release of insects carrying a dominant lethal，RIDL）和构建一个成功 RIDL 品系，遗传不育技术成功的关键因子有特异调控元件、特异致死基因和高效遗传转化系统。

表 11-2 昆虫遗传控制中的致死基因

致死基因	表型	代表物种
hid	胚胎致死	黑腹果蝇[*Drosophila melanogaster* (Meigen)]、地中海实蝇[*Ceratitis capitate* (Wiedenmann)]、加勒比按实蝇[*Anastrepha suspesa* (Loew)]
	雌性特异胚胎致死	加勒比按实蝇、地中海实蝇
Nipp1Dm	雌性特异致死	斯氏按蚊[*Anopheles stephensi* (Liston)]、埃及伊蚊[*Aedes aegypti* (L.)]
Michelob_x	雌性特异致死	埃及伊蚊
tTA	特异致死	地中海实蝇、棉红铃虫[*Pectinophora gossypiella* (Sauders)]、埃及伊蚊
	雌性特异致死	地中海实蝇、棉红铃虫、橄榄实蝇[*Bactrocera oleae* (Gmelin.)]、铜绿蝇[*Lucilia cuprina* (Wiedenmann)]、小菜蛾(*Plutella xylostella* L.)、家蚕(*Bombyx mori* L.)
	雌性特异致死	埃及伊蚊、白纹伊蚊(*Aedes albopictus* (Skuse)]
HEG	雌性特异胚胎致死	冈比亚按蚊(*Anopheles gambiae* (L.)]

第十二章

物理和机械管理技术

本章知识点

- 了解物理和机械管理技术的概念
- 了解日常生活中物理与机械控制害虫方法
- 掌握生产实际中常用的物理与机械害虫管理技术
- 了解现代物理科技发展在害虫管理中的应用

害虫物理和机械管理有着悠久的历史,从古代使用简单工具捕杀害虫到近现代一些物理调控技术的广泛应用,经历了一个漫长的认识、创新过程,如何定义物理和机械管理技术也一直在探索中。Metcalf 等 (1962)描述了物理调控,认为物理调控在时间和人力上都很昂贵,通常在造成很大的损害之前不会消灭害虫,而且很少给予适当或商业化害虫控制。而美国昆虫学百科全书则认为,物理控制是根据环境的物理特性来杀灭昆虫的控制技术,包括冷藏、加热、燃烧和储存中气体组分的改变等。

所谓害虫物理和机械管理技术就是在农业生产的产前、产中和产后,利用简单工具和各种物理因素,如光、热、电、温度、湿度和放射能、声波等调控害虫种群,清除越冬害虫,甚至杀灭害虫的技术,包括最原始、最简单的徒手捕杀或清除,以及近代物理最新研究成果的运用。虽然被称为物理和机械管理技术,但更多的还是利用物理因素管理害虫种群,可以认为是古老而又年轻的害虫管理技术。

第一节　概念与发展历史

一、早期物理管理害虫

物理和机械管理害虫种群技术可以追溯到人类与害虫斗争的最早时期,我国早期从有文字记载开始,就有简单工具的治虫历史,如飞蝗和黏虫的捕打、火烧、填埋、网捕和黏虫车捕等均属于物理和机械管理措施(见绪论)。《齐民要术》还记载"晒麦之法,宜烈日之中,乘热而

收。”说的就是利用太阳热能控制麦子病虫的方法。

二、飞蛾扑火的传说

我国民间很早就发现昆虫对自然光的喜爱，总是趋向有光的地方，所以，有“飞蛾扑火，自取灭亡”的俗语，所谓火就是火光。那么，飞蛾真的愿意引火烧身吗？当然不是，这是一些蛾类昆虫趋光的习性。其实，在国外，有一些昆虫学家对昆虫与光的关系产生了浓厚的兴趣，还设计了一些有趣的实验展开研究和探究。

1860 年，法国昆虫学家法布尔(Jean-Henri Casimir Fabre)在《昆虫记》中描述“雄虫和雌虫与灯光”的试验。如果把雌蛾和灯火放在同一个房间，大多数雄蛾仍然会被灯吸引，无视雌蛾的存在。雄蛾的使命就是寻找雌蛾交配，为何灯火能够战胜性外激素的强烈诱惑？有人猜测雌蛾释放的性外激素能吸引雄蛾，是因为性外激素能发射某种红外线，而灯火也能发射这种红外线，而且更加强烈，因此，雄蛾把灯光当成了超级雌蛾。但这种猜测并没有实验基础。

20 世纪 30 年代，德国昆虫学家冯·布登布洛克提出夜间飞蛾与月亮相关的假说。他提出蛾类在夜间飞行时，很可能利用月亮作为导航工具。由于月亮距离地球非常遥远，这些蛾在飞行时，月亮和它的相对距离没有变化，在空中的位置看上去没有变动。因此，蛾可以利用月亮定位。例如，在飞行时，让月亮始终位于右前方 45°的位置，就可以让自己的飞行轨迹保持一条直线。随后，便采用电灯验证了“飞蛾扑火”的现象。

20 世纪 70—80 年代，英国曼彻斯特大学罗宾·贝克等设计试验研究。他们在户外立了一个支架，支架的顶端伸出悬臂，上面吊着一根线，线的另一头粘在一种能长途飞行的夜蛾上。蛾能够自由地飞向任一方向，当它飞行时，触动了电流开关，记录下它的运动轨迹。不出所料，在月圆之夜，蛾试图沿着直线飞行，但如果遮住月亮，它们的飞行轨迹就变得有些杂乱。在月亮被树林挡住后，他们在距离蛾大约 2.0 m 的地方放一盏 125 W 的灯，蛾就向着灯改变飞行方向。这次试验还发现，对蛾来说，灯的亮度并不是很重要，重要的是灯的高度和大小。

美国北卡罗来纳大学亨利·萧用美洲棉铃虫设计研究试验。他把美洲棉铃虫蛾粘在塑料泡沫碎片上，放在水池里，记录蛾类是怎么驾驶泡沫小船的行驶轨迹。没有灯光时，小船在水面上没有目的地漂荡。如果在水面上点一盏灯，小船向灯漂去，但并不是像以往预测的那样呈螺线逼近，而是直线冲过去，少数直接撞上灯，多数则朝向灯的两旁，刚开始好像是被灯吸引，但最后一刻却又试图逃离。亨利·萧认为，这个结果难以用流行理论来解释。他提出，蛾是把灯光当成了晨曦。因为蛾通常夜间飞行白天躲藏，当凌晨的阳光刚刚出现时，蛾向阳光飞去，以便能发现最佳藏匿地点。

当然，上述这些有趣的试验都是一些早期试图了解飞蛾与光的关系。现代科技的发展，已经较明确了解到，一些飞蛾复眼中具有感光视蛋白，不同种类飞蛾趋光性对光的波长有较严格要求。根据昆虫的趋光习性已经开发出了广泛推广使用的害虫灯光诱杀技术。

第二节　物理和机械管理技术类型

物理和机械技术管理作物害虫有一些共同的特点，所有的管理技术可分成两种类型，即被动和主动型。被动管理技术具有持久效果，尽管它们可能需要定期更新或维护(如物理屏障，

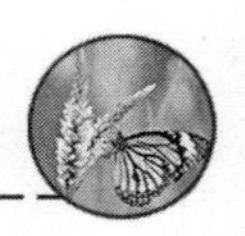

覆盖)；主动管理技术则缺乏持久性，处理效果仅限于施用期间。当停止实施时，压力立即消失或迅速消散。不过，没有残留污染是一大优势，也可能是其不足，因为每隔几天就必须重复处理，以控制重新出现的作物害虫。

主动技术进一步细分为机械、热工和电磁技术，它们的有效性取决于控制期间的持续投入，所达到的控制水平与投入数量和强度有关。而被动技术则在建立后不需要额外投入，并能在一定时期内持续有效。

从农作物生产的产前和产中各个生产环节到产后储藏阶段，有效的物理和机械调控技术都保护着农作物及其产品。然而，收获后的贮藏条件更适合物理调控技术，因为储藏环境相对稳定，产品也具有较高的经济价值，使用杀虫剂往往不适宜，甚至严格禁止使用。物理和机械管理技术无论在农作物生产中，还是农产品储藏中的害虫种群管理都具有广阔的应用前景。

一、被动管理技术

1.挖沟

为害农作物的害虫种类不同，取食活动习性和虫态有较大的差别，如大多数鳞翅目昆虫的成虫不为害作物，而幼虫则是造成农作物损失的重要虫态，在一些重要害虫大暴发时，幼虫取食一块农田作物后，会集体转移到另一块田继续为害，此时，就可以挖出一条标准的阻隔沟，当很多幼虫爬到沟中后，可以用土填沟，埋葬害虫，来阻止幼虫的转移。这种方法并不是常规技术，只针对大量爬行类害虫或虫态才有效。例如塑料"V"形沟可阻止95%的马铃薯甲虫大量转移取食。

在农田周围挖深的沟渠(最浅30 cm，最深91 cm)，至少倾斜65°，并用黑色塑料薄膜覆盖，避免它们爬出沟渠。

2.设置栅栏

栅栏俗称篱笆，适合于阻隔低空飞行的害虫，材质可采用一年生高价值经济植物。篱笆的高度是关键，但要考虑成本和风的影响。通常90 cm高是比较理想的篱笆。例如1.0 m高的篱笆可阻隔80%的菜地种蝇[*Delia radicum*(L.)]。但篱笆也存在不足，在挡住害虫扩散的同时也阻碍了天敌转移。类似于栅栏，现在比较流行防虫网。在一些经济价值比较大的蔬菜和果树种植园，通常设置防虫网，不仅可以防止害虫入侵为害，也可以防护鸟类取食，特别是水果成熟季节更显示出其重要性。不过，作为防虫的塑料网，应该根据防护的不同害虫种类选择合适的网眼密度。网眼大小直接决定防护效果。

3.覆盖技术

在物理和机械调控技术中，使用覆盖物作为植保技术比较常见，覆盖物通常包括植物秸秆及人工材料覆盖物。农田覆秸秆比较常用，能阻止一些土栖害虫出土，如秸秆覆盖物能显著减少马铃薯瓢虫成虫出土为害，同时，也较好地保护了捕食其卵和幼虫的天敌如瓢虫、草蛉和捕食蝽等，还有利于改善农田生态系统的环境，可作为杀虫剂抗性害虫种群管理项目的一部分。

在人工材料覆盖物应用方面，最常见的是地膜覆盖，包括塑料、纸和铝膜。作物种植时覆盖地膜的初始作用是提高地温和保持土壤水分，促进植物早发而生长健壮。随后发现，覆膜还能影响一些害虫的发生与为害，由此，促进了与植保技术相关的膜研究与开发，相继开发出吸

引和驱避害虫的颜色膜，如蓟马喜欢蓝色、黑色和白色膜，蚜虫喜欢黄色和蓝色膜。铝膜可吸引和驱避不同种类昆虫，利用紫外光波长<390 nm的反射膜，可用于降低牧草盲蝽为害。有色薄膜在改变昆虫行为的同时，也对杂草、病害、线虫的控制和产量等均有积极影响，因此开发出特定覆膜机械，将极大地促进薄膜在农业生产中的推广应用。不过，在现阶段，一些膜覆盖对农田的污染不可忽视，应该加快可降解膜的研发工作。

4.诱杀技术

诱捕器（一种涂有黏合剂和引诱剂、直径9 cm的红色球）作为一种管理工具，设置在田间边界，成功地诱捕了从邻近寄主植物入侵果园的苹果实蝇[*Rhagoletis pomonella*（Walsingham）]和梅园、柿子和梨园的地中海实蝇[*Ceratitis capitate*（Wiedenmann）]。诱集成功的前提条件是害虫低侵染、高密度诱集、引诱剂有效性、附近寄主植物较少，以及诱集源维护等。低密度螟蛾类在贮藏仓库中，也成功实现了大量贮藏物内蛾类诱捕，例如在烟草粉斑螟[*Ephestia elutella*（Hübner）]侵染的烟草仓库中。

利用灯光诱杀害虫是非常普通的物理调控技术。黑光灯已广泛应用于害虫的预测预报和诱杀。随着技术革新，还研发出了一系列诱虫灯装备和与其他措施的组合技术，如太阳能诱虫灯，黑光灯与性引诱剂组合诱虫技术，黑光灯周围加装高压电网，使飞来的昆虫触电死亡。还有根据波长研发出的新型诱虫灯，高压荧光汞灯、单波灯、双波灯、频振灯等。灯光诱杀技术具有经济性、安全性、设置方便、节能和多用途等优点。

5.微粒膜

现代农业中，微粒膜技术一直是害虫种群物理调控技术。如高岭土颗粒膜技术可喷雾剂型的发展显示出更广泛的杀虫活性，因此激发了人们对该方法的兴趣。其作用机制具有明显的物种差异。如喷施微小颗粒（疏水颗粒膜）覆盖梨木虱[*Cacopsylla pyricola*（Foerster）]成虫表面，以干扰其视觉，并干扰成虫行为，使其不能正常取食；可影响绣线菊蚜（*Aphis spiraecola* Patch）、马铃薯叶蝉[*Empoasca fabae*（Harris）]对寄主的为害，还能阻止柑橘根象甲（*Diaprepes abbreviates* L.）的取食和产卵。高岭土等矿物颗粒膜改变了葡萄的硬度、亮度、色度和色调角度，减少了地中海实蝇[*Ceratitis capitata*（Wiedemann）]成虫在葡萄上的产卵。此外，高岭土制成疏水颗粒膜剂型还能调控苹果卷叶蛾（*Cydia pomonella* L.）和斜带卷叶蛾[*Choristoneura rosaceana*（Harr.）]等鳞翅目害虫种群。随着研发技术的创新，目前，已经用亲水颗粒膜替代了疏水颗粒膜，具有同样的控害效果，在果树上使用能明显提高水果的质量和产量。微粒膜最大不足就是不耐大雨冲刷，因此，研发耐雨水的剂型很重要。另外，是否对天敌有影响还有待研究。

6.惰性粉尘

有关惰性粉尘研发技术已经比较成熟，几种惰性粉尘配方也已经商业化应用。其主要种类包括石灰、盐、沙、高岭土、稻壳灰、草木灰、黏土、硅藻土（90% SiO_2）、合成和沉淀硅酸盐（98% SiO_2）以及带孔硅胶。由于它们低毒，常用于控制储粮害虫。惰性粉尘通过使昆虫脱水，特别是吸附其表面脂类及少量表皮磨损等机制发挥作用。不过，粮仓较高的相对湿度（70%）或储粮中含水量（14%）都会降低其杀虫效果。

硅藻土也是较好的惰性粉尘。世界各地的硅藻土显示出硅藻种类、物理性质和杀虫效果的差异，使商业配方的标准化变得复杂。有效的硅藻土，SiO_2含量超过80%，pH<8.5及振实

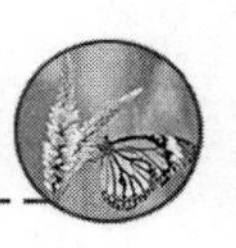

密度低于 300 g/L。值得注意的是，当仓储害虫暴露在硅藻土中 5～7 代后，一些昆虫如赤拟谷盗[*Tribolium castaneum* (Herbst)]、锈扁谷盗(*Cryptolestes ferrugineus* Stephens)和谷蠹(*Rhizopertha dominica* Fabricius)的种群变得不太敏感，这些害虫是否发展了抗性，还需要更多的试验来确定。硅藻土的大量使用必须解决机械磨碎、容重降低、颗粒流动性、杂质如颜色和异物的影响，以及对人畜健康威胁(引起呼吸疾病)及储粮昆虫的抗性等问题。

7. 矿物油

一个世纪以来，矿物油一直单独或与合成杀虫剂联合使用，以控制为害果树的软体节肢动物，至今并未发现产生抗性的报道。矿物油主要通过阻塞接触部位的呼吸系统发挥作用，影响的节肢动物类群包括螨、蚧壳虫、粉蚧虫、木虱、蚜虫、叶蝉和一些鳞翅目害虫如苹果蠹蛾的卵等，相对而言，它们具有残留低，对有益生物伤害较小等优点。在矿物油制剂中，杀虫性能取决于其化学组成，即烷烃和不饱和化合物，以及相当于 n 烷烃单位碳原子数。为了降低对果树的伤害，建议在树木受到胁迫或温度过高或过低时避免喷施矿物油。

矿物油是一种可靠的物理调控方法，至今仍在研究与发展中。例如，园艺矿物油正在进一步优化，希望既具有良好的辅助杀虫活性，又要管理好脱靶雾滴漂移。

8. 表面活性剂

表面活性剂对有害软体节肢动物可能有直接或间接的影响，通常认为是惰性成分的三硅氧烷窒息或扰乱了二斑叶螨(*Tetranychus urticae* Koch)的重要生理过程。由于表面活性剂本身的特性，像肥皂一样增加水与脂类物质的融合性，增强了水与节肢动物的角质层相互作用，使水渗入气管或周围组织，导致昆虫窒息或细胞溺水而死亡，也可能有损害神经细胞的功能。例如，一种有机硅分子单独使用时，对柑橘潜叶蛾[*Phyllocnistis citrella* (Stainton)]幼虫具有杀虫活性，主要是其具有表面活性剂效应。此外，表面活性剂另外一个重要作用是许多化学药剂的乳化剂，能增强化学药剂在害虫体表的附着性，从而能增加苏云金芽孢杆菌(Bt)的杀虫效果。

二、主动管理技术

1. 机械控制法

(1)秸秆粉碎　我国现阶段大量推行秸秆粉碎，一方面，让秸秆作为有机肥还田以养田地；另一方面作为一项植保措施可以控制害虫种群。例如，玉米秸秆粉碎可以 100%清除在秸秆中越冬的玉米螟；越冬前粉碎棉花秸秆能使得 85%～90%的红铃虫幼虫死亡。因此，在作物生产上，应提倡秸秆粉碎后还田，一举多得。

(2)抛光　农产品抛光处理能清除其表面的虫卵和害虫，避免害虫随农产品的销售和运输而传播。例如，柑橘、橙子等通过抛光处理，可以清除果皮上附着的蚧壳虫，提高果实的商品性状。抛光过程还包括一些农产品的去除果皮，如大米抛光，虽然损失了 11%的米粒重量，还增加了加工成本，但可杀死 40%的米象及 40%的虫卵，提升了大米的商品性。

(3)清除　清除主要用于作物收获后的处理，这种清除在果园最常见，是果园一项重要的冬季管理措施，特别是一些老树果园，更加不可忽视。果树冬季修剪的同时，可清除病虫枝丫以及一些越冬虫卵。在果树冬季管理中，通常要修剪或刮除老的树皮，也清除了越冬害虫不同虫态越冬的场所，是应该大力提倡的一项重要冬季管理技术。

(4)声波　小于 20 Hz 频率的音波通常被定义为次声波，高于 16 kHz 频率的为超声波。在介质中传播的声波以与频率近似速率比例衰减。超声波在水下传播得很好，但在空气中比较差。采用超声波处理昆虫时，可破坏昆虫体内细胞而致死虫体。例如，使用超声波可以控制玉米螟，影响甘蓝银纹夜蛾成虫产卵；利用超声波成功控制了小麦中的谷象成虫等。超声波害虫控制装置具有较好的市场前景。此外，听觉感应器可以用于自动监测储粮害虫种群，适时害虫监测和控制能提高食品安全，避免杀虫剂使用。

(5)气流法　使用吹气或者吸气方式可以清除植株上的害虫。无论采用吹气还是吸气方式，害虫必须要被收集起来，集中处理。气流法已经用于控制草莓上的盲蝽(*Lygus* spp.)、马铃薯甲虫、芹菜上的三叶草斑潜蝇[*Liriomyza trifolii*(Burgess)]和南美斑潜蝇(*L. huidobrensis* Blanchard)，以及瓜类植物上的烟粉虱[*Bemisia tabaci* (Gennadius)]。吸气口靠近植株附近能达到较好的吸虫效果。但必须考虑气流速率、流量、吸气口大小，还要了解昆虫的取食和为害行为等。

(6)阻隔法　根据害虫的生活习性，设置各种障碍物，防止害虫为害或阻止其蔓延。例如，在果园中，用套袋的方法防止桃蛀螟、食心虫、柿蒂虫等成虫在果实上产卵，降低这些蛀果害虫的为害；在树干上涂胶，可以防止树木害虫下树越冬或上树为害。树干刷白在防止冻害的同时，也可阻止天牛成虫产卵，幼虫蛀干为害。阻隔的方法针对果园害虫特别有效，值得大力提倡。在储粮害虫控制中，粮面覆盖草木灰、糠壳或惰性粉等，可阻止仓虫侵入为害。

2. 气体调节技术

气体调节技术通常是储粮中重要的环境友好害虫管理技术。基本原理是利用害虫在其生长发育过程中需要有氧呼吸，完成体内新陈代谢，通过调节空气中氧气的组分，增加非氧气体比例，并维持一定时间，导致害虫缺氧窒息，从而实现害虫种群的管理，同时，也能防霉和延缓粮食品质下降。一般高浓度氮气能有效控制害虫种群，其效果与所选虫种、气体成分和浓度及温湿度条件有关。不过，蛀食性昆虫对高纯氮气环境的忍耐能力较强，控制过程中可能需要维持更长的高氮时间才能达到理想的效果。因此，储粮害虫采用气体调节技术管理其种群既绿色环保、经济有效，还对操作人员和储粮安全，但对粮仓气密性要求较高，将会增加一些实施和维护成本。

3. 热能处理技术

温度控制广泛应用于采后，以减缓由生理过程、病原体和昆虫引起的农产品质量下降。温度控制主要包括冷藏、加热、热水浸、火烧、蒸汽、暴晒等。例如，在夏季太阳直射下温度可达 50 ℃左右，几乎对所有储粮害虫都有致死作用。粮食一般可以利用烘干机加热保持在 50 ℃下 30 min 或 60 ℃下 10 min 的烘干处理，即能杀死储粮害虫。感染储粮害虫的各种包装器材和仓库用具，可根据器材、用具的质料应用蒸汽消灭害虫。针对豌豆和蚕豆种子中的豌豆象和蚕豆象，可以用沸水处理，烫种时间豌豆 25 s，蚕豆 30 s，及时取出后在冷水中浸过，再摊开晾干，可将豆象全部杀死而不影响种子的品质和发芽率。利用低温杀虫也是常见的措施，如仓温在 3～10 ℃范围内，一般能有效抑制为害储粮的害虫或螨类繁殖和降低其为害。在北方冬季，可以利用低温杀死粮食及其他储物、包装器材、仓储用具中的害虫，成本低而效果好。

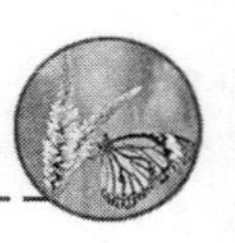

4.电磁辐射技术

电磁辐射就是将能量从电磁源转移到目标物体上的技术。电磁能量可以通过目标位点电离原子或物质内部诱导带电粒子的振动来吸收，通过提高温度，也是一种热处理技术。电磁辐射技术包括电离辐射和射频加热两项技术。电离辐射是由^{60}Co、^{137}Cs或线性加速器提供的辐射，是一种有效的隔离处理方法，其有效性衡量标准与商业上使用的所有其他处理方法不同。电离辐射产生的热量无助于控制害虫，但辐射能有效地阻止害虫生长发育，而并不导致其急性死亡。

电磁频谱的射频部分的范围约为 3 kHz 到 300 GHz，这些是非电离波。射频传输能量比加热空气或水处理更快、更有效。尽管人们很早就知道射频能量可以杀死昆虫，并且对其效果进行了很多研究，但它很少作为一种害虫调控技术进入商业化应用。射频加热很可能是一种针对干农产品（如核桃）中害虫的检疫处理方法，在这些干农产品中，害虫的含水量比宿主高得多，因此，更容易受到射频加热的影响，特别是在 10～100 MHz 的较低频率下。

此外，干农产品比鲜农产品更能忍受射频加热可能出现的高温峰值。当射频加热作为害虫处理用于新鲜产品时，许多复杂因素影响其效果，如在处理水果时，影响因素包括水果表面水分，昆虫是否在水果表面或在表皮之下，以及水果大小的细微差异等。在开发有效的射频处理方法方面，面临的主要挑战是能否在整个产品中提供均匀加热，并研发出监测和控制最终产品温度的方法。因此，有关射频技术对昆虫生理和组织学方面的影响报道较少，唯一的例子是关于黄粉虫（*Tenebrio molitor* L.）的研究。黄粉虫在接受亚致死剂量射频处理后，末龄幼虫和蛹在它们发育周期结束，成虫羽化前，因热敏感组织和细胞（如那些形成成虫组织的细胞）过热而导致畸形。

5.多项技术联合应用

许多物理调控技术可以多种方法同时或顺序应用于生产实践，特别是具有协同作用的方法（表 12-1，表 12-2）。在储粮害虫种群调控中，经常会采用一些便捷有效的组合技术。

（1）加热并控制空气　在密闭环境中，当温度升高到激发害虫过度活跃程度时，采取低氧和高 CO_2 混合气体措施具有较好的控害效率。即使是对 CO_2 浓度不敏感的物种，如杂拟谷盗（*Tribolium confusum* Jacquelin duVal），其致死过程所需时间都显著减少。

（2）高压并调节空气　在密闭空间中，采用 2～5 MPa 压力结合较高含量 CO_2 的空气，处理 4 h 可完全杀灭有害生物。

（3）调节空气和包装方式　当食品储存在密封外包装或防虫包装薄膜中时，调节空气使其处于高含量 CO_2（50%～60%体积比）或低含量氧气（1%体积比）条件下，能有效控制有害生物。

农产品生产的各个环节构成了一个连续产业链，随着这些产品从田间走向商品流通领域，保证产品的安全性永远是首要任务。随着产业链的延伸，越来越多的法律法规限制了我们管理害虫种群技术的选择。一种技术替代另一种技术（如用物理管理技术替代化学药剂的调控）都是基于多方面的考虑，特别是经济效益。在本章中，我们介绍了较多物理和机械管理害虫的技术，实际上，在现代农业生产中，随着农业产业结构调整，集约化和大规模种植系统将会替代我们传统的小规模农户种植系统，因此，有一些技术可能不会在现阶段农业生产中用于害虫种群管理，例如挖沟、设置栅栏、激光技术、电磁辐射等，但另一些技术则是在农作物生产中较常用的技术，如灯光诱杀、覆盖技术和储粮害虫管理技术等。从技术角度来看，这些物理和机械管理技术都有它们各自的优点和使用范围。根据不同害虫发生的条件而选择使用物理和机械管理技术，特别是农产品贮藏期间，化学药剂等其他管理技术的使用受到较大限制，许多物理和机械管理技术则得到了广泛使用。值得注意的是，实际上，大多数成功的物理和机械管理害虫技术都应用于农作物收获后到上市之前。当然，一些技术的使用还必须考虑对农产品的经济价值和质量的影响。

表 12-1　美国农业部允许空气调节处理新鲜水果的有关标准(2007 年)

商品	有害生物	空气中的含量/%		温度 ℃	加热速率 ℃/h	时间
		O_2	CO_2			
苹果	苹果蠹蛾和梨小食心虫	1	15	46	12	3.0 h
樱桃	苹果蠹蛾和樱桃果蝇	1	15	47	>200	25 min
樱桃	苹果蠹蛾和樱桃果蝇	1	15	45	>200	45 min
油桃和桃	苹果蠹蛾和梨小食心虫	1	15	46	24	2.5 h
油桃和桃	苹果蠹蛾和梨小食心虫	1	15	46	12	3.0 h

表 12-2　一些潜在空气调控处理控制新鲜水果和蔬菜中的有害节肢动物的参考标准

商品	有害生物	空气中的含量/%		温度/℃	时间/d
		O_2	CO_2		
苹果	梨圆蚧	<1	>90	>12	2
苹果	梨圆蚧	0	96	22	1
苹果	苹果蠹蛾	1.5～2	<1	0	91
苹果	螨类	1.0	1.0	20.8	160
苹果	4 种卷叶蛾	0.4	5.0	40	>0.6
芦笋	蚜虫和蓟马	8.4	60	0～1	4.5
草莓	蓟马	1.9～2.3	88.7～90.6	2.5	2
甘薯	甘薯象甲	4	60	25	7
甘薯	甘薯象甲	2	40	25	7
甘薯	甘薯象甲	2	60	25	7
鲜葡萄	螨类、蓟马、多食性卷叶虫	11.5	45	2	13
核桃	苹果蠹蛾	8.4	60	25	7
杧果	果蝇				
花椰菜	蓟马	0.002 5			
莴笋	蓟马	0.002 5			

第十三章

化学农药调控技术

本章知识点

- 掌握化学农药基本理论知识。
- 掌握化学农药施用的原则和技术
- 掌握 3R 问题的概念及产生原因
- 了解害虫抗药性机制
- 掌握害虫抗药性管理策略

采用具有杀灭活性或影响害虫行为的人工合成化学物质控制农作物害虫种群数量，以减轻其对农作物危害的方法，称为化学农药调控技术，俗称化学(药剂)防治，是植物保护主要技术措施之一。应用化学农药调控技术时，一般采取各种施用方法使化学农药和害虫接触，或被害虫取食而引起害虫中毒，破坏其生理代谢而导致其死亡。有些药剂也能使害虫对作物有拒食作用，导致饥饿而死亡。此外，化学不育剂和昆虫激素合成类似物等用于管理害虫种群，也都属于化学农药调控范畴。化学农药调控技术是当前国内外最广泛用于管理害虫种群的重要途径，该项技术在害虫综合管理中占有重要的地位。

第一节　发展历史

在世界上化学合成杀虫剂出现以前，控制害虫的有毒化合物以一些无机化合物为主。例如，公元前 2500 年，苏美人(今伊拉克人)使用硫黄控制农作物病虫害。我国是使用药剂控制作物病虫害较早的国家。公元前，我国即开始使用草药和油类防治害虫。公元 900 年(唐昭宗光化年间)，我国用砒素控制果园害虫。公元 1101 年，我国使用皂角、烟草和含砷的物质控制害虫。在西方国家中，1669 年首次使用砒素化合物控制蚂蚁。18 世纪初发现第一个植物杀虫剂。1880—1889 年，第一台商用喷雾器在法国研制成功；法国人 P. M. A. Millardet 发现波尔多液有抑制葡萄霜霉病的作用；美国开始使用砷酸铅控制害虫。20 世纪初，第一台强力喷雾器在德国研制成功，用于果树和藤蔓作物病虫害控制。20 世纪 20 年代，第一次使用飞机控制棉花棉铃象。20 世纪二三十年代，人们发现这些杀虫剂效率低、危险、使用困难及害虫死亡率降低。20 世纪 30 年代末以后，全世界进入了有机合成农药的时代，而且一直延续到现在(表 13-1)，合成杀虫剂的种类越来越丰富，成为农作物生产中具有依赖性的有害生物管理技术。

表 13-1 化学农药调控害虫发展历程及其特点

时间	代表药剂	特点
20 世纪中叶以前	砒素、砷汞制剂	无机农药为主，大多表现为胃毒作用；应用技术：高容量喷洒，100 kg/667 m^2 药液，“地毯式用药”
第二次世界大战后(合成药剂鼎盛时期)	六六六、DDT、有机磷	有机农药出现，大多表现为触杀作用；应用技术：低容量喷洒，施药器械改进，出现了低容量和超低容量喷洒技术；我国 1950 年开始引进六六六生产技术并很快进入农药的有机合成阶段
20 世纪 50 年代以后	菊酯类和氨基甲酸酯类	大量的有机合成农药，大多表现为触杀作用；应用技术：进一步降低喷洒药量，施药器械重大改进，出现了静电喷雾技术和可控雾滴喷洒技术
20 世纪 90 年代以后	烟碱或新烟碱类药物，如吡虫啉、啶虫脒、噻虫嗪	具有广谱、高效、低毒、低残留，有触杀、胃毒和内吸等多重作用；应用技术：施药器械重大改进，出现了大型机械喷雾和无人机喷雾技术

第二节　化学农药及使用的基本知识

化学农药是指广泛用于保护农作物及其产品等免受有害生物为害，并具有直接杀灭害虫或影响害虫生长发育的有毒物质的总称。一般按调控对象，分为杀虫剂、杀螨剂、杀菌剂、除草剂、杀线虫剂、杀鼠剂，以及有害生物生长发育调节剂等。杀虫剂是专门用于农业害虫种群管理的一大类有毒化学农药，其中也包括害虫生长调节剂。根据其化学结构可分为无机和有机杀虫剂两大类。当前农作物生产中，无机杀虫剂种类较少，用量也小，而大量使用的是有机合成杀虫剂。有机杀虫剂依照来源又可分为天然有机杀虫剂(非化学合成的)、植物性杀虫剂(植物提取的活性成分)和人工合成杀虫剂。在农业生产中，危害农作物有害节肢动物中，主要有农业害虫和害螨类。这里，我们通常所说的杀虫剂包括杀螨剂。

一、化学农药作用方式

化学农药调控是利用合成化学药物的生物活性，将有害生物种群或群体密度压低到作物经济损害水平以下。其生物活性表现在 4 个方面，即对害虫(螨)的杀伤作用，抑制或调节害虫(螨)的生长发育，调节害虫(螨)的行为，以及增强作物抵抗害虫(螨)的能力。按照化学农药进入害虫(螨)体内的毒杀方式，将其分为胃毒剂、触杀剂、内吸剂及熏蒸剂 4 大类。

(1)胃毒剂　这是一类害虫取食后出现中毒反应，随后死亡的药剂，适用于毒杀咀嚼式口器害虫。这类药剂一般喷施在植物和食物表面或拌入饵料之中，随害虫取食进入消化道，被肠道吸收进入昆虫体腔，经血液循环至全身，引发靶标部位中毒而致死昆虫。

(2)触杀剂　这类药剂必须与虫体接触后，通过昆虫表皮上的一些空隙或节间膜等进入虫

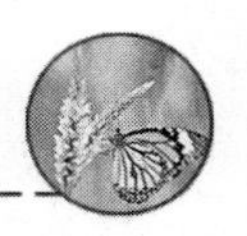

体内，然后通过血液循环至靶标组织，使害虫中毒致死。这类药剂必须喷在虫体上或虫体接触的植物表面，虫体接触药剂后，才能进入昆虫体内发挥毒杀作用。

(3)内吸剂　所谓内吸药物指的是这类药剂喷洒在害虫的寄主植物表面后，能被植物吸收到植物体内，并通过植物组织传导至植物体内各组织和器官，害虫吸食植物汁液或取食组织时，药剂随汁液(组织)进入害虫体内，随血液循环至靶标组织和器官，导致害虫中毒死亡。内吸药剂适合毒杀刺吸式口器害虫，前提是药剂必须能尽可能多地渗透到寄主植物组织和器官，这对制剂生产技术要求较高。

(4)熏蒸剂　该类药剂具有挥发性或释放烟雾的特性，以气体状态通过害虫的呼吸入口、表皮或气门进入虫体呼吸系统，随血液传输到靶标组织和器官，引起其虫体中毒死亡。一般较密闭的环境效果较好，在大田生产中，也可以在作物封行后在行间使用，能驱避一些成虫，降低其在作物上的产卵量。

这里，我们列举了4种类型的化学农药，但在生产实际中，这些杀虫药剂并不一定只表现出单一毒杀作用。例如，第一代新烟碱类杀虫药剂吡虫啉是内吸剂的代表，对刺吸式口器害虫效果好，而对咀嚼式口器害虫效果较差，第二代新烟碱类，如噻虫嗪，则兼有触杀、胃毒和内吸活性。敌敌畏具有熏蒸和触杀作用，敌百虫具有胃毒和触杀作用。现代化学农药的研发更加注重综合作用方式的新产品研发。

二、化学农药的剂型

一般来说，化学合成工厂合成的是含量比较高的、未经制剂加工的农药原药(原粉或原油)。大多数原药通常不能直接溶于水而在农业生产中大量施用，即便少数可以使用，但其价格昂贵，因此，这些原药都必须加入一定种类和数量，称为助剂的辅助物质(如溶剂、乳化剂、延展剂、渗透剂、填充剂等)，进一步按照一定规格，加工成含有一定有效成分(原药)制剂。常用的制剂剂型有下列几种。

(1)乳油(EC)　主要是由农药原药、溶剂和乳化剂组成的一种常用剂型，有些乳油中还加入少量的助溶剂和稳定剂等。常用的溶剂有二甲苯、苯、甲苯等，主要作用是溶解和稀释原药，帮助乳化分散、增加乳油流动性等。乳油要求外观清晰透明、无颗粒和无絮状物，在保质期内贮藏时，不分层、不沉淀，保持乳化性能和药效。乳油在水中有较好的分散性，油球直径一般在0.1～1.0 μm，乳液有足够的稳定性。目前，乳油仍然是广泛应用的主要剂型，不足之处是加工乳油时用了大量有机溶剂，施用后会增加环境负荷。

(2)水乳剂(EW)　该制剂为水包油型不透明浓乳状液体剂型。由原药、乳化剂、分散剂、稳定剂、防冻剂和水均匀化加工制成，无须或少量用油作溶剂，不用或仅少量使用有机溶剂，以水为连续相，原油为分散相，防止有效成分挥发，具有成本低于乳油、贮藏较为安全、无燃烧和爆炸危险、生产中使用安全、避免或减少像乳油一样对人畜毒性和刺激性和可能的农作物药害，以及降低使用急性毒性等重要的优点。水乳剂原液可直接喷施，也可用于无人机或地面微量喷雾。

(3)水剂(AS)　水剂主要是由原药和水组成，以水作为溶剂，原药能较好地溶于水中。有的还加入小量防腐剂、湿润剂、染色剂等。水剂加工方便，成本低廉。缺点是有的在水中不稳定，长期贮存易分解失效。

(4)水分散性粒剂(WG)　该剂型是一种在水中能迅速崩解、分散,形成悬浮液的粒状剂型,是正在发展中的新剂型。如25%噻虫嗪水分散性粒剂。该剂型兼具可湿性粉剂和浓悬浮剂的优点,在水溶液中具有较好悬浮性、分散性和稳定性,克服了可湿性粉剂从容器中倒出时粉尘飞扬,以及浓悬浮剂贮藏期间沉积结块、低温时结冻和运费高等的不足。

(5)可湿性粉剂(WP)　该剂型由原药、填料和湿润剂混合加工而成。一般加水稀释后,用于喷雾。该剂型加工对填料的要求及选择与粉剂相似,但要求更高粉粒细度。湿润剂用纸浆废浆液、皂角、茶枯等,用量为制剂总量的8%～10%。若使用有机合成湿润剂(如阴离子型或非离子性)或者混合湿润剂,其用量一般为制剂的2%～3%。合格的可湿性粉剂要求好的润湿性和较高的悬浮率。该剂型悬浮率比较重要,通常粉粒越细,悬浮率越高。悬浮率差时,不仅药效差,还易引起作物药害。例如粉粒细度指标为:98%粉粒通过200号筛目,平均粒径为25 μm,湿润时间小于15 min,悬浮率一般在28%～40%范围内;96%以上粉粒通过325号筛目,平均粒径小于5 μm,湿润时间小于5 min,悬浮率一般大于50%。必须指出,该剂型贮藏时间和环境温度影响悬浮率,贮藏时间长,温度高,则悬浮率下降快。

(6)可溶性粉剂(SP)　由水溶性原药和少量水溶性填料混合粉碎而成的剂型,有的还加入少量的表面活性剂。粉粒细度为90%粉粒通过80号筛目。使用时加水溶解即成水溶液,用于喷雾,如20%啶虫脒可溶性粉剂、80%敌百虫可溶性粉、50%杀虫环可溶性粉等。

(7)悬浮剂(SC)　又称胶悬剂、浓悬浊剂、流动剂、水悬剂等,是一种可流动液体状的制剂,由原药和分散剂等助剂混合加工而成,药粒直径小于3.0 μm。悬浮剂使用时兑水喷雾,如48%噻虫嗪悬浮剂、11%戊唑吡虫啉悬浮剂、40%多菌灵悬浮剂、20%除虫脲悬浮剂等。该剂型不含有机溶剂,挥发性小、毒性低、对人畜安全、非易燃易爆,贮运安全,可用飞机喷药。

(8)超低容量喷雾剂(ULV)　该剂型是一种油状剂,又称为油剂,由原药和溶剂混合加工而成,有的还加入少量助溶剂和稳定剂等。这种制剂专供超低量喷雾机或飞机超低容量喷雾,不需稀释而直接喷洒。由于该剂喷出雾粒细,浓度高,单位受药面积上附着量多,因此,加工该种制剂时,要求必须高效、低毒,溶剂挥发性低、密度较大、闪点高和对作物安全等。如25%敌百虫油剂、25%杀螟松油剂等。特别提醒,油剂不含乳化剂,不能兑水使用。

(9)微胶囊剂(MC)　微胶囊剂是用某些高分子化合物材料将原药液滴包裹起来的微型囊体。微囊粒径一般在25 μm左右,由原药(囊蕊)、助剂、囊皮等。囊皮常用人工合成或天然高分子化合物如聚酰胺、聚酯、动植物胶(如海藻胶、明胶、阿拉伯胶)等制成,为一种半透性膜,可控制药液释放速度。该制剂为可流动的悬浮体,使用时兑水稀释,微胶囊悬浮于水中,一般用于叶面喷雾或土壤施用,从囊壁中逐渐释放出药液,达到毒杀害虫的目的。如13%吡虫啉微胶囊剂、30%辛硫磷微胶囊剂、30%毒死蜱微胶囊剂等。实际上,微胶囊剂属于缓释剂类型,具有延长药效、高毒药液低毒化、使用安全等优点。

(10)粉剂(DP)　粉剂是由原药和填料混合加工而成。有些粉剂还加入稳定剂。常用的填料有黏土、高岭土、滑石粉、硅藻土等,有些粉剂还加入稳定剂。粉粒细度、水分含量、pH等常作为粉剂质量指标。一般95%～98%粉粒通过200号筛目,平均粒径为30 mm;通过300号筛目,平均粒径为10～15 μm;通过325号筛目(超筛目细度),平均粒径为5～12 μm,一般水分含量小于1%,pH 6～8。粉剂主要用于喷粉、撒粉、拌毒土等,不能加水喷雾。如有效成分为0.18%的阿维菌素与100亿/g Bt活芽孢复配粉剂。

(11)颗粒剂(GR)　颗粒剂是由原药、载体和助剂混合加工而成。载体用于附着和稀释原

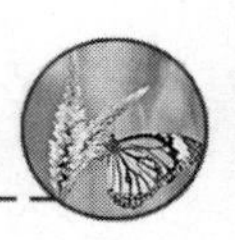

药，是形成颗粒的基础(粒基)，所以，载体应不能分解原药，具有适宜的硬度、密度、吸附性和遇水解体率等特性。常用载体材料包括白炭黑、硅藻土、陶土、紫砂岩粉、石煤渣、黏土、红砖和锯末等。常见助剂有黏结剂(包衣剂)、吸附剂、湿润剂和染色剂等。粒度范围一般在 10～80 目。按粒度大小又分为微(细)粒剂(50～150 目)、粒剂(10～50 目)和大粒剂(丸剂，大于 10 目)。根据遇水解体与否有解体型和非解体型。颗粒剂用于撒施，具有使用方便安全、应用范围广及延长药效等优点。如 3%毒死蜱颗粒剂、3%辛硫磷颗粒剂等。

(12)烟剂(FU)　烟剂是由原药、燃料(如木屑粉)、助燃剂(氧化剂，如硝酸钾)、消燃剂(如陶土)等制成的粉状物。一般是通过 80 号筛目的粉粒，采用袋装或罐装并配上引火线。烟剂点燃后燃烧时不能有火焰，药剂有效成分受热而气化，在空气中受冷又凝聚成固体微粒，沉积在植物上，控制病虫害。空气中的烟粒也可通过昆虫呼吸系统进入虫体产生毒杀效果，密闭环境效果最佳。烟剂常用于控制森林、仓库、温室等病虫害。

除了上述剂型外，目前生产上还使用其他剂型，如丸剂(PS)、拌种剂(DS)、可溶性液剂(SL)、缓释剂等。随着制剂研发技术的不断创新，将会有更多控害效果好、使用更加便捷和人畜及环境安全的新剂型为现代农业生产服务。

三、化学农药的毒性分类

化学农药是有毒化学品，由于药剂种类不同，分子结构差异较大，其毒性大小、药性强弱和残效期也就各不相同。农用药剂的毒性级别是按产品实际毒性而不是按其原药毒性分级，其毒性除取决于药剂本身毒性外，还与加工剂型、使用方法等有关。例如，呋喃丹属于高毒农药，当加工成 3%的呋喃丹颗粒剂后就只有中等毒性，大大降低了它的危害。化学农药的毒性是根据药剂致死中量(杀死实验动物，如大白鼠，种群 50%个体所需药量，常用 LD_{50} 表示，单位为 mg/kg，μg/g)来确定。一般根据药剂毒性划分成 5 个级别(表 13-2)。

表 13-2　化学药剂毒性级别划分标准

毒性级别	LD_{50}/(mg/kg)	实例
剧毒	＜50	甲胺磷、久效磷
高毒	51～100	呋喃丹、氧化乐果、磷化锌、磷化铝、砒霜等
中毒	101～500	乐果、速灭威、敌克松、菊酯类农药等
低毒	501～5 000	敌百虫、马拉硫磷、辛硫磷、乙酰甲胺磷等
微毒	＞5 000	多菌灵、百菌清、代森锌、西玛津等

此外，农药的毒性有急性毒性和慢性毒性之分。急性毒性是指一次口服、皮肤接触或通过呼吸道吸入等途径，接受了一定剂量的农药，在短时间内能引起急性病理反应。慢性毒性是指低于急性中毒剂量的农药，被长时间连续使用、接触或吸入而进入人畜体内，引起慢性病理反应。所以，在农业生产中，使用化学农药时，必须严格按照科学操作规程配药和喷洒，以保障人和其他生物的安全。

四、化学农药施用原则和技术

1.基本原则

在现代农业生产中,杀虫剂的应用不可避免。但必须指出的是,杀虫剂的应用条件永远是保障农作物产量的应急措施,切不可随意施用。即便是应急措施,也应该遵照一些基本原则,做到科学合理使用。这些基本原则包括:①选准药剂种类和剂型。不同农药种类有不同的作用方式,不同剂型杀虫剂使用的条件也不同。选择药剂种类和剂型还要考虑作物类型和害虫为害方式。例如,咀嚼式口器害虫比较适合选择胃毒剂,而刺吸式口器害虫适宜选用内吸性和触杀性药剂,还要考虑作物表面的光滑程度是否适合药剂附着等。②选择适宜的施药时间。此项原则对施药后的效果具有重要影响。必须根据田间害虫实际发生情况,力求在害虫卵孵化期或为害作物虫态低龄盛发期用药,控制效果最佳。如果错过了用药适期,不仅用药量增大且控害效果也差。③掌握适宜的施药浓度。一种杀虫剂进入市场销售前,已经采用了科学方法,经过多点多年田间试验,较准确确定其针对特定害虫或在特定植物上的使用浓度,在销售时,通过标签告知使用者,因此,在生产实际中,要严格按照使用说明的剂量配制使用,一般不得随意增加或减少使用剂量,以保证用药安全和良好的控害效果。④采用合适的药械和正确的施药技术,保证施药质量。实际操作中,按照杀虫剂的不同剂型选配不同的药械。例如,当我们选择粉剂时,务必区分可湿性粉剂和真实的粉剂,前者用于喷雾,而后者不能。针对害虫发生的不同场景,为了精准施药,应高度重视选用剂型、药械和施药部位。例如,针对水稻封行后,使用药剂调控褐飞虱和白背飞虱种群,由于两种害虫都在水稻植株中下部茎叶取食,且取食部位环境潮湿,所以,选择粉剂、喷粉药械、重点在植株中下部茎叶喷施可能要比喷雾效果好得多。

农作物害虫的化学农药调控技术不能简单地认为就是喷洒杀虫剂,同样具有严格药剂调控技术规程,关键要点包括:专业技术人员指导,选准药剂种类和剂型,并准确把握施药的最佳时间,认真阅读药剂的使用说明(标签),还要根据田间作物生长状况和害虫发生与为害行为习性,选好精准施药的器械和方式等。只有掌握了科学用药的技术,才能在害虫种群药剂管理中获得事半功倍的效果。

2.使用方法

(1)喷雾法　这是杀虫剂最常见的施用方法。一般将乳油、乳粉、胶悬剂、可溶性粉剂、水剂和可湿性粉剂等药剂,兑一定量水混合调制成均匀的乳状液、溶液和悬浮液等药液,利用喷雾器将药液喷出呈微小雾滴,并散落在植物表面和害虫体表。雾滴大小与喷雾水压高低、喷头孔径大小和形状、涡流室大小等有密切关系。通常水压大、喷头孔径小、涡流室小,则雾化出来的雾滴直径就小,喷雾效果就好。喷雾法的优点主要有雾滴覆盖密度大、所有喷雾药剂展着性和黏着性比较好、不易被雨水淋失、残效期长、害虫接触植物表面药量的机会增多,控制害虫的效果也很好,一直得到了农业生产者的认可并广泛应用。主要不足在于用水量较大,常常出现大量药液的流失,受风的影响较大,易导致雾滴漂移等。当前,有关喷雾设备和技术的研发取得了较大进展,在农业生产中也推广超低容量喷雾技术,使喷药量向低容量发展。新的喷雾技术研发将极大改善药剂喷雾的不足,对生产实际中降低用药量、省工省时、节约成本、提高控害

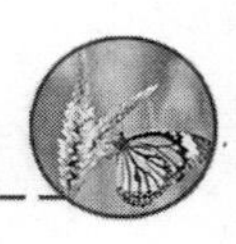

效果和经济效益等方面都具有重要意义。

(2)喷粉法　喷粉是利用机械产生的风力将低浓度或细土稀释的农药粉剂吹附到作物和害虫虫体表面，通过害虫取食或药物害虫表皮渗透进入害虫体内发挥毒杀作用，是农药使用中操作比较简单的方法。粉粒越细，喷撒越均匀、周到，能在农作物和害虫表面覆盖一层极薄的粉层。在生产实际中，喷粉质量标准是以手指轻摸植物叶片表面时，看到粉点沾在手指上为宜。

喷粉法的优点：工具比较简单，操作方便；工作效率高；不受水源限制；对作物一般不易产生药害。不足包括：受风雨影响较大，易被风吹失和雨水冲刷，降低附着作物表体粉量，缩短残效期，从而，影响控害效果；易损耗以及污染环境和施用人员。

(3)毒饵法　毒饵主要是用于控制一些具有特殊食性嗜好的农作物害虫，如小地老虎、黏虫成虫喜食糖醋酒混合液、柑橘实蝇类喜食蛋白质补充营养等。该法主要是利用害虫喜食的饵料和与药剂混合而成的液体或固态食物，诱其取食，以达到毒杀目的。例如，每 667 m^2 可用 90%晶体敌百虫 50 g，溶于少量水中，拌入切碎的鲜草 40 kg，在傍晚成堆撒在棉苗或玉米苗根附近，可毒杀地老虎幼虫。作毒饵的饵料包括麦麸、米糠、玉米屑、豆饼、木屑和青草等，不管用哪一种作饵料，都要磨细或切碎，最好把这些饵料炒至能发出焦香味，然后拌匀药剂和饵料制成毒饵，诱杀害虫如蝼蛄及某些仓库害虫，效果较好。此外，含有敌百虫的糖醋酒混合液可诱杀小地老虎和黏虫成虫，含敌百虫的可溶性蛋白液喷到柑橘叶片上，可诱杀柑橘实蝇类。因此，根据害虫的一些活动习性，巧妙利用毒饵控制作物生产中一些重要害虫的发生与为害，同样也是一项环境友好而效果良好的害虫管理技术。

(4)种子处理法　种子药液处理方法主要有拌种和浸种。一般拌种使用药剂大多为粉剂和颗粒剂。拌种是药剂和种子按一定比例装入拌种器内混拌均匀，使每粒种子都能附着上粉层，晾干后封装保存，这样的种子播种后可以毒杀取食种子的地下害虫，有些药剂还可以通过内吸性进入幼苗体内，保护其地上苗期不被害虫为害。这种方法还有用药量少，节省劳动成本和减少对大气污染等优点。例如，每 667 m^2 棉籽量，均匀拌入 3%克百威颗粒剂，拌后即可播种，控制棉苗期蚜虫效果很好，且可维持效期 60 d 以上。浸种法则是把种子或种苗浸在一定浓度的药液里，经过一定时间使种子或幼苗吸收药液，播种或移栽后，就可以避免种子或幼苗受害虫为害。作物种子处理是植保工作的重要环节，随着现代农业技术的不断发展，种子处理技术也发展迅速，现代化种子处理已经具有了新的科技，即种子包衣技术。包衣材料、包衣技术和药物释放速度的控制等方面的创新性研究取得了突破性进展，目前，种子包衣材料如植物源或可降解材料的开发越来越环保，药物释放越来越可控，因此，当今大多数大田作物的种子处理方式都采用了规模化的包衣技术。

(5)土壤处理法　将药剂撒施在土面或绿肥作物上，随后翻耕入土，或将药剂沟施或灌浇在植株根部，或者以毒土方式撒施在土表，以毒杀土壤中的害虫。例如，用 2.5%敌百虫粉剂 2.0～2.5 kg 拌细土 25 kg，撒在青绿肥上，随后耕翻，或者每 667 m^2 用 3%克百威颗粒剂 1.5～2.0 kg，在玉米、大豆和甘蔗的根际开沟撒施，能有效控制作物多种害虫为害。

(6)熏蒸法　在密闭条件下，利用一些药剂具有挥发性有毒气体的特点，来毒杀仓储害虫如麦蛾、豆象、谷盗、红铃虫等或温室害虫如白粉虱、蚜虫、红蜘蛛和蓟马等。例如用硫酰氟、磷化铝熏蒸粮食、棉籽、蚕豆等，冬季每 1 000 m^3 实仓用量为 30 kg，熏蒸 3 d 时间即可。夏季熏蒸用量可少些，时间也可以短些。此外，在大田作物中如果能形成相对密闭环境也可以采用敌敌畏熏蒸，毒杀为害植物的害虫或驱避成虫产卵。

总之，化学农药的出现在保护农作物生长发育和增加产量方面发挥了重要作用，因其具有使用方便、简单、控制有害生物效果好、适应面广、不受任何农业和生态环境的影响、经济有效等优点，得到了广泛推广和应用，成为农业害虫管理的重要技术。

不过，要充分发挥化学农药管理害虫的作用，维护农业生态环境的安全和可持续发展，还必须高度重视其管理害虫策略。一定要根据害虫发生特点、作物不同种类和生育期，抓住关键用药时间，采取科学施药技术；要按照经济阈值用药，不可随意使用，切实做到不同作用机制的化学农药轮换使用，实现作物害虫种群安全可持续管理。

第三节　3R问题及产生原因

化学农药作为一类重要的生产资料，自其发现到广泛的应用，目的是要保证农作物不受有害生物的侵害，减少农产品损失，改善产品质量。自20世纪40年代，有机合成化合物问世，到全世界大量推广应用，对农业生产害虫管理作出了较大的贡献，也迎来了有机合成药剂的“黄金时代”。由于大量单一化学农药的使用，随之而来的就出现了所谓的“3R”问题，即害虫抗药性（resistance）、害虫再猖獗（resurgence）和化学农药残留（residue），由于3个重要英文词的第一个字母都是“R”开头，所以简称“3R”。

一、害虫抗药性

害虫抗药性就是害虫在取食植物完成其生长发育阶段频繁接受化学农药刺激，一些存活下来的个体对同种或同类化学农药产生了抵抗能力。害虫抗药性产生的原因主要包括害虫自身和药剂使用不合理两方面，就某一害虫种群而言，个体之间对药剂的敏感程度有差异。当第一次喷洒药剂时，毒杀了种群中的敏感个体，而存活下来的是相对耐药的个体，在继续繁殖过程中，其后代对该药剂具有了一定的抵抗力，如果继续喷洒同样药剂和剂量，该种群的耐药性会越来越强，如此往复，即产生了抗药性种群。一般生活周期短的害虫如蚜虫、白粉虱、红蜘蛛等，抗药性种群就发展较快。关于药剂不合理使用方面，首先主要是长期使用单一品种的药剂，特别是一些效果很好的药剂，生产者一直用到效果较差为止；其次，田间喷洒药剂不均匀，有的使用了有效成分含量不够的劣质药剂，接触药量充足的个体被杀死了，没有接触到充足药量的个体则存活下来，并产生了耐受性，进而发展出了抗药性种群；再次，施药器械和方法，为害农作物的害虫通常所处位置比较隐蔽，如叶片背面、花内、植株下部等，就我国目前大量使用的施药器械来说，人为操控的喷药机械，可能会比较注意到害虫隐蔽场所，但机械喷药设备如行走式喷杆喷雾机只能形成一种平面喷雾，植株上部和叶片正面充分接触到了药液，而植株下部和叶背面触及药量不够，形成了诱导耐药性的效果，从而有利于抗药性种群发展。

二、害虫再猖獗

害虫再猖獗是为害农作物害虫发展了抗药性种群后的必然结果。在农业生态系统中，害

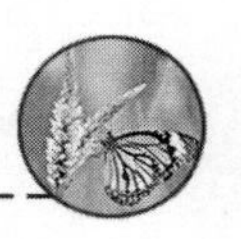

虫是节肢动物群落中的重要组分，而该群落除了农业害虫以外，另一重要组分就是有益生物，原处于自然状态下的农业生态系统，害虫发生状况常常取决于有益生物的控制能力，在生态平衡的良好状态下，有益生物管控着害虫种群发展，并不存在害虫导致作物经济损失状况。作物生产系统常常需要频繁农田管理的系统，农田管理不当，如随意使用杀虫剂等化学农药，极大地干扰了生态平衡，化学农药在杀死害虫的同时也杀死了大量的有益生物，抗药性害虫种群发展导致用药量不断加大，害虫种群部分减少，而有益生物种类和数量会大幅度降低，有益生物对害虫种群的控制能力急剧下降，害虫种群的自然控制因素消除后，在农药的胁迫下，可控害虫种群数量逐渐减少，种群恢复能力越来越快，最终形成猖獗为害。由此可见，害虫再猖獗与上述抗药性相伴而生。由于出现更强抗药性害虫种群而不得不加大用药量，进一步杀灭有益生物，并失去自然控制作用，导致更大的害虫种群再猖獗，如此形成恶性循环。

三、化学农药残留

实际上，化学农药残留具有更加广泛的影响，除了在植物及其农产品上的残留外，还包括在环境中的残留。一方面，残留在植物及其产品上的药剂通过食物链来影响更高的营养级生物，包括人类。与人类密切相关，且污染严重的农产品依次为蔬菜、水果和粮食，农药残留率高达 20%，直接威胁人类健康。例如，用有农药残留的秸秆和粮食饲喂牲畜和家禽，残留的农药将随食物链在畜禽产品中残留和累积；显花植物的花中农药残留，可通过蜜蜂采花粉转移到蜂产品中等。另一方面，大量的化学农药通过不合理的用药和过度用药、植物上存留的药液被雨水冲刷及用药环节管理不善浸入土壤和水体而导致严重的生态环境污染，并通过食物链在其他生物体内逐渐累积，如残留在土壤中的农药，特别是一些较稳定的农药，长期吸附在土壤中，导致土壤生物多样性的降低而丧失生物活力。进入水体的农药可以经过食物链的逐级生物富集，例如水体中的农药吸附水草上，再经过食草鱼进入鱼类，随后富集到食鱼的鸟类。如此逐级富集将严重恶化整个生态系统。

第四节　害虫抗药性机制及管理对策

自从人类使用化学农药来阻止害虫取食农作物以来，害虫抗药性作为一种现象就存在，所以，在害虫抗药性的产生过程中，人类活动起主导作用。开始重视害虫抗药性是在大量甚至唯一依靠化学农药管理害虫以后，抗药性呈现暴发式增长，我们才开始研究其产生的原因、机制并重视管理策略。害虫抗药性出现主要来源于杀虫剂的持续选择压力。害虫抗药性产生的机制可分为代谢抗性、靶标抗性、行为抗性和穿透抗性，其中，代谢和靶标机制被认为是最主要的抗药性机制。

一、代谢抗性机制

害虫的抗药性机制主要与机体代谢解毒能力的增强有关，而代谢解毒又与一些酶的活动密切有关。所谓代谢抗性，就是昆虫在长期进化过程中，体内形成了具有代谢分解外来有毒物质的系列酶类，如多功能氧化酶、酯酶、谷胱甘肽转移酶、脱氯化氢酶等，其过程涉及氧化、还原、水解、基团转移和轭合等作用，这些代谢酶通过一系列作用把农药分解为毒性低、水溶性强的代谢物，排出体外，避免了农药对昆虫的毒性。在正常情况下，昆虫体内的某些解毒酶都保持着一定的量，以分解代谢外来的不利于自身生长发育和生存的物质。在抗药性昆虫中，这些相关解毒酶的含量都会大幅度提高，有的酶结构也发生一定的变化，使酶活性大幅度增强，提高了解毒能力。例如，细胞色素 P450 氧化酶系活性增加或基因表达上调被认为是昆虫对有机氯和拟除虫菊酯类杀虫剂产生抗性的主要原因之一。小菜蛾对拟除虫菊酯的抗性与 P450 基因上调有关，基因差异分析发现，8 条特异的 P450 基因转录水平增加了 1.5～2.2 倍。

昆虫对有机磷、拟除虫菊酯和有机氯的抗性与谷胱甘肽 S-转移酶活性增强及基因表达水平增加密不可分，草地贪夜蛾[*Spodoptera frugiperda* (J. E. Smith)]对有机磷和拟除虫菊酯抗性品系中，谷胱甘肽 S-转移酶活性比敏感品系高。

酯酶是能水解羧酸酯键和磷酸酯键的水解酶的统称，在昆虫的有机磷、氨基甲酸酯、拟除虫菊酯类杀虫剂代谢抗性中起重要作用。如酯酶活性增强是桃蚜[*Myzus persicae*(Sulzer)]和棉铃虫[*Helicoverpa armigera*(Hübner)]抗有机磷药剂的重要原因。

二、靶标抗性机制

由于昆虫体内靶标部位对各类杀虫剂的敏感程度降低而引起的抗性，是昆虫和螨类对有机磷和氨基甲酸酯抗性的另一重要机制。靶标抗性的分子基础是单基因以及一个或少数氨基酸突变。作用靶标主要有乙酰胆碱酯酶、钠离子通道和 γ-氨基丁酸受体 3 类。

(1)靶标作用部位的改变　绝大多数的杀虫剂都是神经毒剂，即药剂在昆虫体内随血液循环，最终的作用部位(靶标)大都是神经系统，通过阻隔正常神经传导而使昆虫致死。在抗药性昆虫中，由于药剂长期的选择作用，神经元突触间的物质传递已经对药剂干扰或阻隔作用发生了某些改变而具有很强的适应性，甚至可以完全不受药剂干扰而进行正常的神经传导作用，从而表现为抗药性。

(2)靶标敏感性降低　昆虫乙酰胆碱酯酶的变构，神经钠通道的改变，γ-氨基丁酸受体一氯离子通道复合体，保幼激素受体敏感度下降等，均可导致昆虫产生抗药性。敏感度降低是昆虫和螨类对有机磷和氨基甲酸酯抗性的重要机制之一。小菜蛾的乙酰胆碱酯酶敏感度降低与其对有机磷和氨基甲酸酯抗性密切相关；稻飞虱抗性机制主要是靶标部位敏感性降低及增强代谢降解；烟夜蛾与棉铃虫存在不敏感抗性机制。从抗药性分子机制来看，药剂对害虫靶标部位敏感性变化常常涉及到特定基因位点的改变。例如，马铃薯甲虫[*Leptinotarsa decemlineata*(Say)]谷硫磷抗性品系的乙酰胆碱酯酶基因 S291G 位置的碱基发生突变。小菜蛾苯硫磷高抗性品系的乙酰胆碱酯酶基因有两个位点发生突变。在玉米象[*Sitophilus zeamais*(Motschulsky)]拟除虫菊酯抗性品系的钠离子通道基因Ⅱ区发现一个单突变点 T929I。在对白背飞虱[*Sogatella furcifera* (Horváth)]氟虫腈抗性品系和敏感品系测序对比发现，抗性品系 γ-氨基丁酸受体的跨膜区(M2)A2′N 位点突变可能是导致抗药性产生的原因之一。

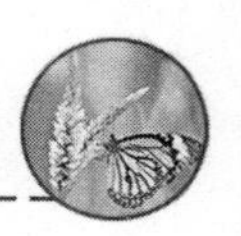

三、表皮阻隔作用和行为抗性机制

对于触杀剂和熏蒸剂，其有效成分能快速穿过昆虫表皮才具有杀虫的速效性。药剂穿透昆虫表皮速率也成为衡量昆虫抗药性的指标，药剂穿透昆虫表皮速率降低是昆虫抗药性机制之一。昆虫表皮是阻隔外源有毒化合物的第一道防线，杀虫剂要进入害虫体内产生毒杀作用，首先要克服昆虫表皮阻隔层。在抗药性害虫种群中，杀虫剂经过表皮进入体内的穿透速率往往明显下降。例如，与敏感品系比较，抗性家蝇种群的表皮使马拉硫磷穿透速率降低25%以上。澳大利亚棉铃虫存在穿透抗性，由于穿透速率下降，加上微弱的谷胱甘肽转移酶的解毒作用，棉铃虫抗性就增加了5～10倍。杀虫剂穿透昆虫表皮的速率降低，延缓了杀虫剂到达靶标部位的时间，从而使抗性昆虫有更多的机会来降解这些有毒化合物，这样，害虫就表现为抗药性。

关于行为抗性机制，可能在研究过程受影响的因素较多，比较复杂，因而文献报道不多。昆虫受到杀虫剂的选择或影响，而改变习性或行为，使昆虫个体朝着利于其生存的方面发展。

当然，昆虫抗药性的发展无论是代谢和靶标机制，还是表皮穿透和行为机制，都是由昆虫自身的内因而引发的抗药性，但我们不应该忽视环境因素的影响，例如农药不合理使用、特殊气候诱导抗药性作用、杀虫剂分子结构差异的影响、寄主植物有毒化合物的诱导和农田土壤残留农药通过植物吸收后诱导害虫抗药性等，因此，可以说害虫抗药性的产生还是一个综合的影响，害虫抗药性管理策略也不应该是某个单一措施，要科学地综合管理。

四、抗药性害虫种群管理策略

在现代农业生产系统中，化学农药用于管理有害生物种群是一项不可忽视的技术，而且不使用该项技术已经没有可能性，也就是说，害虫抗药性种群的发展是一种必然的结果，现在的问题是如何才能更好地管理抗药性害虫种群。以有害生物系统管理理念为抗药性害虫种群管理决策基础，大力提倡有害生物综合管理和科学合理使用化学农药。

1.有害生物综合管理

有害生物综合管理(IPM)已经提了几十年，也有许多成功的害虫种群管理案例，但仍然还有相当多的植保人员和种植者没有深入了解其精髓，甚至误认为将所有可用的技术都在生产实际中使用就是综合管理。有害生物综合管理在技术层面有两个含义：其一，运用综合技术管理可能是调节农作物潜在害虫的一种管理策略。它包括最大限度地依靠害虫种群自然控制因素的作用，辅以有利于管理害虫种群的各种技术综合，如耕作、害虫病原物、抗虫品种、不育技术、诱虫技术、天敌释放等，化学农药则视需要而用。其二，组建现有技术的管理体系。一个害虫综合管理方案应将一切现有的害虫种群管理技术(包括不防治)考虑在内，并评价各管理技术、耕作技术、天气、其他害虫和要保护作物等之间的潜在相互关系，进而形成一套符合特定农业生态系统中害虫种群管理的技术体系，控制害虫种群在经济损害水平以下，维护作物生产系统安全而可持续发展。因此，运用有害生物综合管理技术体系是长期有效管理抗药性害虫种群的根本管理策略。

2.科学应用化学农药

现代农业生产强调农产品生产中以提质增效为目的,面对害虫为害农作物时,强调生态调控和综合管理,化学农药的使用只是作为害虫种群管理中的一项应急措施。如何使化学农药成为一项作物害虫种群科学管理策略呢?第一,在制定管理决策时,考虑使用化学农药时,必需严格遵守施用农药的基本原则,即选准药剂种类和剂型、选择适宜的施药时间、掌握适宜的施药浓度和采用合适的药械和正确的施药方法。第二,注重交替用药。即不要长期单一使用含有相同有效成分的药剂管理同一生产系统中的害虫种群,轮换使用的品种应尽可能选用作用机制不同的农药,如有机磷类、拟除虫菊酯类、氨基甲酸酯类、生物制剂类等,毒杀害虫机制各不相同。这样就可以阻断相同药剂对害虫抗药性种群的诱导作用。建议含有相同有效成分的药剂在一个作物生长季节内最多使用 2 次。第三,大力开发应用植物性杀虫剂和当地民间土农药。我国在大量推广合成化学农药前,曾经大量使用过植物性和矿物性药剂,这些药剂原料来源广,制作简单,不会诱发害虫抗药性,可以大力提倡,如烟草、蓖麻、大蒜、辣椒水、韭菜等。另外,洗衣粉、油类、生石灰、烧碱、松香等也都是很好的原材料。第四,在施药方式上应多样化。通常化学农药喷雾比较简单,被普遍推广使用,但也是害虫抗药性和农药残留产生的重要根源。在施药技术上,应该更多更详细地了解害虫种群生物学习性和发生规律,选择多样化的施药技术(如毒土、根施沟施、毒饵和烟熏等)。第五,高度重视,精准施药。目前,农作物生产中所采用的药剂调控害虫种群技术具有较大的盲目性,基本上是见虫就用药。要做到药剂调控中的精准施药至少具备 3 方面知识:①针对目标害虫。所谓目标害虫一定是对某种作物将要造成经济损失的少数重要害虫,不同的昆虫种类取食植物的虫态不同;施药时,务必参考经济阈值。②施药时间选择的重要性。要求必须充分掌握害虫生物学和发生规律,针对最敏感虫态的发生时间施药,不同昆虫种类最敏感虫态不同,施药时间不同。例如,钻蛀性害虫在卵孵化高峰期;一般食叶性鳞翅目害虫为 3 龄以前幼虫等。③施药重点空间位置。不同昆虫种类在植物上活动和取食的空间位置表现出较大的差异,对植物组织和器官的施药重点各不相同。食叶性害虫取食虫态大多数在叶片背面;水稻褐飞虱和白背飞虱活动与为害集中水稻植株中下部茎秆和叶鞘上;产卵块的昆虫,幼虫孵化后初期均呈核心分布等。因此,充分掌握上述 3 方面知识,切实做到精准施药,可缓解害虫抗药性。

3.加强生物杀虫剂的研发

我国在生物杀虫剂方面的研究和应用方面已经得到了较大的发展,为降低农业害虫抗药性种群作出了较大的贡献。截至 2017 年底,我国登记生物化学农药、微生物农药和植物源农药产品 1 366 个,涉及 97 种有效成分(不同菌株);农用抗生素类登记产品数量为 2 415 个,涉及 13 种有效成分。仅 2017 内,我国新增登记生物农药就有 10 个。因此,我国农用生物制剂的研发是一个朝阳产业,随着现代生物技术的不断创新和发展,将有更多更有效的生物制剂为农业生产中有害生物管理作出更大的贡献。

第十四章

有害生物综合管理

- 了解 IPM 形成的背景
- 理解 IPM 概念及其哲学思想
- 学会如何制定害虫管理的 IPM 方案
- 掌握制定和实施 IPM 计划的步骤
- 了解 IPM 的优缺点及推广 IPM 的障碍和解决途径
- 了解 IPM 的动态发展

自从人类文明出现以来，人们就把害虫与农作物联系在一起。随着增长的人口对粮食和纤维需求不断增加，必须通过引种高产品种、改善农田基础设施和增加化学农药控制有害生物来提高农业生产量。20 世纪四五十年代有机合成杀虫剂的出现，使人们第一次在与害虫的斗争中赢得了胜利。然而，由于随后在农业生产中，过分依赖化学农药，甚至将化学农药当成了害虫管理的唯一方法，一系列未曾预料到的严重问题在 20 世纪 60 年代的发达国家逐渐显现出来。主要体现在害虫产生了抗药性、大量杀伤天敌、新害虫种群上升、害虫再猖獗、严重污染环境、急性或慢性毒性威胁着人类健康等。上述问题让人们不得不重新审视化学农药在农业生产中如何应用，警示人们对待农作物有害生物不能单纯以“消灭”它们为目标，应该把它们作为生态系统的问题来考虑和管理。实际生产中，追求“消灭”有害生物的目标往往不现实，而只将其种群数量控制在不造成农作物经济损害水平才符合农业生产实际要求。当然，要达到此目标，并降低上述多方面的风险，往往不能只依靠某一项技术，而应该多种技术相互配合，形成科学合理的害虫管理技术体系，这就是有害生物综合管理(integrated pest management，IPM)策略。

第一节　IPM的发展历史

一、IPM形成前奏

IPM的原始思想来源于20世纪中期，随着有机合成杀虫剂的出现并大规模应用，60年代末期，新型有机合成杀虫剂的失败——抗药性、主要害虫再暴发、次要害虫暴发及环境污染等，开始警示人们重新考虑有机合成农药应用问题，并成为"综合调控"概念最初形成的基本动因。1962年，美国海洋生物学家Rachel Carson出版了《寂静的春天》一书，描写了因过度使用化学农药而导致环境污染、生态破坏，最终给人类带来不堪重负的灾难，加速了人们对杀虫剂时代的恐惧和对"综合调控"思想的期待。此外，20世纪50年代末期，过分依赖杀虫剂的灾难性后果已经出现了早期预警，西方发达国家开始对以单一杀虫剂为主要害虫种群调控措施开始觉醒。难能可贵的是，少数有益生物应用在害虫种群调控方面取得了成功，例如，加利福尼亚和南美、北美棉花种植者在棉花生产中，加拿大、美国和欧洲的果树种植者在落叶果树上都出色地应用有益生物管理害虫种群，引起了人们的高度关注。

二、IPM的发展历史

1959年，Stern首次提出了害虫综合调控概念。1965年，在意大利罗马，来自36个国家的植保专家参加了由联合国粮农组织召开的讨论会，会议上提出了综合调控与害虫管理（integrated control versus pest management）的概念。1972年，由美国环境质量委员会起草的害虫综合管理报告出版，确定了有害生物综合管理（integrated pest management，IPM）的提法，以替代综合调控（integrated control）和害虫管理（pest management），并给出明确定义。直到1972年，"有害生物综合管理"及其缩写IPM才被录用到英语文献中，并被科学界所接受。IPM概念的提出，使农业害虫种群管理从单纯依赖化学杀虫剂转变为综合管理，而化学农药则作为病虫害种群管理的最终选择。1972年IPM被确定为美国国家政策，当时尼克松总统指示联邦机构采取步骤推进IPM的概念和在所有相关部门的应用。从20世纪70年代中期开始，美国大力开展IPM的研究和实践。1979年，卡特总统设立了一个机构为IPM协调委员会，以确保IPM做法的发展和实施。

三、IPM概念传播与实践

在IPM思想传播和实践过程中，美国等西方国家发挥了重要作用，并促进IPM走向植保科学前沿。苏格兰和加拿大苹果害虫及秘鲁棉花害虫等典型IPM综合管理项目提供了一些早期田间成功实施IPM的模型。20世纪80年代中期以来，在IPM战略思想的指导下，瑞典、丹麦、荷兰等国在全国范围内已将化学农药的总用量减少了50%～75%，而害虫为害仍得到了有效控制。

联合国在IPM理念传播和技术推广方面发挥了组织和推进国际合作的重要作用。联合

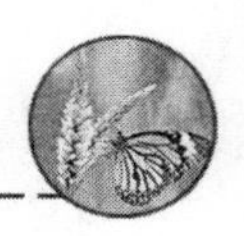

国粮农组织的害虫综合管理专家小组，尤其是在发展中国家，提供了促进 IPM 的必要合作和资源组织与共享。由粮农组织、联合国发展项目、联合国扩展项目和世界银行共同主持建立了全球 IPM 组织机构，推动 IPM 全球发展，也响应了联合国环境与发展讨论会，指出的 IPM 作为《21 世纪议程》的一部分。这个全球 IPM 组织机构作为合作、咨询、建议和筹划实体，在全球 IPM 的发展中发挥了重要作用。

许多国家的 IPM 项目通过合作得到了较大的发展。在 20 世纪 60 年代末和 70 年代初，美国国际发展机构在巴西实施了一些相关项目，包括为大豆生产和保护提供技术协助。在巴西和其他拉美国家，成功地实施了大豆 IPM 项目成为了其他农业产品类似项目的典范。

我国从国家第六个五年计划开始，一直把农作物主要病虫害综合管理技术研究列入国家科技攻关计划，先后有效地控制了东亚飞蝗、三化螟、小麦吸浆虫、稻飞虱、棉铃虫等我国重要农业害虫的危害。如今，我国 IPM 已发展为按特定生态区域，以特定作物生产系统为服务对象，组建以多种有害生物为目标的综合管理体系。

近年来，高新技术，尤其现代分子生物学技术和信息技术的发展，给 IPM 提供了新平台和技术。转基因抗病虫植物的大面积推广应用改变了人们使用化学农药习惯，也改变了农业生态系统内的物种关系。整合遥感信息、地理信息和气象信息，开展大数据综合分析，可以更好地揭示有害生物发生和发展规律，加上现代便捷的网络和新媒体平台，更加有效地普及 IPM 知识，更加便利地传播新的技术，促进 IPM 更广泛地推广和实施。

第二节 IPM 理论与方案

1967 年，联合国粮农组织定义 IPM 为“一种病虫害管理系统，在有关的环境和病虫害种群动态的背景下，以尽可能兼容的方式利用所有适当的技术和方法，将病虫害种群保持在造成经济损害水平以下。”

1972 年，美国环境质量委员会定义 IPM 为“运用综合技术管理可能危害作物的各种潜在害虫的一种方法。包括最大限度地依靠害虫种群的自然控制因素，辅之以对管理有利的各种技术综合，如耕作方式、害虫专性病原、作物抗虫品种、不育技术、诱集技术、天敌释放等。化学农药则视需要而用”。在此定义下，形成了几点共识：①“综合”意味着像调控多种害虫影响一样，协调使用多种有效方法调控害虫种群；②“害虫”的概念延伸为任何对人类有害的生物，包括无脊椎动物和脊椎动物，病原体和杂草；③“管理”就是要从生态学原理、经济学和社会学角度来考虑一套规则；④ IPM 是一种多学科相结合的管理技术体系。

1986 年，我国农业部对 IPM 提出了与国外类似的定义，即：有害生物综合管理（IPM）是对有害生物科学管理的体系。它从农业生态的总体出发，根据有害生物和环境之间的相互关系，充分发挥自然控制因素的作用，因地制宜地协调应用必要的措施，将有害生物控制在经济受害允许水平以下，以获得最佳的经济、生态和社会效益。

一、IPM 哲学思想和特点

IPM 管理体系充分体现了容忍的哲学思想。它重视生态学原理的应用，不主张消灭害虫；期望通过管理生态系统各组分来降低害虫的为害水平；允许害虫以经济损害水平以下的种群密度生活在作物生产系统。这样，这些害虫为农田有益生物提供了充足食料，有利于它们种群繁殖，维护了生物物种间生态平衡，更有利于发挥自然控制因素的作用。

根据 IPM 的哲学思想，在农业生态系统中实施有害生物综合管理时，应该充分认识到：①涉及对象不单是害虫，要求建立和保持最优的农田生态系统，实现害虫种群的科学管理。②强调分析害虫为害的经济水平与控制费用的关系。一般当害虫为害的经济损失达到或超过控制所需费用时，才采取干预措施。③强调科学合理地配置各种管理技术，充分发挥农艺管理技术和有益生物保育与利用在害虫种群管理中的作用，而慎用化学农药，它只是一项应急措施。④高度重视农业生态系统可持续发展。农田生态系统的任何改变都应该以维护各种自然因素之间的平衡为目标，全面考虑自然因素的作用，维护害虫与作物、天敌与环境间的平衡关系，同时，建立健全害虫种群数量变化的监测体系，科学合理地利用化学农药调控技术。

二、实施 IPM 的指导思想

有害生物综合管理(IPM)是对有害生物实行科学管理的体系，是运用综合技术来管理可能危害农作物的各种潜在害虫种群的一种技术体系。在最大限度地依靠农业生态系统中自然因素对害虫种群有效管理的同时，科学合理地辅之以对害虫种群有效调控的各种技术综合，包括耕作、害虫疾病、抗虫品种、不育技术、诱虫技术、天敌释放等，而化学农药则视需要而用。

一个害虫综合管理方案应将一切现有的害虫种群管理技术(包括不防治)考虑在内，并评价各管理技术、耕作技术、天气、其他害虫和要保护作物等之间的潜在相互关系，进而形成一套符合特定农业生态系统中害虫种群管理的技术体系，将害虫种群控制在经济损害水平以下，维护作物生产系统安全而可持续发展。

三、制定 IPM 方案的要求

根据 IPM 的指导思想，制定 IPM 方案应该有 3 个方面考虑：①将管理对象看成是农业生态系统中的一个组分，让一种植食性昆虫存在不一定就构成一个害虫问题；②尽可能地协调所有适当的管理技术，并科学地综合到一起加以利用是基本策略；③必须依据作物与害虫的物候期、害虫为害对象和关键时期、单项措施的控害效果和具有的兼控性，以及特定区域作物生产系统中主要害虫和有益生物种群的发生情况等。

制定 IPM 方案时要求：①了解作物或资源的生物学特性，抓住关键害虫，注重关键害虫生活史中的薄弱环节，快速鉴别生态系统中对害虫或潜在害虫有影响的关键性环境因素；②要考虑能长期单独或综合管理害虫或潜在害虫的策略和方法；③考虑并开发生态系统中特有的生物和非生物控害因素；④应充分估计生态系统的发展变化；⑤尽量让生态系统多样化；⑥制定的管理方案要有灵活性；⑦坚持对 IPM 方案的技术监督和调查，适时调整方案以适应农业生态系统的变化。

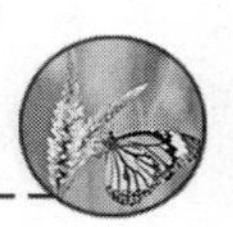

四、制定和实施 IPM 方案的步骤

按照 IPM 实施的指导思想和制定方案的要求，制定 IPM 方案应该遵循如下步骤：①确定害虫综合管理的目标。IPM 涉及的有害生物绝不是整个生态系统的所有有害生物，一定是重要而关键的有害生物。②收集相关资料。需要了解有害生物的发生、生物学和种群发展规律，生态系统中与之相关的生物和非生物互作关系，特定区域地理气候条件等。③制定综合管理技术体系。技术体系有多个单项技术综合组成，必须了解各项技术间的协调性，单项技术是否能够兼控多种有害生物及使用简单性，在综合管理技术体系中，一定是充分发挥各项技术之间的相辅相成作用。④示范和检验。制定技术体系后，非常重要的环节是示范并检验其可行性，应该建立示范区，检验技术体系的科学性、合理性、控害效果，以及对作物生产系统的影响等，并了解需要进一步改进和完善的地方。⑤总结并大面积推广。⑥方案评价和改进。当 IPM 方案通过示范并检验后大面积推广时，千万别以为已经成功了，必须指出，小范围示范和大面积推广还有很长的距离，由于大面积推广要面临更加复杂的环境条件，包括更多的生物和非生物因素的影响，因此，必须评价在新的环境条件下的运行状况，并作出适应大面积环境的技术改进，使 IPM 方案更加成熟和稳定。

在实施 IPM 方案时，为了使技术体系落实到实际生产中，所采用的模式非常重要。其中，农民田间学校就是一个不错的选择。它主要由 IPM 专家和种植人员组成，通常包括：①种植者积极参与、田间现场技术培训；②在整个作物生长季节，周期性举办种植者们会议，并接受 IPM 专家指导；③让种植者明白需要研究解决的实际问题，可以由种植者选择某个主题，在专家指导下开展研究和试验；④让种植者们学习有关生态学知识以及识别有益生物类群等。总之，只有在广大种植者的密切配合下，IPM 方案才能顺利实施，并切实做到服务于农作物生产实际。

第三节　IPM 优缺点及发展

有害生物综合管理虽然是针对农田生态系统中有害生物的一项综合管理策略，但实质上，它是一个农业生态学的问题，作物、病虫害、有益生物是一个互相联系的统一体。它以社会、经济和生态三者的协调发展为最终目标，以区域农田生态系统为服务对象，着重于生态系统中各生物之间的有机平衡，强调系统中自然因素的生态制衡作用。

一、IPM 实施的优缺点

(1)IPM 的优点　从农业生产和整个农业生态系统来看，IPM 实施带来的收益是全方位的。采用的种植方式基本上都是更常规的作物模式，能获得较好的产量和品质。在 IPM 模式中，可以培育出更健壮的植株，让植株具有一定的抗逆性；在作物生长过程中，降低了作物和种植者被化学物质污染的风险，减少了化学药剂对环境，尤其对农田生态环境的污染；大幅度降低了化学农药的使用，增强了农产品的安全性；有效地保护和培育了有益生物群落，能更好地发挥自然天敌调控有害生物种群的作用;减少了农业生产成本,增加了生产者的收益,达到了增产增效的目的。例如,在玉米生产中采用推拉策略能有效控制玉米螟的危害,既增产又提高了生产者的收益。

(2)存在的问题　尽管 IPM 的推广应用有许多优点,但也存在众多的问题。和农业产业的发展相比,IPM 项目研究进展和推广速度太慢,农业生产者没有真正认识到 IPM 项目实施的优势;农业生产者很难建立 IPM 的管理思想和理念,对农田生态系统中有害生物的管理仍然基本依赖适时使用化学药剂作为主要管理策略;针对不同的农作物种植制度,真正行之有效的 IPM 模式研发极其有限,特别是适用于特定区域农业生产的模式更少;虽然有一些也称为 IPM 模式,但大部分项目(包括节肢动物、病原体或杂草)以有害生物为中心,并非一个从农业生态系统整体出发的综合管理体系,仍然比较片面强调对特定有害生物的治理;在制定和实施一个 IPM 方案时,考虑多重生物之间的互作关系甚少,或很少了解多重生物之间的互作关系;IPM 方案实施过程中缺乏科学合理的效益评价系统;国家政策和各级政府管理部门的重视和支持远远不够;农产品市场对 IPM 系统生产出的农业商品缺乏适度的认可度。

二、IPM 推广应用的制约因素和解决途径

20 世纪 60 年代以来,IPM 一直是全球推广的主要作物保护模式。然而,来自发展中国家的种植者优先考虑采用 IPM 的障碍与发达国家种植者差异较大。令人惊讶的是,发展中国家的种植者很少采用。经过研究发现,影响发展中国家种植者很少使用 IPM 的障碍因素很多,主要包括:种植者缺乏训练和技术支持;有利的政府政策和支持不足;种植者具有较低的教育与认知水平;与施用农药的传统管理相比,实施 IPM 复杂并有一定的难度;强大的农药产业的影响;支持应用 IPM 的资金短缺,特别是缺少长期资金的支持;IPM 投入可用性的限制,如抗性品种和生物农药;IPM 推广出版物和知识的可用性缺乏;实施 IPM 生产的产品出售价格太低,导致成本非常明显地超出了收益;在改变管理方法的习惯上,种植者并不感兴趣以及很难解释和理解清楚 IPM 等。对这些阻碍发展中国家种植者采用 IPM 的原因分析,指明了我们在发展中国家加速推广 IPM 方案的方向,也说明了 IPM 方案在发展中国家使用有巨大的发展潜力。

推广应用 IPM 方案的障碍是发展中国家的现状,很多方面在我国也普遍存在。当然,我国作为世界上最大的发展中国家和新兴国际市场,更应该促进 IPM 方案的普及与推广。针对上述的瓶颈问题,主要解决途径包括各级政府部门应该高度重视加大 IPM 项目财政投入和对 IPM 项目实施者的补贴;制定合理的基层专业技术人员从事技术研究和推广的激励机制;培养和培训一批基层专业技术人员,做好试验示范工作;大力加强宣传力度,切实将 IPM 项目的实施与农产品安全密切联系起来,让更多的消费者意识到实施 IPM 就是生产优质安全的农产品。通过农民田间学校将 IPM 融入种植者的其他技术培训项目中,以取得更好的 IPM 推广效果。现阶段我国大力提倡的“科技小院”,以及正在实行的“乡村振兴规划”,都是培训和推广 IPM 计划的良好契机。

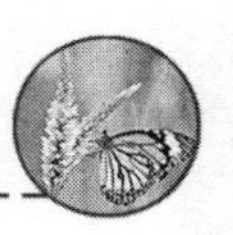

三、IPM 未来的发展

IPM 应该是一种动态而灵活的技术管理体系，在该体系中应该考虑农业生物多样性和农业生态系统的复杂性，提高种植系统的弹性，以及让作物保护具有对特定区域生产实际的适应性。在 IPM 的推广应用中，要重视其发展，以适应现代化农业生产系统。在发展 IPM 时，应该遵循一定的原则，包括：利用农艺技术组合，设计内在而健康的种植系统是预防有害生物暴发的关键；决策过程可以整合种植制度各因素来制定长期维护农田生态系统健康稳定发展战略规划；建立健全当地有害生物的监测、预警和预报系统；当单独使用非化学农药技术效率较低时，将它们联合使用可能产生有价值的协同作用；开发新的有益生物和生物制剂产品，使用现有数据库或大数据，尽可能选择对人类健康和环境影响少或无不良影响，而能调控害虫种群的生物产品；可持续作物保护是解决害虫抗药性的最佳途径。

进入 21 世纪以来，为了适应新时代农业生产的发展，需要一个发展的视角来研究和优化 IPM 技术体系，循序渐进地增加一些微调技术，使现代 IPM 体系适应于变化的农业生态系统发展。这些措施包括栽培技术应用，如作物轮作和田间管理技术、重视作物防御系统的作用、作物间作和品种混种、昆虫信息素和类激素应用、利用活生物体（主要是菌制剂和规模化天敌释放）控制害虫种群，还有抗生素和抗菌素应用等。化学农药的使用始终只能作为最后的选择。除了上述对 IPM 管理体系的微调技术外，随着科学技术的发展，将会有更多更加先进的技术加入，这些将让 IPM 的发展更符合时代的要求，并在现代农业生产中发挥更大的作用。

第十五章

农业害虫田间调查与预测预报

- 了解田间调查的内容和方法
- 掌握常见5种田间调查取样方法和条件
- 掌握历期预测法和有效积温法则及其应用
- 了解其他常见的预测预报方法和原理

研究农业昆虫、了解农业害虫和有益生物种群的发生发展、管理害虫种群及有效利用有益生物等都必须准确掌握这些昆虫种群在农田的时空变化。基本方法就是深入田间地头实地调查,掌握珍贵的第一手数据,才能正确地判断田间昆虫发生基本情况,较准确地预报农业害虫发生时期,为制定更加科学合理的害虫管理策略提供科学依据。

第一节 害虫田间调查

一、调查内容

害虫田间调查就是通过实地取样调查害虫不同阶段,或作物生长不同时期害虫种群田间真实存在的状况,为害虫种群的管理决策提供重要的参考。害虫田间调查的内容繁多,不同害虫种类或不同地域可以有很大差异,这里,简单介绍几个基本调查内容。①越冬调查。冬前(11月下旬)和翌年3月害虫开始活动前,在田间和害虫其他越冬场所开展调查,记载越冬虫态和数量,折算成密度。②田间种群数量调查。按田间取样方法调查并记录害虫数量,然后折算成一定单位内的虫量。③发育进度调查。田间调查50头虫以上,记载各虫态的数量。④系统调查。在害虫的发生期,每隔一定的时间调查一次直到发生期结束。⑤为害和损失调查。害虫的为害程度是以作物受害百分率来表示。损失调查是在调查的基础上作出损失估计,基本计算公式是:(未受害作物的产量－受害作物的产量)/未受害作物的产量×100。⑥控害效果调查。控害效果调查在农药调控害虫种群试验中用得最为普遍,一般在施药前调查一次虫口基数,施药后1天、

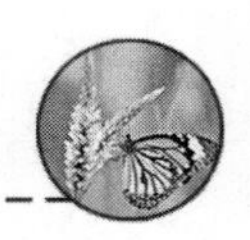

3 天或一个时间段后再调查几次，计算虫口减退率，计算公式为：虫口减退率（%）=（施药前虫口数量－施药后某调查时间虫口数量）/施药前虫口数量×100，以了解农药的控害效果或残效期。

二、田间调查方法

1. 调查类型

根据调查目的，可分为不同类型的调查，服务于病虫害预测预报，通常分为两种类型，即系统调查和大田普查。

（1）系统调查　为了解一个特定地区病虫发生消长动态，采用定点、定时、定方法，在作物的一个生长季节系统跟踪调查一种或几种病虫随不同生育期发生发展动态。

（2）大田普查　在作物生产实际中为了掌握作物生长期主要病虫发生情况，在作物种植区域选择不同类型田，根据特定区域气候条件开展较大范围内多点同期田间调查，以便指导广大种植者及时采取控制病虫种群措施。

2. 取样方法

在病虫害田间调查中，为了能准确地了解田间病虫害发生情况，为采取控制措施做准备，田间调查的取样方法非常重要。由于不同病虫在田间发生时，分布差异较大，因此，必须根据不同病虫发生与分布类型用不同的取样方式。一般常见的取样方式有 5 种。

（1）五点式取样法　从田块四角的两条对角线的交点，即正中央点开始，由此交点到四角线的中间点组成 5 点取样（图 15-1 C、D）。

（2）对角线式取样法　取样点全部落在田块的对角线上，可分为单对角线和双对角线取样。单对角线取样指在田块的某条对角线上按一定距离选取全部样点，双对角线取样指在田块四角的两条对角线上均匀地分配取样点（图 15-1 A、B）。该方法在一定程度上可以取代棋盘式取样法，但误差较大。

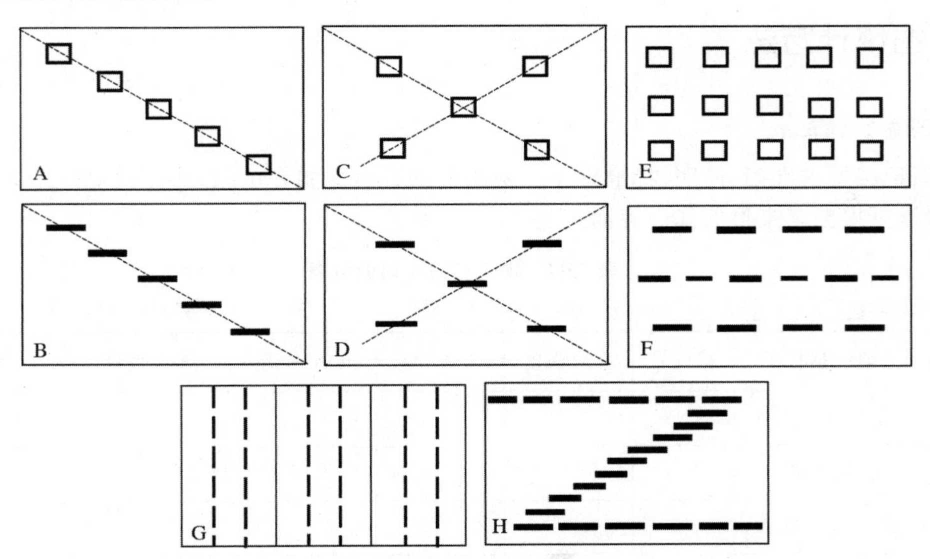

图 15-1　田间调查取样方法

A、B：单对角线式；C、D：对角线式或五点式；E、F：棋盘式；G：平行线式；H："Z"字形

(3)棋盘式取样法　将所调查的田块均匀地划分成若干小区，如棋盘，取样点均匀地分布在小区上(图 15- EF)。该取样方式多用于均匀分布的害虫调查，可获得较为可靠的结果。

(4)平行线跳跃式取样法　在调查田块中每隔数行取一行调查(图 15-1 G)。本法适用于分布不均匀害虫的调查，结果准确性较高。

(5)"Z"字形(蛇形)取样法　取样点分布于田边多，中间少，对于田边发生多、迁移性害虫，在田边呈点片不均匀分布时适用此法(图 15-1 H)，如螨类等害虫的调查。

3.常见取样方法与害虫田间分布型

作物病虫在田间的发生情况，常常受自身特性、气候条件和作物种植及生长发育时期的影响，其发生点的分布都遵循着一定的规律，通常形成不同的分布型。因此，田间调查病虫发生情况时，经常会采用不同的取样方法，以保证调查结果相对准确性。一般而言，5 点式和对角线式取样方法主要针对随机分布型病虫，棋盘式取样法主要用于随机或核心分布型病虫，平行线跳跃式主要用于核心分布型病虫取样调查；"Z"(蛇)形取样方法则主要用于嵌纹分布型病虫调查。

4.取样单位

在农作物病虫害田间调查过程中，除了根据不同调查目的和病虫田间分布选取调查类型和取样方法外，取样单位也非常重要。取样单位通常有长度、面积、单位时间、植株数、诱集(收集)物单位等。①长度。用于密集条播作物害虫的调查，如每 1.0 m 样点虫数。②面积。用于统计地面(下)害虫、密集作物害虫调查。如每 1.0 m^2 样点虫数。③体积。用于贮量害虫调查。④重量。用于粮食、种子中的害虫调查，如单位重量虫数。⑤时间。用于调查活动性大的害虫。如记录单位时间内起飞、经过某地点或捕获的虫数等。⑥植株或植株部分器官。用于大型植物的害虫调查。如单位叶片、枝条、花蕾、果实等虫口数量。⑦器械。如捕虫网扫捕一定网数，换算成每网昆虫个体数；黑光灯以一定光度在一定时间内诱集的虫数，可记为每灯诱虫数。

三、数据统计方法

1.调查数据记载

数据记载要求准确、简明、标准统一。常用的调查表格如表 15-1，表 15-2，表 15-3，表 15-4(具体项目可根据调查目的和内容而定)。

表 15-1　地下害虫田间调查表

调查地点：__________县__________镇__________村________组　　　时间：______年__月__日

地点	土壤植被状况	样坑号	样坑深度	害虫名称	虫期(虫态)	害虫数量	备注

调查人：

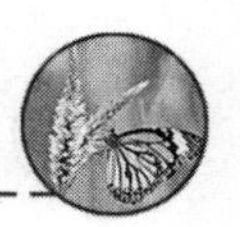

表 15-2　玉米螟产卵及孵化情况调查表

调查地点：__________县__________镇__________村________组　　时间：______年__月__日

调查日期	田块类型	作物生育期	调查株数	卵块数	百株平均卵块数	已孵和将孵卵块数			已孵和将孵卵块百分率	备注
						已孵卵块	有黑点卵块	合计		

表 15-3　小菜蛾虫口密度和发育进度调查表

单位：　　　　　　　　年度：　　　　　　　调查人：

日期（月/日）	地点	蔬菜种类	播期（月/日）	蔬菜生育期	各虫态数量/(头/百株)					各虫态比例/%					备注
					卵	1至2龄	3至4龄	蛹	总虫数	卵	1至2龄	3至4龄	蛹	总虫数	

表 15-4　小菜蛾大田普查虫量及为害情况调查表

单位：　　　　　　　　年度：　　　　　　　调查人：

日期（月/日）	地点	蔬菜及品种	播期（月/日）	蔬菜生育期	百株卵量	百株虫量	百株蛹量	虫株率/%	备注

2.调查数据整理及结果计算分析

(1)被害率　反映害虫为害的普遍程度，计算公式为：被害率＝被损(为)害单位数/调查单位总数×100%

(2)虫口密度　表示1个单位内虫口数量。通常虫口密度＝调查总虫数/调查总单位数。也可用百株虫量表示，即百株虫量＝调查总虫数/调查总株数×100

此外，具体需要哪些统计结果，根据调查表格记录的数据和调查目的的要求，整理统计分析出不同的数据结果，如百株幼虫/卵量，某虫态发育进度，不同虫态所占比例等。

3.损失情况的估计

害虫造成的损失应该以生产水平相同的受害田与未受害田产量或经济总产值对比来计算，也可以用施药区与不施药区的产量或经济总产值对比来计算。公式为：损失率＝(施药区产量－不施药区产量)/施药区产量×100％，或者损失率＝(未受害田平均产量或产值－受害田平均产量或产值)/未受害田平均产量或产值×100％

第二节　害虫的预测预报类型和方法

一、概念及意义

害虫预测预报是管理好农业生产中害虫发生情况及程度的一项重要工作，虽然很辛苦，但在保护农作物降低害虫为害的工作中显得非常重要。所谓害虫预测预报，就是根据害虫发生发展规律以及作物的物候、气象预报等资料进行全面分析，作出其未来发生期、发生量、为害程度等估计，预测害虫未来的发生动态，为提前做好害虫管理的准备工作提供参考。

做好害虫预测预报对科学合理地预知害虫发生情况和有效管理害虫，减少作物经济损失具有重要意义。①准确的害虫测报，可以增强管理害虫的预见性和计划性，提高管理害虫工作的社会效益、生态效益和经济效益，保证农产品生产更加经济、安全、有效；②害虫测报工作所积累的系统资料，可以进一步掌握有害生物的动态规律，乃至运用系统工程学的理论和方法分析农田生态系统内各类因子与害虫为害的关系；③为因地制宜地制定最合理的综合管理方案提供科学依据。

二、害虫预测预报类型

1.按预测预报内容划分

(1)发生期预测　预测某种害虫的某虫态或虫龄的出现期或为害期；对具有迁飞习性的害虫，则预测其迁出或迁入本地的时期。

(2)发生量预测　预测害虫的发生数量或虫口密度，主要是估计害虫未来的虫口数量是否有大发生的趋势和达到经济损失水平的虫口密度或经济阈值。

(3)迁飞害虫预测　指根据害虫发生的虫源地迁飞害虫的发生动态、数量，以及生物、生态和生理学特性，迁出迁入地区作物生育期和季节变化规律，结合气象资料等，预测害虫迁飞时期、数量及作物虫害发生区域等。

(4)灾害程度预测和损失估计　在害虫发生期和发生量等预测的基础上，根据作物栽培和害虫猖獗程度，进一步研究预测某种作物发生虫害的敏感时期，推断虫灾轻重程度或所造成损失的大小。

2.按预测预报时间长短划分

(1)短期预报　预报期限一般在20 d以内。一般做法：根据害虫前一、二个虫态的发生情况，推算随后一、二个虫态的发生期和数量，以确定未来的害虫种群管理适期、次数和管理方法。短期预报是生产实际中较普遍采用的方法。

(2)中期预报　预报期限在20 d至1个季度，一般在一个月以上。通常根据上一个世代

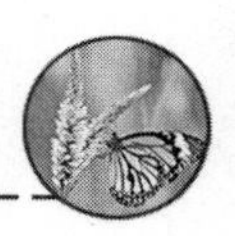

发生情况预测下一个世代的发生情况，以确定害虫种群管理对策和部署管理工作。

（3）长期预报　预报期限通常在一个季度（3 个月）以上。如害虫发生量趋势的长期预测，植保部门常根据越冬后或年初某种害虫的越冬有效虫口基数及气象资料等，预测当年该害虫全年发生动态和灾害程度，例如，全国农业技术推广中心每年年初都会发布本年度全国主要农作物重要病虫害发生趋势预报。

三、预测预报方法

（1）观察法　通过直接观察害虫发生与作物物候变化，确定虫口密度、害虫生活史及与作物生育期的关系；随后，运用物候现象、发育进度、虫口密度和虫态历期等观察资料预测其发生情况。观察法为现行较通用的预测方法，常预测发生期、发生量和灾害程度。

（2）实验法　应用实验生物学方法，确定害虫各虫态发育速率和有效积温，然后结合当地气象资料预测其发生期。也可以根据植物营养、气候、天敌等因素对害虫生存、繁殖力的影响，为预测害虫发生量提供依据。

（3）统计法　根据多年观察积累的资料，探讨某种因素如气候因子、物候现象等与害虫某一虫态的发生期、发生量的关系，或者害虫本身前后不同发生期或发生量的关系，进行相关回归分析或数理统计计算，组建预测模型进行预测。

第三节　害虫发生期预测

害虫发生期预测对了解害虫田间发生情况至关重要。通常以害虫发生的正态分布图为标准，从时间上将害虫各虫态的发生期划分为始盛期、高峰期和盛末期。在发生时间上，害虫发生的种群数量以时间为横坐标，发生数量（或百分率）为纵坐标，形成的种群变化图近似正态分布曲线。如果纵坐标（种群数量）改为累加虫数（或累加百分率），则图形为“S”形曲线。各虫态发生期的划分标准：始盛期，害虫出现量占总量的 16%（20%）；高峰期，害虫出现量占总量的 50%；盛末期，害虫出现量占总量的 84%（80%）。

一、发育进度预测法

该方法根据害虫前一虫态（期）的发育进度，参考当时气温资料、相应虫态历期等，推算出下一虫态（期）的发生期。通常用于短期预报，准确性较高，是目前的常用方法。

（1）历期法　在某一虫态田间发育进度系统调查的基础上，推算出该虫态始盛期、高峰期和盛末期的时间，分别加上当地气温条件下该虫态的历期，即可预测后一虫态的始盛期、高峰期和盛末期。

例如根据历期法预测某地二化螟始盛期、高峰期和盛末期。某水稻产区为二化螟常发地区，为了做好该虫成虫诱杀工作，需要知道成虫发生高峰期情况，现有二化螟某代化蛹进度表 15-5，根据田间二化螟化蛹进度（该地区蛹期为 8 d 左右），预测发蛾始盛期、高峰期和盛末期。

从表 15-5 二化螟化蛹进度数据可知，7 月 21 日至 7 月 22 日的化蛹进度为 16%左右，达到了化蛹的始盛期，加上蛹历期 8 d，则二化螟成虫始盛期应为 7 月 29 日至 7 月 30 日，又从表中可知 7 月 24 日至 7 月 26 日化蛹进度为 50%左右，达到了化蛹的高峰期，加上蛹历期 8 d，推算二化螟成虫高峰期应为 8 月 1 日至 8 月 3 日，再根据表中推算 7 月 31 日化蛹进度为 84%左右，达到了化蛹的盛末期，加上蛹历期 8 d，推测成虫发生盛末期为 8 月 8 日。

表 15-5　某地二化螟化蛹进度数据表

调查日期	7-16	7-18	7-20	7-22	7-24	7-26	7-28
化蛹进度/%	1.16	3.90	8.05	19.4	49.4	50.7	57.6
调查日期	7-30	8-1	8-5	8-7	8-9	8-11	
化蛹进度/%	66.7	95.7	—	—	—	—	

(2)分龄分级法　昆虫各虫态发育阶段往往表现出特定的形态特征，如不同龄期幼虫头壳大小、体色和体表斑纹等的差异；不同日龄卵和蛹颜色变化等，根据不同发育阶段、特定虫态的形态特征变化对卵、卵巢和蛹的发育进度分级，幼虫分龄，计算各龄各级占总虫数的百分率，可明确该虫态当时处于发育的始盛期、高峰期还是盛末期，再加上相应发育阶段的历期，即可预测其后一虫态的发生期。该法最大的优点是不需要做发育进度的系统调查，既可短期预报，也可中期预报。

二、期距预测法

所谓期距，是指适合当地发生的各种主要害虫任何两种现象之间的时间间隔。它不限于世代与世代之间、虫期与虫期之间、两个始盛期或两个高峰期之间，还可以是一个世代内或跨世代或虫期等。期距的确定主要是利用当地多年积累的有关害虫发生规律历史资料，统计分析和总结出当地各种主要害虫的任何两个发育阶段之间时间间隔的观察值。在统计分析时，除了计算历年的平均期距和标准差外，还应按害虫的早发生年、中发生年和晚发生年，分别计算平均期距和标准差，以提高预报的准确性。

期距预测法是根据当地多年系统调查的历史资料，总结并推算出害虫两种现象之间的时间间隔(期距)，根据前一种现象出现的时间，加上期距，即可推算出后一种现象出现的时间。例如，某年 4 月 10 日，调查二化螟越冬代的化蛹率为 38%，已知越冬代逐日平均化蛹递增率为 2.21%，且已知该地区越冬代到第二代化蛹高峰期平均期距为 76.13±2.24 d，预测第二代化蛹高峰期的时间的。计算步骤为：①4 月 10 日距离越冬代高峰期的时间(d)为(50%－38%)/2.21%＝5；②越冬代化蛹高峰期为 4 月 15 日；③第二代化蛹高峰期为 4 月 15 日＋76.13(±2.24)，即高峰期时间为 6 月 28 日至 7 月 2 日之间。

该预测方法具有应用范围广，简单易行的优点，适用于病虫发生的短期和中期预测。但该方法区域性强，要求具有稳定的种植和耕作制度，如果耕作制度改变、作物品种更换和农药使用等，都会导致期距的改变，而使预测结果与实际发生出现显著的偏差。

三、有效积温预测法

1.有效积温概念

无论是植物还是变温动物，其发育都是从某一温度开始的，而不是从零度开始。生物开始

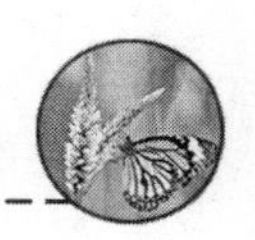

发育的温度称为发育起点温度。生物某一发育阶段，从发育起点温度开始到这个阶段结束，此期间的温度累积就是该生物在这个阶段的有效积温。

2. 有效积温法则

每种昆虫在生长发育过程中，需从外界摄取一定的热量才能完成其某一阶段的发育，而昆虫各个发育阶段所需要的总热量是一个常数，即为有效积温法则。计算公式为：$K=N(T-C)$，其中 T 为发育期间的实际温度(℃)；C 表示发育起点温度(℃)；N 为生长发育所需时间(日)；K 为常数(有效积温)，单位是日·度。

3. 有效积温和发育起点温度的测定

要得到昆虫及其各虫态的有效积温(K)，首先要测定发育起点温度(C)。在不同温度(T)下饲养某种昆虫，观察并记录不同温度下发育所需时间(N)，然后换算成发育速率($V=1/N$)，进而推算出 C 和 K 值。注意：实验温度阶梯越多，得到的数值准确性越高。一般要求至少设5个温度梯度。

4. 有效积温的应用

有效积温(K)和发育起点温度(C)决定后，可以推测一种昆虫在不同地区可能发生的世代数，估计昆虫在地理上可能分布的界限，预测昆虫的发生期等。

(1)推测一种昆虫的地理分布界线和在不同地区可能发生的世代数　确定一种昆虫完成一个世代的有效积温(K)，根据气象资料，计算出某地对这种昆虫全年有效积温的总和($K1$)，两者相比，便可以推测该地区1年内可能发生的世代数(N)。计算公式为：$N=K_1/K$。如果 $N<1$，意味着在该地全年有效积温总和不能满足该虫完成一个世代的积温，即该虫1年内不能完成一个世代。如果是1年发生多个世代的昆虫(不是多年发生一个世代的昆虫)，也将会成为地理分布的限制。例如：如果 $N=2$，该虫在当地1年可能发生2代；如果 $N=5.5$，该虫在当地1年内可能发生5～6代。

(2)预测和控制昆虫的发育期　如已知一种昆虫的发育起点温度(C)和有效积温(K)，则根据实际气温(T)预测下一发育期的出现。同样，在饲养昆虫实验种群时，可调控饲养条件下的温度，适时获得需要的虫期。

5. 有效积温在应用上的局限性

有效积温的推算，目前还是假定昆虫在适温区内温度与发育速率成正比关系的前提下，按照有效积温的基本公式进行推导的。从关系式 $T=C+KV$ 看，这是典型的直线方程式。但在大多数昆虫中，偏低或偏高的温度范围常常不是随着温度的提高而呈正比例加快，只在最适温度范围内这两者的关系才接近于直线。因此，为了计算积温而选择的温度处理应在最适温或接近于最适温区范围之内。同样，通过计算推导出来的发育起点温度，对计算有效积温有重要参考价值，但与实际的发育起点常会存在偏差。

一些昆虫在温度与发育速度的关系曲线上(在最适温度范围内)，可能出现发育恒定温区，这也是产生偏差的原因之一。一些有效积温数据往往来自室内恒温饲养条件下，而昆虫所处的自然条件是变温环境，在一定变温条件下，某些昆虫的发育往往不同于相应的恒温条件。此外，气象学上的日平均气温也不能完全反映实际温度，且与昆虫实际生活的小气候环境不完全相同。生理上有滞育或高温下有夏蛰习性的昆虫，在滞育或夏蛰期间，有效积温不适用。

四、物候预测法

所谓物候，一般指自然界中各种生物现象出现的季节性规律。害虫发生物候预测法的原理就是根据害虫与周围其他生物的物候有直接和间接关系而作出预测。直接关系包括害虫与寄主植物生物学和生理学上的直接联系，如害虫与寄主植物的物候联系。例如，木槿发芽，棉蚜越冬卵孵化；小麦抽穗时，吸浆虫成虫出土等。间接关系主要是害虫发生与其他植物或动物的物候联系。根据它们的稳定的配合现象能很好地预测害虫的发生。

例如，“桃花红，松毛虫出叶丛；枫叶红，松毛虫钻树缝”等可准确掌握松毛虫出蛰和入蛰时间。“南洋风起棉叶红”可预测长江流域棉花红蜘蛛大发生。“柳絮遍地扬花，棉蚜长翅搬家”预测柳絮纷飞时节，正是棉蚜从越冬寄主转移到大田作物寄主的时间。

第四节　害虫发生量预测

生产实际中，预测害虫发生数量或发生程度，是确定是否需要管理及何时管理的重要依据。害虫发生或危害程度一般分为6级：即轻、中偏轻、中、中偏重、重和特大发生，也可分为小发生、中发生和大发生3个等级。常用有效虫口基数预测法预测。

一、有效虫口基数预测法

有效虫口基数预测法是目前应用比较普遍的一种预测害虫发生量的方法。害虫的发生量通常与前一代的虫源基数有着密切关系，因此，可以通过调查前一代有效虫口基数来预测下一代的发生量。

预测公式：

$$P = P_0\left[e \cdot \frac{f}{m+f} \cdot (1-d)\right]$$

式中，P为预报虫量；P_0为虫源基数；e为平均单雌产卵量；m为雄虫数；f为雌虫数；$f/(m+f)$为雌虫百分比；d为死亡率（包括卵、幼虫、蛹、未产卵成虫）。

二、经验指数预测法

经验指数预测法是指在研究分析某一地区害虫发生主导因素的基础上，根据历年资料统计分析得出与害虫发生量相关因素的值，用于害虫发生量或危害程度的预测，有时也用于发生期预测。常用经验指数有以下几个。

（1）温湿系数或温雨系数（E）　温湿系数计算式为$E=RH/T$；温雨系数公式为$E=P/T$。公式中RH为月、旬、候平均相对湿度，T为月、旬、候平均相对温度，P为月、旬、候总降雨量。

（2）水分积分指数（Q）　公式为：$Q=\left(\frac{x}{S_x}+\frac{y}{S_y}\right)/2$。式中，$x$为雨量，$S_x$为常年同期雨量标准差，$y$为雨日，$S_y$为常年同期雨日标准差。

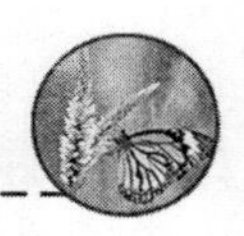

(3)天敌指数　指通过分析当地多年天敌与害虫种群数量变动的资料，结合实验测定，获得天敌可控制害虫种群数量相关的指标，来预测田间害虫种群发生量。

计算天敌指数公式：$P=\dfrac{x}{\sum(y_i \cdot e_y)}$

式中，P 为天敌指数，x 为目标害虫平均密度，y_i为某种天敌平均密度，e_y为某种天敌对目标害虫每日取食量。例如，棉蚜种群消长与天敌自然控制作用密切相关。在华北地区，当 $P\leqslant 1.67$ 时，棉蚜种群在 4～5 d 内将被抑制，不需要管理。

三、形态指标预测法

形态指标预测法是指以某种害虫的形态变化和生理状况作为预测指标，预测害虫未来发生量的趋势。这种预测方法在多型现象害虫发生量预测中应用较多。

该预测方法在实际生产中会经常用到。例如，根据害虫翅发育情况预测是否有迁飞行动。蚜虫具有多型现象，食物、气候条件适宜时，无翅蚜多于有翅蚜，根据二者的比例可以预测未来蚜虫数量趋势。研究表明，华北棉区，田间棉蚜有翅蚜不超过 25%～30%时，经过 10 d，棉田蚜量将大幅增加；有翅蚜达到 38%～45%时，7～10 d 后将大量扩散，植株上蚜量自然会减少。再如，稻飞虱有长翅型和短翅型，短翅型雌虫数量多，表明飞虱将大量产卵，是大发生前兆，作物将受害严重；反之，长翅型雌虫大量出现，则预示着大量飞虱成虫将要离开此田块。

附录：预测模型案例

稻褐飞虱迁飞预测(根据日本国家农业研究中心)

1.预测区域

预测区域位于东亚地区，从中国南部延伸到朝鲜半岛和日本西部。

2.预测方法和过程

所有过程都是在一台并行计算机上自动执行。

- 飞虱飞越中国东海。由于其飞行速度小于 1 m/s，它们在迁飞过程中主要依靠风来携带。因此，使用数值天气预报模型预报大气条件。
- 利用拉格朗日(Lagrangian)扩散模型计算了预测风场中飞虱迁移的时间位置。
- 飞虱在黄昏或黎明起飞，因此，每天在 10 UTC 和 21 UTC 两种不同起飞时间进行模拟。
- 根据中国的水田图和诱光灯位置设置起飞区域。
- 根据昆虫的位置计算最低层(离地 0～100 m)的飞虱相对密度。
- 最后，生成输出数字并传输到 Web 服务器。

Data source：National Agricultural Research Center of Japan http：//agri. narc. affrc. go. jp/

第三篇

农业害虫管理案例分析

案例分析各章节知识点

- 了解各作物生长发育或害虫所处环境条件(地下害虫、蔬菜、果树、储粮和迁飞性害虫)与不同害虫种类的关系;
- 了解主要害虫种类地理分布、关键形态特征及为害状田间识别;
- 掌握重要害虫的生活史及发生规律;
- 掌握重要害虫发生的影响因素,特别是农田生态环境的影响;
- 树立科学运用害虫生物学、发生规律和环境影响指导害虫管理的理念;
- 合理有效利用管理技术控制害虫种群在经济损害水平以下。

第十六章

地下害虫及其管理技术

地下害虫是指在害虫生活史中，一生或其中某（几）个阶段生活在土壤中，为害植物种子、幼苗、地下组织或近地表主茎等的一类害虫。其种类多，分布广，为害损失大。在这里，采用地下害虫这种说法只是一种传统习惯的称谓，也就是这些生活在土壤中的害虫虫态造成农作物的损失更大一些。事实上，还有些害虫也有为害农作物地下组织的虫态，如黄条跳甲类、甜菜象甲等幼虫，习惯上都将它们归属于特定作物害虫。长期以来，地下害虫的管理是一个非常具有挑战的难题，化学农药的土壤处理几乎是唯一的方法，因此，重视地下害虫种类在特定区域农业生态系统中发生规律的研究，掌握好这些害虫地上活动虫态的管理时机是管理地下发生与为害虫态种群密度的关键。

第一节　地下害虫概述

一、我国地下害虫现状

地下害虫属于世界性的重要农林害虫，是国内外公认的难以测报和管理的重大害虫，在我国各地发生普遍。地下害虫的发生通常有一些特点：①地域广泛。在平原、丘陵、山地、草原、旱地和水田，都有不同类群地下害虫的分布。②为害植物繁多。几乎能为害粮食作物、棉花、油料、蔬菜、瓜果、烟草、糖料、向日葵、麻类和牧草等所有农作物，也是固沙植物、林木苗圃、草坪、中草药和花卉等植物的重要害虫类群。③为害时间长。春、夏、秋三季(在南方包括冬季)均能为害。④隐蔽性。大多类群或种类的幼(若)虫生活在土壤中，其通常取食植(作)物的发芽种子、幼苗、根系、嫩茎及块根、块茎等；⑤为害严重。苗期受害，常造成缺苗断垄，甚至毁种重播；破坏根系组织，啃食地下嫩果和块根、块茎等，影响作物产量品质，严重者可造成绝收。

二、重要种类及发生区域差异

我国地下害虫种类很多，《中国常见地下害虫图鉴》记载有 7 个目，28 余科，共 181 种，主要包括蛴螬、蝼蛄、金针虫、地老虎4大类；其次有拟地甲、根蛆、根蝽、跳甲、象甲、根蚜、根蚧、根天牛、白蚁和弹尾虫等10余类。

地下害虫发生的区域差异较大，各地区分布和为害程度常有差别。地老虎在各地区普遍发生，优势种群因地而异，均造成严重为害。东方蝼蛄在我国南部和中部为害较重；华北蝼蛄主要发生于北方。蛴螬、金针虫在我国旱作地区普遍发生，黄河流域及其以北地区为害较重。根蛆以华北、东北为害较重。总体来看，地下害虫的发生频率与为害程度，常常北方重于南方。

三、害虫发生特点

害虫发生特点包括：①寄主范围广。地下害虫大多数种类寄主范围较广泛，同一种地下害虫常常可以为害多种植物。②多数生活周期长。主要地下害虫如金龟甲、叩头甲、拟地甲、蝼蛄类等的生活周期都很长，一般少则一年发生一代，多则2～3年发生一代，甚至生活周期更长。③少数种生活周期短。如根蚜、根蛆等。④与土壤关系密切。土壤是地下害虫的隐蔽场所，为它们提供居住、保护、食物、温度、湿度、空气、通道等条件。土壤的粒子大小、团粒结构、有机质、含盐量、酸碱度，土壤中的温度、湿度、含水量等，对地下害虫的存活、活动、繁殖、为害都有很大的影响。

四、发生与生活规律

根据地下害虫在地下或地上活动为害的情况，其生活方式大体可分为3种类型：①各虫态基本上都在土中生活，仅成虫出现在土上活动、交尾，如蛴螬、金针虫、拟地甲、根蛆、根蝽等。②幼虫白天生活在土中，夜间爬出土面为害。其蛹则在地下蛹室内，羽化为成虫后出土活动，如地老虎等。③成虫将卵产在地下，而成虫和若虫则在地上或地下均能活动为害，如蝼蛄等。

五、地下害虫综合管理技术

地下害虫的综合管理原则，应根据虫情，因地制宜，做到地下害虫地上控，成虫、幼虫结合管理，田内田外选择性管理。

1. 农艺管理技术

农艺管理技术包括：①清洁田园。头茬作物收获后，及时铲除田间杂草，以减少害虫产卵和隐蔽的场所。在作物出苗前或地老虎1～2龄的幼虫盛发期，及时铲净田间杂草，减少幼虫早期食料。将杂草深埋或运出田外沤肥，消除产卵寄主。②灌水灭虫。有条件的地区，春播前农田浇灌后，可使土壤的温度、湿度发生变化，对地老虎、蛴螬等地下害虫生存不利，可使其死亡率在90%以上。③人工捕捉。利用金龟子的假死进行扑打，保护树木不受为害，并减少土中蛴螬发生。在地老虎点片发生时，采用拨土捕捉，有一定效果。对蝼蛄也可进行人工捕捉，减轻为害。

2. 诱杀技术

根据地下害虫的一些习性，可以采取一些诱杀技术，主要包括：①灯诱杀虫。主要针对一

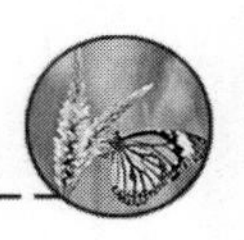

些趋光性害虫，如地老虎、金龟子、蝼蛄的成虫，对黑光灯有强烈趋向性，根据各地实际情况，可于成虫盛发期，置一些黑光灯诱杀。②毒草诱杀。一般将新鲜草或菜切碎，用 50%辛硫磷乳油 100 g，加水 2～2.5 kg，喷在 100 kg 草上，于傍晚分成小堆放置田间，诱杀地老虎。也可用 1 m 左右长的新鲜杨树枝泡在 50 倍的 40%氧化乐果液中，10 h 后取出，于晚间插入春播作物地内，每 667 m^2 10～15 枝，诱杀金龟子效果较好。③毒饵诱杀。如炒香的麦麸、豆饼拌上 90%敌百虫诱杀蝼蛄；放置"糖醋酒＋90%敌百虫混合剂"诱杀地老虎的成虫；炒香新菜籽饼拌上 90%敌百虫诱杀地老虎幼虫等。

3. 化学药剂调控技术

（1）撒施药土　每 667 m^2 用 50%辛硫磷乳油 30 kg 拌细沙或细土 25～30 kg，在根旁开浅沟撒入药土，随即覆土或结合锄地把药土施入，可防地下害虫。

（2）药剂拌种　用辛硫磷乳油 1 000～1 500 倍液拌种，堆闷 3～4 h，待种子八成干时播种。有效期 25～28 d，可管理种蝇、蝼蛄、蛴螬、金针虫等地下害虫。

（3）地面施药　将配好的药液喷施在地面，地老虎幼虫出来为害幼苗时，正与药物相遇，地老虎幼虫中毒而亡，使用的药剂最好为触杀剂。

（4）毒液灌根　在地下害虫密度高的地块，采用毒液灌根的方法管理害虫。如甜菜、玉米、花生等作物在苗期受到地老虎为害时，可用 40%甲基异柳磷 50～75 g，加水 50～75 kg，在下午 4 时开始灌苗根部，杀虫率达 90%以上，兼治蛴螬和金针虫。

第二节　地老虎类

地老虎（幼虫俗称地蚕），属于鳞翅目，夜蛾科，是重要农作物害虫。在农业生产上能造成危害的有 10 多种，其中以小地老虎[*Agrotis ypsilon*（Rottemberg）]危害最重，为迁飞性害虫，全国各地普遍发生，但仅在长江沿岸部分地区发生较多。其次，黄地老虎[*Agrotis segetum*（Denis et Schiffermüller）]在我国北方地区发生普遍，在南方也有少量发生，近年来，在淮北、东部沿海棉区，如山东、江苏等地区及新疆地区，有逐年严重的趋势。八字地老虎（*Agrotis cnigrum* Linnaeus）为常见种；大地老虎（*Agrotis tokionis* Butler）、白边地老虎（*Euxoa oberthuri* Leech）、显纹地老虎[*Euxoa conspicua*（Hübner）]、警纹地老虎（*Euxoa exclamationis* L.）、冬麦地老虎[*Rhyacia auguroides*（Rothschild）]、绛色地老虎[*Peridroma saucia*（Hübner）]等常在局部地区猖獗成灾。这里，我们以小地老虎为例介绍地老虎类害虫的发生情况与管理技术。

一、分布与为害

小地老虎的分布遍及世界 6 大洲和大洋中的很多岛屿，国内各省区均有分布，但主要为害区集中在雨量丰富、气候湿润的长江流域和东南沿海、低洼内涝地区和灌区。近 20 多年北方水浇地面积扩大，其为害区范围也随之扩大。

寄主范围十分广泛，已经记载的寄主植物达 106 种。小地老虎不仅为害玉米、高粱、谷子、糜子、麦类、棉花、烟草、马铃薯、甘薯、芝麻、豆类、向日葵、苜蓿、麻类等农作物和各种蔬菜，而且为害果树、林木、花卉等苗木和多种野生杂草。各地均以第 1 代幼虫的为害最大，1～2 龄幼虫取食作物心叶或嫩叶，3 龄以上幼虫咬断作物幼茎、叶柄，严重时造成缺苗断垄，甚至毁种重播。

二、形态识别(图 16-1)

(1)成虫　体长 21～23 mm，翅展 48～50 mm。前翅棕褐色，前缘区黑色，翅脉纹黑色。外缘以内多暗褐色。内横黑色波浪形双线，其上有黑色棒状纹。中横线波浪形、暗褐色，其上具黑边肾状纹、肾凹处向外有 1 楔形黑纹伸至外横线，环纹内为圆灰斑，位于内中横线之间。外横线褐色双波浪线，其内缘具 2 楔形黑纹，尖齿向内，并与肾状的楔形黑纹形成三角位。亚缘线灰色、锯齿形，亚缘线与外横线间各脉上有小黑纹。外横线与亚缘线间淡褐色。后翅灰白色。

(2)卵　馒头形，具纵横隆线。

(3)幼虫　圆筒形，老熟幼虫体长 37～50 mm，宽 5～6 mm。头部褐色，体灰褐至暗褐色，体表粗糙，背线、亚背线及气门线均黑褐色；前胸背板暗褐色，黄褐色臀板上具两条明显的深褐色纵带；胸足与腹足黄褐色。

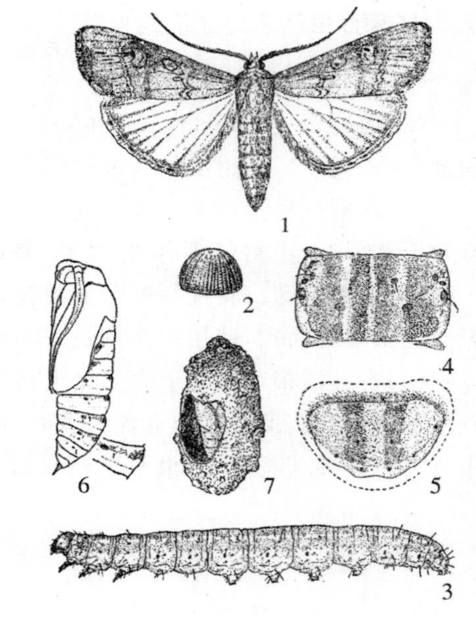

图 16-1　小地老虎

1. 成虫；2. 卵；3. 幼虫；4. 幼虫第 4 腹节背面观；5. 幼虫末节背板；6. 蛹；7. 土茧(仿浙江农业大学)

三、发生规律与生活习性

1. 发生世代

无滞育现象，条件适宜时可终年繁殖。在我国 1 年发生 1～7 代，年发生代数和发生期因地而异，各地发生代数和成虫发生期见表 16-1。

表 16-1　小地老虎在我国各地发生代数和成虫发生期

地区	发生世代	成虫发生期/(旬/月)						
		越冬代	第 1 代	第 2 代	第 3 代	第 4 代	第 5 代	第 6 代
广西南宁	7	上/1—中/3	中/4	下/5—上/6	下/6—中/7	上/8—下/8	中/9—下/9	上/11—下/11
福建福州	6	上/1—中/2	中/3—上/4	上/5—上/6	中/6—上/7	中/7—下/10	上/11—上/12	
重庆	5	上/3—上/5	上/4—上/5	中/5—下/6	下/7—上/8	下/8—上/10		
江西南昌	5	上/3—中/5	上/6	上/7—下/7	下/7—上/8	上/9—11		
江苏南京	5	上/3—中/5	下/5—中/6	中/7—下/8	下/8—上/9	中、下/10		
河南郑州	4	上/3—下/4	下/5—上/7	中/7—中/8	上/9—上/10			
陕西汉中	4	上/3—中/4	中/5—中/7	中/7—下/8	下/8—下/10			

续表 16-1

地区	发生世代	成虫发生期/(旬/月)						
		越冬代	第 1 代	第 2 代	第 3 代	第 4 代	第 5 代	第 6 代
北京通州区	4	下/3—上/5	中/5—中/6	中/7—中/8	下/8—中/9			
甘肃兰州	4	上/3—中/5	中/5—中/6	中/7—中/8	下/8—中/9			
宁夏银川	4	下/3—中/5	上/6—中/7	中/8—中/9	10—11			
山西大同	3	中/4—中/6	上/7—上/8	中/8—上/9				
内蒙古呼和浩特	3	下/3—中/5	中/6—中/8	中/8—下/10				
黑龙江嫩江	2	初/5—中/6	下/6—下/7					
新疆墨玉	—	8—9	10—11					

2.发育与越冬习性

在 25 ℃条件下，小地老虎的卵期为 5 d，幼虫期 20 d，蛹期 13 d，成虫期 12 d，全世代历期约 50 d。受发生期温度的影响，不同世代的发育历期相差很大，在多数地区第 1 代发生期气温低，发育历期长。局部地区越冬代因气温过低而无法完成。

越冬情况随各地冬季气温的不同而不同。在我国的越冬北界位于 1 月份 0 ℃等温线或北纬 33 °以南，按 1 月份不同等温线可分为 4 类越冬区。

(1)主要越冬区　10 ℃等温线以南。夏季高温期间很难见到，秋季虫源来自北方。冬季生长发育正常，形成较大种群，翌年 3 月份越冬代成虫大量迁出，为我国春季主要迁出虫源基地。

(2)次要越冬区　4～10 ℃等温线之间。夏季虫量较少，秋季迁入虫量也少。1—2 月份气温低于幼虫发育起点温度，幼虫发育缓慢，越冬代成虫到 4 月份才出现迁出峰，且迁出量较少。春季有大量北迁成虫过境。

(3)零星越冬区　0～4 ℃等温线之间。夏季和秋季种群密度较低，秋季迁入虫量少，冬季 0 ℃低温持续时间长，小地老虎极少存活，春季虫源来自南方，并有部分过境。

(4)非越冬区　0 ℃等温线以北。冬前虫量极少，冬季全部死亡。春季越冬代成虫全部由南方迁入，第 1 代成虫大量外迁。

3.主要习性

成虫昼伏夜出，白天潜伏于土缝、杂草丛、屋檐下或其他隐蔽处，夜晚活动、取食、交配和产卵。晚上有 3 次活动高峰，第 1 次在天黑前后，第 2 次在午夜前后，第 3 次在凌晨以前，其中以第 3 次高峰虫量最多。成虫对黑光灯有强烈的趋光性。多数地老虎成虫羽化后需要取食补充营养，对糖、蜜、发酵物、萎蔫的杨树枝把等具有明显的趋化性；但黄地老虎对糖、醋、酒混合液无明显趋性，却喜欢取食洋葱花蜜；白边地老虎对糖、蜜的趋性也弱。成虫羽化后 1～2 d 开始交配，一般交配 1～2 次，少数交配 3～4 次。6～7 d 后停止交配进入产卵盛期。雌蛾交配后即可产卵，产卵历期 4～6 d，产卵量数百粒至上千粒。卵散产，极少数多粒聚产在一起。产卵场所因不同季节或地貌而异，在杂草或作物未出苗前，卵多产在土块或枯草上；寄主植物丰盛时，

卵多产在植株上。

幼虫一般 6 龄，少数个体 7～8 龄。初孵幼虫有吞噬卵壳的习性。幼虫具假死性，受惊或被触动立即蜷缩呈"C"形。1～2 龄幼虫对光不敏感，栖息在表土、寄主的叶背或心叶里，昼夜活动；3 龄后发生变化，4～6 龄表现出明显的负趋光性，白天潜入土中，晚上出来活动取食。幼虫对泡桐叶或花有一定的趋性，在田间放置新鲜潮湿的泡桐叶可诱集到幼虫，而幼虫取食泡桐叶后生长发育不良，不能正常羽化，存活率下降。幼虫耐饥饿能力较强，3 龄前可耐饥 3～4 d，3 龄后可达 15 d，受饿而濒死的幼虫一旦获得食料，仍可恢复活动。在饥饿时间稍长或种群密度过大时，常出现自相残杀现象。

幼虫老熟后，常迁移到田埂、田边、杂草根际等干燥的地方，入土 6～10 cm 筑土室化蛹。蛹有一定的耐淹能力，在前期即使水浸数日也不死亡，但进入预成虫期后，容易因水淹而死亡。

4.迁飞规律

早在 20 世纪初，许多国家的昆虫学工作者根据当地种群数量突增、突减现象，提出了小地老虎具有迁飞习性的假设，并很快得到证实。我国学者于 20 世纪 60 年代也注意到这种现象，从 80 年代开始进行系统研究。通过观察卵巢发育、高空捕蛾、生理生化分析，标记释放和回收等方法，结合地面观察资料分析，提出了小地老虎在我国的迁飞模式：春季越冬代成虫从越冬区逐步由南向北迁移，秋季再由北向南迁回到越冬区过冬，从而构成 1 年内大区间的世代循环。在我国北方，小地老虎越冬代成虫都是由南方迁入的，属越冬代成虫与 1 代幼虫多发型。在江苏、山东、河北、河南、陕西和甘肃等省区，越冬代成虫发生期较长、发蛾峰较多，是由于南方越冬面积大，生态环境不同，春季羽化进度不一所致。在南方，2 月上旬成虫大量羽化，2 月下旬至 3 月上旬各地开始出现蛾峰，发蛾期可延续 3 个月。在陕西武功，蛾量主要集中在 3 月下旬至 4 月中旬，出现 3～4 次高峰。

小地老虎不仅存在南北方向或东西方向的水平迁飞，而且还存在垂直迁飞。在四川贡嘎山，当山下虫量很大时，在海拔 4 000 m 的山上也可诱到其成虫。此外，青藏高原的虫源也是迁入的。

四、发生与环境的关系

1.气候条件

影响小地老虎发生较大的气候因素有温度、降雨和风。低温限制小地老虎越冬，高温不利于生长发育和繁殖。小地老虎适宜温度为 18～26 ℃，相对湿度为 70%，高温(30 ℃以上)不利于其发生。室内测定各虫态的过冷却点表明，卵的耐寒力最强，其次是蛹和成虫，幼虫的抗寒能力则随虫龄增大而降低；在温度 5 ℃时，幼虫经 2 h 全部死亡；越冬成虫在 0～4 ℃条件下，只能存活 2～3 个月。北方有 4 个月以上的冬季，因此很难越冬。生长发育的最适温度为 21～25 ℃，在发生季节，当温度为 30 ℃、相对湿度为 100%时，1～3 龄幼虫大量死亡；当平均温度高于 30 ℃，成虫寿命缩短，不能产卵。故各地猖獗为害的多为第 1 代幼虫，其后各代数量骤减，为害很轻。

降雨量影响其分布和发生程度。在年降雨量小于 250 mm 的地区，种群数量极低，在雨量充沛的地方，发生较多。长江流域各省雨量较多，常年土壤湿度较大，为害偏重；北方降雨量少

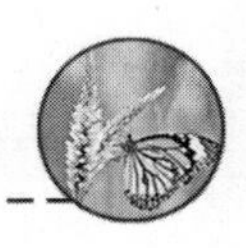

或常年干旱的地区，为害较轻。

风直接影响其迁飞的各个过程。每年太平洋暖流和西伯利亚冷流形成的季风，决定其迁飞时间、迁飞方向、迁飞距离和各迁入区发蛾峰的多少。迁飞过程中是否降落与下沉气流等有关，如气旋及锋面天气等常使迁飞途中的蛾群迫降，蛾峰的出现常与切变线或锋面天气同步，这是大范围内蛾量同期突增的主要原因。

2. 土壤因素

土壤含水量影响发生区和危害程度。10%～20%的土壤含水量最适于成虫产卵及幼虫生存，沙壤土、黏壤土幼虫多，发生重，沙土地为害轻。一般在地势高、地下水位低、土壤板结的地区和丘陵旱地发生较轻；在地势低凹，沿江、沿河、沿湖的滩地，内涝区及常年灌区发生严重。在土壤含水量15%～20%、土质为易透水沙壤土的地区或田块，为害较重；而黏土或沙土地不利于发生。土壤含水量过大，会增加小地老虎被病菌寄生的概率；在成虫发生期，灌水时间与成虫产卵盛期吻合或接近的田块，着卵量大，幼虫发生为害重。

3. 食物条件

成虫有取食补充营养的习性，在蜜源植物丰富时，单雌产卵量可达1 000～4 000粒，在蜜源植物稀少时，则只产卵几十粒甚至不产卵。越冬代成虫喜欢在马兰、艾蒿、刺儿菜、旋花等杂草上产卵，因此，春季田间杂草多的田块，幼虫密度较大。

4. 耕作栽培方式

水旱轮作地区发生较轻，土壤含水量适中的旱作地区较重。田间管理精细、杂草少的田块比管理粗放的田块发生轻。适当调整播种期，使作物茎秆幼嫩期与幼虫为害盛期错开，可显著减轻为害。此外，前茬是绿肥或套作绿肥的棉田、玉米田，虫口密度大，为害重；前茬是小麦的棉田受害轻，麦套棉的棉田比一般棉田受害也轻。

5. 有益生物

地老虎的捕食性天敌有鸟类、鼬鼠、蟾蜍、蚂蚁、步甲、虻、草蛉、蜘蛛等；寄生性天敌有姬蜂、寄生蝇、寄生螨、线虫和多种病原细菌、病毒等。自然控制作用较大的有中华广肩步甲［*Calosoma maderae chinensis*（Kirby）］、甘蓝夜蛾拟瘦姬蜂［*Netelia ocellaris*（Thomson）］、夜蛾瘦姬蜂［*Ophion luteus*（L.）］、螟蛉绒茧蜂［*Apanteles ruficrus*（Haliday）］、夜蛾甘蓝寄蝇［*Turanogonia smirnovi*（Rond.）］等。

五、调查测报方法

小地老虎是具有迁飞性的害虫，除了可越冬地区外，非越冬地的主要虫源来自外地，其发生消长规律不但与本地的环境条件有关，而且与外地的虫源及环境条件关系密切。因此，加强虫源地调查和监测，尽可能作出早预测预报，对非虫源地的有效管理更为重要。

1. 发生期预测

(1)诱集成虫，预测2龄幼虫盛发期　从3月上、中旬，日平均温度达5 ℃时开始，用糖醋液或黑光灯诱蛾，逐日检查记载。当诱蛾数量突然增加，雌蛾占总蛾数的10%时，表示成虫进入盛发期，诱到雌蛾量最多的1 d为发蛾高峰期。按发蛾高峰期，加上当地常年小地老虎的产卵前期、卵期、1龄幼虫期和2龄幼虫期的半数，就可预测出2龄幼虫盛发期，即化学管理适期。

（2）调查卵巢发育进度，预测成虫产卵高峰期　将诱到的雌蛾解剖，检查交配情况与卵巢发育进度。每3 d一次，每次抽查30头。卵巢发育进度分级标准见表16-2，根据卵巢发育进度，推测成虫产卵高峰期。

表16-2　小地老虎雌蛾卵巢发育分级标准

级别	发育期	卵巢管特征	脂肪体特征	备注
1	乳白透明期	卵巢小管基部卵粒乳白色，先端卵粒透明，分辨不清	淡黄色，椭圆形，葡萄串状，充满腹腔	
2	卵黄沉积期	卵巢小管基部1/4开始逐渐向先端变黄，卵粒可辨	淡黄色，变细长，圆柱形	个别交配
3	卵粒成熟期	卵壳形成，卵粒黄色，卵巢小管及中输卵管内卵粒排列紧密	乳白色，变细长	交配盛期 产卵初期
4	产卵盛期	卵巢小管及中输卵管内卵粒排列疏松，不相互连接	乳白色，透明，细长管状	
5	产卵后期	卵巢小管收缩变形，卵粒排列疏松或相互重叠	乳白色，透明，呈丝状	

（3）调查卵量，预测卵孵盛期和2龄幼虫盛发期　选择不同类型的田块，从成虫始见期开始到产卵末期结束，系统调查产卵数量和卵的发育进度，确定产卵高峰期，根据卵发育进度分级标准见表16-3，或用积温预测卵孵化盛期和2龄幼虫发生盛期。

表16-3　小地老虎卵发育进度分级标准及距孵化的时间

级别	卵色	距离孵化的时间/d	
		15 ℃	18 ℃
1	乳白色	11.0	7.8
2	米黄色	8.5	7.0
3	浅红色	6.0	5.5
4	红紫色	3.0	2.3
5	灰褐色	0.5	0.5

由于越冬代产卵时，寄主植物尚未出苗，多数卵产在土块、土缝和枯草根须上，直接调查地表卵量难度较大。目前比较好的调查方法主要有以下2类。

①淘土法。取一定土样，先用20目筛放入清水中淘洗，再在桶内将泥浆全部倒入50目筛内淘洗，让卵全部沉入筛底，漂去浮渣，然后移入1.13～1.14波美度(°Bé)的20%盐水中，使虫卵浮起，统计数量，每3～5 d进行1次。

②诱卵法。常见的有根茬诱卵法、麻袋片诱卵法等。选1～2块春播田，在田边或田间横放50～100个稻根或禾本科杂草的根茬，或间隔一定距离放100 cm^2大小的麻袋片共20片，每2～3 d检查1次卵量。

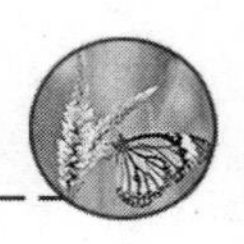

2.发生量和为害程度

(1)幼虫密度调查　4月中下旬第1代幼虫1～2龄盛期调查1次。选择有代表性的作物田10～15块,每种作物调查的田块数量根据其占作物总面积的比例确定。调查时每块田5点取样,每点1 m^2,记载植株新叶上、根际和地面松土内的幼虫数量。

(2)为害情况调查　选择有代表性的不同作物田,按比例调查20块田,每块田棋盘式10点取样,每点20株,记载被害株数及虫量,计算被害株率,确定发生程度(表16-4)。

表16-4　小地老虎发生程度分级标准

级别	发生程度	虫量标准/(头/m^2)
1	轻发生	<0.5
2	中度偏轻发生	0.5～1.0
3	中度发生	1.1～1.5
4	中度偏重发生	1.6～2.0
5	重发生	>2.0

(3)预测方法　虫源数量和气候条件是决定小地老虎发生量和为害程度的关键因素。通常越冬代成虫数量大,特别是3月下旬至4月中旬的诱蛾量和雌蛾比例较常年显著增加;上年秋季雨水较多,或沿湖、沿河内涝地区秋季积水时间长,退水较晚,耕作粗放,杂草多,春季第1代卵孵化盛期降雨适宜或偏少,无大雨或低温出现,小地老虎有可能大发生或严重为害。各地可根据多年积累的发生与为害情况系统资料,建立各种预测模型,预测主害代的发生量和为害程度。

六、综合管理技术

1.农艺管理技术

(1)除草灭虫　杂草是早春产卵的主要场所,是幼虫向作物转移为害的桥梁。因此,在春播前结合春耕、细耙等整地工作,清除田内外杂草,将杂草沤肥或烧毁,或播种后在地面喷洒封闭型除草剂,可消灭部分卵和早春的杂草寄主,恶化其滋生条件,降低为害程度。

(2)及时实施耕作措施　在作物幼苗期或1～2龄幼虫发生期中耕松土,或在初孵幼虫发生期灌水,可消灭大量卵和影响幼虫发育。在蔬菜种植区,大棚使用的露天灰肥和覆盖用枯草入棚前,应进行沤制或药剂处理,防止将卵带入棚内;蔬菜收获后及时清除残株烂叶,可减少发酵物对成虫的引诱。适时晚播可避开幼虫为害盛期,对春播的玉米、棉花早间苗,晚定苗,可减少因幼虫取食而缺苗断垄;在养兔业发达的地区,可用兔粪水作为苗肥,取1份兔粪加水8～10倍,密封沤15天制成兔粪水,在发生期将粪水淋到作物根旁8～10 cm处,具有肥苗杀虫双重作用。

2.成虫诱杀技术

(1)诱杀成虫　根据成虫的趋性,可利用黑光灯、糖醋液、杨树枝把、性诱剂等诱杀成虫,降低成虫发生基数和田间卵量。研究表明,糖醋酒混合液发酵8 d后,对小地老虎成虫具有最佳的诱集效果,其配方如下:糖醋酒混合液配方:配比为蔗糖(g):乙酸(mL):无水乙醇(mL):纯水(mL)($w/v/v/v$)为 3∶1∶3∶160,发酵 8 d 后用于小地老虎的成虫田间诱杀。

(2)诱杀幼虫　常用的方法有毒饵诱杀、堆草诱杀、泡桐叶诱杀等,多用于苗床或大龄幼虫发生期。可做毒饵的基料较多,常用切碎的新鲜菜叶或杂草用 90%晶体敌百虫 100 倍液浸泡 10 min,制成毒饵,每 667 m^2用 30～40 kg,在傍晚撒施于作物幼苗旁边;或用 90%晶体敌百虫 0.5 kg,加水 2.5～5 kg,喷施在 50 kg 粉碎炒香的棉籽饼、油渣或麦麸上制成毒饵,每 667 m^2用 4～5 kg。堆草诱杀多用幼虫喜欢取食的新鲜杂草或菜叶,每隔 4～5 m 放 1 堆,次日早晨翻草捕杀幼虫,3～4 d 更换 1 次。泡桐叶和莴苣叶对小地老虎幼虫诱集力较强,取较老的泡桐叶或莴苣叶用水浸湿,傍晚放于田间,80～120 片/667 m^2,次日早晨捕杀幼虫;也可用 90%晶体敌百虫 150 倍液浸泡叶片,可免去人工翻草捕杀过程。

3.昆虫病原线虫使用

小卷蛾斯氏线虫[*Steinernema carpocapsae*(Weiser)] NC116 品系 100～200 IJs/larva,嗜菌异小杆线虫[*Heterorhabditis bacteriphora* (Poinar)]H06 品系 200 IJs/larva 均使小地老虎幼虫致病率达到 50%以上。

4.化学药剂调控技术

常用的化学药剂调控方法有拌种、撒施毒土或毒砂、浇灌、喷粉、喷雾等。

(1)拌种处理　50%氯虫苯甲酰胺 FSC 有效成分 4 g/kg 拌玉米、棉花等种子,拌混均匀,晾干后播种,并可兼治蝼蛄和蛴螬。

(2)撒毒土或毒砂　多用于大田作物定苗后或移栽的果蔬类作物。取一定量药剂与细土或砂混拌均匀制成毒土或毒砂,以条施或围施于幼苗根附近,毒土或毒砂用量 20～25 kg/667 m^2。常用的药剂有 50%辛硫磷 EC、5%二嗪磷颗粒剂、50%敌敌畏 EC 等。

(3)化学药剂喷雾　采用化学药剂喷雾应该选择在小地老虎幼虫 2 龄以前。药剂可选用 50%辛硫磷乳油 1 000 倍,或 90%晶体敌百虫 1 000～1 500 倍,或 2.5%溴氰菊酯,或 10%氯氰菊酯 1 500～3 000 倍液喷雾。

附:其他常见地老虎的发生规律

在我国北方,黄地老虎、大地老虎、八字地老虎常与小地老虎混合发生,其他地老虎常在局部地区猖獗成灾,其主要发生规律概括如表 16-5 所示。

表 16-5　其他常见地老虎的发生规律

种类	严重发生地区	发生规律
黄地老虎 (*Agrotis segetum*)	西北、华北和江淮地区	1 年发生 2～4 代,在西北地区多以老熟幼虫越冬,在东部地区以幼虫和蛹越冬,越冬场所在冬季作物田土中。越冬代成虫发生盛期在 4—6 月,各地均以第 1 代幼虫为害严重。年降雨少、气候干燥的地区发生较重
大地老虎 (*A. tokionis*)	长江下游、沿海地区	1 年 1 代,以低龄幼虫在土中越冬。幼虫为害盛期在 5 月上、中旬,6 月份老熟幼虫在土中 3～5 mm 处筑土室滞育越夏。秋季成虫羽化后交配产卵,幼虫孵化后取食一段时间开始越冬。滞育越夏期间幼虫常因土壤过干、过湿大量死亡

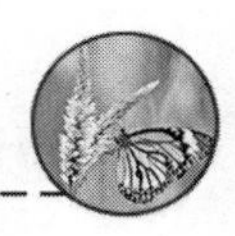

续表 16-5

种类	严重发生地区	发生规律
显纹地老虎（*Euxoa conspicua*）	新疆伊犁和甘肃玉门	1年1代，以卵在田埂杂草下、土表或土缝中越冬，4月下旬至5月上旬为幼虫为害盛期，6月中旬为成虫羽化盛期。成虫羽化后蛰伏越夏，至9月中旬温度降低到16.5℃时恢复活动、取食，10月初交配、产卵
警纹地老虎（*A. exclamltions*）	河西走廊、天山南北麓、宁夏、内蒙古、青海、西藏	1年2代，以老熟幼虫在土中越冬。4月上旬为越冬幼虫化蛹盛期。5月上中旬和7月中下旬分别为越冬代成虫和第1代成虫盛发期。喜欢雨量较少、气候干燥、温度较低的条件，土壤湿度15%～18%最为适宜
白边地老虎（*Euxoa berithuri*）	内蒙古东部、黑龙江北部和吉林东部	1年1代，以胚胎发育完全的滞育卵在土表越冬。幼虫发生为害盛期在5月中下旬，发蛾盛期在7—8月。种群密度变化与前茬作物和田间杂草多少有密切关系，重茬地以及田间蓟类和大灰菜等杂草多的地块发生重
八字地老虎（*Amathes c-nigrum*）	吉林、内蒙古、西藏、贵州、江西等高寒地区	1年2代，以老熟幼虫在土中越冬。在西藏林芝地区，越冬代成虫盛发期在5月上中旬，6月下旬为第1代幼虫为害盛期，第1代成虫盛发期在9月中下旬，第2代幼虫发生为害盛期在9月中旬至10月下旬，12月份开始越冬
冬麦地老虎（*Rhyacia auguroides*）	新疆北部准噶尔盆地周围	1年1代，以2龄幼虫在麦田越冬。早春积雪融化后幼虫开始活动，3月底至4月上旬为幼虫为害盛期，5月中下旬成虫羽化，取食补充营养后越夏，8月下旬开始活动产卵。早播麦田、土壤含水量高的田块受害重
绛色地老虎（*Peridroma saucia*）	四川西部和甘肃部分地区	发生代数因海拔高度而异，一般1年发生2～6代，以老熟幼虫越冬或终年为害。成虫具有较强的趋光性和趋化性。幼虫食性杂，发生数量与寄主植物有关，玉米、高粱、油菜、甘蓝田常常发生严重

第三节　蛴螬（金龟子）类

一、种类、分布与为害

金龟子类是重要的农牧林地下害虫，其幼虫统称蛴螬，属于鞘翅目，金龟甲总科。我国有50余种，遍布全国各地，最重要的种类有，大黑鳃金龟、暗黑鳃金龟、云斑鳃金龟和铜绿丽金龟。全国各省、区均广泛分布。金龟子类食性广泛，为多食性害虫，幼虫（蛴螬）几乎能食害所有农作物、牧草、草坪草、蔬菜，以及林果苗木的地下部分。

蛴螬可食害萌发的种子，咬断幼苗的根茎，断口整齐平截，常造成幼苗枯死，轻则缺苗断垄，重则毁种绝收。其成虫（金龟子）能食害作物和果树林木的叶片和嫩芽，严重时仅留下枝干。

二、形态识别

1. 大黑鳃金龟(图 16-2)

(1)成虫　体长 16～21 mm,黑褐色或黑色,具光泽。前胸背板宽度不及长度的 2 倍,前缘和侧缘具饰边。鞘翅长度为前胸背板宽度的 2 倍,每鞘翅有 4 条明显的纵脊,前足胫节有 3 个外齿,内方有 1 个距,后足胫节末端有 2 个端距。

(2)卵　椭圆形,长约 3.5 mm,乳白色,表面光滑,略具光泽。

(3)幼虫　老熟幼虫 35～45 mm。头部前顶区每侧各 3 根刚毛呈一纵列,肛门孔三裂,臀节腹面无刺毛列,钩状刚毛群呈三角形分布。

(4)蛹　长约 20 mm,初为黄白色,后变橙黄色。头细小,向下稍弯。复眼明显,触角短。腹末端有叉状突起 1 对。

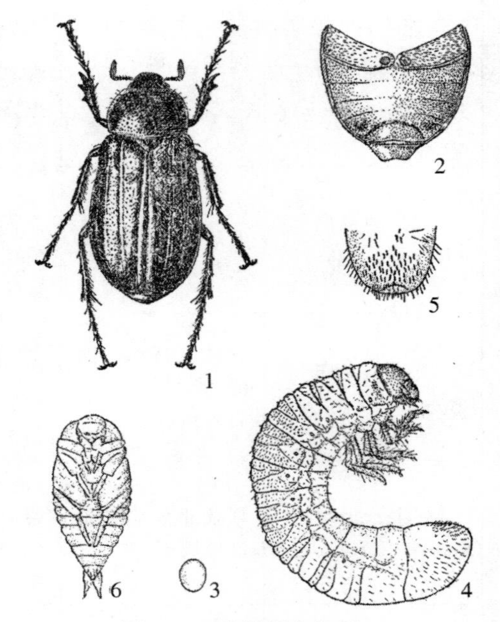

图 16-2　大黑鳃金龟子

1. 成虫;2. 成虫腹部腹面观;3. 卵;4. 幼虫;5. 幼虫臀板;6. 蛹(仿浙江农业大学)

2. 黑皱金龟甲

(1)成虫　体长 13.6～18 mm,宽 7.6～10 mm,体近卵圆形,漆黑色,无光泽,点刻粗大而密。鞘翅上无纵肋,前胸背板略呈矩形,侧缘不完整,呈波浪形,鞘翅基部明显狭于前胸背板,两鞘翅宽度相当于鞘翅长度。后翅退化仅留痕迹,不能飞翔。前足胫节有 3 个外齿,1 个侧距,着生在第二外齿对面。后足胫节有 2 个端距,3 对足的爪均无齿。腹部臀节外露,前臀节后部呈一五角形斑外露。

(2)幼虫　前顶刚毛多变,大多与大黑金龟相似,但部分个体每侧各有 4 根,其中 3 根成一纵列,在冠缝之侧,另一根位于近额缝的中央。肛腹板上刚毛呈钩状,占据着腹毛区,与肛门孔之间有一条较明显而整齐的无毛裸区。

3. 铜绿金龟甲

(1)成虫　体长 19～21 mm,体宽 10～11.3 mm。头、前胸背板、小盾片和鞘翅呈铜绿色,具闪光。前胸背板及鞘翅的侧缘具饰边。胸、腹部腹面、3 对足的基、转、腿节均为褐色或黄褐色,而胫节、跗节和爪均为棕色或棕褐色。前胸背板各缘均具饰边,仅小首片前缘部不明显,鞘翅各具 4 条纵肋。前足胫节具 2 个较钝外齿,内侧距的尖端与第二外齿尖在同一水平上。臀板前缘具斑纹,形状和颜色变化较大。

(2)幼虫　末龄幼虫体长 30～33 mm,肛门孔呈一字型横裂,肛背片后部无臀板,肛腹片后部腹毛区中间有刺列,每列各有长针状刺毛 11～20 根,多数为 15～18 根,大多数彼此相遇或交叉。

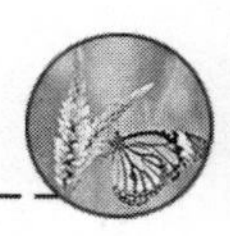

三、生物生态学特性

金龟子类的生活史较长，完成一个世代所需时间1～6年不等，在生活史中，幼虫期历时最长。常以幼虫或成虫在土中越冬。

1.大黑鳃金龟

在华北和东北地区2年发生1代，黄河以南1～2年发生1代，均以成虫或幼虫在土中20～40 cm深处越冬。第二年越冬成虫在10 cm土层地温达14～15 ℃时开始出土，5月中旬至7月中下旬，为成虫的盛发期，产卵盛期在6月上旬至7月上旬。成虫白天潜伏土中，傍晚出土活动，能取食多种作物和树木的叶片或果树花芽，有假死性和较强的趋光性。

2.暗黑鳃金龟

在黄淮地区1年发生一代，以老熟幼虫在地下20～40 cm处越冬，少数成虫也可越冬。越冬幼虫春季不为害。5月中旬化蛹，成虫期在6月上旬至8月上旬，盛发期在7月中旬前后。成虫食性杂，嗜食林木、果树叶片，有较强的趋光性。初孵的幼虫可为害花生的幼果。

3.铜绿丽金龟

在华中、华北、东北等地区1年发生一代，以幼虫在土下越冬。6月中下旬化蛹，成虫产卵盛期在7月上中旬，8～9月幼虫盛发取食为害，至10月中旬以老熟幼虫越冬。通常情况下，成虫昼伏夜出为害，但在湿润的果林区，成虫盛发时，白天也取食为害。成虫趋光性强，对黑光灯尤为敏感。成虫产卵为散产，产于土中约15 cm深处。幼虫取食各种作物和幼树的地下部。

四、发生和为害与环境条件的关系

金龟子的发生和为害与环境条件有着密切的关系。地势、土质、茬口等直接影响金龟子种群的分布，而大气、土壤温湿度的高低则直接决定金龟子成虫出土、产卵和幼虫的活动与为害。

1.大黑鳃金龟

日平均气温为12.4～18 ℃，10 cm土层日平均地温为13～22 ℃时，适宜成虫出土。而大气温度低于12 ℃，10 cm土层日平均温度低于13 ℃时，成虫基本不出土。成虫产卵的最适土壤湿度为15～18%。

成虫出土易受风雨干扰，以傍晚降雨或风雨交加影响最大。成虫发生期，已经出土的成虫，如遇不利气候条件时，即可重新入土潜伏。

非耕地的虫口密度明显高于耕地。背风向阳地虫量高于迎风背阳地；坡岗地虫量高于平地虫量，淤泥地的虫量高于壤土、沙土，而沙土中则很难找到大黑鳃金龟。

2.铜绿丽金龟

成虫在晴朗无风或闷热天气之夜活动最盛，气温在22 ℃以下，成虫活动性不强，在大风大雨期或大雨之后，成虫很少出现，有三级以上风时，活动虫量显著减少。卵孵化的适宜土壤含水量为10%～30%。幼虫活动对土壤温湿度有一定要求，一般土温在14 ℃，湿度为15%～20%，适宜幼虫的活动和取食。

第四节　金针虫类

金针虫的成虫称为叩头虫，属于鞘翅目，叩头甲科，为农作物重要的地下害虫。在我国，金针虫从南到北分布广泛，为害的作物种类也较多。2002 年，在青海省，金针虫为害面积为 573.3 hm^2，有近 157 hm^2 的草原被啃食为裸地。我国常发生的种类包括沟金针虫(图 16-3)、细胸金针虫、宽背金针虫和褐纹金针虫等，其中广为分布而常见的有沟金针虫和细胸金针虫。

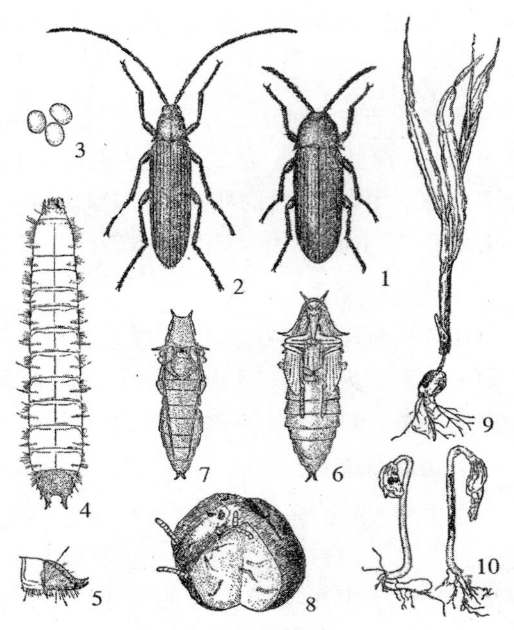

图 16-3　沟金针虫

1. 雌成虫；2. 雄成虫；3. 卵；4. 幼虫；5. 幼虫腹部末端侧面观；6. 雌蛹腹面观；7. 雄蛹背面观；8. 马铃薯被害状；9. 玉米被害状；10. 豆苗被害状(仿浙江农业大学)

一、为害症状

幼虫长期生活于土壤中，主要为害禾谷类草地、牧草和农作物、薯类、豆类、甜菜、棉花及各种蔬菜和林木幼苗等。幼虫能咬食刚播下的种子，食害胚乳，使之不能发芽，如已出苗可为害须根、主根或茎的地下部分，使幼苗枯死。主根受害部不整齐，还能蛀入块茎和块根。

二、形态识别

在生产实际中，比较常见的有 3 种金针虫，它们的成虫和幼虫形态特征比较如表 16-6 所示。

表 16-6　3 种金针虫成虫和幼虫主要形态特征比较

成虫形态特征比较			
特征	沟金针虫(图 16-4)	细胸金针虫	褐纹金针虫
体长/mm	雌 18，雄 16	9	15
体宽/mm	3.5～5.0	2.5	4
体色及其他	栗褐色，密被黄色细毛	暗褐色，略具光泽，被极细绒毛	黑色，有光泽，有刻点及稀疏绒毛
鞘翅长度	为头胸部长度的 5 倍	为头胸部长度的 2 倍	为头胸部长度的 2.5 倍
后翅	雄虫有，雌虫退化	雌雄有	雌雄有
幼虫形态特征比较			
体长/mm	20～30	20～23	20～22
体色	金黄色	淡黄色	茶黑色

续表 16-6

体形	宽而扁，胸腹背中线处有一条略凹的细纵沟	细而长，圆筒形如锥状，背中线无纵沟	细长略扁，第 2 胸节至第 8 腹节各节前缘两侧有细刻纹组成的半月形褐斑
尾节	双铗尾，铗端向上翘弯，铗齿内侧有 1 小齿，铗外缘各有 3 个小齿突	圆锥形，背面近基部两侧各有 1 个褐色圆斑及 4 条纵向细刻纹	近圆锥形，末端有 3 个小齿突，基部两侧各有 1 个半月形褐斑及 4 条纵向细刻纹

三、生物生态学特性

金针虫的生活史很长，因不同种类而不同，常需 3～5 年才能完成一代，各代以幼虫或成虫在地下越冬，越冬深度在 20～85 cm。不同种类对土壤温度和湿度的要求均不相同。

在华北地区，金针虫约需 3 年完成一代，越冬成虫于 3 月上旬开始活动，4 月上旬为活动盛期。成虫白天躲在麦田或田边杂草中和土块下，夜晚活动，雄虫飞翔较强，雌虫不能飞翔，行动迟缓，有假死性，无趋光性，卵产于土中 3～7 cm 深处，卵孵化后，幼虫直接为害作物。

土壤温湿度对金针虫影响较大。一般而言，10 cm 处土温达 6 ℃时，幼虫和成虫就开始活动，主要为害返青的植物；夏季温度升高时，幼虫则又向土壤深处转移。沟金针虫适于旱地，但对土壤水分有一定的要求，其适宜土壤湿度为 15%～18%；在干旱平原，如春季雨水较多，土壤墒情较好，为害加重。

第五节　蝼蛄类

蝼蛄属于直翅目蝼蛄科昆虫，俗称拉拉蛄、地拉蛄、土狗子等，是我国发生较普遍的害虫。已知的有 4 种：华北蝼蛄、东方蝼蛄、普通蝼蛄、台湾蝼蛄。华北蝼蛄(图 16-4)分布于国内长江以北各省份；东方蝼蛄为世界性害虫，是我国分布最普遍的，从南到北均有为害；普通蝼蛄目前仅知发生于新疆；台湾蝼蛄分布我国台湾地区。蝼蛄为多食性，为害各种农作物、草地、草场以及果树、林木的种子和幼苗。

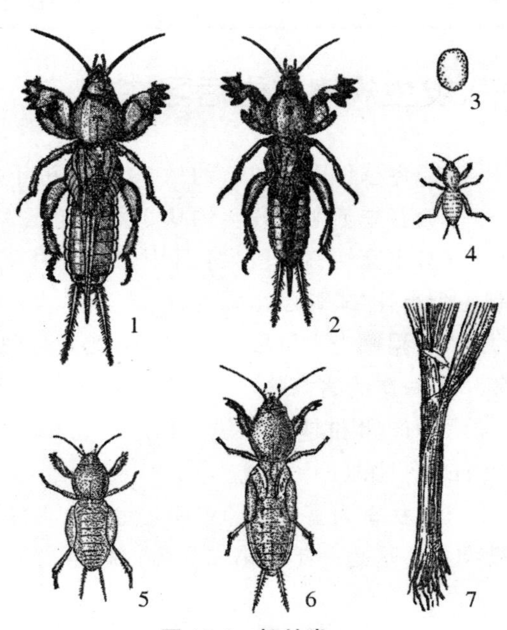

图 16-4　蝼蛄类

1. 华北蝼蛄；2-6. 东方蝼蛄；2. 成虫；3. 卵；4. 第 1 龄若虫；5. 中龄期若虫；6. 末龄若虫；7. 麦根为害状(仿浙江农业大学)

一、为害状识别

蝼蛄以成虫和若虫在土中咬食刚播下的种子，特别是刚发芽的种子，也咬食幼根和嫩茎，造成缺苗。咬食植物根部使成乱麻状，幼苗枯萎而死，在表土层穿行时，形成很多隧道，使幼苗根部

与土壤分离，失水干枯而死。故农谚常说："不怕蝼蛄咬，就怕蝼蛄跑。"

二、形态识别(图 16-4，表 16-7)

(1)华北蝼蛄成虫　雄虫体长 39～45 mm，雌虫 13～30 mm，黑褐色、腹面略淡，头狭长。触角丝状，生于复眼下方。头正面中央有 3 个单眼。前胸背板呈盾形，中央有心脏形斑，暗红色。前翅黄褐色，覆盖腹部不及一半，后翅纵卷成筒状，超出腹末 3～4 mm。足黄褐色，密生细毛，前足扁阔特化，利于掘土。后足胫节背侧内缘有 1～2 个刺，有时消失。腹部近圆筒形，背面黑褐，腹面黄褐色，腹末具有一对尾须(图 16-4)。

(2)卵　圆形，长约 2 mm。初产时白色，后变灰色。

(3)若虫　初孵化时乳白色，2 龄以后变为黄褐色，后渐变为暗褐色。5～6 龄时，极似成虫。

表 16-7　华北蝼蛄和东方蝼蛄成若虫形态特征比较

形态特征		华北蝼蛄	东方蝼蛄
成虫	体长	39～45 mm	29～31 mm
	腹部	近圆筒形	近纺锤形
	后足	胫节背侧内有刺 1～2 个或消失	胫节背内缘有刺 3～4 个
若虫	体色	黄褐色	灰黑色
	腹部	近圆筒形	近纺锤形
	后足	5～6 龄同成虫	2～3 龄以上同成虫

三、发生规律与生活习性

(1)冬季休眠防段　约从 10 月下旬开始到次年 3 月中旬。

(2)春季苏醒阶段　约从 3 月下旬至 4 月上旬，越冬蝼蛄开始活动。

(3)出窝转移阶段　4 月中旬至 4 月下旬，此时地表出现大量弯曲虚土隧道，并在其上留有一个小孔，蝼蛄已出窝为害。

(4)猖獗为害阶段　5 月上旬到 6 月中旬，此时正值春播作物和北方各小麦返青，这是一年中第一次为害高峰。

(5)产卵和越夏阶段　6 月下旬至 8 月下旬，气温增高、天气炎热，两种蝼蛄潜入 30～40 cm 以下的土中越夏。

(6)秋季为害阶段　9 月上旬至 9 月下旬，越夏若虫又上升到土面活动补充营养，为越冬做准备。这是一年中第二次为害高峰。

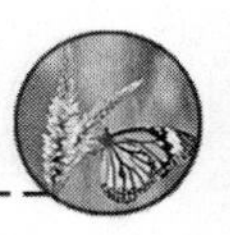

第六节　金针虫、蛴螬、蝼蛄综合管理技术

一、农艺管理技术

深翻土壤，精耕细作，可降低虫口数量15%～30%。采用合理的耕作制度，调整茬口，进行轮作，有条件的地区最好实行水旱轮作，蔬菜与菱角轮作对地下害虫防控效果十分显著，水稻与花生轮作对花生田蛴螬的防控效果可达63.80%。施用腐熟厩肥等，改良盐碱地，可减轻蝼蛄和蛴螬等害虫的为害。水浇地可结合作物生长的需要适当灌溉，能抑制地下害虫的为害。适当调整作物播期也可减轻为害。

二、有益生物利用

利用白僵菌、绿僵菌、乳状菌、小卷蛾斯氏线虫[*Steinernema carpocapsae*（Weiser）]A24品系和嗜菌异小杆线虫（*Heterorhabditis bacteriphora* Poinar）H06品系管理蛴螬，可取得良好效果。

三、成虫管控措施

成虫管控措施包括：①灯光诱集。蝼蛄、金针虫成虫和一些种类的金龟子有较强的趋光性，可在其盛发期用黑光灯诱集。②堆草诱集。细胸叩头甲对新枯萎的杂草有极强的趋性，可采用堆草诱集。③人工挖杀蝼蛄和蛴螬，也有较好的效果。

四、化学药剂调控技术

1. 拌种

50%氯虫苯甲酰胺FSC有效成分4.0 g/kg、600 g/L吡虫啉FSC有效成分4.0 g/kg和5%氟虫腈FSC有效成分2.0 g/kg拌种对蛴螬和金针虫有较好的控制效果。

2. 毒饵

药剂拌入用炒成糊香的饵料（饵料为麦麸、豆饼、玉米碎粒或秕谷），主要诱杀蝼蛄。在蝼蛄发生田内，每隔3～5 m挖一个碗大的坑，放入一把毒饵后，再用土覆上，每667 m^2用饵料1.5～2.5 kg。

第七节　种蝇类

本节以灰地种蝇[*Delia platura*（Meigen）]为代表介绍种蝇类害虫。灰地种蝇又称灰种蝇、种蝇、地蛆等，属于双翅目，花蝇科。原产于欧洲，1865 年传入北美，现已遍布全世界。灰地种蝇在我国各地均有分布，为害较多的区域在长江流域以南及陕西、甘肃、山东等地。该害虫寄主植物非常广泛，国外报道该害虫寄主植物有 40 多种，是美国大豆和玉米种子萌发阶段的重要害虫。

一、形态与为害状识别

1.形态特征(图 16-5)

(1)成虫　体长 4～6 mm，雄虫暗褐色，两复眼距离较近，几乎相接触，触角黑色，芒状，腹部背面中央有一黑色纵纹，各腹节间均有一条黑色横纹，足黑色，后足胫节后内侧生有排列成行的稠密而末端弯曲的等长短毛，外侧生有 3 根长毛；雌虫体色稍浅，黄色或黄褐色，复眼间距离较宽，约为头宽的 1/3，胸部背面有 3 条褐色纵纹，腹部背面中央纵纹不明显，中足胫节的前外侧只生一根刚毛。

(2)卵　乳白色，长约 1 mm，长椭圆形，稍弯，表面有网状纹。

(3)幼虫　老熟幼虫体长 4～6 mm，浅白色至浅黄色，头退化，仅有 1 对黑色口钩，虫体前端细后端粗，尾端有 7 对肉质突起。

(4)蛹　长 4～5 mm，红褐或黄褐色，椭圆形，前端稍扁平，后端圆形并有几个突起。

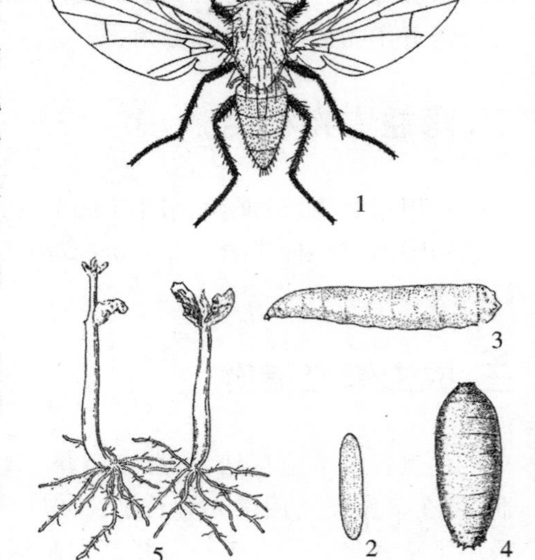

图 16-5　种蝇

1.雌成虫；2.卵；3.幼虫；4.围蝇；5.植物被害状(仿浙江农业大学)

2.为害症状

幼虫蛀入植物的种子、根、茎、叶部进行为害，幼虫能转株为害。在土中为害种子时取食胚乳或子叶，引起种芽畸形、腐烂而不能出苗，严重时形成大量缺苗现象；为害幼苗根茎部，造成凋萎和倒伏枯死。

二、发生规律与生活习性

灰地种蝇生活周期为完全变态型昆虫，个体发育过程需要经过成虫、卵、幼虫和蛹 4 个虫态。

各地发生世代依赖地理气候条件的差异，每年发生 2～5 代不等，北方以蛹在土中越冬，南方长江流域冬季可见各虫态。种蝇在 25 ℃以上条件下完成 1 代需 19 d，产卵前期初夏 30～40 d，晚秋 40～60 d。每头雌虫可产卵 20～150 粒，卵期 2～4 d。幼虫孵化后，钻入播下的种子里，食害胚乳，1 粒种子内可有种蛆 10 余头，或钻入根、茎处为害。1 年中以春季第 1 代幼虫发生数量最多，夏季最少，秋季有时也多。种蝇对高温敏感，当气温超过 35 ℃时，70％卵不能孵

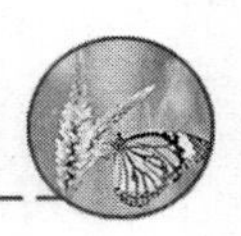

化，幼虫不能存活，蛹也不能羽化。故夏季种蝇少见。

幼虫多在表土下或幼茎内活动。成虫喜在干燥晴朗的白天活动，晚上静止。阴天或多风天气，大多躲在土块缝或其他隐蔽场所。成虫对蜜露、腐烂有机质、糖醋的酸味有较强趋性。

三、综合管理技术

1.农艺管理技术

以农业管理为主，清除田间被害的种子和腐烂幼苗植株，以减少虫源。种蝇成虫对未腐熟的粪肥及发酵的饼肥有很强的趋性，并将卵产于其下。所以要使用充分腐熟的有机肥，要均匀、深施，最好做底肥，种子与肥料要隔开，也可以在粪肥上覆一层毒土。田地附近不要堆放垃圾和有机肥，以防种蝇以幼虫在土中越冬。在种蝇已发生的地块勤灌溉，能阻止种蝇产卵、抑制种蝇活动及淹死部分幼虫。

2.有益生物保护和利用

保护和利用天敌。种蝇天敌很多，如寄生蜂、步行虫、益鸟、绿僵菌、白僵菌等。

3.利用黑光灯诱杀成虫

种蝇成虫活泼，喜食肥料和花蜜等，可用糖醋液（糖1份、醋1份、水2.5份，加少量90%晶体敌百虫混合）或5%红糖水诱杀。

4.化学药剂调控技术

在成虫发生期，用5%卡死克可分散液剂1 500倍液、或10%除尽悬浮剂1 500倍液、或5%锐劲特胶悬剂2 500倍液，隔7 d一次，连续喷2～3次。已发生幼虫为害的田可用50%马拉硫磷乳油1 000倍液顺水浇灌或灌株，每隔7 d一次，共3次。

附：种蝇近缘种的形态特征及习性比较

一、各虫态主要形态特征比较

<table>
<tr><th colspan="3">主要特征</th><th>种蝇</th><th>葱蝇</th><th>萝卜蝇（白菜蝇）</th><th>小萝卜蝇</th></tr>
<tr><td rowspan="3">成虫</td><td rowspan="3">雄虫</td><td>前翅基背毛</td><td colspan="2">极短，不到盾间沟后的背中毛的1/2长</td><td colspan="2">颇长，几乎与盾间沟后的背中毛相等</td></tr>
<tr><td>复眼间额带最窄部分</td><td>不明显，两复眼几乎相接</td><td>存在，但较中单眼为狭</td><td>等于中单眼宽度的2倍或更大</td><td>小于中单眼宽度的2倍</td></tr>
<tr><td>后足刚毛</td><td>后足胫节内下方，生有成列密而等长短毛，几乎达整个胫节，末端稍向下弯</td><td>胫节的内下方中央1/3～1/2处，生有成列稀疏等长的短毛</td><td>腿节的外下方全长生有一列稀疏的长毛</td><td>腿节的外下方只在近末端处有显著的长毛</td></tr>
</table>

续表

主要特征			种蝇	葱蝇	萝卜蝇(白菜蝇)	小萝卜蝇
成虫	雌虫	中足胫节	外上方有一根刚毛	外上方有两根刚毛		
		体长及腹纹	3 mm左右	6 mm左右	5～6 mm,腹部背面无斑纹	5～6 mm,腹部背面隐有暗色纵带
		前翅基背毛	很短	很短	很长	很长
卵	圆形,乳白色		长约1.6 mm	1.2 mm	1.0 mm	1.2 mm
老熟幼虫	体长		7.0 mm	8.0 mm	9.0 mm	7.5 mm
	腹端突起	对数	7对	7对	6对	6对
		第1对突起	高于第2对	与第2对等高		
		第5对突起	不分叉	不分叉	特大,分2叉。	不分叉
	第6对突起		与第5对等长,不分叉	比第5对稍长,不分叉	虽短小,但仍显著突出,不分叉	分成很小的2叉
蛹	长及宽		长4～5 mm,宽约1.6 mm	长约6.5 mm,宽约2.1 mm	长约7.0 mm,宽约2.3 mm	长约6.0 mm,宽约2.0 mm

二、常见种蝇的综合性状比较

种蝇	分布	越冬场所	产卵习性	喜食性	为害特征
萝卜地种蝇	东北、华北、西北以及内蒙古等地	以蛹在菜根附近的浅土层中越冬	产在根茎周围土面或心叶、叶腋间	寡食性害虫,主要为害十字花科植物,以白菜、萝卜受害严重	从叶柄基部钻入为害,先为害与根茎交接处的叶柄基部,以后向下钻食菜根或钻入根心,使植株萎蔫死亡
灰地种蝇	发生普遍	以老熟幼虫在被害植物根部化蛹越冬	产在种株或幼苗附近表土中	多食性害虫,几乎对所有农作物均能为害	以孵化的幼虫钻入蔬菜幼茎为害
毛尾地种蝇	只局限于内蒙古和黑龙江	以蛹在土中越冬	产在嫩叶上和叶腋间	寡食性害虫,主要为害十字花科植物,以白菜、萝卜受害严重	以幼虫从白菜、萝卜心叶及嫩茎钻入根茎内部为害,先为害与根茎交接处的叶柄基部,以后向下钻食菜根或钻入根心,使植株萎蔫死亡
葱地种蝇	东北、华北较多	以蛹在被害的葱、蒜、韭根部附近土中或粪堆中越冬	产在鳞茎、葱叶或植株周围的表土里	寡食性害虫,寄主为百合科植物,主要为害大蒜、圆葱和葱	以幼虫钻入鳞茎内为害,使被害处腐烂,植株逐渐凋萎枯黄,甚至成行成垄枯死

第十七章

小麦害虫及其管理技术

小麦籽粒质地的软、硬是评价小麦加工品质和食用品质的一项重要指标，并与育种和贸易价格等多方面密切相关。硬度是国内外小麦市场分类和定价的重要依据之一，也是各国的育种家重视的育种目标之一。不同地区种植不同的小麦类型。在中国黑龙江、内蒙古和西北种植春小麦，于春天3—4月播种，7—8月成熟，生育期短，约100 d；在辽东、华北、新疆南部、陕西、长江流域各省及华南一带种植冬小麦，秋季10—11月播种，翌年5—6月成熟，生育期长达180 d左右。一般造成小麦损失在10%左右，大发生时，减产可达30%～50%，甚至颗粒无收。

第一节　小麦生长期害虫发生

一、小麦害虫种类与发生情况

为害我国小麦的害虫约有120种，广泛发生的害虫种类及主要分布为：黏虫全国分布；麦蚜全国分布，以黄河流域和西北发生最重；吸浆虫以长江和黄河流域最重；麦秆蝇在华北和西北地区最重；麦蜘蛛在我国大部分麦区，尤其黄淮流域最重。

局部发生的害虫种类包括：皮蓟马、麦穗金龟子和地老虎在新疆；秀夜蛾发生于内蒙古；麦穗夜蛾在甘肃等；麦根蝽分布于黄河流域和辽宁西部；麦尖头蝽在陕西、甘肃、宁夏和新疆等；麦叶蜂分布于华中、华东和黄河中、下游；麦水蝇分布在四川和陕西部分地区；麦茎蜂分布在陕西汉中；灰飞虱在华北一带；条斑叶蝉分布于陕西以至甘肃一带。

二、小麦生长阶段与害虫种类

麦类作物从苗期开始一直到成熟期都有多种害虫为害，但不同时期发生的害虫种类和优势种有较大差异。同时，不同区域，由于地理气候条件的不同，也影响害虫种类的发生与为害。小麦各个生育期都有地下害虫的为害，主要种类有蝼蛄、蛴螬和金针虫等；苗期包括分蘖期主要有麦二叉蚜、俄罗斯麦蚜(又称为双尾蚜)、赤须蝽等,现阶段麦二叉蚜在我国仅在少数甚至个别地方发生,俄罗斯麦蚜在我国仅新疆麦区有发生,赤须蝽大多在小麦秋季麦田常发生。

小麦返青拔节后到孕穗以前,这段时间发生的害虫种类主要有禾谷缢管蚜、麦叶峰、麦圆蜘蛛、黏虫等。通常禾谷缢管蚜为长江流域和西南地区麦田优势蚜虫种群,华北和东北麦区常年种群数量较小,麦圆蜘蛛常见于西南小麦田。现阶段麦叶蜂和黏虫为害小麦并不常见,只是偶有发生,但种群数量都很小,它们可能已经成为局部发生与为害的害虫。

小麦从孕穗期开始到成熟期,主要害虫有荻草谷网蚜、麦吸浆虫、黏虫、棉铃虫和麦秆蝇等,这些害虫许多都曾经给我国小麦生产造成较大的威胁,如麦吸浆虫和麦秆蝇在20世纪五六十年代是华北麦区具有毁灭性的害虫;黏虫是我国历史上的重要旱作作物害虫,一直到20世纪六七十年代以后,才得到了有效控制;棉铃虫平常年份对小麦为害并不受到重视,不影响小麦产量,但大发生年份,如20世纪90年代初期,给小麦生产带来较大的威胁。虽然这些害虫当前不是小麦大面积产区的重要害虫,但常作为局部发生害虫会给区域小麦生产带来损失。荻草谷网蚜一直是我国华北麦区的重要害虫,也是长江流域麦区的次要害虫,通常在小麦孕穗期开始大量进入麦田,主要影响小麦籽粒的千粒重,造成产量损失。

第二节　小麦蚜虫

麦蚜属于半翅目,蚜虫科昆虫,俗称腻虫,是我国麦区重要的常发性害虫,通常较普遍而重要的种类包括麦二叉蚜[*Schizaphis graminum*(Rondani)]、禾谷缢管蚜(*Rhopalosiphum padi* L.)、荻草谷网蚜[*Sitobion miscanthi* Takahashi 以前称为麦长管蚜 *Sitobion avenae* (Fabricius)]和无网长管蚜[*Acyrthosiphon dirhodum*(Walker)]。小麦二叉蚜现在发生面积逐年减少,主要发生并为害小麦的秋苗和早春苗,该虫是我国西藏麦区和青稞种植区的重要害虫。禾谷缢管蚜通常是北方麦区小麦拔节至抽穗前的重要害虫,主要吸食叶片和茎秆营养,也是长江流域麦区的优势种群。荻草谷网蚜一直是我国小麦生产中重要的常发性害虫,俗称穗蚜,通常小麦旗(剑)叶抽出时开始出现,抽穗后种群逐渐开始大幅度增加,直到小麦成熟时离开麦田,常与无网长管蚜混合发生。

一、分布与为害

为害麦类作物的常见蚜虫主要有麦二叉蚜、禾谷缢管蚜和荻草谷网蚜,它们的分布与为害见表17-1。

表17-1　3种麦类主要蚜虫分布与为害情况比较

麦蚜种类	麦二叉蚜	禾谷缢管蚜	荻草谷网蚜
分布	主要为北方冬麦区,特别是华北、西北等地	华北、东北、华南、华东、西南各麦区,为多雨潮湿麦区的优势种之一	全国麦区,为多数麦区的优势种之一

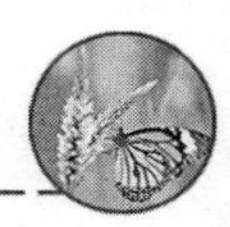

续表 17-1

麦蚜种类	麦二叉蚜	禾谷缢管蚜	荻草谷网蚜
为害特点	主要以成、若虫吸食小麦叶片、茎秆和嫩穗的汁液，严重时常使小麦生长停滞，最后枯黄。同时传播大麦黄矮病和甘蔗花叶病毒病，尤以传播大麦黄矮病所造成的麦类黄矮病为最严重，使小麦叶色变黄，植株矮化，分蘖减少，粒重下降而减产		
寄主范围	除小麦等麦类作物外，还能取食糜子、高粱、玉米和谷子等作物及赖草、冰草、雀麦、星星草、马唐、披碱草、白茅、虎尾草、白羊草和长穗偃麦等禾本科杂草	除小麦等麦类作物外，还能为害糜子、高粱和玉米等农作物，桃、李、杏和苹果等果树，也能取食鹅冠草、荻草、芒草、鸡腿草、狗牙根等杂草	除小麦等麦类作物外，尚能为害糜子、高粱、玉米、水稻，甘蔗和茭白等禾本科作物及早熟禾、看麦娘、马唐、棒头草、狗牙根和野燕麦等杂草

二、形态识别

小麦蚜虫成熟虫态称为“成虫”或“成蚜”，幼期虫态称为“若虫”或若蚜。

(1)麦二叉蚜　触角为体长的一半或稍长。体色为淡黄色至绿色，背面中央有 1 条深绿色纵线。腹管端部缢缩向内倾斜。尾片有 2 对长毛(图 17-1)。

(2)禾谷缢管蚜　触角仅为体长的一半，第 3 节无感觉圈，体色为墨绿色或紫褐色，腹部后端常带紫红色。腹管端部缢缩如瓶颈。尾片有 3～4 对长毛。

(3)荻草谷网蚜　触角与身体等长或超过体长，第 3 节有 0～4 个感觉圈，体色为淡绿色至黄绿色，也有砖红色。腹管端部有网纹。尾片有 3～4 对长毛。腹管长圆筒形，长为体长 1/4，为尾片的 2 倍长(图 17-2)。

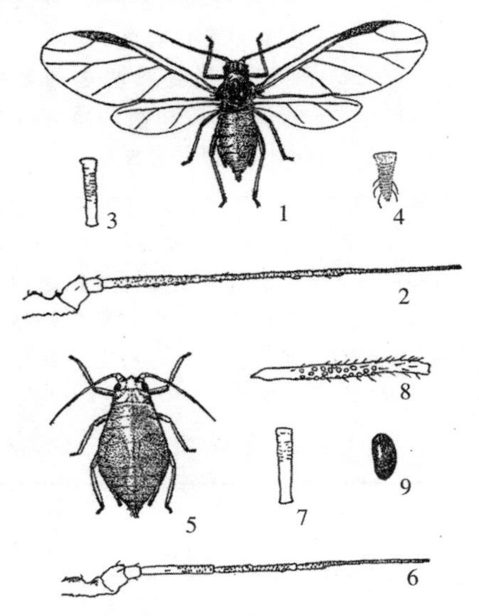

图 17-1　麦二叉蚜

1. 有翅蚜；2. 有翅蚜触角；3. 有翅蚜腹管；4. 尾片；5. 无翅蚜；6. 无翅蚜触角；7. 无翅蚜腹管；8. 无翅有性雌蚜成虫后足胫节；9. 卵(仿华南农业大学)

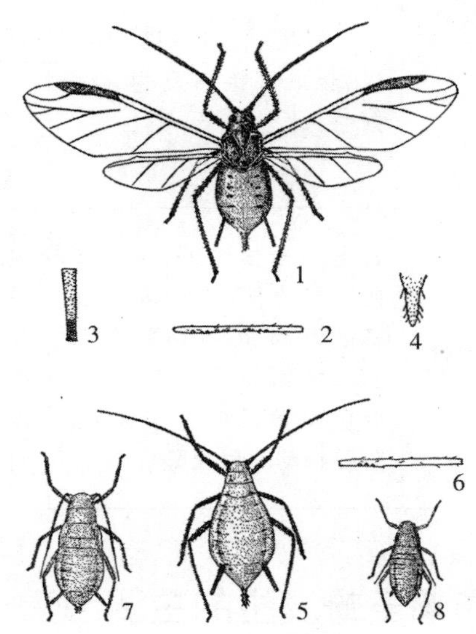

图 17-2　荻草谷网蚜

1. 有翅蚜；2. 有翅蚜触角第 3 节；3. 有翅蚜腹管；4. 尾片；5. 无翅蚜；6. 无翅蚜触角第 3 节；7. 无翅若蚜；8. 刚孵化若蚜(仿华南农业大学)

三、发生规律

1.生活周期与越冬

3种麦蚜生活周期与越冬特性比较见表17-2。

表17-2 3种麦蚜生活周期与越冬特性比较

麦蚜种类		麦二叉蚜	禾谷缢管蚜	荻草谷网蚜
生活周期和越冬	温暖地区	为不全周期型,全年行孤雌生殖		
	寒冷地区	以成蚜、若蚜或卵在冬麦田麦苗和禾本科杂草基部或土缝中越冬	为异寄主周期型,以卵在李、桃、稠李等越冬	以成蚜、若蚜或卵在冬麦田麦苗和禾本科杂草基部或土缝中越冬

2.发生规律与生活习性

3种麦蚜发生规律和生活习性比较见表17-3。

表17-3 3种麦蚜发生规律和生活习性比较

麦蚜种类	麦二叉蚜	禾谷缢管蚜	荻草谷网蚜
发生规律	终年在禾本科植物上繁殖生活,冬季温暖的晴天越冬成、若蚜仍可取食麦苗和杂草 春暖后,卵孵化,越冬成、若虫直接恢复为害和繁殖	春夏季均在禾本科植物上生活和繁殖,小麦灌浆达到高峰秋末,在李、桃、稠李等植物上产性蚜,交尾并产越冬卵	终年在禾本科植物上生活与繁殖,冬季温暖的晴天越冬成、若蚜仍可取食麦苗和杂草。春暖后,卵孵化,越冬成、若虫直接恢复为害和繁殖 小麦灌浆乳熟期达到繁殖高峰,而后转移到杂草和其他禾本科植物上为害
生活习性	喜干旱而怕光照,不喜氮肥。多植株,常分布于植株的下部和叶片背面,最喜幼嫩组织或生长衰弱、叶色发黄的叶片。成、若蚜受振动时假死坠落	喜湿畏光,嗜食茎秆、叶鞘,多分布于植株下部叶鞘和叶背,甚至根茎部,密度大时也取食穗部。喜氮肥和密植田。湿度充足时,较耐高温。成、若蚜不易受惊动	喜光照,较耐氮肥和潮湿,多分布于植株上部叶片正面,嗜穗。小麦抽穗后大多数集中穗部为害,成、若蚜均易受振动而坠落逃散

四、影响麦蚜发生的主要因素

影响3种麦蚜发生的主要因素比较见表17-4。

表 17-4 影响 3 种麦蚜发生的主要因素比较

麦蚜种类	麦二叉蚜	禾谷缢管蚜	荻草谷网蚜
温度	5 日均温达 5 ℃左右开始活动，繁殖适温 8～20 ℃以 13～18 ℃最适	5 日均温达 8 ℃左右开始活动 18～24 ℃最有利	8 ℃以下很少活动，适温为 5 日均温 16～25 ℃，16～20 ℃最适 28 ℃以上生育停滞
湿度	喜干，适宜相对湿度为 35%～67%	最喜湿，不耐干旱	喜湿，适宜相对湿度为 40%～80%
风雨	暴风雨影响最小	暴风雨影响次之	暴风雨影响最大
小麦生长状况	长势差的田发生重	长势好的田发生重	长势一般的田发生重
栽培条件	秋季早播麦田蚜量多于晚播麦田，春季晚播麦田多于早播麦田。耕作细致的秋灌麦田蚜虫虫口密度较低，春季水浇麦田蚜量多于旱麦田		
天敌种类	麦蚜的常见天敌 50 余种，主要的有七星瓢虫、异色瓢虫、龟纹瓢虫、食蚜蝇类、草蛉类、茧蜂类和蜘蛛类		

五、综合管理技术

1.农艺管理技术

合理作物布局。冬、春麦混种区尽量使其单一化，秋季作物尽可能为玉米和谷子等。冬麦适当晚播，实行冬灌，早春耙磨镇压。选择一些抗虫耐病的小麦品种，造成不良的食物条件。小麦抗蚜品种在蚜虫发生高峰期种群密度显著低于感虫品种。

2.有益生物保育与利用

蚜虫的天敌非常丰富，包括一些捕食性和寄生性天敌，因此，保护、繁育和利用天敌管理蚜虫种群应该是第一要务。在蚜虫和蚜茧蜂发生高峰期，小麦不同品种上拟寄生物密度和蚜虫密度的百分比差异显著，抗虫品种的百分比显著高于感虫品种。说明抗虫品种有利于提高寄生蜂对蚜虫的寄生率。

3.化学药剂调控技术

使用化学药剂调控蚜虫种群首先应该做到适时调控。麦二叉蚜要抓好秋苗期、返青和拔节期的施药；荻草谷网蚜以扬花末期喷药最佳。其次，掌握好调控指标。一般麦二叉蚜在秋苗期，天气干旱时，有蚜株率 5%，百株蚜量 10 头以上。拔节期，有蚜株率 30%，百株蚜量 100 头以上。荻草谷网蚜在孕穗期，有蚜株率 50%，百株蚜量 200 头以上。扬花至灌浆期，有蚜株率 70%，百株蚜量 500 头以上。

在作出使用药剂决策时，务必注意施药原则。针对蚜虫的药剂施用应以保护天敌为原则，选择高效低毒的内吸性药剂为宜，注意生物制剂的使用。25%吡蚜酮悬浮剂、3%甲氨基阿维菌素苯甲酸盐微乳剂、25%噻虫嗪水分散粒剂、14%氯虫·高氯氟微囊悬浮剂和2.5%高效氯氟氰菊酯水乳剂对蚜虫均有较好的效果。

第三节 小麦吸浆虫

小麦吸浆虫属于双翅目，瘿蚊科，是小麦生产中间歇性大发生的重要害虫。我国的小麦吸浆虫主要有两种：红吸浆虫（*Sitodiplosis mosellana* Gehin），黄吸浆虫（*Contarinia tritici* Kirby）。该类害虫分布范围广，为害重。该虫主要以幼虫藏秘在颖壳内，吸食处于灌浆期麦粒的汁液，造成麦粒空瘪、空壳或霉烂，严重影响小麦的产量和品质，甚至颗粒无收。近年来，我国小麦吸浆虫有大幅回升的趋势。

一、分布与为害

小麦吸浆虫为世界性害虫，广泛分布于亚洲、欧洲和美洲主要小麦栽培国家。国内的小麦吸浆虫也广泛分布于全国主要产麦区。红吸浆虫主要发生于平原地区的河流两岸，而黄吸浆虫主要发生在高原地区和高山地带。其寄主植物除小麦外，还能为害大麦、青稞、黑麦、燕麦、硬粒小麦和小麦的近缘种以及鹅冠草等。小麦吸浆虫以幼虫为害花器、籽实或麦粒，是一种毁灭性害虫。

二、形态与为害状识别

1.麦红吸浆虫形态识别（图 17-3）

（1）成虫　体色橘红色，产卵管不长，伸出时约为腹长之半。

（2）幼虫　橘红色，具鱼鳞状突起。

（3）蛹　橙红色，胸呼吸器呈 1 对长管状，向前方伸出，上方超过头后部的一对短毛。

（4）为害状　麦红吸浆虫以幼虫在小麦抽穗期为害花器，灌浆期吮吸小麦处于灌浆期籽粒的汁液而造成危害，造成瘪粒或空壳。

2.麦黄吸浆虫形态识别（图 17-4）

（1）成虫　体色姜黄色，产卵管极长，伸出时，约为腹长的 2 倍。

（2）幼虫　姜黄色，光滑。

（3）蛹　浅黄色，头后的 1 对毛和胸呼吸器几乎等长。

（4）为害状　麦黄吸浆虫以幼虫在小麦抽穗期为害花器，小麦灌浆期吮吸处于灌浆籽粒的汁液而造成危害，造成瘪粒或空壳。

三、发生规律和生活习性

1.发生规律

两种吸浆虫基本上都是一年发生一代，以成熟幼虫在土中结茧越夏和越冬，翌年春季小麦拔节前后，有足够的雨水时越冬幼虫开始移向土表，小麦孕穗期，幼虫逐渐化蛹，小麦抽穗期成

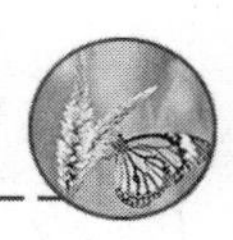

虫盛发，并产卵于麦穗上。同一地区黄吸浆虫发生早于红吸浆虫。

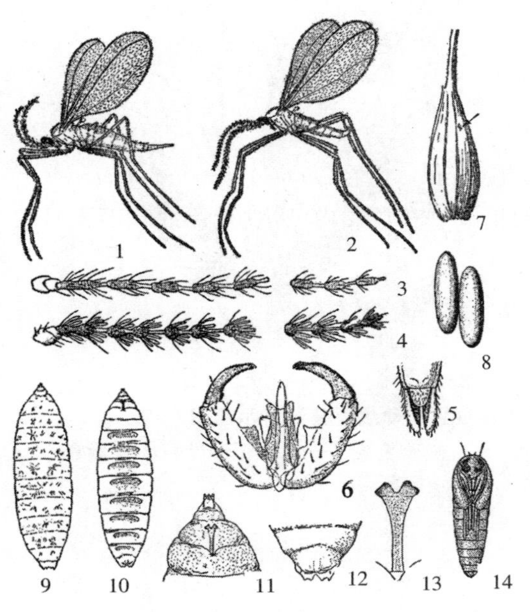

图 17-3 麦红吸浆虫

1. 雌成虫；2. 雄成虫；3. 雌成虫触角基部及端部数节；4. 雄成虫触角基部及端部数节；5. 雌成虫伪产卵器末端的瓣状片；6. 雄成虫的交配器；7. 麦粒上的卵；8. 卵；9. 幼虫背面观；10. 幼虫腹面观；11. 幼虫的前端腹面观；12. 幼虫的后端腹面观；13. 幼虫的剑骨片；14. 蛹腹面观(仿浙江农业大学)

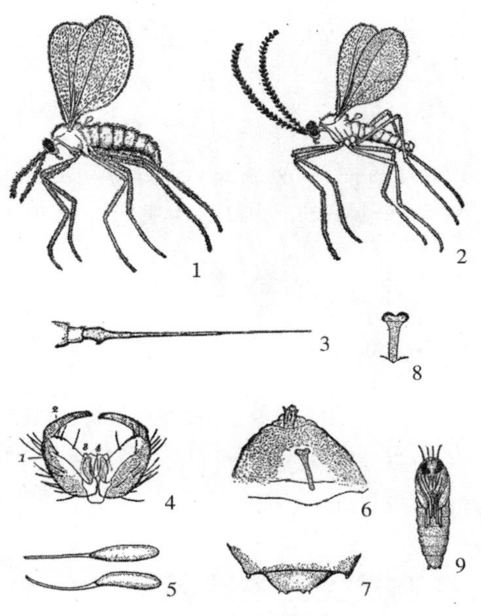

图 17-4 麦黄吸浆虫

1. 雌成虫；2. 雄成虫；3. 雌成虫仿产卵器；4. 雄成虫的交配器；5. 卵；6. 幼虫的前端腹面观；7. 幼虫的后端；8. 幼虫的剑骨片；9. 蛹腹面观(仿浙江农业大学)

2. 小麦吸浆虫的习性

小麦两种吸浆虫成虫产卵和幼虫为害及生活习性比较见表 17-5。

表 17-5 小麦两种吸浆虫成虫产卵和幼虫为害及生活习性比较

虫态	种类	习性	
		红吸浆虫	黄吸浆虫
成虫	产卵时期	未杨花的麦穗	新抽出的麦穗
	产卵部位	外颖和护颖之间(图 17-5 A)	内、外颖之间(图 17-5 A)
幼虫	为害部位	子房和灌浆麦粒(图 17-5 B)	为害花器，花而不实(图 17-5 B)
	抗逆能力	耐旱能力极强，喜高湿能耐水浸	不能耐旱和高湿的环境
	对土壤酸碱度要求	喜碱性土壤	喜酸性土壤
	其他习性	初入土和化蛹前有避水性	

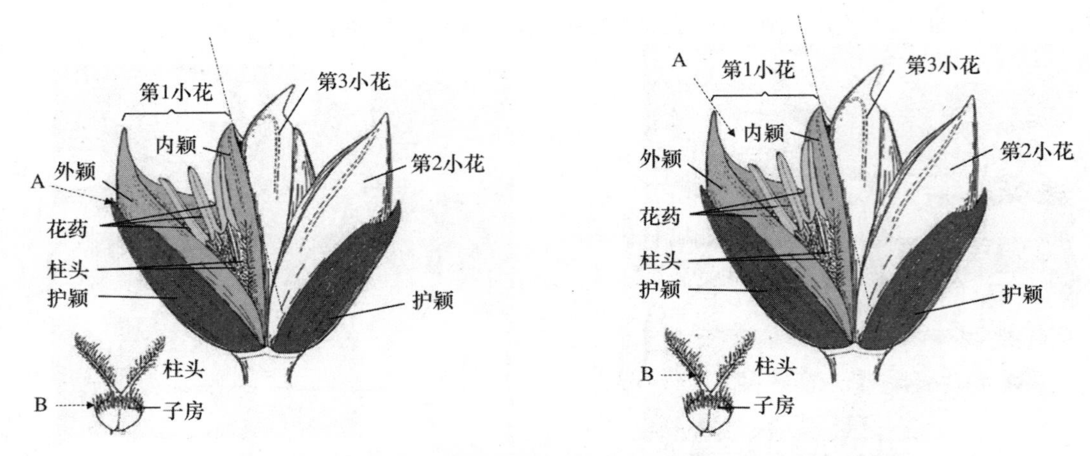

图 17-5 小麦小穗结构、麦吸浆虫成虫产卵位置和幼虫为害器官示意图

左图:麦红吸浆虫成虫产卵部位和幼虫为害器官,右图:麦黄吸浆虫成虫产卵部位和幼虫为害器官。
A.产卵位置,B.幼虫为害器官

四、影响发生的主要因素

1.温度和湿度

温度和湿度及雨量对小麦吸浆虫影响较大。吸浆虫在 20～25 ℃及 20%～28%土壤含水量最适于生活生存。由于吸浆虫耐低温而不耐高温,因此越冬死亡率低于越夏死亡率。雨量和湿度是小麦吸浆虫发生程度的主导因素之一。尤其土壤中的含水量是决定吸浆虫发育进度的主要因素,含水量较高的发育进度较快,湿度过低或过高则影响其发育进度和羽化出土率。

小麦吸浆虫对温湿度反应通常有 3 个敏感期:①温度敏感期,即吸浆虫需一定的低温解除滞育并活化。②湿度敏感期,即越冬幼虫活化破茧后,需要一定的土壤湿度才能活动。③临化蛹前短暂的高湿期。

2.小麦品种

不同小麦品种,小麦吸浆虫的为害程度不同,一般芒长多刺,口紧小穗密集,扬花期短而整齐,果皮厚的品种,对吸浆虫成虫的产卵、幼虫入侵和为害均不利。

3.地势和土质

地势和土质对吸浆虫的发生也有影响。一般沿河渠两岸的低洼地、常年灌区、山谷湿地等为多发区,而高地、坡地和阳坡地则发生少。

4.小麦生育期与栽培方式

成虫羽化盛期与小麦抽穗期的吻合程度,是决定吸浆虫危害程度大小的关键。麦田连年深翻,小麦与油菜、豆类、棉花和水稻等作物轮作,对压低虫口数量有明显的作用。

5.有益生物

小麦吸浆虫的天敌有 10 多种,主要有蜘蛛、蚂蚁、蓟马、步甲、隐翅虫等,它们对成虫、幼虫、卵和蛹有一定的捕食作用。还有一些寄生蜂也对吸浆虫的发生有一定的抑制。

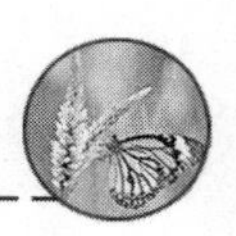

五、田间越冬调查

1.淘土查虫法

(1)工具准备　取土器、布袋、60 目筛、水、小镊子、放大镜、毛笔、玻璃瓶、钢卷尺。

(2)第 1 阶段　在小麦秋播整地前,根据当年吸浆虫幼虫发生与为害的情况,选择有代表性的麦田 6～10 块,第 1 次淘土,掌握当地虫口基数,并将其中虫口密度大的田块,定为第 2 年系统观测田,每块田对角线取土 5 个样方,每样方 10 cm^2,20 cm 深虫量作为该地越冬基数。

(3)第 2 阶段　自小麦拔节(3 月下旬),在上年秋季淘土中选定 3 块系统观测田,对角线 5 点取样。取小麦根际处土壤,分层淘土,每样点分 0～7 cm、7～14 cm、14～20 cm 土层取土淘查。5 d 1 次,连续 3～4 次。分别记录圆茧、活动幼虫、长茧数量。

(4)第 3 阶段　自淘土始见蛹(4 月初)开始至蛹盛期 5 月初结束。隔天淘土 1 次,不分层,每次淘土虫数不少于 30 头。将淘土获得的长茧和裸蛹带回室内,分地块镜检。掌握发育进度。

根据小麦抽穗期降雨情况,预测发生程度。每样方有 5 头虫的田块定为防控对象田,成虫盛期喷药 1 次,每样方有虫 15 头以上的田块,蛹盛期施用毒土 1 次,成虫盛期再喷药 1 次。

2.发生期浸水淘穗法

(1)田间采穗样　幼虫发生盛期(小麦扬花后 10 d 至幼虫脱穗前),选择虫口密度较大田块,按单对角线 5 点取样,每点任选 10 穗,放入纸袋中,带回室内用于系统观测浸水后吸浆虫自然弹出情况,并于 7 d 后淘穗检查穗内残余虫量。

(2)麦穗浸水　将待查麦穗 50 穗放入 30 cm×40 cm 塑料袋中,灌入清水,使之全部浸于清水中 10 s,然后取出麦穗,将袋中水倒入白色盆中,将麦穗重新放入塑料袋中,用绳绑扎后做好标记,静置,让吸浆虫自然弹出。然后,将盆中清水徐徐倒出,只留少许水便于观察计数,记录吸浆虫幼虫数量。共计收集虫 7 d,每天搓洗穗外部及塑料袋内壁上的吸浆虫,搓洗后仍依照前法放入袋中,继续让穗中吸浆虫弹出;每次将含有吸浆虫的水倒入脸盆中,用上述同样方法,检查水中吸浆虫数量,虫口数量较大时,将带有少量水的吸浆虫,倒入有分格的 20 cm×30 cm 白色平底盘中,以便准确计数。

(3)淘穗检查　将经自然弹出吸浆虫后的麦穗,在盛水的白色盆中轻揉搓,下方置一孔径为 1 mm 网筛,水中揉搓几次后,将网筛上提,缓缓沉入水中,反复 2～3 次,然后缓缓倒出上面的水,留下底部吸浆虫计数。计数后重复上述方法 2～3 遍淘洗检查。

六、综合管理技术

1.农艺管理技术

播种前,尽可能选用抗虫品种。一般选用穗形紧密,内外颖毛长而密,麦粒实皮厚,浆液不易外流的小麦品种。注意轮作倒茬,在小麦吸浆虫严重田及其周围,可实行棉麦间作或改种油菜、大蒜等作物,待两年后再种小麦,就会减轻为害。有条件的地方,实行水旱轮作效果会更好。

2. 化学药剂调控技术

(1)注重调控策略　做到统一监测，穗期保护，分类用药(统防重发田，普防达标田，兼防一般田)。

(2)小麦生长期重视杀蛹　首先进行化蛹进度调查，在小麦拔节中后期采用上述调查方法，掌握越冬幼虫在土中位置及化蛹率。其次，结合小麦孕穗期和当地降雨或浇水情况，确定管理时间。化学药剂措施采用毒土杀蛹法。一般在4月下旬至5月初，即小麦拔节至孕穗期(吸浆虫中后蛹期)。每667 m^2 可用40%辛硫磷乳油250 mL，兑水10倍稀释，喷洒在25～30 kg细沙土上混匀，均匀顺麦垄撒施，并尽可能地使其落入地表，施药后若无降水应适当浇水，或结合灌溉撒施毒土。还可用其他药剂如毒死蜱、吡虫啉、啶虫脒等颗粒剂制作毒土杀蛹。

(3)小麦生长期调控成虫　①成虫最佳调控时间。在化蛹期控制的基础上，抓住小麦抽穗期(抽穗率50%)控制出土成虫。防控指标，用捕虫网在小麦行间往复网捕10次，捕获吸浆虫成虫10头以上，或用两手扒开麦垄，一眼发现2头以上成虫。②成虫调控药剂。在小麦抽穗至开花前，每667 m^2 可用10%吡虫啉可湿性粉剂20 g+80%敌敌畏乳油50 mL，或4.5%高效氯氰菊酯乳油40～50 mL+80%敌敌畏乳油50 mL，兑水30～40 kg均匀喷雾。还可以使用烟剂。也可用25%吡蚜酮SC、3%甲氨基阿维菌素苯甲酸盐ME、25%噻虫嗪WG、14%氯虫·高氯氟ZC和2.5%高效氯氟氰菊酯EW，对吸浆虫均有较好的调控效果。注意：喷雾部位为植株中上部，时间以早晚为最佳。

(4)小麦生长期调控幼虫　喷药控制成虫后5～7 d(卵5～7 d可孵化出幼虫)，可用上述药剂喷雾控制幼虫种群。药剂包括25%吡蚜酮SC、3%甲氨基阿维菌素苯甲酸盐ME、25%噻虫嗪WG、14%氯虫·高氯氟ZC和2.5%高效氯氟氰菊酯EW，对吸浆虫幼虫均有较好的调控效果。注意：用药关键部位为穗部。

第十八章

玉米和马铃薯害虫及其管理技术

玉米是我国第三大粮食作物，也重要粮食和饲料作物。随着我国农业产业结构调整，黄河流域和长江流域两大棉花产区棉花种植面积大幅缩减，玉米已经广泛种植于我国东北、华北和长江流域。马铃薯则是我国南北均有种植的粮食和蔬菜两用作物，也被称为第四大粮食作物。从种植两大作物的旱作区害虫发生种类和优势种来看，地下害虫为主，包括地老虎类、蛴螬类、蝼蛄类和金针虫类等一直都是旱作区常发性害虫。为害玉米和马铃薯生长期的害虫种类有所不同。①玉米害虫。为害玉米等禾谷类作物害虫有300余种。按食性和取食方式分为食叶性害虫，如蝗虫类、夜蛾类（棉铃虫、斜纹夜蛾、黏虫、草地贪夜蛾等）和草地螟，在玉米食叶性害虫中，当前草地贪夜蛾（玉米型）是我国玉米重要害虫；刺吸类害虫，如一些蚜虫和螨类；蛀食性害虫则以玉米螟为典型代表，广泛发生并危害于各大玉米产区。②马铃薯害虫。主要包括马铃薯块茎蛾、马铃薯瓢虫、茄二十八星瓢虫、蚜虫类、芫菁类等，南方马铃薯产区以马铃薯块茎蛾为优势种，而北方则是马铃薯瓢虫为优势种，而我国新疆产区则是以马铃薯甲虫为优势种。

第一节　玉米螟

玉米螟[*Ostrinia furnacalis*(Guenee)]属于鳞翅目，草螟科，是世界玉米产区常发性重要害虫。在我国，除西北内陆玉米产区发生轻微外，其余玉米产区均有不同程度发生，其中以北方春播玉米区和黄淮平原春、夏玉米区发生最重，西南山区丘陵玉米区和南方丘陵玉米区次之。据估计，一般春玉米受害后减产10％左右，夏玉米减产可达20％～30％。

一、分布与寄主植物

1.分布情况

玉米螟广泛分布在世界各玉米产区，我国除西北内陆玉米产区发生轻微外，其余玉米产区均有不同程度发生。随着我国农业产业结构调整，玉米产区逐渐扩大，玉米螟的分布也将进一步扩大。现阶段已经广泛发生于我国东北、华北和长江流域的玉米产区。

玉米螟大发生时,经济损失也相当严重。如 2008 年在黑龙江中南部、吉林西部、辽宁的中西部、内蒙古中东部及新疆北部等春玉米主产区偏重发生,华北、黄淮、西南等夏玉米种植区大部中等发生。全国每年发生面积 2 亿亩以上。

2. 寄主植物

玉米螟的寄主种类繁多、主要为害玉米,高粱、小米、棉、麻等作物,也能取食大麦、小麦、马铃薯、豆类、向日葵、甘蔗、甜菜、番茄、茄子等及苍耳等作物和杂草。

二、形态与为害状识别

1. 形态识别(图 18-1)

(1)成虫　体长约 1.2 cm,黄褐色,前翅黄褐色,有两条褐色波状横纹,两纹间有两条黄褐色短纹。

(2)幼虫　老熟幼虫体长 2.5 cm 左右,背部颜色有浅褐、深褐、灰黄等。

(3)卵块　扁平椭圆形,卵块中卵粒呈鱼鳞状排列。

2. 为害状

玉米螟在玉米苗期可为害造成枯心,喇叭口期取食心叶造成一排排小孔(花叶);抽穗后钻蛀穗柄和茎秆,遇风折断,损失较大;穗期雌穗被害,嫩粒遭损引起霉烂,降低籽粒品质。

为害谷子时主要是为害茎基部,苗小时发生枯心苗,抽穗前受害多数不能抽穗,抽穗后受害,易被风折断。为害棉花时主要寄生于茎、枝条、嫩尖及叶柄内,常使嫩头倒折枯萎,幼虫可为害蕾铃,引起落蕾和烂铃。

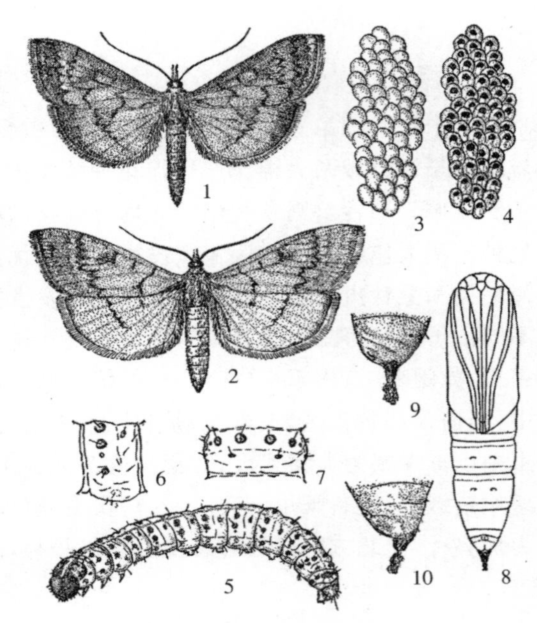

图 18-1　亚洲玉米螟

1. 雄成虫;2. 雌成虫;3. 卵块;4. 孵化前的卵块;5. 幼虫;6. 幼虫第 2 腹节侧面观;7. 幼虫第 2 腹节背面观;8. 雄蛹腹面观;9. 雌蛹腹部末端;10. 雄蛹腹部末端(仿华南农业大学)

三、发生规律与重要习性

1. 发生世代与为害作物

玉米螟一年发生代数依各地气候而异,随纬度和海拔升高而世代减少。2 代区(北纬 40～45°)。第 1 代为害谷子,第 2 代为害玉米;3 代区(长江以北),第 1 代幼虫为害春玉米,第 2 代幼虫集中为害夏玉米;第 3 代幼虫集中为害夏玉米的雌穗等。每年 9 月中下旬老熟幼虫在玉米茎秆和穗轴中越冬。4 代区(湖北,四川、湖南、江西及浙江),为害玉米同 3 代区。

2. 重要习性

成虫昼伏夜出，飞翔力较强，有趋光性，喜欢在离地 50 cm 以上、生长较茂盛的玉米叶背面中脉两侧产卵。成虫羽化后要吸水方能正常产卵，春季复苏的越冬幼虫必须取得水分，如咀嚼潮湿秸秆或吸食雨水、露滴后方可化蛹。玉米生长期发生的幼虫，初孵幼虫有聚集性；随后吐丝下垂并借风力形成转株为害；3 龄前主要集中取食幼嫩心叶、雄穗、苞叶和雌穗花丝。

四、主要影响因素

1. 气候条件

温度和雨量是影响玉米螟消长的主要气候条件。一般来说，温度 15～30 ℃，相对湿度在 60％以上时最适合玉米螟各虫态发生。特别是在玉米螟发育起点温度以上时，水分或湿度便成为影响其发育的关键因素。温度和湿度对玉米螟的影响可以概括为：①决定越冬幼虫的复苏和化蛹；②影响成虫的产卵；③影响卵的孵化和幼虫的存活。所以，气象条件与玉米螟发生有密切相关性。

2. 越冬基数与受害

一般玉米螟的越冬基数大小，直接影响第一代卵量和被害株率。据调查，百秆越冬虫量与春玉米被害株率有着密切的关系。如百秆越冬虫量为 50 头以下、50～100 头和 300 头以上，则春玉米被害株率分别为 35％、50％～70％和 90％以上。

3. 玉米抗螟品种

种植心叶中高含量抗螟素的品种，对玉米螟的幼虫发育有抑制作用。玉米心叶中有 3 种抗螟素，即抗螟素甲、抗螟素乙、抗螟素丙。抗螟素甲又称丁布。随着现代生物技术在农作物品种培育中的广泛应用，国外已经培育并推广种植了抗玉米螟的转基因玉米品种，具有较好的抗螟效果。但目前我国还没有允许转基因玉米的田间释放。

4. 作物布局和耕作制度

作物布局可直接影响玉米螟的种群消长和为害程度。一些大面积采用玉米与棉花、小麦等进行间作套种的地区，则由于玉米播期自春到夏极不整齐，导致玉米螟的严重为害和管理困难。而变春播为夏播，可以抑制 2 代和 3 代的发生量和为害程度。

在玉米田周围或田中间作或邻作种植特定植物，可以调控玉米上玉米螟种群并降低玉米的损失。如在肯尼亚，研究者在玉米田边种植象草（紫狼尾草）来诱集玉米螟成虫产卵，或者间作银叶山蚂蟥草或糖蜜草来驱避玉米田中的玉米螟成虫，从而降低幼虫密度和玉米的损失（表 18-1）。

5. 有益生物

国内已经发现的玉米螟天敌有 70 多种，寄生性天敌有 20 余种。玉米螟的天敌种类很多，主要有寄生卵的赤眼蜂、黑卵蜂，寄生幼虫的寄生蝇、白僵菌、细菌、病毒等。捕食性天敌有瓢虫、步甲、草蛉等，都对虫口有一定的抑制作用。

表 18-1　玉米田种植象草诱集玉米螟成虫产卵的效果(Hassanali 等,2008,肯尼亚)

试验周期	试验地名(非洲肯尼亚)	玉米+象草(Napier)			
		玉米损失率/%		幼虫数/40 株	
		处理	对照	处理	对照
第 1 年	Trans-Nzoia	8.3	18.8*	18.6	37.3*
	Suba	14.9	25.7*	16.9	35.9*
第 2 年	Trans-Nzoia	11.7	23.1**	22.6	49.6*
	Suba	18.7	29.3*	22.7	42.8*

注:表中数字后带“*”表示在 0.05 水平上有显著差异。

五、综合管理技术

1.农艺管理措施

由于玉米成熟后,大量老熟幼虫进入玉米秸秆和雌穗穗轴越冬,而且越冬虫量与下年度春玉米田为害程度密切相关。因此,在春季开始时,及时处理好残存的秸秆和穗轴显得非常重要,这能大幅度压低虫口基数和降低春季玉米的为害率。有条件的地方尽可能选用玉米抗螟品种,以降低玉米生长期玉米螟的为害。还可以通过改变播种期,错开玉米螟幼虫发生高峰期以减少玉米受害。合理间作套种一些其他作物或驱避玉米螟成虫的植物如银叶蚂蟥草、糖蜜草等降低玉米螟的为害。

2.灯光诱杀技术

利用玉米螟成虫的趋光性,在大面积种植玉米的产区,大量提倡使用高压汞灯或频振式杀虫灯诱杀玉米螟成虫,一般开灯时间为 7 月上旬至 8 月上旬。但针对不同区域和不同玉米种植时间,如春玉米和夏玉米,应该调整开灯时间。通过灯光诱杀成虫可大幅降低玉米田中玉米螟成虫的产卵量,降低其对玉米的为害。

3.有益生物调控措施

利用寄生蜂和菌类杀虫剂,主要是释放赤眼蜂和使用 Bt 制剂。现在转基因抗虫玉米广泛种植于西方发达国家,但我国目前禁止种植转基因玉米。

(1)赤眼蜂灭卵　在玉米螟产卵始、初盛和盛期放玉米螟赤眼蜂或松毛虫赤眼蜂 3 次,每次放蜂 15 万～30 万头/hm^2,设放蜂点 75～150 个/hm^2。放蜂时,先取出蜂卡适应一会儿放蜂点温度后,夹在玉米植株下部第五或第六叶的叶腋处。

(2)白僵菌治螟　在心叶期,将每克含分生孢子 50 亿～100 亿的白僵菌拌炉渣颗粒 10～20 倍,撒入心叶丛中,每株 2 g。也可在春季越冬幼虫复苏后化蛹前,将剩余玉米秸秆堆放好,用土法生产的白僵菌粉按 100～150 g/m^3,分层喷洒在秸秆垛内并封垛繁育。

(3)苏云金杆菌(Bt)治螟　苏云金杆菌变种、蜡螟变种、库尔斯塔克变种对玉米螟致病力很强,工业产品颗粒拌成每克含芽孢 1 亿～2 亿的颗粒剂,在心叶末端撒入心叶丛中,每株 2 g,或用 Bt 菌粉 750 g/hm^2 稀释 2 000 倍液灌心,穗期控制可在雌穗花丝上滴灌 Bt 200～300 倍液。

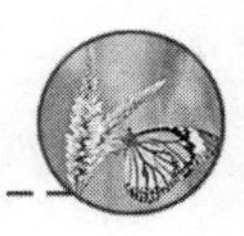

4.化学药剂调控技术

(1)心叶末(喇叭口)期用药　掌握花叶率达5%时开始用药,以颗粒剂施用效果较好,包括1.5%的辛硫磷颗粒剂、白僵菌粉剂等。

(2)穗期用药　①花丝用药调控。调控指标为百穗花丝有虫50头,应在抽丝盛期喷药一次。②雌穗用药调控。调控指标为虫穗率达10%,喷药一次。若虫穗率超过30%,过6～8 d后再用药一次。③雌穗花丝口用药。花丝干枯后,可剪掉花丝,将药剂滴于雌穗顶部,效果良好。

(3)其他寄主作物上的调控　玉米螟属于多食性害虫,除为害玉米外,还为害其他禾本科旱作作物,如高粱、谷子等,以及非禾本科作物,如棉花、向日葵等作物,在其种群管理中,千万不可忽视对玉米以外作物的管理。

第二节　草地贪夜蛾

草地贪夜蛾[*Spodoptera frugiperda*(Smith)](玉米型)又称秋黏虫,属于鳞翅目,夜蛾科昆虫,原产于西半球的热带地区,是一种重要的迁飞性害虫,每年春夏季节都远长距离地飞行。目前,该虫已分布至全球100多个国家。2019年初入侵我国云南,随后,在我国14省(自治区、直辖市)发现其为害。该虫在我国有较宽的适生区,包括华南、华中、华东全部和西南、华北部分区域。如果在我国南方形成虫源基地,预计受到威胁的玉米面积将达0.13亿 hm^2 以上,重点发生为害区域将超过333.33万 hm^2,将对我国玉米等作物生产构成极大的威胁。

在巴西,草地贪夜蛾可使玉米减产39%以上,每年造成的经济损失约为5亿美元。据统计,如果田间55%～100%的植株被害,将导致玉米减产15%～73%。2016年1月,草地贪夜蛾入侵尼日利亚,2018年1月已经扩散至非洲44个国家,发生面积超过250万 km^2,一般为害可使玉米减产25%～67%,每年潜在经济损失为24.81亿～61.87亿美元。2019年初入侵我国后,在14个省份发生面积达到9.227万 hm^2。

一、迁徙和入侵我国概括

1.草地贪夜蛾全球迁徙

草地贪夜蛾是原产于美洲热带和亚热带地区的多食性害虫,广泛分布于美洲大陆,为当地重要的农业害虫。2016年1月至2018年1月,草地贪夜蛾已入侵到撒哈拉以南的44个非洲国家和地区,且有玉米品系和水稻品系两种生态型。在亚洲,2018年7月中旬在印度卡纳塔克邦州的希莫加地区首次发现草地贪夜蛾,10月已迅速扩散至泰米尔纳德邦、特仑甘纳邦、安得拉邦、西孟加拉邦、马哈拉施特拉邦。除为害玉米外,在马哈拉施特拉邦还发现为害甘蔗。随后孟加拉国、尼泊尔、斯里兰卡、缅甸也相继发生。

2.草地贪夜蛾入侵中国

草地贪夜蛾(玉米型)2019年1月确认入侵我国云南省,至5月21日,已扩散到华南、西南、华中和华东的16个省份的617个县,发生面积达12.67万 hm^2,并直逼我国黄淮海夏玉米产区和北方春玉米产区。迁飞轨迹分析表明，进入 6—7 月份，在西南季风最强时期，草地贪夜蛾可继续向我国东北方向迁移，将波及黄淮海夏玉米和北方春玉米产区。6—7 月份，该区玉米正处于苗期至大喇叭口期，这也为草地贪夜蛾种群为害、繁殖和蔓延提供了适宜的寄主植物。草地贪夜蛾的适宜发生区覆盖我国南方到北方的广大区域。我国现有调查研究表明，草地贪夜蛾可以取食为害玉米、高粱、甘蔗、小麦、大麦、大豆、花生、油菜、向日葵、香蕉、蔬菜等多种农作物。其冬季主要在我国南方和东南亚邻国热带、南亚热带地区的玉米、甘蔗等作物田为害。春季后随东亚季风和印度季风逐步迁入中国西南、华中、华北、西北和东北地区为害水稻以外的其他多种农作物。因此，尽快制定实施草地贪夜蛾可持续治理策略迫在眉睫。

二、形态与为害状识别

1. 形态识别（图 18-2）

（1）成虫　翅展 32～40 mm，前翅无特殊颜色，雌雄前后翅颜色无差异，前翅自外缘经圆形斑至中室有 1 条淡黄色斜纹，顶角向内有 1 个三角形的白斑。后翅白色。

（2）卵　约为 0.4 mm，高度约为 0.3 mm。卵呈圆顶状，基部扁平，卵向上弯曲，在顶点处呈宽圆点。每个卵块中卵的数量差别很大，一般有 100～200 粒。大多数卵粒在叶片上呈单层排列，有时也出现分层排列。卵块上通常沉积一层灰白色鳞片，形成毛茸茸或发霉的外观。

（3）幼虫　低龄幼虫虫体淡黄色或浅绿色，背线、亚背线与气门线明显，均为白色，各腹节都有 4 个长有刚毛的黑色或黑褐色斑点。头壳褐色或黑色，快蜕皮时头壳和黑色前胸背板分离。“Y”形纹不明显。前胸背板黑色，中胸与后胸节背面黑色斑点列成一排。腹部第 8 节背部 4 个黑色斑点形成正方形，刚毛长度中等。

图 18-2　草地贪夜蛾

1. 雄成虫（仿 G. Goergen）；2. 幼虫腹面观；3. 幼虫背面观；4. 幼虫侧面观（幼虫仿潘战胜）；5. 蛹侧面观；6. 蛹腹面观

高龄幼虫体色棕褐色或黑色，背线、亚背线和气门线为淡黄色。各腹节背面都有 4 个长有刚毛的黑色或黑褐色斑点。头壳褐色或黑色，头部有白色或浅黄色倒“Y”形纹。前胸背板黑色，中胸与后胸节背面黑色斑点列成一排。腹部第 8 节背部 4 个黑色斑点形成正方形，且第 8、9 腹节背面的斑点显著大于其他各腹节斑点。

（4）蛹　棕色，长 14～18 mm，宽约 4.5 mm。

2. 为害状

幼虫因取食植物叶片而造成损害。低龄幼虫最初从一侧取食叶片组织，留下表皮。到 2、3 龄时，幼虫开始取食叶片成孔洞，并从叶片边缘向中间取食。以卷叶期玉米叶为食时，通常会在叶片上产生一排有特征的孔洞。高龄幼虫取食会引起广泛的落叶，通常只留下玉米植株

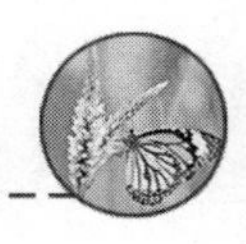

主脉和茎秆，或者留下破烂而撕裂的外观。

幼虫也会钻到生长点(芽、卷叶等)，破坏植物的生长潜力，或切食叶子。在玉米中，它们有时还会钻蛀雄穗和雌穗。钻食雌穗时，通常会在雌穗一侧的苞叶上咬食孔洞而进入穗中取食。

三、发生与为害重要特性

1. 寄主范围广泛

草地贪夜蛾是一种多食性害虫，其寄主范围为 46 科 202 种，包括玉米、甜玉米、高粱、小麦、大麦、荞麦、燕麦、粟、水稻、大豆、花生、棉花、甜菜、甘蔗、烟草、梯牧草、四叶草、黑麦草、苏丹草、苜蓿、马唐、狗牙根、剪股颖属、马唐属、石茅、牵牛属、莎草属、苋属、刺苞草等植物。

2. 在我国适生区域广

草地贪夜蛾具有广泛的适生区域。该虫原产北美，目前已经广泛分布于美洲、非洲和亚洲等 100 多个国家。我国华南、华中、华东、西南地区东部、陕西局部、云南局部和台湾局部等均是其适生区。

3. 快速扩散能力

草地贪夜蛾飞行能力强，迁移扩散速度快，可通过远距离飞行快速、大范围扩散蔓延。其室内测试飞行，飞行速度为 3 km/h，从美国南部密西西比州迁飞至加拿大南部仅需 30 h。成虫每晚可借助风力定向迁飞 100 km，如果风向风速适宜，迁飞距离会更长，最长迁飞记录是 30 h 内迁飞 1 600 km。

2016 年草地贪夜蛾入侵非洲后短短 2 年内扩散至非洲 44 个国家，主要依靠迁飞。据推测，根据其迁飞特性和我国气候条件推测，6—7 月草地贪夜蛾借助东南季风连续飞行 3 个夜晚即可从华南地区到达我国黄河以北、到达内蒙古和东北南部大部地区。

4. 超强的生存与繁殖潜力

草地贪夜蛾适宜发育温度为 11～30 ℃，生命周期较短，完成一个世代 24～40 d，1 年可发生多代，在气候温暖区域可全年发生。据其生物学特性与地理气候条件推测，广东、广西、福建南部、云南南部、台湾预计年发生 6～8 代，海南 9～10 代。

5. 管理难度大

在长期的化学农药和 Bt 毒蛋白的选择胁迫下，草地贪夜蛾不仅对氨基甲酸盐类、有机磷类、拟除虫菊酯类中的多种农药产生了抗药性，而且对转 *cry1F*、*cry1Ab*、*cry2Ab2* 抗虫基因玉米也产生了不同程度的田间抗性。草地贪夜蛾作为外来入侵生物，在新的入侵地短期内仍将缺乏有效的天敌和其他自然因素控制。因此，准确早期预警和预测预报是首要任务。在现阶段生产实际中，科学合理使用杀虫剂管理草地贪夜蛾种群显得尤为重要。

四、我国暴发潜在因素

我国具有适宜草地贪夜蛾定殖扩散的寄主和气候条件，尤其其偏食寄主(玉米)呈扩大种植规模的态势。

1. 气候适应

我国有适宜草地贪夜蛾的周年繁殖区(云南、广东、广西和海南)，可能为草地贪夜蛾翌年

在长江及淮河流域的发生提供大量虫源。

此外,我国处于东亚季风区内,冬季盛行东北气流,夏季盛行西南气流,这也就形成了草地贪夜蛾在我国北扩东进的迁飞格局。

2.寄主与适生区吻合

草地贪夜蛾在我国的适生区与稻谷种植地区高度重合,我国还是世界第二大玉米种植国家,主要玉米产区也多在其适生范围内,这都为草地贪夜蛾的种群繁殖为害提供了理想场所。此外,我国调查发现,草地贪夜蛾可以取食为害玉米、高粱、甘蔗、小麦、大麦、大豆、花生、油菜、向日葵、香蕉、蔬菜等多种农作物。

3.阶梯食物源

我国玉米等作物的种植布局随季节和纬度变化从南至北递次推移,时间和空间上互补的食物资源促使了草地贪夜蛾种群区域性迁移为害,管理更为困难。

4.境外虫源地

泰国、越南、老挝和缅甸等境外虫源的持续输入,客观上也促使了草地贪夜蛾在我国境内的暴发为害。同时,草地贪夜蛾还适合在我国境内南方地区取食禾本科植物越冬,这也是其能快速北迁的重要原因。

五、综合管理技术

1.加强监测和早期预警

由于迁飞害虫的发生为害具有突发性,因此高效实用的监测技术与早期预警是实现迁飞害虫有效防控的重要手段。草地贪夜蛾监测预警技术主要包括雷达监测、性诱剂监测、灯光监测以及分子标记等。

2.农艺管理技术

农艺管理技术包括:加强肥水管理,栽培健株,提高作物对害虫的抵御、补偿能力;合理种植,避免不同茬口混栽,使大区域内作物生长期一致,减少桥梁田;人工摘除卵块、捕杀幼虫;建设农田景观缓冲带,增加天敌栖息场所,降低草地贪夜蛾为害。例如,林地为草地贪夜蛾天敌提供了庇护所,在玉米田周围对该虫起到了明显抑制作用。推广"推拉策略",在玉米田间作对该虫有驱赶作用的植物("推"),在作物田块周围,种植对草地贪夜蛾具有更强吸引作用的植物("拉"),在降低草地贪夜蛾为害玉米中具有非常好的应用前景。

3.物理和生物诱剂诱杀成虫技术

物理诱杀,如灯光诱杀,利用草地贪夜蛾的趋光性诱杀成虫。生物诱杀,如性诱剂诱杀雄虫,在草地贪夜蛾成虫发生期,设置性诱剂监测和诱杀雄虫。值得注意的是,应该考虑到草地贪夜蛾两种不同的寄主型的遗传和性信息素成分的差异,以及诱剂效果与不同地理种群的相关性。

4.有益生物保育与利用

草地贪夜蛾属于突发性迁飞害虫,不可避免地要使用化学药剂控制其种群发展。同时,应该考虑药剂选择和把握好用药时间,尽可能地保育自然天敌。如寄生性天敌包括黑卵蜂、茧蜂、黄潜蝇、寄蝇、姬蜂、姬小蜂和赤眼蜂等。捕食性天敌,如蠼螋、蚂蚁、瓢虫、捕食蝽等。病原

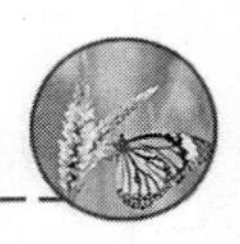

微生物有白僵菌、绿僵菌、多杀霉素、苏云金芽孢杆菌、阿维菌素、莱氏野村菌、病原线虫和核型多角体病毒等。还可以选择一些生物源制剂。

5.化学药剂调控技术

目前，使用化学杀虫剂仍是草地贪夜蛾管理的主要方法。国际上常用氟氯氰菊酯、氯虫苯甲酰胺、顺式氯氰菊酯、丁硫克百威等杀虫剂来管理草地贪夜蛾。我国可用甲氨基阿维菌素苯甲酸盐、乙酰甲胺磷、乙基多杀菌素和甲氰菊酯等药剂用于草地贪夜蛾的应急调控。

必须指出的是，草地贪夜蛾属于新入侵我国的农业害虫，在用药策略上应该注意：①化学药剂不合理使用也导致了该虫对一些常用的药剂产生了抗药性。②部分种群对一些药剂仍有不同程度的敏感性，说明并不是所有的草地贪夜蛾种群均产生了抗药性。③我国草地贪夜蛾入侵时间不长，保护其对化学药剂的敏感种群至关重要。④科学合理使用化学药剂，轮换喷施药剂种类，尤其不同作用机制的药剂。

第三节　马铃薯瓢虫

马铃薯瓢虫又称马铃薯二十八星瓢虫[*Henosepilachna vigintioctomaculata* (Motschulsky)]，已知的“二十八星”瓢虫还有茄二十八星瓢虫[*Henosepilachna vigintioctopunctata* (Fabricius)]，它们都属于鞘翅目，瓢虫科。该科拥有大量的天敌昆虫，害虫属于极少数种类。这两种瓢虫共同点主要是两鞘翅上共有 28 个斑点的瓢虫，而这样描述并不是一个纯分类学上的名词。两个“二十八星”瓢虫都是植食性害虫，而且都是农业上的重要害虫，也是鞘翅目中最重要害虫类群之一。马铃薯瓢虫和茄二十八星瓢虫都是常见为害茄科和其他蔬菜最严重的害虫。

一、分布与寄主植物

马铃薯瓢虫分布于我国黑龙江、辽宁、河北、北京、河南、山东、山西、甘肃、浙江、四川、福建、陕西、广西、云南、西藏等地，长江以北比较常见，黄河以北尤多。国外分布在俄罗斯、朝鲜半岛、日本、越南、尼泊尔、印度等国家。

马铃薯瓢虫为害的寄主植物包括马铃薯、茄、番茄、枸杞、龙葵、曼陀罗、裂瓜等；其他食料有青椒、烟草、白菜、萝卜、芥菜、玉米、南瓜、黄瓜、甜瓜、向日葵、牛蒡、苍耳、千里光、刺儿菜、栎、槲、皱皮苋、柿、泡桐、核桃、酢浆草、菜豆、绿豆、豇豆等。其中以马铃薯和茄子等茄科植物受害最重。

二、形态与为害状识别

1.形态识别(图 18-3)

(1)成虫　体长 6.6～8.3 mm，半球形，赤褐色，体背密生黄褐色细毛，并有白色反光。前胸背板中央有一个较大的剑状纹，两侧各有 2 个黑色小斑(有时合并成 1 个)。两鞘翅各有 14 个黑色斑，鞘翅基部 3 个黑斑后面的 4 个斑不在一条直线上，两鞘翅合缝处有 1～2 对黑斑相连。

(2)卵　子弹形，长约 1.4 mm，初产时鲜黄色，后变黄褐色，卵块中卵粒排列较松散。

(3)幼虫　老熟后体长 9.0 mm，黄色，纺锤形，背面隆起，体背各节有黑色枝刺，枝刺基部有淡黑色环状纹。

(4)蛹　长 6.0 mm，椭圆形，淡黄色，背面有稀疏细毛及黑色斑纹，尾端包被着幼虫末次蜕的皮壳。

2.为害状识别

主要以成虫和幼虫为害寄主，初孵幼虫群居于叶背啃食叶肉，仅留表皮，形成许多平行半透明的细凹纹，稍大后幼虫逐渐分散。成虫和幼虫均可将叶片吃成穿孔，严重时叶片只剩粗大的叶脉。此外，还可为害嫩茎、花瓣、萼片、果实。被害植株不仅产量下降，而且果实品质差，果实变僵硬、有苦味，不堪食用。

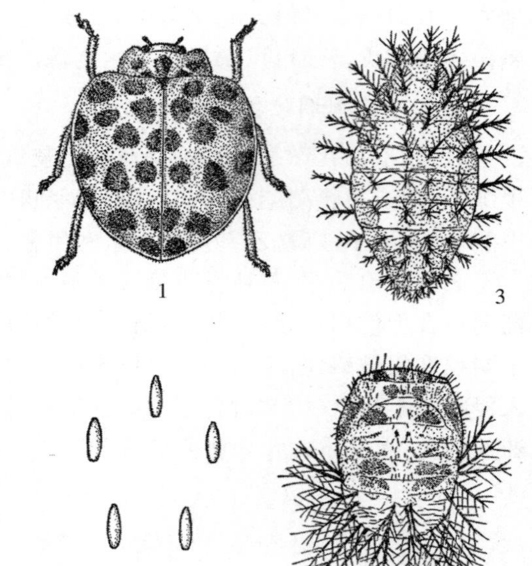

图 18-3　马铃薯瓢虫

1.成虫；2.卵；3.幼虫；4.蛹(仿浙江农业大学)

三、发生规律与生活习性

1.生活史和发生规律

马铃薯瓢虫属于鞘翅目昆虫，其生活史为完全变态类型，包括成虫、卵、幼虫和蛹 4 个虫态。主要以成虫和幼虫两个虫态为害植物。

马铃薯瓢虫 1 年发生 2～3 代，当温湿度适宜，在夏马铃薯区和沿黄河流域一年发生 3 代，秋马铃薯区 1 年可发生 2 代。成虫在背风向阳的土石缝、杂草、树洞、房前屋后空隙中或土中群居越冬，翌年早春 3 月底至 4 月中旬始见，在枸杞、野茄草、苜蓿等植物上寄养生活，5 月转移到茄子或夏马铃薯的植株上进行繁殖发展，5 月上旬在夏马铃薯上产卵，6 月上旬出现 1 代幼虫，6 月中旬幼虫老熟化蛹羽化成成虫，一个世代 30 d 左右。6 月下旬至 7 月上旬为第 1 代幼虫为害高峰，8 月中旬至 9 月上旬为第 2 代幼虫为害高峰。

2.生活习性

成虫有明显的假死性，遇惊扰即假死落地。当密度较大时，成虫有食卵和蛹的习性。可短距离飞行。当气温 25 ℃左右时，最适其飞翔活动。大部分成虫白天产卵，卵产于叶背。

马铃薯瓢虫虽为多食性，但成虫必须取食马铃薯才能顺利完成生活史。越冬成虫若未取食马铃薯则不能产卵。以取食马铃薯叶片的产卵量大，以茄子叶为主食的产卵量少。因此，马铃薯瓢虫的发生与马铃薯种植有密切关系。

初孵幼虫群集叶背 6～7 h 静止不动，2 龄以后开始分散。大多数幼虫在叶背停栖，取食叶肉，不甚活动。幼虫也有食卵习性。幼虫不取食马铃薯发育不正常。老熟幼虫以腹部末端黏于马铃薯基部叶片的背面化蛹。

四、发生影响因素

1. 温湿度

马铃薯瓢虫发生的最重要因素是夏季高温为其繁殖、发育的最大障碍。适合温度为 25～28 ℃，相对湿度在 80%～85%。气温在 20 ℃以上并且湿度较大有利于马铃薯瓢虫成虫羽化和卵的孵化。但 28 ℃以上卵孵化也不能发育至成虫，30 ℃即使产卵亦不孵化，35 ℃以上产卵不正常，并陆续死亡。

2. 越冬场所

越冬基数和死亡率是决定第 1 代大发生的基础。而越冬场所和环境与越冬成虫死亡率有密切关系。石缝中越冬的死亡率(26%)高于在树干下的死亡率(12.25%)。在土壤湿度较大场所越冬的成虫较在湿度较小场所的死亡率低。潜入土中 3～7 cm 深处(10%)的成虫较不足 3 cm(25%)的死亡率低，越冬入土过浅，冬季寒冷或过于干燥以及天敌数量影响越冬死亡率的高低，也影响翌年的发生程度。

3. 寄主植物

寄主植物的选择对马铃薯瓢虫的生长发育非常重要。取食不同寄主植物的幼虫发育不同，马铃薯是马铃薯瓢虫最合适的寄主植物，取食马铃薯植株时，马铃薯瓢虫发育历期短，幼虫体重和蛹重都较重，产卵量较高，产卵期长，成虫的性成熟期最短。而取食茄子和辣椒的幼虫与取食马铃薯的幼虫相比，个体小、生长缓慢，并且不能完成幼虫期发育。

马铃薯瓢虫成虫如不取食马铃薯，便不能正常繁殖和发育。幼虫不取食马铃薯，发育也不正常。马铃薯瓢虫成虫着虫率与海绵组织厚度呈显著正相关。马铃薯叶片上的着卵量与叶表面毛的数量呈显著的负相关。马铃薯叶片狭长，叶片与枝干斜生的品种受害轻。此外，成虫对不同马铃薯品种的寄主选择性与叶片中可溶性蛋白和游离氨基酸含量有显著正相关。

4. 有益生物

白僵菌或绿僵菌可寄生致死马铃薯瓢虫；一些寄生蜂可寄生马铃薯瓢虫的幼虫和蛹，如在山西吕梁山区瓢虫双脊姬小蜂[*Pediobius foveolatus*(Crawford)]对马铃薯瓢虫幼虫和蛹的平均寄生率达到 50%。还有中华微刺盲蝽[*Canpylomma chinensis* (Schuh)]也可以捕食瓢虫。

五、综合管理技术

1. 农艺管理技术

清理越冬场所和周边环境。利用成虫越冬时群居的习性，冬春季采取措施清除其越冬场所，特别注意向阳、背风处的土缝、石缝等处。春季在越冬成虫未迁移之前，铲除其他野生寄主植物，如田间地边的茄科杂草，集中烧毁或深埋可有效减轻对马铃薯的为害。

2. 人工捕杀

可利用成虫、幼虫的假死性，进行人工捕杀；还可在田间发现卵块和刚孵化群集幼虫，采用人工摘除卵块。

3.有益生物保育和利用

马铃薯瓢虫自然发生中,有大量寄生幼虫和蛹的小蜂类寄生蜂,也可以人工释放瓢虫双脊姬小蜂,对幼虫和蛹具有良好的寄生效果。另外,还有白僵菌或绿僵菌等有益微生物。应该创造较好的环境保护这些有益生物。在成、幼虫发生期间,可以施用白僵菌寄生成虫和幼虫,也可人工饲养瓢虫双脊姬小蜂并田间释放。

4.化学农药调控技术

马铃薯瓢虫使用化学药剂调控种群时,要掌握好调控适期。一般卵孵化始盛期、幼虫分散为害前施药效果最佳。所采用的施药方式,主要采用喷雾方式,特别要注重马铃薯叶背面喷药,多数成虫产卵于叶背面,幼虫孵化后也主要集中在叶片背面取食为害。要特别注意药剂选择。为了保护自然天敌种群,尽可能选择高效低毒化学农药。同时务必注意轮换用药。

第四节　马铃薯块茎蛾

马铃薯块茎蛾[*Phthorimaea operculella* (Zeller)],又称马铃薯麦蛾、烟潜叶蛾等,属于鳞翅目,麦蛾科,是一种世界性农业害虫。此蛾起源于中美洲,现已传播到北美洲、非洲、澳洲、欧洲和亚洲。我国 1937 年记录了马铃薯块茎蛾的发生,现已扩散到西南、西北、中南、华东 10 余省份。我国南方马铃薯产区普遍发生,尤其在云南、四川、贵州等地区发生较严重。据报道,在大田主要为害植株叶片,可使马铃薯减产 20%～30%,而在 4 个月左右的马铃薯贮藏期,其为害率可达 100%。

一、形态识别(图 18-4)

(1)成虫　雌成虫体长 5.0～6.2 mm,雄体长 5.0～5.6 mm;灰褐色,稍带银灰光泽。触角丝状。下唇须 3 节,向上弯曲超过头顶。前翅狭长,鳞片黄褐色。雌虫翅臀区鳞片黑色如斑纹。雄虫翅臀区无此黑斑,有 4 个黑褐色鳞片组成的斑点;后翅前缘基部具有一束长毛,翅缰一根。雌虫翅缰 3 根。雄虫腹部外表可见 8 节,第七节前缘两侧背方各生一丛黄白色的长毛,毛丛尖端向内弯曲。

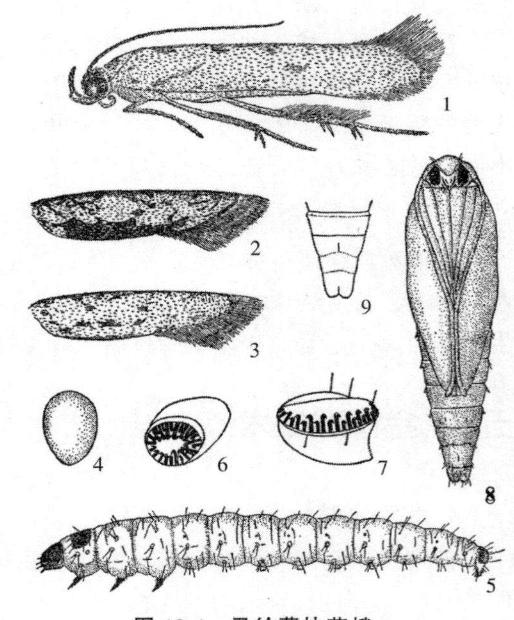

图 18-4　马铃薯块茎蛾

1.成虫;2.雌成虫前翅;3.雄成虫前翅;4.卵;5.幼虫;6.幼虫腹足趾钩;7.幼虫臀足趾钩;8.雄蛹腹面观;9.雌蛹腹部末端腹面观(仿浙江农业大学)

(2)卵　椭圆形,长 0.48～0.64 mm,初产时半透明黄白色,孵化前变黑褐色。

(3)幼虫　空腹幼虫体黄白色,为害叶片后呈青绿色。末龄幼虫体长 11～15 mm,头暗褐色,胸节微红,前胸背板及胸足黑褐色,臀板淡黄。腹足

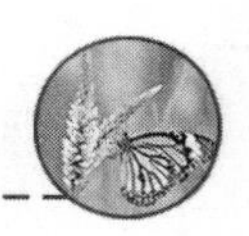

4对，趾钩双序环形，臀足1对，趾钩双序弧形。

(4)蛹　圆锥形，棕色，长6～7 mm，表面光滑，触角伸达翅端，臀棘短小而尖，向上弯曲，周围有刚毛8根，雌蛹于第八腹节中间位置形成一条纵向裂缝，并与第七和第八腹节相连形成“Y”形结构。蛹藏于丝茧中，茧外附有沙土，长约10 mm。

二、寄主植物和为害状

马铃薯块茎蛾属于寡食性害虫，主要取食马铃薯、烟草、茄子、番茄、辣椒、曼陀罗、枸杞、龙葵、酸浆等茄科植物。但最嗜寄主为烟草，其次为马铃薯和茄子。

幼虫为害寄主植物叶片时，多沿叶脉蛀入，取食烟叶形成弯曲虫道，后变成空泡，仅留上、下表皮，严重影响烟叶的产量和品质。烟和马铃薯并存时，仅烟叶受害，发生严重时，幼虫也为害马铃薯叶和露出土面的块茎。马铃薯贮藏期间，幼虫蛀食块茎内部，造成弯曲虫道，蛀孔外有深褐色粪便排出。西南一季马铃薯地区，因贮藏时间长，温度适其繁殖，有时块茎被害率高达50%以上，或被蛀空，或因病菌寄生而腐烂。

三、发生规律与生活习性

1.发生世代与越冬

马铃薯块茎蛾个体发育为全变态昆虫，生长发育过程中，会出现卵、幼虫、蛹和成虫4个虫态。在我国的发生世代仍然遵循由南到北代数递减的规律，如每年云南发生9～11代，四川发生6～9代，贵州发生5代，湖南发生6～7代，河南、陕西、山西发生4～5代。该虫有世代重叠现象。

马铃薯块茎蛾无严格的滞育现象，只要有合适的食物、温度条件，就能够完成其发育。在我国南方马铃薯块茎蛾各虫态都能越冬，主要以幼虫在田间的烟草残株落叶或贮藏期马铃薯薯块内越冬。在河南、山西等北方发生地，只有少数以蛹期越冬。

就马铃薯块茎蛾传播来说，虽然成虫飞翔能力比较弱，但其卵、幼虫和蛹可随其寄主植物及包装物作远距离传播，成虫也可以借风力扩散。

2.成虫习性

马铃薯块茎蛾的生殖方式主要以两性生殖为主，也可孤雌生殖，但与有性生殖后代相比，孤雌生殖群体的后代整体状况有所下降。在田间，成虫一般白天不交配，而在晚间交配并找到叶片或其他产卵场所产卵。在马铃薯田，雌虫多产单粒卵，主要部位有茎秆基部的地面、土缝内、叶背中脉附近或叶柄和腋芽间；薯块露土后，成虫偏好将卵产在薯块芽眼附近。

特别要注意的是，在贮藏期间，马铃薯块茎蛾的卵单独或成批(2～20粒卵)产在茎块芽眼处，还可以产卵于破裂表皮处及附着于泥土表皮粗糙面，很少产卵在光滑的薯块表面。

3.幼虫习性

在田间，卵孵化的1龄幼虫通过吐丝的方式寻找合适的寄主，在叶片中完成幼虫期发育，老熟幼虫落土化蛹。幼虫潜入叶内，经叶脉蛀食叶肉。严重时，嫩茎、叶芽被害枯死，幼苗全株死亡。马铃薯块茎蛾为害马铃薯植株时，当植株枯死或因叶小而食料不足时，幼虫则从原隧道爬出，转移到另一叶片再蛀隧道，有时还会吐丝把两张叶片叠起来或卷起来躲藏里面取食。也

有少数的蛀食叶柄或茎秆，但被蛀茎秆并不膨大。

幼虫侵入薯块时，先在薯块表皮内层为害，逐渐深入到薯块里面，少数能吐丝结网后蛀入。在食物条件充足的情况下，蛀入寄主的幼虫不移动。幼虫耐饥能力很强，2 和 3 龄幼虫在不取食情况下可以存活 10 d 左右。在食物上，幼虫密度大小会影响马铃薯块茎蛾的生长发育及繁殖，高密度饲养的幼虫，雌雄虫生殖活力均降低。

四、发生影响因素

由于马铃薯块茎蛾具有较强的环境适应性、繁殖力和能造成严重经济损失，所以已成为世界上广泛研究和严格管控的马铃薯重要害虫。

1. 气候条件

温度是影响马铃薯块茎蛾种群的主要因子之一。马铃薯块茎蛾卵、幼虫、蛹的发育起点温度分别为 7.0～11.0 ℃，11.0～13.0 ℃ 和 7.0～11.0 ℃，生长发育最适温度为 25～29 ℃。虽然幼虫和蛹能在霜冻及零下温度环境中生存，但所有的生活史阶段暴露在－6.6 ℃下，24 h 都会死亡。但马铃薯块茎蛾对温度环境有显著的适应性。马铃薯块茎蛾在相对温暖的冬季越冬后，下个生产季节可能会大发生。

马铃薯块茎蛾的暴发常常与炎热和干旱的年份一致，且害虫发生严重程度与降雨量成反比。成虫喜好在干燥的地方产卵。

2. 土壤条件

通常老熟幼虫落土化蛹，土壤条件，特别是含水量，对幼虫的影响较大。幼虫存活率随着土壤含水量降低而增加。马铃薯块茎蛾可因土壤中水饱和而缺氧致死，且在潮湿土壤中幼虫运动能力下降，而降低为害块茎的能力。

3. 寄主植物

大田边缘植株叶片和薯块上的幼虫密度大于田块中心的密度，这是该害虫田间分布的重要特征。由于边缘植株暴露在风和阳光之下，形成了吸引马铃薯块茎蛾产卵的干燥环境。不过，当马铃薯块茎蛾发生量小时，卵和幼虫在薯田趋于随机分布。

收获时，薯块在田间滞留的时间越长，被马铃薯块茎蛾侵染和为害的概率越大，因此，收获前期是该害虫对薯块为害最关键的时期。

4. 有益生物

自然天敌和病原微生物研究发现 160 余种自然天敌和微生物对马铃薯块茎蛾具有控制作用，包括寄生性天敌、捕食性天敌、病原微生物以及昆虫寄生线虫等，其中包括寄生蜂 40 余种，捕食性天敌 10 余种，病原微生物 5 种以及昆虫寄生线虫 3 种。这些有益生物发挥着自然控制马铃薯块茎蛾种群的作用。

五、综合管理技术

1. 加强植物检疫

目前，马铃薯块茎蛾已在我国许多马铃薯产区，特别是南方产区发生与为害，在马铃薯和

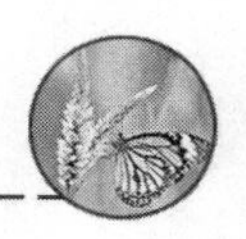

烟草种植区，仍然要严格执行检疫措施。该虫主要通过马铃薯调运远距离传播，在调运马铃薯过程中，必须实行抽样检验。若发现薯块中有幼虫、蛹、卵时，应该及时熏蒸杀虫或停止调运。

2.农艺管理技术

清除田间植物残体。秋末初冬，彻底清除马铃薯和烟草残株落叶及附近茄科植物残体，集中烧毁，以减少越冬虫源。通常马铃薯采用起垄深种，在马铃薯收获时，将地上部清除之后，保持地表 2.5～5.1 cm 土层湿度可显著减少马铃薯块茎蛾对薯块的为害。收获时挖出的薯块放置田间时间越短越好，可减少马铃薯块茎蛾的侵害。由于沙质土壤种植马铃薯易导致薯块暴露，增加了马铃薯块茎蛾为害块茎的可能性，不推荐在沙土地上种植马铃薯。此外，选择抗性品种能降低马铃薯块茎蛾的为害，马铃薯对块茎蛾的抗性与马铃薯表皮内卡茄碱(α-chaconine)和咖啡酸(caffeic acid)的含量相关，选择这些化合物含量高的品种，有利于抵抗马铃薯块茎蛾为害。

3.有益生物保育与利用

马铃薯块茎蛾的自然有益生物很多，在管理马铃薯害虫种群时，应该将有益生物的保护和培育放在首位，充分发挥块茎蛾种群的自然控制作用。同时，可以辅之以菌制剂和有益线虫制剂。如金龟子绿僵菌[*Metarhizium anisopliae*(Metsch.)]、莱氏野村菌[*Nomuraea rileyi*(Farlow)]和细脚拟青霉毒[*Paecilomyces tenuipes*(Peck)] IRAN 1026C 菌株都具有寄生卵和幼虫的作用，可作为管理马铃薯块茎蛾种群的菌制剂。斯氏线虫[*Steinernema bibionis*(Bovien)]、小卷蛾斯氏线虫[*Steinernema carpocapsae*(Weiser)]和棉铃虫异杆线虫[*Heterorhabditis heliothidis*(Khan, Brooks & Hirschmann)]，对马铃薯块茎蛾的致死率都在 90%以上，块茎蛾预蛹期对这些线虫制剂最敏感，幼虫期和预蛹期的致死率较高。苏云金芽孢杆菌(Bt)也广泛用于管理马铃薯块茎蛾种群，而苏云金杆菌 kurstaki 亚种(*Bacillus thuringiensis* ssp. *kurstaki*)(Btk)是对马铃薯块茎蛾致命的株系之一。

马铃薯块茎蛾性信息素应用也是重要生物措施，其信息素中包括的两种主要成分是(E4,Z7)-十三碳二烯基乙酸酯(PTM1)和(E4,Z7,Z10)-十三碳三烯基乙酸酯(PTM2)。在田间，信息素诱捕雄虫量和叶面幼虫数量与植物受害之间分别呈显著负和正相关，说明性信息素可作为该虫种群重要管理措施。

此外，还有一些植物具有抑制马铃薯块茎蛾产卵作用，能有效地保护马铃薯，如桉树[*Eucalyptus robusta* (Smith)]、皱叶薄荷[*Melissa officinalis* (L.)]、肥皂草[*Saponaria officinals* (L.)]和绿叶甘橝[*Lindera neesiana*(Nees)]等。有报道显示，核桃叶粗提物对马铃薯块茎蛾的产卵以及幼虫钻蛀行为均表现出强烈的抑制效果。

4.化学药剂调控技术

在马铃薯块茎蛾发生期，为了避免幼虫对马铃薯叶片和块茎，以及烟草的为害，通常会大量使用化学药剂来挽回损失，田间施用化学药剂最合适的时间应该选择幼虫发生高峰期。在马铃薯田，植株营养生长期用药时，集中喷洒叶片和嫩茎；薯块膨大期用药时，除了叶片和嫩茎外，还要注重地表用药，用药方式可通过地面喷雾和撒施毒土，以减少幼虫对薯块为害。此外，在马铃薯与烟草混种区，烟草上也必须喷施化学药剂，以降低块茎蛾种群密度和烟草损失。施药时应选择高效、低毒、无残毒的化学药剂。值得注意的是，在烟草上施药后，7 d 内不能采收烟叶。

第五节　马铃薯甲虫

马铃薯甲虫[*Leptinotarsa decemlineata* (Say)]又称马铃薯叶甲，属于鞘翅目，叶甲科昆虫，广泛分布于亚洲、欧洲和美洲，包括奥地利、比利时、保加利亚、白俄罗斯、加拿大、瑞士、哥斯达黎加、捷克、德国、丹麦、西班牙、法国、危地马拉、匈牙利、意大利、立陶宛、卢森堡、墨西哥、荷兰、波兰、葡萄牙、罗马尼亚、哈萨克斯坦、吉尔吉斯斯坦、土库曼斯坦、格鲁吉亚、亚美尼亚、拉脱维亚、俄罗斯、乌克兰、摩尔达维亚、叙利亚、土耳其、美国等。

现阶段，马铃薯甲虫只在我国新疆天山以北和黑龙江临近俄罗斯边境地区发生与为害。在新疆，发生行政辖区总面积 29.72 万 km^2，耕地面积发生范围 138.23 万 hm^2，其中，马铃薯及其他茄科作物发生面积 3.33 万 hm^2 以上，其他作物及野生寄主发生超过 6.67 万 hm^2。

传入的 17 年(1993—2010 年)间，马铃薯甲虫向东扩散了 930 km，平均每年向东扩散速度约 55 km。2009 年新疆的疫区距与甘肃交界的星星峡仅 600 km，直接威胁甘肃及全国马铃薯的安全生产。

一、马铃薯甲虫入侵与扩散

马铃薯甲虫于 1993 年在我国新疆伊犁地区和塔城市首次发现。马铃薯甲虫从哈萨克斯坦传入新疆后，至 1995 年仅在新疆伊犁、塔城两地州 15 县(市)发生为害。1996 年马铃薯甲虫越过塔城盆地，开始迅速东进传入乌苏市，1997 年传至玛纳斯县兰州乡，1998 年同时在呼图壁、米泉发现，1999 年到达乌鲁木齐县南山，2000 年传至吉木萨尔县，2001 年在奇台东湾乡发现，2002 年在和静境内巩乃斯发现，2003 年传至木垒，2003—2009 年，马铃薯甲虫被成功的阻截在昌吉州木垒县大石头乡以西。同时，1999 年阿勒泰地区哈巴河县与哈萨克斯坦接壤处发现该虫，随后传入阿勒泰市。到 2009 年，马铃薯甲虫分布扩展至天山以北准噶尔盆地 8 个地州，35 个县市约 26 万 km^2 的区域。目前，马铃薯甲虫被成功的阻截在我国新疆天山以北的马铃薯种植区，距新疆与甘肃交界处 600 km。

二、形态识别与为害

1. 形态识别(图 18-5)

(1)成虫　半球形，红橙或黄色，每鞘翅上有 5 条黑色纵条，中缝黑色。

(2)卵　卵产在马铃薯叶背面，橙红色，长卵圆形有光泽，块状。

(3)幼虫　成熟幼虫 1.5 cm，鲜黄色、粉红色和橘黄色，腹部背面隆起，气门片暗褐色或黑色。

(4)蛹　椭圆形离蛹，0.9～1.2 cm，橙黄色。

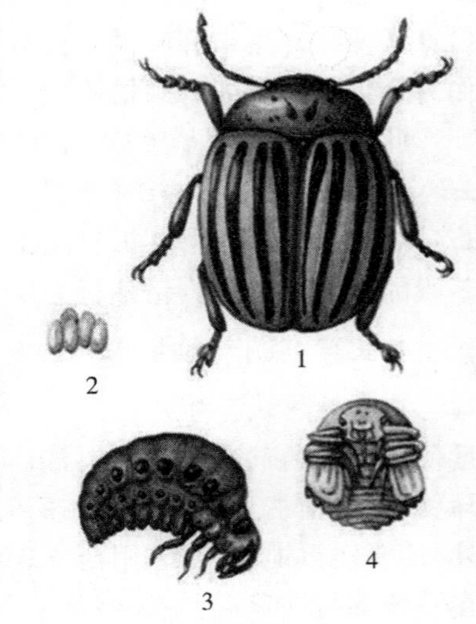

图 18-5　马铃薯甲虫

1. 成虫；2. 卵；3. 幼虫；4. 蛹

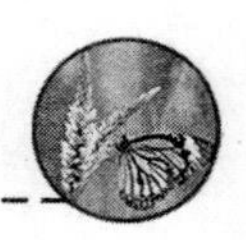

2.为害状况

成虫和幼虫取食叶片和嫩尖，随着食量增加，吃光叶肉，留下叶脉和叶柄。严重时常咬断叶柄或较细的幼茎，引起整个叶片或茎上部叶片枯死。整株叶片都吃光后，再向邻近植株转移为害。一般减产 30%～50%，有时高达 90%。此虫还传播马铃薯褐斑病和环腐病等。

马铃薯甲虫属于寡食性昆虫。其寄主主要包括茄科 20 多种，多为茄属的植物，包括马铃薯、茄子和番茄等寄主作物，以及刺萼龙葵(或称黄花刺茄)、欧白英、狭叶茄等茄属野生寄主植物；偶尔取食茄属龙葵等野生植物。马铃薯甲虫寄主还包括菲沃斯属的天仙子和颠茄属的番茄。

在我国新疆发生区，马铃薯甲虫寄主有 10 余种，主要包括马铃薯、茄子、天仙子、刺萼龙葵、番茄、龙葵等。此外，马铃薯甲虫偶食曼陀罗属的曼陀罗和十字花科的白菜等个别植物。在所有寄主植物中，最喜欢取食马铃薯，其次为茄子和番茄。

三、发生规律与重要习性

1.发生规律

马铃薯甲虫属于鞘翅目昆虫，完全变态类，个体发育史中要经历卵、幼虫、蛹和成虫 4 个虫态。除了卵和蛹期以外，主要是成虫和幼虫期取食并为害马铃薯，完成一个世代发育需要30～50 d。

在马铃薯甲虫 2 代发生区，第一代的虫口密度达到 5 头幼虫/株即可引起马铃薯 14.9%的产量损失。随着虫口密度的增加，损失逐渐增大，在平均虫口密度为 20 头/株时，可造成60%以上的产量损失，尤其是马铃薯始花期至薯块形成期受害，对产量影响最大。

在新疆马铃薯甲虫发生区，1 年可发生 1～3 代，以 2 代为主。一般越冬代成虫于 5 月上中旬出土，随后转移至野生寄主植物取食或为害早播马铃薯。由于越冬成虫越冬入土前已经交尾，因此，越冬后雌成虫不论是否交尾，取食马铃薯叶片后均可产卵。第 1 代卵盛期为 5 月中下旬，第 1 代幼虫为害盛期出现在 5 月下旬至 6 月下旬，第 1 代蛹盛期出现在 6 月下旬至 7 月上旬，第 1 代成虫发生盛期出现在 7 月上旬至 7 月下旬。第 1 代成虫产卵盛期出现在 7 月上旬至 7 月下旬，第 2 代幼虫发生盛期出现在 7 月中旬至 8 月中旬，第 2 代幼虫化蛹盛期出现在 7 月下旬至 8 月上旬，第 2 代成虫羽化盛期出现在 8 月上旬至 8 月中旬，第 2 代(越冬代)成虫入土休眠盛期在 8 月下旬至 9 月上旬。该虫发生期间世代重叠十分严重。

2.成虫习性

(1)滞育与越冬　以成虫在土壤内越冬，当越冬处的土温回升到 14～15 ℃时成虫开始出土，通过爬行和飞行扩散以寻觅寄主。经过 1～2 周后，成虫开始交尾、产卵。如果前 1 年秋天雌虫交配成功，第 2 年春季 1 头雌虫就可以独自形成一个新的疫源地。雌雄虫同时滞育，滞育期通常接近 3 个月。春季气温达到 10 ℃，解除滞育，恢复正常活动和取食。

(2)扩散与转移　成虫通过飞翔和步行扩散。在扩散速度上，马铃薯甲虫越冬代和第 2 代成虫扩散速度显著高于第 1 代成虫，雌虫的扩散速度大于雄虫。在扩散方向上，各世代成虫扩散没有明显的方向性，呈向四周随机扩散趋势。远距离转移通常采用飞行方式，一般可飞行数公里，借助风力可以转移 100 km 以上。成虫有 3 个明显的转移特点：小范围、长距离和滞育飞行。

3.幼虫习性

幼虫4龄。幼虫孵化后开始取食,4龄幼虫末期停止进食。幼虫有群聚为害习性。幼虫期较长,一般15～34 d。大量幼虫在离被害株10～20 cm半径的范围内,进入土表5～12 cm深处化蛹。该虫极易产生抗药性,大部分种群对菊酯类、氨基甲酸酯类、新烟碱类农药均产生了不同程度的抗性。一种新注册的农药往往只需2～4年就产生较强的抗药性。

四、主要影响因素

1.温度和湿度影响

(1)关键温度　温度对马铃薯甲虫影响较大。在正常的个体发育阶段,各虫态生长发育的最适温度为25～32 ℃。但马铃薯甲虫在一些特殊生活阶段,对温度的依赖较显著。如越冬的滞育虫态解除滞育时,需要温度达到10 ℃以上。另外,马铃薯甲虫的成虫还善飞行,而飞行时对气温有一定的要求,通常气温达到15 ℃时,才开始飞行。

(2)成虫羽化过程中耐受温度　有研究表明,随着温度的升高,马铃薯甲虫4龄幼虫羽化率逐渐下降,发育历期逐渐延长;当温度达到39 ℃时,羽化率趋近于0,马铃薯甲虫羽化过程中耐受的临界高温为39 ℃,同时,该温度下耐受的临界时间为72 h。

(3)温度影响越冬成虫出土　温度低于25 ℃时,出土率随温度升高而升高,在25 ℃出现最大值,温度大于25 ℃时,出土率随温度升高而减小。

2.土壤含水量和区域降水

(1)土壤湿度影响越冬成虫出土　在土壤含水量低于20%时,出土率随土壤含水量升高而减小,在土壤含水量为20%附近出现最低值,土壤含水量大于20%时,解除休眠后,成虫出土率随土壤含水量升高而升高。

解除越冬马铃薯甲虫休眠的最佳温度、土壤含水量组合为25 ℃和10%。在相同温度、土壤含水量条件下,越冬马铃薯甲虫雌成虫较雄成虫易于解除休眠。

(2)区域降水量影响马铃薯甲虫分布　马铃薯甲虫现主要分布于新疆年降水量在150 mm以上地区,早期定殖的地区降水量大于后期定殖区,其扩散方向为自西向东,同时年降水量也逐渐减少。马铃薯甲虫为害程度也随着经度增加而递减,早期发现马铃薯甲虫的地区受为害程度较重。降水量减少导致的水分缺乏对马铃薯甲虫的分布扩散具有一定的制约作用。

3.风与传播

季风及风向直接影响成虫的传播方向和距离。在测定风对马铃薯甲虫移动状况影响时发现,在无风情况下,成虫运动轨迹规律性并不强,当风速为80 cm/s时,其运动轨迹略呈线条,在有风的条件,且周围有马铃薯气味时,其运动轨迹呈直线。

4.田间管理

田间马铃薯甲虫发生期间,一些农事操作能很好地调控其种群密度。如马铃薯与小麦等禾本科或豆科作物轮作等都能有效地调控马铃薯甲虫的种群密度。马铃薯种植田实行秋耕冬灌能有效地降低马铃薯抗寒能力,压低越冬基数,从而减轻越冬代马铃薯甲虫对马铃薯的为害。此外,在马铃薯种植田实施地面覆盖如秸秆覆盖,可阻碍越冬成虫出土,延缓或降低马铃

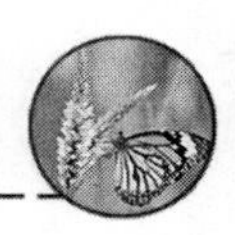

薯甲虫的为害。

5.天敌影响

根据国外报道，虽然能调控马铃薯甲虫的有益生物种类多达200余种，包括白僵菌、绿僵菌等昆虫病原真菌，以及少数昆虫病原细菌和线虫，但总体而言，自然控制作用不强。在我国发生区，目前发现马铃薯甲虫捕食性天敌仅有54种，昆虫病原真菌和细菌分别有4种和2种。天敌资源相对有限，且缺乏专一性的优势天敌，自然天敌控制效应较弱。

五、综合管理技术

1.植物检疫

植物检疫是预防和控制马铃薯甲虫向非疫区传播和扩散的重要措施。为了防止该害虫向我国其他地区传播蔓延，我国检疫部门加大了在新疆机场、火车站和公路出疆货物和旅客的检疫，并与甘肃省合作，在312国道距哈密市200 km处的星星峡设置联合检疫检查站，确保了我国除新疆北疆外的其他马铃薯产区生产安全。

2.农艺管理技术

(1)作物轮作　不同作物轮作是一项重要的种植制度。针对一些作物的重要害虫，采用与其他作物轮作的方式能有效地降低重要害虫对特定作物的为害。针对马铃薯甲虫，采用马铃薯与小麦、黑麦等禾本科作物轮作，可有效调控马铃薯甲虫种群，减轻其对马铃薯的为害。

(2)调整种植时间　农艺措施中，在不影响农作物成熟期和产量的情况下，适当调整作物种植时间也不失为一种重要的害虫管理措施，如适时推迟马铃薯的播期，可错开马铃薯甲虫发生的高峰期，降低为害，也获得防控该害虫充足准备时间。

(3)种植诱集作物　马铃薯是马铃薯甲虫最喜欢取食的寄主植物，特别是一些感虫品种，这样，可以适当种植一些感虫的马铃薯作为诱集作物(面积不低于种植面积1%)，在马铃薯甲虫发生期间，集中杀灭成虫和幼虫。也可以在越冬成虫出现时，再集中杀灭一次，从而有效调控越冬成虫基数，降低越冬代成虫的为害。

(4)科学施肥提高马铃薯抗害性　根据我国新疆伊犁市研究表明，一般中等肥力田种植马铃薯时，每667 m^2 总需肥量控制为25 kg N肥，15 kg P肥和15 kg K肥。使用分配为基肥60%N，60%P和30%K；开花前追肥40%N，40%P和70%K，这种施肥模式可显著提高作物耐害性，降低马铃薯甲虫对马铃薯的为害，并减少产量损失。

(5)植物抗虫性应用　2008年，保加尼亚学者使用苏云金杆菌蛋白晶体的*Cry3A*基因通过农杆菌介导转化了3个商用马铃薯品种(系)，并获得再生植株。所有再生植株中，不同转基因马铃薯品种(系)Cry3A蛋白质含量不同，最高含量可达到71.5 μg/g鲜重。筛选出Cry3A蛋白表达高于10 μg/g鲜重的转基因品系，经过田间试验表明，与对照(非转基因马铃薯品种)相比，所有转基因马铃薯品系能保护马铃薯叶面免受马铃薯甲虫伤害。

3.物理和机械管理技术

(1)田间覆盖　国外采用秸秆覆盖马铃薯田，以阻止马铃薯甲虫成虫出土和老熟幼虫入土化蛹。在新疆，采用覆膜种植马铃薯，不仅阻碍了幼虫化蛹，使田间虫口减退达62%，还使马铃薯产量增加24.8%。

(2)挖沟阻隔法　马铃薯甲虫大量转移时,在受害田边挖沟截断转移并埋葬转移的甲虫。

(3)风动吸杀技术　采用类似吸尘器的装置,从马铃薯植物上收集马铃薯甲虫成虫和幼虫后,集中杀灭。

4.有益生物保护和利用

(1)保护和利用天敌　据报道,马铃薯甲虫天敌包括:捕食蝽类,如二点益椿象[*Perillus bioculatus*(F.)]和斑腹刺益蝽[*Podisus maculiventris* (Say)]能捕食幼虫;瓢虫类,如斑点瓢虫(*Coleomegilla maculate* De Geer)捕食卵和小幼虫;大步甲(*Lebia grandis* Hentz)捕食卵。寄生性昆虫有卵寄生蜂,如一种姬小蜂(*Edovum puttleri* Grissell);寄生蝇有多弗拉氏寄蝇[*Myiopharus doryphorae*(Riley)]。其他广食性天敌包括常见的蜘蛛和两栖动物。昆虫病原主要是昆虫线虫和真菌。我国新疆发现球孢白僵菌能有效地寄生马铃薯甲虫。

(2)喷洒生物制剂　在马铃薯叶甲幼虫1～2龄期,喷施300亿孢子/g球孢白僵菌可湿性粉剂1 500～3 000 g/hm^2和100亿孢子/g油悬浮剂1 500 mL/hm^2,平均控制效果可达72%～91%。

5.化学药剂调控技术

在欧美国家,化学药剂的使用一直是农场主商业化管理马铃薯叶甲的基础,马铃薯叶甲的抗药性(欧美国家)随之迅速增加。在20世纪50年代,马铃薯叶甲就对DDT(1952)和Dieldrin(1958)产生了较强的抗药性。随后对大多数主要农药有交互和多抗性(Cross-and multiple R)(1981—2007)。为了解决马铃薯甲虫抗药性问题,欧美国家也在研究和试验一些其他环境友好的药剂,如植物性农药。1968—2005年一直从事室内研究,随后进入田间试验,主要的植物性农药有楝树种子、柠檬提取物等。

(1)化学药剂管理关键时期　一般而言,越冬代成虫和第1代低龄幼虫发生期是施用化学药剂的关键时期。

(2)推荐的经济阈值　在马铃薯甲虫发生期间,使用化学药剂控制甲虫成虫期阈值为成虫25头/50株,高龄幼虫期为75头/50株和低龄幼虫为200头/50株。

(3)药剂种类　在药剂调控中,选择使用高效低毒药剂,如12.5%高效氯氰菊酯1 500倍液、5%噻虫嗪水分散粒剂90 g/hm^2、70%吡虫啉水分散粒剂30 mL/hm^2、3%啶虫脒乳油225 mL/hm^2等。

第十九章

水稻害虫及其管理技术

水稻是世界上主要的粮食作物之一，是全球2亿多农户安身立命的基础。在我国，水稻是最重要的粮食作物，播种面积占全国粮食作物的1/3，产量占全国粮食作物的近1/2。因此，水稻生产的重要性不言而喻。水稻病虫害是影响水稻生产的重要因素之一，不同水稻生育期所面临的病虫害种类和发生程度有较大的差异。水稻从播种到收获共有3个主要生长发育阶段，即营养生长期（从萌芽到灌浆初期）、生殖生长期（从灌浆开始到扬花期）和成熟期（从扬花到成熟）。这3个主要阶段又可以细分为8个生长期，包括秧苗期、分蘖期、圆秆期（拔节期）、幼穗分化期、孕穗期、灌浆期、乳熟期和黄熟期。

在我国水稻上发生的害虫有385种，其中仅40种造成重要的经济危害。根据口器类型可将大部分水稻害虫分成两类：咀嚼式口器害虫和刺吸式口器害虫。咀嚼式口器害虫的为害在植株上可造成缺刻、孔洞、组织破碎；刺吸式口器害虫刺吸植物组织并且吸取植物汁液，被害植物萎蔫、失绿。有些刺吸式害虫，如叶蝉、飞虱，还传播病毒病。还可按为害部位划分为食叶类、蛀茎类、食根类等。水稻害虫从水稻苗期至成熟期均有发生。根据熟制的不同，我国水稻产区分为单季稻、双季稻和单双季混合区，从而在特定熟制区发生的害虫种类就出现了差异（表19-1）。

表19-1　我国各稻区害虫发生概况

稻区	主要害虫种类	次要害虫种类
华南双季稻区	二化螟、三化螟、稻纵卷叶螟、稻飞虱、稻叶蝉、稻蓟马、黏虫、稻瘿蚊、稻三点螟、水稻叶夜蛾、大白叶蝉、二条黑尾叶蝉	台湾稻螟、褐边螟、大螟、稻负泥虫、稻蝽象、稻蝗、铁甲虫、食根叶甲、稻象甲
西南稻区	与华南稻区相似	
华东和华中稻区	二化螟、三化螟、稻纵卷叶螟、稻飞虱、稻叶蝉、稻蓟马、黏虫、稻苞虫、稻螟蛉、稻蝽象、稻蝗	稻瘿蚊、稻负泥虫、铁甲虫、食根叶甲、水稻叶夜蛾、稻眼蝶、稻秆蝇、小灰蝶等
华北单季稻区	稻摇蚊、稻飞虱、蝼蛄、稻苞虫、二化螟、稻水象甲等	稻蝗、稻纵春叶螟、稻叶蝉、大螟等

续表 19-1

稻区	主要害虫种类	次要害虫种类
东北单季稻区	蝼蛄、稻小潜蝇、稻负泥虫、稻纵卷叶螟、灰飞虱、二化螟、稻水象甲等	稻摇蚊、稻螟蛉、稻蝗
西北干旱稻作区	稻水蝇、白背飞虱、土蝗	二点叶蝉、稻摇蚊、金翅夜蛾等

第一节　水稻螟虫

水稻螟虫是我国水稻的重要钻蛀性害虫，常见的主要种有三化螟[*Scirpophaga incertulas*(Walker)](俗称钻心虫)、二化螟[*Chilo suppressalis* (Walker)]和大螟[*Sesamia inferens* (Walker)]。此外，还有褐边螟、台湾稻螟、纵卷叶螟、负巢螟、结苞螟等。在生产实际中，普通种植者常说的水稻螟虫特指常见的二化螟和三化螟，有时也包括大螟。

一、分布与危害

三化螟属鳞翅目，螟蛾科，广泛分布于长江流域以南稻区，特别是沿江、沿海平原地区受害严重。北界为北纬 34°～38°。随着我国现代农业产业结构的调整和水稻种植结构的改变，当前，三化螟在长江流域稻区的发生程度大幅降低，成了次要害虫。二化螟属鳞翅目，螟蛾科，是为害我国水稻最为严重的常发性害虫之一，广泛分布于国内各水稻产区，但主要以长江流域及以南稻区发生较重，近年来，发生数量呈明显上升的态势，已经成为长江流域水稻害虫的优势种类。大螟属鳞翅目，夜蛾科，是我国在陕西、河南以南稻区的重要害虫。

以幼虫蛀茎为害，分蘖期形成枯心，孕穗至抽穗期，形成枯孕穗和白穗，转株为害还形成虫伤株。“枯心苗”及“白穗”是其为害后稻株主要症状。

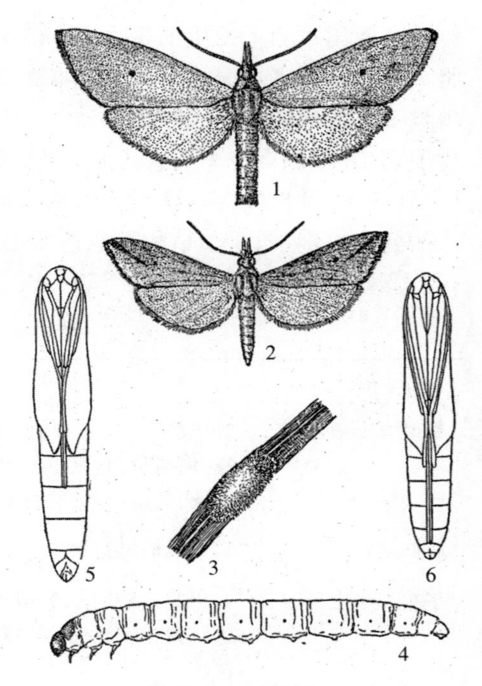

图 19-1　三化螟

1. 雌成虫；2. 雄成虫；3. 卵块；4. 幼虫；5. 雌蛹；6. 雄蛹(仿浙江农业大学)

二、形态识别与田间为害状

1. 三化螟(图 19-1)

(1)成虫　体长 9～13 mm，翅展 23～28 mm。雌蛾前翅为近三角形，淡黄白色，翅中央有一明显黑点，腹部末端有一丛黄褐色茸毛；雄蛾前翅淡灰褐色，翅中央有一较小的黑点，由翅顶角斜向中央有一条暗褐色斜纹，外缘有 8～9 个黑点。

(2)卵块　密集成块，每块几十至 100 多粒，卵块

上覆盖着褐色绒毛，像半粒发霉的大豆。

(3)幼虫　4～5 龄。初孵时灰黑色，胸腹部交接处有一白色环。老熟时长 14～21 mm，头淡黄褐色，身体淡黄绿色或黄白色。

(4)蛹　黄绿色，羽化前金黄色(雌)或银灰色(雄)。

2. 二化螟(图 19-2)

(1)成虫　雌 25～28 mm。前翅黄褐至暗褐色，近长方形，中室先端有紫黑斑点，中室下方有 3 个斑排成斜线。前翅外缘有 7 个黑点。后翅靠近翅外缘稍带褐色。雌虫体色比雄虫稍淡。

(2)卵块　密集成块，卵排列成鱼鳞状，初产时乳白色，将孵化时灰黑色。

(3)幼虫　老熟时长 20～30 mm，体背有 5 条褐色纵线，腹面灰白色。

(4)蛹　淡棕色，前期背面尚可见 5 条褐色纵线，中间 3 条较明显，后期逐渐模糊。

3. 大螟(图 19-3)

(1)成虫　雌蛾体长 15 mm，翅展约 30 mm，头部、胸部浅黄褐色，腹部浅黄色至灰白色；触角丝状，前翅近长方形，浅灰褐色，中间具小黑点 4 个排成四角形。雄蛾体长约 12 mm，翅展 27 mm，触角栉齿状。

(2)卵　扁圆形，初白色后变灰黄色，表面具细纵纹和横线，聚生或散生，常排成 2～3 行。

(3)幼虫　末龄幼虫体长约 30 mm，粗壮，头红褐色至暗褐色，共 5～7 龄。

(4)蛹　长 13～18 mm，粗壮，红褐色，腹部具灰白色粉状物，臀棘有 3 根钩棘。

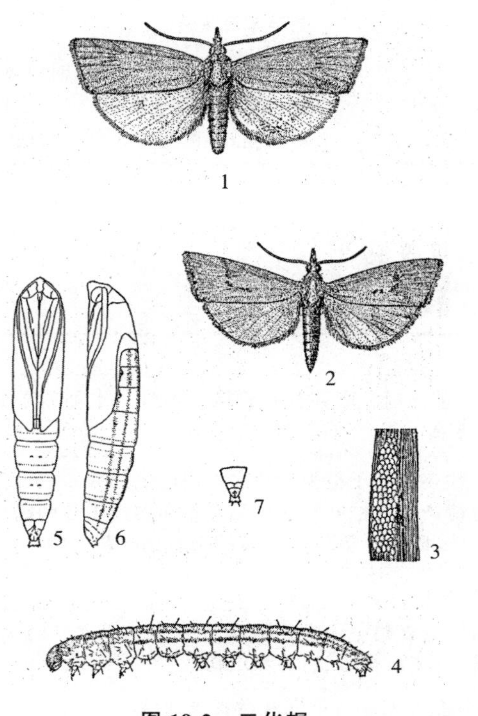

图 19-2　二化螟

1. 雌成虫；2. 雄成虫；3. 卵块；4. 幼虫；5. 雌蛹；6. 雄蛹；7. 雄蛹末端(仿浙江农业大学)

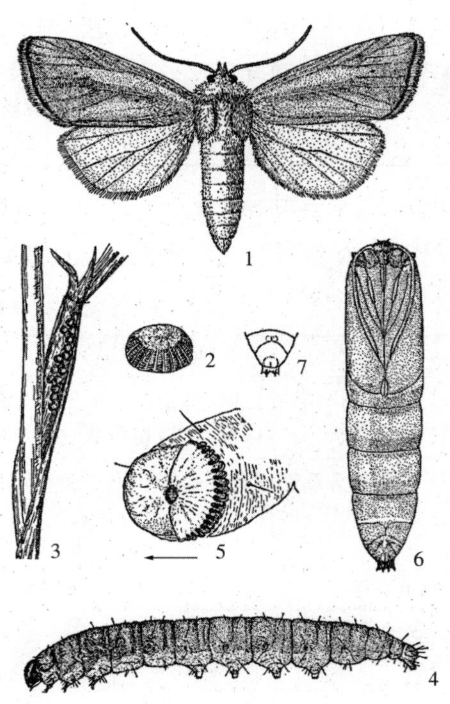

图 19-3　大螟

1. 成虫；2. 卵块；3. 产在叶鞘内的卵；4. 幼虫；5. 幼虫腹足趾钩；6. 雌蛹；7. 雄蛹末端(仿浙江农业大学)

4.田间为害状识别

3种螟虫为害水稻苗期和抽穗期植株最终症状虽然相同,但为害状却有较大的区别。三化螟幼虫钻蛀水稻心叶或茎秆内,集中为害造成枯心苗,抽穗期为害形成白穗,但虫伤处无虫粪。二化螟初孵幼虫集中为害叶鞘,造成枯鞘;然后转入稻株内为害茎秆,形成枯心,抽穗期的为害造成白穗,为害处无虫粪。大螟对水稻的为害症状与二化螟相似,但稻株虫伤处有虫粪堆积。

三、重要生物学特性

1.生物学特性

水稻3种钻蛀性螟虫重要生物学特性比较见表19-2。

表19-2 水稻3种钻蛀性螟虫重要生物学特性比较

种类	三化螟	二化螟	大螟
分布	北纬34°~38°	全国水稻产区	陕西以南各省
食性	单食性,主要取食水稻和野生稻	多食性,主要寄主有水稻、茭白、野茭白、甘蔗、高粱、玉米、小麦、粟、稗、慈姑、蚕豆、油菜和游草等	多食性,主要寄主有水稻、棉花、甘蔗、高粱、玉米、小麦、粟、蚕豆、油菜、芦苇、早熟禾等
越冬场所	水稻是其唯一的越冬场所	幼虫除在稻桩、稻草上越冬外,还可在其他杂草上越冬	以幼虫在稻桩和其他寄主残株和杂草根际越冬
产卵习性	苗期和分蘖期多产在近叶尖正面,后期多产于叶中部背面	苗期和分蘖期主要产在叶中部正面,分蘖期以后多产于叶鞘上	成虫产卵趋向粗壮高大的植株,因此,稻田边卵量较多,前期多在叶鞘内侧,孕穗期多在剑叶鞘内

2.其他重要习性比较

水稻二化螟和三化螟成虫和幼虫重要习性比较见表19-3。

表19-3 水稻二化螟和三化螟成虫和幼虫重要习性比较

<table>
<tr><td></td><td>三化螟</td><td>二化螟</td></tr>
<tr><td rowspan="2">成虫习性</td><td colspan="2">昼伏夜出,趋光性强,特别在闷热无月光的黑夜会大量扑灯。产卵具有趋嫩绿习性。水稻处于分蘖期或孕穗期,或施氮肥多,长相嫩绿的稻田,卵块密度高</td></tr>
<tr><td>苗期和分蘖期卵多产在近叶尖正面,后期多产于叶中部背面</td><td>第1代多产卵于稻秧叶片表面距叶尖约3~6 cm处,但也能产卵在稻叶背面。第2代卵多产于叶鞘离地面约3 cm附近。第3代卵多产于晚稻叶鞘外侧</td></tr>
<tr><td rowspan="5">幼虫习性</td><td>单食性</td><td>多食性</td></tr>
<tr><td>刚孵出的幼虫即可钻蛀茎秆</td><td>初孵幼虫先集中为害叶鞘,造成枯鞘。到2~3龄后蛀入茎秆,造成枯心、白穗和虫伤株</td></tr>
<tr><td colspan="2">初孵幼虫蛀入稻茎难易及存活率与水稻生育期关系密切,水稻分蘖期和孕穗末期极易钻蛀</td></tr>
<tr><td>有转株为害习性。多为1株1头幼虫,每头幼虫多转株1~3次</td><td>有转株为害习性。一般先集中为害,至幼虫到3龄后才转株为害</td></tr>
<tr><td>水稻是老熟幼虫唯一的越冬场所</td><td>生活力强,耐干旱、潮湿和低温等恶劣环境</td></tr>
</table>

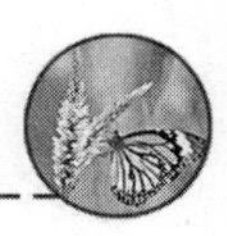

四、螟虫发生的影响因素

1.温湿度及越冬

水稻3种螟虫对温湿度适应性及越冬比较见表19-4。

表19-4　水稻3种螟虫对温湿度适应性及越冬比较

种类	三化螟	二化螟	大螟
温湿度	春季低温多雨，发生量减少，春季温暖干燥，发生量增加	春季温暖，湿度正常，越冬幼虫死亡率低，发生早而量大；夏季高温干旱对幼虫发生不利，水温持续35 ℃以上，幼虫死亡率可达80%～90%	早春气温影响早发，早发的幼虫为害早春作物或杂草
越冬场所	稻田越冬虫量就是第二年发生的虫源基数。越冬存活率越高，次年发生越重	一般在茭白中越冬的幼虫化蛹、羽化最早，稻桩中次之，再次为油菜和蚕豆，稻草中最迟，田埂杂草比稻草更迟，其化蛹期依次推迟10～20 d	越冬代比二化螟、三化螟发生早

2.种植制度的影响

以江汉平原水稻种植制度的变迁对三化螟发生情况影响为例。

(1)第一阶段(1950—1955年)　旱、晚稻连作面积较小，以一季中稻为主，此间三化螟发生严重，1954年水灾以后，三化螟的为害减轻。

(2)第二阶段(1956—1969年)　实行“五改”(单改双、旱改水、高改低、籼改粳、坡改梯)后，旱、晚稻连作面积大增，致使旱、中、晚稻混栽区增多，三化螟又上升为主要害虫。

(3)第三阶段(1970—1977年)　双季稻大发生面积进一步扩大。

(4)第四阶段(1978—1985年)　合理调整了双季稻面积，部分稻区双季稻全面缩减，开始大力发展籼型杂交稻，缩小一季晚粳稻面积，对北部稻区三化螟起到了较好的控制作用，但南部、东部稻区混栽面积仍然有利于三化螟的发生为害。

(5)第五阶段(1986—2000年)　大力发展杂交稻，南部稻区推广双季晚杂，使中、晚稻生育期提前，错开三代三化螟的卵孵盛期，对控制三化螟起了一定的积极作用。但由于推广一些新的育秧技术，使北部一季中稻区又建立起了三化螟桥梁田，三化螟又成为北部稻区主要害虫，1995年、1996年连续2年大发生。

(6)第六阶段(进入21世纪后)　随着种植结构的调整和种植制度的改变，三化螟在该地区已经成为水稻的次要害虫。

五、水稻螟虫田间管理技术

1.预测预报

据各种稻田化蛹率、化蛹日期、蛹历期、交配产卵历期、卵历期，预测发蛾始盛期、高峰期、盛末期及蚁螟孵化的始盛期、高峰期和盛末期，指导田间螟虫的管理。

2.农艺管理技术

适当调整水稻布局，避免混栽，减少桥梁田。选用生长期适中的品种，避免生长期长而持续为螟虫提供充足食物。此外，针对多食性的二化螟和大螟，由于寄主广泛而出现越冬场所的多样化，因此，还要注意清除其他越冬寄主及早春越冬作物和杂草上的越冬幼虫，以降低越冬虫口基数，减少来年水稻损失。

选择无螟害或螟害轻的稻田或旱地作为绿肥留种田，减少虫源。对冬作田、绿肥田灌跑马水，不仅利于作物生长，还能杀死大部分越冬螟虫。由于3种螟虫都可以在稻田稻茆内越冬，及时春耕灌水，淹没稻茬7～10 d，淹死越冬幼虫和蛹，可大幅度降低越冬虫口基数。调节栽秧期，采用抛秧法，使易遭螟虫为害的生育阶段与卵盛孵期错开，可避免或减轻受害。

3.有益生物及生物制剂调控技术

在螟虫发生高峰期，喷施杀螟杆菌，可以有效地保护天敌。目前，南方一些稻区发展了稻田养鸭和养鱼、虾及蛙模式，大大改善了稻田生态环境，不仅践行了使用有益生物控制水稻害虫，而且有效地保护了稻田其他有益生物，有利于降低生产成本，增加种植者的效益。

4.成虫诱杀

由于螟虫成虫有较强的趋光性，在稻田发蛾期设置黑光灯、高压汞灯和频振灯等均能有效地诱杀成虫，降低稻田落卵量，减轻螟虫的为害。

5.化学药剂调控技术

(1)种子和秧苗药剂处理　为了避免水稻秧苗的损失，可以采用一些内吸性化学药剂浸泡种子，或者在秧苗移栽前，用内吸性药剂浸蘸秧苗的根部，然后移栽到大田中，以保证秧苗存活，调控苗期螟虫的为害。

(2)撒施毒土　为了预防苗期螟虫的为害，根据预测预报，在水稻分蘖期与幼虫盛孵期吻合日期少于10 d的稻田，掌握在孵化高峰前1～2 d，每667 m^2撒施15 kg毒土后，田间保持3～5 cm浅水层4～5 d，能较好地减少螟虫的为害和分蘖其秧苗的损失。

(3)降低枯心苗　螟虫属于水稻重要的钻蛀性害虫，苗期重点钻蛀秧苗叶鞘和心叶。因此，在蚁螟孵化盛期施用化学药剂，可有效地降低稻田秧苗的枯心苗数量。用药标准及次数为每667 m^2 有卵块或枯心团超过120个，可施药1～2次，即蚁螟孵化盛期施药1次，5～7 d后再施药1次。如果每667 m^2 60个以下枯心团，可只针对枯心团施药，以防止螟虫幼虫向枯心团以外秧苗转移危害。

(4)减少“白穗”率　在水稻的孕穗和抽穗期，应该密切关注螟虫的发生，此时为害将直接导致稻穗死亡而形成白穗，损失惨重。因此，如果水稻破口期发生了螟虫，且达到了卵孵化盛期，则为施药控制水稻白穗的最好时期。用药指标及次数通常为破口率5%～10%时，施药1次，若虫量大，再增加1～2次施药，间隔5 d，具有较好的控害效果。

第二节　稻纵卷叶螟

稻纵卷叶螟(*Cnaphalocrocis medinalis* Guenee)属于鳞翅目，螟蛾科昆虫，是我国水稻产区的重要害虫之一，广泛分布于长江流域以南各稻区，特殊年份可出现在华北和东北部分稻

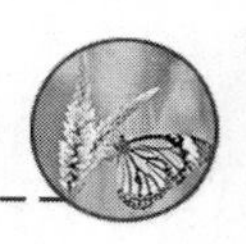

区。自2003年发生全国性暴发以来，一直维持在较高水平，年发生面积在2 000万 hm^2 以上。表现为：峰次增加，主迁峰增加；发生范围扩大，面积增加；田间世代重叠严重，为害时间长；江南、长江中下游、西南东北部连年重发。

为害水稻时，幼虫苗期受害影响水稻正常生长，甚至枯死；分蘖期至拔节期受害，分蘖减少，植株缩短，生育期推迟；孕穗后特别是抽穗到齐穗期为害剑叶，影响开花结实，空壳率提高，千粒重下降。一般年份减产20%～30%，严重发生时，减产50%以上。稻纵卷叶螟大发生时，水稻叶片一片枯白，甚至颗粒无收。除为害水稻外，稻纵卷叶螟还可取食大麦、小麦、甘蔗、粟等作物及稗、李氏禾、雀稗、双穗雀稗、马唐、狗尾草、蟋蟀草、茅草、芦苇等杂草。

一、形态与为害状识别

1.形态特征（图19-4）

（1）成虫　体长7～9 mm，淡黄褐色，前翅有两条褐色横线，两线间有1条短线，外缘有暗褐色宽带；后翅有两条横线，外缘也有宽带。

（2）卵　长约1 mm，椭圆形，扁平而中部稍隆起，初产白色透明，近孵化时淡黄色。

（3）幼虫　老熟时体长14～19 mm，低龄幼虫绿色，后转黄绿色，成熟幼虫带红色。

（4）蛹　长7～10 mm，初黄色，后转褐色，长圆筒形。

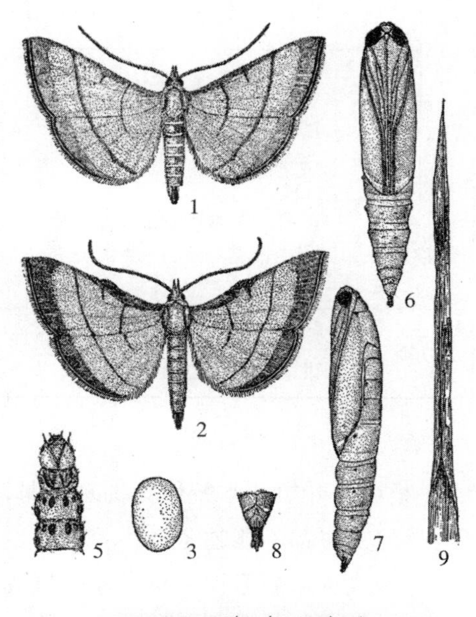

图19-4　稻纵卷叶螟

1.雌成虫；2.雄成虫；3.卵；4.幼虫；5.幼虫头部和胸部；6.雄蛹腹面观；7.雄蛹侧面观；8.雌蛹末端；9.被害稻叶（仿浙江农业大学）

2.为害状识别

稻纵卷叶螟主要以幼虫为害水稻的叶片，通常2龄以前，幼虫取食心叶，形成白色小点或细条斑。2～3龄为害叶片，在叶尖结小苞，取食上表皮和叶肉，留下白色条斑下表皮。3龄以上幼虫，缀叶成较大纵苞，躲藏其中取食上表皮及叶肉，仅留下表皮呈白色条斑。严重时，“虫苞累累，白叶满田”。

二、发生规律和重要生物学特性

稻纵卷叶螟是鳞翅目昆虫，属于完全变态类，所以其个体发育经过卵、幼虫（1～5龄）、蛹和成虫4个虫态，以幼虫取食植物。

1.发生世代与越冬

稻纵卷叶螟发生世代与规律见表19-5。

表 19-5 稻纵卷叶螟发生世代与规律一览

<table>
<tr><th colspan="2">发生区域</th><th>地理位置</th><th>世代</th><th>为害世代及时间</th><th>稻区及越冬</th></tr>
<tr><td colspan="2">周年为害区</td><td>大陆南海岸线以南,包括海南岛、雷州半岛等</td><td>9～11</td><td>1～2 代(2—5 月),再生稻;6～8 代(7 月中旬至 9 月),水稻</td><td>水稻周年生长,无越冬</td></tr>
<tr><td colspan="2">岭南区</td><td>南海岸线到南岭山脉,包括两广、台和闽南部</td><td>6～8</td><td>2 代(4 月下旬至 5 月中旬);6 代(9—10 月初)</td><td>双季稻区,少量蛹和幼虫越冬</td></tr>
<tr><td rowspan="2">江岭区</td><td>岭北亚区</td><td>南岭山脉至北纬 29°,包括桂北、闽中北部、湘、赣和浙江中南部</td><td>5～6</td><td>2 代(5 月);5 代(8 月下旬至 9 月中旬)</td><td>双季稻区,早稻 4 月中下旬移栽,7 月中下旬成熟,有零星蛹越冬</td></tr>
<tr><td>江南亚区</td><td>北纬 29°至长江以南,包括湘、赣和浙北部,鄂和皖南部</td><td>5～6</td><td>2 代(6 月中旬至 7 月上旬);5 代(8 月底至 9 月中旬)</td><td>双季稻区,早稻成熟 7 月中下旬至 8 月初,该区位于越冬临界地</td></tr>
<tr><td colspan="2">江淮区</td><td>沿江、淮地区,包括苏、皖、鄂中北部,豫、沪及浙江的杭嘉地区</td><td>4～5</td><td>2～3 代(7—8 月)或 2、4 代(7 月、9 月)</td><td>淮河以南单双季稻混栽,以北单季中稻,不能越冬</td></tr>
<tr><td colspan="2">北方区</td><td>奉沂山区至秦岭一线以北,包括华北和东北</td><td>1～3</td><td>2 代(7 月中旬至 9 月)</td><td>单季中稻,不能越冬</td></tr>
</table>

2. 重要生物学习性

稻纵卷叶螟基本特性为抗寒力弱,发育起点温度高,无滞育习性。在我国北纬 30°以北地区,任何虫态都不能越冬。

(1)成虫重要习性　稻纵卷叶螟成虫趋嫩绿茂密、湿度大的稻田,白天隐藏叶背面。具有较强趋光性,一般雌虫趋光性大于雄虫。成虫产卵趋湿度大、叶色嫩绿的生境,喜欢在叶宽、浓绿和生长茂密的稻株叶背面上产卵。成虫具有远距离迁飞的习性。迁飞规律:3 月中旬至 4 月上中旬从越冬地迁出,沿着我国中东部地区一路北上;8 月下旬至 9 月,开始返回,并一路南下回到其在南方水稻的重要越冬区。

(2)幼虫重要习性　稻纵卷叶螟幼虫共有 5 个龄期。不同龄期的幼虫主要变化在头部、胸部和体色。根据幼虫头壳颜色、胸部斑纹和体色可以初步识别幼虫的虫龄。幼虫结苞时,不同龄期结苞大小不同。①结苞习性。幼虫喜欢将叶片纵卷成苞,居中取食。每次蜕皮或受外界惊扰,常抛弃旧苞,另结新苞。②结苞规律。1 龄幼虫不结苞;2 龄时爬至叶尖处,吐丝缀卷叶尖或近叶尖的叶缘,即“卷尖期”;3 龄幼虫纵卷叶片,形成明显的束腰状虫苞,即“束叶期”,3 龄后食量增加,虫苞膨大,进入 4～5 龄频繁转苞为害,被害虫苞呈枯白色。

(3)化蛹习性　幼虫通常在稻田化蛹,其化蛹部位则因水稻生育期不同而异,水稻生长前期,多在稻丛基部嫩叶或枯黄叶上缀叶成小苞,化蛹其中;水稻生长后期,多数在叶鞘内化蛹。

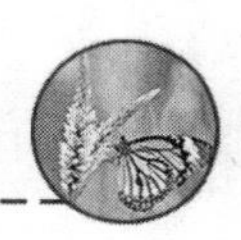

三、主要影响因素

1.温湿度

稻纵卷叶螟属于迁飞性害虫，其越冬区域直接受温度的影响，在可越冬区域，每年1月平均气温直接影响该虫的越冬。16 ℃等温线以南，可终年繁殖，无休眠现象；7.7 ℃等温线以南，以少量幼虫或蛹越冬；7.0 ℃等温线以北，任何虫态都不能安全越冬。

在水稻生长期，该虫生长、发育和繁殖的适宜温度为22～28 ℃。适宜相对湿度在80%以上。在适温下，湿度和降雨量是影响发生量的重要因素，干旱少雨时，显著降低成虫怀卵率和卵孵化率。

2.种植制度、田间管理和食料条件

种植制度和田间管理改变了田间小气候，如密植、多施氮肥，灌水多等，提高了田间湿度，通常有利于其发生。大量种植宽叶品种，也有利于稻纵卷叶螟的发生，水稻受害也严重。

3.有益生物

天敌种类很多，寄生蜂主要有稻螟赤眼蜂、拟澳洲赤眼蜂、纵卷叶螟绒茧蜂等，捕食性天敌有步甲、隐翅虫、瓢虫、蜘蛛等，均对稻纵卷叶螟有重要的抑制作用。

四、田间管理技术

1.农艺管理技术

农艺措施是农业害虫管理的基础，用好农艺措施，害虫管理事半功倍。农艺管理技术包括：①品种和种植密度选择。尽可能选择窄叶品种，合理稀植改善田间环境。②合理施肥。使水稻生长发育健壮，防止前期猛发旺长，后期贪青迟熟。③科学灌水。适当调节搁田时间，降低幼虫孵化期田间湿度，或在化蛹高峰期灌深水2～3 d，可杀死虫蛹。④根据成虫趋嫩绿茂密、湿度大的稻田的习性，设置诱集田(面积1.0%)，集中灭虫。

2.成虫诱杀

根据成虫的趋光性，设置灯光诱杀成虫(参考水稻螟虫部分)。

3.有益生物及生物制剂调控技术

保护和利用天敌及人工释放赤眼蜂。在稻纵卷叶螟产卵始盛期至高峰期，分期分批放蜂，每667 m^2每次放3万～4万头，隔3 d 1次，连续放蜂3次。

喷洒杀螟杆菌、青虫菌。每667 m^2喷每克菌粉含活孢子量100亿的杀螟杆菌或青虫菌菌粉150～200 g，兑水50～75 kg，配成300～400倍液喷雾。为了提高调控效果，可加入药液量0.1%的洗衣粉作湿润剂。

4.化学药剂调控技术

(1)调控策略　根据水稻分蘖期和穗期易受稻纵卷叶螟为害，尤其是穗期损失更大的特点，应狠治穗期受害代，也不放松分蘖期严重为害世代。

(2)调控指标　在幼虫2、3龄盛期或百丛有新束叶苞15个以上时，使用化学药剂调控效果最佳。

(3)化学药剂种类选择和使用　参考水稻螟虫部分。

第三节　水稻飞虱类

稻飞虱属于半翅目，飞虱科昆虫。在我国发生的飞虱有10余种，但真正危害水稻生产的飞虱有3种，即稻褐飞虱(*Nilaparvata lugens* Stål)、白背飞虱[*Sogatella furcifera*(Horváth)]和灰飞虱[*Laodelphax striatellus*(Fallén)]。

一、分布与为害

一般稻褐飞虱以长江流域以南各省发生较多，北方地区发生较少；白背飞虱以长江流域各省发生较多，北方稻区如陕西、河北、辽宁、吉林等省偶有猖獗；灰飞虱发生在全国各省，长江中下游和华北发生多。

稻飞虱常以成、若虫群集于稻丛下部刺吸汁液；雌虫产卵时，用产卵器刺破叶鞘和叶片，易使稻株失水或感染菌核病。排泄物常招致霉菌滋生，影响水稻光合作用和呼吸作用，严重的稻株干枯。当飞虱大量发生，并为害顶端叶片或穗部时，俗称“飞虱穿顶”，这种严重为害导致大面积稻株倒伏枯死现象时，俗称“黄塘”或“塌圈”，此时颗粒无收。

二、形态识别

1.稻褐飞虱(图19-5)

(1)成虫　长翅型体长3.6～4.8 mm，短翅型2.5～4 mm。深色型头顶至前胸、中胸背板暗褐色，飞虱有3条纵隆起线；浅色型体黄褐色。

(2)卵　呈香蕉状，卵块排列不整齐。

(3)老龄若虫　体长3.2 mm，体灰白至黄褐色。

2.白背飞虱(图19-6)

(1)成虫　长翅型体长3.8～4.5 mm，短翅型2.5～3.5 mm，头顶稍突出，前胸背板黄白色，中胸背板中央黄白色，两侧黑褐色。

(2)卵　长椭圆形稍弯曲，卵块排列不整齐。

(3)老龄若虫　体长2.9 mm，淡灰褐色。

3.灰飞虱

(1)成虫　长翅型体长3.5～4.0 mm，短翅型2.3～2.5 mm，头顶与前胸背板黄色，中胸背板雄虫黑色，雌虫中部淡黄色，两侧暗褐色。

(2)卵　长椭圆形稍弯曲。

(3)老龄若虫　体长2.7～3.0 mm，深灰褐色。

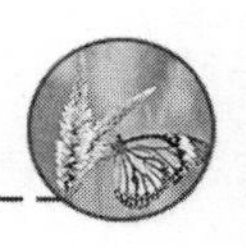

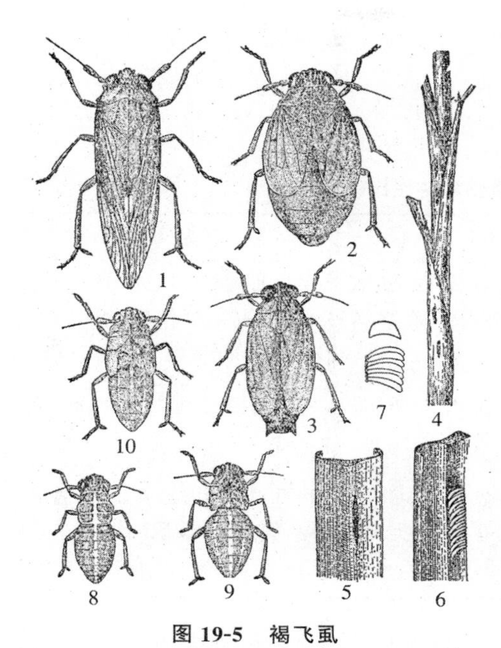

图 19-5 褐飞虱

1.长翅型成虫;2.短翅型雌成虫;3.短翅型雄成虫;4.产在叶鞘内卵块的外部伤痕;5.叶鞘外侧的产卵痕;6.产卵叶鞘中脉剖面;7.卵块及"卵帽";8.第1龄若虫;9.第3龄若虫;10.第5龄若虫(仿浙江农业大学)

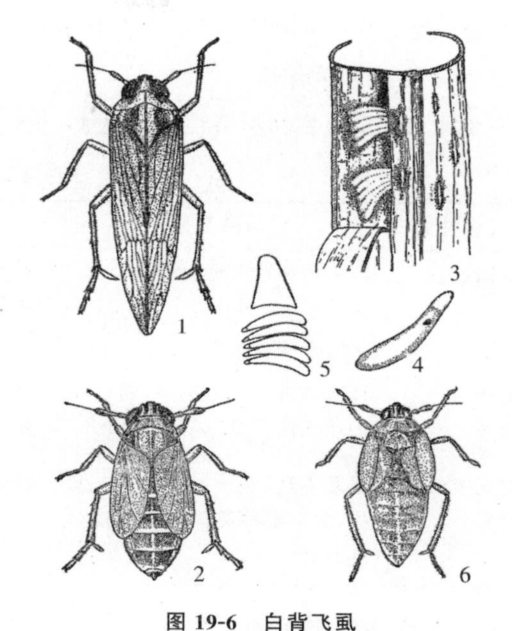

图 19-6 白背飞虱

1.长翅型成虫;2.短翅型雌成虫;3.产在叶鞘剖面,示卵的排列;4.卵;5.卵块及"卵帽";6.第5龄若虫(仿浙江农业大学)

三、发生规律与重要习性

稻飞虱类属于不完全变态,个体发育经历卵、若虫和成虫3个虫态,除了卵期,成、若虫都是为害植物的重要虫态。

1.发生世代

(1)稻褐飞虱 10~12代区(北纬23.16°),常年繁殖,世代重叠,无越冬现象(1月份平均温度约为12℃)。8~9代区,广东、广西、福建南部。6~7代区,贵州南部。5~6代区,赣江中下游、贵州、福建中北部、浙江南部。4~5代区,江西北部、湖北、湖南、浙江、四川东南部、江苏、安徽南部。2~3代区,苏北、皖北、鲁南。1~2代区,北纬35°以北的其他稻区。

稻褐飞虱能安全越冬必须满足两个条件:①冬季有无稻苗和再生稻;②1月份平均温度约为12℃(北纬23.16°)。在我国,褐飞虱越冬区域可划分为3个地带,即不能越冬地区(北纬25°以北)、间歇少量越冬带(北纬21°~25°)、常年少量越冬带(北纬19°~21°)和安全越冬带(北纬19°以南)。

(2)灰飞虱 北方稻区1年发生4~5代。在华北地区越冬虫源4月中旬至5月中旬羽化,迁向草坪产卵繁殖;第1代若虫于5月中旬至6月大量孵化,5月下旬至6月中旬羽化;第2代若虫于6月中旬至7月中旬孵化,并于6月下旬至7月下旬羽化为成虫;第3代于7月至8月上中旬羽化;第4代若虫在8月中旬至11月孵化,9月上旬至10月上旬羽化,有部分则以

3、4龄若虫进入越冬状态；第5代若虫在10月上旬至11月下旬孵化，并进入越冬期。

2.重要生物学特性

3种飞虱重要生物学特性比较见表19-6。

表19-6 3种飞虱重要生物学特性比较

飞虱种类	稻褐飞虱	白背飞虱	灰飞虱
食性	以水稻和普通野生稻为食	多食性，除水稻外，还有白茅、早熟禾、稗草等杂草	多食性，除水稻外，还有大麦、小麦、玉米等作物，看麦娘、游草、稗草和双穗雀稗等杂草
越冬与迁飞	在南方再生稻上越冬，属重要的迁飞性害虫	越冬北界在北纬26°左右，也具迁飞性	我国各发生地均可越冬，不具有迁飞性
对气候的反应	盛夏不热，晚秋不凉有利于发生，属喜湿种类，潮湿、阴暗对其有利	温度适应范围广(15～30℃)，属喜湿种类，潮湿、阴暗对其有利	耐低温能力强，对高温适应性差，喜通风，低湿环境

3.其他重要习性

(1)稻褐飞虱　趋光性强，通常受普通光源的吸引。翅型分化为长翅型和短翅型。成虫产卵对嫩绿水稻有明显的趋性。喜阴湿环境。喜欢栖息在距水面10 cm以内的稻株上。

稻褐飞虱是重要的迁飞性害虫，迁飞季节通常是春、夏两季向北迁飞，秋季向南回迁。飞行高度可达到1 500～2 000 m。迁飞时起飞温度要求18℃左右。褐飞虱迁飞通常有一定的规律性，其路线主要位于我国中东部。

(2)灰飞虱　长翅型成虫趋光性较强，通常受普通光源的吸引。翅型变化稳定，越冬代以短翅型居多，其余各代以长翅型居多，雄虫除越冬外，其余各代几乎均为长翅型成虫。成虫喜在生长嫩绿、高大茂密的地块产卵。大部分地区多以第3、4龄和少量第5龄若虫在田边、沟边杂草中越冬。越冬虫态具有麻痹冻倒现象，耐低温能力较强，对高温适应性较差。喜通透性良好的环境，栖息于植株中上部，常向田边移动集中。能传播黑条矮缩病、条纹叶枯病、小麦丛矮病、玉米粗短病及条纹矮缩病等多种病毒病。

四、发生与为害的影响因素

1.温度和湿度的影响

稻褐飞虱生长发育和繁殖的适宜温度为20～30℃，最适宜温度为24～28℃。当温度高于30℃或低于20℃时，对其生长发育和繁殖均不利。高温对若虫发育的影响研究表明，34℃以上高温对褐飞虱若虫发育有一定的抑制作用。从高温致死情况来看，38℃以上的高温会导致各龄若虫的死亡。

除了温度影响稻褐飞虱的生长发育和繁殖外，湿度也是影响稻褐飞虱生长发育和繁殖的重要因素之一。稻褐飞虱生命活动要求高湿环境，通常相对湿度要在80%以上。但淹水对褐飞虱卵孵化、取食、成虫产卵和若虫生存率均会产生不利的影响。

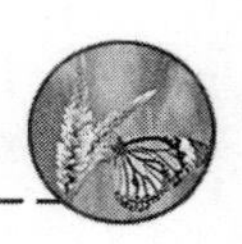

晚稻田是褐飞虱快速增长的主要时期(孕穗—乳熟期),充足灌溉田,褐飞虱种群数量显著低于非充分灌溉田,天敌种群数量也丰富。因此,充足灌溉有利于保护稻田主要天敌,发挥自然控制作用,生产中结合节水,在晚稻全生育期内探索采用分段充足灌溉管理模式。

2.氮肥的影响

从氮肥水平来看,晚稻各生育期稻飞虱种群数量均随增施氮量而增加,说明适当降低氮肥用量,能够降低稻飞虱种群数量。此外,增施氮肥的水稻植株有利于白背飞虱个体生长发育,提高若虫存活率、成虫产卵量和卵孵化率,而导致白背飞虱田间种群数量急剧增加和水稻严重损失。

3.秧苗栽插方式

在传统水稻生产中,需要先育秧,后栽插,将秧苗从苗田移栽到本田。但栽插秧方式的差异也会影响不同种类飞虱田间种群数量。例如,和常规手插秧田相比,在水稻分蘖末期,直播稻、抛秧稻和机插稻田灰飞虱种群数量分别降低46.6%、44.7%和33.4%;而到抽穗期,直播稻、抛秧稻和机插稻田褐飞虱种群数量分别降低10.6%、3.6%和25.7%。因此,直播稻、抛秧稻、机插稻等轻型栽培方式对不同生育期发生水稻飞虱优势种群都有一定的抑制作用,选择合适的秧苗栽插方式对稻飞虱种群管理比较重要。

五、田间综合管理技术

1.加强预测预报

在水稻3种重要稻飞虱中,稻褐飞虱和白背飞虱都为迁飞性害虫,而且属于长江流域及以南稻区常发性害虫。重点加强两种迁飞性害虫的监测和早期预警是预测预报的关键工作,尤其稻褐飞虱。

2.农艺管理技术

选用丰产优质的抗虫品种,统一规划,合理布局,减少虫源。加强田间水肥管理,做到基肥足,追肥及时,田间灌溉要浅灌勤灌,防止水稻贪青徒长,降低田间湿度。要及时防除田间杂草,减少白背飞虱和灰飞虱的中间寄主。

3.有益生物利用

养鸭控虫。一般每100只鸭可控制5.3 hm^2左右稻田飞虱,放入稻田的鸭以250～400 g体重的小鸭为宜。

4.油类控制飞虱

分蘖期的稻田,每667 m^2用轻柴油或废机油750～1000 g,在晴天中午高温时,均匀滴入稻田水中,保持田间水深3.5 cm左右,然后组织人力用竹竿或扫帚等拍打稻丛,使飞虱跌落水中,触油闷死。乳熟期可在滴油后,即用水泼浇稻丛基部,效果较好。注意:施用油结束后,应及时将田间油水放干,以免伤及青蛙等天敌和水稻。

5.化学药剂调控技术

我国稻田飞虱是常发性害虫,特别在长江流域及以南稻区。由于虫体较小,生产实际中发现和调控并不是件容易的事。使用药剂调控时，必须要有调控策略。通常灰飞虱需要狠治1代，控制2代；白背飞虱和褐飞虱重点治上压下，狠治大发生前一代，控制暴发成灾。

在具体操作管理时，一定要把握住调控适期，一般灰飞虱掌握在成虫扩散高峰期和若虫孵化高峰期；白背飞虱和褐飞虱则一般在若虫孵化高峰期至2、3龄若虫盛发期。

稻飞虱在水稻生长季节常常会出现大发生的情况，所以，化学药剂的使用不可避免。施药过程中，必须注意选择性用药，即选择高效低毒的化学药剂，例如现阶段广泛推广使用的新烟碱类药剂；其次，注意选择用药时间，以保护稻田有益生物，发挥自然控制作用。在施药方式上，可采用喷粉、毒土、喷雾和泼浇等多种方式。

第四节　稻水象甲

稻水象甲(*Lissorhoptrus oryzophilus* Kuschel)属于鞘翅目，象甲科，水象甲属昆虫。该虫于19世纪初首次发现于美国密西西比河流域，随着美国水稻面积的扩大种植，扩散到整个密西西比河流域的相关水稻生产地区，成为水稻的重要害虫。20世纪中叶，该虫传播到包括美国加州在内的20多个州。随后，作为虫源地，开始向世界各水稻产区蔓延，先后传入拉美、美洲、非洲的一些国家。20世纪70年代蔓延到亚洲的日本，并成为为害日本和朝鲜半岛水稻生产的重要害虫。1988年传入我国。截至2016年，该虫已扩散到全国27个省份的局部地区。我国植保部门调查表明，一旦发生此虫疫情，一般均减产30%以上，严重的则可使水稻绝收。该虫现已向南到达福建、湖南和广西境内，向西已经蔓延到新疆，已经成为我国水稻主产区的重要水稻害虫。

一、形态特征和为害状识别

1. 形态识别(图19-7)

(1)成虫　体长2.6～3.8 mm，密布相互连接的灰色鳞片，前胸背板中区及两鞘翅合缝处侧区从基部至端部1/3～1/2处的鳞片灰黑色。

(2)卵　长0.4～0.8 mm，香蕉形和圆柱形，初产时为无色至乳白色，至孵化时多为黄色。

(3)幼虫　体长约10 mm，白色，无足。头部褐色。体呈新月形。腹部2～7节背面有成对向前伸的钩状呼吸管，气门位于管中。幼虫不同龄期大小及足突(表19-7)。

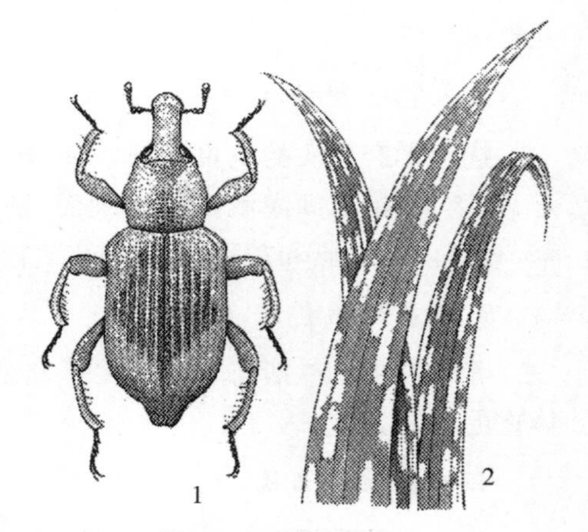

图19-7　稻水象甲
1. 成虫；2. 稻叶为害状

(4)茧和蛹　茧椭圆形或卵球形，长0.5～0.8 mm，茧壁泥质，质地较硬。预蛹和蛹乳白色，大小、形状近似成虫，至羽化时呈浅黄色。

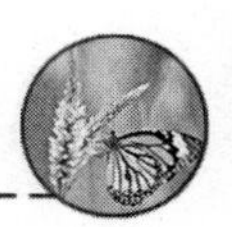

表 19-7　稻水象甲幼虫各龄重要形态特征

龄期	体长/mm	体宽/mm	足突
1 龄	1.00～2.00	0.30～0.60	不明显
2 龄	1.50～3.50	0.70～1.50	不明显
3 龄	3.00～7.50	1.00～2.00	明显
4 龄	3.00～6.00	2.00～2.50	特别明显

2.寄主植物与为害状

稻水象甲为多食性害虫，寄主植物比较广泛，成虫可取食水生和旱生植物，包括禾本科、沙草科、眼子菜科、泽泻科、香蒲科、鸭跖草科、灯心科等 7 科 56 种。但嗜食禾本科和莎草科植物。除主要为害水稻外，还可以取食玉米和高粱；杂草中，看麦娘、狗牙根、芦苇、稗草和普通莎草受害最重。

成虫和幼虫均能为害。成虫啃食稻叶、沿叶脉方向取食叶肉，留下下表皮，下表皮破裂后，叶片成薄网状，影响光合作用。幼虫为寡食性，在稻田中，仅在水稻和稗草根部发现幼虫，而在莎草、水葱和芦苇根部发现茧蛹。幼虫为害水稻时，不同龄期表现出为害状的差异。1 龄幼虫可取食少量叶鞘及其附近组织，症状不明显；2 龄以上幼虫钻食须根，常常附着或钻入根中取食，被害根丛少而短，呈黄褐色。多头幼虫为害时，几无白色新根，整个根系呈平刷状，造成秧苗缓秧慢，分蘖减少，植株矮小，甚至停止生长，为害严重的稻秧轻轻一拔即起，甚至造成漂秧。

二、发生规律与生物学特性

1.发生规律

(1)生活周期　稻水象甲属于鞘翅目昆虫，个体发育为完全变态类型，整个发育过程包括成虫、卵、幼虫和蛹 4 个虫态，其中卵、幼虫和蛹 3 个虫态在近水面或水下生活，而成虫期取食水面以上植物叶片，并传播与扩散其种群，所以，有时也称其为稻田“地下害虫”。

(2)发生世代　稻水象甲的发生规律具有较明显的区域性特点。辽宁 5 月初成虫开始活动，于 5 月中下旬迁入稻田，7 月上中旬至 8 月中旬为为害盛期。河北 4 月初当气温升至 10 ℃ 左右，越冬代成虫开始活动，4 月中旬开始向秧田转移。5 月下旬至 6 月上旬为为害高峰期。安徽在 3 月下旬始见稻水象甲，4 月中旬开始为害。5 月中旬为早稻大田为害盛期，直到 6 月初。浙江 1 代成虫于 6 月中旬始见，6 月下旬至 7 月上中旬达峰期；2 代成虫于 8 月底始见，9 月中旬到高峰，但 2 代虫量低，对晚稻为害轻于早稻。4 月中旬越冬成虫开始复苏活动，先取食越冬场所的杂草嫩叶，4 月下旬至 5 月上旬陆续迁入早稻秧田为害，6 月上中旬为幼虫发生为害盛期。第 1 代成虫一般 6 月中旬始见，6 月下旬至 7 月上中旬达到高峰，第 2 代成虫一般在 9 月上中旬发生，虫量较少，对晚稻一般不构成为害。9 月中下旬至 10 月中旬陆续迁往越冬场所。在湖南。一般早稻虫量较大，受害较重，不过，晚稻分蘖期仍然出现明显为害。福建 4 月中旬越冬成虫滞育解除并在杂草上取食。4 月下旬至 5 月上旬早稻插秧后便迁入本田，4 月下旬至 5 月上中旬出现卵的高峰，5 月下旬至 6 月初出现幼虫高峰，蛹的高峰期在 6 月中旬，1 代成虫 6 月中下旬始见，第 1 代成虫大多取食水稻后，重新迁飞到越夏越冬场所，部分残留在田间和田埂上越冬，但晚稻尚未发现稻水象甲的为害。在新疆伊犁河谷一年发生1代，4月下旬出土5月上中旬迁入稻田，5月底至6月初为产卵期，6月为孵化期和幼虫为害期，7月上旬为化蛹期，7月中旬为新一代成虫期并取食稻苗和杂草嫩叶，8月底陆续转移到越冬场所。

（3）越冬场所　稻水象甲以滞育成虫在土表和浅土层中越冬。越冬的主要场所为山坡荒地，其次是冬闲地，再次是渠坝田埂；越冬场所都具有背阴向阳、土壤疏松干燥等特点，土表具有枯草落叶等覆盖是必须条件。土表和覆盖物之间越冬成虫占的比例最大，其次是3 cm以上的浅土层，3～5 cm土层中很少。越冬成虫具有一定的群集性，通常一个越冬地点有多个成虫。

2.重要习性

（1）成虫

滞育习性　稻水象甲以成虫滞育为主，而且越冬虫态中滞育成虫占优势。

传播扩散快　成虫自然扩散能力较强，具有一定迁飞性，每年10～15 km，沿公路两侧每年向前扩散40～50 km，借助风力最远可达90 km。成虫还具有两栖性，可旱地爬行，也可在水中浮游，随水漂流，特别危险的是混迹于稻谷、稻草或秧苗中随人们的远距离引种或调运而迅速传播。春季从越冬场所附近的杂草和旱地向稻田转移具有明显的迁飞现象，且具群集性，而秋季进入越冬场所只是一种转移性扩散，无明显群集性。

稻田活动习性　稻水象甲几乎昼夜活动，但以上午6:00—11:00和下午4:00—7:00最为活跃。稻田内扩散以爬行、游水为主，很少飞行。

成虫产卵习性　稻水象甲成虫怀卵后，几乎每天都产卵，产卵时间多为白天中午，也有夜晚产卵。产卵部位，首先必须是植株的水下部位，其次必须是披散于稻株之外，且生长不良的叶片居多，稻丛外围第一披散开的黄老叶鞘内侧最多，披散在水内的叶片（枯黄叶）次之。

趋光性　稻水象甲成虫具有一定的趋光性。成虫对晨昏时分的散射光具有明显趋性，波长为30～40 nm的黑光灯趋性最强。通常新生成虫较越冬后成虫的趋光性强。另外，趋光性强弱与天气状况和风向关系密切，通常晴好微风天和风向对光源时，诱虫较多，阴雨大风天诱虫极少。

取食偏好性　稻水象甲成虫对禾本科和莎草科植物具有明显的嗜食性。

繁殖独特性　雌虫不仅可以两性生殖，还可以孤雌生殖。

耐饥寒性　成虫耐饥饿通常长达到10 d。越冬成虫能耐受1月份平均气温零下15 ℃左右的低温。

（2）幼虫

喜水性　水是幼虫生存和发育必需的条件，干涸的田间幼虫密度明显少得多。

为害习性　稻水象甲幼虫具有群集为害习性，通常2龄以上幼虫集中在土表3 cm以内的浅根层，咬断须根，向根基部为害。

龄期与分布位置　1龄幼虫通常在叶鞘或向根部转移过程中完成发育，稻根少见。2龄幼虫在根际泥中附着或头部接近较小的须根。3龄幼虫头部附着或身体前半部钻入较粗的稻根。4龄幼虫头部钻在稻根中，或散落在泥中，不附着稻根。

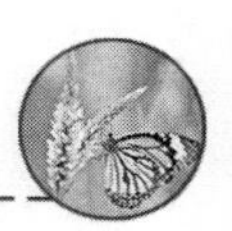

三、主要影响因素

1.气象因素

稻水象甲越冬成虫开始活动温度为 15 ℃以上，最适取食温度为 26～34 ℃。越冬成虫能耐受月平均气温零下 15 ℃左右的低温。温度对稻水象甲的飞行影响较大，稻水象甲起飞温度为 20 ℃，最适飞行温度为 25～30 ℃。研究表明，4 月份的月平均气温逐年上升，月平均湿度逐年下降，这有利于稻水象甲越冬成虫复苏后提早迁移扩散和产卵繁殖，因而稻水象甲发生逐年加重（表 19-8）。

表 19-8　气象因素对成虫发生及为害面积的影响（湖南株洲，邹剑明等，2009）

年份	灯下始见日（月-日）	灯下最高量/（头/晚）	均温/℃	均湿/%	总雨量/mm	雨日/d	发生面积/hm^2
2002	04-13	297	18.3	80	247.8	21	666.7
2003	04-15	513	17.8	81	140.7	22	4 533.7
2004	04-14	936	20.2	69	236.6	19	9 866.7
2005	04-17	51 960	20.6	64	78.8	14	18 571.0

注：表中平均温度、平均湿度、总雨量和雨日均为 4 月份统计数据

2.品种类型和不同类型稻田

稻水象甲在水稻品种类型、不同类型稻田表现出为害差异。从水稻品种类型上看，不论是在移栽田或是秧田，稻水象甲在糯稻的发生和为害程度都重于杂交稻；从稻田类型来看，同一水稻品种，秧田稻株被害率和百丛虫口虫数均显著大于移栽田。

3.栽插方式和水稻长势

稻水象甲的发生与为害对水稻同类型的品种几乎无选择性，但水稻秧苗栽插方式和田间长势差异则影响其发生程度。同一品种采用插秧和抛秧两种栽插方式，结果显示，稻水象甲成虫在抛秧田产卵较少，抛秧田对幼虫发育不利。而直播稻田和栽插稻田相比，直播稻田长期处于干湿交替的状态，不利于稻水象甲的发生；而栽插稻田中，稻水象甲成虫高峰期发生量显著大于直播稻田中高峰期发生量。

通常情况下，插秧早、返青慢、生长不良的稻田，稻水象甲成虫、卵和幼虫的数量均较大，成虫对黄绿色稻株具有趋向性。生长不良、枯黄叶鞘较多的植株，有利于成虫产卵，因而，稻水象甲为害也严重。

4.稻田栽培管理和农事操作

在水稻田间栽培管理上，力求早分蘖，水管理时干湿交替，采用间歇式灌溉，分蘖盛期及时晒田等措施，能有效减轻稻水象甲的发生和为害。稻田耕整水平对稻水象甲的影响也较大，一般平整一致而没有明显积水洼地的稻田，发生轻；插秧早的稻田，稻水象甲发生量比晚插田重。秧苗移栽，人为助迁了稻水象甲，将其成虫、卵和幼虫随秧苗扩散到本田，导致稻水象甲在本田发生并进一步为害。

5. 有益生物

稻水象甲可能由于其生活环境和一些特殊的生物学特性，其在原产地美洲的天敌种类就不多。一般认为稻田鸟类、蛙类、鱼类和一些结网和游猎蜘蛛类都可以捕食稻水象甲的成虫和幼虫。关于寄生性天敌类，尚未发现节肢动物类寄生性天敌。不过，目前在稻水象甲发生的国家和地区，已经从成虫上分离出了绿僵菌[*Metarhizium anisopliae* (Metsch.)]和白僵菌[*Beauveria bassiana* (Bals.)]，以及琼斯多毛菌[*Hirsutella jonesii* (Speare)]等真菌性昆虫病原微生物，还有寄生性索科 Merithid 线虫及夜蛾斯氏线虫[*Steinernema feltiae* (Filipjev)]。迄今为止，尚未发现寄生其他虫态的天敌种类。

四、综合管理技术

1. 加强害虫检疫

稻水象甲是一种检疫性害虫，虽然该虫具有一定的迁飞性，但许多研究表明，人为传播仍然是一条很重要的途径，完全有必要加强检疫工作，禁止稻种、秧苗、稻草运出疫区。

2. 田间调查和监测

根据稻水象甲秋天可从稻田集中转移到越冬场所的习性，应该加强越冬场所的越冬调查，掌握稻水象甲成虫的越冬基数。每年春季，注重田间调查与灯光诱集相结合，准确掌握越冬成虫迁入稻田和产卵时间，为及时采取调控措施提供依据。还可以根据物候预测越冬成虫开始活动，如“白茅[*Imperata cylindrica*(L.)] 抽叶芽，象甲叶上爬”。

3. 农艺管理技术

根据水是稻水象甲生存和繁殖的必要条件，围绕稻田水的问题实施管理和调控技术。

(1)秋翻晒垡　水稻收割后有相当数量的成虫残留在稻茬和稻田较松软的土层越冬，水稻收割后土壤封冻前进行翻扣式耕翻可大大降低成虫越冬成活率。

(2)精耕细作　在稻水象甲发生地区，稻田整地要求平整一致，尽可能避免出现坑坑洼洼的现象，防止田间积水。

(3)种植方式改革　在水稻种植区，特别是南方水稻产区，改变传统的栽插秧方式为抛秧或直播种植，可大幅度节约成本，并能有效地调控稻水象甲的为害。

(4)水肥科学管理　科学合理施肥，培育壮秧，尽可能栽插大龄秧苗可明显减轻初期受害程度；科学灌水对调控稻水象甲种群数量至关重要，尽可能采用间歇式灌溉，分蘖盛期及时晒田等措施，能有效减轻稻水象甲的发生和为害。

(5)调整种植制度　有条件的地区，大力推广水旱轮作。由于稻水象甲幼虫、蛹离不开水，成虫飞行距离不远，调整种植制度，采用水稻与旱地作物如烟草、瓜类水旱轮作就是一种较好的控制稻水象甲的农艺技术，可大幅度减轻稻水象甲为害，延缓稻水象甲扩散，并增加水稻产量。

4. 成虫诱杀

根据稻水象甲成虫对黑光灯趋性最强，而且趋光性强弱与天气状况和风向关系密切，可以选择晴好微风天，对着风向设置诱虫灯，诱杀越冬成虫或田间羽化的第一代成虫，减少成虫的

田间产卵量和水稻损害。

5.有益生物的保护和利用

保护和利用蜘蛛、青蛙、鱼类、麻雀、螳螂、蜻蜓等捕食性天敌，可降低田间成虫数量，减轻为害。研究表明，1头拟水狼蛛一天最多可捕食10头稻水象甲成虫，平均每天可捕食6.3头成虫。由此可见，稻田蜘蛛作为捕食性天敌的一大类群，对稻水象甲可起到较好的控制作用，应该保护和利用这些捕食性天敌。

在成虫怀卵期，田间喷雾10^{14}孢子/hm^2绿僵菌，在虫口密度适中的田块控制效果显著；也可以喷施绿僵菌孢子悬浮液或撒施孢子粉，能有效地控制中等密度稻水象甲种群。

6.化学药剂调控技术

(1)管理策略　第一阶段，越冬代成虫。控制好越冬场所和秧田的越冬代成虫，时间为4月底至5月上旬，越冬成虫大量出土活动，重点关注越冬场所附近杂草，降低转移到稻田的虫口基数，减轻对水稻初期的为害。第二阶段，本田成幼虫。重点控制秧苗移栽环节和插秧后本田越冬代成虫和新一代幼虫为害新根。第三阶段，第1代成虫。重点控制本田新一代成虫，时间为7月上旬至8月上旬，降低成虫越冬基数。

(2)调控关键时期　调控关键时期应掌握在抛秧或移栽后7 d左右，此时移栽秧苗已存活，开始生长新根，如果忽视，可能会导致缺苗断垄或漂秧现象。

(3)药剂调控措施　控制越冬代成虫。在成虫越冬场所，如稻田田埂和附近，以及向阳、土质疏松、残枝败叶较多坡地，针对稻水象甲的杂草寄主和越冬场所喷施菌制剂和化学药剂。

对本田成、幼虫的控制，重点把握移栽环节，尽可能在秧苗移栽前，选用内吸性化学药剂配成药液浸泡秧苗根部，不仅可以控制可能来自秧田的幼虫，还可以预防迁移到本田的成虫为害秧苗。同时，要配合农艺措施，适时施用毒土，控制根部幼虫。

严控第1代成虫。根据新羽化的成虫有更强的趋光特性，集中采取灯光诱杀，同时，在稻田喷施化学药剂控制越冬前成虫基数，降低越冬基数。

(4)化学药剂选择　控制稻水象甲成虫可选用5%丁硫克百威颗粒剂3 000 g/667 m^2和40%氯虫·噻虫嗪水分散粒剂25 g/667 m^2，控制效果都比较好，速效性和持效性表现突出。此外，20%丁硫克百威乳油、10%阿维·氟酰胺悬浮剂和20%辛·三唑乳油对稻水象甲成虫的控制效果也较好，且持效期较长。

第二十章

蔬菜害虫及其管理技术

蔬菜类作物也是人们生活中的大宗农产品。自从我国开展“菜篮子工程”建设以来，蔬菜种植得到了迅猛发展，并呈现出一些重要的特点。如种植规模不断扩大，产值比重逐步提高，基本形成了均衡的季节性生产结构；专业化蔬菜生产组织，如农业专业合作社和蔬菜生产规模化企业等基本建立。同时，种植蔬菜的田间也发生了一系列变化，如由于蔬菜作物本身及生产过程要求等特点，与大田农作物相比，需肥量急剧增加，导致蔬菜田土质肥沃；还有水源必须充足，否则影响产量，所以，蔬菜田土壤湿度较大；而且蔬菜种类多，地区差异较大，形成了多种植物种植的复杂农田生态系统，再加上蔬菜生长过程通常生育周期短，换茬频繁，实际上形成了一个相对不稳定的农田生态系统。因此，只有深入了解和掌握特定蔬菜生产系统中重要害虫的发生规律，才能确保蔬菜产品生产的安全性和可信赖性。

第一节　蔬菜害虫发生概况

一、害虫发生状况

在我国，为害蔬菜的害虫种类很多，据记载有300多种，其中华北地区就有168种。仅为害十字花科蔬菜的害虫就有120种以上，分属8目35科；为害瓜类的有70余种，以甲虫最多。比较重要的害虫有30～40种。由于现阶段我国蔬菜生产具有特殊性，由此形成了特定田间生态系统，从而引起传统蔬菜田病虫害发生与为害的较大变化。在现代蔬菜生产中，害虫发生通常有如下特点：①发生速度快。菜园中肥沃的土壤、较高的湿度等，给各种蔬菜提供了迅速生长的条件。与此同时，也给多种病虫害提供了适生的环境，尤其对多种病虫害的发生十分有利。因而，这些病虫的发生蔓延速度很快。②世代重叠严重。许多害虫种类，如蚜虫、蓟马和螨类等属于多食性昆虫，多种寄主植物同时并存，给这些害虫提供了充足的阶梯食物源，加剧了一些害虫种类的发生。③蔬菜生产中重茬现象严重。由于茬口倒换频发，很难做到及时而干净地清理田园，导致虫源量多次累积，而且蔓延速度快，形成了越来越严重的虫害。

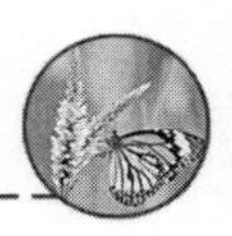

二、重要作物类群害虫种类

虽然蔬菜种类繁多，为害蔬菜的害虫种类复杂，但按为害作物不同和习性大致可分为8类，许多害虫属于全国蔬菜产区常发性重要害虫，除了发生世代差异外，都是严重危害蔬菜生产而很难管理的重要种类。

(1)地下害虫　地老虎类、蛴螬类、金针虫类、蝼蛄类以及种蝇类和韭蛆等。

(2)十字花科害虫　菜粉蝶类、小菜蛾、夜蛾类、菜螟、菜蚜类、黄条跳甲、菜蝽和猿叶甲等。

(3)葫芦科害虫　黄守瓜、瓜实蝇、瓜蚜和红蜘蛛等。

(4)豆类害虫　豆天蛾、豆荚螟、豆野螟、豆蚜、豆芫菁及潜叶蝇等。

(5)百合科害虫　葱蝇、葱蓟马、韭蛆等。

(6)藜科害虫　甜菜潜叶蝇、甜菜夜蛾等。

(7)茄科害虫　马铃薯瓢虫、茄二十八星瓢虫、红蜘蛛、茄黄斑螟、烟青虫、棉铃虫等。

(8)温室和保护地害虫　红蜘蛛、棉蚜、温室白粉虱等。

第二节　菜粉蝶类

我国为害十字花科蔬菜的粉蝶有5种，即菜粉蝶(*Preris rapae* L.)、东方粉蝶(*P. canidia* Sparrman)、大菜粉蝶(*P. brassicae* L.)、褐脉粉蝶(*P. melete* Menetries)和斑粉蝶(*Pontia daplidice* L.)。它们都属于鳞翅目，粉蝶科昆虫，不同种类的菜粉蝶，其发生区域具有特定性。这里我们以菜粉蝶(*Preris rapae* L.)(又称为普通菜粉蝶)，来介绍有关菜粉蝶的发生与管理技术。

一、分布与为害

全国各省区均有分布，且为害最重。主要取食十字花科植物，且偏嗜厚叶片的球茎甘蓝和结球甘蓝。据调查，菜粉蝶在十字花科蔬菜上发生量依次为结球甘蓝、球茎甘蓝、小白菜、小萝卜和小油菜，但在缺乏十字花科寄主时，也可为害其他植物，已知寄主有白花菜科、百合科、金莲花科等9科35种植物。

二、形态识别(图20-1)

(1)成虫　体长12～20 mm，翅展45～55 mm，雄虫体色乳白色，雌虫体色略深为淡黄白色。雌虫前翅正面近翅基部灰黑色约占翅面的一半，顶角有三角形黑斑一个，黑斑内缘近于一条直线，黑斑沿外缘向下延伸不超过M_3脉。M_3及Cu_2脉的中部下方各有黑斑一个，从Cu_2脉之下黑斑起沿后缘到翅基有黑色或灰黑色带一条。前翅反面大部分为乳白色，顶角密布淡黄色鳞片，前缘近翅基部黄绿色，其上杂有灰黑色鳞片。M_3及Cu_2脉中部下方黑斑仍很明显。

后翅正面前缘距翅基2/3处有黑斑一个，外缘无黑斑。雄虫与雌虫不同之点有：雄虫前翅正面灰黑色部分较小，仅限于翅基及近翅的前缘部；Cu_2脉中部下方之黑斑及由此黑斑到翅基之黑带往往消失。

(2)卵　瓶形，长约1.0 mm，宽约0.4 mm。初产时淡黄色，后变为橙黄色。表面由许多纵列和横列的脊状纹形成长形的小方格。

(3)幼虫　老熟幼虫体长28～35 mm。头部及胴部背面青绿色；腹面稍淡，背面密布小黑点，密生不规则的细毛，各节有4～5条横的皱纹，背中线细呈黄色，有的幼虫不明显。气门线为断续的黄色纵线，气门线上各体节有2个黄斑，其一为环状围绕着气门，另一个在气门后，在无气门的中胸和后胸则只有一个黄斑。气门淡褐色，围气门片黑褐色。趾钩三序中带。

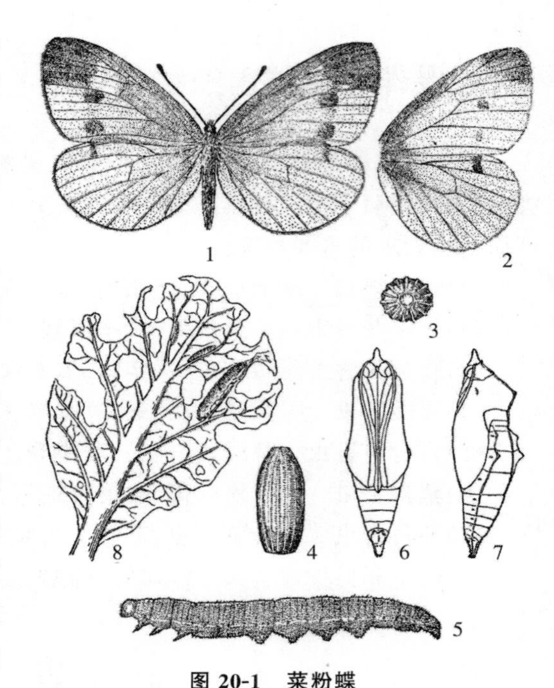

图20-1　菜粉蝶

1.雌成虫；2.雄成虫前后翅；3.卵正面观；4.卵侧面观；5.幼虫；6.雌蛹腹面观；7.蛹侧面观；8.被害叶片(仿浙江农业大学)

(4)蛹　长18～21 mm，体色随环境而异，有灰黄、灰绿、灰褐、青绿等。身体呈纺缍形，两端尖而中部粗大。头部前端中央有一个延伸成管状的突起，突起短而直。从突起尖端到头部背面后缘的长度，约为前胸长度的1.5倍。从侧面看，从头部管状突起的尖端到中胸的三角形突起顶端，成一条倾斜线。雄蛹生殖孔一个，位于第9腹节；雌蛹有交尾孔和生殖孔各1个，分别位于第8和第9腹节，或连成一个，从第8腹节前缘到第9腹节后缘为止。腹末端及身体中央均以丝固着于物体表面。

三、发生规律与生活习性

1.生活周期与发生世代

菜粉蝶均为全变态类昆虫，个体发育由卵、幼虫、蛹和成虫4个虫态组成，以幼虫取食植物。

菜粉蝶一年发生多代，全国各地发生世代数由北向南逐渐增加，一般发生3～9代。菜粉蝶有滞育期，各地冬季以蛹在秋季为害地附近的屋墙、篱笆、风障、树干上越冬，有些也可在砖石、土块、杂草或残枝落叶间越冬。由于越冬场所分散，越冬蛹羽化时间参差不齐，造成世代重叠现象。

2.成虫习性

成虫一般只在白昼活动，以晴朗无风的白天中午活动最盛，夜间、风雨天和阴天则在生长茂密的植物上栖息不动。白天成虫经常在蜜源植物与产卵寄主之间来回飞翔。卵为散产，夏

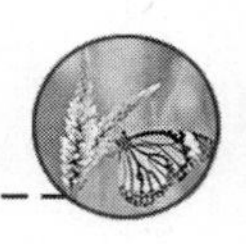

季多产于寄主叶片背面，寒季多在叶正面，尤其喜好产在十字花科厚叶片的蔬菜和甘蓝上。产卵时，菜地边缘尤其是蜜源植物附近菜地卵的密度较大。

3.幼虫习性

大多幼虫在清晨孵化，初孵幼虫先吃卵壳，然后再吃叶片，幼龄幼虫皆停留在寄主叶片背面剥食为害，留下透明的表皮，虫体长大后开始爬到叶片表面取食，并能侵入甘蓝心球取食，4～5龄时食量最大。此外，菜粉蝶幼虫具有很强的模仿寄主植物颜色习性，所以，在田间具有一定的隐蔽性。

四、主要影响因素

1.气候条件

气候条件对菜粉蝶的影响较大，幼虫发育的适温为16～31℃，相对湿度为68%～86%，当温度低于9℃或高于32℃或相对湿度低于68%以下，幼虫就会死亡，所以，气候条件对幼虫的活动和成虫产卵都影响较大，因而从春到初夏，雌虫产卵逐渐增多，盛夏天气太热，产卵量则减少。

2.寄主植物

菜粉蝶是寡食性害虫，重点以十字花科植物为食，生产实际中应尽可能避免十字花科蔬菜连片种植或者连茬种植，以降低菜粉蝶对十字花科蔬菜的损失；应高度重视十字花科蔬菜与其他非十字花科蔬菜倒茬轮作，以减少菜粉蝶等以十字花科蔬菜为寄主的害虫猖獗发生。

3.自然天敌因素

菜粉蝶的天敌很多，有卵、幼虫和蛹的捕食性和寄生性天敌，对菜粉蝶有一定的抑制作用。

五、综合管理技术

1.农艺管理技术

及时清洁田园，对菜粉蝶秋季为害的田块及时清除田间残株、杂草，减少越冬虫量。要合理布局，尽量避免小范围内十字花科蔬菜连作；提早甘蓝的定植期，以便早收获，避开第2代菜粉蝶的为害。

2.有益生物保育和利用技术

在菜粉蝶卵高峰期释放赤眼蜂，提高田间卵的寄生率。在幼虫发生盛期喷施寄生菌类制剂如青虫菌、8401和Bt制剂等，提高幼虫死亡率。

3.化学药剂调控技术

在一般十字花科蔬菜上使用化学药剂管理幼虫时，以成虫产卵高峰后一星期左右为宜。如果对结球甘蓝使用化学药剂时，应该在甘蓝包心前为宜，此时幼虫尚未被包入甘蓝球内，为害尚小，药剂调控效果较好。

附：菜粉蝶近缘种形态特征比较

1. 成虫

前后翅	菜粉蝶	大菜粉蝶	东方粉蝶	褐脉粉蝶	斑粉蝶
前翅	顶角的三角形黑斑内缘近于一条直线（指翅正面）	与菜粉蝶不同之处为顶角三角形黑斑的内缘近于圆弧形（指翅正面）	与菜粉蝶不同之处为：顶角三角形黑斑内缘呈锯齿形，［即在大三角形黑斑沿外缘有 2 或 3 个小三角形黑斑组成内缘的锯齿形（指翅正面）］	翅脉上有宽窄不等的褐色条纹。其他 4 种均无	正面顶角及外缘有黑斑 5～6 个，这 5 个黑斑内侧有较长的棱形黑斑。2 个中室外方横脉上有 1 个黑斑。这些斑在反面星黄绿色
后翅	正面：外缘纵脉末梢无黑斑	同菜粉蝶	正面：外缘纵脉末梢有黑斑 4～5 个	翅脉上也有宽窄不等的褐色条纹	中室四周由许多黄绿色组成环圈。中室中央白，中室外侧由 6 个黄绿斑组成半圆形，外缘 5 楔形斑黄绿色

2. 幼虫

	菜粉蝶	大菜粉蝶	东方粉蝶	褐脉粉蝶	斑粉蝶
体色	头部和身体绿色	头黑色，体绿色	绿色	头和身体绿色	体黄色
身体特征	毛瘤周围无墨绿色圆斑，气门线处各体节有 2 个黄斑，其一环绕气门，另一在气门后	头部至额区及颅中沟两侧形成“∧”形黑带。毛瘤周围无墨绿色圆斑	体背黑褐色的毛瘤周围有墨绿色的圆斑，看似毛瘤特大	毛瘤周围无墨绿色圆斑，气门线上只有环绕气门的黄斑，气门后无黄斑	身体具有带黄紫色的宽背线和亚背线，形成明显的 3 条带

第三节　小菜蛾

小菜蛾［*Plutella xylostella*（L.）］，又名小青虫、两头尖、吊丝虫等，属于鳞翅目，菜蛾科昆虫。目前，已经成为一种世界性重要蔬菜害虫，具有广泛寄主，能为害多种十字花科蔬菜，还有较强的繁殖能力和对多种农药的抗药性。每年用于控制小菜蛾的费用和由小菜蛾造成的直接经济损失都比较严重。从 20 世纪 80 年代开始，凡是种植十字花科蔬菜的国家和地区均有小菜蛾发生和为害。随着设施蔬菜大棚的规模化发展，十字花科蔬菜大面积连作，小菜蛾的为害日趋严重。尤其是我国南方一些蔬菜生产大省如福建、广东和海南等，小菜蛾每年可发生 20 代左右，严重威胁着这些地方的蔬菜产业发展。

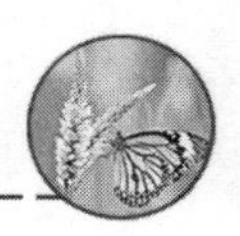

一、寄主范围和为害状

小菜蛾寄主多达40余种植物，主要包括结球甘蓝、球茎甘蓝、花椰菜、白菜、芥菜、芜菁、油菜、萝卜等十字花科植物，偶尔可为害马铃薯、葱、洋葱、姜、番茄、甜瓜嫩梢和花以及一些温室植物。

小菜蛾以幼虫为害十字花科蔬菜的整个生育期叶片。1～2龄幼虫仅取食叶肉，留下表皮，在菜叶上形成一个个透明的斑，俗称“开天窗”。3～4龄幼虫可将菜叶食成孔洞和缺刻，严重时全叶被吃成网状。在为害包心菜时，苗期常集中为害心叶，影响包心。在留种株上，为害嫩茎、幼荚和籽粒。

二、形态识别(图 20-2)

(1)成虫　体长6～7 mm，前后翅细长，缘毛很长，前翅后缘有黄白色三度曲折的波浪纹。两翅合拢时，侧面观如3个驼峰，尾部翅翘起如鸡尾。触角丝状，褐色有白环纹，静止时向前伸。

(2)卵　椭圆形，稍扁平，长约0.5 mm，初产为淡黄色，有光泽，表面光滑。

(3)幼虫　幼虫身体绿色。末龄幼虫长10～12 mm，纺锤形，头部黄褐色，体节明显。幼虫较活泼，触之，则激烈扭动并后退。

(4)蛹　长5～8 mm，黄绿至灰褐色，外被丝茧极薄如网，两端通透。初化蛹为水绿色，逐渐转为淡黄绿色、淡黄褐色，即将羽化的蛹为灰褐色。

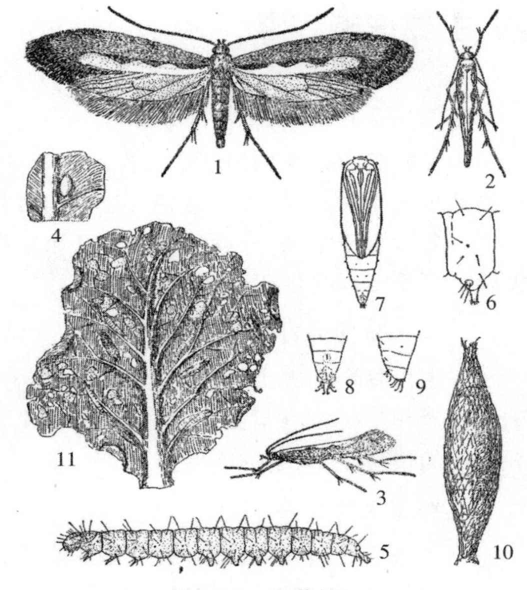

图 20-2　小菜蛾

1.成虫；2.成虫背面观；3.成虫侧面观；4.卵产于叶面上；5.幼虫；6.幼虫第3腹节侧面观；7.雌蛹腹面观；8.雄蛹腹面末端腹面观；9.雄蛹腹面末端侧面观；10.茧；11.被害菜叶(仿浙江农业大学)

三、发生规律与重要习性

1.生活周期与发生世代

小菜蛾发育过程属于完全变态类型，个体发育经历成虫、卵、幼虫和蛹4个虫态。在各地发生世代各不相同，东北每年3～4代，新疆每年4代左右，华北则可发生5～6代，长江流域9～14代，在华南地区则可以周年繁殖(19～21代)和为害。长江流域及以南地区无越冬现象，可终年繁殖。我国北部、西部蔬菜产区，小菜蛾是否可以某些虫态越冬尚无明确证据，尽管有些教科书中表述北部地区小菜蛾以蛹越冬，但此结论值得商榷。由于各地地理气候条件存在差异，小菜蛾发生与为害高峰期差异也较大。通常新疆在7—8月间，华北在5—6月间，长江流域以南为双峰型，即春、秋季为害严重。

2.重要习性

(1)成虫　成虫昼伏夜出。白天多隐蔽于植物叶片背面，黄昏后开始活动，午夜活动最盛。

成虫有趋光性。对黑光灯、日光灯趋性较强，一般气温 10 ℃以上即可扑灯。成虫羽化后 1～2 d 即可产卵，开始产卵后的前 3 d 为产卵高峰。多数成虫产卵方式为散产，一般产卵于寄主叶片背面靠近叶脉有凹陷的地方。产卵寄主选择性强。成虫喜欢选择含芥子油(异硫氰酸酯)高的寄主植物上产卵，如甘蓝、芥菜等。

(2)幼虫　偏嗜厚叶片的甘蓝类植物。初孵幼虫即潜入叶组织内，取食叶肉。2 龄后多数在叶背为害，取食下表皮和叶肉，仅留上表皮。3、4 龄后将寄主叶片吃成空洞及缺刻。幼虫受惊扰时可以强烈扭动，倒退或吐丝下垂。幼虫抗寒力较强，在－1.4 ℃时尚可取食。在气温过低或过高时，能钻入菜心或近地面的叶片背面躲避。老熟幼虫化蛹部位大多在原来取食叶的背面或枯叶上，也可在茎、叶柄、叶腋及枯草上化蛹，化蛹前作网状茧。

四、主要影响因素

1.气候条件

小菜蛾具有广泛的温度适应性，在 0～35 ℃都能存活，但 20～30 ℃最适合成虫产卵、卵孵化和幼虫的生长发育，温度过高或过低均对其不利。因此在北方以春季为害最重。

小菜蛾喜干旱条件，潮湿多雨对小菜蛾影响较大。夏秋雨水多的年份，秋季小菜蛾往往为害轻。夏季干旱少雨年份则为害较重。

2.寄主植物和种植制度

寄主植物影响成虫产卵。一般十字花科寄主植物中所含的芥子油苷(硫代葡萄糖苷)能引诱成虫产卵。种植制度方面，凡是十字花科蔬菜周年陆续种植，复种指数高，相互间作套种，管理粗放的田块，小菜蛾为害就重。

3.有益生物类群

小菜蛾的天敌很多，捕食性天敌有蜘蛛、草蛉和蛙类，寄生性天敌有菜蛾绒茧蜂和菜蛾啮小蜂，还有颗粒体病毒，它们对小菜蛾种群数量均有一定的抑制作用。

五、综合管理技术

1.农艺管理技术

清洁田园，蔬菜收获后，及时清除田间残株落叶。晚秋季清除田园周围的杂草，并适时翻耕，破坏越冬场所，压低越冬虫源。合理布局，安排好种植方式，尽量避免连作十字花科植物和间作套种，减少小菜蛾中继食物田，以减轻为害。轮作模式，可将十字花科作物早、中、晚熟品种，生长期长短不同的品种与其他植物轮流种植;间作模式，可将十字花科作物与豆科、茄科等非十字花科作物间隔种植，切断小菜蛾连续食物源，有利于降低寄主作物田种群密度。

2.成虫诱杀

(1)性诱剂　在成虫盛发期，每 667 m^2 用性诱剂诱芯 6～8 个，性诱剂支撑台底面距植物顶端 10～20 cm 高，每月换一次诱芯。同时，可以改造性诱剂，通过含有芥子油苷的黏胶板和性诱剂联合，可诱杀小菜蛾的雌雄虫，一举多得。

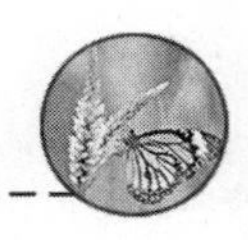

(2)灯光诱杀　小菜蛾对黑光灯有较强的趋性,在成虫羽化盛期,设置黑光灯进行诱杀。

3.有益生物保育与利用技术

小菜蛾是蔬菜害虫中极易对化学药剂产生抗药性的类群,因此,利用自然天敌控制其种群也是延缓抗药性措施。在管理小菜蛾的决策中,首先应该考虑保育天敌,特别是在天敌发生高峰期,尽可能地避免使用广谱性杀虫剂。

释放天敌,主要是赤眼蜂,控制小菜蛾种群数量是有益生物利用的重要技术。通常在小菜蛾卵高峰期,田间释放赤眼蜂,能有效地减低卵孵化率。另外,在低龄幼虫盛发期,可释放小菜蛾啮小蜂、绒茧蜂。也可喷施 Bt 制剂、爱福丁等生物杀虫剂。

使用小菜蛾颗粒病毒剂。在 2 龄左右的幼虫期,喷施时可加入适量的活性炭或墨水防阳光照射,加洗衣粉作为展着剂,以提高效果。

喷施青虫菌和杀螟杆菌。在温度 20 ℃以上时,喷施微生物农药如青虫菌、杀螟杆菌等,一般用含活孢子 80 亿～100 亿/g 菌粉 800～1 000 倍液,另加 0.1%洗衣粉作展着剂,会大大提高其调控小菜蛾幼虫的效果。

4.化学药剂调控技术

在采用化学药剂控制小菜蛾种群数量时,应该掌握好调控适期。一般药剂施用最佳时间为卵盛孵期至 2 龄幼虫以前。同时,药剂调控的科学合理性也非常重要。可根据调控指标决定用药与否。通常甘蓝上的调控指标为:前期,50 头/百株;后期,100～120 头/百株。尽可能选择高效、低毒、低残留的杀虫剂。必须强调轮换用药,因为小菜蛾幼虫极易对杀虫剂产生抗药性。

第四节　菜蚜类

菜蚜类属于半翅目,蚜虫科昆虫,主要种类有桃蚜[*Myzus persicae* (Sulzer)]、菜缢管蚜(萝卜蚜)(*Rhopalosiphum pseudobrassicae* Davis)和甘蓝蚜(菜蚜)(*Brevicoryne brassicae* L.)。这些蚜虫都是蔬菜生产中的常发性害虫,桃蚜除为害蔬菜,还可以为害其他许多植物,具有广泛的寄主范围。

一、分布与为害

3 种菜蚜分布与为害情况比较见表 20-1。

表 20-1　3 种菜蚜分布与为害情况比较

种类	桃蚜	菜蚜(甘蓝蚜)	菜缢管蚜(萝卜蚜)
分布	我国最普遍的蚜虫种类,几乎遍及全国	温带和亚热带各地。已知为新疆优势种,陕西、宁夏及东北中、北部也有发生	国内除西藏、新疆、青海不详外,其他各省份均有发生
食性	多食性	寡食性	寡食性

续表 20-1

种类	桃蚜	菜蚜(甘蓝蚜)	菜缢管蚜(萝卜蚜)
寄主范围	植物多,除为害十字花科蔬菜外,还为害马铃薯、菠菜等	以十字花科蔬菜和植物为主要寄主,偏嗜甘蓝、花椰菜、芸苔等蔬菜	主要有十字花科蔬菜及植物,偏嗜萝卜、白菜等,其他非十字花科蔬菜如莴苣、生菜等
为害症状	以成虫、若虫聚集在幼苗、嫩叶、嫩茎和近地面的叶片上,吸食寄主汁液,多集中在叶片背面。由于数量多,繁殖快,密集为害而使菜株严重失水和营养不良,叶面卷曲皱缩,绿色不均匀和发黄,严重时使整个外叶塌地枯萎,即所谓"塌帮",使菜不能包心。3 种蚜虫均可传播十字花科病毒病,在北方菜区,主要是孤丁病		

二、形态特征

3 种有翅胎生蚜特征比较见表 20-2。

表 20-2　3 种有翅胎生蚜特征比较

部位	桃蚜	菜蚜(甘蓝蚜)	菜缢管蚜(萝卜蚜)
触角第Ⅲ节	感觉圈 12～13 个排列成行	感觉圈 35～50 个排列不规则	感觉圈 19～25 个排列不规则
额瘤	显著,外倾	无	不明显
腹管	细长,较右列二种均长	大,远较触角第五节短	与触角第五节等长,末端缢缩明显
蜡质	没有白粉	全身覆有白粉	白粉较厚

三、发生规律及生物学特性

(1)萝卜蚜　在北方一年发生 10～20 代,北方温室内可终年繁殖为害。在北京 11 月上旬则发生无翅的雌雄性蚜,交配后在菜叶反面产卵越冬;亦有部分成、若蚜在菜窖内越冬。夏季无十字花科蔬菜的情况下,则寄生在十字花科杂草上。萝卜蚜适温范围广,在较低的温度下发育也较快,这是秋后白菜、萝卜上萝卜蚜比桃蚜多的原因之一。同时,萝卜蚜具有趋绿的习性,聚集在十字花科蔬菜心叶和花序上。

(2)甘蓝蚜　在温带北部气温较低地区,甘蓝蚜一年发生 8～9 代,北京等地年发生 10 代。以卵在晚甘蓝及球茎甘蓝、萝卜、白菜上越冬。越冬卵一般在 4 月开始孵化,先在越冬寄主上繁殖,5 月中下旬以有翅蚜转移到春菜,再扩大到夏菜和秋菜上,10 月上旬开始产卵越冬。甘蓝蚜繁殖适温为 16～17 ℃,高于 18 ℃或低于 14 ℃,产卵数趋于减少,因此呈春秋两次发生高峰。

(3)桃蚜　在蔬菜区,桃蚜存在着生理分化现象,一部分只在蔬菜上为害。在我国北方,以成蚜在靠近风障下的菠菜心叶里和接近地面的主根上越冬或随秋菜收获进入菜窖内和在大白菜上产卵越冬。在京津地区翌年 3 月份可迁入春播十字花科蔬菜或留种菜上为害,这是第二年春菜的蚜源。另一部分桃蚜冬季以卵在桃树的枝条、芽腋间、裂缝等处产卵越冬,卵于翌

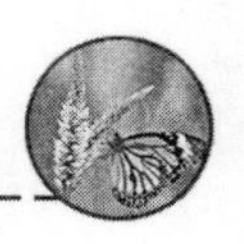

年3月中旬至4月间孵化并侵入菜地，5月底6月初，大量在夏寄主小萝卜、小白菜、甘蓝上为害，7月最盛，8月、9月间部分蚜虫转移到秋种十字花科蔬菜上，继续为害，至10月、11月间迁回到桃树。

四、主要影响因素

3种蚜虫田间种群发生和消长有共同的季节消长规律，即春秋两季大量发生，夏季发生少。温度是这一消长调控的重要因素。除温度影响外，夏季降雨量大，也对蚜虫发生不利，高温高湿条件下，蚜虫常因菌类寄生而死亡。大雨对蚜虫还有机械的冲刷作用，因此夏季蚜虫数量少。在北方地区，为了冬储，带蚜虫的大白菜外表帮叶脱落、萝卜削顶留在田间过冬，这对萝卜蚜越冬极为不利，导致早春虫源少而发生较轻。秋季是十字花科蔬菜生长季节，食料充分，发生为害远较春季为重。

五、综合管理技术

1.农艺管理技术

早春要及时用药控制园地附近果树或菠菜上的蚜虫，防止其蔓延迁移。春季要控制留种用十字花科蔬菜地越冬的各种蚜虫的繁殖数量。结合定苗间苗等农事操作，清洁田园，拔除虫苗。选择抗虫品种。

2.加强有益生物保育和利用

蚜虫的天敌很多，应切实加强天敌保护措施。必要时采用人工饲养和释放天敌，如草蛉、瓢虫等；也可采用冬季收集越冬瓢虫和草蛉，春季饲养一段时间后释放于田间。

3.化学药剂调控技术

常用药剂有50%抗蚜威（辟蚜雾）可湿性粉剂或水分散粒剂，每667 m^2用10～18 g药剂，兑水15～25 kg喷雾，对蚜虫效果好，且不杀伤天敌。现阶段，可以选择高效低毒的新烟碱类杀虫剂。

第五节　温室白粉虱

粉虱属半翅目，粉虱科。我国粉虱已知约有34个种，其中5种是农业上的重要害虫，它们是温室白粉虱[*Trialeyrodes vaporariorum*（Westwood）]、草莓粉虱[*T. packardi*（Morrill）]、结翅粉虱（*T. abutilonea*（Hal.）]、鳄梨粉虱[*T. floridensis*（Quaint.）]和烟粉虱[*Bemisia tabaci*（Gennadius）]。现阶段，我国蔬菜上以温室白粉虱和烟粉虱发生范围广泛，危害最严重，生产上最难于管理。这里，我们以温室白粉虱为例，介绍粉虱的发生与管理技术。

一、分布与为害

温室白粉虱俗称小白蛾，我国分布范围广泛。其寄主范围很广，已报道寄主有120科700多种植物，其中蔬菜有茄科、葫芦科、豆科、十字花科、菊科、伞形科、旋花科等7科的44种，其中受害严重的蔬菜有黄瓜、茄子、番茄、辣椒、菜豆、豇豆、西葫芦、丝瓜、南瓜、苦瓜、青椒、莴苣、芹菜、大葱等，以黄瓜、茄子、番茄和豆类受害最为严重。

温室白粉虱主要以成虫和幼虫群集在叶片背面吸取汁液，使叶片退绿变黄，萎蔫甚至枯死。同时成虫排的“蜜露”，可引起霉菌的寄生，导致煤烟病，污染叶片及果实。此外，温室白粉虱还可传播某些病毒病。

二、白粉虱和烟粉虱形态识别

温室白粉虱和烟粉虱形态特征比较见表20-3。

表20-3　温室白粉虱和烟粉虱形态特征比较

虫态		温室白粉虱	烟粉虱
成虫	同	雌虫腹末钝圆，雄虫腹末则较尖	
	异	雌虫体长1.06 mm，雄虫体长0.99 mm，两翅合拢时，平覆在腹部上，通常腹部被遮盖。雄虫腹末面中央的黑褐色阳具明显	雌虫体长0.81～0.91 mm，雄虫体长0.71～0.85 mm，两翅合拢时，呈屋脊状。通常两翅中间可见到黄色的腹部，雌雄成虫排列在一起
卵	同	长椭圆形，顶部尖，端部卵柄插入叶片中，以获得水分避免干死。卵变色均由顶部开始逐渐扩展到基部	
	异	卵色由白到黄，近孵化时为黑紫色，卵上覆盖成虫产的蜡粉较明显	卵色为白到黄或琥珀色，近孵化时为褐色
若虫	同	1龄若虫均能爬行，尾部一对毛明显，当它们成功地在植物韧皮部组织上插入口针后，就不再移动，经2、3、4龄、拟蛹(4龄后期)直至成虫羽化	
	异	低龄若虫体缘有蜡丝。2、3、4龄的若虫平均长度为376.6 μm、550.2 μm、657.0 μm	低龄若虫体缘无蜡丝。2、3、4龄的若虫平均长度为273.3 μm、344.4 μm、500.0 μm。为害一些寄主后表现出银叶反应
拟蛹		外观为立体(边缘垂直)椭圆形，似蛋糕状，颜色为白色至淡绿色，半透明，边缘有蜡丝，背上通常有发达直立长刺毛5～8对，是由原乳突内蜡腺分泌的，也有不具长刺毛的。被寄生时，为黑紫色	外观为椭圆形，边缘自然倾斜，通常无背刺毛，颜色为淡绿色至黄色，有1对红眼睛。在多毛叶片上，边缘被叶毛挤压成不规则形，背面可具刺毛。被寄生时，为深褐色

三、发生规律

1.发生世代与越冬

在北方温室，冬季各虫态在蔬菜田繁殖为害，无明显越冬现象。一年发生10余代，并有世代重叠现象。自然条件下，在北方冬季寒冷和寄主植物枯死情况下，不能存活。在南方不同地区越冬虫态不完全一样，一般以卵或成虫在杂草上越冬，有的地方以卵、老熟若虫越冬。越冬场所主要在绿色植物上，但也有少数可以在残枝落叶上越冬。

2.转移规律

在北方温室和露地相接地区，温室白粉虱通常会出现5个转移高峰（表20-4）。

表20-4　温室白粉虱在温室与露天菜地的转移规律

转移高峰	时间	日均温	虫源	转移方向和特点
春季始迁期	4月中下旬	10 ℃以上	温室内蔬菜	春季露地蔬菜
春夏急增期	5月下旬至6月中旬	18 ℃以上	温室蔬菜	夏季蔬菜，繁殖速度逐渐加快，虫口密度迅速上升
夏季高峰期	7月中下旬	24 ℃以上	露天蔬菜	8月中旬，卵和若虫高峰期，8月下旬成虫高峰，并持续到9月上旬
秋季回迁始期	9月下旬	18 ℃以下	露地蔬菜	温室晚秋菜
越冬回迁期	10月底至11月上旬	10 ℃以下	露地蔬菜与杂草	温室蔬菜

3.生物学习性

成虫白天活跃，早晚活动迟钝，飞动能力不强，一般在1.0 m范围内飞翔；喜欢比较幼嫩的植物，栖息在寄主叶背面取食、交尾、产卵。有强烈的集中性，一般不向远处移动或迁飞，但在整枝、收获等农事操作活动受惊扰时可引起扩散。对黄色有强的趋性，但忌白色和银白色。生殖方式包括两性生殖和孤雌生殖。两性生殖时，雌虫与雄虫交配后1～3 d产卵。卵的排列方式有两种：一种为成虫以吸食点为圆心，转动身体产15～30粒卵，排列成半环形或环形；另一种为不规则排列或散产者。卵多产在叶背面，有柄，卵柄插在叶背组织中。一般雌虫有性生殖可产生雌虫，孤雌生殖则均产生雄虫。

若虫孵化后数小时到3 d左右可回旋活动，也可迁居到其他叶片或植株上，直到找到适合的取食场所定居下来，营固着生活直到成虫期。

4.各虫态在寄主上空间分布

由于成虫喜欢在幼嫩叶片上产卵，在植株生长过程中，随着幼嫩叶片沿着生长点不断上升，成虫产卵位置不断向上部叶片移动，因而植株上形成了各虫态一定的空间分布规律，即最上部嫩叶，以成虫和初产淡绿色卵最多，稍下部叶片上多为将要孵化的深褐色卵，再往下部叶片依次为初龄若虫、老龄若虫和蛹等虫态。

四、主要影响因素

温室白粉虱的发育时期、成虫寿命、产卵数量等均受温度控制。在 20 ℃和 25 ℃的温度条件下，温室白粉虱完成一个世代所需时间分别为 33 d 与 19 d。成虫活动最适合温度为 25～30 ℃，温度达到 40 ℃时，成虫活动能力明显下降，而温度较低时，即使受惊扰也不太活动。在加温温室内，只要温度达到其发育温度，各虫态均可发育，各虫态对 0 ℃以下低温耐受力很弱，不具抗寒力，因此，在北方露天不能存活与越冬。

一般春季大棚内数量比秋季大棚少。露地蔬菜上虫口数量比春、秋大棚内多，距离温室较近的地方比较远地方的数量多，为害重。在北方，由于温室、大棚和露地蔬菜生产紧密衔接和相互交替，可使温室白粉虱周年发生。

寄主植物的差异会影响温室白粉虱的发生和生物学特性。如在雪莲果和烟草的对比研究中发现，各龄若虫更适合在雪莲果上生长。在雪莲果上，从卵到成虫发育需要时间短于烟草，成虫的产卵量显著高于烟草，雌雄虫的寿命也显著长等。全年寄主作物连续种植有助于各虫态的存活。

温室白粉虱对蔬菜种类存在明显的选择性差异。嗜好的寄主有菜豆、豇豆、小白菜、西葫芦、番茄、无架豆、不结球白菜、油麦菜和黄瓜；适宜寄主包括辣椒、毛酸浆、樱桃萝卜、生菜、咖啡黄葵、荷兰豆、苦苣菜、上海青、满堂红萝卜、豌豆、彩椒、莴苣、小叶茼蒿、菠菜、结球白菜和圆叶青苋菜等；非嗜好寄主有韭菜、芫荽和芹菜。温室白粉虱发生数量与寄主植物叶绿素含量之间存在相关性，而与叶片厚度之间没有相关性。

该虫还可随花卉、苗木的运输而人为远距离传播。温室白粉虱的天敌有丽蚜小蜂、中华草蛉、刻眼小毛瓢虫。

五、主要管理技术

1. 加强检疫和农艺管理技术

种植健全的幼苗，防止其分布区域的继续扩大。同时，该虫极易随植物苗木人为远距离传播，因此，在苗木运输前务必做好相关处理。及时清除落叶残株和杂草，以清除虫源。注意不要把带虫的植株带进保护栽培地。育苗前彻底清理蔬菜残株和杂草，熏杀残余害虫。育苗时，在通风口密封尼龙纱，控制外来虫源。

2. 色板诱杀成虫

利用菊黄色塑料板，涂上凡士林，也可以购买商品化的黄板，放在温室田间通风处附近以诱杀成虫。还可以采用植物源诱芯与黄板结合使用，将植物源诱芯固定在黄板上，黄板下部边沿高出植株顶部 15 cm，悬挂于作物行间，诱集效果显著高于黄板单独使用。

3. 加强有益生物利用

温室白粉虱的天敌有草蛉、丽蚜小蜂、座壳孢菌、蜡蚧轮枝菌等，在自然界对温室白粉虱有一定的控制作用，应加以保护和利用。

人工释放丽蚜小蜂寄生温室白粉虱时，一定要注意使用方法。首先，蜂卡悬挂位置选择。因丽蚜小蜂主要寄生温室白粉虱的第 3、4 龄若虫，根据不同虫态在植株上的空间分布，投放丽蚜小

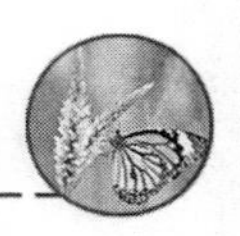

蜂时，应将蜂卡吊挂在植株的中下部，有利于提高丽蚜小蜂的寄生率。其次，释放时间和数量。通常在温室释放丽蚜小蜂时，以菜苗定植1周后开始投放丽蚜小蜂为宜，每7～10 d释放1次，每次释放15 000～20 000头/hm^2，让丽蚜小蜂顺利建立种群，有效控制白粉虱的为害。注意事项：丽蚜小蜂比较小，飞行能力有限，在投放时应将蜂卡均匀地挂在植物生长区域，当温室白粉虱的虫口密度增加时，适当增加单次投放丽蚜小蜂的数量至20 000～30 000头/hm^2。

当温室温度在15～30 ℃时，可以释放瑞氏钝绥螨和胡瓜钝绥螨捕食温室白粉虱。胡瓜钝绥螨和瑞氏钝绥螨按4∶1的比例释放，田间按"∽"形均匀悬挂，用曲别针将缓释袋固定在不被阳光直射植株的健壮茎干上，每隔2.5～3.0 m悬挂一袋。每500 m^2温室，释放6万头捕食螨，50天后，虫口减退率达到71.7%。

也可以施用微生物制剂，如每667 m^2施用300 g的200亿孢子/g球孢白僵菌WP[球孢白僵菌(200亿孢子/g)、洗衣粉加水按1∶0.2∶100配成每毫升菌液含孢子2亿左右]的溶液喷施，能有效地降低温室白粉虱田间种群密度。

4.化学药剂调控技术

(1)温室药剂熏喷结合　温室白粉虱为害初期，用80%敌敌畏乳油25～50 mL/m^2，加水150倍，均匀洒在温室地面上，将窗、门关好，过数小时将虫熏死后，再打开门窗，经调换空气后再进入(注意新出土的幼苗易产生药害、焦叶)。同时喷2.5%溴氰菊酯乳油1 500倍杀若虫，每10 d喷一次，连续喷2～3次，可收到理想效果。

(2)露地喷施药剂　由于温室白粉虱世代重叠，体表覆有一层蜡质，抗药力较强，且在同一作物上同时存在各虫态，必须在害虫发生初期开始喷药，要注意使植株中上部叶片背部着药，并连续喷药3～5次，才能收到理想的控制效果。

可选用2.5%敌杀死乳油2 000～3 000倍液、70%艾美乐(吡虫啉)水分散粒剂10 000～15 000倍液、3%粉虱通杀(啶虫脒)乳油、10%蚜虱净(吡虫啉)可湿性粉剂或18%粉虱特(吡虫啉+噻嗪酮)可湿性粉剂1 000～1 500倍液，或20%螺虫乙酯·呋虫胺悬浮剂1 500倍等喷雾。

第六节　美洲斑潜蝇

在我国发生的斑潜蝇有14种之多，较重要的有5种，即美洲斑潜蝇(*Liriomyza sativae* Blanchard)、番茄斑潜蝇[*L. bryoniae*(Kaltenbach)]、三叶草斑潜蝇[*L. trifolii*(Burgess)]、线斑潜蝇(*L. strigata*(Meigen)]、南美斑潜蝇(*L. huidobrensis* Blanchard)。它们都属于双翅目，潜蝇科昆虫。美洲斑潜蝇为我国的入侵生物，俗称蔬菜斑潜蝇、甘蓝斑潜蝇和蛇形斑潜蝇。

一、发生与为害

美洲斑潜蝇原分布于巴西、加拿大、美国、墨西哥、古巴、巴拿马和智利等30多个国家和地区。我国已知有21个省市发生，主要集中在中南部地区，北方的保护地发生较多。美洲斑潜蝇能为害14科64种瓜菜，以取食豆科、葫芦科和茄科瓜菜为主，同时也能取食曼陀罗、龙葵、灯笼草、胜红蓟和野苋等野生寄主 25 种。斑潜蝇主要以幼虫潜入叶表组织中取食叶肉，形成弯曲不规则的白色隧道，破坏叶绿素，严重时，被害叶片可脱落。

二、形态识别

(1)成虫　体长 2～2.5 mm，体色亮黑，小盾片鲜黄色，比南美斑潜蝇大，头部鲜黄色，腹部每节黑黄相间，体侧面观黑黄色，约各占一半。

(2)幼虫　体长 2.5～3 mm，体色鲜黄色，隧道在叶正面，幼虫在栅栏组织中钻蛀，隧道逐渐加粗，透过叶面可看到幼虫轮廓，幼虫老熟后主要从叶正面钻出叶片，翻滚落入土中化蛹。蛹长 2～2.5 mm，浅黄至橙黄色。

近缘种识别—南美斑潜蝇

成虫　体长 2.5～3 mm，体色亮黑色，小盾片黄白色区域较美洲斑潜蝇小，头部黄白色，腹部每节黄黑相间，体侧面观黑黄色约各占一半。

三、发生规律与生活习性

美洲斑潜蝇生活史短，发生世代多，而且世代重叠严重，据研究，该虫在海南省每年可发生 21～24 代。全国各地为害严重的时间各不相同(表 20-5)。

表 20-5　美洲斑潜蝇在各地发生与为害时间

省市	海南	广东	福建	鄂皖苏	京津冀
发生高峰	11 月至次年 4 月	5—6 月、8—9 月、11—12 月	6—7 月、9—10 月	8—10 月	7—9 月
蔬菜季节	冬季蔬菜	春、秋、冬菜	春、秋菜	秋菜	夏秋菜

一般美洲斑潜蝇的雌、雄虫每天 8:00—14:00 活动，早晚行动缓慢，中午较活跃，主要是取食和交尾。雌虫当天即可产卵。雌虫飞翔刺伤叶片，取食汁液和产卵其中，雄虫不刺伤叶片，但可取食雌虫刺伤点中的汁液。成虫产卵部位随植株的生长逐渐向上移动，多产在充分展开的嫩叶上。成虫对黄色有较强的趋性。初孵幼虫即潜入叶片和叶柄取食为害，幼虫历期 3～8 d，老熟幼虫爬出隧道于叶片面上或随风飘荡地面化蛹，也有少数在叶表化蛹的。在 20～30 ℃时，蛹的历期为 9～10 d。

四、主要影响因素

1. 气候因素

在气温为 15～35 ℃时，美洲斑潜蝇幼虫均可活动和取食，最适温度为 25～30 ℃。当气温超过 35 ℃时，成虫和幼虫均受到抑制。降雨量也是影响该虫种群数量的主要因素。因虫体小，抗暴风雨能力较差，当遇到暴风雨和连续降雨而积水时，由于湿度较大，对其蛹的发育极为不利。

2. 作物种类的影响

美洲斑潜蝇嗜食瓜、豆、茄类作物，一般瓜类受害重于豆类，豆类受害重于叶菜类蔬菜。这

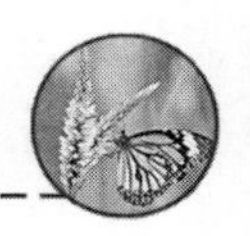

些作物的大面积连片种植，易诱集该虫高密度地为害。管理粗放，特别是杂草丛生的菜田，为害较重。

3. 种植制度

在北京郊区蔬菜田，单纯菜区比混植菜区发生要严重，粮菜、果菜和粮果菜混栽区，美洲斑潜蝇发生较轻。

4. 天敌昆虫种类

美洲斑潜蝇有一些寄生性天敌，如黄腹潜蝇茧蜂（*Opius caricivorae* Fischer）、淡足蝇茧蜂（*O.* pallipes Cartis）、潜蝇姬小蜂（*Diglyphus isaea* Walker）和贝氏潜蝇姬小蜂（*D. begini Ashmead*），且潜蝇茧蜂为单寄生，其余为多寄生。

五、主要管理技术

1. 加强农艺管理技术研究和应用

选育抗虫性品种，合理布局蔬菜的种植，加强田间管理，及时清除一些中间寄主。蔬菜收获以后，要及时清洁田园，可减少部分蛹的存活率。

2. 色板诱杀

成虫对橙黄色趋性很强，在黄色塑料板上涂上凡士林或直接购买商品化的黄板，每 667 m^2 平均 15～20 块，诱集斑潜蝇效果较好。在上述黄板诱杀的基础上，在黄板中央添加一个带有诱集物（如诱蝇酮等）的诱芯，诱集效果会更好。

3. 化学药剂调控技术

（1）重视调控策略　从生长期看，要抓“早”字。所谓“早”，即重点抓住苗期控制，一般在幼苗 2～4 片叶期及早施药。从施药时间看，要抓“准”字。一般幼虫在早晨露水干后至上午 11 时前，在叶片上活动最盛，老熟幼虫早上从虫道中出来化蛹时的预蛹期易暴露在叶面上，为施药最佳时间。

（2）做好监测工作，掌握好控制指标和控制适期　一般 2 龄幼虫发生高峰期在成虫发生高峰期后 4～7 d，为施药适期，或当叶片受害率在 10%～20%时，应考虑喷施药剂。据广东省对控制指标的研究认为，百叶活虫 10 头左右，或为害虫道在 1 cm 以内，应考虑施药控制。

（3）正确掌握施药方法和严格控制施药间隔期　控制成虫宜早、晚喷药。瓜、豆类作物最好从顶部向下喷药。同一块瓜菜地应统一喷洒药剂。苗期虫口密度大，一般 3～4 d 喷药一次，连续喷 2 次为宜；花前应 5～6 d 喷药一次，花后 6～7 d 喷药一次。应注意对天敌的保护，选用高效低毒低残留的药剂。

第七节　黄曲条跳甲

黄条跳甲（*Phyllotreta* spp.）俗称狗蚤虫、跳蚤虫、地蹦子等，主要包括黄曲条跳甲（*P. striolata* Fabr.）、黄直条跳甲（*P. rectilineata* Chen）、黄狭条跳甲（*P. vittula* Redt.）和黄宽

条跳甲(*P. humilis* Weise)4 种。其中,黄曲条跳甲是最常见种。分类学上属于鞘翅目、叶甲科。它们是十字花科蔬菜,如白菜类、甘蓝类和萝卜等蔬菜的重要害虫,也可为害甜菜、茄果类、瓜类和豆类等作物,大量的虫口密度集中在十字花科蔬菜上为害,严重影响一些蔬菜的产量和品质。在我国,该虫的发生,南方重于北方,在北方发生期间,除为害十字花科蔬菜外,局部地区还严重为害甜菜苗,影响甜菜苗期生长和甜菜产量及含糖量。

一、分布与为害

黄曲条跳甲在世界上分布于亚洲、欧洲和北美的 50 多个国家,我国除新疆、西藏和青海外,其他各省份均有分布。黄曲条跳甲以成虫和幼虫两个虫态直接为害作物。成虫常常聚集为害叶片,尤其在叶背面较多,受害叶片常布满稠密的椭圆形小孔。黄曲条跳甲喜食叶片幼嫩部位,通常苗期受害严重时,造成毁苗现象;还可为害结荚作物留种株的花蕾和嫩荚。

幼虫生活在土中,为害寄主植物的根皮,使其表面出现许多不规则的条状疤痕;还可咬断须根,严重时,植株地上部叶片萎蔫枯死。可传播细菌性软腐病和黑腐病。

二、黄曲条跳甲(图 20-3)及近缘种形态识别

(1)成虫　体长 1.6～2.4 mm。头部、前胸背板和触角基部均为黑色。触角丝状,第 1～4 节暗黄褐色,其余黑褐色,末端数节稍膨大。前胸布满刻点,鞘翅上各有 8 条纵行小刻点,中央有黄条条纹,后足腿节膨大。不同种最明显的识别特征是鞘翅上黄色条斑大小和形状各异,并成为区分不同种的重要依据。黄曲条跳甲鞘翅上的黄色条斑似“哑铃”状,中部窄而弯曲(凹曲较深);黄直条跳甲的黄色条斑较窄而直,中部不呈凹曲;黄狭条跳甲的黄色条斑亦窄而直,中部宽度仅为翅宽的 1/3;黄宽条跳甲的黄色条斑宽大,其最窄处亦超过 1/2 翅宽,中部无弓形弯曲。

(2)卵　椭圆形,长约 0.3 mm,白色或淡黄色,半透明。

(3)幼虫　老熟幼虫体近 4 mm,长圆筒形,头、前胸背板淡褐色,胸腹部白色或黄白色,各节有不显著肉瘤及刺毛。胸足 3 对,腹足退化。

(4)蛹　体长约 2 mm,椭圆形,乳白色,腹部有一对叉状突起。

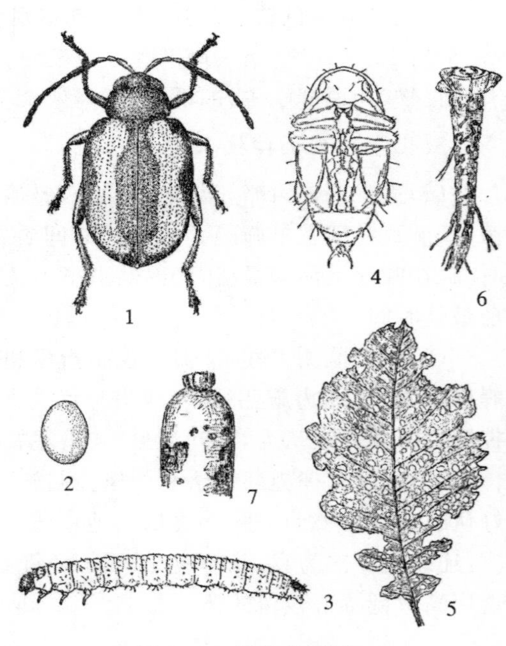

图 20-3　黄曲条跳甲

1. 成虫;2. 卵;3. 幼虫;4. 蛹;5. 被害叶;6. 被害叶根;7. 被害萝卜(仿浙江农业大学)

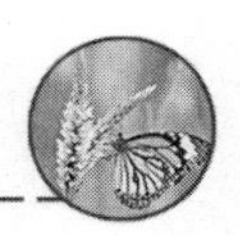

三、发生规律与重要习性

1. 生活周期

黄曲条跳甲属于鞘翅目昆虫，为完全变态类型，其生活史包括成虫、卵、幼虫和蛹 4 个虫态，其中成虫在地上部分为害植物叶和其他组织，而幼虫常在植物根部为害(图 20-4)，所以，成虫和幼虫是严重为害农作物的重要虫态。

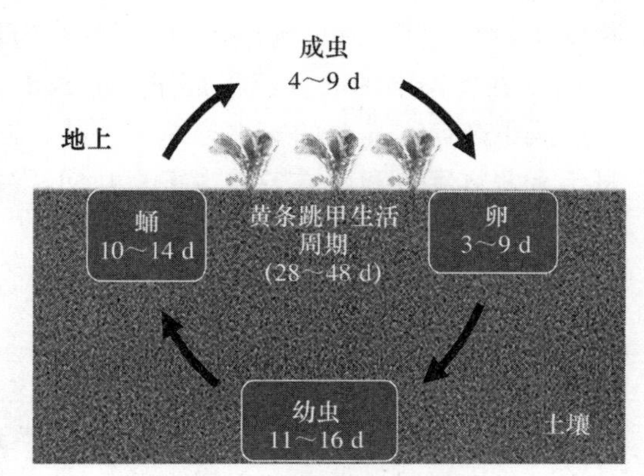

图 20-4 黄条跳甲生活史

2. 发生世代与越冬

黄曲条跳甲一年发生 2～8 代，基本规律是随着纬度的增加，发生代数逐渐减少。在青海发生 1 代，黑龙江发生 2 代，华北地区发生 4～5 代，浙江发生 4～6 代，江西发生 5～7 代，华南地区发生 7～8 代，而且世代重叠现象严重。华南地区成虫无明显越冬期，一年中以 4—5 月(第一代)为害最烈。在我国北方，以成虫在茎叶、杂草中潜伏越冬。

3. 重要习性

(1)成虫 在我国北方，越冬成虫翌年春季气温 10 ℃以上时开始取食，20 ℃时食量大增，32～34 ℃时食量最大，超过 34 ℃则食量大减。晴天中午高温烈日时(尤其夏季)多隐藏在叶背或土缝处，早晚出来为害。成虫寿命很长，平均 50 d，最长可长达 1 年。善跳跃，遇惊扰即跳到地面或田边沟内，惊扰解除后，即刻又飞回叶上取食。成虫具趋光性，对黑光灯尤为敏感。同时，成虫对黄色也有一定的趋性。成虫产于植株周围湿润的土隙中或细根上，或其附近土粒上。卵散产。每头雌虫平均产卵 200 粒左右。产卵期长达 30～45 d，致使发生不整齐，世代重叠。

(2)幼虫 幼虫共 3 龄。卵孵化需要较高的湿度，孵出的幼虫生活于土中取食须根、主根表皮并蛀食根部。土中栖息深度与作物根系分布有关，通常从须根到主根，从上向下为害。土中幼虫聚集分布。无转株为害习性。幼虫期 11～16 d，老熟幼虫在土中 3～7 cm 深处筑土室化蛹(图 20-4)。

四、主要影响因素

1. 气候条件

根据黄曲条跳甲的生活与为害特点，其生物学特性和迁移行为主要受风速、温度、湿度等因素的影响。一般成虫喜高温中湿，在气温 28～32 ℃、空气湿度 80%左右时，最适宜其活动与为害。当温度超过 35 ℃或低于 10 ℃，成虫则静伏在荫蔽处。一般春秋季发生较重，秋季重于春季，湿度高的田块重于湿度低的田块。

风影响黄曲条跳甲扩散。在适宜的温度下，其成虫主要沿逆风或与风向垂直的方向扩散，但风速太大则不利其扩散。

2. 寄主植物

黄曲条跳甲成虫为害寄主以甘蓝、芥菜、芥蓝、花椰菜、白菜、菜薹、萝卜、芜菁、油菜等十字花科蔬菜为主，但也为害甜菜、茄果类、瓜类、豆类蔬菜，以及枸杞及禾谷类。芥菜为跳甲的最嗜寄主，萝卜和大白菜为中嗜寄主，芥蓝为较不嗜寄主。成虫在芥菜上的产虫量是芥蓝上的4.4倍，在芥菜上的取食面积是芥蓝上的8.0倍。

成虫产卵有显著的寄主选择性。其产卵的喜好蔬菜为萝卜、芥菜、大白菜和芥蓝。这样，每年有北方春夏和南方冬季为害高峰期，常由于这些季节蔬菜较多(特别是十字花科菜较多)，食料丰富，温湿度非常适宜，为害猖獗。

3. 种植模式

发生轻重与茬口连作有关。寄主连作，为害严重。作物间种对跳甲种群数量影响较大。白菜与葱、菜心与茄子间作能显著地减轻该虫对白菜或菜心的为害。间作田黄曲条跳甲成虫的发生数量比单作田明显减少。例如，白菜地上间作芥菜，白菜上成虫数量逐渐减少，芥菜上的虫量逐渐增加。在芥蓝田间作萝卜后，成虫大量转移到萝卜为害，萝卜上的成虫数量是芥蓝的十倍甚至十几倍，且间作田芥蓝上的跳甲种群数量明显少于单种田。旱地连作较重，水旱轮作较轻。

4. 有益生物

寄生性线虫如斯氏线虫属(*Stienernema*)和异小杆线虫属(*Heterorhabditis*)。斯氏线虫[*S. feltiae*(Filipjev)]和斯氏线虫[*S. carpocapsae*(Weiser)] Agriotis 品系是黄曲条跳甲幼虫的重要寄生性线虫，对其具有较好的控制作用。有益寄生菌如坚强芽孢杆菌(*Bacillus* sp.)和球孢白僵菌[*Beauveria bassiana*(Bals.)]对跳甲也有较好的致病力。

在北美，寄生蜂也是黄曲条跳甲的重要天敌，主要有两色汤氏茧蜂[*Townesilitus bicolor*(Wesmael)]和食甲茧蜂(*Microctonus vittatae* Muesebeck)，其中，两色汤氏茧蜂是黄曲条跳甲的专性寄生蜂，且数量最多。捕食性天敌方面，如在加拿大，发现泡大眼长蝽[*Geocoris bullatus*(Say)]可捕食黄曲条跳甲成虫，国内也有报道曾观察到步甲、蚂蚁等捕食跳甲幼虫和蛹的现象。

五、综合管理技术

1. 农艺管理技术

(1)合理轮作　尽量避免十字花科蔬菜连作，重视与水稻、葱、蒜、胡萝卜、菠菜等轮作，中断害虫的食物供给链，可大大减轻其为害。

(2)清园晒土　彻底铲除菜地周边的杂草，残株落叶，保持田间清洁，减少食料来源和栖息场所；有条件的甜菜地，收获后，应该灌越冬水；种植前，应翻地晾晒，翻耕前每667 m^2施入生石灰100～150 kg或适量的草木灰，然后深翻晒土，既可消灭幼虫和蛹，又可调节土壤pH，改良土壤结构。

(3)加强田间管理　培育壮苗有利于移栽成活、健壮；合理肥水管理，可促进幼苗早生快发，不偏施氮肥，多施腐熟优质有机肥，可减轻受害。

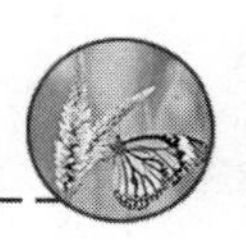

(4)有效利用抗虫品种　作物表面的蜡质层和各种毛状体是影响跳甲对寄主选择与取食的重要因子，叶菜表面具绒毛的青花菜品种对跳甲具有显著抗性。美国曾从卷心菜、羽衣甘蓝、芥菜、硬花球花椰菜、布鲁塞尔汤菜等蔬菜中筛选出19个对黄曲条跳甲有抗性的品种。作物表面的蜡质层和各种毛状体是影响跳甲对寄主选择与取食的重要因子，叶菜表面具绒毛的青花菜品种对跳甲具有显著抗性。

2.有益生物的保护与利用

在幼虫发生期还可以使用斯氏线虫[*S. feltiae*(Filipjev)]线虫液(135×10^9条/hm^2)喷洒于田间土壤表层，5 d后寄生率达94%，有效虫口密度下降97%。用斯氏线虫[*S. carpocapsae*(Weiser)]Agriotis品系线虫悬浮液10^9条/hm^2的剂量均匀喷洒菜根部周围，在施药后15 d内，黄曲条跳甲幼虫的寄生率为40%～70%，有效虫口密度下降38%～84%。

施用球孢白僵菌1×10^8孢子/mL后，第10 d和第14 d跳甲的成虫和幼虫累计死亡率分别可达60%和63%。

在成虫高峰期，使用2.5%印楝素乳油600倍液，能有效地控制黄曲条跳甲成虫的种群数量；皂苷0.05%浓度叶面喷施，能对黄曲条跳甲成虫产生很强的拒食作用。

3.物理管理技术

利用成虫具有趋光性及对黑光灯敏感的特点，使用黑光灯诱杀具有一定的控制效果。跳甲的成虫对黄板有较强的趋性，在成虫发生期，可使用黄板诱杀成虫，黄板高度设置在作物上12～28 cm对成虫的诱杀效果好。黄板诱杀同时可以兼治蚜虫和潜叶蝇等对黄板具有趋性的一些害虫。

由于跳甲成虫对振动特别敏感，又主要在叶面活动和取食，所以采用手持吸虫器会有效而省力地控制跳甲的成虫密度和为害。

4.化学药剂调控技术

(1)土壤处理　在整地时，每667 m^2撒施3%乐斯本GR或3%辛硫磷GR 1.0～1.5 kg，可杀死幼虫和蛹，兼治其他地下害虫。

(2)药剂拌种　利用一些种衣剂，如锐劲特，具有的触杀、胃毒和内吸作用，播种前拌菜种，能杀灭土壤表层内黄曲条跳甲幼虫。

(3)成虫期施药　在成虫施药时，尽可能做到大面积同一时间喷药，由田块四周逐渐向内喷施，条件允许的，可先灌水至距畦面约10 cm再喷药，以免成虫逃逸，翌日清晨把水排干。喷药要全方位喷，包括叶面、叶背、心叶、畦面、田埂都要喷到。喷药动作宜轻，勿惊扰成虫。为了使药剂发挥更好的药效，在配药时，可加少许优质洗衣粉。

适时喷药。根据成虫的活动规律，有针对性地喷药。一般喷药可选择在早上7:00—8:00或下午5:00—6:00时，特别是下午，因为没有露水，喷药较好。

(4)幼虫期施药　黄曲条跳甲是许多叶菜苗期的重要害虫，应以保苗为重点。在重为害区，播前或定植前后用撒毒土[药∶细土＝1∶(50～100)]、淋施药液法处理土壤，毒杀土中虫蛹。

附件

欧洲和地中海植物保护组织(European and Mediterranean Plant Protection Organiza-

tion)评价黄曲条跳甲为害油菜程度的分级标准(*OEPP/EPPO* Bulletin,2002)。[见 EPPO Standard 1/152(2)]。(图 20-5)

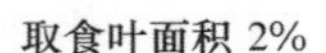
取食叶面积 2%

取食叶面积 5%

取食叶面积 10%

取食叶面积 25%

图 20-5　黄曲条跳甲取食叶面积百分比

1 级:没有为害;
2 级:取食叶面积达到 2%;
3 级:取食叶面积为 3%～10%;
4 级:取食叶面积为 10%～25%;
5 级:取食叶面积为 25%以上。

第八节　黄守瓜

黄守瓜(*Aulacophora femoralis chinensis* Weise),又称黄足黄守瓜,属于鞘翅目、叶甲科。我国为害瓜类的守瓜属(*Aulacophora*)害虫有 15 种,其中,最重要的是黄守瓜,其次还有黑足黄守瓜(*A. nemoralis femoralis* Motsch)、黄足黑守瓜(*A. nattigarensis* Weise)和黑足黑守瓜(*A. nigripennis* Motsch)。黄守瓜分布最广,包括华北、东北、西北、黄河流域及南方各省市区。寄主复杂,国内记载有 27 种作物和 26 种野生植物。以葫芦科植物为主,主要为害甜瓜、西瓜、南瓜、葫芦、笋瓜等,此外,还可取食豆科、十字花科等蔬菜,幼虫只为害瓜类。

一、形态及为害状识别

1.形态特征(图 20-6)

(1)成虫　体长 8～9 mm,椭圆形。除复眼、上唇、后胸腹面腹部等处黑色外,其他各部橙黄色,有光泽。复眼圆形。触角丝状,约为体长之半。前胸背板宽倍于长,有细刻点,中央有 1 弯曲横凹沟,四角各有 1 根细长刚毛。鞘翅基部比前胸宽,中部两侧后方膨大,翅面密布刻点。雌虫腹部较尖,尖端露出鞘翅外,末节腹面有"V"形凹陷。雄虫腹部较钝,末节腹面有 1 匙形构造。

(2)卵　近球形,底径约 0.8 mm。黄色,孵化时变为灰白色,表面密布一层多角形网纹。

(3)幼虫　成长幼虫体长 11.5～13.0 mm。初孵化幼虫为白色,以后头部逐步变为褐色,胸腹部黄白色。前胸盾板黄色，腹部末节臀板长椭圆形，向后方伸出，上有圆圈状的褐色斑纹，并有纵行凹纹 4 条。

（4）蛹　体长约 9 mm，乳白带淡黄色，纺锤形，翅芽达第五腹节，各腹节背面疏生褐色刚毛。腹末端有巨刺 2 个。

2. 为害状识别

黄守瓜以成虫、幼虫为害。成虫为害瓜叶时常以身体为半径旋转咬食一圈，然后在圈内取食，使叶片残留若干干枯环形或半环形食痕或圆形孔洞；还可为害南瓜等皮层，咬断瓜苗嫩茎，又能取食花和幼瓜，但以叶片受害最重。幼虫半土生，群集在某些瓜根内及瓜的贴地部分蛀食为害，造成幼苗干枯骤死。黄守瓜的为害，幼虫重于成虫，幼虫是某些瓜类最重要的害虫。

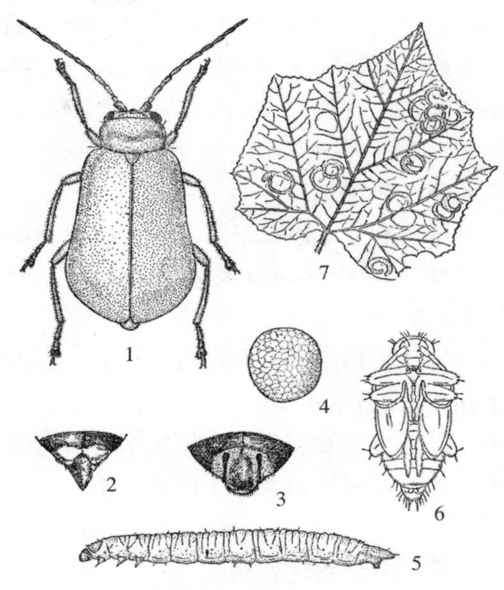

图 20-6　黄守瓜

1. 成虫；2. 雌成虫腹部末端腹面观；3. 雄成虫腹部末端腹面观；4. 卵；5. 幼虫；6. 蛹；7. 瓜叶被害状（仿浙江农业大学）

二、发生规律和生活习性

1. 发生世代与越冬

黄守瓜每年发生世代，决定于当地温度情况。由南到北发生世代逐年减少。在我国北方大部分地区一年发生 1 代，四川一年发生 1～2 代。以成虫潜伏在避风向阳的田埂土缝中、土块下或杂草落叶中越冬。越冬成虫在次年春季温度达 6 ℃时开始活动。首先飞至麦田、菜园、果树上取食，在瓜苗 3～4 片叶期，开始迁移到瓜苗上为害。在北方蔬菜产区，一般越冬成虫在 5—8 月产卵，5 月下旬至 6 月上旬为成虫产卵盛期，6—8 月为幼虫为害期，以 7 月最烈，8 月羽化为成虫，为害晚生瓜菜及其他寄主，至 10—11 月逐渐转入越冬场所越冬。

2. 成、幼虫的习性

黄守瓜成虫有假死性，略有群集性，越冬成虫寿命长；有喜欢温暖，耐热，耐饥的习性；喜欢在温暖的晴天活动，早晨露水干后开始取食，中午前后为害最剧烈，阴天活动迟钝，雨天不活动。黄守瓜往往因为雨过天晴时饥饿而大量取食为害。雌虫常产卵于靠近寄主根部或瓜苗下的土壤缝隙中。

幼虫共 3 龄。初孵幼虫为害寄主的支根、主根和茎基部，3 龄幼虫可钻入主根或根茎内蛀食，也能钻入贴近地面的瓜果皮层和瓜肉内取食。有转株为害习性。一般幼虫在 6～10 cm 深度土内活动。老熟幼虫即在为害部位附近作土茧化蛹，越靠近植株，密度越大。幼虫和蛹不耐水浸，若浸水 24 h 就会死亡。

三、影响因素

黄守瓜的发生常常与一些非生物和生物的因素有着密切关系。成虫产卵与温湿度有关，一般 20 ℃以上开始产卵，24 ℃为产卵盛期，在此温度条件下，春季降雨早，成虫产卵早。成虫产卵期降雨量减少，产卵会向后延迟，所以，常常出现每次降雨后，田间卵量激增的现象。成虫不耐寒，在－8 ℃以下，12 h 后即全部死亡。卵的抗逆性强，浸水 6 d 后还有 75%孵化率，而在 45 ℃高温下处理 1 h，孵化率还可达 44%。卵孵化需要高湿，在温度 25 ℃，相对湿度 100%时，卵才能全部孵化。

由于雌虫常产卵于靠近寄主根部或瓜苗下的土壤缝隙中，因而，成虫产卵对土壤有一定的选择性，壤土中卵最居多，黏土次之，沙土最少，因沙土表层过于干热，成虫最不喜产卵，也不利于卵的孵化。

寄主植物是影响黄守瓜取食的重要因素，一般成虫最喜欢取食黄瓜，其次是香瓜、南瓜、冬瓜和节瓜，而不喜欢取食丝瓜叶片，这种寄主选择差异性与植物叶片中所含有的葫芦素种类相关。一般生长衰弱的和比较短小的植株受害重，生长健壮和高大的植株受害轻。连片早播早出土的瓜苗较迟播晚出土的受害重。

四、综合管理技术

1.农艺管理技术

调整瓜类的播种期，可以避过越冬成虫为害的高峰期，减轻为害；利用瓜类与其他作物间作套种，可以减轻黄守瓜的为害。

2.成虫管控

在成虫为害和产卵期间，于露水未干时，在瓜根附近的土面及瓜叶上撒草木灰、秕糠、锯木屑、废烟末等可阻止成虫为害和产卵。

3.化学药剂管理技术

(1)成虫期施药　瓜苗 4～5 叶后发现为害，可用药剂喷雾，主要以胃毒剂为主，效果比较好。主要药剂有敌百虫、敌敌畏、新烟碱类杀虫剂、氧化乐果等。

(2)幼虫期施药　黄守瓜的幼虫通常在土表取食植物组织，可配制毒土撒入移栽瓜苗的穴中或直播苗的周围，具有较好的效果。幼苗初见萎蔫时，可用 50%敌敌畏 1 000 倍或 90%晶体敌百虫 1 000～2 000 倍或鱼藤精 500 倍液灌根，毒杀根部周围幼虫，以避免缺苗断垄。

第九节　韭菜迟眼蕈蚊

韭菜原产于我国，栽培历史悠久。其味道鲜美又有营养，还有较多的胡萝卜素、蛋白质、脂肪、糖类和挥发油，以及钙、磷、铁和维生素 B、维生素 C 等微量元素。韭菜属于宿根类植物，分蘖能力很强，但韭菜迟眼蕈蚊是为害最严重的害虫，地下根茎常常因为韭蛆集中为害而腐烂，韭菜叶枯萎死亡，这一直是生产中的老问题而严重影响韭菜生产。

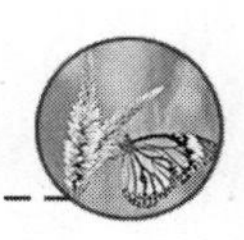

一、分布与寄主植物

韭菜迟眼蕈蚊[*Bradysia odoriphaga* Yang et Zhang)俗称韭菜蛆、韭根蛆或韭蛆，属于双翅目，眼蕈蚊科，迟眼蕈蚊属(*Bradysia*)。在我国分布范围广泛，华北、东北和西北以及四川、湖北、浙江、江苏、上海、台湾等18个省份均有分布。寄主植物包括百合科、菊科、藜科、十字花科、葫芦科、伞形科等6科30多种蔬菜，以及瓜果类和食用菌，其中以百合科的韭菜、圆葱、大蒜为主，尤其喜欢取食韭菜。迟眼蕈蚊以幼虫聚集在韭菜地下部的鳞茎和柔嫩茎部蛀食为害，轻者引起韭菜地上部分植株矮化，叶片失绿、枯黄萎蔫、植株变软、呈倒伏状，降低韭菜的产量和品质；为害严重时，造成缺苗断垄，引起茎基部腐烂，甚至整蔸韭菜死亡，产量损失高达30%～80%。

二、形态识别

(1)成虫　雄虫体长3.3～4.8 mm，黑色或黑褐色，头部小，复眼发达呈半球形，被微毛，在头顶由眼桥连接一对复眼，眼桥宽度为2～3个小眼面，单眼3个。触角丝状，黑褐色，共16节，基部二节粗大。下颚须3节，基部有感觉窝及刚毛2～3根。胸部隆起粗壮，前翅淡烟色，脉褐色，前面3条脉粗壮，前缘脉端部伸达翅端至R_5～M_1间的2/3处，脉上具2列毛。足细长褐色，胫节具一对长距及一列刺状胫梳，前足基节长度超过腿节之半，胫梳4根。腹部末端有1对抱握器(图20-7)。

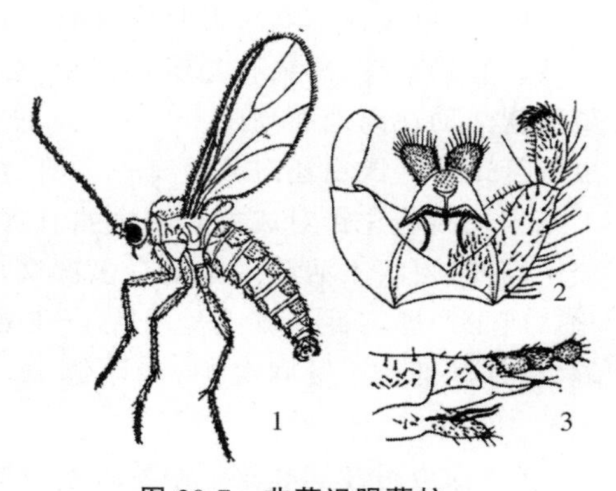

图20-7　韭菜迟眼蕈蚊

1.雄虫侧面观；2.雄虫腹部末端腹面观；3.雄成虫腹部末端侧面观(仿杨集昆和张学敏)

雌虫体长4.0～5.0 mm，一般特征与雄虫相似，但触角较短且细。腹部中段粗大，向末端渐细而尖，腹端具一对分为2节的尾须，腹面具阴道叉。

(2)卵　长椭圆形，长约0.2 mm，初产乳白色，堆产，少数散产，后变暗米黄色，孵化前出现小黑点。

(3)幼虫　体长5～9 mm，细长圆筒形、乳白色、头部黑色，属于全头式，体壁光滑、半透明且无足，口器为咀嚼式。

(4)蛹　长椭圆形，长2.7～4.0 mm，裸蛹，无光泽。

三、发生规律与生物学习性

1.生活史

韭菜迟眼蕈蚊属于全变态昆虫，其生活史中的虫态包括卵、幼虫、蛹和成虫。除了成虫在地上活动外，其余各虫态均在土壤表层完成其发育。仅幼虫期取食作物并造成损失。

2.发生世代与越冬

根据不同地理气候条件，韭蛆在各地发生世代有明显差异，由南到北代数递减，年发生3～6代不等。因虫体小、繁殖速度快，因此世代重叠严重。哈尔滨地区露地韭蛆1年发生3代，在北京、天津、河北等地4～6代，山东露地菜田发生5～6代，大连地区3～4代，杭州露地韭菜地6代。从田间发生时间来看，南北方有明显的差异。一般在南方，越冬幼虫翌年2月下旬开始化蛹，3月中旬为羽化高峰。北方3月中下旬开始化蛹，4月上中旬达羽化高峰，4—6月、9月下旬至11月虫量多。例如，在河北中南部地区，越冬幼虫3月中旬开始化蛹，3月底4月初成虫始出现，5月上旬为第1代幼虫高峰，6月中旬为第2代幼虫高峰期，7月下旬为第3代幼虫高峰期，9月中旬为第4代幼虫高峰期，11月下旬以后第5代幼虫陆续进入越冬期。韭菜迟眼蕈蚊以4龄老熟幼虫在鳞茎内或鳞茎附近的土壤中越冬，少数分散。由于各地气候条件差异，高龄幼虫在土壤中越冬深度各不相同，综合各地越冬幼虫来看，大多数幼虫越冬深度在土表下5～24 cm。

3.生物学习性

(1)成虫习性　韭菜迟眼蕈蚊成虫通常不取食，喜腐殖质丰富的土壤气味，类似糖醋酒混合液。有趋光性，成虫有趋弱光习性，因此喜欢在阴湿弱光环境下活动。田间调查发现，成虫更喜欢活动在离地面高度0～10 cm的空间，即接近地面。韭菜株高小于10 cm时，扫捕的成虫数量最多。成虫还对黄板有一定的趋性。成虫有趋化性。新鲜韭菜植株、大蒜乙醇提取物、大蒜素及多硫化钙对成虫有明显的引诱作用。成虫白天活动，通常9:00—11:00最为活跃，为交尾高峰，夜间不活动。雄虫有多次交尾的习性，雌虫不经交尾也可产卵(无效卵)但不能孵化。雌虫产卵习性。雌虫交尾后1～2 d开始产卵，产卵趋向寄主附近的隐蔽场所，多产于土缝、植株基部与土壤间缝隙、叶鞘缝隙，多数卵为堆产，少数散产。在适温范围内，单雌产卵100～300粒。

(2)幼虫习性　韭菜迟眼蕈蚊幼虫共4龄，不同龄期幼虫具有隐蔽式群居生活习性，大多数分布于地面2～3 cm处的土壤中，一般最深不超过6 cm。幼虫喜潮湿的土壤环境，不耐高温。幼虫为害习性随着虫龄也有变化。初孵幼虫首先水平扩散，为害韭株叶鞘、嫩茎，引起韭菜腐烂、叶片发黄，随着幼虫生长，则咬断根茎蛀入其内，造成韭菜植株倒伏。幼虫还有吐丝结网、群集网下取食的特性。

四、影响因素

1.气候条件

韭菜迟眼蕈蚊各虫态的发育适宜温度为13～28 ℃，其中20～25 ℃的种群增长和繁殖力均较高。在适温范围内，随着温度升高，各虫态的发育历期缩短。当温度超过30 ℃，成虫产卵量急剧下降，甚至不产卵就死亡，导致整个种群数量大幅度下降。

2.土壤环境与施肥

土壤环境对韭菜迟眼蕈蚊影响较大的主要是土壤温度、湿度和土壤质地。土壤温度直接影响卵的孵化和幼虫的发育及越冬。幼虫在土壤中的垂直分布以及对韭菜等寄主植物为害程度受土温影响较大，通常春秋季节，土壤温度适合幼虫生长发育，幼虫集中于土表为害植物；而

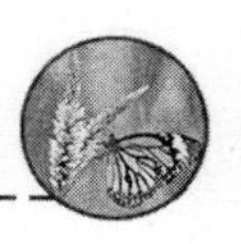

夏冬季节，由于高温和寒冷，土壤温度不适合幼虫生长发育，通常幼虫会下潜深土避暑和低温，在生产上就出现了春秋季节韭菜迟眼蕈蚊发生严重的现象。

由于韭菜迟眼蕈蚊喜欢潮湿土壤环境，土壤湿度在 20%～30%时，比较适合幼虫生存和发育，湿度过大或干燥都不利于其存活和发育，夏季高温干旱或高温多雨都制约着韭菜迟眼蕈蚊的种群数量。

土壤质地也是影响韭菜迟眼蕈蚊的重要因素之一，并与田间种群密度有密切关系。中壤土最适合韭菜迟眼蕈蚊的生存和繁育，其次为轻壤土，沙质土壤的适应性最差。作物生长离不开肥料，但不同类型肥料对土壤中的韭菜迟眼蕈蚊发生影响较大，如施肥水平高的田块，通常发生偏重；施用未腐熟有机肥如饼肥、牲畜粪便等菜田更易发生韭菜迟眼蕈蚊为害。

另外，沼液能驱避成虫产卵，且减少幼虫种群密度；石灰氮和碳酸氢铵可毒杀幼虫活性。成虫发生期田间施用常规用量的石灰氮、沼液可明显减少韭菜迟眼蕈蚊发生，降低成虫和幼虫的种群数量。

3.寄主与种植方式

韭菜迟眼蕈蚊幼虫为害不同作物的程度和症状表现出明显差异，其中韭菜、大蒜、圆葱等百合科作物及菊科的苦菊和生菜受害最严重，菊科的芥蓝和十字花科的萝卜和白菜为害较重，十字花科的油菜、葫芦科的西葫芦和黄瓜为害较轻，但对茄科作物如辣椒和番茄基本无害。寄主作物种类对韭菜迟眼蕈蚊的发生有重要的影响。

韭菜迟眼蕈蚊的寄主植物较多，但比较喜欢取食百合科植物，特别是韭菜。因此，在作物布局时，应该有比较周密的计划。韭菜是多年生的宿根植物，在其种植期间，应该加强对田间韭菜迟眼蕈蚊的管理，以延续其生产年限。连续种植 3 年以上的韭菜田，如果管理不当，通常韭菜迟眼蕈蚊为害严重，应该考虑轮换种植别的非寄主植物。韭菜不要与百合科植物混合种植，避免加重韭菜迟眼蕈蚊的发生与为害。

韭菜采用大棚种植对韭菜迟眼蕈蚊的发生时间和世代均有较大的影响，且表现出南北方的差异。例如，在浙江省慈溪市，标准大棚种植的韭菜地，韭菜迟眼蕈蚊一年可发生 5 代（春季 4 代，秋季 1 代），越冬代成虫始见于 3 月上旬，而小拱棚菜地，韭菜迟眼蕈蚊一年发生 4 代（春季 3 代，秋季 1 代），越冬成虫始见于 3 月下旬。无论是标准大棚还是小拱棚，高峰期成虫数量都明显高于露地菜地。

五、综合管理技术

1.农艺管理技术

（1）清理田园　韭菜收割后应尽可能地清理干净残渣烂叶，因为这些残叶在田间腐烂后能引诱成虫产卵。收集的残渣要集中处理。同时，有条件的地方，可以在收割韭菜后的田面撒施一层草木灰，一方面，可吸收田面水分，保持菜田干燥，并改善土壤酸碱性；另一方面，也可以阻止韭菜迟眼蕈蚊成虫产卵，减少幼虫的为害。

（2）调整种植结构，合理轮作　韭菜虽然是宿根蔬菜，长期只收不换也可能影响产量。一般每 3～4 年，韭菜应与其他非韭菜迟眼蕈蚊的寄生作物轮作 1 次，以降低韭菜迟眼蕈蚊发生与为害。在作物布局方面应该引起高度重视，在规模化生产韭菜的地区，尽可能地避免种植其他百合科作物，降低韭菜迟眼蕈蚊的交叉为害。

此外，韭菜属于密植蔬菜，在不影响收益的情况下，韭菜种植可适当增加行距，以改善韭菜田行间通风透光条件，提高透光率，控制土壤湿度，增加土壤温度，有利于抑制韭菜迟眼蕈蚊的发生和种群发展。

(3)韭菜田水肥科学管理　土壤潮湿有利于韭菜迟眼蕈蚊生存和种群发展，在露地韭菜生产中，高温干旱季节要严格控制浇水以增加韭菜迟眼蕈蚊死亡率。设施韭菜种植地区，在冬季露地养根期间，科学管理水的使用，可有效地控制韭菜迟眼蕈蚊虫口数量，降低韭菜受害程度。

科学合理地使用肥料种类和数量是管理韭菜迟眼蕈蚊发生，增加韭菜产量和品质的重要措施。在提倡使用农家肥饼肥、牲畜粪便等时，特别强调使用腐熟的农家肥，以降低其对成虫的引诱作用，减少田间产卵量。在韭菜迟眼蕈蚊发生田块，多施用沼液、石灰氮和碳酸氢铵等，这些肥料能负面影响韭菜迟眼蕈蚊成虫产卵和幼虫存活及种群繁殖，降低韭菜的损失。韭菜田施用沼液时，应在韭菜收割后 3～5 d，按 2 kg/m^2 沼液，加水稀释 1～2 倍，喷洒叶面；或稀释 5 倍以上，顺韭菜垄或沟灌于韭菜根部，生长期 7～10 d 喷(灌)施 1 次即可。农业生产中化肥的使用不可避免，但要根据作物科学选择并合理施用。韭菜种植中，化肥施用以氮、磷、钾配合施用最佳，禁止施用硝酸铵作追肥，并应适当补充微量元素肥料，以提高产量和品质。

此外，一般还推荐采用 45 kg/hm^2 液体石灰氮、按 1∶1稀释的沼液(约 1.33×10^4 kg/hm^2)、3.0×10^3 kg/hm^2 统壮(含烟碱的有机肥)兑水，采用喷淋土壤表面的方法，对韭菜迟眼蕈蚊的发生有明显的抑制作用，且具有一定的持效期。

2.物理调控技术

虽然韭菜迟眼蕈蚊是为害韭菜最重要的害虫，而且长期以来习惯使用化学药剂来保证韭菜生产，但随着近几年科学研究的发展，也发展了一些新的物理调控技术，如色板诱集和覆膜技术等。

(1)色板诱杀技术　在成虫发生期，每 667 m^2 设置黄色黏虫板 20～30 张，在地上或低位竖置。当黄板表面粘满韭菜迟眼蕈蚊成虫时，及时更换新黄板。在设施栽培大棚中使用效果更好。

黑板诱集成虫。有研究表明，使用黑色黏虫板诱集韭菜迟眼蕈蚊成虫比黄色黏虫板效果更好。使用方法参照黄板。

(2)高温覆膜法　韭菜迟眼蕈蚊在其生活史中不耐高温，当土表(0～5 cm)温度达到 40 ℃，持续 4 h，所有虫态基本都会死亡。根据这个习性，高温覆膜技术已经开始在韭菜生产中广泛应用。在韭菜迟眼蕈蚊发生地区，选择晴朗天气割除韭菜，韭菜留茬不宜过长，通常 1～2 cm 即可，尽量平地面割除。然后，选用 0.10 mm 的浅蓝色无滴膜覆盖在韭菜留茬垄上，紧贴地面，四周用土压盖严实，1 d 后去土揭膜，并在揭膜后当晚浇水缓苗，但切不可中午浇水。高温覆膜法可使韭菜根际韭菜迟眼蕈蚊各虫态全部死亡。

3.有益生物及其生物制剂使用技术

有益生物用于调控韭菜迟眼蕈蚊的种类一直尚未发现，但一些有益生物制剂在调控韭菜迟眼蕈蚊种群中却发挥着重要作用。从苏云金芽孢杆菌分离的 9 个株系对韭菜迟眼蕈蚊有较高的活性，其发酵液处理韭菜迟眼蕈蚊幼虫 5 d 后，校正死亡率达到 80%。现阶段市场应用上推广 8 000 IU/mg 苏云金杆菌可湿性粉剂稀释 500 倍喷雾，药后间隔 7 d 重施 1 次效果较好。

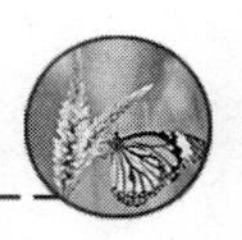

每 667 m^2 用 300 g 球孢白僵菌颗粒剂(150 亿个孢子/g)能有效抑制田间韭菜迟眼蕈蚊种群密度，并有良好的速效性与持效性。

小杆线虫和斯氏线虫一直是许多农作物害虫的重要生物调节剂。有研究表明，能有效调控韭菜迟眼蕈蚊种群数量的线虫品系有夜蛾斯氏线虫(*Steinernema frltiae*)PS4、印度小杆线虫(*Heterorhabditis indica*)LN2、芫菁夜蛾斯氏线虫(*S. feltide*)、嗜菌异小杆线虫(*H. bacteriophora*)、小卷蛾斯氏线虫(*S. carpocapsae*)All 和(*S. hebeiense*)JY-82。在适宜的田间条件下，这些昆虫病原线虫能有效控制韭菜迟眼蕈蚊种群数量，且持效期要优于传统化学药剂。

此外，还有一些生长调节剂也能较好地调控韭菜迟眼蕈蚊种群密度，如 70%灭蝇胺可湿性粉剂、5%卡死克乳油 800 倍液和 5%抑太保(氟啶脲)乳油 1 000 倍液等生长调节剂速效性较差，但持效性较好。

4. 化学药剂调控技术

在韭菜迟眼蕈蚊成虫和幼虫种群管理中，合成化学药剂的使用仍然是目前主要管理技术，因而，选择药品时，应该尽可能优先选择具有熏蒸、触杀作用且残留低，易分解的低毒化学药剂。

(1)成虫调控技术　根据成虫趋化性，在成虫发生期(3 或 4 月上旬至 10 月下旬)，每 hm^2 韭菜田放置含有糖醋酒液的诱集盆 60～90 个，带盖盆直径为 20 cm，内盛 1/3～1/2 的诱集液。其糖醋酒诱集液为糖＋醋＋白酒＋水＋90%敌百虫(比例为 3∶4∶1.5∶2∶0.5)混合而成。一般下午 3 时开盖，次日 10 时取回，7～10 d 更换 1 次，隔 1 d 加少许醋。既可监测韭菜迟眼蕈蚊发生，又可诱杀成虫。

设施大棚中控制成虫，可使用熏蒸性高效低毒药剂。优先选用 4.5%高效氯氰菊酯乳油 10～20 mL/667 m^2。在成虫羽化盛期(3 月下旬至 4 月上旬)，可用 40%辛硫磷乳油或 2.5%溴氰菊酯乳油 3 000 倍，于 9:00—11:00 喷雾，10 d 喷 1 次，连喷 2～4 次。

(2)韭菜迟眼蕈蚊幼虫调控技术

毒土法　在幼虫发生期，根部施用的药剂有 2%吡虫啉颗粒剂 1 000～1 500 g/667 m^2 毒土撒施；10%吡虫啉可湿性粉剂 200～300 g/667 m^2，70%噻虫嗪种子处理可分散粉剂 630 g/hm^2 或 50 g/L 氟啶脲乳油 200～300 g/667 m^2 毒土撒施。韭菜收割后第 2～3 d，将药剂加适量细土混匀，一般每 667 m^2 用细土 30～40 kg，顺垄撒施于韭菜根部，然后浇水。

灌根　当发现韭菜叶尖发黄，植株零星倒伏时，将药液顺垄喷入韭菜根部，水量以土壤墒情而定，大多 100 kg/667 m^2 药液或韭菜收割后第 2～3 d，顺垄沿根部淋浇，300 kg/667 m^2 药液。药剂可选择 70%辛硫磷乳油 350～550 mL/667 m^2，或每 667 m^2 用 50%辛硫磷乳油 300～500 g，严重地块在第 1 次施药后，间隔 10～15 d 再施 1 次。还可选用 1.0%联苯·噻虫胺颗粒剂、48%毒·辛乳油和20%噻虫胺悬浮剂用于韭菜迟眼蕈蚊种群控制均能收到较好的效果。此外，选用 20%呋虫胺水分散粒剂、25%噻虫嗪水分散粒剂和 5%氟铃脲乳油，用量分别为 1.125、0.9 和 0.9 kg/hm^2 有效成分，采用二次灌根法施药对抑制韭菜迟眼蕈蚊为害有良好的效果。

喷雾法　在韭菜收割后 2～3 d，在接近韭菜根部土表喷药，药液用量 90 kg/667 m^2，然后浇水。

值得注意：施用化学药剂时，一定要牢记安全间隔期，韭菜一般为 10～17 d，即最后一次施药后按照不同药剂的安全间隔期收割韭菜。

第二十一章

大豆害虫及其管理技术

世界各国学者公认大豆起源于中国。《美国大百科全书》中指出:“中国古文献认为,在有文献记载以前,大豆便因营养值高而被广泛地栽培。同时,在公元前2000年,大豆便被看作最重要的豆科植物。”《苏联大百科全书》“大豆”条目中写道:“栽培大豆起源于中国,中国在5 000年前就开始栽培,并由中国向南部及东南亚各国传播,以后于18世纪到欧洲。”大豆在我国的种植时间可追溯到商代(公元前1600年至公元前1046年)甲骨文记载,并传播到世界各国。

我国栽培大豆以生育期分类为主。通常将北纬22°～50°地区内有代表性的品种,按其生育期长短,以10 d为一级,从最早熟到最晚熟分为12级。我国大豆种植分区为北方春大豆区、黄淮海流域夏大豆区、长江流域夏大豆区、秋大豆区等,不过,我国大豆主产区仍然是东北地区。在我国大豆生产中,常发性害虫有大豆食心虫、豆荚螟、大豆蚜、豆天蛾、豆芫菁等,特别是为害豆荚的大豆食心虫和豆荚螟,严重影响了我国大豆产量和品质。

第一节　大豆生育期及主要害虫种类

一、大豆生育期划分标准

大豆种植者或实施大豆有害生物综合管理(IPM)时所做的许多决策都取决于大豆类型和生长阶段。基于IPM的目的,生长阶段是最重要的标准,因为害虫为害与作物损失之间的关系依赖害虫发生和大豆生长期。首选指数就是根据植物是否处于营养生长期或生殖生长期而确定的。表21-1就是一个目前使用的大豆生长发育阶段划分系统,V和R分别代表了营养生长期(vegetative stages)和生殖生长期(reproductive stages)。

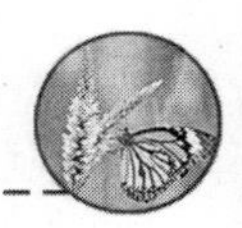

表 21-1 大豆生长发育阶段划分标准(引自 R. B. Hammand)

营养生长期	生殖生长期
VE 出苗	R1 初花期
VC 子叶+展开单叶	R2 盛花期
V1 第 1 个节点三叶	R3 始结荚期
V2 第 2 个节点三叶	R4 盛荚期
V3 第 3 个节点三叶	R5 籽粒形成初期
V4 第 4 个节点三叶	R6 籽粒形成盛期
V5 第 5 个节点三叶	R7 开始成熟
V*n* 第 *n* 个节点三叶	R8 完熟期

注:表中 V 代表营养生长阶段,R 代表生殖生长阶段。

二、大豆生长期与主要害虫种类

在大豆生长发育各个阶段都会有害虫为害,但不同生长阶段发生的害虫种类有明显的差异。在播种以后(VE),主要是种蝇类害虫,它们取食大豆种子使种子不能发芽,最终出现缺苗现象。出苗后到第 1 节期(VC+V1),主要是取食豆苗的害虫,如地老虎类,它们会咬断整株苗,也会出现缺苗现象。同时由于随着苗的生长,根部也开始生长,这时也会出现地下害虫,如蛴螬、金针虫和蝼蛄等。

第 2 节长出以后(V2~R6),随着茎秆的增粗和叶片的繁茂,营养生长逐渐旺盛,害虫种类也会迅速增加,这时取食茎秆的钻蛀性害虫包括豆秆蝇、豆秆黑潜蝇和玉米螟等,刺吸式口器的大豆蚜也会在茎秆吸食。取食叶片的大豆蚜(*Aphis glycines* Matsumura)、豆天蛾(*Clanis bilineata* Walker)、豆芫菁(*Epicauta gorhami* Marseull)、草地螟、斜纹夜蛾、甜菜夜蛾、红蜘蛛等都会相继发生和为害。此时的地下害虫如蛴螬、金针虫和蝼蛄等会一直伴随着大豆的生长发育期。

大豆结荚期是其整个生产的重要生育期,也是大豆产量形成的关键时期。同时,影响大豆产量和品质的重要害虫,如食心虫[*Leguminivora glycinivorella* (Mats.)]和豆荚螟[*Ebiella zinckenella*(Treitschke)]往往在这个时期为害豆荚,同时,之前为害叶片的害虫同样也为害结荚期的叶片和茎秆,所以不可忽视。

第二节 大豆食心虫

大豆食心虫[*Leguminivora glyxinivorella* (Mats.)]属于鳞翅目,小卷蛾科昆虫,俗称大豆蛀荚虫、小红虫,是我国大豆主产区主要害虫之一,在日本、韩国和俄罗斯等国均有不同程度的发生。幼虫蛀入豆荚,咬食豆粒,使大豆品质低劣,等级下降,产量损失严重。虫食率因地区、年度、大豆品种不同差别很大,常年虫食率在 10%~20%,严重时可达 30%~40%。近年来,由于大豆种植面积不断扩大,重迎茬面积增多,大豆食心虫的为害逐年加重。

一、分布与为害

大豆食心虫是我国大豆主要蛀荚害虫，国内主要分布于长江以北各大豆产区，广西、贵州、甘肃等地也有发生，以黑龙江、吉林、辽宁、河北、山东、安徽等地为害较重。大豆食心虫食性单一，主要为害大豆及野生大豆。以幼虫蛀食豆荚，一般从豆荚合缝处蛀入，蛀入前均作一白丝网罩住幼虫，随后，幼虫钻入豆荚，咬食豆粒形成兔嘴、破瓣状，便于幼虫排便。

二、形态识别（图 21-1）

（1）成虫　体长 5.0～6.0 mm，翅展 12.0～14.0mm，黄褐至暗褐色。前翅似长方形，前缘向外斜有 10 条左右黑紫色短纹，外缘内侧中央银灰色椭圆形斑，内有 3 个纵列紫斑点。后翅呈现浅灰色。雄虫前翅色泽较浅，有 1 根翅缰，腹部末端较钝。雌虫颜色较深，翅缰 3 根，腹末呈纺锤形。

（2）卵　扁椭圆形，长 0.5 mm 左右，初产呈现乳白色，孵化前呈橘黄色。

（3）幼虫　体长 8.0～10.0 mm，初孵幼虫乳黄色，入荚后蜕皮，变为乳白色，老熟幼虫橙红色。脱荚入土时，身体变为杏黄色。

（4）土茧　大豆食心虫幼虫吐丝做成土茧，呈椭圆形，长度达到 7.5～9.0 mm，宽度 3.0～4.0 mm。其茧外附着泥土，现出自然土色。

（5）蛹　纺锤体形，长约 6.0 mm，以红褐色或黄褐色为主。第 1 节背面无刺，第 2 节至第 7 节背面各节均有列刺，第 8 节至第 10 节拥有一列大刺，腹末有 8～10 根锯齿状尾刺，羽化前为黑褐色。

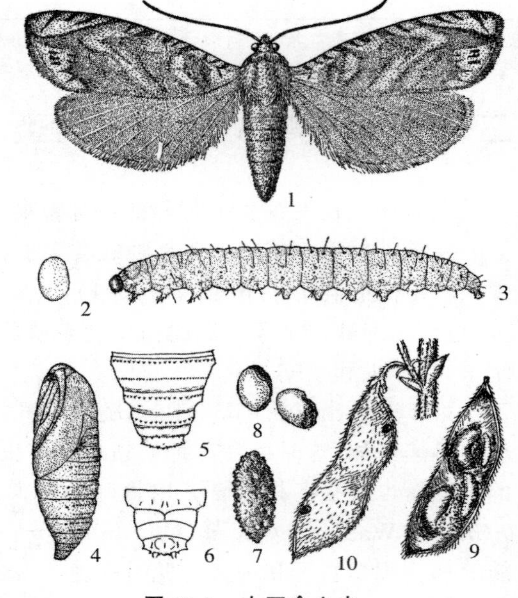

图 21-1　大豆食心虫

1. 成虫；2. 卵；3. 幼虫；4. 蛹；5. 蛹腹部末端背面观；6. 雄蛹腹面末端腹面观；7. 土茧；8. 被害大豆；9. 幼虫在豆荚内为害状；10. 幼虫蜕出孔（仿浙江农业大学）

三、发生规律和生物学习性

1. 生活周期与发生世代

大豆食心虫是鳞翅目昆虫，属于完全变态类，在其个体发育过程中要经历卵、幼虫、蛹和成虫 4 个虫态，以幼虫期钻蛀豆荚并为害豆粒。该虫一年仅发生 1 代。以老熟幼虫在豆田、仓库、晒场及附近土内做茧越冬。来年春季开始化蛹，并随着大豆生长发育期羽化为成虫，实际上，成虫发生期北方要早于南方。黑龙江地区最早在 8 月中旬，在吉林，从 7 月下旬到 8 月上旬，成虫发生出现多峰现象。山东在 8 月中下旬，湖北在 9 月上中旬。

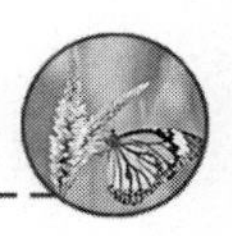

2. 生物学习性

(1)成虫习性　成虫出土后由越冬场所逐渐飞往大豆田，成虫飞翔力不强。受惊时才作短促飞翔。成虫有趋光性，黑光灯下可大量诱到成虫。性比方面，早期出现的成虫以雄虫为多，后期则多为雌虫，盛发期雌雄比大致为 1∶1。成虫产卵时间多在黄昏。绝大多数卵产在豆荚上。成虫产卵对豆荚有一定选择，通常在 3～5 cm 幼嫩绿长、茸毛较多豆荚上产卵最多，2 cm 以下的产卵很少，叶柄、侧枝及老黄荚上更少。一般为 1 个豆荚对应 1 粒卵，也有单荚上产卵 1～3 粒不等的现象。雌虫 1 天产卵量可达 200 多粒，但平均产卵 100 粒左右。

(2)幼虫习性　初孵幼虫行动敏捷，一般在荚面上快速爬行，寻找合适钻蛀点，爬行时间一般不超过 8 h，但个别可达 24 h。幼虫钻蛀豆荚时，找到合适钻蛀点后，吐丝结薄网，随后从合缝处钻入豆荚中，荚上蛀孔不甚明显。钻入荚内幼虫每头可咬食约 2 个豆粒。幼虫在豆荚中经过 4 个龄期，20～30 d 发育为老熟幼虫，身体呈红色，整体表现红褐色，体长达到 5.0～6.0 mm。随着豆荚的成熟，老熟幼虫脱荚。脱荚时，幼虫在荚的边缘处咬一个圆形小孔钻出豆荚。钻出豆荚的幼虫落入土表后，从土缝处潜入 3.0～6.0 cm 土层作茧越冬，此时幼虫体色杏黄色，茧为椭圆形。

四、影响发生因素

1. 温湿度

大豆食心虫喜中温高湿，成虫及其产卵适温为 20～25 ℃，相对湿度为 90%。高温干燥和低温多雨均不利于成虫产卵。幼虫抗低温能力很强，通常越冬自然死亡率不超过 10%。

2. 土壤状况

老熟幼虫在土中做茧越冬，土壤质地对其影响较大，一般沙质土壤幼虫会入土较深(4.0～9.0 cm)，有利于安全越冬，而黏性土质，幼虫入土较浅(1.0～3.0 cm)，不利于幼虫安全越冬。土壤相对湿度为 10%～30%时，有利于化蛹和羽化，低于 10%时有不良影响，低于 5%则不能羽化。

3. 寄主及栽培条件

多毛品种有利于成虫产卵，结荚时间长的品种受害重，荚皮木质化隔离层厚的品种不利于幼虫钻蛀。同时，大豆连作田受害重。

在大豆的整个生育期内，只有很短的一段时期大豆食心虫幼虫能够入侵豆荚为害大豆，即大豆结荚盛期至初始成粒期是大豆食心虫易侵入豆荚的时期。豆荚太小或鼓粒太满，幼虫都不易入侵。从生长期来看，当大豆生长到 R4～R6 阶段与大豆食心虫蛾盛期和产卵盛期相吻合时，豆荚才受害最重。因此，早熟大豆和晚熟大豆因能避开大豆食心虫的为害时期而受害较轻。

4. 有益生物因素

寄生大豆食心虫幼虫的天敌主要有食心虫白茧蜂、中国齿腿姬蜂和红铃虫甲腹茧蜂，保护这些幼虫寄生蜂可减少田间幼虫种群数量；卵寄生蜂主要有赤眼蜂类，如螟黄赤眼蜂(*Trichogramma chilonis* Ishii)、广赤眼蜂(*T. evanescens* Weshwood)、玉米螟赤眼蜂(*T. ostriniae*

Peng et Chen),其中,螟黄赤眼蜂可人工繁育,对害虫发生抑制作用较大。此外,天敌还有胡蜂、小茧蜂、白僵菌等。

五、综合管理技术

1.农艺管理技术

合理轮作,尽量避免连作。在大豆食心虫发生区域,可以采用大豆与非大豆作物轮换种植,以减轻该虫的为害。豆田翻耕,尤其在我国东北大豆主产区,利用冬季低温,在秋季翻耕,可增加越冬死亡率,减少越冬虫源基数。

选种抗虫品种。品种与大豆食心虫为害关系密切,要选种光荚和木质化程度高的品种。抗虫品种('东农8004''黑农40')果皮略厚,表皮角质层明显,皮下厚壁细胞排列紧密,壁加厚明显,细胞较小('东农8004'厚壁细胞1～3层)。大豆品种抗虫性分级标准是用大豆品种虫食率和虫荚率两个评价指标将品种抗虫性分为4级:高抗(HR),虫食率或虫荚率<5%;抗虫(R),虫食率或虫荚率5%～10%;感虫(S),虫食率或虫荚率10%～15%;高感(HS)虫食率或虫荚率>15%。

2.成虫诱杀技术

大豆食心虫成虫具有趋光性,在成虫发生期,结合其他作物趋光性害虫,采用黑光灯诱集成虫,减少田间成虫密度和产卵量,可减低幼虫对大豆的为害。鳞翅目昆虫的性诱剂在现代农业生产中得到了广泛的应用。在大豆食心虫成虫发生期,可设置大豆食心虫性诱剂,大量诱集雄虫,增加田间无效卵量,可降低大豆虫食率30%～40%。

3.有益生物保育与利用技术

在田间自然条件下,大豆食心虫幼虫和卵寄生蜂,如茧蜂、姬蜂和赤眼蜂类是重要的自然控制因素,应该加强田间管理,保护并培育这些大豆食心虫天敌种群。另外,在大豆食心虫卵高峰期,人工释放赤眼蜂对大豆食心虫的寄生率较高。每公顷释放30万～45万头,分3次释放,可降低虫食率43%左右。

撒施菌制剂。将白僵菌撒入田间或垄台上,增加对老熟幼虫脱荚落土后的寄生率,减少幼虫化蛹率,可大大降低其越冬基数,减轻来年的为害。

4.化学药剂调控技术

根据大豆生长后期行间荫蔽和大豆食心虫成虫白天喜欢栖息行间的特点,通常采用大豆行间熏蒸技术控制成虫。如敌敌畏熏蒸,在成虫盛发期每667 m^2 用80%敌敌畏乳油100～150 mL,将高粱秆或玉米秆切成20 cm长,吸足药液制成药棒,每667 m^2 均匀放置40～50根秸秆熏蒸成虫,注意敌敌畏对高粱有药害。

(1)药剂喷粉　用20%倍硫磷粉剂,或用2%杀螟松粉剂,每667 m^2 用1～2 kg喷雾。注意喷粉时间应选择露水干之前,喷粉部位着重大豆行间。

(2)药剂喷雾　在卵孵化盛期,选择10%氯氰菊酯乳油,35～45 mL/667 m^2,或5.7%百树得乳油,26～44 mL/667 m^2,兑水喷雾,控制幼虫为害。注意喷雾部位应该集中在结荚枝,阻止幼虫钻蛀豆荚。

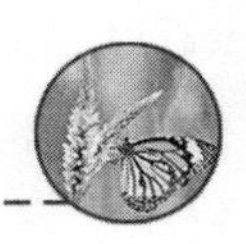

第三节　豆荚螟

豆荚螟(*Etiella zinckenella* Treitschke)又名豆蛀虫、豆荚蛀虫、红虫、红瓣虫等,属鳞翅目,螟蛾科,为世界性分布的豆类害虫,我国各地均有该虫分布,以华东、华中、华南等地区受害最重。豆荚螟为寡食性,寄主为豆科植物,是南方豆类的主要害虫,但北方大豆产区偶有发生。主要以幼虫在豆荚内蛀食豆粒,严重影响大豆的产量和品质。同时,豆荚螟也是一些豆科蔬菜的重要害虫。

一、形态与为害状识别(图 21-2)

(1)成虫　体长 10～12 mm,体灰褐色或暗黄褐色。前翅狭长,沿前缘有一条白色纵带,近翅基 1/3 处有一条金黄色宽横带。后翅黄白色,沿外缘褐色。

(2)卵　椭圆形,长约 0.5 mm,表面密布不明显的网纹,初产时乳白色,渐变红色,孵化前呈浅菊黄色。

(3)幼虫　共 5 龄,老熟幼虫体长 14～18 mm,初孵幼虫为淡黄色。以后为灰绿直至紫红色。4～5 龄幼虫前胸背板近前缘中央有"人"字形黑斑,两侧各有 1 个黑斑,后缘中央有 2 个小黑斑。

(4)蛹　体长 9～10 mm,黄褐色,臀刺 6 根,蛹外包有白色丝质的椭圆形茧。

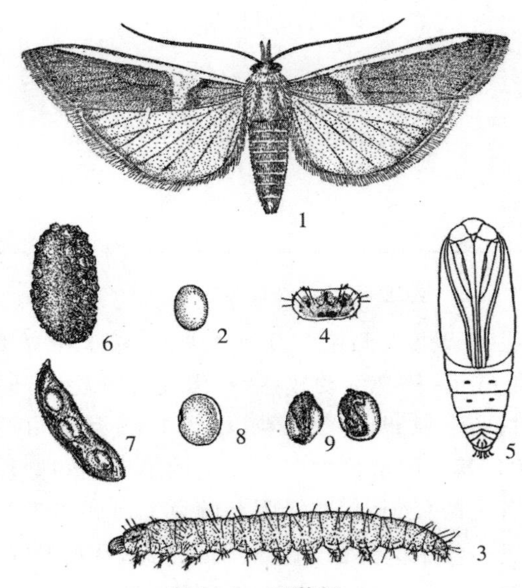

图 21-2　豆荚螟

1.成虫;2.卵;3.幼虫;4.幼虫前胸背板;5.雌蛹;6.土茧;7.幼虫为害状;8.健豆;9.被害豆粒(仿浙江农业大学)

豆荚螟的寄主比较多,不但为害大豆,还为害豆角、豇豆、菜豆、扁豆、蚕豆、豌豆等其他豆科作物和蔬菜。为害大豆时,豆荚螟幼虫从荚中部蛀入,在豆荚内蛀食豆粒,被害籽粒重则蛀空,仅剩种子柄;轻则蛀成缺刻;被害籽粒还充满虫粪,变褐霉烂。

二、发生规律和生活习性

1.生活周期与发生世代

豆荚螟为鳞翅目螟蛾科害虫,生活史阶段属于完全变态类昆虫,个体发育史要经历成虫、卵、幼虫和蛹 4 个虫态,幼虫阶段往往严重为害许多豆科作物。

豆荚螟一年可发生 2～8 代。一般由南往北,发生代数逐渐减少,山东、陕西和辽宁发生 2～3 代,长江中下游地区常发生 4～5 代,而广东和广西等华南地区常发生 7～8 代。以 4～5

代区为例，各代豆荚螟发生时间、大豆生育期及害虫为害信息见表 21-2。各地主要以老熟幼虫在寄主植物附近土表下 5～6 cm 深处结茧越冬，也可在晒场周围表土下结茧越冬。有少数地区以蛹越冬。

越冬代成虫在豌豆、绿豆或冬季豆科绿肥上产卵发育为害；第 2 代幼虫为害春播大豆或绿豆等其他豆科植物；第 3 代为害晚播春大豆、早播夏大豆及夏播豆科绿肥；第 4 代为害夏播大豆和早播秋大豆；第 5 代为害晚播夏大豆和秋大豆（表 21-2）。

表 21-2　豆荚螟各代成虫和幼虫发生时间及为害大豆生育期

代别	幼虫发生时间	成虫出现时间	为害大豆生育期	害虫行为
1	5 月上旬至 6 月上旬	6 月下旬至 7 月上旬	春播大豆已开花结荚	成虫大量产卵
2	6 月下旬至 8 月上旬	6 月下旬至 8 月上旬	春播大豆结荚期	为害春播大豆，7 月中旬至下旬最重
3	7 月中旬至 8 月中旬	7 月中旬至 8 月上旬	夏播大豆正值开花结荚	为害春播豆类，尤以 8 月上旬为害最重。夏播大豆产卵
4	8 月中旬	9 月上旬	夏播大豆结荚期	为害夏播豆类作物
5	10 月上旬	—	夏播大豆逐渐成熟	11 月老熟幼虫入土越冬

2. 生活习性

成虫白天和雨天静息少动，喜欢在豆类田附近的杂草上栖息。成虫受惊扰后可飞出 3～4 m 远，傍晚活动较盛，对黑光灯有趋性，同时也有趋绿性。成虫羽化后隔天产卵。一荚一般只产 1 粒卵，少数 2 粒以上。一头雌蛾可产卵 110 粒左右。成虫多在植株的上、中部豆荚上产卵，其产卵部位大多在荚上的细毛间和萼片下面，少数可产在叶柄等处。在大豆上尤其喜产在有毛的豆荚上；在绿肥和豌豆上产卵时多产花苞和残留的雄蕊内部而不产在荚面。

幼虫共 5 龄。初孵幼虫先在荚面爬行 1～3 h 后，再在荚面吐丝结一白色薄茧（丝囊）躲藏其中，经 6～8 h，咬穿荚面蛀入荚内。幼虫进入荚内后，即蛀入豆粒内为害，3 龄后才转移到豆粒间取食，4～5 龄后食量增加，每天可取食 1/3～1/2 粒豆，1 头幼虫平均可吃豆 3～5 粒。可以转荚为害，每一幼虫可转荚为害 1～3 次。豆荚螟为害先在植株上部，渐至下部，一般以上部幼虫分布最多。除为害豆荚外，幼虫还能蛀入豆茎内为害。

三、发生影响因素

1. 温度和湿度

喜干燥性，在适温条件下，湿度对其发生的轻重有很大影响。雨量多、湿度大则虫口密度少，雨量少湿度低则虫口密度大。早春不冷，盛夏不热，晚秋不凉的特殊气候，十分有利于大豆豆荚螟的生长繁殖和越冬，越冬幼虫死亡率低。此外，地势高的豆田，土壤湿度低的地块比地势低、湿度大的地块为害重。

2.寄主及栽培条件

同一品种不同播期，被害率有差异。早播的品种，结荚早，为害重，而晚播的品种反而为害轻。结荚期长的品种较结荚期短的品种受害重，荚毛多的品种较毛少的品种受害重，豆科植物连作田受害重。因为豆荚螟的寄主为豆科作物，除了大豆外，在日常蔬菜生产中，大量种植其他豆科作物，如豇豆、扁豆、豌豆、绿豆等，这些豆科作物生育不同，或者同一作物早、中、晚熟品种混种，都为豆荚螟提供了丰富的食物，常常会导致豆荚螟发生量大，为害严重。

3.有益生物

有益生物包括：豆荚螟甲腹茧蜂、小茧蜂、豆荚螟白点姬蜂、赤眼蜂和鸟类等，以及一些寄生性微生物，都在控制大豆害虫中发挥了重要作用。

四、综合管理技术

1.农艺管理技术

(1)合理轮作　在豆荚螟为害严重地区，要合理规划茬口布局，应避免豆类作物多茬口混种，及与豆科绿肥连作或邻作。有条件的地方，最好采用大豆与水稻轮作或与玉米间作，以减轻豆荚螟的为害。

(2)灌溉灭虫　在水源方便的地区，可在秋、冬灌水数次，提高越冬幼虫的死亡率，在夏大豆开花结荚期，灌水1～2次，可增加入土幼虫的死亡率，增加大豆产量。

(3)选种抗虫品种　种植大豆时，选早熟丰产、结荚期短、豆荚少毛或无毛品种，可减少豆荚螟的产卵。豆科绿肥在结荚前翻耕沤肥，种子绿肥及时收割，尽早运出本田，可减少田间越冬幼虫基数。

2.诱杀成虫

在大豆、豇豆、扁豆等豆科作物大面积种植或蔬菜生产基地，在5—10月间，设置黑光灯、频振式杀虫灯等诱虫灯，诱杀成虫，同时，也可以兼诱其他趋光性的害虫，降低农作物损失。

豆荚螟雄虫的性诱剂已经得到了广泛的应用，在生产实际中，选择质量过硬的性诱剂，每亩设置3个，可有效地降低田间损失率。

3.保护和利用有益生物

在豆荚螟成虫产卵始盛期释放赤眼蜂，对豆荚螟的控制效果可达80%以上；老熟幼虫入土前，田间湿度高时，施用白僵菌粉剂，可减少化蛹幼虫的数量，降低下代发生的虫源基数。

4.化学药剂调控技术

(1)地面施药　老熟幼虫脱荚期，毒杀入土幼虫。以粉剂为佳。90%晶体敌百虫700～10 00倍液，或50%杀螟松乳油1 000倍液，或2.5%溴氰菊酯4 000倍液。粉剂有：2%杀螟松粉剂1.5～2 kg/667 m^2 喷粉。

(2)晒场处理　在大豆堆垛地及周围1～2 m范围内，撒施上述药剂、低浓度粉剂或含药毒土，可使脱荚幼虫死亡90%以上。

第四节　大豆蚜

在大豆生育期间，大豆蚜的为害常造成大豆秕荚率增高、百粒重和单株粒重下降，导致大豆减产。大发生年份，可造成严重的经济损失。1998 年黑龙江省绥化地区大豆蚜大发生，全区大豆平均减产 30%。2001 年美国明尼苏达州部分田块由于大豆蚜造成了高达 50%以上的产量损失。2004 年黑龙江省大豆蚜再次大发生，发生面积 139.30 万 hm^2，占全省大豆种植总面积的 40%左右，给大豆生产造成了严重损失。

一、分布与为害

大豆蚜(*Aphis glycines* Matsumura)属于半翅目，蚜虫科昆虫。在我国主要大豆产区都有分布，以东北三省和冀、鲁、豫等省的部分地区为害较重，栽培作物中仅为害大豆，也能为害野生大豆和鼠李。以成虫和若虫集中在豆株的顶叶、嫩叶和嫩茎上刺吸汁液，严重时布满茎叶，也能侵害嫩荚。受害后叶片卷缩，生长停滞，植株矮小，结果枝和结荚减少，豆粒千粒重降低，苗期发生严重时，可使整株死亡。

大豆蚜分泌的蜜露常布满叶面，导致霉菌的滋生而引发霉污病。大豆蚜更是大豆花叶病毒(SMV)田间传播的重要媒介，在病株上取食 1 min 后，其传毒率可高达 34.72%。此外，大豆蚜还可传播苜蓿花叶病毒(AMV)、马铃薯 Y 病毒(PVY)和烟草环斑病毒(TRSV)。

二、形态特征

(1)有翅孤雌胎生蚜　体呈卵圆形，黄色或黄绿色。体长 0.96～1.52 mm。体侧有显著的乳状突起，额瘤不显著，复眼暗红色。喙较长，超过中足基节。触角 6 节，约与体等长，灰黑色，第 3 节上有 6～7 个次生感觉孔，排成 1 列，每个感觉孔的距离不等。第 5 节的末端及第 6 节各生有 1 个原生感觉孔，第 6 节的鞭状部约为基节的 4 倍。腹管圆筒形，黑色，基部比端部粗两倍，上具瓦片状轮纹。尾片黑色，圆锥形，中部略缢，生有 2～4 对长毛。

(2)无翅孤雌胎生蚜　体长椭圆形，黄色或黄绿色。体长 0.95～1.29 mm。体侧的乳状突起、额瘤、复眼和喙的特征均与有翅型相同。触角较身体为短，无次生感觉孔，第 5 节末端及第 6 节基部和鞭状部相接处各有 1 个原生感觉孔，第 6 节鞭状部约为基部的 2～3 倍。腹管黑色，圆筒形，基部稍宽，有瓦片纹。尾部圆锥形，中部缢缩，有 3～4 对长毛。

(3)若虫　共 4 龄。1 龄若蚜，触角 4 节，腹管长 0.05 mm。2 龄若蚜，触角 4～5 节，腹管长 0.15 mm，尾片舌形。3 龄若蚜，触角 5～6 节，腹管长 0.21 mm，尾片舌形。4 龄若蚜，触角 6 节，腹管 0.26 mm，生殖前期尾片为舌形，生殖期尾片为长圆锥形。

三、发生规律

大豆蚜的生活史属于雌雄异体的异寄主全生命周期类型。在豆田以孤雌生殖方式繁殖

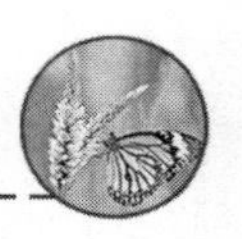

10余代。在山东省济南地区可繁殖18～22代，以卵在鼠李的芽腋或枝条缝隙里越冬，枝茎下部居多。越冬卵孵化的无翅雌蚜，取食鼠李的萌芽，并且繁殖1～2代。在东北，大豆蚜常常要经过4次迁飞，即鼠李开花前后，第1次向豆田迁飞。大约在6月下旬开始豆田第2次迁飞，7月中旬是豆田第3次迁飞，而第4次迁飞则在9月份，由豆田迁回越冬寄主，为越冬迁飞。

在大豆蚜4次迁飞中，通常第1次迁飞从鼠李迁飞到豆田的蚜量不多，呈点状发生；第2次迁飞则是在豆田扩散蔓延阶段，此时，有蚜株率上升较快，也是大豆田豆蚜管理的关键时期；第3次迁飞时，正值大豆开花期，田间单株蚜量急剧增加，如田间小气候条件适宜，往往出现严重为害。

四、影响因素

大豆蚜的发生受温度和降雨影响较大。6月下旬至7月上旬，旬均温在22～24 ℃，相对湿度在78%以下时，最适合大豆蚜发生为害。7月下旬进入盛夏，由于高温出现淡黄色小型大豆蚜，加之降雨增加，蚜量骤降。随着8月下旬至9月上旬气温下降，大豆蚜进入后期繁殖阶段。相对而言，春季温度合适，雨水充足，营养条件好，有利于大豆蚜繁殖。

寄主及栽培条件常常影响蚜虫分布与种群数量。越冬寄主鼠李的分布广、数量多，则大豆蚜初发期一般较早，为害期较长。天敌因素也是蚜虫种群重要的限制因素，主要天敌有瓢虫类、食蚜蝇、草蛉类、蚜茧蜂、瘿蚊、蜘蛛类等，对其有一定的控制作用。

五、田间管理技术

(1)处理越冬寄主　在初冬期割除鼠李地上部分，减少越冬卵量。在春季越冬蚜卵孵化后，尚未迁飞时，对越冬寄主鼠李统一防控，减少迁移的蚜量。

(2)化学药剂调控技术　大豆蚜发生时，采用化学药剂调控时，可用2.5%溴氰菊酯乳油1 000倍，36%啶虫脒水分散粒剂，用量225～300 mL/hm^2。70%吡虫啉(艾美乐)水分散粒剂，用量15 g/hm^2。2.5%溴氰菊酯乳油1 000倍。50%抗蚜威(辟蚜雾)可湿性粉剂或5%增效抗蚜威液剂1 000～1 500倍液。

第五节　豆天蛾

豆天蛾(*Clanis bilineata* Walker)，别名大豆天蛾，属于鳞翅目，天蛾科昆虫，其幼虫俗称豆虫、豆丹、豆蝉。豆天蛾是大豆生产上的暴发性害虫，幼虫暴食叶片，轻者将叶片吃成缺刻，重者可将豆株吃成光秆，使其不能结荚，严重影响大豆产量。20世纪60—90年代，豆天蛾在江苏省海门市，河南省新乡市，河北省曲周、香河、廊坊和馆陶等县，山西省晋城市暴发，造成大面积大豆严重损失，减产高达50%以上，个别地区甚至绝收。进入21世纪，豆天蛾又在山西省晋城市，河南省洛阳市的洛宁、新安等县豆田大发生，平均被害株率40%，最高达80%。豆天蛾具有周期性暴发的趋势，大发生时，对我国大豆生产构成严重威胁。

一、分布与为害

豆天蛾主要分布在我国黄淮流域、长江流域及华南地区，寄主植物有大豆、洋槐、刺槐、藤萝及葛属、黎豆属植物。以幼虫取食大豆叶，低龄幼虫吃成网孔和缺刻，高龄幼虫食量增大，严重时，可将豆株吃成光秆，使之不能结荚而严重影响大豆生产。

二、形态特征

(1)成虫　体梭形，黄褐色。体长 40～45 mm，翅展 100～120 mm，头及胸部暗褐色，腹部背面有棕黑色横纹。前翅狭长，前缘近中央有较大的半圆形褐绿色斑，内线及中线不明显，外线呈褐绿色波状纹，近外缘呈扇形，顶角有一暗褐色斜纹。后翅小，暗褐色，翅基外缘有一黄褐色带状纹。

(2)卵　球形，直径 2～3 mm，壳坚韧，有弹性，初为黄白色，慢慢变成褐色。

(3)幼虫　圆筒形，老熟幼虫体长 70～90 mm，全身黄绿色，有黄色小疣状突起。1 龄和 5 龄幼虫头呈圆形，2、3、4 龄虫头呈三角形或尖形。胸足黄色，幼虫第八腹节有尾角，尾角青色，长约 4 mm，从腹部第 1 节起，各腹节两侧有一条白色斜线，共有 7 对。

(4)蛹　体长 40～45 mm，纺锤形，红褐色。

三、发生规律与生活习性

1.发生世代与越冬

一般豆天蛾在黄淮流域一年发生 1 代，在长江流域和华南地区发生 2 代。山东、河南、江苏等 1 代区，越冬幼虫 6 月上中旬化蛹，6 月下旬成虫羽化，7 月中下旬为羽化盛期。在山东，幼虫盛期在 7 月下旬至 8 月下旬。在湖北 2 代区，第 1 代幼虫发生期为 5 月下旬至 7 月上旬，第 2 代则在 7 月下旬至 9 月上旬。9 月上旬老熟幼虫入土中，在 80～120 mm 深处作土室越冬。次年 6 月左右，老熟幼虫移至地表开始做虫室化蛹，蛹期 10～15 d，随后羽化为成虫。越冬场所多在豆田及其附近、土堆边、田埂等向阳地。在 2 代区，豆天蛾第 1 代幼虫以为害春播大豆为主，第 2 代幼虫为害夏播大豆。

2.成虫和幼虫习性

成虫昼伏夜出，白天躲藏在豆地附近及茂密的高秆作物中，不活泼，易于捕捉，有喜食花蜜的习性。飞翔能力强，迁移性大，可作远距离高飞。傍晚开始活动，对黑光灯有较强趋性。夜间在栖息的作物上交尾，平均交尾时间在 24 h，交尾后约 3 h 产卵。成虫寿命 7～10 d，雌蛾比例略低于雄蛾。雌虫大多将卵散产于豆株叶背面，少数产在叶正面和茎秆上。每叶上可产 1～2 粒卵。每头雌蛾可产卵 200～450 粒。7 月中下旬至 8 月上旬为成虫产卵期。

幼虫共 5 龄，初孵化幼虫有背光性，白天潜伏叶间，夜间取食，喜吐丝悬挂。7 月下旬至 8 月下旬为幼虫发生期。1～2 龄幼虫一般不转株为害，3～4 龄后，因食量增大则有转株为害习性。5 龄是暴食期，食量占一生的 90%左右。一般幼虫喜欢在早熟、茎秆柔软、蛋白质和脂肪

含量多的大豆品种上取食。

四、影响因素

1.温度和湿度

老熟幼虫次年地温达到24 ℃左右时化蛹。室内饲养证明,28 ℃时,幼虫生长发育最快,历期最短。化蛹和羽化期间,如雨水适中,分布均匀,有利于其化蛹羽化,发生就重。如雨水过多,则发生期推迟;天气干旱不利于其发生。6—7月份,尤其是7月份较多的降水和6—8月份较高的相对湿度,有利于平原季风气候旱作农业区豆天蛾的发生,而8—9月较多降水反倒不利其发生。

2.地势与土壤状况

地势低洼及土壤肥沃的淤地,植株茂盛,豆天蛾发生最多,大豆受害也重。

3.寄主及栽培条件

豆天蛾幼虫一般喜欢在早熟茎秆柔软、蛋白质和脂肪含量多的大豆品种上取食。因此,选用晚熟、秆硬皮厚、抗涝性强的品种,可以减轻豆天蛾的为害。大豆与玉米间作比大豆单作田豆天蛾发生下降53%。

4.天敌因素

赤眼蜂、寄生蝇、草蛉、瓢虫等,对豆天蛾的发生有一定控制作用。豆天蛾卵期自然寄生蜂有3种赤眼蜂,即松毛虫赤眼蜂[*Trichogramma dendrolimi* (Matsumura)]、拟澳洲赤眼蜂[*T. confusum*(Viggiani)]和舟蛾赤眼蜂[*T. closterae*(Pang et Chen)]。2种黑卵蜂,即豆天蛾黑卵蜂(*Telenomus* sp.)和落叶松毛虫黑卵蜂[*Telenomus tetratomus*(Thonson)]。在淮北地区,豆天蛾寄生性天敌中,松毛虫赤眼蜂和豆天蛾黑卵蜂为优势种天敌,种群数量大,对豆天蛾卵寄生率高。

五、田间管理技术

1.农艺管理技术

及时进行秋耕、冬灌,降低豆天蛾越冬基数;水旱轮作,尽量避免连作豆科植物。如果有条件,还可在复播大豆播种前深耕土壤,破坏羽化之前的蛹,可降低豆天蛾蛹基数。在种植大豆时,选种抗虫品种,如成熟晚、秆硬、皮厚、抗涝性强的品种,可以减轻豆天蛾的为害。大豆与玉米间作可减轻豆天蛾的为害。

2.物理调控技术

利用成虫较强的趋光性,结合农田其他趋光性害虫诱集,设置黑光灯诱杀成虫,可以减少豆田落卵量。

3.有益生物保育与利用

豆天蛾有丰富的卵寄生蜂,如赤眼蜂类和黑卵寄生蜂都是豆田豆天蛾卵的优势寄生蜂种类,应高度重视这些天敌的保护和培育,发挥自然控制作用,具有明显的生态效益。

此外，在幼虫发生期，可使用杀螟杆菌或青虫菌(每 g 含孢子量 80 亿～100 亿)，稀释 500～700 倍液，每 667 m^2 用菌液 50 kg，抑制幼虫种群的效果较好。苏云金杆菌 SD-5 菌剂对豆天蛾具有较强的毒力，不同龄期的幼虫对 SD-5 菌剂的敏感性不同，幼铃虫最为敏感，致死较快，卵期喷药，孵出的幼虫死亡率高。大田施药时间掌握在卵至 3 龄幼虫高峰期，能获得理想的效果，综合考虑成本和效益，施用浓度应选用 0.5 亿孢晶/mL。

4.化学药剂调控技术

豆天蛾种群的田间管理以控前压后为策略。重点控制第 1 代，选择控制第 2 代，压低越冬基数。豆天蛾成虫喜欢产卵于旱播、长势好的大豆上，因此，第 1 代要重点管理长势好的大豆田。使用药剂可参考其他鳞翅目害虫。

第二十二章

果树害虫及其管理技术

我国具有复杂的地理气候条件，并形成了多样化的果树种植区域，包括：①耐寒落叶果树带。位于我国东北部。主要果树为苹果、秋子梨、李、杏、山楂、榛子、越橘、山葡萄、树莓、醋栗、穗醋栗等。②干旱落叶果树带。位于我国北部，果树为杏、梨，其次为沙果、槟子、海棠，再次为葡萄。③温带落叶果树带。包括辽宁南部、西部、河北、山东、山西、甘肃，江苏和安徽部分，河南中、北部，陕西中、北部以及四川西北部。果树为苹果、梨、枣、柿、葡萄、杏、桃、板栗、山楂等；核桃、石榴、银杏、樱桃等也有较多栽培。④热带常绿果树带。我国台湾、海南及南海诸岛。主要栽培热带果树，以香蕉、菠萝为主的热带水果。⑤温带落叶、常绿果树混交带。其南界东起浙江钱塘江，西经江西上饶、南昌，湖南岳阳，沿长江西北行至湖北宜昌，再西经四川苍溪、茂县，而至汉源一线。主要树种有桃、梨、枣、柿、李、樱桃、板栗、石榴等。⑥亚热带常绿果树带。位于落叶、常绿混交带以南，大宗果树为柑橘、龙眼、荔枝、枇杷、橄榄和杨梅；热带果树如菠萝、香蕉。⑦云贵高原落叶、常绿果树混交带。包括贵州全部、云南绝大部分以及四川凉山州，栽培着热带果树，如香蕉、菠萝、杧果、椰子、番荔枝、番木瓜等果树以及柑橘、荔枝、龙眼、枇杷、石榴等。⑧青藏高原落叶果树带。位于中国西南边陲，栽培果树主要分布在青、藏的河谷地带，栽培着少量的苹果、桃、核桃、李、杏等。如此复杂的果树带和种类，形成了果树害虫区域化特点，以至于难以管理。果树常见的重要害虫包括食心虫类、叶螨类、蚜虫类、实蝇类、介壳虫类、天牛类等，许多害虫还是重要的国内外检疫性害虫，如橘大实蝇、苹果绵蚜、椰心叶甲等。这些害虫时刻威胁着我国各地果品的生产，安全而科学管理区域化果树害虫一直是一个巨大的挑战。

第一节　我国果树害虫种类及其管理特点

一、果树害虫演化趋势

在一个生态系统中，动植物种群总是在不断地发生变化，这种变化导致了系统中生物群落

的变动。现代农业技术和种植制度的改变,同样影响果园害虫的演替规律,和以前传统种植园相比,害虫发生具有如下特点:①果树单寡食性害虫减少,多食性害虫增加。多食性害虫食性复杂,对食物选择性低,适应性强,当果树更替时,它们能适应其他植物而保留了种群数量。此类害虫目前已成为果园的重要害虫。②咀嚼式口器害虫数量下降,刺吸式口器害虫上升。咀嚼式口器的害虫直接啃食叶片、嫩梢等,容易农药控制。由于果园经常施用化学农药,对此类害虫的控制效果较好,有效地控制了其为害,种群数量也难以恢复。刺吸式口器的害虫只吸取叶、梢汁液,药剂控制效果相对较差,内吸性农药品种不多。③个体大、虫体裸露的害虫数量下降,个体小、保护机制完善的害虫数量上升。个体大,体表裸露,或保护机制不完善,容易被发现,农药也很容易触及虫体,因此控制效果好。果园长期大量使用农药后,此类害虫种群大多被控制后数量较小。小虫,如蚜虫、蚧类、粉虱类、螨类等则因其个体小,生境隐蔽,体表有介壳或蜡质保护,还具有繁殖快、生活周期短、代数多、繁殖量大等特点,而暴发成灾。矢尖蚧、红蜘蛛、粉虱、蚜虫等是此类害虫的主要代表。④引入害虫或潜在害虫增加。一种害虫从原发地侵入新地区后,要么被新地区的原有昆虫所控制而不能扩散,甚至灭绝;要么在新的环境中迅速繁殖扩散成为新的害虫种群。如中国喀梨木虱、白星花金龟的传入等。潜伏性果树害虫并不成灾,也不被重视,对其生活史、生物学、生态学和管理技术均缺乏研究。一旦环境改变,如品种改变,不合理的植保措施等,破坏了果园生态系统,这些害虫会迅速增加种群数量并成灾。

二、果树害虫的分类

果树害虫的种类很多,可以按照果区、果树种类、害虫种类等来分类描述。这里,按这些害虫为害果树部位划分成 4 类,即果实害虫、叶部(包括花器)害虫、枝干害虫和苗圃害虫。

1.果实害虫

大多数果树的果实通常为具有商品价值的农产品,为害果实的害虫粗略划分为食心虫类,如苹果蠹蛾、梨小食心虫、桃小食心虫、桃蠹螟、核桃举肢蛾等。蛀果象甲类,如梨果象甲、桃虎象甲。吸果蛾类,如柑橘产区常发生的 10 多种吸果夜蛾,如鸟嘴壶夜蛾,为害苹果的有枯叶夜蛾、鸟嘴壶夜蛾等。蝽类,如梨蝽、茶翅蝽。实蜂类,如梨实蜂、李实蜂,皆属叶蜂科。胡蜂类,我国包括桃胡蜂等大概有 16 种。蚜虫类,如梨黄粉蚜等。

2.叶部害虫

为害果树叶部的害虫按照取食方式,主要有刺吸式和咀嚼式口器的昆虫。①刺吸式口器昆虫。主要包括蚜虫类,如苹果蚜、苹果瘤蚜、梨二叉蚜、橘二叉蚜。螨类,如李始叶螨、苹果红蜘蛛、山楂红蜘蛛、果苔螨等。蝽类如前所述外,还有梨冠网蝽。木虱类,如柑橘木虱、梨木虱。②咀嚼式类。主要包括卷叶蛾类,如苹果小卷蛾、苹果褐卷蛾、黄斑卷叶蛾、顶梢卷叶蛾。毛虫类,如天幕毛虫、梨星毛虫、苹果巢蛾等。刺蛾类,如黄刺蛾、青刺蛾、黑点刺蛾、茧棕边青刺蛾。潜叶蛾类,如金纹细蛾、桃潜叶蛾、银纹潜叶蛾、旋纹潜叶蛾、柑橘潜叶蛾。金龟子类,包括铜绿丽金龟、四斑丽金龟、苹毛金龟子、小青花金龟,以及尺蛾类,如枣尺蠖、春尺蠖。

3.枝干害虫

枝干害虫,最熟悉的是天牛类。其实,为害果树枝干的害虫包括了表面吸食汁液、表层蛀食和深层蛀食等害虫。枝干害虫主要包括蚧壳虫类,如梨圆蚧、杏球坚蚧、矢尖蚧、吹绵蚧。叶

蝉类有大青叶蝉、蚱蝉、葡萄二斑叶蝉、小绿叶蝉。天牛类，如桑天牛、柑橘星天牛、桃红颈天牛。吉丁虫类，如苹果小吉丁虫、六星吉丁虫、金缘吉丁虫、柑橘爆皮虫。小蠹类，如棘茎小蠹、皱小蠹。木蠹蛾类，如芳香木蠹蛾、豹纹木蠹蛾、荔枝拟木蠹蛾。透翅蛾类有苹果透翅蛾、葡萄透翅蛾。梨茎蜂，如香梨茎蜂。以及梨潜皮蛾。除了刺吸式口器害虫外，其他害虫主要以幼虫在苹果、梨等果树枝干及果树皮下蛀食。

三、主要果树种类及重要害虫

主要果树种类及重要害虫见图 22-1。

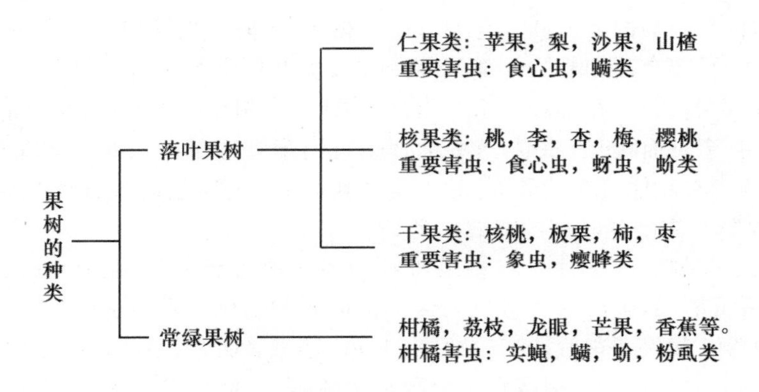

图 22-1　主要果树种类及重要害虫

四、果树害虫管理特点

果树害虫管理技术同大田作物一样，但由于果树是多年生乔木，又集中栽植在果园，树体高大，害虫种类组成较稳定，因而，管理技术也有别于大田农作物。

1.提早考虑病虫害问题

建园前，应该考虑果树生长期较长，换茬不易，多数果树害虫又是多食性，不仅为害果树，还为害大田作物、林木和花卉等。果园周围的防护林选择不当，果园常易受某些食叶害虫为害，如苹果园周围种植槐树，刺槐尺蠖会成为苹果害虫。因此，果园周围最好选择种植一些能为有益生物提供庇护所和食料的树种，尽可能不种有相同害虫的树种。

混种或邻近不同果园，更应该慎重考虑果树种类，如桃梨混栽，梨小食心虫为害严重。果树之间的行距应该考虑管理害虫时，适合机械作业，如喷雾车，尤其采取矮化密植，喷药的方式由过去的“垂直推进式”朝“水平推进式”发展。喷雾臂应高过树顶，每两行应该留出车道等。

2.果树越冬期管理的重要性

许多果树害虫的越冬场所皆在树上或树下土壤中，通常越季果树生理活动不活跃，对一些药剂敏感性大幅降低，因而是果树病虫害管理的有利时机，如李始叶螨、山楂红蜘蛛等害虫在树体翘皮下和剪锯口处越冬，冬季可采取刮树皮、修剪，以及刷白树干和喷施石硫合剂等方法，大量减少越冬虫口基数。

3.果园有益生物保育和利用

果园(尤其是常绿果树园)是以多年生果树为基础,构成果园生物群落,其生态条件比大田稳定,害虫存在的同时,一些有益生物也共同存在,而且种类也较丰富,更加注重有益生物对害虫的制约性。重视天敌的保护和利用,若天敌害虫比例适当,可有效地发挥天敌控制害虫的作用。

与大田作物相比,果园引进有益生物控制果树害虫种群数量是其优势,成功案例很多。一般认为在果园引种天敌,尤其捕性天敌,比大田容易成功。有条件的果园应该引进并释放有益生物,培育果园有益生物种群。

4.化学农药调控技术的特殊性及注意事项

(1)果园使用化学药剂的特殊性　与大田作物相比,果树害虫管理中常常使用一些农田中很少用到的药剂,如石硫合剂和松脂合剂(针对蚧虫、螨类和粉虱等),以及石油乳剂(石油、乳化剂和水按一定比例制成)。在管理大田农作物害虫时,常用油类乳剂,多为煤油、柴油和润滑油等具有杀卵作用(窒息而死)的油剂,这些油剂也可用于管理果树上的某些螨类、木虱、蚧壳虫等。其他常见的还有胶体硫柴油乳剂、黏土柴油乳剂、60%机械油、50%煤油或油乳膏等,如用6%蒽油乳剂控制苹果越冬叶螨的卵效果良好。

(2)果树对化学药剂的敏感性　有些果树对某些化学药剂敏感,在使用过程中应特别注意。如李树对乐果很敏感,施药后会造成大量的落叶现象。90%敌百虫1 000倍液易引起巴梨药害,叶变黑脱落。苹果开花后,90%敌百虫1 000倍液,80%敌敌畏乳剂1 200倍液和易发生药害(表现落果,因而栽培上常用敌百虫或敌敌畏疏果)。波尔多液和其他含铜杀菌药剂在桃李和白菜等上使用,易产生药害。此外,油剂在果树幼芽萌动时使用,会影响其发芽。因此,在果树实际用药中应特别慎重。

(3)用药安全及安全间隔期　严禁在果树上施用剧毒化学药剂。果树病虫害发生时,严格掌握病虫害用药指标,应抓紧冬季及早春用药,在开花结果期发生病虫害时,应合理用药,注意农药使用的安全间隔期,保证果品的质量。值得注意的是,油剂在贮存时要密封,以免油水分离,过期失效。

第二节　果树食心虫类

果树食心虫类主要包括梨小食心虫[*Grapholita molesta* (Busck)]又叫梨小蛀果蛾、东方果蠹蛾、梨姬食心虫、桃折梢虫、小食心虫,简称梨小;苹小食心虫(*Grapholita inopinata* Heinrich)俗称东北小食心虫,简称苹小、东小、火眼;桃小食心虫(*Carposina niponensis* Walsingham)又叫桃蛀果蛾、桃蛀虫、桃小食蛾、桃姬食心虫,简称桃小;苹果蠹蛾(*Cydia pomonella* L.)又叫食心虫,简称"苹蠹"。上述食心虫的分类地位都属于鳞翅目,除了桃小食心虫为蛀果蛾科外,其他3种都为卷叶蛾科的昆虫。

一、分布与寄主范围

虽然都是果树食心虫,但它们的分布区域和寄主范围都表现出明显差异。桃小食心虫分

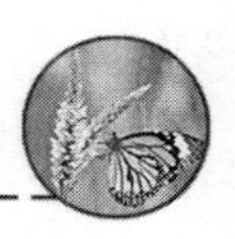

布于全国果树种植区，其寄主植物有苹果、梨、海棠、花红、槟子、榅桲、木瓜、枣、桃、李、杏、山楂以及酸枣等。梨小食心虫分布于全国各地，特别是东北、华北、华东、西北各桃梨产区，寄主包括桃、李、杏、海棠、樱桃、杨梅等。苹小食心虫分布在东北、华北、西北等各苹果产区，寄主植物有苹果、梨、山楂、桃、李等果树。苹果蠹蛾分布区域比较小，仅在甘肃省酒泉市（肃州区、玉门市、敦煌市、安西县）和新疆大部分苹果产区，但寄主植物较广泛，包括苹果、花红、海棠、沙梨、香梨、榅桲、山楂、野山楂、李、杏、巴旦杏、桃、核桃、石榴、栗属、榕属（无花果属）、花楸属等几十种水果。关于苹果蠹蛾为什么没有广泛分布于我国北方果树产区，虽然一直在探究其原因，但至今尚无明确结论。

二、形态特征

虽然桃小食心虫、苹小食心虫、梨小食心虫和苹果蠹蛾都称为食心虫，但从分类地位和各虫态的形态特征上看，均有较大的差异（表 22-1）。

表 22-1　果树 4 大食心虫各虫态形态特征比较

种类	成虫	卵	幼虫	茧/蛹
桃小食心虫（*Carposina niponensis* Walsingham），又名桃蛀果蛾。属于鳞翅目，蛀果蛾科（图 22-1）	体长 5～8 mm，翅展 13～18 mm。雄虫体稍小，白色或灰褐色。前翅近前缘处中部有一蓝黑色近三角形大斑，其基部及中央具 7 簇黄褐色或蓝褐色的斜立鳞片。雌雄区别在于，雄虫触角每节腹面两侧具有纤毛；雄虫下唇须短而上翘，而雌虫则长而平伸，略呈三角形	深红或淡红色，竖椭圆形或筒形，卵壳上具有不规则略呈椭圆形刻纹。端部 1/4 处环生 2～3 圈“Y”状刺毛	体短圆形，长 13～16 mm，橙红色或桃红色。幼龄幼虫体色淡黄色或白色。前胸侧毛组具 2 毛。腹足趾钩单序环。无臀栉	越冬茧（冬茧）扁圆形，质地紧密，长 5.4～6.2 mm，夏茧（蛹化茧）纺锤形，质地松软，一端有孔，长 7.8～9.8 mm。蛹体长 6.5～8.6 mm，黄白色，近羽化时，淡灰黑色，复眼红色乃至红褐色，体壁光滑无刺
苹小食心虫（*Grapholitha inopinata* Heinrich），又名东北小食心虫、苹果小蛀蛾，简称“苹小”，为鳞翅目卷蛾科	体长 4.5～5.0 mm，翅展 10～11 mm。雌雄蛾形态差异极小。全体暗褐色，有紫色光泽，头部鳞片灰色，触角背面暗褐色，每节端部白色，唇须灰色，略向上翘，前翅前缘具有 7～9 组大小不等的白色钩状纹，翅面上有许多白色	扁椭圆形，中央隆起，周缘扁平，表面间或有明显而不规则的细皱纹。初产乳白色，后变淡黄色，半	老熟体长 6.5～9.0 mm。全体非骨化区淡黄或淡红色，头部淡黄褐色，前胸盾淡黄褐色，前胸侧毛组 3 毛：各体节背面有 2 条淡红色横纹，前面一条粗大，后面一条细小。臀板淡褐色，具不规则的深斑纹。腹足趾钩单序环 15～34 个	茧为长椭圆形，灰白色。蛹体长 4.5～5.6 mm，黄褐色或黄色。第 1 腹节背面无刺，第2～7 腹节背面前缘和后缘各有成列小刺。第 3～7 腹节前缘的

续表 22-1

种类	成虫	卵	幼虫	茧/蛹
	鳞片形成白色斑点，近外缘处的白色斑点排列整齐，外缘显著斜走，静止时两前翅合拢后外缘所成之角约 90°或小于 90°。肛上纹不明显，有四块黑色斑，顶角还有一较大的黑斑，缘毛灰褐色。后翅比前翅色浅，腹部和足浅灰褐色	透明，有光泽，近孵化时为淡黄褐色	不等，大多 25 个左右，臀足趾钩 10～29 个，多为 15～20 个	小刺成片，第 8～10 腹节具有一列较大的刺，覆膜具有 8 根钩状刺毛
梨小食心虫 [*G. Molesta* (Basck)]别名东方蛀果蛾、梨食卷叶蛾、梨姬食心虫、东方果蠹蛾，属于鳞翅目，卷蛾科(图 22-2)	体长 4.6～6.0 mm，翅展 10.6～15.0 mm。全体灰褐色，无光泽。前翅灰褐色，无紫色光泽(苹小食心虫全体带紫色光泽)，头部具有灰色鳞片，触角丝状。下唇须灰褐色向上翘，前翅混杂白色鳞片，中室外缘附近有一个白斑点是本种显著特征。肛上纹不明显，有 2 条竖带，4 条黑褐色横纹。前翅前缘约有 10 组白色钩状纹，近外缘有 10 多个小黑点。后翅暗褐色，基部较淡，缘毛黄褐色。与苹小食心虫的另一个区别为前翅外缘不很倾斜，静止时两翅合拢，两外缘构成钝角，而苹小食心虫两外缘构成锐角，各足附节末端灰白包，腹部灰褐色	扁横圆形，体长 0.6 mm 左右，半透明，中部隆起，周缘扁平，黄白色，孵化前变黑褐色	老熟体长 10～13 mm，初孵化时白色，数日后非骨化部分淡黄白色或粉红色。头部黄褐色，前胸背板浅黄白色或黄褐色，臀板浅黄褐色或粉红色，还有深褐色斑点，腹末具有臀栉 4～7 刺，用以弹去粪粒，可据此特征与桃蛀果蛾幼虫(无臀栉)相区别；腹部背面每节无桃红色横纹，可与苹小食心虫幼虫相区别，前胸侧毛组 3 毛、腹足趾钩单序环	茧长 16 mm 左右，扁圆形，丝质白色。蛹体长 6～7 mm，纺锤形，黄褐色，复眼黑色，腹部 3～7 节背面前后缘各有 1 行小刺，第 8～10 节各具稍大的刺 1 排，腹末有 8 根钩刺
苹果蠹蛾 [*Laspeyresia pomonella* (L.)]，俗称苹果小卷蛾，苹果食心虫，属鳞翅目，卷蛾科	体长约 8 mm，翅展 19～20 mm。全体灰褐色并带紫色光泽，雄虫色深，雌虫色浅。复眼深棕褐色，单眼周围黑色，中间发黄色亮光。触角为简单丝状，不到前翅前缘之半。前翅臀角处为深褐色、椭圆形纹，有 3 条青铜色条纹，其间显出 4～5 条褐色横纹(此为本种外形上的显著特征)。前缘具 5～6 组大小不等的深褐色斜纹。翅基部为褐色或淡褐色，其外缘突出，略成三角形。	扁平椭圆形，长 1.1～1.2 mm，宽 0.9～1.0 mm，中部略隆起，表面无明显花纹。初产时为半透明，随后发育成黄色和红色	成熟幼虫体长 14～18 mm，初孵幼虫为淡黄色，成长幼虫呈淡红色，背面颜色深而腹面颜色淡。头部黄褐色，侧单眼区深褐色，每侧有 6 个单眼，第 1、6 单眼较大，呈椭圆形，第 3、4 单眼较小。前胸气门最大，椭圆形，其次为第 8 节气门，其余大致相等，近乎圆形。腹足 4 对，趾钩为单序缺环。苹果蠹蛾近似种的末龄幼虫与之区别为苹小食心虫、李小食心虫、桃白小卷蛾和梨小食	体长 7～10 mm，黄褐色，复眼黑色，喙不超过前足腿节。雌虫触角较短，不及中足末端；而雄虫触角较长，接近中足末端。中足基节显露，后足及翅均超过第 3 腹节而达第 4 腹节的前端。臀棘共 10 根

续表 22-1

种类	成虫	卵	幼虫	茧/蛹
	翅中部颜色最浅，杂有波状纹。后翅黄褐色，前缘呈弧形突出，不到前缘的一半处。苹果蠹蛾与梨小卷蛾（*L. pyrivora*）的成虫很相似，主要区别为：梨小卷蛾前翅为石板灰色，横贯1条黑纹；基部黑褐色，有3条白纹；翅端部有1个眼状斑，呈铅色无光泽；雄虫前翅腹面无斑点，后翅腹面散布黑纹，基部无毛刷		心虫的幼虫肛门处有臀栉，成熟幼虫体长在13 mm以下；桃小食心虫、梨大食心虫、桃蛀螟的幼虫虽无臀栉，但幼虫的前胸K群为2根刚毛	

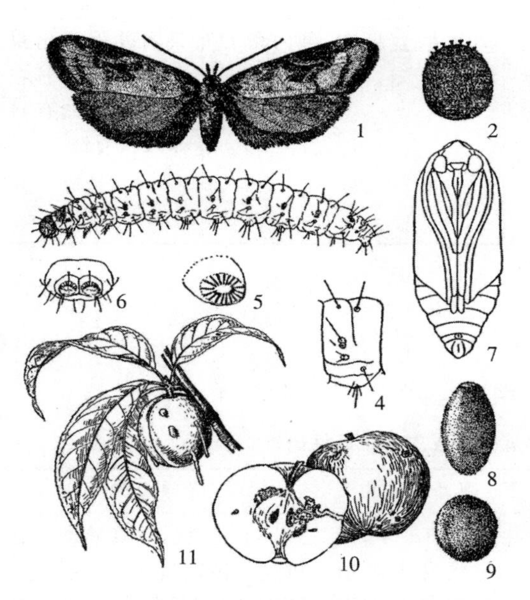

图 22-2　桃小食心虫

1. 成虫；2. 卵；3. 幼虫；4. 幼虫第2腹节侧面观；5. 幼虫腹足趾钩；6. 幼虫第10腹节腹面（示臀足趾钩和无臀栉）；7. 蛹；8. 蛹化茧；9. 越冬茧；10. 苹果被害状；11. 桃被害状（仿浙江农业大学）

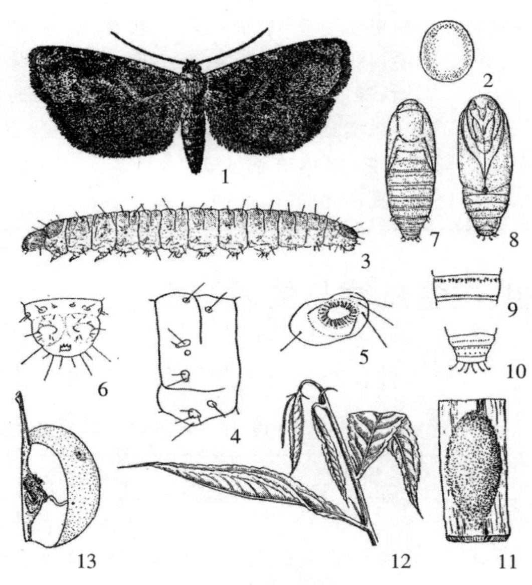

图 22-3　梨小食心虫

1. 成虫；2. 卵；3. 幼虫；4. 幼虫第2腹节侧面观；5. 幼虫腹足趾钩；6. 幼虫第9、10腹节腹面观（示臀栉及臀足趾钩）；7. 蛹背面观；8. 蛹腹面观；9. 蛹第4腹节背面观；10. 蛹腹部末端背面观；11. 茧；12. 桃嫩梢的被害状；13. 梨的被害状（仿浙江农业大学）

三、为害症状识别

果树4种食心虫为害症状及受害果树症状识别见表22-2。

表 22-2　果树 4 种食心虫为害症状及受害果树症状识别

为害特点	桃小食心虫	苹小食心虫	梨小食心虫	苹果蠹蛾
初孵幼虫钻蛀部位	从萼洼附近或果实胴部蛀入果内，幼虫纵横串食或蛀食果心	多从果实胴部蛀入，在皮下浅层为害，小果类可深入果心	蛀食嫩梢和果实。幼虫在嫩梢髓内蛀食，被害新梢萎蔫下垂、枯死和折断。蛀入果实时，从果肩或萼洼附近蛀入，直到果心	幼虫只蛀食果实，多从胴部蛀入，深达果心食害种子，也蛀食果肉
蛀孔特征	蛀孔流出透明水珠状果胶，干后为白色粉状物，果实长大后，蛀孔呈针尖大小黑点	初蛀孔周围红色，俗称“红眼圈”。随后扩大干枯凹陷呈黑褐色，俗称“干疤”，疤上有多个小虫孔和少量虫粪	果实受害初在果面有一黑点，而后蛀孔四周变黑腐烂，形成黑疤，俗称“黑膏药”，疤上仅有 1 小孔，但无虫粪	蛀孔随虫龄增长不断扩大
被害果表现	早期果实受害，表面凹凸不平，俗称猴头果。果色渐黄，果肉僵硬，俗称黄病。果实成熟期被害，果形不变，果内充满虫粪，俗称豆沙馅	幼果被害常致畸形。幼虫蛀果后未成熟，蛀孔周围果皮变青，称为“青疔”	幼虫蛀食果肉，果内留存大量虫粪	果实外面排出虫粪，有时成串挂在果上。幼虫有转果蛀食习性

四、发生规律与生活习性

果树 4 种食心虫发生规律与成虫幼虫习性比较见表 22-3。

表 22-3　果树 4 种食心虫发生规律与成虫幼虫习性比较

项目	桃小食心虫	苹小食心虫	梨小食心虫	苹果蠹蛾
发生规律	一年发生 1～2 代，以老熟幼虫在土中结茧越冬，一般在距树干 1 m 的范围内较多。幼虫最早于 6 月上旬破茧出土，7 月中下旬大量出土，至 8 月下旬出土结束，出土期长达 60 d 左右	一年 2 代，以老熟幼虫在树皮裂缝和果筐等缝隙内结茧越冬。越冬幼虫 5 月化蛹。各代成虫发生期：越冬代为 5 月下旬至 7 月中旬；第一代为 7 月中旬至 8 月中旬，盛期在 8 月中旬。幼虫蛀果为害 20 多 d 后老熟，脱果越冬	一年 3～4 代，各代发生时期不整，各代发生期很长，世代明显重叠。成虫寿命短（5 d），幼虫期长（22～26 d）	一年 1～3 代，以老熟幼虫在树皮下做茧越冬。一般 4 月下旬越冬幼虫陆续化蛹，5 月上旬为成虫羽化高峰期，5 月中下旬和 7 月中下旬分别为 1、2 代幼虫发生盛期，也是蛀果的两个高峰期，6 月上旬及 8 月上旬为幼虫为害和脱果期，从 5 月上中旬至 9 月上旬都能见到成虫

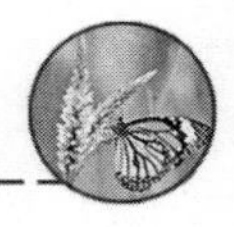

续表 22-3

项目	桃小食心虫	苹小食心虫	梨小食心虫	苹果蠹蛾
成虫或幼虫习性	成虫昼伏夜出，多在夜间飞翔，但飞不远。成虫无趋光性和趋化，但雌蛾能产生性激素，可诱引雄蛾。绝大多数卵产在果实绒毛较多的萼洼处。初孵幼虫在果面爬行，寻找适当部位后，咬破果皮蛀入果内为害	成虫夜晚活动、交尾、产卵、卵散产，喜在光滑的果面上产卵，以胴部居多。 初孵幼虫从果面蛀入果内为害	成虫日落前后交尾产卵。对黑光灯有一定趋性，对糖醋液有较强趋性。幼虫喜食肉细、皮薄、味甜的梨品种，因此中国梨品种受害较重，西洋梨受害较轻	成虫有趋光性。刚羽化的成虫不能立即产卵，卵散生，多产于果实和叶片正反面。在果树上的分布，以上层果实及叶片上着卵最多，中层次之，下层较少。 幼虫蛀食果实部位，有品种选择性。1 头幼虫能咬几个苹果，老熟幼虫脱果后爬到树干裂缝处或地上隐蔽物以及土中结茧化蛹，也有在果内、包装物及贮藏室化蛹。一部分幼虫有滞育习性

五、发生影响因素

环境因素对果树 4 种食心虫发生差异性见表 22-4。

表 22-4　环境因素对果树 4 种食心虫发生差异性

项目	桃小食心虫	苹小食心虫	梨小食心虫	苹果蠹蛾
温度	越冬幼虫解除休眠需要通过较长时间的低温处理，冬茧在 8 ℃的低温条件下，保存 3 个月可顺利解除休眠。春季旬均温达 17 ℃以上，土温达 19 ℃时，成虫出土	发生与温度和湿度有密切的关系，适温为 19～29 ℃，在 25 ℃时，幼虫成活率最高	平均温度 10 ℃以上开始化蛹。成虫活动产卵的适宜温度为 21.5～23.5 ℃	发育起点温度为 9 ℃，在年积温（T＝9.2 ℃）低于 480 日·度和1月平均最低温度低于－28.6 ℃的地区，苹果蠹蛾不能生存。春季日均温 10 ℃以上，越冬幼虫化蛹，16～17 ℃，成虫羽化进入高峰期
湿度和（或）降雨	当土壤含水量 10％以上时，幼虫能顺利化蛹并达到高峰；5％以下时，抑制幼虫出土；3％以下时，越冬幼虫几乎不能出土，蛹羽化率很低。越冬幼虫出土的早与晚与当年降雨情况有密切关系。如果雨水较多，幼虫出土既早又集中，死亡率低。干旱年份则相反	喜湿。相对湿度在 75％～95％时有利于成虫产卵和卵孵化	喜湿。成虫活动交尾要求湿度 70％以上。在雨水多的年份湿度高，对成虫繁殖有利，产卵量大，为害严重	喜干厌湿，最适相对湿度为 70％～80％，田间湿度降至 35％～49％时对成虫产卵仍无影响。降水与幼虫和蛹的存活、幼虫化蛹和蛹的羽化，以及成虫的存活有密切关系。降雨能明显降低田间卵量、幼虫存活率和蛀果率。浸水时间越长，降雨强度越高，降雨次数越多，老熟幼虫和蛹的死亡率越高，越冬代幼虫化蛹率和蛹的羽化率越低

续表 22-4

项目	桃小食心虫	苹小食心虫	梨小食心虫	苹果蠹蛾
光照/光周期/寄主果树	光周期对越冬幼虫出土率无显著影响。 不同寄主果树影响越冬幼虫耐寒性，也显著影响幼虫生长和成虫繁殖率	光照时数则是左右发生世代的重要条件。温度 25 ℃时，如果每日光照大于 15 h，苹小食心虫幼虫全部或几乎不进入滞育虫态，如果每日光照小于 13 h，则全部进入滞育虫态	幼虫脱果后，是否化蛹和滞育，主要决定于光照长度，日照 14 h 以上，幼虫几乎不滞育，11～13 h 时，90% 以上的幼虫滞育	苹果蠹蛾是短日照昆虫，光周期直接引起老熟幼虫滞育。 种植稀疏或树冠四周空旷的果树上产卵较多；树龄 30 年的较 15～20 年的树上卵量多
天敌	天敌很多，蚂蚁、步行虫、蜘蛛是地面捕食幼虫的最好天敌；花蝽、粉蛉、瓢虫在树上捕食卵粒。幼虫的寄生蜂有：甲腹茧蜂、齿腿姬蜂、长距茧蜂和桃小白茧蜂等	天敌主要有（*Phaedrotonus* sp.）和（*Mesochorus* sp.）等姬蜂，另外还有步甲、蜘蛛和蚂蚁等	松毛虫赤眼蜂寄生卵，中国齿腿姬蜂寄主幼虫，还有多种茧蜂	迄今已发现的苹果蠹蛾幼虫和蛹寄生蜂共有 7 科、30 属、43 种

六、食心虫管理技术

1. 检疫措施

在果树 4 大食心虫中，苹果蠹蛾是重要的检疫性害虫，必须采用检疫封锁控制。实施产地检疫、调运检疫、市场检疫等。重发区以调运检疫为重点；轻发区以调运检疫、产地检疫并重；零星发生区以产地检疫为重点，适当采取铲除、烧毁等检疫管理措施，加强对当地水果市场或集散地的检查力度，集中处理水果集散地上所有的废弃果实。

2. 农艺管理技术

清洁果园。加强果园科学管理，及时摘除树上的虫蛀果和收集地面落果，并集中堆放处理。同时，及时清除果园杂草、杂物和设施。此外，在果实入窖时，应严格挑选，防止幼虫随蛀果入窖。

加强果园生物多样性管理。果园是一个相对稳定的植物生长环境，在对果园环境科学管理过程中，应该及时清除一些不合适的杂草，同时，应该增加种植一些有益的植物，如果园种植苜蓿等饲料植物，可以增加果园生物多样性，有利于果树生长和病虫害管理。

3. 物理和机械管理技术

（1）诱虫灯诱杀成虫　利用害虫趋光性诱集成虫是较常用的害虫管理技术，能降低成虫产卵量及虫口密度。在 4 种食心虫中，除了桃小食心虫外，设置诱虫灯适用于对其他 3 种食心虫成虫的管理。设置时间为每年成虫开始发生到果实收获，诱虫灯设置密度为 1.0～1.5 hm^2/1 盏，成棋盘式或闭环式分布。安放高度以高出果树树冠为宜。

（2）刮老翘皮，清除虫源　在果树种植区，通常冬季果树休眠期及早春发芽之前，都要开展冬季管理。对有一定树龄的果树，刮除果树主干和主枝上的粗皮、翘皮是常见的管理措施。由

于一些果树害虫常常在这些地方越冬，也成了冬季果园病虫害管理的重要环节。被刮除的树皮和越冬害虫要全面收集，集中烧毁或科学处理，以消灭越冬病虫源。

（3）果实套袋　食心虫主要是幼虫钻蛀幼果为害，成虫常常在幼果期产卵，因此，果实套袋是阻止成虫在幼果上产卵的有效措施。在成虫产卵盛期前，将果实套袋（纸袋），阻止成虫产卵和幼虫蛀果为害。注意：套袋时，将捆扎丝沿袋口扎紧。

（4）覆盖地膜　春季随着气温和土温的上升，在土中越冬的食心虫逐渐开始化蛹羽化，此时，在树干周围 1.0 m 半径以内的地面覆盖地膜，能阻止幼虫出土、化蛹和成虫羽化。如果在膜下撒施毒土，效果会更好。

（5）辐射不育技术　用 3 万伦琴（1 伦琴 $=2.58\times10^{-4}$ C·kg^{-1}）^{60}Co 的辐射量，辐照“桃小”亲代，可使雄虫 90% 不育，雌虫接近绝育，且子代生活力弱，生长缓慢，多数蛀果前死亡。在美国和加拿大用^{60}Co 处理苹果蠹蛾雄蛾，获得不育雄蛾，释放到果园与正常雌蛾交尾后，造成后代不育，效果良好。

4. 生物信息素管控技术

（1）信息素诱杀技术　在成虫发生期，利用性信息素诱杀食心虫雄性成虫，可大大降低有效卵的数量，减少水果的损失。诱捕器的设置密度一般为 2～4 个/667 m^2；发生较重的地方，可增加设置诱捕器的数量。诱捕器内若使用黏虫板，应注意黏虫胶的黏性，以便及时更换黏虫胶。

（2）迷向丝（剂）技术　利用雌虫交配需要释放信息素定位，便于雄虫寻找配偶的生物习性，利用高浓度长时间的信息素干扰，使雄虫无法找到雌虫，达到无法交配，从而增加食心虫田间产无效卵的数量，减少果园经济损失。使用方法：迷向丝（剂）用量 33 根/667 m^2 左右，持续时间 6 月以上，这样一个生长季只使用一次，可大幅度降低使用成本。

5. 合成化学药剂调控技术

1）石硫合剂涂刷

果树冬季管理中，刮完树皮后，可用 5 波美度的石硫合剂涂刷果树主干和主枝，或用生石灰、石硫合剂、食盐、黏土和水，按 10:2:2:2:40 的比例混合，再加少量氨戊菊酶制成的涂白剂涂刷果树主干和主枝。

2）化学药剂使用技术

（1）喷药时间　每个世代的卵孵化至初龄幼虫蛀果之前是用药的关键期。虽然食心虫有世代重叠现象，针对发生整齐世代施药，将是化学药剂管理的重点。如苹果蠹蛾第 1 代幼虫的发生相对比较整齐，可将第 1 世代幼虫作为化学药剂管理的重点。

（2）施药方法　在每个世代幼虫出现高峰期时集中喷药至少 1 次。不同化学药剂的具体施用量、施用方法和药效残存期各不相同，若喷施毒性小、残效期短的药剂，可连续喷施 2～3 次。采用化学药剂管理果树害虫时，应尽量在同一生态区统一组织果农联合行动。

（3）药剂选择　果园和大田作物不一样，不仅在选择药剂时要慎重，还要考虑其消费方式。因此，应多选择无公害药剂，同时应根据害虫的发生规律和不同农药的残效期选用药剂。此外，必须重视选用不同类型、不同作用机理的药剂搭配使用。

附录　其他卷叶蛾类简要信息

（1）顶梢卷叶蛾（*Spilonota lechriaspis* Meyrick）　又名顶芽卷叶蛾，属鳞翅目小卷叶蛾科。幼虫主要为害枝梢嫩叶及生长点，影响新梢发育及花芽形成，幼树及苗木受害特重。为害嫩叶时，吐丝将其缀成团，匿身其中。主要寄主有苹果、梨、桃、海棠、花红、枇杷等果树。

(2)苹小卷叶蛾(*Adoxophyes orana* Fischer von Röslerstamm)　又称苹卷蛾、黄小卷叶蛾、溜皮虫。幼虫吐丝缀连叶片，潜居缀叶中食害，新叶受害严重。当果实稍大常将叶片缀连在果实上，幼虫啃食果皮及果肉，形成残次果。寄主有苹果、梨、桃、山楂等。

(3)苹褐卷蛾[*Pandemis heparana* (Schiffermüller)]　又称苹果大卷叶蛾、苹果黄卷叶蛾。幼虫卷结嫩叶，潜伏在其中取食叶肉。低龄幼虫食害嫩叶、新芽，稍大一些的幼虫卷叶或平叠叶片或使叶贴果面，取食叶肉使之呈纱网状和孔洞，并啃食贴叶果的果皮，呈不规则形凹疤，多雨时常腐烂脱落。寄主有苹果、梨、杏、沙果、山楂、柿等。

(4)黄斑卷叶蛾(*Acleris fimbriana* Thunberg)，又名黄斑长翅卷叶蛾。幼虫吐丝缀结多个叶片，或将叶片沿主脉间正面纵折，藏于其间取食，药物控制很难见效，常造成大量落叶，影响当年果实质量和来年花芽的形成。寄主有苹果、梨、桃、李、杏、杠梨、山荆子、海棠等。

第三节　果树叶螨类

在北方落叶果树园，叶螨属于蛛形纲，真螨目，叶螨科，常常是为害果树的重要害螨类，寄主植物包括苹果、梨、桃、李、杏、山楂、樱桃等仁果类和核果类果树。这类害虫因其适应性强，繁殖率高，对化学药剂易产生抗药性，加上果园管理不科学等，导致管理它们较为困难。因此，只有充分了解叶螨在发生过程中的一些重要特点及其果园环境重要性，我们才能科学、合理并综合管理它们，避免果树生产的经济损失。

一、叶螨发生与管理现状

(1)为害特点　成若螨吸食叶片及初萌发嫩芽的汁液，也可为害幼果，导致芽不能继续萌发而死亡，叶片最后变焦黄而脱落，影响果树生长、坐果率和果实成熟。

(2)生存和繁殖特性　具有广泛的温度适应性，通常在 12～28 ℃时，都可以取食和繁殖。在适合温度范围内，干旱几乎是螨类猖獗发生的最重要因素。但暴雨会大幅度降低螨类种群数量。螨类生活周期短，常常世代重叠，年发生代数多，盛发期完成一个世代只需 14～16 d。

(3)虫体太小初期难发现　叶螨个体很小，通常成螨只有 0.5 mm 左右，在低密度时，不易发现，并引起重视，当发现时，种群密度已经较高，一般管理措施很难降低其种群密度。

(4)有益生物培育不足　大多数果园管理缺乏科学性，要么果园很干净，难见其他植物，要么疏于管理，杂草丛生，这些状况均不利于有益生物的保育。针对不同果园，如何科学选择种植其他植物，为果园有益生物群落搭建一个适合繁育的平台，缺乏科学研究及合理组配。

(5)极易产生抗药性　由于果园缺乏科学管理，导致螨类低密度时有益生物没有抑制能力，当螨类种群数量迅速增加时，只能使用大量化学药剂作为应急措施，因此，螨类控制基本都靠化学药剂。对于虫体小，繁殖速度快，适应性强的害虫，在频繁使用化学药剂的情况下，其抗药性迅速增加，最终陷入“3R”的困境。

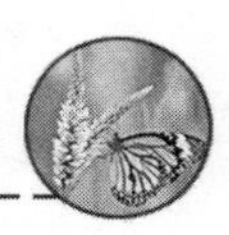

二、重要叶螨形态识别

苹果全爪螨和山楂叶螨形态特征比较见表22-5。

表22-5　苹果全爪螨和山楂叶螨形态特征比较

	苹果全爪螨[*Panonychus ulmi*(Koch)]	山楂叶螨(Tetranychus viennensis Zacher)
雌成螨	体长约0.45 mm,宽0.29 mm左右。体圆形,红色,取食后变为深红色。背部显著隆起。背毛26根,着生于粗大的黄白色毛瘤上;背毛粗壮,向后延伸。足4对,黄白色;各足爪间突具坚爪,镰刀形;其腹基侧具3对针状毛	卵圆形,体长0.54～0.59 mm,冬型鲜红色,夏型暗红色
雄成螨	体长0.30 mm左右。初蜕皮时为浅橘红色,取食后呈深橘红色。体尾端较尖。刚毛的数目与排列同雌成螨	体长0.35～0.45 mm,体末端尖削,橙黄色
卵	葱头形。顶部中央具一短柄。夏卵橘红色,冬卵深红色	圆球形,春季产卵呈橙黄色,夏季产的卵呈黄白色
幼螨	足3对。由越冬卵孵化出的第1代幼螨呈淡橘红色,取食后呈暗红色;夏卵孵出的幼螨初孵时为黄色,后变为橘红色或深绿色	初孵幼螨体圆形、黄白色,取食后为淡绿色,3对足
若螨	足4对。有前期若螨与后期若螨之分。前期若螨体色较幼螨深;后期若螨体背毛较为明显,体形似成螨,已可分辨出雌雄	4对足。前期若螨体背开始出现刚毛,两侧有明显墨绿色斑,后期若螨体较大,体形似成螨

三、发生规律与生活习性

苹果全爪螨和山楂叶螨发生规律与习性比较见表22-6。

表22-6　苹果全爪螨和山楂叶螨发生规律与习性比较

	苹果全爪螨	山楂叶螨
分布	北京、辽宁、内蒙古、宁夏、甘肃、河北、山西、陕西、山东、河南、江苏等地	我国东北、华北、西北、华东等地
年世代数	6～7	5～9
越冬	以卵在短果枝、果台和多年生枝条的分杈、叶痕、芽轮及粗皮等处越冬。发生严重时,主枝、侧枝的背面、果实萼洼处均可见到越冬卵	以受精雌成螨在主干、主枝和侧枝的翘皮、裂缝、根颈周围土缝、落叶及杂草根部越冬
繁殖	有性生殖	有性生殖、孤雌生殖
习性	越冬卵于苹果花蕾膨大时开始孵化,晚熟品种盛花期为孵化盛期,终花期为孵化末期。幼螨、若螨、雄螨在叶背面取食,雌螨在叶面为害,但不吐丝结网	苹果花芽膨大时开始出蛰为害,花序分离期为出蛰盛期。螨在叶背面为害,常在叶脉两侧结网,卵产在丝网中

四、田间管理技术

1. 农艺管理技术

由于螨类主要越冬场所在果树上和周围土中，结合冬季修剪、刮除果树主干和主枝上的粗皮、翘皮以及刷白等管理技术，降低越冬基数。早春到果树萌芽之前，充分利用早春果树管理，可采用95%机油乳剂80倍液喷雾，进一步减少越冬卵和螨虫。针对幼树，可在越冬雌螨上树前，用草或粗麻布在果树的主干及主要分枝处绑缚宽15～20 cm的草或布条环诱集螨虫，然后取下统一销毁。

2. 有益生物保育与利用

在我国，果园害螨的天敌资源非常丰富，主要种类有深点食螨瓢虫、束管食螨瓢虫、陕西食螨瓢虫、小黑花蝽、塔六点蓟马、中华草蛉、晋草蛉、东方钝绥螨、普通盲走螨、拟长毛钝绥螨、丽草蛉、西北盲走螨等。此外，还有小黑瓢虫、深点颏瓢虫、食卵萤螨、异色瓢虫和植缨螨等，在不常喷药的果园天敌数量多，常将叶螨控制在危害水平以下。果园内应减少喷药次数，保护自然天敌种群。有条件的果园，可以大量释放人工繁育的捕食螨等有益生物。

3. 化学药剂调控技术

加强田间调查。在出蛰期，如发现每芽平均有成螨2头时，喷施2%硫悬浮剂300倍液、99%喷淋油乳剂200倍液；生长期：6月份以前，平均每叶活动态螨数3～5头，6月份以后，平均每叶活动态螨数7～8头时，喷施24%螺螨酯悬浮剂4 000倍液、15%哒螨灵乳油2 500倍液、20%三唑锡悬浮剂2 000倍液、1.8%阿维菌素乳油4 000倍液等药剂，可有效控制其种群发展。

附：3种主要叶螨形态特征差异比较

特征		苹果全爪螨	山楂叶螨	果苔螨
雌成虫	体形	半椭圆形，整个体背隆起	椭圆形，背部隆起	扁平椭圆形，体背边缘有明显的浅沟
	体色	深红色，取食变成褐红色	夏季雌虫深红色，背面两侧具黑色斑纹	褐色，取食后变黑绿色
	刚毛	粗长，刚毛基部具黄白色瘤	细长，基部无瘤	扁平，叶片状
	足	黄白色稍深，第一对不特别长	黄白色，第一对不特别长	浅褐色，第一对特别长
卵		圆形稍扁，顶部有1短柄	圆球形，淡红色和黄白色	圆球形，深红色，有亮光

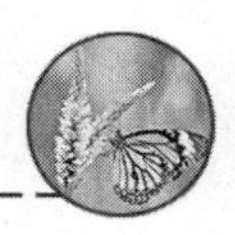

第四节　果树蚜虫类

蚜虫属于半翅目，蚜虫科昆虫，种类繁多，为害农作物广泛，也是各类植物的重要害虫。为害北方落叶果树的蚜虫种类也较多，重要的有苹果绵蚜[*Eriosoma lanigerum*(Hausmann)]、苹果瘤蚜(*Myzus malisuctus* Matsumura)、绣线菊蚜(*Aphis citricola* van der Goot)、桃蚜(寄主广泛)[*Myzus persicae*(Sulzer)]、桃粉蚜(*Hyalopterus arundimis* Fabricius)、桃瘤蚜[*Tuberocephalus momonis* (Matsumura)]及梨二叉蚜[*Schizaphis piricola*(Matsumura)]等，这里仅以前3种蚜虫为代表介绍蚜虫的发生及管理技术。

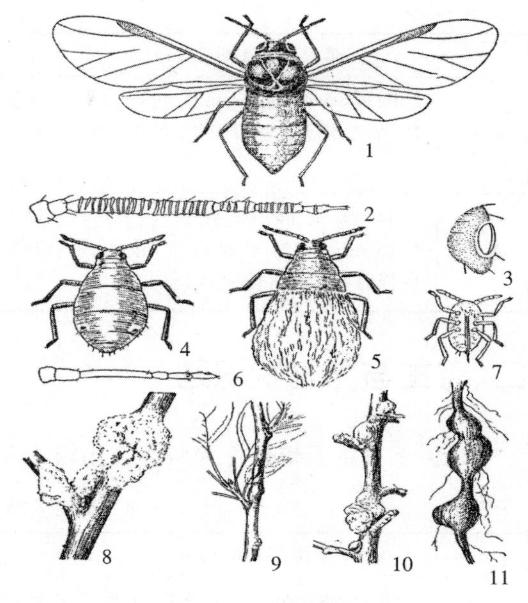

图 22-4　苹果绵蚜

1. 有翅成蚜；2. 有翅蚜触角；3. 腹管；4. 无翅成蚜；5. 成虫(自然状)；6. 无翅蚜触角；7. 若蚜；8. 绵蚜群集在枝条上；9-10. 绵蚜造成的虫瘿初期和后期限；11. 根的被害状(仿浙江农业大学)

一、形态识别与寄主植物

果树3种重要蚜虫形态特征比较见表22-7。

表 22-7　果树3种重要蚜虫形态特征比较

	苹果绵蚜(图 22-4)	苹果瘤蚜	绣线菊蚜
俗称	苹果绵虫、白毛虫和血色蚜等	苹果卷叶蚜、腻虫、油汗	苹果黄蚜、苹叶蚜虫
成蚜	**无翅成蚜**　椭圆形，体长1.8～2.2 mm。体表淡色光滑、无斑纹。触角短粗6节，第6节基部有圆形初生感觉孔。喙达后足基节。腹部褐色膨大、腹背具4条纵裂的泌蜡孔，分泌白色蜡丝，侧面有侧瘤、着生短毛。腹管半环形，围生5～10对毛。尾片有短毛1对。 **有翅成蚜**　体长1.7～2.0 mm，暗褐色。触角6节，第3～6节依次有环状感觉器17～20个、3～5个、3～4个、2个。前翅中脉2分叉，翅脉与翅痣均为棕色。腹部淡色	**无翅成蚜**　体长约1.5 mm，近纺锤形，体暗绿色或褐绿色。头部具有明显的额瘤，复眼暗红色，触角比体短，基部和端部为黑色。腹管长圆筒形，末端稍细，腹管和尾片均为黑褐色。有翅胎生雌蚜。 **有翅成蚜**　体长1.5 mm左右，卵圆形。头、胸部暗褐色，具明显的额瘤，且生有2～3根黑毛	**无翅成蚜**　体长1.6 mm左右，头部淡黑色，复眼为黑色，触角基部淡黑色。体黄色、黄绿色或绿色，翅透明。腹管中等长，圆柱形，末端渐细，黑色。 **有翅成蚜**　头胸部、蜜管黑色，翅透明。腹部黄绿色或绿色，两侧有黑斑
性蚜	雌蚜体长约1.0 mm、雄蚜约0.7 mm。触角5节，口器退化，体淡黄或黄绿色		

续表 22-7

	苹果绵蚜(图 22-4)	苹果瘤蚜	绣线菊蚜
卵	椭圆形,长约 0.5 mm。初产橙黄色、后变褐色,表面光滑,外被白粉	长椭圆形,长约 0.5 mm,黑绿色而有光泽	椭圆形,长 0.57 mm,两端微尖。初产淡黄至黄褐色,后变漆黑,具光泽
若蚜	4 龄,圆筒形,末龄长 0.65～1.45 mm,黄褐至赤褐色,被有白色棉状物,喙细长向后延伸	体小似无翅蚜,淡绿色。有时胸背有一对暗色翅芽,将发育为有翅蚜	体鲜黄色,触角、复眼、足和腹管黑色

二、寄主与为害状识别

果树 3 种重要蚜虫寄主与为害比较见表 22-8。

表 22-8 果树 3 种重要蚜虫寄主与为害比较

		苹果绵蚜(图 22-4)	苹果瘤蚜	绣线菊蚜
主要寄主		苹果、海棠、花红、沙果和山荆子等植物	苹果、沙果、海棠、山荆子等	苹果、海棠、梨、木瓜、桃、李、山楂、绣线菊、柑橘、杏、枇杷、樱桃等
为害状	总体	以成虫、若虫密集为害	成、若蚜群集于寄主的新梢、嫩叶或幼果上吸取汁液	成若蚜群集叶背面及嫩梢上为害
	初期	于寄主背阴枝干、剪锯口、新梢、叶腋、地表根际以及根蘖基部为害、吸取汁液	初期被害叶面密布黄白色斑点,似花叶,皱缩不平	初期叶片周缘下卷
	后期	苹果树的被害部位形成肿瘤后表面会分泌白色絮状蜡质物	后期叶边缘向背面纵向卷缩,且组织增生,致使叶片加厚、变脆;严重时整个枝梢嫩叶全部皱缩成条状,冬季也不落叶。受害枝梢细弱,叶间缩短,逐渐枯死	由叶尖向叶柄方向弯曲,即横卷。嫩梢受害后,对花芽分化及树体发育有很大影响
	果实	推迟结果甚至引起死亡	幼果受害后果面呈凹陷而形状不整的红斑或发育受阻	

三、发生规律和生活习性

果树 3 种重要蚜虫发生规律比较见表 22-9。

表 22-9 果树 3 种重要蚜虫发生规律比较

	苹果绵蚜	苹果瘤蚜	绣线菊蚜
分布	辽宁、甘肃、新疆、山西、山东、河北、河南、陕西、江苏、安徽、云南、贵州、西藏等	中国大部分地区	国内分布广泛,南北密度均相当高

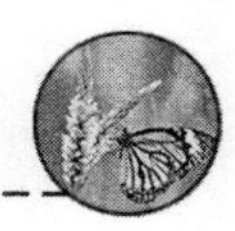

续表 22-9

	苹果绵蚜	苹果瘤蚜	绣线菊蚜
世代	12～18 代	10 余代	10 余代
越冬	以 1～2 龄若蚜在树干粗皮裂缝、病伤疤处、虫瘿下、剪锯口及浅土层根部越冬	以卵在一年生枝条上及芽腋处越冬	以卵在芽基部或枝条裂缝内越冬
有益生物	瓢虫、草蛉、食蚜蝇及蜘蛛类，以及苹果绵蚜蚜小蜂等	各种草蛉、七星瓢虫、龟蚊瓢虫、猎蝽等	瓢虫、草蛉、食蚜蝇、蚜茧蜂等

四、蚜虫类管理技术

1. 加强植物检疫

苹果绵蚜是重要的检疫性害虫，主要靠带虫苗木和接穗运输远距离传播，应禁止从苹果绵蚜发生区调运苗木和接穗。如确需调运须先将其进行必要的消毒处理。

2. 农艺管理技术

果树休眠期清除果园内残枝落叶，刮除树体老皮，剪除萌蘖枝和受害较重的枝条，集中烧毁，结合涂白刷除树缝、剪锯口等处。在老果园以及管理粗放的苹果园蚜虫发生较重，应提高果园的管理质量，科学修剪，及时清除受害枝条上的蚜虫，果园间种大葱可预防和减少生长季节蚜虫发生。

加强栽培管理，合理施肥，增施有机肥，改良土壤，促进树体健壮生长，增强树势。尽量不环剥，必要时应在环剥后及时包扎塑料薄膜，愈合后解开。

铲除撂荒果园，减少虫源基数。对树势衰弱、病虫为害严重、结果率低、长期无人管理、有苹果绵蚜发生的老化果园(树)，及时进行挖除销毁，并有效处理土壤。

3. 有益生物保护和利用

在果园中，时刻注意保护利用天敌。蚜虫类的天敌很多，如瓢虫、草蛉、食蚜蝇及蜘蛛类捕食性天敌；寄生性天敌有苹果绵蚜蚜小蜂(日光蜂)和其他茧蜂等，都对蚜虫种群有较好的调控作用。在苹果绵蚜发生期，可选在 5 月下旬至 6 月上旬释放苹果绵蚜蚜小蜂，每 7 d 释放 1 次，连续释放 3 次即可。

4. 化学药剂调控技术

果树萌芽至开花前，以及花序分离期喷施化学药剂等，控制初期上树的成若虫。

(1)树干敷药　在距地面 40 cm 左右的主干上轻刮一圈宽度约 10 cm 树皮，包扎上浸了药液的废布等材料可有效阻止越冬蚜虫上树为害。

(2)药剂灌根　在果树生长初期，通常在 4—5 月间。可在果树主干基部 1.5～2.0 m 范围内铲去 5 cm 深的表土，选择一定药剂使用剂量，如 25%噻虫嗪 SC 有效含量 8 g/株或 10%吡虫啉 WP 12 g/株，灌入根部后浇灌覆土。

(3)喷施高效低毒化学药剂　宜在果树开花前、开花后和果树部分叶片脱落之后喷施高效低毒化学药剂。喷药后 10 d，如果还有活虫要再补喷 1 次。选择高效、低毒、低残留农药。特别注意:使用化学药剂时,不宜频繁喷施,一定要做到不同种类或作用机制的药剂轮换喷施,避免蚜虫迅速产生抗药性。

第五节 柑橘实蝇类

柑橘是我国主要果树之一,全国约有20余个省份有柑橘分布。为害柑橘的害虫种类繁多,据近年统计我国已记载860余种,能普遍成灾或引起局部减产的有50～60种。

我国柑橘产区常见实蝇种类有柑橘大实蝇、柑橘小实蝇和蜜柑实蝇,它们属于双翅目,实蝇科昆虫。以前两种发生普遍,是国内外重要的检疫性有害生物。柑橘大实蝇分布在南方柑橘产区,能为害多种柑橘属及枳壳属果实等。橘小实蝇寄主复杂,是重要的果蔬害虫,可使农林业生产遭受惨重的经济损失。

一、重要实蝇发生情况

柑橘大实蝇[*Bactrocera* (*Tetradacus*) *minax* (Enderlein)],也称橘大食蝇,柑橘大果蝇,俗称"柑蛆",被害果称"蛆果"或"蛆柑"。自20世纪六七十年代开始发生以来,疫情呈逐年加重趋势。由于其发生面积大,危害损失重,疫区果实不准外销,给果农造成了巨大的经济损失,已成为柑橘生产上的第一大虫害。大发生时,常常造成重大经济损失。例如,在夏威夷,1977年损失1.5千万美元,2001年损失至少3亿美元;以色列每年损失约3.65亿美元。我国四川省广元市,2008年柑蛆事件造成几十亿元的经济损失。

橘小实蝇[*Bactrocera dorsalis* (Hendel)],又称东方实蝇、黄苍蝇、果蛆。该虫寄主范围极广,包括46科250多种果树、蔬菜和花卉,是一种毁灭性害虫。目前,给我国果蔬和花卉业带来严重的经济损失,由于该虫繁殖力强、发育周期短、世代重叠,所以常年为害,尤其在我国南方能使部分果蔬几乎绝收。为世界许多国家和地区的危险性检疫对象。

二、形态特征识别

为害柑橘的实蝇类害虫都属于双翅目,实蝇科。成虫将卵产在橘果皮内,幼虫为害果瓤,受害果俗称"蛆柑"。虽然都是实蝇,但它们各虫态的形态特征有较大的差异。为了准确辨识两种重要的橘园实蝇,现将它们的重要特征比较见表22-10。

表22-10 柑橘大实蝇和橘小实蝇各虫态形态特征比较

虫态	柑橘大实蝇(图22-5)	橘小实蝇(图22-6)
成虫	全体呈淡黄褐色。复眼金绿色。胸部背面具6对鬃,中央有深茶色的倒"Y"字形斑纹,两旁各有一条宽直斑纹。腹部第3节近前缘有一条较宽的黑色横纹,纵横纹相交成"+"字形	体长7～8 mm,翅透明,翅脉黄褐色,有三角形翅痣。全体深黑色和黄色相间。胸部背面大部分黑色,但黄色的"U"字形斑纹十分明显。腹部黄色,第1、2节背面各有一条黑色横带,从第3节开始中央有一条黑色的纵带直抵腹端,构成一个明显的"⊥"字形斑纹

续表 22-10

虫态	柑橘大实蝇(图 22-5)	橘小实蝇(图 22-6)
卵	表面平整光滑,没有花纹。其一端稍尖,而另一端较钝;卵的端部较为透明,中部略为弯曲	梭形,长约 1.0 mm,宽约 0.1 mm,乳白色
幼虫	老熟幼虫体型较大,形状类似蛆形,体长 15～16 mm,具乳白色至乳黄色光泽。体节 11 节;前气门扇形,有一行指状突 30～33 个。第 2、3 体节和肛门有小刺带,腹面第 4～11 节有小刺梭形区;后气门,肾形,毛端部分支;有肛叶	蛆形,无头无足型,老熟时体长约 10 mm,黄白色 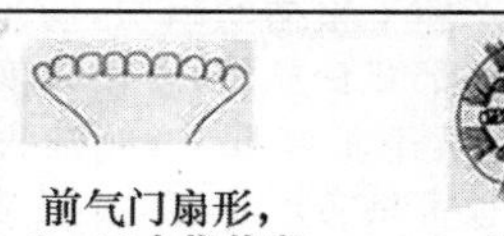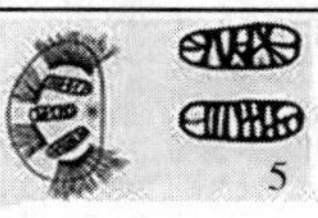 前气门扇形, 8～13个指状突 后气门,肾形

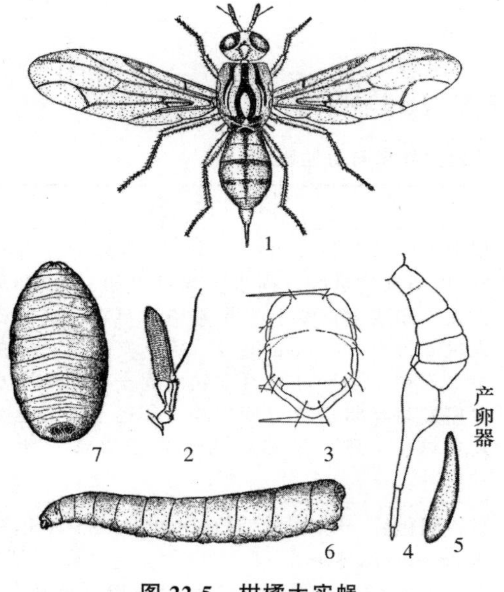

图 22-5　柑橘大实蝇

1. 雌成虫;2. 雌成虫触角;3. 成虫胸部的鬃序;4. 雌虫腹部侧面观;5. 卵;6. 幼虫腹面观;7. 蛹(仿浙江农业大学)

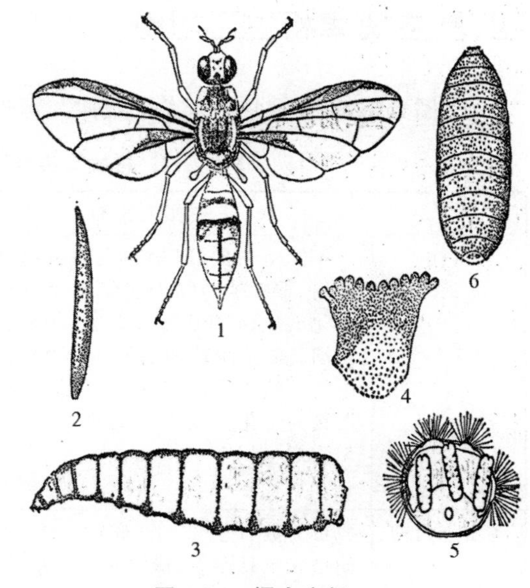

图 22-6　橘小实蝇

1. 成虫;2. 卵;3. 幼虫;4. 前气门;5. 后气门;6. 蛹(仿华南农业大学)

三、分布与为害

柑橘大实蝇和橘小实蝇分布与为害情况比较见表 22-11。

表 22-11　柑橘大实蝇和橘小实蝇分布与为害情况比较

	柑橘大实蝇	橘小实蝇
分布	原产于日本九州琉球群岛的奄美大岛。国外分布于不丹、印度、日本等。在国内主要分布于四川、重庆、贵州、云南、广西、湖南、湖北、陕西、台湾等省份	国外分布于美国、澳大利亚、印度、巴基斯坦、日本、菲律宾、印度尼西亚、泰国、越南等,国内分布于广东、广西、福建、四川、湖南、台湾等省份

续表 22-11

	柑橘大实蝇	橘小实蝇
寄主	寄主为橘类的甜橙、京橘、酸橙、红橘、柚子等，也可为害柠檬、香橼和佛手。其中以酸橙和甜橙受害严重，柚子、红橘次之	除柑橘外，还能为害杧果、番石榴、番荔枝、杨桃、枇杷、柚、柠檬、杏、柿、葡萄、无花果、西瓜、辣椒、番茄、茄子等 250 余种栽培果、蔬菜作物
为害症状	成虫产卵于柑橘幼果中，幼虫孵化后在果实内部穿食瓤瓣，常使果实出现未熟先黄，黄中带红现象，使被害果提前脱落。被害果实严重腐烂，完全失去食用价值，严重影响产量和品质	成虫产卵于新鲜果实中，在果皮上留下产卵痕。幼虫群集于果实中取食肉，老熟幼虫在果实外化蛹。果实受害后干瘪收缩，造成大量落果

四、发生规律和生活习性

柑橘大实蝇和橘小实蝇发生规律与习性比较见表 22-12。

表 22-12　柑橘大实蝇和橘小实蝇发生规律与习性比较

	柑橘大实蝇	橘小实蝇
世代	一年发生 1 代，以蛹在土壤内越冬。在四川、重庆越冬蛹于翌年 4 月下旬开始羽化出土，4 月底至 5 月上、中旬为羽化盛期。雌成虫产卵期为 6 月上旬到 7 月中旬。幼虫于 7 月中旬开始孵化，9 月上旬为孵化盛期。10 月中旬到 11 月下旬化蛹、越冬	华南地区每年发生 9～12 代，无明显的越冬现象，田间世代重叠。橘小实蝇可以卵、幼虫和成虫在果园或大自然中的其他场所存在。老熟幼虫脱果入土 3～7 cm 化蛹。橘小实蝇第一代成虫出现在 3、4 月间，5 月下旬出现全年第 1 个成虫盛发高峰期，8、9 月间出现全年第 2 个成虫盛发高峰。8 月是果园中的水果受害最严重的月份
各虫态历期	成虫为数日至 45 d。卵期 1 个月左右；幼虫 3 个月左右；蛹期 6 个月左右	成虫羽化后，补充营养期较长(夏季 10～20 d，秋季 25～30 d，冬季 3～4 个月)才交配产卵。卵期夏秋季 1～2 d，冬季 3～6 d。幼虫期夏秋季 7～12 d，冬季 13～20 d。蛹期夏秋季8～14 d，冬季 15～20 d
传播途径	卵和幼虫可通过受害果品和蔬菜随国际国内贸易、交通运输、旅游等人类活动远距离传播、扩散	该虫飞行能力强，成虫可飞行数千米。卵和幼虫可通过受害果品和蔬菜随贸易、交通运输。旅游等人类活动远距离传播、扩散。随果蔬苗木的运输传播也是一个重要途径

五、发生与环境的关系

1. 气候条件

(1)柑橘大实蝇　冬春雨量居中，气温在 5～20 ℃，有利于蛹的越冬和羽化。

(2)橘小实蝇　适宜温度为 25～28 ℃，当低于 15 ℃或高于 33 ℃ 时，卵、幼虫和蛹的死亡率均显著增加。早春气温偏低，推迟第 1 代成虫回升期。夏季高温少雨对成虫的发生有抑制作用。适当的降水量可保持土壤湿度和大气湿润，从而降低老熟幼虫和初羽化成虫的死亡率，

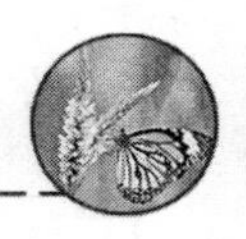

并且有利于成虫的交配和产卵活动，有助于橘小实蝇的繁殖。

2. 土壤与果园位置

矿质土壤有利于大实蝇蛹越冬，板结、土壤通气差、过干和过湿都不利于蛹越冬。小实蝇蛹在土表 2～4 cm，土壤含水量为 50%时，利于蛹存活和成虫羽化。阴坡由于光照短，土壤水分蒸发少，水分适宜，对大实蝇发生有利，通常发生重。

3. 种植与栽培管理

凡冬季果园消毒，春季中耕，6 月份药剂适时施用，8 月摘除蛆果并销毁彻底的果园，翌年发生少。橘园周围种植其他瓜果种类多，有利于小实蝇的发生和对柑橘的为害。

4. 天敌影响

两种实蝇均有丰富的天敌，如蚂蚁、步行虫、隐翅虫等，还有许多寄生蜂，保护利用这些天敌对降低它们对柑橘的为害有重要作用。

六、柑橘实蝇为害检验方法

1. 产卵痕检查法

橘小实蝇在果实上产卵后，果皮上留上针头大小灰色至褐色小斑点。如产卵痕难以确认，可选用 1%红色素（Erythriosin）和伊红（Eosin）或甲基绿（Methyl green）之一配成水溶液染色。其中，红色素对产卵痕的染色效果最佳，染色率达 100%。

2. 剖果检查法

剖开疑似果，检查幼虫，并对幼虫进行鉴定或进一步饲养鉴定。

3. 塑料袋密封法

将具有一定成熟度，或有产卵痕的果实用塑料袋密封数小时后，其中的果实蝇幼虫因缺氧破果而出。

4. 水盆观察法

将水果或蔬菜放入一个小瓷盆内后，套放在盛有清水的大瓷盆里，再用 40 目尼龙网罩上。在室温下观察 7～10 d，幼虫即可从果内弹出，落到水盆中供观察鉴定。该方法适用于成熟度不高的鲜果。

七、柑橘实蝇田间管理技术

1. 落果虫果管理

果园中必须及时清除落果，经常摘除树上有虫果，因为许多害虫就隐藏的落果虫果中越冬，或随落果进入土中越冬，因此，集中焚烧、深埋等处理是降低越冬害虫基础的有效途径。

2. 诱杀成虫

红糖毒饵诱杀。在 90%敌百虫的 1 000 倍液中，加 3%红糖制得毒饵喷洒树冠浓密荫蔽处。隔 5 d 1 次，连续 3～4 次。甲基丁香酚（即诱虫醚）引诱剂诱集。将浸泡过甲基丁香酚加

3%马拉硫磷或二溴磷溶液的蔗渣纤维板小方块悬挂树上，每 km^2 放置 50 片，在成虫发生期每月悬挂 2 次，可将橘小实蝇雄虫基本诱杀。水解蛋白毒饵诱杀。取酵母蛋白 1 000 g、25%马拉硫磷可湿性粉 3 000 g，兑水 700 kg 于成虫发生期喷雾树冠，发挥毒饵诱杀作用。

3.化学药剂调控技术

(1)树冠喷药　在果实接近黄熟时期，在树冠部分喷施低毒农药，隔 5～7 d 喷药 1 次，效果较好，可保证大部分果实不受为害(适合橘小实蝇)。

(2)地面施药　在实蝇幼虫入土化蛹或成虫羽化的始盛期，在果园地面，每隔 7 d 喷药 1 次，连续 2～3 次。

第六节　柑橘叶螨类

柑橘红蜘蛛(*Panonychus citri* McGregor)，属于蛛形纲，真螨目，叶螨科螨类。分布在我国各柑橘产区，除为害柑橘外，还可为害黄皮、无花果、苦楝、桂花、蔷薇、苎麻、沙梨、蒲桃、椰子、番木瓜、木菠萝、油梨、杨桃、人心果、桃、柿、苹果、葡萄、核桃、樱桃和枣等。成、若螨群集于叶、果和嫩枝上刺吸汁液，尤以嫩叶受害最重。叶片受害处，初呈淡绿色，后变灰白色斑点，严重时叶片呈灰白色而失去光泽，叶面布满灰尘状蜕皮壳，引起提早落叶，严重影响树势。受害幼果表面出现淡绿色斑点，成熟果实受害后表面出现淡黄色斑点，果形变小，品质变劣。因果蒂受害而大量落果，会大大降低果品产量和质量。

一、形态特征识别

(1)成螨　雌成螨体近椭圆形，紫红色，长 0.32～0.41 mm，背上有瘤状突起，着生白色刚毛，体深红至暗红，足 4 对，黄白色；雄成螨体鲜红色，瘦长，比雌成螨明显体小，呈楔形。

(2)卵　球形略扁平，初为橘红色后为鲜红色，直径为 0.12～0.14 mm，中央有一直立的卵柄，柄端有 11～12 条细丝，向四周伸出，附着于叶面上。

(3)幼螨　形状色泽近似成螨，体积小。

二、发生规律及环境影响

1.生活周期与发生世代

柑橘红蜘蛛雌螨共分 8 个虫态：卵期、幼螨期、拟蛹、前期若螨、前若蛹、后期若螨、后若蛹、成螨。每年繁殖 16～22 代，有明显世代重叠，世代数多少与当年气温高低成正比，气温较高，红蜘蛛完成一个世代的时间较短，一个世代平均需要 16 d 左右。年发生规律通常每年 3 月开始为害繁殖；4—5 月的春梢期种群数量迅速增加，并维持这种增长，很快达到高峰；7—8 月大多数柑橘产区进入高温期，此时，柑橘红蜘蛛数量开始减少；高温季节过后，进入 9—10 月的秋梢期，随着气温的下降，红蜘蛛的虫口密度又开始增长，并达到高峰。所以，柑橘红蜘蛛的一年内的发生应该密切注意春梢期和秋梢期。

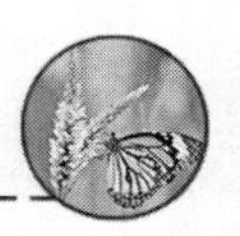

柑橘红蜘蛛以卵、成螨或若螨在柑橘叶背、卷叶、枝条、芽缝或落叶枯枝中越冬，来年 3—4 月温度回升，卵发育起点温度在 6.4～9.2 ℃，越冬卵大量孵化，从老叶迁移至春梢新叶上繁殖。

2.发生与习性

柑橘红蜘蛛的生殖方式有两种，一般是两性生殖，但也存在着孤雌生殖，这种特殊的生殖方式给柑橘红蜘蛛种群调控工作带来了很大的困难。一般柑橘红蜘蛛产卵的部位是柑橘的果实或嫩叶，这些部位营养丰富，为其幼虫提供了生长发育的能量。每头雌螨平均产卵 30～50 粒，春季产卵量最多，夏季最少。

柑橘红蜘蛛喜嫩叶、喜光，树冠外围、中上部发生较多，向阳坡地、土壤贫瘠的柑橘园发生较早，柑橘苗木和幼树由于抽梢多、日照强，天敌少而受害重。

3.温湿度

冬春季干旱，温度偏高年份，如 3 月份月均温达 20～25 ℃，月降雨量 10 mm 以下，春梢大量萌发，红蜘蛛繁殖加快，则发生猖獗。春季高温干旱少雨，是红蜘蛛猖獗发生的重要因素之一，而夏季高温则对其生存和繁殖不利。柑橘红蜘蛛无明显越冬现象，全年繁殖，虫口基数大，常导致翌春红蜘蛛发生早而为害严重。

三、田间管理技术

1.农艺管理技术

加强水肥管理。在春季施用 1 次催芽肥，夏季施用 1 次清粪水＋复合肥＋尿素＋油饼肥，10 月施用 1 次以厩肥＋油饼肥为主的采果肥，结合每次施肥适当灌水。改善果园生态环境，人工种植藿香蓟（白花草）覆盖畦面，能调节果园小气候和土壤的温湿度，为柑橘根系的生长发育和钝绥螨的繁殖创造良好的生态环境，此外，藿香蓟收割后又可作为果园的绿肥。做好冬季修剪和清园工作。结合冬季修剪，剪除红蜘蛛潜伏场所，如柑橘潜叶蛾为害的叶，减少越冬虫源。加强柑橘园栽培管理，增强树势，提高果树的抗虫能力。

2.有益生物保育和有效利用

柑橘红蜘蛛的天敌很多，如深点食螨瓢虫、束管食螨瓢虫、异色瓢虫、大草蛉、小草蛉、小花蝽、钝绥螨、长须螨、食螨瓢虫、六点蓟马等，如钝绥螨一生可吃红蜘蛛 200～500 头，在柑橘红蜘蛛发生高峰期，释放胡瓜钝绥螨，能取得显著的控制效果。也可采用繁殖、保护和利用钝绥螨相结合的方法控制柑橘红蜘蛛种群，即在柑橘园保留或人工种植藿香蓟（白花草）覆盖畦面，利用其花粉，可为钝绥螨提供良好食料以及栖息、产卵、繁殖的场所。

3.化学药剂调控技术

在虫口密度达到经济阈值时，及时喷施化学药剂，控制虫口密度在经济允许损失水平之下是柑橘红蜘蛛综合管理中的重要措施。在春梢芽长 1～2 cm，冬卵孵化盛期施第 1 次药，若大发生年份，7 d 后再施第二次药。选用高效、低毒、低残留性农药，尽量减少用药次数，保护和利用天敌。药剂可选用松脂合剂，冬春季 18～20 倍液，夏秋季 10～20 倍液，99%绿颖矿物油 20～250 倍液（高温季节禁用），2.0%阿维菌素 1 000～1 500 倍液等。

第七节 柑橘木虱

柑橘木虱[*Diaphorina citri*(Kuwayama)]属于半翅目,木虱科害虫,起源于亚洲南部多个地区,目前分布较广泛,除了亚洲外,还分布于美洲和非洲部分国家。我国已扩散到10多个省份。在柑橘抽嫩梢期间发生并为害严重。春天在嫩叶上出现第1个卵高峰期,夏稍期出现第2次高峰,秋稍期为全年发生与为害高峰期。柑橘木虱以若虫取食甜橙的新梢,一枝新梢上的虫量从几头到几百头不等。当若虫密度大时,高龄若虫逐渐转移到前一次抽梢枝条上为害(芸香科植物的地上部分均可受成虫为害),引起叶片卷曲、脱落,严重时造成枯枝和树势衰弱。柑橘木虱另一个重要危害是传播柑橘黄龙病。

一、形态识别

(1)成虫　体长2.47～2.55 mm,宽约1.0 mm,体表青灰色,有褐色斑纹,头部前方两个颊锥凸出明显如剪刀状,中后胸较宽,整个虫体近菱形。足腿节黑褐色,胫节黄褐色,跗节褐色,爪黑色;后足胫节黄色,无基刺,端刺内外各3个,基跗节有一对端刺。前翅半透明,散布褐色斑纹,此带纹在顶角处间断,近外缘边有5个透明斑,后翅无色透明。

(2)卵　长0.25 mm,呈杧果形,初产浅黄色,表面光滑,顶端尖削,另一端有一短柄。

(3)若虫　初孵化时乳白色至淡黄色,后期转青绿色,扁椭圆形,背面略隆起。共5龄,其中1龄若虫体长0.3 mm,2龄若虫体长为0.46 mm,3龄若虫长0.68 mm,4龄若虫长1.04 mm,5龄若虫长1.56 mm,具翅芽。各龄若虫腹部周缘分泌有白色短蜡丝。

(4)柑橘黄龙病识别　柑橘黄龙病,又叫黄梢病,其病原是一种类立克次体或类细菌,已列为国内检疫对象。植株感染了黄龙病后,叶片呈斑驳状,果实为红鼻果、棉花果。初期典型症状:浓绿的树冠中出现1～2条或多条的发黄枝梢,这种黄化的枝梢有两种症状类型,整个叶片均匀黄化或叶片呈黄绿相间的斑驳状。两种症状类型的共同特点是叶质硬化、无光泽,但在黄梢下部的老叶仍呈正常绿色。

二、发生规律及影响因素

1.发生世代与年生活史

亚洲柑橘木虱在1年中发生代数与柑橘抽发新梢次数有关,而每代历期与温度有关。以成虫越冬,田间世代重叠现象严重。在粤东一年发生11～14代,在江西赣南一年发生7～8代,浙南和福建一年发生6～7代。

2.扩散及影响因素

柑橘木虱成虫迁飞能力较弱,主动迁移、扩散能力不强,若虫活动能力更弱,扩散途径主要是经由繁殖材料和随气流迁移,并受多种因素影响,包括柑橘的生长状况、气候、栽培条件、果园施药情况以及天敌数量等。

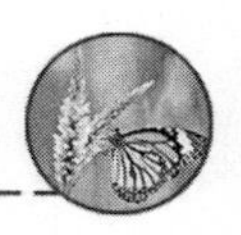

柑橘木虱在任何季节都有可能扩散,但主要在春季。黄板监测显示,其扩散不受气温、光照、风速影响,但湿度影响其扩散,黄板捕木虱数量与相对湿度呈负相关。

3.果园环境、寄主和有益生物

黄龙病发生与柑橘木虱种群密度呈正相关,而木虱数量与嫩梢数量呈正相关。粗放管理果园为木虱大量发生提供了重要虫源,在这些果园内,柑橘树势较弱,抽梢次数多,抽梢时间长,有利于木虱生长繁殖。

柑橘木虱成虫寄主选择性与柑橘品种叶片下表皮气孔密度呈极显著正相关,与叶片下皮层厚度呈显著负相关。

柑橘木虱天敌主要有捕食性天敌和寄生性天敌。捕食性天敌在国内已经发现的有20余种。以瓢虫类为代表的捕食性天敌对柑橘木虱卵和1龄若虫种群有显著的控制效果。以寄生木虱若虫为主的小蜂类天敌也是田间重要的天敌类群。

三、综合管理技术

1.加强植物检疫措施

柑橘木虱寄主植物为芸香科柑橘、黄皮、九里香等果树和观赏植物,也是世界柑橘产业最具毁灭性的柑橘黄龙病唯一已知的自然传播媒介,成为柑橘产业最危险的病虫害。采取检疫措施,禁止将疫情发生区柑橘苗木、九里香等芸香科寄主植物运到无虫区种植,对阻止柑橘木虱和黄龙病蔓延均有重要作用。

2.农艺管理技术

(1)适时修剪和清园　适时修剪果园内柑橘树,及时清除结果差的黄龙病病树和衰老树,并妥善处理,以减少病虫源。

(2)净化橘园周围环境　清除果园周围的枳壳篱笆、九里香、金柑、金豆、黄皮和山黄皮等芸香科植物,也应避免种植两面针和吴茱萸等中药材,减少柑橘木虱中间寄主。特别注意,房前屋后尽量不种植芸香科植物,减少柑橘木虱繁殖场所。新建果园应远离黄龙病发生柑橘园2～2.5 km。

(3)加强嫩梢期管理　加速春梢早熟。针对少花或中花的营养旺长树,开花前,剪除树冠外所有春梢,以及中下部1/2～2/3春梢,其余只留3～4叶摘顶春梢。剪除结果树的所有夏梢,促使抽发早秋梢,并全部剪除晚秋梢,有利于喷药而不利于柑橘木虱成虫产卵。

(4)品种单一化　同一果园种植相同柑橘品种,避免多品种混合种植,保证柑橘树抽梢期整齐,结果一致,便于柑橘园和病虫害的管理。

(5)橘园植物多样化管理　利用非嗜食性植物可以驱避柑橘木虱的为害。加强柑橘木虱天敌保育的生态环境,在橘园套种菊科草本植物,如假臭草、豆科牧草、旋扭山绿豆、番石榴等,增加生物多样性,利于天敌繁殖,对柑橘木虱有显著驱避作用,可减少柑橘木虱发生,减轻柑橘黄龙病的发生与为害。

3.有益生物保育和利用

柑橘木虱天敌主要有捕食性天敌和寄生性天敌。常见捕食性天敌有异色瓢虫[*Harmonia axyridis*(Pallas)]、六斑月瓢虫[*Menochilus sexmaculata*(Fabricius)]、龟纹瓢虫[*Propylaea japonica*(Thunberg)]、双带盘瓢虫[*Lemnia biplagiata*(Swartz)]、八斑和瓢虫[*Harmonia*

octomaculata(Fab.)]、丽草蛉[*Chrysopa formosa*(Brauer)]和斜纹猫蛛[*Oxyopes sertatus* L. Koch)。其中,龟纹瓢虫、丽草蛉和斜纹猫蛛是柑橘木虱重要的捕食性天敌。另有报道,古巴光瓢虫(*Exochomus cubensis* Dimn)和一种食蚜蝇(*Ocyptamus* sp.)能分别捕食柑橘木虱33.3%和41.6%卵量,对1龄若虫的捕食量为16%和40%。

柑橘木虱寄生性天敌主要以寄生若虫为主,如姬小蜂科、阿里食虱跳小蜂[*Diaphorencyrtus aligarhensis*(Shafee,Alam & Agarwal)]、柑橘木虱啮小蜂[*Tamarixia radiata*(Waterson)]等。通过室内繁育阿里食虱跳小蜂和柑橘木虱啮小蜂,在春秋柑橘木虱若虫发生高峰期放蜂,寄生效果良好。我国台湾主要有柑橘木虱跳小蜂(*Psyllaephagus* sp.)和红腹食虱跳小蜂(*Diaphorencyrtus* sp.),在若虫发生期,采用两者混合释放,低密度时寄生率32%~80%,高密度时寄生率可达80%~100%。

有益微生物制剂得到了广泛的研究和应用,取得了良好的影响效果。在田间相对湿度90%以上时,施用蜡蚧轮枝孢使若虫和成虫的致病率均达到80%~90%。使用球孢白僵菌1×10^8孢子/mL悬浮液,柑橘木虱低龄和高龄若虫的致死率均在90%以上;用玫烟色棒束孢1×10^8孢子/mL悬浮液,柑橘木虱高龄若虫的致死率达83.7%,低龄若虫的致死率高达88.3%。柑橘木虱成虫经球孢白僵菌1.0×10^8孢子/mL悬浮液处理后3 d的校正死亡率达62.0%,7 d后成虫校正死亡率达95.7%。另用捕食螨携带白僵菌孢子粉,能使柑橘木虱成虫和卵3 d后的致死率分别为98.8%和98.4%,低龄若虫侵染率达100%。

4.灯光和色板调控技术

柑橘木虱紫外光(390 nm)对柑橘木虱雌雄虫具有显著的吸引效果,而绿光、黄光也有一定的吸引作用。在黄光和绿光中加入紫外光能显著提高黄、绿两种光对柑橘木虱的吸引作用。

色板诱集在害虫种群管理中有重要作用,针对柑橘木虱,黄板对成虫的捕获效果最好,其次是红色板。黄板在不同果园效果有差异,在柠檬园中黄板对柑橘木虱成虫的捕获率最高,其次是甜橙园,捕获效果最差的是葡萄柚。黄板诱集效果还与黄板放置时间有关,每日12:00~16:00是黄板捕获量高峰时段。黄板悬挂方式与诱虫效果密切相关,将黄板挂向南面方位,高150 cm处,且间距4~5 m为诱集柑橘木虱最佳设置。

此外,在柑橘木虱种群物理调控中,可以结合蚜虫和粉虱等其他害虫的调控,在橘园设置反光膜,同样也可以阻止柑橘木虱降落到寄主植物上为害。

5.化学药剂调控技术

柑橘木虱主要为害新抽出的嫩梢,同时传播柑橘黄龙病,因此,各个放梢期是柑橘木虱的盛发期,也是化学药剂施用的关键时期,对阻止柑橘黄龙病扩散蔓延具有重要作用。出梢期越整齐,施用化学药剂越及时,柑橘木虱为害就越轻,相应有效阻止黄龙病发展就越成功。

此外,根除黄龙病病树时,要先采果后施药,再挖病树。早春控制好越冬虫源,选择适宜在低温时期有效的药剂。施用化学药剂时,注意柑橘园附近和屋前屋后的柑橘木虱寄主植物,如沙田柚、佛手、香橼、九里香等均要统一施用。药剂可选择22%高效氯氟·噻虫嗪微囊悬浮剂、10%吡虫啉可湿性粉剂和4.5%高效氯氰菊酯乳油,对柑橘木虱的效果优良,有较好的持效性,在柑橘抽梢期施药1~2次,间隔15 d以上。使用过程中特别需要注意轮换交替用药,延缓木虱产生抗药性。

另外,矿物油乳剂对柑橘木虱有较强拒避作用,可显著减少寄主植物上的产卵量。

第二十三章

棉花重要害虫及其管理技术

棉花是关系国计民生的重要物资,在国民经济发展中具有重要地位。棉花产业链长,涉及生产、加工、流通、纺织、出口等多个行业,属劳动密集型产业。整个棉花产业不仅在生产领域曾经吸纳了在我国长江流域和黄河流域大量农村劳动力和城乡劳动力就业问题,而且棉花加工企业、棉花流通企业、棉纺织企业、纺织品服装加工及出口企业也解决了大量的城镇劳动力就业问题。棉花生产曾经是支撑着纺织工业发展和农村经济的重要来源。随着现代农业产业结构的调整,现阶段,我国棉花主产区已经转移到了新疆棉花产区,主要生产我国的优质棉,而黄河流域和长江流域仍然有部分棉花的种植。

棉花的生长过程,要经历几个主要生长期,包括:播种出苗期,10～15 d;苗期,即出苗后到现蕾之前,40～45 d;蕾期,为现蕾到开花,25～30 d;花铃期,即开花到吐絮,50～60 d;吐絮期,指吐絮到收花,30～70 d。在棉花整个生育过程中,共经历5个生育时期,每个阶段发生的重要害虫种类不同(表23-1)。在我国为害棉花的害虫共有310种,每年因虫害造成的产量损失一般为10%～30%,严重时可达50%以上。

表23-1　棉花各生育期发生的害虫种类

生育期	时段	天数	主要害虫
播种出苗期	播种—出苗	10～15	种蝇
苗期	出苗—现蕾	40～45	地下害虫类、苗蚜、蓟马、盲蝽象、棉铃虫、棉叶螨、造桥虫、卷叶螟
蕾期	现蕾—开花	25～30	伏蚜、盲蝽象、棉铃虫、棉红铃虫、玉米螟、棉叶螨、造桥虫、卷叶螟
花铃期	开花—吐絮	50～60	伏蚜、盲蝽象、棉铃虫、棉红铃虫、玉米螟、棉叶螨、造桥虫、卷叶螟
吐絮期	吐絮—收花结束	30～70	秋蚜、棉铃虫、棉红铃虫、玉米螟

第一节　棉铃虫

棉铃虫属于鳞翅目,夜蛾科昆虫,分布于全国各个棉花产区,是多食性昆虫,寄主有番茄、辣椒、茄子、西瓜、甜瓜、南瓜等蔬菜,瓜类以及棉、烟、麦、豆等多种农作物,均以幼虫蛀食寄主作物的蕾、花、果及茎秆,也食害嫩茎、叶和芽等,造成严重减产。

黄河流域常年发生量大,为害重,是常发区。1990 年以后,棉铃虫连续大发生,特别是 1992 年第 2 代棉铃虫的发生量为历年所罕见。据河南省新乡市和河北邯郸的调查,在卵高峰期,单日百株卵量超过 1 000 粒,一般棉田百株幼虫量均达 100 多头,为害重的地块,棉株嫩顶和幼蕾被害率达 90%,个别地块甚至将棉叶吃光,形成光秆。

长江流域棉区为间歇性大发生。自 1970 年起,发生的频率明显增多。如 1971 年、1972 年、1978 年、1982 年、1990 年,3、4 代棉铃虫在湖北、江苏、江西、浙江、安徽等省棉区曾大发生,若控制不及时,常造成棉花产量损失。

一、形态及为害状识别

1. 重要形态特征(图 23-1)

(1)成虫　体长 15～20 mm,翅展 27～38 mm。雌蛾赤褐色,雄蛾灰绿色。前翅斑纹模糊不清,中横线由肾形斑下斜至翅后缘,外横线末端达肾形斑正下方,亚缘线锯齿较均匀。环形和肾形纹翅反面更清楚。后翅灰白色,脉纹褐色明显,沿外缘有黑褐色宽带,宽带中部 2 个灰白斑不靠外缘。

(2)卵　近半球形,底部较平,顶部微隆起。表面可见纵横纹,纵棱有 2 岔和 3 岔到达底部,通常 26～29 条。初产时乳白色或淡绿色,逐渐变为黄色,孵化前紫褐色。

(3)幼虫　老熟幼虫长 40～50 mm,初孵幼虫青灰色,以后体色多变,常见有 4 个类型。

☞体色淡红,背线,亚背线褐色,气门线白色,毛突黑色。

☞体色黄白,背线,亚背线淡绿,气门线白色,毛突与体色相同。

☞体色淡绿,背线,亚背线不明显,气门线白色,毛突与体色相同。

☞体色深绿,背线,亚背线不太明显,气

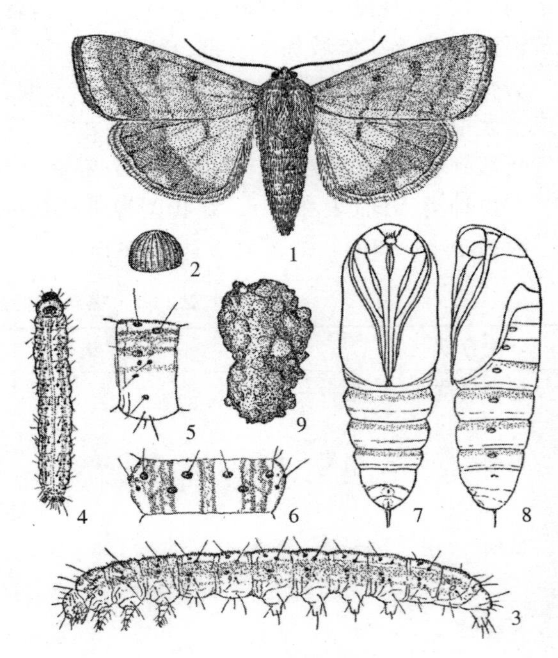

图 23-1　棉铃虫

1. 成虫;2. 卵;3. 成长幼虫侧面观;4. 未成长幼虫背面观;5. 幼虫第 2 腹节侧面观;6. 幼虫第 2 腹节背面观;7. 雄蛹腹面观;8. 蛹侧面观;9. 土茧(仿华南农业大学)

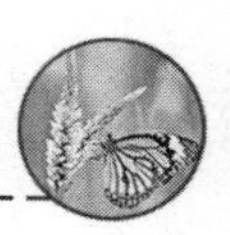

门淡黄色。

(4)蛹　长 13～23.8 mm，宽 4.2～6.5 mm，纺锤形，赤褐至黑褐色，腹末有一对臀刺，刺的基部分开。

2.为害状识别

棉铃虫为多食性害虫，为害棉花时，幼虫是棉花蕾铃期重要钻蛀性害虫，主要蛀食蕾、花和铃，最喜欢钻食幼铃。棉铃虫也取食嫩叶。幼虫为害嫩头和嫩叶，造成花嫩叶(缺刻或孔洞)和多头棉株。幼虫钻入蕾中为害时，蕾的下部有蛀孔，苞叶张开变黄，引起空蕾和蕾脱落。幼虫蛀食花时，致使花而不实。幼虫钻蛀幼(青)铃时，铃的基部有蛀孔，孔径粗大，近圆形，粪便堆积在蛀孔之外，呈赤褐色，铃内被食去一室或多室棉籽和纤维，未吃的纤维和种子呈水渍状而腐烂。最终形成大量的僵瓣花，影响棉花产量和品质。

二、发生规律和重要习性

1.生活周期与发生规律

棉铃虫属于完全变态昆虫，个体发育阶段包括成虫、卵、幼虫和蛹 4 个虫态。以幼虫为害植物造成经济损失。棉铃虫发生的代数由北向南逐渐增多(表 23-2)，在为害最重的黄河流域棉区和部分长江流域棉区一年发生 4 代。以黄河流域棉区棉铃虫为例，各代发生时间及为害情况如下：以滞育蛹越冬，至 4 月中下旬始见成虫。第 1 代幼虫为害盛期 5 月中下旬，主要为害小麦、豌豆，越冬作物。第 2 代幼虫为害盛期在 6 月下旬至 7 月上旬，主要为害棉花的嫩叶、生长点和蕾，棉田外的其他寄主尚有番茄、苜蓿等。第 3 代幼虫主要为害棉花的花蕾、幼铃。棉田外的其他作物有玉米、豆类、花生、番茄等。第 4 代幼虫重点为害棉花的青铃，为害其他作物多于第 3 代，包括高粱、向日葵以及瓜果和蔬菜。黄河流域第 4 代老熟幼虫通常入土中化蛹越冬。

表 23-2　我国棉铃虫各地各代成虫发生期

地点	越冬代	1 代	2 代	3 代	4 代
新疆	5 中—6 中	6 下—8 初	8 中—9 下	9 末—10 中	
辽宁	5 中—6 中	6 中—7 中	7 下—8 下	8 下—10 上	
河北	5 上—6 中	6 下—7 上中	7 中—8 中	8 中—9 下	
山东	4 下—5 上、下	6 中—7 上	7 中—8 上	8 中—9 中	
河南	5 下—5 下	6 上—6 下	7 中—8 上	8 中—9 上	
湖北	5 下—6 中	6 中—7 上	7 中—8 上	8 中—9 上	9 上—下
上海	4 下—6 中	6 上—7 中	7 中—8 中	8 中—9 中	9 中—下
浙江	4 下—6 上中	6 中—7 中	7 中—8 中	8 中—9 中	9 中—下
江西	4 中—6 中	6 中—7 下	7 末—8 下	8 末—10 初	10 中—11 中

注：表中数字为月，上、中和下分别指上旬、中旬和下旬。

2.重要习性

成虫习性　成虫白天隐藏在叶背等处，黄昏开始活动，取食花蜜。飞翔力强，为间歇性迁飞害虫。趋光性较强。产卵强烈趋向嫩绿和高大植物。卵散产在寄主嫩叶、苞叶和果柄等处。

幼虫习性　幼虫5～6龄。初龄幼虫取食嫩叶，而后蛀食蕾、花和铃，并多从基部蛀入蕾、铃。被取食后，受害幼蕾苞叶张开、枯黄脱落，被蛀青铃易受污染而腐烂。3龄以上幼虫常有互相残杀习性。有转移为害习性。平均每头幼虫常为害10多个蕾铃。老熟幼虫吐丝下垂，多数入土作土室化蛹。

三、主要影响因素

1.温度和湿度

棉铃虫属喜温喜湿性害虫，成虫产卵适温在23 ℃以上，当5月平均气温20 ℃以上时，适于成虫产卵活动，20 ℃以下很少产卵。幼虫发育以25～28 ℃最为适宜，相对湿度75%～90%最为适宜。为害棉花期间，降雨次数多且雨量分布均匀易大发生。干旱地区及时灌水有利于棉铃虫发生。暴雨和大雨的冲刷作用可使当时田间卵量显著下降，也影响土壤中蛹的存活率，但雨后成虫仍能继续产卵使虫口密度回升。

5月上中旬有寒流侵袭，可使第1代发生量少，第2代发生时间晚。8—10月间低温来临早，秋季种群数量和越冬基数小。

2.土壤因素

土壤板结不利于幼虫入土化蛹，处于浸水状态能造成蛹大量死亡，蛹期降水超过100 mm，造成土壤含水过大，影响蛹的存活和羽化，导致下一代发生量显著降低。

3.种植制度与农事操作

前茬是麦类或绿肥、棉花与玉米邻作、水肥条件好、长势旺盛的棉田，有利于棉铃虫发生。麦收后及时中耕，杀灭部分第1代蛹，压低第2代虫源基数，发生量减轻。冬耕冬灌破坏越冬蛹(土)室，影响第2年棉铃虫成虫羽化率。

4.天敌因素

棉铃虫的天敌资源丰富，主要寄生天敌有寄生卵的赤眼蜂、寄生低龄幼虫的齿唇姬蜂、寄生大龄幼虫的甘蓝夜蛾拟瘦姬蜂和寄生蝇。主要捕食天敌包括姬猎蝽类、花蝽类、瓢虫类、蜘蛛类、草蛉类、胡蜂类。天敌的控害作用效果较好。研究表明，棉铃虫齿唇姬蜂对1代棉铃虫的寄生率较高，常年小麦田内的寄生率为15%～20%。捕食性天敌一般捕食低龄幼虫，棉铃虫2、3和4代一龄幼虫减少总数中，天敌捕食的幼虫分别占51%、61%和54%。

四、综合管理技术

1.为害特点及管理策略

棉铃虫管理中，应根据不同世代的为害特点，采用针对性的管理策略。以4代区为例，第1代主要为害冬季作物。冬季作物田，如小麦管理，对压低棉田虫源很重要。第2代主要为害棉茎顶端、棉嫩叶和蕾。2代棉铃虫的调控首先是保护植株顶尖，其次保蕾，以压低后代的基数。第3代主要为害蕾和早期幼铃。3代棉铃虫调控任务是保护棉蕾不受虫害。第4代幼虫集中蛀食青棉铃。此时管理重点是保护棉铃。

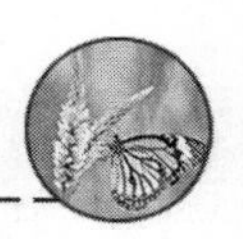

2.农艺管理技术

提倡冬耕冬灌,压低越冬基数。有灌溉条件的可进行冬灌。冬耕冬灌田的棉铃虫死亡率为60%～90%。麦收后及时中耕灭茬,在麦套棉区,麦田第1代幼虫老熟后,在土表层化蛹。麦收后中耕灭茬能显著降低成虫羽化率。加强棉田管理,防止贪青晚熟。种植抗虫棉品种,转基因抗虫棉的大面积种植,在控制棉铃虫发生与为害中发挥了重要的作用。

3.成虫诱杀

(1)灯光诱杀　利用棉铃虫成虫的趋光性,可用高压汞灯和其他诱虫灯诱杀多种趋光性害虫。

(2)杨树枝把诱蛾　根据棉铃虫成虫有黎明躲藏习性,可采用杨树枝把诱蛾。每667 m^2设7～10把,每天晚上放置,次日日出之前用网袋套住枝把捕捉棉铃虫。树枝每6～7 d更换一次,以保持较强的诱虫效果。

(3)性诱剂诱杀　利用性诱剂对雄虫强烈的引诱作用来捕杀雄蛾。

4.天敌保护与利用

(1)保护利用天敌　益害比在1∶2.5左右,暂不用药,特别是百株幼虫数不超过防治指标,不要喷药,继续加强监测。释放天敌,通常释放赤眼蜂寄生棉铃虫卵。

(2)应用生物农药　使用含8亿～10亿活孢子的Bt乳剂,200～250 g/667 m^2,兑水稀释200倍;40 g/667 m^2棉铃虫核多角体病毒制剂,常规喷雾。

5.合成化学药剂调控技术

(1)调控指标　化学药剂调控棉铃虫种群时,可参考如下调控指标:第2代,一般棉田百株卵量80～100粒,百株低龄幼虫达10～15头;第3代,卵量突然上升或百株虫量达8头;第4代,百株幼虫10头,卵50～100粒。

(2)用药方式　关于棉铃虫药剂调控,我国棉花种植者根据棉铃虫发生不同世代为害部位不同,总结出了一套施药方法:调控第2代棉铃虫时,采用“雪花盖顶”施药方式,确保药液均匀散布在植株嫩叶和嫩头上,并兼顾早期蕾的保护。调控第3、4代棉铃虫时,采用“两翻一扣,四面打透”或者“枯树盘根”的施药方式,重点保护植株内膛果枝上棉铃不受幼虫钻蛀,这种施药方法效果很好。

注意:若用杀虫较慢的微生物制剂和选择性农药时,施药时间应掌握在卵高峰期。

第二节　棉盲蝽类

一、棉盲蝽种类及优势种的变化

全世界已知为害棉花的盲蝽有50多种。在我国,1963年萧采瑜等发现棉盲蝽28种,王善佺1993年首次报道了棉盲蝽15种。就全国而言,在20世纪五六十年代,主要是绿盲蝽、三点盲蝽和苜蓿盲蝽。随后，则以中黑盲蝽、绿盲蝽和苜蓿盲蝽为主。例如，在江苏，1969—1972年发生的主要种类为苜蓿盲蝽，其次为中黑盲蝽和绿盲蝽；1973年后，绿盲蝽上升为主要为害种，其次为中黑盲蝽和苜蓿盲蝽；1975年，中黑盲蝽又有发展为主要种的趋势。在江西，20世纪50年代初期，绿盲蝽为棉田优势种，约占盲蝽象混合种群的90%以上。20世纪80年代中期至今，绿盲蝽发生较少，而中黑盲蝽明显增多，已成为棉田盲蝽的优势种，约占棉盲蝽混合种群的60%以上，并且为棉田比较恒定的优势种。近年来，黑盲蝽数量进一步上升，已成为棉田主要害虫之一。

二、分布区域及寄主植物

棉盲蝽，又称盲蝽象，属于半翅目，盲蝽科，其分布较为广泛。在国内，华北、东北及西北区的陕西、华东区的山东、安徽、江苏、江西、浙江、中南区的河南等地，除东北较少外，其他地区都已有发生，尤其是皖北、陕西灌溉区、中原地区以及山东省、河北省的南部为主发区。

黄河流域及其以北的棉区，发生的种类主要是苜蓿盲蝽、三点盲蝽和绿盲蝽；长江流域棉区发生的种类主要是绿盲蝽、中黑盲蝽和苜蓿盲蝽，其南部则以绿盲蝽为主；西北内陆棉区则以牧草盲蝽为主，其次为苜蓿盲蝽和小叶盲蝽；在辽河流域棉区，以绿盲蝽为主。

盲蝽象属于多食性害虫，寄主植物较广泛。绿盲蝽寄主植物多达28科100种，包括栽培植物44种和野生植物56种。中黑盲蝽寄主植物种类略多于绿盲蝽，其中许多寄主与绿盲蝽相同，但嗜好程度有差异。目前已发现并记录到的中黑盲蝽寄主植物有29科105种，包括栽培植物46种和野生植物59种。

三、形态特征

1.绿盲蝽(图23-2)

(1)成虫　体大致为绿色，因而叫它绿盲蝽。体长5.2 mm左右。触角比身体短，黄褐色，向尖端色较浓。前胸背板上具有微弱小刻点，前翅绿色，膜质部暗灰色。腿淡绿色，胫节上有较弱的刺，各胫节末端与跗节色较浓。

(2)卵　淡黄色，长1.0 mm左右，卵盖乳白色，中央凹陷，两端较突起。

(3)若虫　5龄若虫为鲜绿色，全身被有微弱的黑色细毛。触角淡黄色，向尖端逐渐变浓，第4节为暗灰色。腿大致为淡绿色，跗节末端与爪为黑褐色。透过第3腹节背板有椭圆形腺囊，开口在腹部第3节后缘，腺囊口边绿黑色、横扁，似一黑纹。第1龄若虫体色较浅，但触角末端、腿的末端及腺囊口均为黑褐色，是其主要特征。

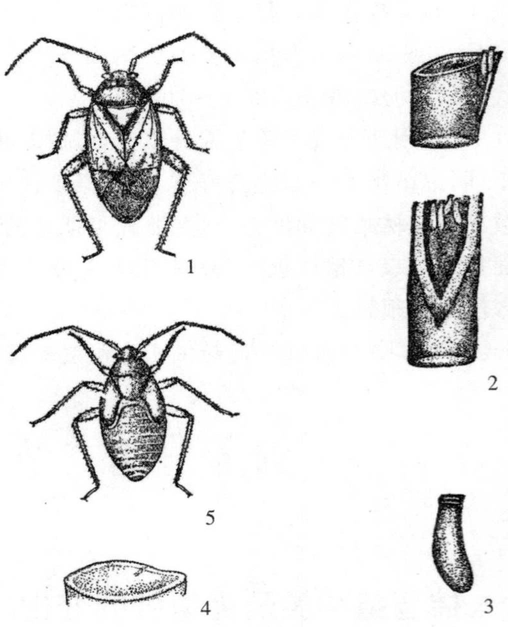

图23-2　绿盲蝽

1.雌成虫；2.苜蓿茬内越冬卵；3.卵；4.卵盖正面观；5.第5龄若虫(仿华南农业大学)

2. 三点盲蝽(图 23-3)

(1)成虫　黄褐色,体长 7.0 mm 左右。体上被有黄色细毛,触角与身体约等长。前胸背板后缘有一黑色横纹,前缘具 2 个黑斑,小盾片与两个楔片呈明显 3 个绿黄色三角形斑,是“三点盲蝽”的由来。革片中央有一颜色较浓的长楔形斑。腿大致为赭红色,各胫节上有显著的刺。

(2)卵　淡黄色,长 1.2 mm 左右,卵盖上有附属的丝状物,卵盖中央有两块小突起。

(3)若虫　5 龄若虫为黄绿色,被有黑色细毛。触角除靠近第 2 节基部与第 3、4 节基部为淡青色外,余者皆为赭红色,所以有人称它为花触角盲蝽。除前腿、中胸、足胫节中央及各股节基部为淡青色外,余者都密被有赭红色斑点,大致看来为赭红色腿。腹部 9 节,每节上有横的黑色细毛 3～4 行。腺囊口横扁,前缘黑色,后缘色淡。初孵化的若虫为鲜黄色。

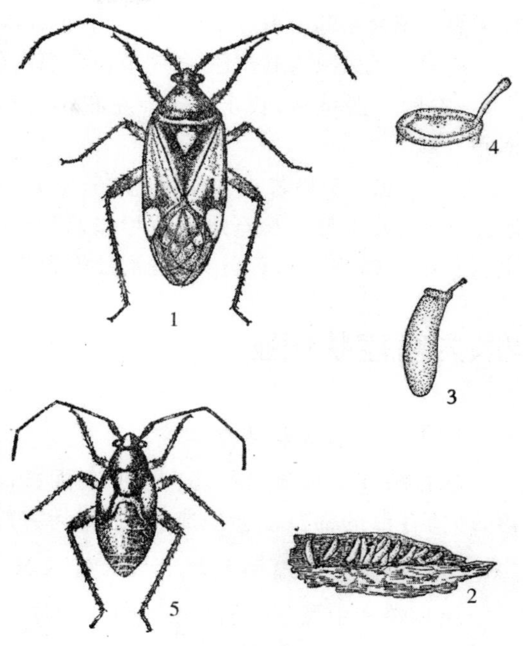

图 23-3　三点盲蝽

1. 成虫;2. 树皮内越冬卵;3. 卵;4. 卵盖正面观;5. 第 5 龄若虫(仿华南农业大学)

3. 苜蓿盲蝽(图 23-4)

(1)成虫　黄褐色,体长 7.5 mm 左右,体上被有黄色细毛,触角比身体长,前胸背板后缘有两个黑色圆点,小盾片中央有两条半丁字形(┐ ┌)黑纹,前翅革片中央有一颜色较浓的楔形纵斑。各腿节密被黑褐色斑点,胫节上的刺显著。

(2)卵　淡黄色,长 1.3 mm 左右,卵盖平坦,黄褐色,一端有一小突起。

(3)若虫　5 龄若虫为暗绿色,体被有显著的黑色斑点和刚毛,看似很不洁净。触角黄色,末端颜色较浓。前胸背板上被有大小不同黑点,并着生粗细不同的刚毛。腿淡色,各腿节密被黑褐色斑点,胫节上有大而色黑的刺。腹部各节有一排排横的黑色刚毛,腺囊口为横“8”字形,边缘褐色。初孵化的若虫主要特征是触角第 4 节呈红色棒状,到第 3 龄时则不显著。

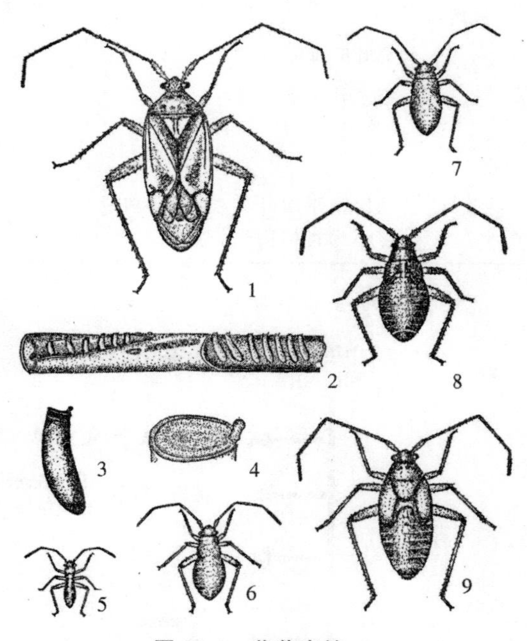

图 23-4　苜蓿盲蝽

1. 雌成虫;2. 棉叶柄上产卵状;3. 卵;4. 卵盖正面观;5. 第 1 龄若虫;6. 第 2 龄若虫;7. 第 3 龄若虫;8. 第 4 龄若虫;9. 第 5 龄若虫(仿华南农业大学)

4. 中黑盲蝽

(1)成虫　体长 7.0 mm,大体为褐色,被有黄色细毛。头黄赭色,触角比身体长。前胸背板中央有两个黑色圆点,比苜蓿盲蝽的两个圆点稍小而靠前些。爪片的大部分和小盾片为黑褐色,

是中黑盲蝽命名的由来。革片中央有一色较浓的楔形纵斑，其末端靠近楔片内缘顶端色更浓，呈黑色三角形。腿大致为赭黄色，各腿节被有黑褐色斑点，特别是后腿节颜色变赭红色，黑点也显著。

(2)卵　淡黄色，长 1.2 mm 左右，卵盖上有丝状附属物，中央凹陷而平坦，有一块块黑斑，似筛底状。

(3)若虫　5 龄若虫为深绿色，全身被有微弱黑色刚毛。头与触角赭褐色，腹部中央色较浓。此外，大体与苜蓿盲蝽若虫相似，但不如苜蓿盲蝽若虫身上刚毛多、斑点显著。初孵化若虫与苜蓿盲蝽更不易区分，只是头部颜色较浓些，但触角第 4 节不如苜蓿盲蝽鲜艳。

四、为害症状识别

1. 子叶期为害症状

绿盲蝽和中黑盲蝽都能在子叶期为害棉苗生长点，通常受害棉苗整个心叶变黑枯死并脱落，即便存活的棉苗也会变成无头苗，为害严重时，整个幼苗成枯死苗，造成缺苗。

2. 真叶期中黑盲蝽和绿盲蝽为害症状

绿盲蝽和中黑盲蝽真叶期为害状比较见表 23-3。

表 23-3　绿盲蝽和中黑盲蝽真叶期为害症状比较

	为害组织	初期症状	后期症状
中黑盲蝽	第一至第二片真叶叶柄基部	基部刺穿，基部针头大小的黑点	导致生长点枯死
	真叶叶面	呈现黑色斑点	随叶生长变成黄褐色小点
	第二片未展真叶	叶片有褐色小刺孔	叶缘黑枯，长大后叶缘畸形。第二片真叶平展至现蕾前受害症状依旧如此
绿盲蝽	为害已平展叶和未展开嫩叶。多不为害棉苗生长点	形成许多黑斑	叶片生长扩大，撕裂成很多不规则孔洞，俗称“破叶疯”

3. 蕾铃为害后症状(图 23-5)

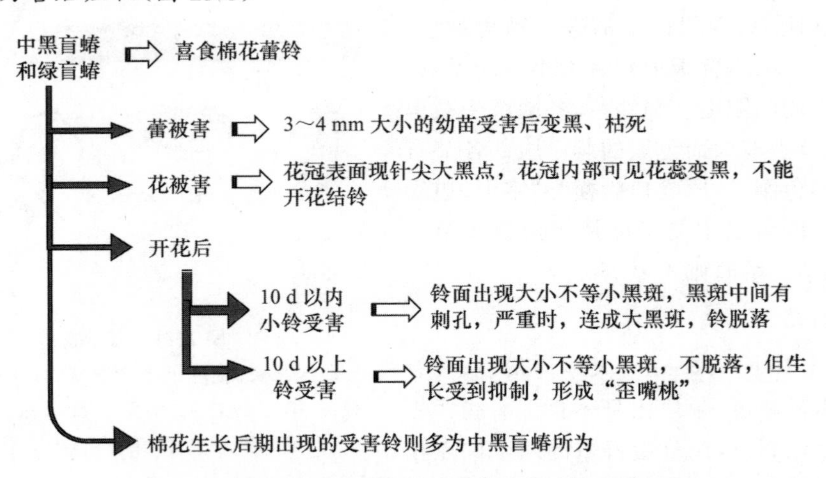

图 23-5　绿盲蝽和中黑盲蝽棉花蕾铃期为害状简示图

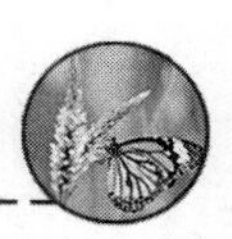

五、发生规律与重要习性(以绿盲蝽为例)

1.发生规律

绿盲蝽由南向北发生代数逐渐减少,每年可发生3～7代。在大部分地区,以卵在苜蓿、苕子、蒿类的茎组织内越冬,少数地区则以成虫在杂草间、胡萝卜、蚕豆、树木树皮裂缝及枯枝落叶、藜科杂草等下越冬。5代区,一般春季温暖后,卵孵化为若虫,在越冬寄主上为害,少量迁移到小麦和杂草上。6月中旬为第1代成虫盛发期,迁入棉田为害。7月中下旬为第2代成虫盛发期,8月中下旬为第3代成虫盛发期,9月下旬至10月上旬为第4代成虫盛发期,迁至越冬寄主产卵越冬。

2.寄主间转移规律

盲蝽在农田中可以快速转移,若虫主要是行走,而成虫通过行走和短距离飞行在植株间转移。从图23-6来看,中黑盲蝽和绿盲蝽越冬虫态在早春主要是在冬季作物上取食,然后,随着春季作物的种植便转移到春季作物上取食为害,第1、2代基本活动和取食于冬季和春季作物苗期(包括杂草),第3、4代,当棉花出来后,大量中黑盲蝽和绿盲蝽便转移到棉花上取食与为害。从第2代到第4代,棉花是中黑盲蝽和绿盲蝽比较喜欢的寄主植物,数量占比较高。2、3、4代中黑盲蝽占总虫量的74.23%、84.39%和81.42%,而2、3、4代绿盲蝽占总虫量的41.61%、47.88%和68.71%。

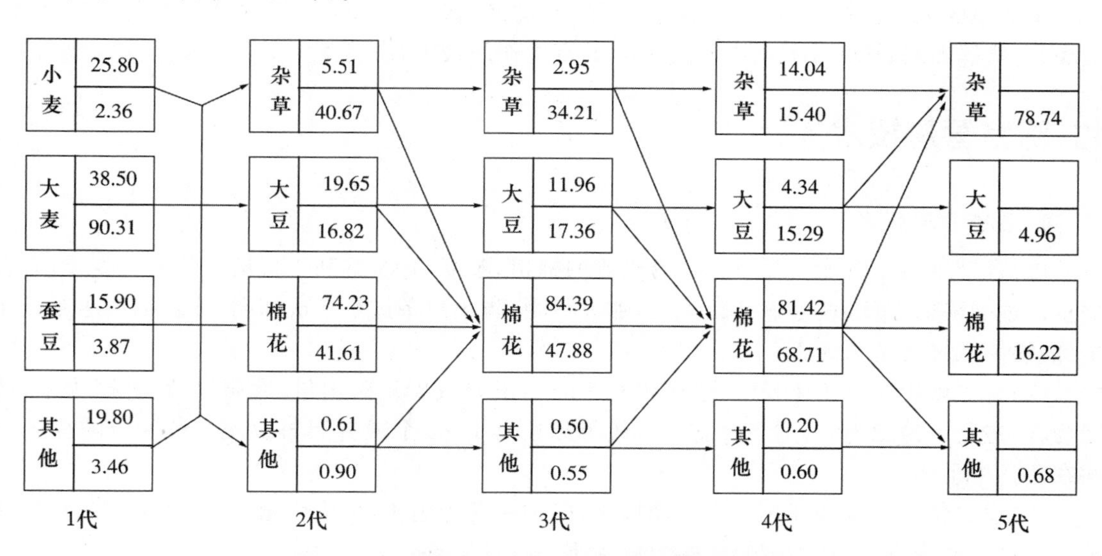

图23-6　中黑盲蝽和绿盲蝽在常见作物间转移规律

(江苏盐城农区,徐文华等,2007)

方框中下排数字为绿盲蝽所占百分率,上排数字为中黑盲蝽所占百分率

3.重要习性

盲蝽象有许多重要的习性,如成虫善飞翔,可短距离飞翔转移,有趋光性,喜食花蜜;雌虫多在夜间产卵。卵多产在棉叶柄、嫩茎、叶脉等组织中,外露黄色卵盖。成若虫均喜食棉花嫩茎和生长点。在棉株顶部活动时间为上午9点前或下午5点后,午间多在棉株中部及叶背面休息。

六、主要影响因素

1.气候影响

苜蓿盲蝽与三点盲蝽的最适宜温度为20～35 ℃,绿盲蝽的最适宜温度范围还要更广一些。春季低温使越冬卵延迟孵化,夏季温度超过35 ℃盲蝽象成、若虫大量死亡。盲蝽象大多种类在相对湿度60%以上才能大量孵化。一般6—8月降雨偏多的年份,有利于棉盲蝽的发生和为害,这个季节干旱不利于盲蝽象发生。

2.棉田周围环境和棉花生长情况

棉盲蝽的发生与棉田周围环境有直接关系,一般靠近冬寄主和早春繁殖寄主的棉田,常发生早而重。棉花密度大,氮肥使用过多,化控不好,植株高大,生长旺盛,茎叶嫩绿,封垄过早,形成郁闭,通风透光差的棉田盲蝽象为害重。

3.抗棉铃虫转基因棉

针对棉铃虫的转基因抗虫棉在我国已经广泛种植。虽然抗虫的Bt棉对棉铃虫有较好的抗性,但却有利于盲蝽象的发生和为害。与常规棉相比,Bt抗虫棉上具有较高的绿盲蝽和中黑盲蝽混合种群密度。因此,大量抗虫棉的种植有利于盲蝽象的种群发展。

4.盲蝽的天敌

盲蝽象的天敌比较多,包括蜘蛛、拟猎蝽、小花蝽、寄生螨、草蛉以及卵寄生蜂等,以点脉缨小蜂、盲蝽黑卵蜂、柄缨小蜂等3种寄生蜂的寄生作用最大,自然寄生率可达20%～30%。

七、综合管理技术

1.农艺管理技术

(1)合理密植　密度大、不通风、透光差的棉田,湿度加大,有利于盲蝽象的繁衍生长,为害加重。适当降低密度,调整株行距配比,加大行距,防止封垄过早形成郁闭,改善棉田通风透光条件,能够减轻盲蝽象为害。

(2)科学施肥　对于生长旺盛、肥水充足的棉田要减少氮肥用量,底肥以磷、钾肥为主,氮肥为辅;追肥以氮肥为主,适当晚施。一般等到长出1～2个成铃后再追肥。黄河流域棉区时间在7月中上旬。

(3)适时化控　合理使用化学控制措施,能抑制营养生长,促进生殖生长,还可以减轻棉花植株茎叶的幼嫩程度,从而减轻盲蝽象的为害。

(4)及时整枝　及时整枝,去掉棉花幼嫩疯杈、赘芽都有利于减轻棉盲蝽象的为害。

(5)选用抗盲蝽象的棉花品种。

2.成虫诱杀

结合其他害虫趋光性,设置黑光灯诱杀成虫。

3.化学药剂调控技术

(1)管理策略　严控第1代。降低入侵棉田数量;重控2、3代。减轻棉花受害程度;兼控

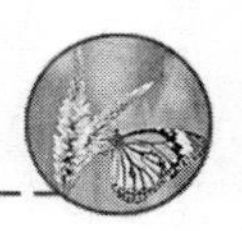

4、5代。压低越冬虫源基数。

(2)药剂选择　控制棉花盲蝽象的化学药剂应选择使用具有触杀、内吸、熏蒸作用的药剂，并注意交替用药，避免抗药性。

(3)用药时间　棉盲蝽象成虫喜欢温暖潮湿、阴暗环境，具有避强光性。化学药剂喷雾最佳时间应选择在上午9点以前或下午5点以后。

(4)施药重点组织和器官　除掌握好用药时间外，喷洒植株组织也非常重要。早晚喷雾重点喷洒棉株顶部嫩叶和嫩头，中午则重点喷洒棉株中部及叶背面。早晚喷雾重点喷洒棉株上部果枝上小蕾、大蕾和嫩头。

(5)组织与管理　由于盲蝽象成虫具有短距离迁飞性，所以使用化学药剂的组织与管理方面就非常重要。在确定了药剂施用时间后，应该做到统一用药，大面积集中连片施药，才能取得更好效果。

第三节　棉花蚜虫

我们通常所说的棉蚜是我国棉花和瓜类常发性害虫。在棉花上，除了棉蚜为害，还有其他4种蚜虫，即苜蓿蚜、棉长管蚜、菜豆根蚜和拐枣蚜，它们属于半翅目，蚜虫科昆虫。除新疆外，各棉区均以棉蚜为主要为害种。新疆的主要棉花蚜虫是棉长管蚜、苜蓿蚜、拐枣蚜、菜豆根蚜。

棉蚜的发生以辽河流域、黄河流域和西北的陕西、甘肃棉区为害重，长江流域为害次之，华南地区干旱年份发生较重，一般年份发生轻。

一、形态识别与为害

1. 棉蚜(*Aphis gossypii* Glover)(图23-7)

无翅胎生雌蚜体长不到2 mm，身体有黄、青、深绿、暗绿等色。触角约为身体的一半长。复眼暗红色。腹管黑青色，较短。尾片青色。有翅胎生蚜体长不到2 mm，体黄色、浅绿或深绿。触角比身体短。翅透明，中脉三岔。卵初产时橙黄色，6 d后变为漆黑色，有光泽。卵产在越冬寄主的叶芽附近。

有翅若蚜与无翅胎生雌蚜相似，但体较小，腹部较瘦。有翅若蚜形状同无翅若蚜，只是2龄出现翅芽，向两侧后方伸展，端半部灰黄色。棉蚜的形态识别比较复杂，有翅和无翅胎生雌蚜特征比较见表23-4。

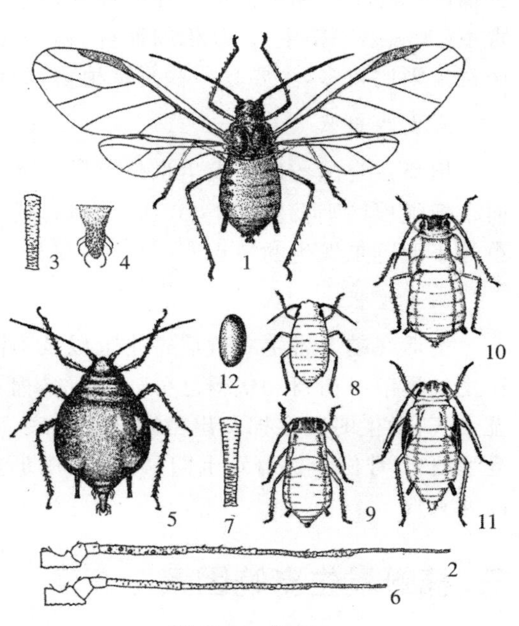

图23-7　棉蚜

1. 有翅成蚜；2. 有翅蚜触角；3. 腹管；4. 尾片；5. 无翅成虫(自然状)；6. 无翅蚜触角；7. 腹管；8. 第1龄若虫；9. 第2龄若虫；10. 第3龄若虫；11. 第4龄若虫；12. 卵(仿华南农业大学)

表 23-4 棉蚜有翅与无翅胎生雌蚜形态特征比较

特征	有翅胎生雌蚜	无翅胎生雌蚜
体色	头、前胸背板黑色，腹部黄色、浅绿色或深绿色	夏季黄绿色，春秋季深绿色
前胸背板	前后各有 1 条灰色带	两侧各有 1 个锥形小乳突
触角	第 3 节次生感觉圈 6～7 个，排成 1 列	第 3 节无次生感觉圈
腹部	两侧有 3～4 对黑斑	节间斑不明显
腹管	圆筒形，与触角第 4 节等长；末端较细，有瓦纹	较触角第 4 节短，有瓦纹
尾片	圆锥形，长度小于腹管 1/2，左右各有卷曲毛 3 根	青色或黑色，两侧有毛 3 根

2. 棉蚜为害

棉蚜成、若虫刺吸嫩叶汁液，棉叶畸形生长，向背面卷缩；吸食蕾铃汁液，导致蕾铃脱落，棉花减产；分泌蜜露，污染棉花，降低品质。苗蚜在棉花苗期为害，会推迟棉苗发育。伏蚜伏天发生，蕾铃期为害，造成蕾铃脱落而减产。秋蚜棉花吐絮期为害，影响秋桃成熟，污染棉絮，降低棉花品质。

二、发生规律与生活习性

1. 生活周期

棉蚜除在华南部分地区为不全周期生活史（即没有有性世代，不产卵越冬）外，在其余大部分棉区都是全周期生活史。在全周期型生活史中，通常会有越冬寄主（或称第一寄主）和侨居寄主（或称第二寄主）。就棉蚜而言，越冬寄主通常包括木槿、石榴、花椒和冬青 4 大植物，而侨居寄主则比较多，主要是一些夏季植物，如棉花、黄瓜及一些杂草。

2. 发生世代

棉蚜在全国各地的发生世代差异较大，通常在黄河流域和长江流域棉区发生 20～30 代，而在新疆棉区则发生 10～20 代，具体各代没有明显的界限区分，而且世代重叠严重，这也是蚜虫等小型昆虫发生的特点。

3. 多型性

生活在越冬寄主和侨居寄主上以及不同季节的棉蚜在形态上有明显的差别。另外，在棉花生长季节有苗蚜和伏蚜之分。苗蚜是棉花苗期发生的棉蚜，通常个体大，深绿色，适应较低温天气，发生时间在棉花出苗期至 6 月底，为害盛期在 5 月中旬至 6 月中下旬。伏蚜即棉蚜的夏型蚜，7 月份为伏蚜发生期，为害高峰期多出现在 7 月中下旬，形态为黄绿色，体形小，适应高温天气。

三、棉蚜发生影响因素

1. 气候条件

冬季和春季高温预示苗蚜发生重。现蕾前降大雨和暴雨能使蚜虫种群数量明显下降，也不利于有翅蚜的迁飞。7 月上中旬下小雨和降温对伏蚜发生有利。棉花封行后，连续降雨会导致蚜霉菌大流行，可以迅速将伏蚜控制下去。

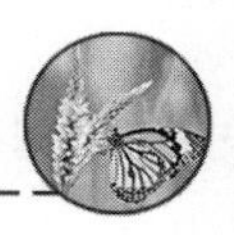

2. 种植方式和布局

棉花与春油菜套种，油菜蚜发生早，可招引天敌较早迁入棉田控制苗蚜。但油菜应在6月初铲除，以免影响棉苗生长。麦棉套种有利于麦蚜天敌向棉田转移，可显著减轻苗蚜发生与为害。

在棉田插种少量高粱，高粱上的蚜虫可招引天敌控制伏蚜，但要及时除去高粱诱集的玉米螟产的卵块，防止玉米螟幼虫为害。长江中游棉区实行稻棉轮作，棉蚜发生较轻。

3. 棉蚜的天敌

棉蚜的天敌很多，对棉蚜的数量消长有重要影响，尤其是瓢虫，在蚜虫数量充足时，一头瓢虫一天可以捕食150～180头蚜虫。所以田间瓢蚜比在1∶150以下，瓢虫可以控制蚜虫的为害。北部棉区各省份已广泛推行保护利用天敌的措施，成为棉花害虫综合管理中的关键环节之一。

黄河流域棉区苗期棉蚜天敌主要是七星瓢虫和多异瓢虫两种，长江流域棉区伏蚜天敌主要是龟纹瓢虫，黑襟毛瓢虫和草间小黑蛛，有的年份蚜茧蜂也会起重要作用。近年来，新疆棉区调查发现，蚜虫的重要天敌有多异瓢虫、叶色草蛉和食蚜瘿蚊等。

四、综合管理技术

针对棉田蚜虫管理策略，要做到调整栽培制度，充分发挥天敌作用，尽量减少田间喷施化学农药。

1. 农艺管理技术

在黄河流域南部棉区实行麦套棉，利用小麦的屏障作用阻止有翅蚜向棉田迁飞，又便于麦蚜的天敌向棉株转移，加强了棉田自然调控作用。套作麦田棉花苗蚜比平作麦田发生晚5～10 d，蚜量少80%，一般年份麦收前不必用药治蚜。长江流域实行稻棉轮作。

2. 有益生物保护与利用

麦田化学农药调控蚜虫种群时优先使用不杀伤天敌的选择性杀虫剂，如抗蚜威(辟蚜雾)。7月中旬棉花封行以后，如连续降雨5～6 d，雨后气温上升到26 ℃以上，蚜霉菌往往流行，可控制棉田伏蚜为害。保护利用天敌最重要的是不要随便用药，棉田瓢蚜比在1∶150时，通常不需要施用农药。

3. 化学药剂调控技术

麦棉套作的棉田要注意麦收后挑治卷叶株。在棉花播种前，最好用内吸性杀虫剂拌种或选择种衣剂处理的棉种。加强棉蚜和天敌的调查，以便根据管理指标施用化学药剂调控棉蚜种群。药剂使用可参考其他章节蚜虫用药。

附：为害棉花蚜虫近缘种比较

蚜型	特征	棉蚜	棉长管蚜	苜蓿蚜	菜豆根蚜	拐枣蚜
有翅型	体色	淡黄至深绿	绿色	褐至黑色，有光泽	白色	深绿色，有粉
	额瘤	不显著	显著	不显著	不显著	不显著
	触角	比体短	比体长	较体短	比体短	比体短
	前翅中脉	分3岔				
	腹管	长，黑色	很长，绿色	长，黑色	无	很短，长宽约相等

续表

蚜型	特征	棉蚜	棉长管蚜	苜蓿蚜	菜豆根蚜	拐枣蚜
无翅型	体色与蜡粉	黄或绿色，无蜡粉	无蜡粉	紫褐，有光泽，有白蜡粉	有白蜡粉	有白蜡粉
	腹部斑纹	几乎无斑纹	几乎无斑纹	2～9 节联合为一个大黑斑	无斑纹	有小斑点

第四节　棉红铃虫

棉红铃虫[*Pectinophora gossypiella* (Saunders)]属于鳞翅目，麦蛾科昆虫。有关其起源问题仍然不确定，但在巴基斯坦发现的寄生生物种类的多样性似乎支持印度-巴基斯坦起源说。也有人认为，它起源于东印度洋地区，东与澳大利亚西北部接壤，西与印度尼西亚-马来西亚的各个岛屿相接。现在，棉红铃虫几乎在世界上所有的棉花种植国家都有记录，并且是许多地区的主要害虫。只有俄罗斯、中美洲(伯利兹、哥斯达黎加、危地马拉、洪都拉斯、尼加拉瓜和萨尔瓦多)、南美洲部分地区(厄瓜多尔、圭亚那和苏里南)和澳大利亚昆士兰还没有发现棉红铃虫。

在我国，除新疆、甘肃河西走廊和部分西北内陆棉区外，棉红铃虫广泛分布于南起海南北至辽宁的产棉省区。棉红铃虫为害引起的损失因地区不同而不同。据 20 世纪 50 年代考查发现，在长江流域棉区常年因棉红铃虫为害的综合损失率为 28%，黄河流域棉区为 12%。据测定，每铃有一头幼虫，籽棉重量损失 6%～10%，僵瓣增加 5%～6%，品质降低 1～2 级，总计损失 15%～20%。虫量增加则损失加重。

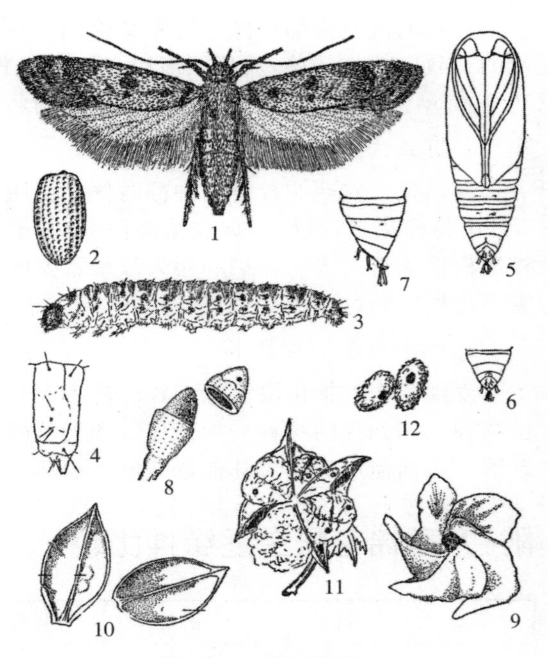

图 23-8　棉红铃虫

1. 成虫；2. 卵；3. 幼虫；4. 幼虫第 3 腹节；5. 雌蛹腹面观；6. 雄蛹腹部末端腹面观；7. 蛹腹部末端腹面观(示臀刺和角刺)；8. 花蕾被害状；9. 花被害状；10. 铃壳内被害状；11. 僵瓣铃；12. 被害种子(仿浙江农业大学)

一、形态与为害状识别

1. 形态识别(图 23-8)

(1)成虫　体棕黑色，体长 6.5 mm。前翅竹叶形，灰白色。翅面在亚缘线、外横线、中横线处均具黑色横斑纹。后翅菜刀形。

(2)卵　椭圆形，初产时乳白色，孵化前粉红色。

(3)幼虫　体长 11～13 mm。初孵幼虫黄白色，老熟幼虫体白色，毛片浅黑色且四周为红色斑块。

(4)蛹　长椭圆形，蛹长 6～8 mm，黄褐色至棕褐色。蛹外有灰白色茧。

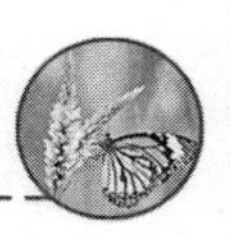

2. 为害状识别

幼虫为害棉花的蕾、花、铃和种子，引起蕾铃脱落，导致僵瓣、黄花等。为害蕾时，从顶端蛀入，留下针尖大的蛀入孔，造成蕾脱落；为害花时，吐丝牵住花瓣，使花瓣不能张开，形成“风车花”或“冠状花”；在棉铃长到 10～15 mm 时钻入，侵入孔很快愈合成一小褐点，在铃壳内壁潜行成虫道，水青色；为害种子时，种仁被吃掉，成为空壳，壳上有虫孔。

二、发生规律与重要习性

1. 生活史与发生世代

棉红铃虫为完全变态昆虫，个体发育经历卵、幼虫、蛹和成虫 4 个虫态，以幼虫期为害棉花。棉红铃虫的发生世代由南到北代数逐渐减少。各代区分布为：无虫区，为新疆、甘肃河西走廊等地，没有红铃虫为害；2 代区，黄河流域北部，包括辽河流域和河北、山西、陕西 3 省的北部棉区。2～3 代区，为黄河流域棉区，河北、河南、山西、山东及甘肃西南部和江苏、安徽北部的淮北棉区；3～4 代区，为长江流域棉区，包括四川、湖北、湖南、江西、浙江、上海和江苏、安徽的淮河以南棉区，是红铃虫的主要为害区。各地棉红铃虫以老熟幼虫越冬，越冬场所以仓库内为主，也可以随棉花进入晒场和仓库周围土和缝隙中越冬。

2. 重要生物学习性

(1)成虫习性　绝大部分成虫在白天羽化，成虫产卵期长，能延续 15 d 之久。成虫产卵部位常因代别和棉株的生长发育阶段不同而各异。第 1 代的卵往往集中产在棉株嫩头及其附近的果枝、未展开的心叶、嫩叶、幼蕾苞叶等处；第 2 代产卵于青铃上，其中以产在青铃的萼片和铃壳间最多(图 23-9)，其次在果枝上；第 3 代卵多产在棉株中、上部的青铃上。成虫飞翔力强，趋弱光，对 3 W 的黑光灯有较强的趋性。

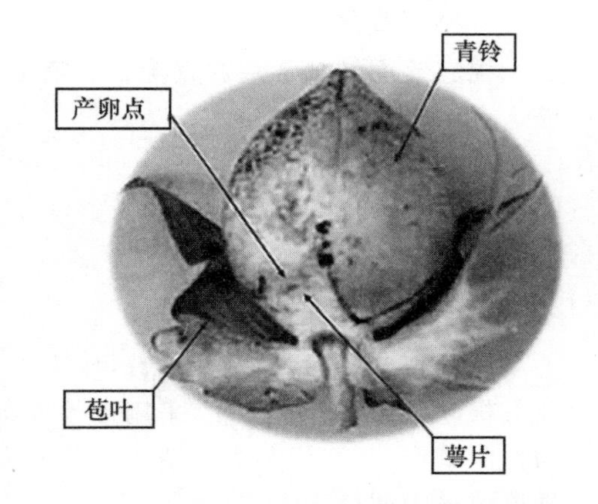

图 23-9　棉红铃虫成虫产卵位置示意图

(2)幼虫习性　初孵幼虫必须在 24 h 内钻入蕾或铃中，否则会死亡。老熟幼虫化蛹前，有的在铃壁上咬一个羽化孔，有的随棉花吐絮直接落入土缝等处化蛹，后期大部分老熟幼虫随棉花进入晒场和仓库土中和缝隙中化蛹。幼虫最喜欢取食青铃。幼虫有自相残杀习性，每个花蕾只能有一头幼虫存活。

棉红铃虫发生各代为害特点略有差异。以 3 代区为例，第 1 代幼虫主要取食蕾、花，从卵孵化到幼虫侵入花蕾，存活率不足 30%；第 2 代幼虫为害蕾、花和青铃，发生期棉铃形成，幼虫有较大的活动空间，而且红铃虫取食青铃产卵量增加一倍，成为增殖数量的关键；第 3 代幼虫绝大部分集中在青铃上为害，是影响棉花产量和品质的关键时期。

三、主要影响因素

1.气候因素

棉红铃虫生长发育对温湿度都有一定的要求,气温为25～30 ℃,相对湿度80%～100%时,最有利于成虫羽化,而在20 ℃以下或35 ℃以上对棉红铃虫发育均不利;高湿、晴天影响孵化幼虫的活动性,蛀入率只有50%～60%,雨天湿度大,幼虫的蛀入率高,可达80%以上。

雨量主要影响成虫交配产卵。蕾花期雨水大,可大量冲刷棉红铃虫的卵,幼虫孵化后也不易钻入花蕾,较大地抑制了棉红铃虫的种群数量。

2.为害与棉花生长的关系

棉红铃虫的发生与为害与棉花生殖生长有着密切的关系。通常花蕾出现的迟早和多少成为一年中为害轻重的基准。现蕾和开花早,而且数量多,则预示着棉红铃虫可能发生更重。青铃出现早,红铃虫发生量即多,产量和品质损失就严重。

3.繁殖与食料关系

棉红铃虫的繁殖与食物质量关系密切。在红铃虫幼虫可取食的食物中,棉花青铃营养最好,所以幼虫喜食青铃,田间青铃出现早,伏桃或秋桃多,有利于其繁殖,种群数量大,棉花受害也会更严重。

4.越冬基数

棉红铃虫的越冬基数直接影响第1代发生轻重,越冬死亡率高,基数小则第1代发生轻,反之,则重。

四、综合管理技术

1.管理策略和要点

压低虫源基数,控制发生数量;重点调控第2、3代红铃虫种群数量,保护棉铃,减轻为害。北方棉区以越冬管理为主,采用室外堆花,利用低温杀灭越冬幼虫。南部地区以第2代卵高峰为控制重点,第2代是为害造成棉花损失关键一代,也是第3代的虫源,所以应该高度重视其种群数量的调控。

2.农艺管理技术

做好害虫越冬管理。华北棉区,在收花时籽棉不进暖室,种子冷室堆放;收花结束后,彻底打扫仓库杀灭仓库内的幼虫;清除枯铃内的幼虫;棉籽尽量在6月份之前榨油。长江流域棉区,更多注重杀灭仓库内、晒场周边的枯铃和僵瓣铃及棉籽内的幼虫,尽可能地减少越冬虫源基数。

其他农业措施包括:种植抗棉红铃虫的品种;麦收后种短季棉,减轻1、2代为害;改进栽培措施促进早熟,减轻后期为害;及时集中处理僵瓣、枯铃;晒花时放鸡啄食或人工扫除帘架下的幼虫,等等。推广收花不进家和直接入冷库存花等。

3.诱杀成虫

灯光诱杀,即根据成虫趋弱光习性,采用3 W的黑光灯诱杀成虫。性诱捕器诱杀,即在田间发蛾高峰期,悬挂性信息素诱捕器,大量捕杀雄虫,降低交配率,可降低田间有效卵和幼虫数

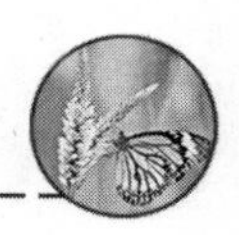

量，减轻为害。

4.天敌保护和应用

保护天敌在棉红铃虫管理中非常重要。棉红铃虫的自然天敌有60多种，如澳洲赤眼蜂、金小蜂、茧蜂、姬蜂、草蛉、小花蝽等，应加强天敌保护。金小蜂是棉红铃虫幼虫的有效寄生蜂，在棉仓内投放金小蜂30～50头/m^3，可收到良好的种群调控效果。

5.化学药剂调控技术

棉种药剂处理。棉籽播种前用药剂处理，可杀灭棉籽内的幼虫；生产中提倡使用包衣种子。

(1)控制成虫　在棉花封垄后成虫发生高峰期，每667 m^2用80%敌敌畏乳油150 mL兑水20 kg拌细土20～25 kg制成毒土，于傍晚撒在田间，每代连续撒施3次，隔3～4 d，可显著降低雌虫产卵量。

(2)控制幼虫　选择一些内吸性杀虫剂，重点在第2、3代红铃虫发生时喷施3～4次。施药时间根据虫情调查，在幼虫孵化高峰期，喷施药剂2～3次，每次间隔10～15 d，控制效果可达80%～90%，甚至90%以上。

第五节　棉红蜘蛛

棉红蜘蛛，又名棉叶螨，属于蛛形纲，蜱螨目，叶螨科害螨，是棉花等许多农作物的重要害虫。在我国，棉花红蜘蛛主要有4种，即二斑叶螨(*Tetranychus urticae* Koch)、朱砂叶螨[*Tetranychus cinnabarinus*(Boisd.)]、截形叶螨(*Tetranychus truncatus* Ehara)、土耳其斯坦叶螨[*Tetranychus turkestani*(Ugarov & Nikolski)]。土耳其斯坦叶螨只分布在新疆，朱砂叶螨、截形叶螨和二斑叶螨在我国南北棉区均有分布，其中朱砂叶螨和截形叶螨各为南、北棉区的优势种。

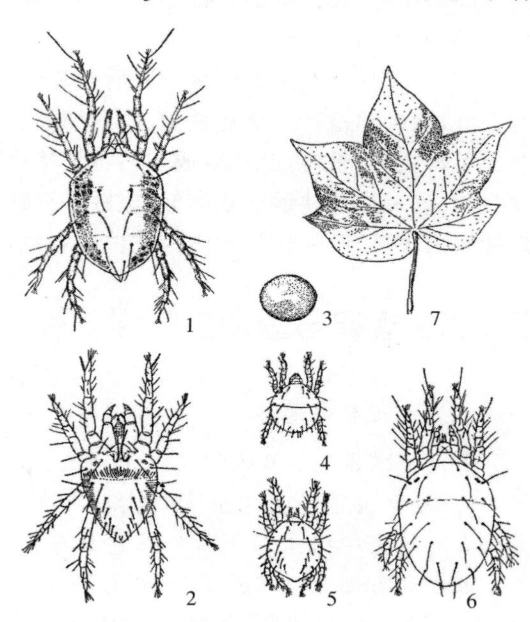

图23-10　棉红蜘蛛

1.雌成螨；2.雄成螨；3.卵；4.幼螨；5.第1龄若螨；6.第2龄若螨；7.被害棉叶(仿浙江农业大学)

棉红蜘蛛的为害是在棉叶背面吸食汁液。在干旱年份棉红蜘蛛为害猖獗，轻者棉苗停止生长，蕾铃脱落，后期早衰；重者叶片发红，干枯脱落，棉花变成光秆。

一、形态及为害状识别

1.形态识别(图23-10)

(1)朱砂叶螨

成螨　雌螨体长0.38～0.48 mm，卵圆形，4对足。体色一般呈红色至紫红色，体背两侧有块状或条形深褐色斑纹。斑纹从头胸部开始，一直延伸到腹末后端；有时斑纹分隔成2块，其中前一块大些。

卵　圆形，直径0.13 mm。初产时无色透明，后渐变为橙红色。

幼螨　初孵幼螨体呈近圆形，长0.1～0.2 mm，淡红色，3对足。

若螨　幼螨蜕皮1次后为第1若螨，体色变深，背侧开始出现斑块，4对足，再蜕皮2次后即为成螨。

(2)二斑叶螨

雌成螨　椭圆形，体色多变，越冬型橙黄。体背两侧各具1块暗红色长斑，有时斑中部色淡分成前后两块。

卵　球形，光滑，初无色透明，渐变橙红色。

幼螨　初孵时近圆形，无色透明，取食后变暗绿色，眼红色，足3对。

若螨　前期若螨体近卵圆形，色变深，体背出现色斑。后期若螨体黄褐色，与成螨相似。

(3)截形叶螨

雌螨　体长0.5 mm，深红色，椭圆形，足及颚体白色，体侧具黑斑。

雄螨　体长0.35 mm，阳具柄部宽大，末端向背面弯曲形成一微小端锤，背缘平截状，末端1/3处具一凹陷，端锤内角钝圆，外角尖削。

2.寄主与为害习性

(1)寄主范围　棉红蜘蛛具有广泛寄主，农作物、观赏植物和野生杂草等均能受害。据记载，我国已知的寄主植物有64科、133种，其中主要寄主作物有棉花、高粱、玉米、甘蔗、豆类、芝麻和茄类等，杂草寄主有益母草、马鞭草、野芝麻、蛇莓、婆婆纳、佛座、风轮草、小旋花、车前草、小蓟和荠菜等。

(2)为害症状　朱砂叶螨为害后叶片出现小红点，为害重时，红叶面积扩大，直到整个叶片都变红，棉叶和蕾铃大量焦枯脱落，状如火烧；二斑叶螨为害叶片先从近叶柄的主脉两侧出现苍白色斑点，严重时，叶片变成灰白色至暗褐色，最终焦枯并提早脱落。螨虫量大时，叶正面表现叶脉间失绿，与缺镁症状相似，但缺镁症状往往表现在中下部位，螨害往往在中上部位。截形叶螨为害后，叶片较长时间为黄白点，最后变为枯黄斑块而脱落。

二、发生规律与重要生物学习性

1.发生世代与越冬

黄河流域棉区一年发生12～15代，长江流域棉区18～20代。不同区域发生高峰期有差异，华北地区发生1～2次高峰，分别在5—6月和7月。长江流域与南部棉区有3～5个高峰，分别在5月上中旬、6月下至7月上旬、7月中下旬、8月上中旬和9月上旬。

我国北方棉区以雌成螨于10月下旬在土缝、枯枝落叶、杂草根部越冬；长江流域以雌成螨、部分卵及若螨在向阳片的枯叶内、春花作物和杂草根际以及土块、树皮缝隙内越冬。

2.繁殖方式与滞育特性

红蜘蛛的繁殖方式与大多数昆虫有所不同，繁殖方式有两种：①有性生殖。雌雄成螨交配后产卵，经交配所产生后代的雌雄性比一般为45∶1。②孤雌生殖。雌成螨不经交配即产卵，

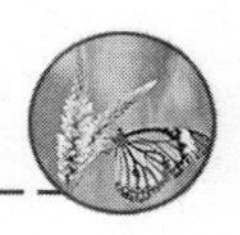

孵化后都为雄性螨。

红蜘蛛也具有滞育特性，雌成螨受光照影响而产生滞育，滞育雌成螨寿命可达6～7个月，而非滞育雌螨的寿命则仅2～5周。

3.田间传播扩散途径

成、若螨通常在田间主要靠爬行作为短距离蔓延扩散，当螨口密度较大时，叶背有细丝网，网下群集叶螨，会吐丝串联下垂，并借风力在棉田中迅速扩散传播，导致为害猖獗；暴雨后，流水可携带棉叶螨传播扩散，致使低洼棉田受害较重；棉田作业时，农具、衣物和耕畜等都可携带叶螨传播；叶螨还可通过间套作棉田的前茬寄主作物收获时，向棉株扩散。

三、主要影响因素

1.气候因子

(1)温湿度　棉红蜘蛛喜高温干燥气候条件。气温25～30 ℃，相对湿度35%～55%最适宜其繁殖，相对湿度高于70%繁殖受抑制。其大发生总与高温干旱相配合，当气温达到25～30 ℃时，连续10～15 d干旱无雨，棉田相对湿度为35%～55%就有可能大发生。

(2)降雨量与风　降雨量直接影响叶螨的发生与为害。干旱年份叶螨为害猖獗时，轻者棉苗生长停滞，蕾铃脱落，后期早衰；重者叶片变红，干枯脱落，植株形成光秆。因此，棉花生长期间的降雨量往往是衡量当年发生严重程度的重要标志，其中以5—8月降雨量最为重要，如果干旱少雨，可能大发生。

风是促使棉叶螨迅速繁殖与扩散的最有利条件，尤其干热风。长江流域棉区的小暑前后南洋风季节，往往是棉叶螨蔓延迅速、为害猖獗期，素有“南洋风起棉叶红”的谚语。

2.寄主植物

棉红蜘蛛是多食性害虫，寄主广泛，但对寄主有明显的选择性。在不同的寄主上，其发育和繁殖力不同。因此在棉红蜘蛛为害的地方，棉花宜与玉米、小麦间套种，不宜与绿豆、大豆、瓜类套种。

3.种植与耕作制度

前茬作物是豌豆、蚕豆的棉田，棉叶螨发生早且重，油菜茬次之，小麦茬较轻。间作或邻近作物也有较大影响，棉田间作或邻近田种植豆类、瓜类、茄子等，受害较重。秋季翻耕与否也是影响叶螨发生的重要因素，秋冬未翻耕的套种棉田，杂草多，则越冬基数大，翌年棉叶螨发生早、为害重。

4.棉花品种

棉花品种的特性，特别是棉叶特性直接影响叶螨为害程度，棉叶下表皮厚度超过棉叶螨口器长度，或棉叶单位面积内细胞数量多且结构紧密的棉花品种，具有抗棉叶螨的特性。

5.施肥水平

施肥水平较差的棉田，由于棉株瘦小、郁闭度差，植株体内及外来水分易蒸发，从而造成高温低湿的田间小气候，有利于棉叶螨的生存和繁殖，这样的棉田往往受害严重。

6.天敌

棉田捕食棉叶螨的天敌很多,已有的记载有35种,其中属于蛛形纲的捕食性螨类有4种,属于昆虫纲的有31种。在农田中常见的有深点食螨瓢虫、小花蝽、六点蓟马、中华草蛉、大草蛉等,对棉叶螨的种群数量具有较好的控制作用。

四、综合管理技术

1.管理策略

全年控制虫源,棉田控点、控株。力争在6月底以前控制棉红蜘蛛种群发展,保证棉花不受害,不减产。

2.农艺管理技术

农艺管理技术包括:①越冬管理。在棉红蜘蛛越冬前清除田间杂草,一般要在9月份实施。秋播时耕翻土地,将越冬的红蜘蛛压在土下17~20 cm深处即可杀死。冬季灌溉前茬棉田,恶化越冬环境。②春季除杂。棉苗出土前及时铲除田间杂草。③改良种植模式。棉花最好不要与玉米、豆类、瓜类间作、套种。

3.保护和利用天敌

棉红蜘蛛天敌有30多种,应注意保护和繁育天敌种群,以发挥天敌自然控制作用。

4.化学药剂调控技术

(1)调控指标　当棉田发生红蜘蛛,需要采用化学药剂调控时,其调控指标可以作为重要的参考。苗期的红叶率7%~17%,蕾花期红叶率5%~14%,花铃期红叶率3%~7%。当达到这些指标时,施用化学药剂就可以基本控制棉花损失。

(2)使用化学药剂　可用于调控棉红蜘蛛的化学药剂包括:①石硫合剂。波美度0.2~0.3度,控制期5 d左右,由于不能杀卵,一周后应第二次喷药杀死孵出的幼螨。②专用杀螨剂。1.8%农克螨乳油2 000倍液效果极好,持效期长,并且无药害。也可用20%螨克乳油2 000倍液。③兼用杀螨剂。使用20%灭扫利乳油2 000倍液、40%水胺硫磷乳油2 500倍液、20%双甲脒乳油1 000~1 500倍液、10%天王星乳油6 000~8 000倍液、10%吡虫啉可湿性粉剂1 500倍液、1.8%爱福丁(BA-1)乳油5 000倍液等杀虫杀螨剂,防治叶螨时,可兼治棉蚜等其他棉花害虫。④根施药剂。在播种穴内或生长期沟施颗粒剂,每667 m^2 使用颗粒剂300 g左右,控制螨害可达70 d左右。

第二十四章

糖料作物害虫及其管理技术

我国糖料作物主要有两种，即甘蔗和甜菜，它们是我国制糖业的重要原料。甘蔗原产于印度，现广泛种植于热带及亚热带地区。我国甘蔗种植面积位居世界第三，蔗区主要分布在广西(产量占全国60%)、广东、台湾、福建、四川、云南、江西、贵州、湖南、浙江、湖北等省区。其中广西为我国甘蔗主产区。甜菜是甘蔗以外的一个主要糖来源，我国主要分布在新疆、黑龙江、内蒙古等地。

第一节　甘蔗害虫

一、甘蔗害虫发生概况

为害甘蔗的害虫分属7目36科58种。其中，为害茎叶为主的有42种；地下害虫(多为害根部)有9种，包括7种害虫同时为害茎节(图24-1)。

(1)根部害虫　又称地下害虫，主要有金针虫、蝼蛄、金龟子、蔗根锯天牛、白蚁、蟋蟀等。

(2)叶面害虫　主要为刺吸式害虫，有绵蚜、黄蚜、蓟马、蔗飞虱、蔗叶蟑、粉蚧、蝽象、螨类等。

(3)茎部害虫　主要为钻蛀性害虫，有二点螟(粟灰螟)、条螟(高粱条螟)、大螟、黄螟、白螟、台湾稻螟、小蔗螟(检疫性)、木蠹蛾等。

二、甘蔗螟虫类

1.种类、分布及为害

甘蔗螟虫共有9种，部分与禾本科其他作物上发生的螟虫相同。这些螟虫广泛分布在我国南方甘蔗产区。

钻蛀蔗苗，通常导致枯心苗；钻蛀蔗茎，破坏蔗茎组织，影响甘蔗生长，一定程度上影响糖分的积累和产量。

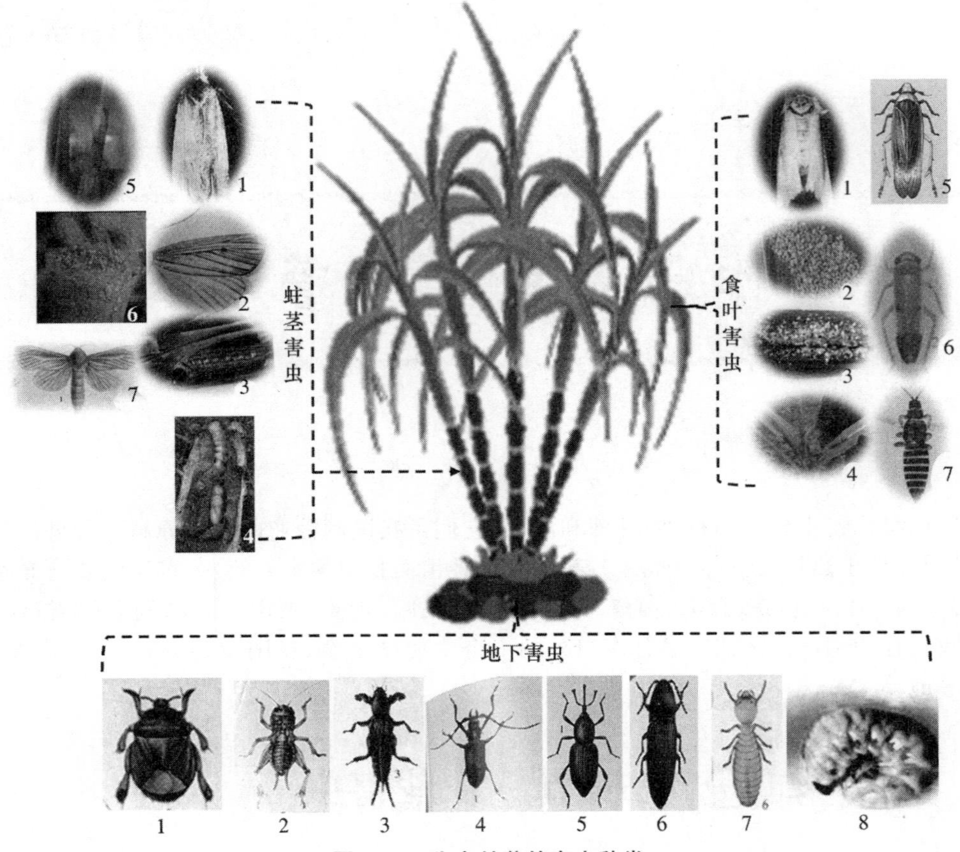

图 24-1 为害甘蔗的害虫种类

蛀茎害虫:1.黄螟;2.条螟;3.二点螟;4.锯天牛;5.大螟;6.红粉蚧;7.木蠹蛾

食叶害虫:1.白螟;2.黄蚜;3.绵蚜;4.黏虫;5. 角飞虱;6.叶蟑;7.蓟马

地下害虫:1.根螟;2.大蟋蟀;3.东方蝼蛄;4.锯天牛;5.根象;6.褐纹金针虫;7.土白蚁;8.蔗金龟

2.形态特征

虽然为害甘蔗的螟虫较多,但较重要的常发性螟虫为条螟和二点螟,它们属于鳞翅目,螟蛾科昆虫。这两种螟虫也是许多禾本科粮食旱作作物,如玉米、高粱、谷子等的重要害虫,条螟又称斑点螟、高粱条螟等,二点螟又称粟灰螟。甘蔗条螟和二点螟各虫态形态特征比较见表 24-1。

表 24-1 为害甘蔗的条螟和二点螟各虫态形态特征比较

虫态	条螟(斑点螟)(图 24-2)	二点螟(粟灰螟)(图 24-3)
成虫前翅	长 9～17.5 mm,翅面上有暗褐色细线,前翅前缘成一直线,中室有黑点,外缘有微小黑点 7 个。雄蛾前翅中线及中室的黑点特别明显	长 10～15 mm,长三角形,前缘角呈锐形,外缘近圆形,中室呈暗灰色,中室的顶端及中脉下方各有一个暗灰色的斑点。翅外缘有成列的微小黑点 7 个
卵	椭圆扁平,长 1.28 mm,初产时淡黄白色,卵壳上有龟状刻线。卵呈“人”字形排列	短椭圆形、扁平,长 1.21 mm,卵壳有龟甲状刻纹。卵块呈鱼鳞状排列

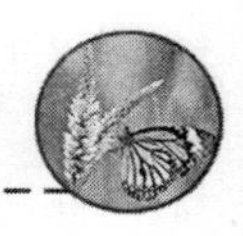

续表 24-1

虫态	条螟(斑点螟)(图 24-2)	二点螟(粟灰螟)(图 24-3)
幼虫	头部黄褐色至暗褐色,体淡黄白色,背面有 4 条紫色而粗的纵线,线上有粗而黑的斑点,上有刚毛。前胸及尾节背板淡黄色	头赤褐色至暗褐色,前胸背板在 1～2 龄时呈黑色,3 龄幼虫开始见灰色的背线和浅紫色的亚背线和气门上线共 5 条。每节背面有褐色斑点 4 个,呈梯形
蛹	长 11～19 mm ,体红褐色至暗褐色,有光泽,腹部第 5～7 节背面前缘有显著的黑褐色皱纹状隆起线,尾节末端、肛门背面有尖锐的小突起两对,肛门有稍向外卷的隆起	长 12～15 mm ,淡黄褐色,有光泽。腹部的背面残存着幼虫期的紫色纵线 5 条。第 5～7 节的前缘有黑褐色波状隆起线,第 7 节最为明显,尾端呈截断状,肛门周缘隆起,有两个缺凹

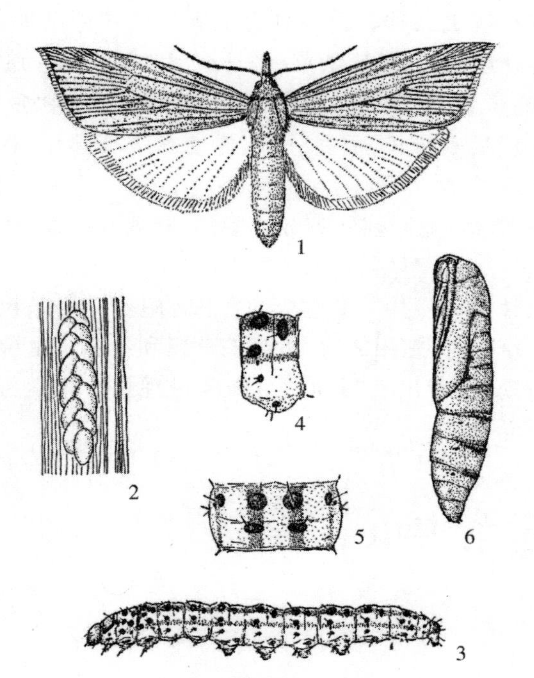

图 24-2　条螟(斑点螟)

1. 成虫;2. 卵块;3. 幼虫;4. 幼虫的第 2 腹节侧面观;5. 幼虫第 2 腹节背面观;6. 蛹(仿华南农业大学)

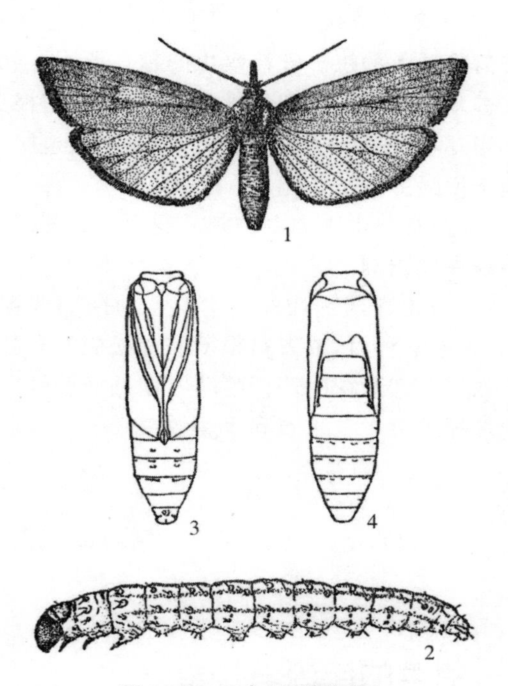

图 24-3　二点螟(粟灰螟)

1. 成虫;2. 幼虫;3. 蛹腹面观;4. 蛹背面观(仿华南农业大学)

3. 发生规律和生活习性

为害甘蔗的条螟和二点螟发生规律比较见表 24-2。

表 24-2　为害甘蔗的条螟和二点螟发生规律比较

	条螟(斑点螟)	二点螟(粟灰螟)
世代与越冬	4～5 代,以老熟幼虫在叶鞘内侧结茧或在蔗茎内越冬	广西 3～4 代、广东 4～5 代,台湾 5～6 代,海南 6 代,以老熟幼虫或蛹在蔗茎内越冬

续表 24-2

	条螟(斑点螟)	二点螟(粟灰螟)
成虫习性	夜间活动,有趋光性。卵产在叶上或叶鞘上,以叶背面居多。产卵期 4～5 d	晚上活动,有趋光性。卵多产在蔗苗下部叶片背面
幼虫为害习性	初孵蚁螟群集于心叶为害,被害心叶伸展后常有一层不规则透明状的食痕或小圆孔,称“花叶”。3 龄后分散侵入蔗苗,2～5 d 出现枯心,常有数头同时蛀入一茎内,造成枯梢或螟害节。蛀孔大,食道横形跨节,极易风折	幼虫孵出后即爬至叶鞘内侧取食为害,3 龄后再蛀入蔗茎组织,形成隧道,为害生长点,造成枯心苗或螟害节,幼虫蛀入孔口周缘不枯黄,茎内蛀道较直而穿过甘蔗节间

4.综合管理技术

(1)农艺管理技术　农艺管理技术包括:①选择抗虫品种。选择具有抗螟虫的甘蔗良种。②清除越冬蔗螟。管控螟虫的越冬场所。如及时处理蔗茎、田边杂草、稻秆或玉米穗轴等。③改进栽培制度。合理安排春、秋种植和宿根蔗田的位置,避免地块交叉;实行合理轮作、中耕,适当提早种植。④施足底肥,早追勤施追肥,促甘蔗早生快长,提高分蘖,促使其生长健壮,有利于增强蔗株抗螟能力。

(2)有益生物和生物制品利用　甘蔗螟虫种群天敌调控包括:释放赤眼蜂,释放红蚂蚁,使用螟虫性诱剂。

(3)化学药剂调控技术　化学药剂调控螟虫种群的使用方式包括:①根区施药。用颗粒剂,甘蔗播种时,或者宿根蔗破垄松蔸后和甘蔗大培土时,施用 2 次,可调控蔗螟和地下害虫种群数量。②蔗株喷药。喷药时期选择蔗螟卵盛孵期,或者出现“花叶”时施药最理想。化学药剂选择可参考玉米螟和水稻螟虫等。

第二节　甜菜害虫

一、甜菜的起源与种植

甜菜起源于地中海沿岸的野生种,经演变和长期人工选择而来。公元 8—12 世纪,在波斯和古阿拉伯已广为栽培,后又由起源中心地传入高加索、亚细亚、东部西伯利亚、印度、中国和日本,但当时主要以甜菜的根和叶作蔬菜用。1747 年,德国普鲁士科学院院长马格拉夫首次发现甜菜根中含有蔗糖;1786 年马格拉夫的学生阿哈德通过进一步的人工选择培育出根肥大、根中含糖较高的世界上第一个糖用甜菜品种。1802 年德国建立了世界上第一个甜菜制糖厂。

全世界有 30 多个国家种植甜菜,种植面积最多的前 5 个国家为俄罗斯、乌克兰、美国、土耳其、德国,总产量最多的有法国、美国、德国、土耳其和乌克兰,单产最高的是摩洛哥,超过 90 t/hm^2。我国在 1 500 年前从阿拉伯国家引入,叶用甜菜种植历史悠久。1906 年引进糖用甜菜,甜菜主产区在东北、西北和华北。

黑龙江种植面积最大，其次是内蒙古、新疆、吉林、辽宁、甘肃等省区，主要以春播甜菜为主。我国单产最高的是新疆。

二、主要害虫种类

地下害虫主要有3类：蒙古沙潜、细胸金针虫和蛴螬类。象甲类近10种，除甜菜象甲外，其他种类包括甜菜黑象、大甜菜象、粉红锥喙象、黄揭锥喙象、欧洲方喙象、黄褐纤毛象、黄细筒喙茎象等。其他甲虫类，包括黄曲条跳甲和双斑萤叶甲。鳞翅目害虫类，有小菜蛾、甘蓝夜蛾和草地螟。其他害虫还有盲蝽象和潜叶蝇等（图24-4）。

图24-4　为害甜菜的害虫种类

地下害虫：(1)地老虎；(2)华北蝼蛄；(3)根蛆；(4)金针虫；(5)蛴螬

食叶害虫：(1)甜菜象甲；(2)黄褐纤毛象；(3)筒喙象；(4)蒙古灰象；(5)黄曲条跳甲；(6)双斑萤叶甲；(7)甘蔗夜蛾；(8)甜菜夜蛾；(9)潜叶蝇；(10)草地螟；(11)盲螨；(12)芫菁；(13)小菜蛾

三、甜菜象甲

1.分布与为害

甜菜象甲（图24-5）属于鞘翅目，象甲科昆虫，是我国黑龙江、吉林、辽宁、山东、河北、山西、内蒙古、宁夏、陕西、甘肃、新疆等省区甜菜产区苗期重要害虫和优势种。成虫为害甜菜子叶和第一对真叶，还可以直接咬断刚出土的幼苗；幼虫为害甜菜块根，对甜菜保苗和产量影响很大。一般可使甜菜减产10%～25%，发生严重的地块减产50%以上，甚至绝产。甜菜象甲的寄主植物有甜菜、菠菜、白菜、甘蓝、瓜类等，以及藜科、蓼科和苋科杂草，如灰藜、地肤、猪毛菜、萹蓄、骆驼刺、若兰子、碱蒿等，但最喜好甜菜。

2.形态特征

(1)成虫　体长12～16 mm（从眼的前缘至鞘翅端部，不算喙长），宽4～6 mm。体壁黑色，密被分裂2～4叉的白色鳞片和鳞毛，故外表呈灰白色。喙背面中央有一明显的纵脊，两侧有侧脊。前胸背板表面凹凸不平，后缘有一纵行凹陷，凹陷中部微显中脊。鞘翅肩角发达，左右鞘翅上各有10条纵列刻点，其中部有一向后倾斜的黑色条纹。由鞘翅中间向外缘数，第5刻点列末端有一白色瘤点，白色瘤点之后还有一黑点。胸、腹部腹面具浅红色细毛，腹部腹面有细刻点。

(2)卵　球形，大小为1.5 mm×1.0 mm，初产乳白

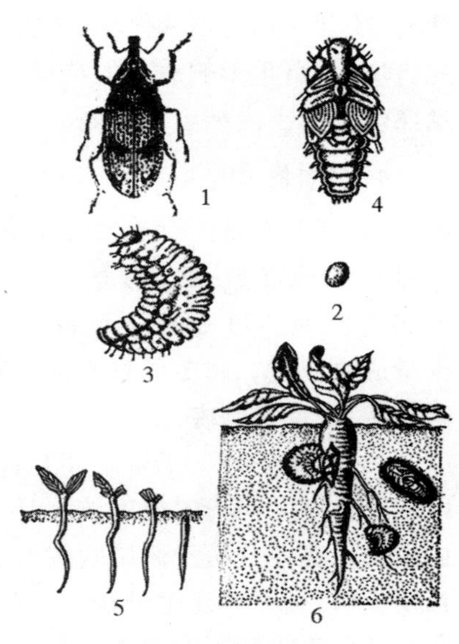

图24-5　甜菜象甲

1.成虫；2.卵；3.幼虫；4.蛹腹面观；5.甜菜幼苗被害状；6.幼虫为害甜菜根部（仿华南农业大学）

色,有光泽,后转米黄色,光泽减退。

(3)幼虫　成熟幼虫体长 15 mm,乳白色,肥胖弯曲,多皱褶,头部褐色,无足。

(4)蛹　为离蛹,体长 11～14 mm。米黄色,腹部数节和附肢均可活动。

3.发生规律和生物学特性

(1)发生世代与越冬　甜菜象甲一年发生 1 代,以成虫在甜菜和灰藜、苦豆子、碱蒿、骆驼刺、甘草等寄主根际 15～30 cm 土层越冬。越冬成虫在次年 4 月上旬,当日平均气温 6～8 ℃,地表温度 7～15 ℃时,开始爬到地表面活动。当 5 cm 地温达 17 ℃时,大量出土。

由于成虫越冬深度不一,出土时间极不整齐。以新疆北疆为例,一般在 4 月 10 日前后开始出土,先在藜科和苋科杂草上取食。4 月下旬至 5 月上旬甜菜出苗后,就大量迁移到甜菜地取食、产卵。甜菜出苗至 2 片真叶以前,是甜菜受害的敏感期,易遭毁灭性为害。

(2)成、幼虫习性　蛹通常经过 15～20 d,6 月下旬、7 月初成虫开始羽化。羽化的成虫当年一般不出土,秋末在土中筑室越冬。成虫不善飞翔,主要靠爬行觅食,喜温暖,但畏强光,多在土块下或枯枝落叶下潜伏,耐饥力极强。迁移到甜菜地里的甜菜象甲都来自越冬虫源,翌年迁移到甜菜地的成虫,急需补充营养,因而具有暴食特性。单头成虫每天取食量达到虫体重量的 1/3 ,可咬毁 10～15 株甜菜苗。成虫有迁移性和趋向性,出土的越冬成虫,在天气炎热时大量爬出地表,以一昼夜爬行 150～200 m 的速度分散迁移到邻近的甜菜地为害。

成虫取食 8～9 d 即交尾产卵,每头雌虫产卵期为 30 d 左右,产卵 70～200 粒。卵大多产在甜菜和杂草根际 0.5 cm 深的土层中。卵期 8～17 d。

幼虫共 5 龄,幼虫期 45～60 d。幼虫在 5 月上旬出现并为害,初孵幼虫常潜伏于土表为害接触地面的叶片及根部。一龄幼虫集中在甜菜周围 10～15 cm 土层中,咬食甜菜幼根,并随甜菜根系生长和幼虫的发育,不断向土层深入。以后各龄幼虫主要集中在表土下 15～25 cm 处活动,咬食作物主根和侧根,为害率可达 30%以上,造成植株枯萎。甜菜块根膨大后,幼虫也为害块根,严重影响甜菜的产量和含糖量。幼虫耐寒力很弱,如遇低温,幼虫则会大部分死亡。老熟幼虫在土内结土茧化蛹。

4.影响因素

(1)气候条件　春季气温是决定越冬甜菜象甲出土为害的关键因素。早春日平均气温达 6～12 ℃、地表 5 cm 土温达 15～17 ℃时越冬成虫出土,气温达 25 ℃左右时最活跃;地温达 28～30 ℃时能展翅飞翔,无风晴朗天气飞行更高更远。当冬季气温降至－10 ℃以下时,可引起少量成虫死亡。越冬成虫为害盛期常因气候条件而不同,入春少雨、气温高、地温上升快则为害盛期早,反之则晚。

(2)土壤条件　土壤湿度对各虫态的生长发育都有影响,幼虫在 10%～15%的土壤湿度中发育最好。当土壤湿度较大时,幼虫、蛹和初羽化的成虫皆易感染绿僵菌而死亡。一般春季成虫出土受 4 月份气候影响较大,温度高、湿度低时有利于成虫出土;如 8、9 月份雨水多、田间长期积水,则翌年发生较轻。一般土质疏松、排水通气良好的沙壤土有利于象甲发育,而长期阴湿的黏重土则不有利于甜菜象甲发育。整地不平、耕耙不均匀、甜菜出土不齐的地块,常严重受害。

(3)寄主植物　寄主植物有甜菜、菠菜、白菜、甘蓝、瓜类等,以及藜科、蓼科和苋科杂草,如灰藜、地肤、猪毛菜、萹蓄、骆驼刺、若兰子、碱蒿等,但最喜好甜菜。通常在寄主植物混种区,发

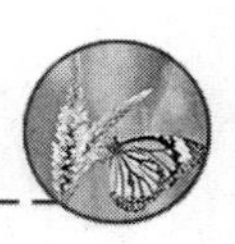

生量大，为害严重。甜菜象甲寄主杂草丛生的田块，有利于甜菜象甲的发生与为害。

(4)有益生物　在自然条件下，有益生物对甜菜象甲的控制能力非常有限。但土壤含水量较高时，甜菜象甲在土中栖息的各个虫态均可以感染白僵菌和绿僵菌，在一定程度上，可降低甜菜象甲种群数量。另外，在一定土壤条件下，寄生性病原线虫也对甜菜象甲有一定控制能力。如斯氏线虫[*Steinernema feltiae*(Filipjev)]TUR-S3 品系、斯氏线虫(*Steinernema weiseri* Mrácek)BEY 品系和嗜菌异小杆线虫(*Heterorhabditis bacteriophora* Poinar)TUR-H2 品系都是甜菜象甲的重要寄生性病原线虫。在土层为 15～20 cm，土壤温度在 15 ℃时的条件下，斯氏线虫 TUR-S3 品系和斯氏线虫 BEY 品系可以引起甜菜象甲幼虫较高的死亡率；而在土温为 25 ℃时，嗜菌异小杆线虫 TUR-H2 品系则可更有效地寄生甜菜象甲的幼虫。在土壤温湿度较高的情况下，斯氏线虫在 24 h 内可以致死 66%～100%的甜菜象甲成虫。而斯氏线虫[*Steinemema carpocapsae*(Weiser)]DD-136 品系在 3～6 d 内可使象甲幼虫达到 90%的死亡率。

5.综合管理技术

(1)农艺管理技术

作物轮作倒茬　推行倒茬作物或非寄主作物连片种植或间作套种，既有利于倒茬轮作和灌溉，又能有效地控制象甲发生环境，减轻虫害，保全幼苗，提高单产。

清除田间杂草　象甲的寄主范围比较广泛，许多杂草寄主常常是早春象甲出土后的食物来源，也是随后迁移到甜菜田的重要虫源地，及时清除田间地头的杂草，有利于延缓象甲的发生和转移到甜菜田的时间，可降低对甜菜苗的为害。

适时早播　种植甜菜的地块要在封冻前灌足底墒水，适时早播，这样既利于甜菜种子早发芽、出全苗，又能提高甜菜幼苗群体抗虫能力，有利于保全苗。

直筒育苗　为了降低甜菜象甲对甜菜幼苗的为害，提倡直筒育苗，可以最大限度地降低象甲对甜菜苗的毁灭性为害。

开沟穴播　采取开沟棱形穴播，沟宽 23～33 cm，沟深 33～45 cm，沟壁要光，沟中放药毒杀，并防止外来象甲掉入后爬出。

种保护行　在邻近荒地、留茬苜蓿地或上年种甜菜的地块一侧约 2 m 宽的地边内，加大每穴播种量；也可在 1 m 宽的地边内撒播，作为保护行，能有效地减轻地边缺苗程度，从而达到保护全田幼苗的目的。

地膜覆盖　甜菜采用覆膜栽培不但可以阻碍象甲出土，而且可实现早发、壮苗，提高幼苗抗虫能力，是实现一次保苗和高产高糖的有效措施。

适期间(定)苗　在甜菜象甲发生严重的年份，应适当推迟间(定)苗时间。一般 2 对真叶时间苗，8～10 片叶时定苗为宜。

加强中耕　通过早中耕、细中耕、勤中耕，促进甜菜幼苗生长，减轻象甲的为害程度。一般甜菜苗期最好中耕 2～3 次。

(2)有益生物的利用　充分利用土壤中有益微生物控制象甲，在象甲发生期，保持田间土壤湿度，提高象甲寄生菌和病原线虫的感染。在缺乏有益微生物的甜菜产区，可以在土壤温湿度合适时，施用菌制剂和病原线虫制剂，控制进入土壤中栖息的象甲成虫和幼虫，可以有效地降低象甲的种群数量。

(3)物理调控技术　大多数象甲在土中栖息的土层深度一般为耕作层，可适时采用秋翻冬灌的方法，破坏象甲栖息环境，还可增加鸟类取食象甲的机会。也可在象甲转入土层后，实施灌水淹杀，尤其对控制象甲幼虫比较有效。在劳动力富余的地区，在象甲出土为害期间，可以组织人工捉虫，然后集中处理，也是控制象甲为害的有效措施。

(4)化学药剂调控技术

药剂拌种　播前可按下列药剂用量进行药剂拌种：50%辛硫磷乳油，用量为干种子质量的2%～2.5%(地边加大播量，拌种用量可加大到3%～3.5%)；或每667 m^2用0.5%噻虫胺颗粒剂4～5 kg与1～2倍沙子混合撒施在种子周围，或用种子质量2%～3%的20%噻虫胺悬浮剂加种子质量5%的水拌种。

喷洒药剂　成虫为害盛期每667 m^2用50%辛硫磷乳油500 mL兑水拌沙，施入甜菜根部。也可用4.5%高效氯氰菊酯乳油，或50%辛·氰乳油1 500～2 000倍液喷雾。还可每667 m^2用20%氯虫苯甲酰胺悬浮剂20～30 mL，加水50 kg喷雾，或用5%甲维盐乳油1 000～1 500倍液喷雾，均可有效地控制象甲对甜菜苗的为害，同时也可调控产卵前成虫种群数量。

第二十五章

储粮害虫及其管理技术

所谓储粮害虫是指在储粮环境下，以为害储藏的粮食及其产品维持其生存和种群繁衍的一类节肢动物，包括昆虫和少数螨类。储粮中的有害节肢动物大多数属于昆虫纲，少数则属于蛛形纲，俗称害螨。储粮害虫的为害包括：①直接为害。它们直接导致储藏期间的粮食损失，一般国家粮库粮食损失约 0.2%，种植户储藏粮食损失可达 6%～9%；②间接损失。主要是降低原粮及其产品的品质、味道及色泽等商品性状，还可以通过其排泄物污染粮食及其产品。因此，安全有效地管理好储粮害虫种群是保证粮食安全的国家战略。

第一节　储粮害虫简介

一、我国储粮区划及主要害虫种类

1. 高寒干燥储粮区（第一区）

15 ℃以上有效积温 0～178 日·度，时间 0～70 d；年降水量≤400 mm；年平均相对湿度 10%～90%；最低气温 −16 ℃，最高气温 18 ℃。主要粮油作物为青稞、春小麦、冬小麦；代表性储粮害虫为褐皮蠹、花斑皮蠹、黄蛛甲、褐蛛甲。高寒干燥储粮区空气稀薄，寒冷、干燥，太阳能、风能资源极为丰富，是储粮最适宜区域。

2. 低温干燥储粮区（第二区）

15 ℃以上有效积温 626～2 280 日·度，时间 112～194 d；年降水量 800 mm 以下；年平均相对湿度 28%～90%；最低气温 −20～−8 ℃，最高气温 18～24 ℃。主要粮油作物为春小麦、冬小麦、玉米；代表性储粮害虫为赤拟谷盗、褐毛皮蠹、花斑皮蠹、黄蛛甲、裸蛛甲、日本蛛甲、谷象（新疆）。低温干燥储粮区为全国最干旱地区，日照充足，寒冷、风力大，适宜低温储粮。

3. 低温高湿储粮区（第三区）

15 ℃以上有效积温 223～819 日·度，时间 55～122 d；年降水量 400～1 000 mm；年平均相

对湿度 22%～93%；1 月气温 −30～−12 ℃，7 月气温 19～24.5 ℃。主要粮油作物为春小麦、玉米、大豆；代表性储粮害虫为玉米象、锯谷盗、大谷盗、赤拟谷盗；“冷、湿”是其气候特点。

4. 中温干燥储粮区（第四区）

15 ℃以上有效积温 828～1 690 日·度，时间 143～192 d；年降水量 400～800 mm；年平均相对湿度 13%～97%；1 月气温 −10～0 ℃，7 月气温＞24 ℃。主要粮油作物为冬小麦、玉米、大豆；代表性储粮害虫为玉米象、麦蛾、印度谷螟、锯谷盗、大谷盗、赤拟谷盗。冬季寒冷干燥为储粮有利条件，夏季高温多雨为不利条件。

5. 中温高湿储粮区（第五区）

15 ℃以上有效积温 1 029～3 180 日·度，时间 121～253 d；年降水量 800～1 600 mm；年平均相对湿度 34%～98%；1 月气温 0～10 ℃，7 月气温 28 ℃左右。主要粮油作物为单、双季稻、冬小麦；代表性储粮害虫为玉米象、谷蠹、麦蛾、锯谷盗、长角扁谷盗、大谷盗、赤拟谷盗；夏季高温、高湿。

6. 中温低湿储粮区（第六区）

15 ℃以上有效积温 724～1 307 日·度，时间 173～224 d；年降水量 1 000 mm 左右；年平均相对湿度 30%～98%；1 月气温 2～10 ℃，7 月气温 18～28 ℃。主要粮油作物为单季稻、冬小麦、玉米；代表性储粮害虫为玉米象、谷蠹、麦蛾、锯谷盗、长角扁谷盗、大谷盗、赤拟谷盗。中温低湿储粮区冬暖夏热，降水较多，日照少、湿度高。

7. 高温高湿储粮区（第七区）

15 ℃以上有效积温 1 566～3 476 日·度，时间 289～352 d；年降水量 1 400 ～2 000 mm；年平均相对湿度 35%～98%；1 月气温 10～26 ℃，7 月气温 23～28 ℃。主要粮油作物为双季稻、单季稻、冬小麦、玉米；代表性储粮害虫为米象、玉米象、谷蠹、麦蛾、锯谷盗、长角扁谷盗、大谷盗、赤拟谷盗；大部分地区夏长 5～9 个月。无冬，年均温 20～26 ℃，只有干湿季之分。降水多，相对湿度 80%左右。台风季节 5—11 月，台风雨占年降雨的 10%～40%，是我国最“湿热”的地区，储粮难度最大。

二、主要害虫类群

1. 种类与分布

全世界现有仓库害虫 600 多种。我国已知的有 224 种，其中昆虫 186 种，螨类 38 种。常见的重要储粮害虫有 30 余种。从全国的分布来看，南方的种类多于北方。

2. 常见储粮害虫类群

依其分类地位可分为 3 大类，即甲虫类、蛾类和螨类，其中，以甲虫类为大多数（表 25-1）。

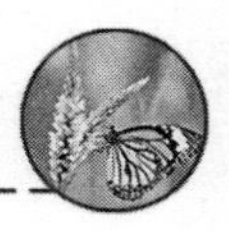

表 25-1　常见储粮害虫重要种类

类群	重要种类
甲虫类	玉米象[*Sitophilus zeamais*(Motschulsky)]、谷蠹(*Rhizopertha dominica* Fabricius)、赤拟谷盗[*Tribolium castaneum* (Herbst)]、锯谷盗[*Oryzaephilus surinamensis* (L.)]、豌豆象[*Bruchus pisorum* (L.)]、蚕豆象(*Bruchus rufimanus* Boheman)、绿豆象[*Callosobruchus chinensis* (L.)]、谷象、大谷盗、长角扁谷盗、米黑虫等
蛾类	麦蛾[*Sitotroga cerealella* (Olivier)]、印度谷螟[*Plodia interpunctella* (Hübner)]、粉斑螟蛾等
螨类	腐嗜食酪螨[*Tyrophagus putrescentiae*(Schrank)]

3.危害性

(1)直接损失　一般平均损失率在10%左右,亦即每年被仓虫损害的谷物可供2亿多人食用一年。有学者估计,如果小麦感染10对谷象,并在适宜环境中生存5年,则其后代在5年中能吃掉40.625万kg小麦。

(2)引起品质损失　取食、排泄、蜕皮、尸体等影响粮食及食品的色、香、味。

(3)致霉损失　虫螨类为害后的排泄、产热等诱发霉菌生长,使储粮发霉变质。

4.害虫来源

粮食储备仓库害虫的主要来源包括随植物产品带进仓库、运输工具及包装材料多次使用、仓库消毒清扫不彻底、仓库周围环境和运输过程侵染等。因此,在粮食进仓前转运过程中,做好有害生物的管理非常重要。

第二节　害虫生物学特性

一、生物生态学特性

储粮害虫分布广,大多是世界性害虫。虫体小,扁平,人类活动易携传,检疫对象多(一类有谷斑皮蠹、菜豆象等,二类有鹰嘴豆象、灰豆象、大谷蠹、巴西豆象)。飞行力弱,喜黑暗,怕光照。食性广而杂,多数种类为多食性。抗逆性强,如耐干燥(一般8%为界限,谷斑皮蠹为2%),耐饥饿(谷斑皮蠹休眠幼虫8年)。无滞育习性,繁殖力强(成虫有的寿命达2～3年)。耐热性较强,耐寒性较差,通常为−6～10 ℃(表25-2)。

表 25-2　储粮昆虫对温度的反应

粮堆温度/℃	储粮害虫的反应
49～52	害虫短时间内死亡
46～48	绝大多数害虫呈昏迷状态
40～45	可抑制害虫发育繁殖
25～32	为最适温度范围,发育很快,为害严重
8～15	害虫停止活动
8～−4	害虫处于麻痹状态
低于−4	害虫致死

二、为害、繁殖与扩散

1. 为害特性

根据为害时间顺序，可以划分为：①初期性害虫。发生于粮食贮藏的初期，取食完整的粮粒。如三大储粮害虫玉米象、谷蠹、麦蛾。②后期性害虫。发生于粮食贮藏的中、后期，主要取食损伤的粮粒及碎屑粉末。如锯谷盗、长头谷盗等。③全期（中间）性害虫。发生于粮食贮藏的全过程，食害完整或损伤的粮粒。如赤拟谷盗、黑菌虫、黄粉虫、螨类、皮蠹、蛛甲等。

按照为害方式，可分为：①蛀食类。如玉米象、豆象、谷蠹、麦蛾等的幼虫，在粮粒内蛀食，可使粮粒仅剩空壳。②剥食类。如印度谷螟、一点谷螟等的幼虫，喜食粮粒的胚部，再剥食外皮，内部则较少食害。③侵食类。一般甲虫均自外面向内侵食粮粒，使被害粒呈不规则缺刻状。④缀食类。一般蛾类幼虫均喜吐丝将粮粒连缀成块，匿伏其中食害。

为害时空分布动态：蛾类害虫，通常从上层表面到内部下层；甲虫类则从下层到上层；螨类则由外层向内层为害。

2. 繁殖场所

不同种类的仓储害虫繁殖场所有所差异。可分为：①不能在仓内繁殖，必须依靠自然界的食物在田间繁殖，但幼虫可随寄主带入仓内完成发育。如豌豆象。②兼在田间和仓内繁殖为害。如绿豆象、玉米象、麦蛾等。③仅能在仓内繁殖为害。如大部分储粮害虫。

3. 为害场所及传播途径

仓储害虫能在许多环境下为害储物，如仓库及其他贮藏室、室外场所、加工厂、运输工具等，以及各种动物巢穴、厩房及杂草堆、特殊室内场所、动物体上、粪便垃圾废物及尸体上。从它们的传播途径来看，包括自然和人为传播。自然传播可分为主动传播和被动传播。主动传播即仓库外短距离飞行寻找寄主、爬行等；被动传播，即随风和运载工具等传播。当然，人为传播通常是仓储害虫重要的传播途径。

三、环境因素影响

1. 非生物因素

储粮害虫的生活环境中有 4 个重要因素，即温度、湿度、空气成分和仓库类型。改变这 4 种因素使其不适合储粮害虫生活，或使害虫死亡，以达到杀死或抑制害虫为害储粮的目的。

2. 生物因素

生物因素包括：①粮食类型。储粮害虫对食物选择均有一定的范围，储粮类型不同和营养差异会导致不同害虫类型的选择性发生。②天敌种群。主要指一些寄生性和捕食性天敌，如寄生蜂等。③人类活动。指人们在储粮的管理、调运等过程中对储粮害虫的影响。

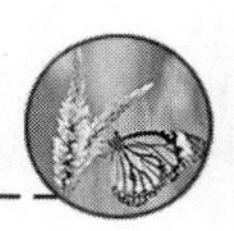

第三节　储粮害虫的检测

一、检测期限

虽然粮食收获后进入了粮仓，但粮食仍然是具有生命的物质，要进行代谢，产生温度和湿度。因此，我们需要定期查看，以免粮食在储存期受到损失。储存的粮食多长时间检测一次，主要是根据粮堆中的温度来决定。一般粮温低于 15 ℃时每月检测 1 次；粮温在 15～25 ℃时，至少 15 d 检测 1 次；粮温高于 25 ℃时，至少 7 d 检测 1 次；危险虫粮处理后的 3 个月内，至少每 7 d 检测 1 次。

二、采样方法

粮食的储存方式多种多样，主要包括散装粮和包装粮。针对不同粮食储存方式，需要检测时，所采用的采样方式各不相同。

1. 散装粮采样

采样点设置需要考虑周全，如仓房四角、柱周围、仓门内、人员进出口、排风扇口、通风道口、温度异常变化点和曾发生过虫害的部位等各设 1 点，墙的长边设 2 点，短边设 1 点，每点距墙 0.1～0.5 m，按粮堆大小，在粮面中部区域设 3～10 点。

在每一采样点处分层采样，表层采样设置在粮面至 0.5 m 之间。粮堆内采样层按粮高度设定，粮堆高 3 m 以下设 1 个采样层，粮堆高 3～6 m 设 2 个采样层，粮堆高度超过 6 m 的适当增设采样层。每层采样不少于 1 kg。

2. 包装粮采样

(1)样点设置　以货位为取样单位，根据包装物总包数确定采样比例。500 包以下的取 10 个采样包，500 包以上的按 2%确定采样包。采样包最多不超过 500 包，分区分层确定采样包位置，外层适当多设采样点。

(2)采样方法　首先检查包外害虫数，再扦取包内样品，必要时可拆包或倒包采样。花生、蚕豆等大粒粮食和油料应拆包采样，每包采样不少于 1 kg。每包作为一个检测点的样品。当包外活虫密度(头/包)大于包内活虫密度(头/包)时，将包外害虫密度(头/包)视为该点害虫密度(头/包)。

三、检测方法

筛检法是一种最常见的检测方法。采用虫筛筛出粮粒外部的害虫并计数，必要时，须按照相关规定检测粮粒内部害虫，逐个筛检样品中害虫，对筛下物和筛上活虫进行计数，每千克样品中活虫头数表示该点害虫密度。检测谷蠹、玉米象等蛀食性害虫时，根据对外贸易的特殊要求，可按照相关规定检测粮粒内部害虫。检测粮粒内部害虫可采用剖粒法、漂浮法、X射线法等。

此外，根据特殊情况下的需要，会要求检测储粮运输、存储器材和场所害虫。这种检测有其特定的抽样方法。一般装具和其他器材按2%～5%比例抽样检测，以件计算活虫头数。空仓、货场或铺垫苫盖物等，选易发生害虫的样点检测，每点选取1 m^2，以每米^{2}活虫数表示害虫密度。

四、虫粮等级的划分

在粮食储存过程中，很少有粮食不被害虫为害的情况。既然如此，就必须将害虫为害的粮食分出等级（表25-3），以表示害虫为害粮食程度，或者必须采取必要措施来控制害虫对粮食的进一步为害。

表25-3　粮仓中虫粮等级标准

粮油种类	虫粮等级	害虫密度/(头/kg)	主要害虫密度/(头/kg)
原粮	基本无虫粮	≤5	≤2
	一般虫粮	6～30	3～10
	严重虫粮	＞30	＞10
成品粮	严重虫粮	＞0(或粉类成品粮含螨＞30)	
所有粮食和油料	危险虫粮	感染了我国进境植物检疫性储粮害虫活体的粮食和油料	

注1：害虫密度和主要害虫密度两项中有一项达到规定指标即为该等级虫粮。

2："主要害虫"指玉米象、米象、谷蠹、大谷盗、绿豆象、豌豆象、蚕豆象、咖啡豆象、麦蛾和印度谷螟。

3：进境植物检疫性储粮害虫以最新公布的《中华人民共和国进境植物检疫性有害生物名录》为准。

第四节　储粮害虫管理技术

在粮食储存过程中，为了防止害虫为害粮食，可采取"预防为主，综合调控"的基本策略，并按照一定的虫粮标准采取相应的处理（表25-4），以保证粮食储藏过程中的安全。针对达到相应虫粮指标的粮食，害虫处理的原则和管理措施应安全、卫生、经济和有效。

表25-4　虫粮标准及处理要求

害虫密度/(头/kg)	主要害虫密度/(头/kg)	虫粮等级	粮堆温度	处理要求
≤ 5	≤ 2	基本无虫粮	不超过15 ℃	加强检测，做好防护工作，可不作杀虫处理
6～30	3～10	一般虫粮	15 ℃以上	应在15 d内进行除治
≥30	≥10	严重虫粮		应在7 d内进行除治
危险虫粮		感染我国进境检疫性储粮害虫		应立即封存隔离，并在3 d内灭虫处理

一、保持清洁卫生

清洁卫生是储粮仓库的一项系统工程，包括许多环节，每个环节都不可忽视和粗心大意。做好粮库的清洁卫生对有效管理储粮害虫具有重要意义。粮库清洁卫生主要有消毒工作和隔离与防护。消毒工作包括空仓消毒、加工厂消毒、器材消毒(包括日晒敲打与冷冻敲打、药剂消毒和蒸汽消毒)和环境消毒。要预防仓库害虫入侵和防止再度感染仓库害虫，做好隔离和防护工作是必不可少，也是预防为主的重要体现。

二、机械管理技术

在粮食进入仓库之前，应该做好筛选工作，如风车除虫、筛子除虫、风筛结合除虫等；利用转仓、倒囤、翻垛或其他业务活动结合除虫清杂。针对包装材料管控技术千万不可忽视。包装材料作为物理屏障能够有效防止害虫的侵入，合理的包装可以防止害虫、微生物的污染。例如，烟草甲能穿过厚度小于 2 μm 的聚丙烯袋，药材甲可以穿过厚度小于 250 μm 聚乙烯袋和小于 50 μm 的铝箔袋。聚丙烯包装袋可以有效地控制粉斑螟和印度谷螟对食物的为害，但聚氯乙烯包装袋不能防止烟草甲和药材甲的为害。锯谷盗虽然不能直接咬破包装材料，但可以穿过大于 0.71 mm 的缝隙。

三、物理管理措施

1. 利用温度调节杀灭害虫

温度调节措施控制储粮害虫是常见的方法。利用高温控制害虫发生与为害的日常技术，包括日光暴晒、烘干杀虫、蒸汽杀虫、开水或热水烫和太阳能集热装置杀虫等。低温杀虫包括仓外薄摊冷冻、仓内冷冻、机械通风和机械制冷等。

2. 气体调节

在一定粮库温度下，降低氧气浓度或增加 CO 或 CO_2 浓度都可以抑制许多储粮害虫的繁殖。例如，O_2 和 CO_2 浓度对象虫属(*Sitophilus*)害虫存活数量有较大的影响。

3. 灯光诱杀

利用储粮害虫的趋光习性，可以通过不同类型的光源诱杀害虫。例如，紫光灯能诱杀常见的害虫，包括玉米象、豌豆象、咖啡豆象、麦蛾等。白色紫光灯诱集印度谷螟的数量显著高于赤拟谷盗和杂拟谷盗，而黑色紫光灯对害虫诱集效果的顺序为：印度谷螟>赤拟谷盗>杂拟谷盗。

紫外高压诱虫灯可诱杀谷蠹、长角谷盗、麦蛾等，因为这些害虫对紫外高压诱虫灯特别敏感。频振式灯可诱杀锈赤扁谷盗、麦蛾、谷蠹、玉米象、赤拟谷盗及印度谷蛾等仓储害虫。

4. 辐射管理技术

食品辐射常用辐射源有 ^{60}Co 和 ^{137}Cs 的 γ 散射和电子束辐射。辐射可以破坏虫体组织，使害虫死亡，或导致害虫雌雄不育。辐射技术还具有能源消耗少，不污染环境，不危害人畜及专一性等优点，因此被广泛应用于贮藏物害虫的控制。

微波技术杀虫的作用机理主要表现在热效应和非热效应两个方面。用功率为 500 W 的微波处理 28 s，可以完全抑制赤拟谷盗、谷象和锈赤扁谷盗 3 种害虫的发生。

当微波处理小麦粉的温度升高到 50 ℃，处理时间达 50 s 时，就可以完全抑制烟草甲、杂拟谷盗和谷蠹等害虫的发生。

四、利用害虫习性管理

利用害虫对外界的各种刺激，如机械、光、温、化学物质等的反应及害虫本身的生活习性，如群集性、上爬性等，采用相应的措施诱集害虫集中歼灭。具体方法有：①粮面堆尖诱杀。堆尖诱杀是利用害虫的上爬习性，尤其在粮温较高时，害虫上爬很快。②堆内诱杀。用竹筒、木板或瓦楞纸板等做成小诱饵容器，四周、盖子和底部钻上许多小孔，孔直径在 2～2.5 mm，诱饵箱中可放入毒饵。③其他方法。如揭顶清除麦蛾、扫动粮面扑打蛾类、诱杀越冬害虫和饵料诱杀等。

五、有益生物及生物制剂的利用

有益生物及生物制剂的使用是最安全的储粮害虫管理技术，如针对能从田间转移到仓库的主要害虫，选育具抗虫性的新粮食品种。在粮食品种选育中，除了考虑优质高产外，还应考虑在田间耐虫和抗虫性，减少田间害虫进入仓库。使用昆虫病原微生物控制，如苏云金杆菌对米象、谷象的感染率达 90%。利用昆虫生长调节剂，如保幼激素、脱皮激素、滞育激素及性诱剂等。另外，植物精油有驱避和抑制害虫的生长发育作用，甚至可以直接杀死害虫。

山苍子精油对玉米象成虫有一定的拒食作用，对赤拟谷盗的卵有抑制发育的作用。肉桂油、八角茴香油对赤拟谷盗和黄粉虫有较好的毒杀作用。菖蒲油的蒸汽能抑制谷斑皮蠹雌虫成熟卵泡和生殖系统发育。

有益生物利用。常见的天敌包括捕食性、寄生性天敌昆虫及捕食螨等。黄色花蝽[*Xylocoris flavipes* (Reuter)]最喜捕食锯谷盗、赤拟谷盗、烟草甲和印度谷螟的幼虫。仓双环猎蝽[*Peregrinator biannulipes* (Montrouzer et Signoret)]成虫对于赤拟谷盗、锯谷盗及长角扁谷盗等害虫种群繁殖具有一定的控制作用；它还能捕食粮粒外生活的谷蠹、玉米象及麦蛾成虫。普通肉食螨[*Cheyletus eruditus* (Schrank)]捕食一些粉螨，如粗脚粉螨[*Acarus siro* (L.)]、腐嗜酪螨[*Tyrophagus putrescentiae* (Schrank)]、害嗜鳞螨[*Lepidoglyphus destructor* (Schrank)]及家嗜甜螨[*Glycyphagus domesicus* (De Geer)]等。

寄生储粮害虫的寄生蜂约有 30 种，主要属于金小蜂科、赤眼锋科、茧蜂科和肿腿蜂科等寄生蜂类。

六、合成化学药剂调控技术

用于储粮害虫控制的常用化学药剂种类及剂量应符合使用要求（表 25-5，表 25-6），操作与管理应符合 LS 1212—2008《储粮化学药剂管理和使用规范》的规定。除防护剂外，其他固态或液态药剂均严禁与粮食和油料直接接触。空仓杀虫或实仓熏蒸前，应先将仓内外打扫干

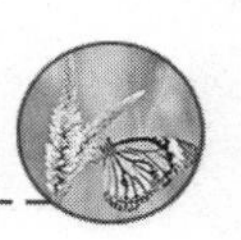

净，空仓、设备器材和装具熏蒸杀虫后应及时通风散气，清扫干净。用石灰粉刷的墙壁和仓盖应充分干燥后才能使用化学农药，如敌敌畏、马拉硫磷、辛硫磷和防虫磷等。采用熏蒸杀虫时，应保证足量熏蒸剂浓度和密闭时间，熏蒸杀虫后，须做好隔离防护，以免再次感染。在粮油中，熏蒸剂或防护剂使用的残留应符合国家标准 GB 2715—2016 和 GB 2716—2018 的规定。

表 25-5　常用储粮化学药剂及使用方法

药剂名称	有效成分含量/%	常规用工剂量/(g/m^3)			施药后密闭时间/h	最少散气时间/h	备注
		空间	粮堆	空仓器材			
磷化铝（片、丸剂）	56	3～6	6～9	3～6	≥14	1～10	可熏蒸除粉类外的各种成品粮，也可用于器材、空仓、加工厂
磷化铝（粉剂）	85～90	2～4	4～6	3～5	≥14	1～10	
磷化锌	90	3～6	8～13	5～10	≥14	3	目前主要用作杀鼠剂，采用酸式和碱式法产生熏蒸气体
敌敌畏（乳油）	80	0.1～0.2	—	0.2～0.3	2～5	—	仅用作空仓、器材杀虫剂
敌百虫（原油）	90	—	—	30（0.5%～1%）	1～3	—	仅用作空仓、器材杀虫剂
辛硫磷	50	—	—	30（0.1%）	1～3	—	仅用作空仓、器材杀虫剂
杀螟硫磷（乳油）	50	—	—	30（0.1%）	1～3	—	仅用作空仓、器材杀虫剂
马拉硫磷（乳油）	50	—	—	30（0.1%）	1～3	—	仅用作空仓、器材杀虫剂

表 25-6　常见几种储粮防护剂

药剂	有效成分	使用剂量
防虫磷	原药纯度≥97%的马拉硫磷	一般原粮用药量 10～20 mg/kg 对鼠类有一定驱避作用，安全间隔期 8 个月（15 mg/kg）
凯安保	溴氰菊酯 2.5%＋胡椒基丁醚增效醚 2.5%＋乳化剂溶剂	一般原粮用药量 0.4～0.75 mg/kg 对谷蠹有特效，安全间隔期 3 个月（0.5 mg/kg）
杀虫松	原药纯度≥93%杀螟硫磷	一般原粮用药量 5～15 mg/kg 对防虫磷抗性害虫有效，安全间隔期 8 个月（10 mg/kg）和 15 个月（15 mg/kg）
保粮安	69.3%马拉硫磷＋0.7%溴氰菊酯＋增效醚	一般原粮用药量 10～20 mg/kg，包装粮袋和空仓杀虫用药量为 1 g/m^2，安全间隔期同防虫磷
甲基嘧啶磷	甲基嘧啶磷	一般原粮用药量 5～10 mg/kg，用于空仓、器材杀虫一般为 0.5 g/m^2，安全间隔期 12 个月（＞8 mg/kg）
保粮磷	杀虫松 1%＋溴氰菊酯 0.01%加上填充料	用药量与原粮之比为 1∶2 500，安全间隔期同防虫磷
惰性粉杀虫剂	主要原料应符合食品添加剂标准	一般原粮用药量 100～500 mg/kg，用于空仓杀虫为 3～5 g/m^2（面积为空仓内表面积，防虫线长为 10～50 g/m^2，宽度为 10～20 cm）

第五节　象虫类

一、玉米象

玉米象[*Sitophilus zeamais*(Motschulsky)]是鞘翅目，象甲科昆虫，是全世界性分布的重要储粮害虫，我国29个省份都有其分布，是我国储粮的重要害虫。玉米象属于钻蛀性害虫，成虫食害禾谷类种子，以及面粉、油料、植物性药材等仓储物，以小麦、玉米、糙米及高粱受害最重；幼虫只在禾谷类种子内为害。玉米象主要为害贮存2～3年的陈粮，成虫啃食，幼虫蛀食谷粒，是一种最主要的初期性害虫。储粮被玉米象咬食而造成许多碎粒及粉屑，易引起后期性害虫的发生，还能增加粮堆水分和导致粮堆发热。玉米象是田间和粮库都能为害的害虫。

1.形态特征(图25-1)

成虫　体长3.0～4.0 mm，圆筒形，赤褐色或黑色，无光泽。头部额区明显延长成喙，如象鼻状。前胸背板上的刻点圆形，很密集。在鞘翅上有4个颜色较浅的黄色斑点。

2.生物生态学特性

(1)发生世代　一年完成1～2代，主要以成虫在仓内黑暗潮湿的缝隙、垫席下或仓砖石缝，及树皮缝中越冬，少数以幼虫在粮粒内越冬。初冬，气温降到15 ℃以下时，成虫即进入越冬，次年春天气转暖又回到粮堆内为害。一般卵期3～16 d，幼虫期13～28 d，蛹期4～12 d，成虫寿命54～311 d，一般完成一代需21～58 d。

(2)为害习性　成虫多在仓库粮堆内活动，主要分布在上层，中、下层很少。成虫蛀食粮粒，善于爬行并有向上爬习性，具有假死、趋温、趋湿和畏光习性，喜黑暗处活动，遇光则向黑暗聚集。储粮被咬食后形成许多碎粒及粉屑，易引起后期性害虫发生。

(3)发育温湿度　生长繁殖适宜温度为24～29 ℃，相对湿度为90%～100%。

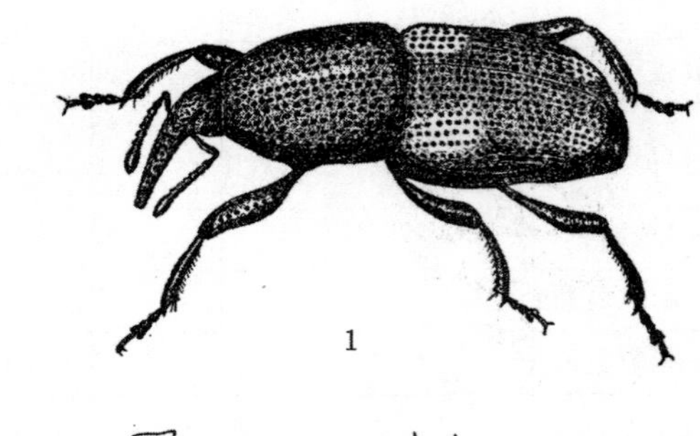

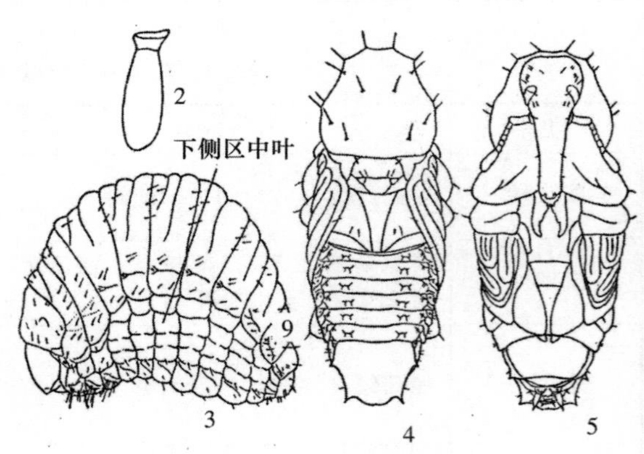

图25-1　玉米象

1.成虫；2.卵；3.幼虫；4.蛹背面观；5.蛹腹面观(仿浙江农业大学)

二、谷象

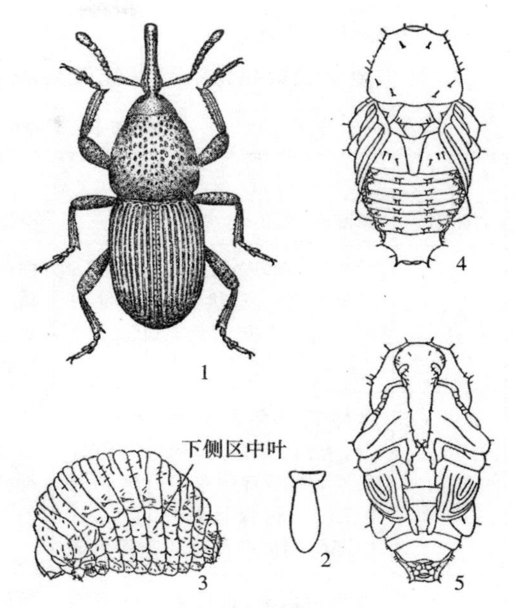

图 25-2　谷象

1.成虫;2.卵;3.幼虫;4.蛹背面观;5.蛹腹面观(仿浙江农业大学)

1.形态特征(图 25-2)与生物学特性

谷象与玉米象外形十分相似,为害相似。谷象[*Sitophilus granarius*(L.)]也属于鞘翅目,象甲科昆虫。成虫体长2.3～3.5 mm,成虫一出谷物就交配,但不能飞行(后翅退化)。雌虫在谷粒钻一个洞,并产一粒卵在其中,然后将洞填塞。卵孵化后,幼虫开始取食谷物,直到在谷粒内化蛹,随后成虫又从谷粒出来,如此循环。

一只雌虫每天可产2～3粒卵,成虫期间最多可产250粒卵。其生命周期长短与温度有关,夏季为30～40 d,冬季为120～150 d。

2.玉米象和米象管理技术

(1)诱杀成虫　秋末冬初,在粮面或粮堆四周铺上麻袋,引诱成虫来袋下潜伏,收集并予以消灭。

(2)暴晒及过筛　少量储粮可以在阳光较好的天气,特别是夏天,放到太阳下暴晒,然后过筛,基本可以清除两种象甲。

(3)药剂控制　春天,在仓外四周喷洒药带,防止仓外越冬成虫返回仓内。还可用药剂熏蒸。采用药剂熏蒸时,尽可能选择毒性较低的药剂,特别注意熏蒸后粮食使用的安全期。

三、豆象类

1.分布与为害

绿豆象、豌豆象和蚕豆象是豆类作物重要害虫,它们属于鞘翅目,豆象科昆虫,都可以在田间和仓库为害豆粒。3种重要豆象分布与为害比较见表25-7。

表 25-7　3 种重要豆象分布与为害比较

项目	绿豆象	豌豆象	蚕豆象
分布	我国各省区均有分布	我国大部分省区,尤以江苏、安徽、山东、陕西等省为重	我国西北、华北、华中、华南、中南、华东、西南等地区的许多省份,是国内植物检疫对象之一
寄主	菜豆、豇豆、扁豆、豌豆、蚕豆、绿豆、赤豆、莲子等	豌豆、扁豆、菜豆、野豌豆、决明、金雀儿、山黧豆等植物	蚕豆、野豌豆、山黧豆、兵豆、鹰嘴豆、羽扇豆等
为害	幼虫蛀荚,食害豆粒,或在仓内蛀食贮藏的豆粒	幼虫蛀害豆荚,取食豆粒,可随收获的豌豆入库	成虫略食豆叶、豆荚、花瓣及花粉,幼虫专害新鲜蚕豆豆粒。被害豆粒内部蛀成空洞。幼虫随豆粒收获入仓,继续取食豆粒

2. 成虫形态特征

3 种重要豆象成虫形态特征比较见表 25-8。

表 25-8　3 种重要豆象成虫形态特征比较

项目	绿豆象	豌豆象（图 25-3）	蚕豆象（图 25-4）
体形	卵圆形，2.0～3.5 mm	椭圆形，长 4.0～5.5 mm	椭圆形，4.0～5.0 mm
前胸背板	后端宽，前端窄，后缘中叶有 1 对被白色毛瘤状突起，中部两侧各有一个灰白色毛斑	前胸背板横宽，密布刻点。小盾片近方形。后缘中叶有三角形毛斑，两侧中间前方各有 1 个向后指的尖齿	前胸背板显著横宽，侧齿位于侧缘中央，短而钝，水平外指向
鞘翅	基部宽于前胸背板，小刻点密，灰白色毛与黄褐色毛组成斑纹，中部前后有向外倾斜的 2 条纹。臀板被灰白色毛，近中部与端部两侧有 4 个褐色斑	两侧缘近平行，肩胛突出。翅面具 10 条纵纹，覆褐色毛，中部稍后向外缘有白色毛组成的 1 条斜纹	从翅缝向外缘有灰白色毛点，形成弧形的横带
臀板	被灰白色毛，近中部与端部两侧有 4 个褐色斑	覆深褐色毛，后缘两侧与端部中间两侧有 4 个黑斑	不横宽，端部无黑斑或黑斑不明显

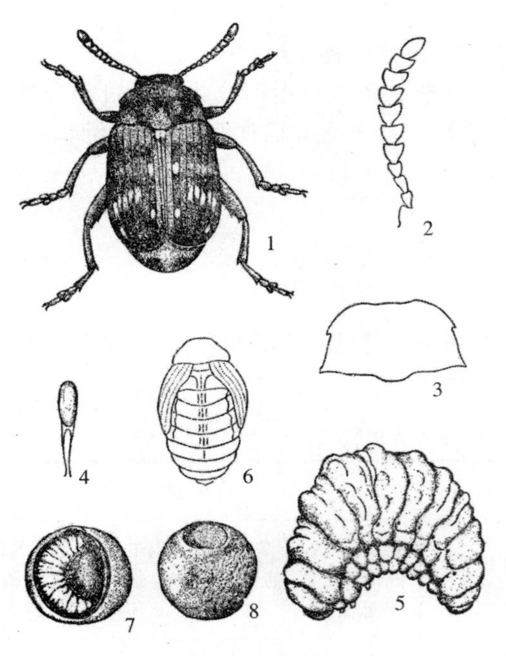

图 25-3　豌豆象

1. 成虫；2. 成虫触角；3. 成虫前胸背板；4. 卵；5. 幼虫；6. 蛹背面观；7. 在豆粒内为害的幼虫；8. 豆粒上的羽化孔（仿浙江农业大学）

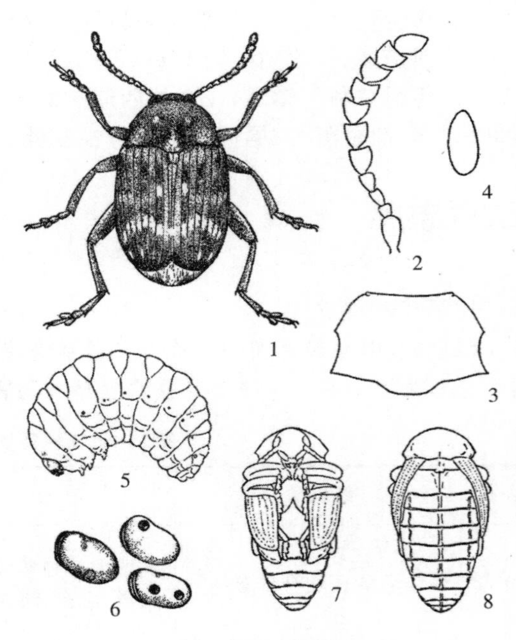

图 25-4　蚕豆象

1. 成虫；2. 成虫触角；3. 成虫前胸背板；4. 卵；5. 幼虫；6. 豆粒为害状；7. 蛹腹面观；8. 蛹背面观（仿浙江农业大学）

3. 发生规律与为害习性

3 种重要豆象生物学特性比较见表 25-9。

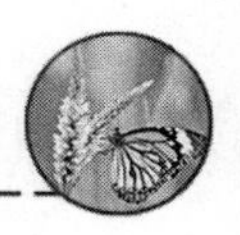

表 25-9　3 种重要豆象生物学特性比较

项目	绿豆象	豌豆象	蚕豆象
世代与越冬	一年 4～5 代，南方可发生 9～11 代，成虫与幼虫均可越冬	一年 1 代，以成虫在贮藏室缝隙、田间遗株、树皮裂缝、松土内及包装物等处越冬	一年发生 1 代，以成虫在豆粒内、仓库内角落、包装物缝隙以及田间、晒场、作物遗株内、杂草或砖石下越冬
成虫和幼虫习性	成虫善飞翔，有假死习性。可在仓内豆粒上或田间豆荚上产卵。幼虫孵化后即蛀入豆荚豆粒	成虫飞翔力强。成虫取食豌豆花蜜、花粉、花瓣或叶片补充营养后才开始交配、产卵。老熟幼虫在豆粒内化蛹。成虫羽化后钻出豆粒，飞至越冬场所，或不钻出在豆粒内越冬	成虫飞翔力强，有假死习性。越冬成虫飞到田间取食豆叶、花瓣、花粉，随后交配产卵。幼虫孵化后即侵入豆荚蛀入豆粒，被蛀豆粒表面留有 1 个小黑点，每豆一般有虫 1～6 个。幼虫在粒内被带到仓内继续为害

4.管理技术

(1)植物检疫　豌豆象、蚕豆象均为国内检疫对象，应加强检疫措施。

(2)物理措施管控　高温处理，如暴晒、开水烫、蒸汽、太阳能人造晒场、微波处理等。低温处理，如仓外冷冻、仓内通风冷冻等。还可以拌沙拌糠除虫。

(3)有益生物利用　植物熏避除虫。可以将花椒、茴香或碾成粉末状的山苍子等，任取一种，装入纱布小袋中，每袋装 12～13 g，均匀埋入粮食中，一般每 50 kg 粮食放 2 袋，可防除蚕豆象。在西非，尤氏赤眼蜂对绿豆象的抑制作用显著。

(4)化学药剂调控技术　注重田间使用药剂。一般掌握在成虫产卵盛期(常与豌豆结荚盛期相吻合)及幼虫孵化盛期喷药，控制产卵的成虫和初孵幼虫，减少虫豆入库。还可室内药物熏蒸，即对带虫豆类入库后，采用药物熏蒸的方式，控制其进一步为害，降低损失。

第六节　谷盗类害虫

一、分布与为害

谷盗类害虫是一类重要的储粮害虫，这里，选择赤拟谷盗和锯谷盗为代表。赤拟谷盗属于鞘翅目，拟步甲科，锯谷盗则属于鞘翅目，锯谷盗科。2 种重要谷盗分布与为害比较见表 25-10。

表 25-10　2 种重要谷盗分布与为害比较

项目	赤拟谷盗	锯谷盗
分类地位	拟步甲科	锯谷盗科
分布	世界热带与较温暖地区，中国大部分省区	全世界
寄主	稻、小麦、高粱、油料、干果、豆类、中药材、生药材、生姜、干鱼、干肉、皮革、蚕茧、烟叶、昆虫标本、食用菌等	稻谷、小麦、玉米、面粉、干果、药材、豆类、粉类、干果类、烟草、各种肉干、淀粉等
为害特点	全期性害虫。面粉厂的重要害虫。成虫身上有臭腺，分泌一种难闻的液体，大量感染时，会使面粉产生霉变味，使面粉结块，严重的不能食用	成虫、幼虫喜食玉米等粮食的碎粒或粉屑，不为害完整粮食。为害食用菌时，幼虫蛀食子实体干品

二、形态特征

1.赤拟谷盗(图 25-5)

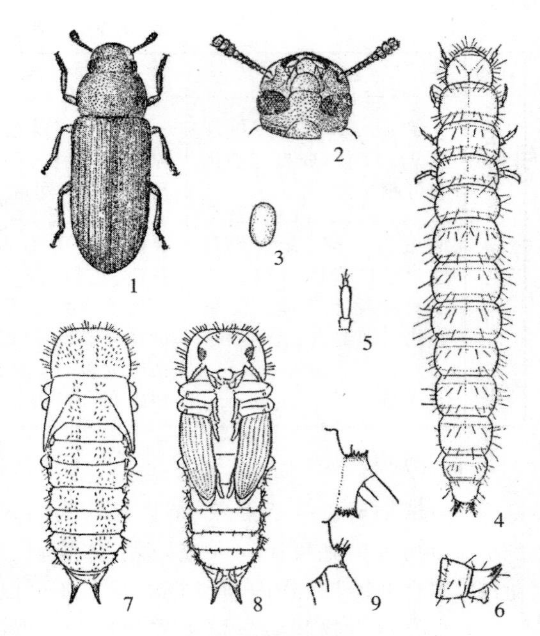

图 25-5　赤拟谷盗

1.成虫;2.成虫头部腹面观;3.卵;4.幼虫;5.幼虫触角;6.幼虫腹部末端侧面观;7.蛹背面观;8.蛹腹面观;9.蛹的侧突(仿浙江农业大学)

(1)成虫　体长 3.5～4.5 mm,扁平,长椭圆形,体赤褐色至褐色,且有光泽。头部扁阔,密布小刻点,前缘两侧宽扁,触角 11 节,末 3 节形成锤形,为棍棒状,腹面复眼间的距离约等于复眼的直径,前胸背板横长方形,肩角圆,密布小刻点,鞘翅上各有 10 条浅纵脊,脊间有纵列小刻点。

(2)卵　长约 0.6 mm,宽约 0.4 mm。长椭圆形,乳白色,表面粗糙,无光泽。

(3)幼虫　成熟幼虫体长 6～7 mm,体细长,圆筒形,稍扁。头部淡褐色,头顶略隆起,侧单眼 2 对,黑色,口器黑褐色,触角 3 节,其长约为头长之半。胸腹部 12 节,有光泽,散生黄褐色细毛,有淡黄色白毛细背线,末节背面有一对黑褐色臀突,腹末具有一对伪足状突起。

2.锯谷盗(图 25-6)

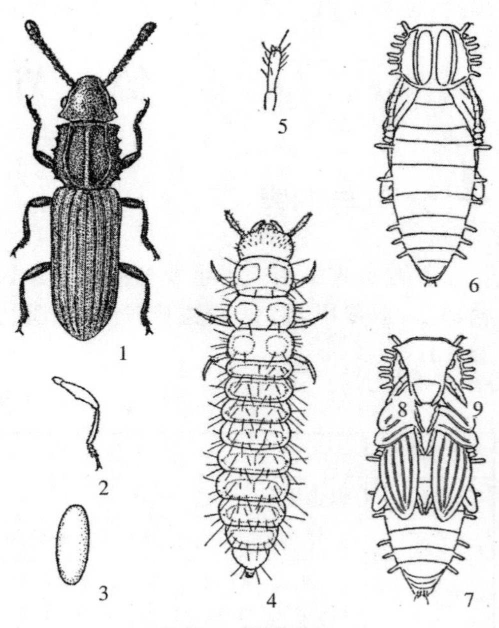

图 25-6　锯谷盗

1.雌虫;2.雌虫后足;3.卵;4.幼虫;5.幼虫触角;6.蛹背面观;7.蛹腹面观(仿浙江农业大学)

(1)成虫　长 2.5～3.5 mm,体呈长扁形,暗赤褐色,疏生白色茸毛。头部略呈三角形,复眼黑色,圆形而突出,触角 11 节,棒形,前胸背板正方形,上有纵隆起脊 3 条,两侧各着生锯齿 6 个,所以叫锯谷盗。每鞘翅上各有纵行细脊纹 4 条和点纹 10 条,并密生黄褐色细毛,雄虫后足腿节近端部内侧着生 1 个小刺,雌虫则无此小刺。

(2)卵　长 0.83～0.88 mm,呈椭圆形,乳白色且表面光滑。

(3)幼虫　体长 3～4 mm,体扁平而细长,淡褐色。头部椭圆形,淡褐色,口器赤褐色,触角由 3 节组成,其长度与头长相等。胸腹部乳白色,疏生细毛。胸部各节背面有 2 块暗褐色大斑,腹部各节背面中央有 1 块半圆形的黄褐色大斑。腹部第 2～7 节背板两侧各生 2 根长刚毛。

(4)蛹　长 2.5～3.0 mm,乳白色无毛。前胸背板两侧各着生锯齿 6 个。腹部两侧各着生刺状突出物 6 个,腹末有 1 个半圆形突出,末端着生褐色小肉刺 1 对,刺的基部生 1 根小毛。

三、生物生态学特征

两种谷盗生物学习性和生态适应性比较见表 25-11。

表 25-11　两种谷盗生物学习性和生态适应性比较

项目	赤拟谷盗	锯谷盗
年世代	4～5 代	2～5 代
越冬场所	以成虫群集在粮袋、围席及仓内缝隙中越冬	以成虫在仓内缝隙、仓外砖石下等处越冬
成虫产卵	卵散产在粮粒表面、碎屑和粉屑中	卵散产或集中产在粮食碎屑内或粮粒上
产卵期及成虫寿命	产卵期平均 5 个月，雌成虫寿命 226 d，雄虫更长	成虫寿命 6 个月到 3 年
成虫习性	成虫喜阴暗，群集在粮堆下层，飞翔力不强，有假死性	成虫有向上爬的习性，很少飞翔。抗药性较强，是不易“根除”的储粮害虫之一
温湿度适应性	成虫不耐低温、干燥。适温 28～35 ℃，相对湿度 70%，是一种喜暖害虫。2～3 ℃下经过 1 个月，各虫态均死亡	成虫耐低温、高湿。 适温 30～35 ℃，湿度为 80%～90%。低温下，生存能力强

四、管理技术

1. 严格入库管理

粮食收获后入库前，务必做好病虫的防除工作，否则，后患无穷。粮食入库前除了将含水量降低到贮藏标准外，还要尽可能通过一系列物理和机械的方法对病虫实行精细化管理，例如风选、过筛、烘烤等，把好入库关。入库前，还要按照要求对整个仓库做好清洁卫生和消毒处理，尽可能降低仓库内有害生物的存留量。有条件的地方可以在需要贮藏的粮食生长期内设置隔离防虫网。

2. 物理管控

物理管控主要是高温法。可选择晴天摊晒粮食，一般厚 3～5 cm，每隔 30 min 翻动一次，粮温升到 50 ℃，保持 4～6 h 即可。在一定温度范围内，粮食温度越高，杀虫效果越好。也可以进行低温冷冻。

3. 化学药剂调控

化学药剂主要是一些熏蒸剂的使用，如 56%磷化铝片剂、丸剂等。熏蒸时务必保持空间密闭性，熏蒸剂的剂量一定要充足，以保证熏蒸效果。熏蒸处理结束后，要及时开放空间，尽可能减少药剂的残留。

第七节　鳞翅目害虫

一、分布与为害

在储粮害虫中，鳞翅目害虫并不太多，比较有代表的鳞翅目害虫是麦蛾和印度谷螟，前者属于麦蛾科，而后者属于螟蛾科。两种蛾类储粮害虫分布与为害比较见表 25-12。

表 25-12　两种重要鳞翅目储粮害虫分布与为害比较

项目	麦蛾	印度谷螟
分类地位	鳞翅目麦蛾科	鳞翅目螟蛾科
分布	在国内除新疆和西藏外，其余各省份都有分布，为全世界大害虫	全世界
寄主	大麦、小麦、大米、稻谷、高粱、玉米、燕麦及禾本科杂草种子	玉米、大麦、小麦、豆类、花生、油菜籽、干果、粉状谷物、奶粉、中药材等
为害特点	幼虫蛀食粮粒，大部分被蛀食一空，严重影响种子发芽率	幼虫咬食粒胚部及表皮，并吐丝连缀粮粒或筑成茧，幼虫在茧中取食为害

二、形态识别

1．麦蛾(图 25-7)

(1)成虫　体长 4.0～6.5 mm，翅展 8～16 mm。体淡黄色，头顶无丛毛，下唇须发达，向上弯过头。第 3 节尖细并向上弯曲。前翅披针形，淡黄褐色，通常有不明显黑褐色斑纹，后缘毛长，淡褐色。后翅淡灰黑色，呈梯形，顶角尖而突出，后缘毛很长，超过翅宽度的 2 倍。前翅 R_{4+5} 与 M_1 脉共柄；后翅 M_1 与 Rs 脉共柄。

(2)卵　长 0.5～0.6 mm，扁平椭圆形，一端较细且平截；表面有纵横凹凸条纹。初产乳白色，后变成淡红色。

(3)幼虫　老熟幼虫体长 5～8 mm，头部小，淡黄色；胴部第 1～3 节较肥大，向后逐渐细小。初孵时淡红色，2 龄后变淡黄白色，老熟时乳白色，体表略有皱纹，无斑点，刚毛细小乳白色。前胸侧毛群具 3 根毛。胸足 3 对极短小，末端有一小黑爪，腹足及臀足显著退化，趾钩1～3 个。

(4)蛹　长 5～6 mm，细长，全体黄褐色。前翅狭长，伸达第 6 腹节，蜕裂线伸出于前胸前缘。腹末圆而小，两侧及背面各有一褐色刺状突起。

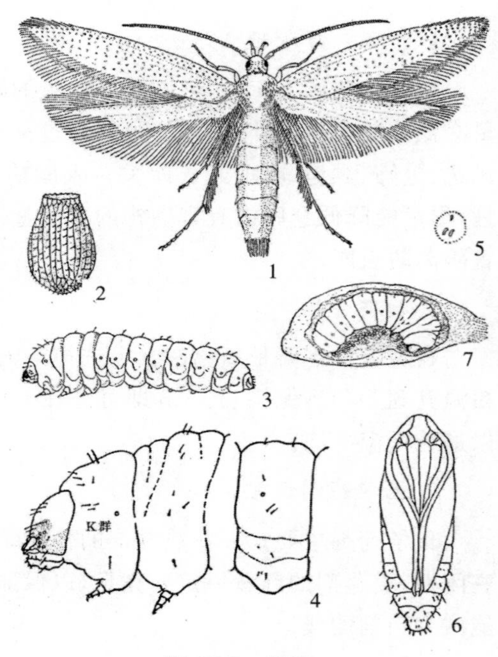

图 25-7　麦蛾

1.成虫；2.卵；3.幼虫；4.幼虫头部、前胸、中胸和腹部第 4 节侧面观；5.幼虫第 6 腹节左腹足趾钩；6.蛹；7.被害状(仿浙江农业大学)

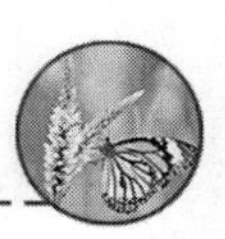

2. 印度谷螟(图 25-8)

(1)成虫 体长 6～9 mm,翅展 13～18 mm,密被灰褐色及赤褐色鳞片。头顶有一伸向前下方的锥状黑褐色鳞片丛,下唇须发达,伸向前方。前翅狭长,灰白色,基部黑褐色至赤褐色;近基部约 2/5 为灰黄色,其余 3/5 为赤褐色,并散生不规则的黑褐色,黄褐色及黑色斑纹。前翅 Sc 及 R_1 脉明显伸达至前缘。后翅白色,后翅 Sc＋R_1 脉与 Rs 脉在中室外愈合至近端部才分离,M_2 与 Cu_1 脉基部相遇于中室角。

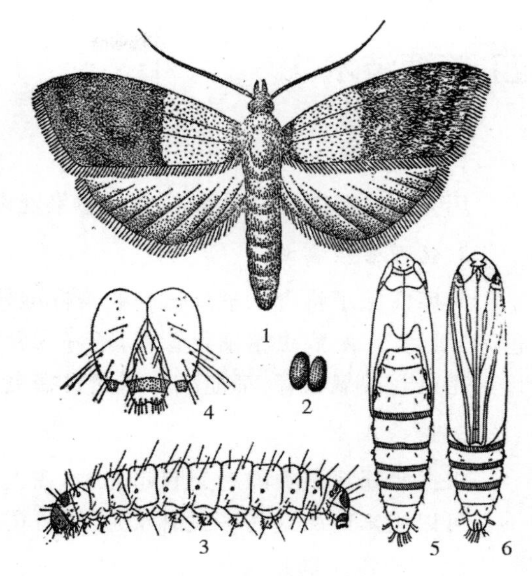

图 25-8 印度谷螟

1. 成虫;2. 卵;3. 幼虫侧面观;4. 幼虫头部;5. 蛹背面观;6. 蛹腹面观(仿华南农业大学)

(2)卵 长约 0.3 mm,椭圆形,一面凹入,一端甚尖,表面粗糙,有许多小粒状突起。乳白色。

(3)幼虫 成熟幼虫体长 10～13 mm。头部赤褐色,上颚有 3 个齿,中间的最大。侧单眼 5～6 个。胴部淡黄色或淡黄绿色,前胸淡黄褐色,中部较粗,二端较细。除中胸和第 8 腹节的 S_{D1} 毛围有骨化环外,刚毛无毛片,腹足趾钩为双序环。

(4)蛹 长约 7 mm,细长,腹部后端稍弯向背面。背面淡褐色,腹面淡黄褐色或橙黄色。前足伸达第 1 腹节后缘,后足及前翅伸达第 4 腹节后缘。腹末有尾钩 8 对,其中以末端近背面 2 对最接近和最长。

三、生物生态学特征

两种重要鳞翅目储粮害虫生物生态学习性比较见表 25-13。

表 25-13 两种重要鳞翅目储粮害虫生物生态学习性比较

项目	麦蛾	印度谷螟
年世代	2～12 代	4～8 代
越冬场所	多数以老熟幼虫在麦粒内越冬	以幼虫在包装物、屋柱及板壁等缝隙中越冬
成虫产卵	可在田间产卵,卵产于小麦腹沟胚部或腹沟内。感染的稻麦粒将麦蛾带进仓内为害	成虫在粮堆或油料种子表面产卵,散产或集产,平均产卵 152 粒
成虫习性	成虫趋紫外高压灯	成虫趋黑色紫光灯
幼虫习性	幼虫常由胚部或损伤处入,1 龄幼虫能钻入粮堆内为害。绝大部分幼虫集聚在粮堆上面 20 cm 以内为害	幼虫喜吐丝结网群集在一起
温湿度适应性	适宜温度为 21～35 ℃,发育起点为 10.3 ℃,成虫在 45 ℃时经过 35 min 即死亡。卵、幼虫及蛹在 44 ℃经过 6 h 全部死亡。当谷物含水量在 8%以下,相对湿度 26%以下时,幼虫不能生存	适宜温度为 24～30 ℃,在 27～30 ℃时完成一世代约需 36 d。幼虫暴露在 48 ℃,经过 6 h 即死亡

四、管理技术

1.压盖粮面

用无虫的麻袋装满异种粮,将易感染麦蛾的粮食粮面扒平,然后用粮包叠实压盖在粮面上。

2.物理管理措施

入库前除了将含水量降低到贮藏标准外,尽可能通过一系列物理和机械的方法,如风选、过筛、烘烤等,对病虫精细化管理,把好入库关。还可以在日光下暴晒数小时,或者暂存时,可以采用密封缺氧保管,都能减少鳞翅目害虫进入粮仓。

3.诱杀成虫

根据鳞翅目蛾类的趋光和趋化性,在大型粮仓内可常态化设置黑光灯或性诱剂诱杀成虫,不仅可以用来监测这些害虫的发生,还可诱杀害虫,收到一举多得的效果。

4.化学药剂调控技术

在原粮、种子粮堆或密封良好的仓和囤中,每 1 000 kg 粮食放 56%磷化铝片剂 5~7 片。对仓外储粮使用溴甲烷,粮堆每立方米用药 30 g 并密封 48 h。用 1. 2%粮虫净粉剂 1 份伴小麦 1 000 份,可保持 1 年无虫害发生。

第八节 腐嗜酪螨

一、分布与为害

腐食酪螨[*Tyrophagus putrescentiae*(Schrank)]分类地位属蜱螨目,粉螨科,别名卡氏长螨,是全世界性分布的重要储粮害虫。其寄主包括禾谷类种子、豆类及加工品等各种储粮、油料种子、面粉、糠麸、豆饼、花生饼、干酪、火腿、鱼粉等。通常谷粉感染螨的脱皮及排泄物后,变为淡褐色,带腥臭味。人体与螨接触后,发生皮疹。

二、形态识别(图 25-9)

体长 0. 30~0. 42 mm,白色,半透明。前体躯与后体躯之间有一条明显的横沟。后体躯上中央有背毛 4 对。雄螨肛门两侧有一对盘形吸盘。

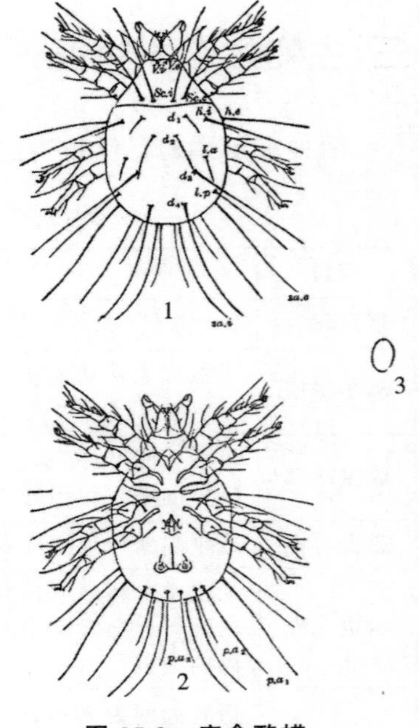

图 25-9 腐食酪螨

1.雌成虫背面观;2.雄成虫腹面观;3.卵(仿浙江农业大学)

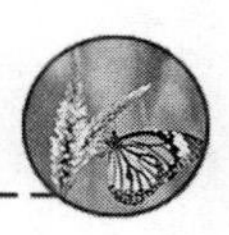

三、发生规律与生活习性

1.发生世代

一年发生多代。当气温 23 ℃,相对湿度 87%时,14～21 d 完成一代。发育起点温度 10 ℃,最高温度范围 35～37 ℃。雌、雄螨一生交配多次,雌螨产卵最适温度为 17～22 ℃,相对湿度 90%～95%。相对湿度高于 70%时,卵才能孵化。

2.生活周期

以麦胚作饲料,完成其生活周期约 15 d。在高湿条件下(甚至相对湿度为 100%),它发育得最快。该螨虽然喜湿,但也能忍受最低相对湿度为 60%的环境条件。

3.取食习性

该螨是许多食物的害螨,尤其喜欢那些蛋白含量高、含水量在 12%～18%的食物。

四、管理技术

1.严格卫生管理

在谷物或粮食生产或储存及操作区域,实行严格的卫生管理是控制的关键。要通过焚烧或掩埋来清除和毁灭不需要的、被感染的农产品。如果要保存有感染的农产品,需熏蒸处理,至少每周一次清理并销毁谷物粉尘和谷物残渣。在贮存新的未受感染的农产品之前,需清洁谷物贮存和搬运设备。

2.温湿度管理

由于该螨需要温暖潮湿的环境,可采用通风的方法,将温度降低至 20 ℃以下,湿度降低至 55%以下,或采取干燥措施,将谷物含水量降到 12%等,都可以保持较低的螨虫种群数量。

3.化学药剂调控

化学药剂包括甲氧普林(一种杀虫剂)、菊酯类杀虫剂和多杀菌素等都能有效控制螨虫。磷化氢熏蒸时,只有在密封、气密的储存条件下才会杀死螨虫。

第二十六章

迁飞昆虫及害虫管理技术

所谓迁飞性昆虫是指一些昆虫在其生活史的特定阶段，成群而有规律地从一个发生地长距离转移到另一个发生地，以保证其生活史的延续和物种的繁衍。许多农业昆虫具有迁飞性，如蜻蜓、美洲帝王蝶、美洲棉铃虫等。在我国，从历史到现阶段，迁飞性害虫，如东亚飞蝗、黏虫、棉铃虫、草地螟、稻褐飞虱、白背飞虱、稻纵卷叶螟以及草地贪夜蛾等，给我国农业生产造成较大的损失。了解迁飞性昆虫的生物生态学特性及其迁飞规律，对制定有效的管理决策具有重要意义。

第一节　昆虫迁飞及迁飞生物学

一、昆虫迁飞与扩散

昆虫在其生长发育过程中，由于其固有的生物学特性或受地理气候条件的影响，都具有扩散的习性。如果扩散的距离比较远，达到几百上千千米，那就是迁飞而非扩散。所谓扩散，是指引起个体之间平均距离增加的一种简单移动。几乎所有的昆虫在生长发育阶段都需要扩散。所谓迁飞，则不同于扩散，是指昆虫通过飞行或借助大气环流，大量、持续地远距离迁移的行为，这种行为只在部分昆虫中发生。就迁飞行为而言，可以分为迁出、转移或过境和迁入。迁出是某一种群的个体起飞后向外飞离发生地的行为。转移或过境指某一迁飞种群只在该地过境而不停留下来生活与繁殖的行为。迁入则是某一迁飞种群的个体由彼地迁到此地并停留下来繁衍后代的行为。

二、昆虫迁飞现象及证据

虽然迁飞是部分昆虫的固有习性，那么如何判断一种昆虫是迁飞，而非简单的扩散行为呢？首先应该在自然界可以发现某些昆虫具有迁飞习性的现象，同时根据所观察到的现象来

寻找其迁飞的证据，最终才能确定某种昆虫具有迁飞的习性。

1.野外迁飞现象

在野外，当我们留心观察一些昆虫时，能看到大量昆虫按一个确切方向有规律的飞行。这种飞行可能持续数分钟、几小时、几天或者甚至几周才结束；可能只包括单一物种，或者可能包括多个物种，甚至偶尔有不同目的昆虫。

2.区域突发现象

有翅昆虫突然大量出现在一定区域。这些区域以前未发现它们存在，也没有本地繁殖和出现证据。而在其个体特别丰富不久，昆虫种群突然消失或锐减，也没有怀疑其突然死亡的理由。

3.现身极端地理环境

在一些比较极端地理环境的地方，发现了大量昆虫在此暂留，例如，飞行昆虫出现在远离海岸的海洋、大洋岛上和高海拔山脉的雪地里等。这些昆虫极有可能是过境此地，随后将迁飞到另一地方。

4.周期和季节性

周期和季节性现象的观察需要持续多年。在许多国家，特定的昆虫种类只在一定季节出现，而在一年的其他时间或任何作物生长阶段并没有发现，甚至与大气环流相吻合，出现由南到北和由北向南的往复活动，这很可能与迁飞性相关。

5.标记回收试验

要真正确定一种昆虫为远距离迁飞性昆虫，上面列举的现象都只能算作间接证据，因为也可能有一些偶然性。最好能找到昆虫迁飞的直接证据。昆虫的标记回收试验就是一种寻找昆虫迁飞性直接证据的方法。将目标昆虫大量人工饲养并形成实验室种群，采用一定的标记方法，必须保证标记具有较长时间的存在，不易丢失。然后，在目标昆虫被怀疑的迁飞季节，实施远距离释放，通常在距离释放地点几百上千公里的异地回收，所标记的昆虫重新捕获，就是其迁飞的直接证据。

6.综合分析

上述现象累积观察和研究发现，现在已知有规律迁飞的昆虫种类包括飞蝗、蜻蜓、蝴蝶和蛾类，一些半翅目、一些甲虫(特别是瓢虫科)，以及一些双翅目(特别是食蚜蝇科)等。

三、生物学特性

1.迁飞活动特点

昆虫的迁飞具有较强的本能特性。迁出飞行时间具有特殊性，迁飞一般发生在成虫羽化后和生殖前期之间，迁飞时间常常可分为白天、清晨和黄昏以及夜间等，迁出时间具有昆虫种类特异性。迁飞活动绝不是个体行为，而是一种群体定向飞行活动。

2.发育与生殖

昆虫的迁飞行为与成虫的发育状况具有同步性，迁飞均发生在雌虫繁殖前或繁殖间歇。

第1次迁飞行为大多出现在成虫羽化的后期，一般开始迁飞前雌虫卵巢并未发育成熟，当卵巢发育成熟后即停止迁飞而降落并暂时定居繁殖。所以，飞行与生殖交替进行，雌虫迁飞与卵巢发育密切相关。迁飞与雄虫性发育、交配之间也有相关性。

3.飞行的能量来源

能量消耗的去向大部分表现为放热，只有少部分用于克服地球引力和提供向前飞行的动力。能量的来源包括体内贮藏的糖类、脂肪、氨基酸等。很多膜翅目、双翅目和直翅目昆虫主要以碳水化合物作为飞行能量，而很多半翅目和另外一些直翅目、鳞翅目昆虫利用碳水化合物和脂肪作为飞行能量。此外，有研究认为，有的鳞翅目昆虫利用脂肪作为能源。也有研究认为，昆虫可以按其飞行阶段利用不同的能源。例如，飞蝗在其飞行时，开始阶段能量主要来源于糖类，持续飞行阶段则依靠脂肪提供能量。

第二节　昆虫迁飞生态学

一、气候条件

1.温度要求

迁飞性昆虫一般具有起飞的起始温度。我国重要迁飞性害虫稻褐飞虱、稻纵卷叶螟、小地老虎和黏虫的起飞温度分别是16 ℃、13 ℃、6 ℃和8 ℃。飞行高度与适宜飞行的温度层面有关，在适宜飞行的温度层面，虫口密度较大，如飞虱的飞行高度，夏季高于秋季；迁飞性蚜虫，夜间低层空气冷却，上层气温较高，形成逆温，最大密度层会逐渐上升。

根据常年的温度变化，迁飞昆虫形成了北迁南回的迁飞规律。根据这个规律，可将迁飞性昆虫分成不同的发生区。例如在我国，稻褐飞虱、稻纵卷叶螟和黏虫、小地老虎分别被分成6、5、4个发生区，而白背飞虱则分成5带16个发生区。

2.空气湿度

空气潮湿程度影响昆虫起飞。空气潮湿时，有些昆虫的起飞频率会减少；而另一些昆虫，相对湿度较高的条件有利于起飞。空气湿度也影响飞行昆虫密度。对某些昆虫，湿度较大的空域，有利于飞行个体保持水分以延续生命，往往种群密度较大，如云雾中相对湿度为90%～100%时，捕获的飞虱数量明显多于晴空。

3.大气环流

大气环流对昆虫的迁飞与降落具有重要的影响，表现为：①对主动升空的影响。昆虫凭借本身的能力主动升空，到达飞翔边界层，在此阶段强风往往抑制起飞，而弱风刺激起飞；第2阶段是借助上升气流拖带进入水平运行气流，此时上升气流有助于起飞，下沉气流抑制起飞。如褐飞虱北迁。②被动升空的影响。特别是一些风载型迁飞昆虫，空中气流常决定其迁飞方向。边界层顶的低空逆温和低空急流为迁飞种群提供了最适宜的运行环境，大多数迁飞个体聚积

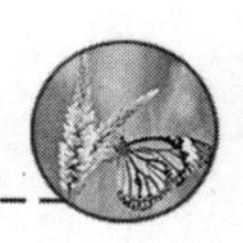

在边界层顶，且飞行方向基本上与风向保持一致。③天气条件的影响。天气条件是影响迁飞性昆虫降落的重要因素。昆虫起飞一般要求晴朗天气，降雨或大雾不利于起飞。促使昆虫降落的主要原因可归纳为气流迫降和雨水冲击2个方面。

4.季风带

在迁飞性昆虫中，处于季风带的昆虫，常常可以凭借季风带的气候条件，完成其迁出和迁回。例如，亚洲东部地处季风带，是一个典型的迁飞场，夏半年的偏南气流和冬半年的偏北气流是形成昆虫逐代远距离北迁南回的气流条件。如飞虱、黏虫和稻纵卷叶螟都非常好地利用了季风带。

二、光照强度和光周期

1.光照强度影响

迁飞昆虫不同种类的迁飞行为对光照强度有特定要求，因而起飞时间存在差异。白天迁飞昆虫，当光照强度小于某一数值时不起飞，如黑豆蚜，起飞光照强度不得小于6单位勒克斯(lux或lx)；夜间起飞的昆虫，当光照强度大于某一数值时不起飞，如小地老虎，在光照强度达到0.4 lx时，飞翔开始下降；光照强度1.0 lx以上时，起飞完全受到抑制。

2.光周期诱导

光周期是迁飞性昆虫迁出的诱发因素。在光周期由长变短的条件下，延长了迁飞昆虫的产卵前期，更有助于迁飞。如稻纵卷叶螟北迁(长日照，高温)和南迁(短日照，低温)。光周期还是诱导翅二型的开关，如始红蝽，长日照诱发长翅型产生。

三、食物质量和种群密度

在自然条件下，种群密度和食物质量常共同影响昆虫的飞行，而食物质量又依赖于种群密度或拥挤度。值得注意的是，高密度和食物质量差并不是引起迁飞的充要条件。

第三节　黏虫

黏虫[*Leucania separata*(Walker)]，同名为[*Mythimna separate*(Walker)]，英文名为Armyworm，属于鳞翅目，夜蛾科，俗称剃枝虫、五色虫、行军虫。我国已知的黏虫属有3个，即黏虫属(*Leucania* Ochs.)、寡黏虫属(*Sideridis* Hübner)及光腹黏虫属(*Eriopyga* Guen.)，共计63种。在我国农业生产上，黏虫是一个具有历史劣迹的大害虫，也是重要的迁飞性害虫。

一、分布、种类与为害

黏虫是世界性禾谷类重要迁飞性害虫，我国除西藏、新疆和甘肃陇西尚未发现外，其他各地均有分布。国内发生的主要属于黏虫属(*Leucania* Ochs)种类，包括黏虫[*L. separata* (Walker)]、劳氏黏虫[*Leucania loreyi* (Duponchel)]和白脉黏虫(*Leucania venalba* Moore)3 种，常混合发生。

黏虫是一种多食性昆虫，可取食 100 余种植物，尤其喜食禾本科植物。以幼虫为害叶片，初食叶片，接着取食嫩穗和嫩茎，大发生时，不仅食尽叶片，而且咬断穗茎，甚至造成颗粒无收。一般而言，不同的龄期，取食习性不一样，1～2 龄幼虫仅食叶肉形成小孔，3 龄后才形成缺刻，5～6 龄达到暴食期。

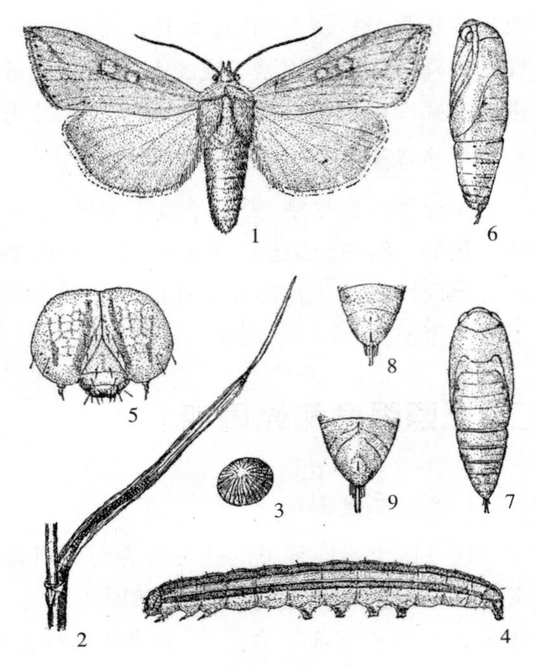

图 26-1 黏虫

1. 成虫；2. 产卵叶；3. 卵；4. 幼虫侧面观；5. 幼虫头部正面观；6. 蛹侧面观；7. 蛹背面观；8. 雄蛹腹部末端；9. 雌蛹腹部末端(仿浙江农业大学)

二、形态识别(图 26-1)

成虫体色淡黄色或淡灰褐色。前翅中室处有两个淡黄色圆斑，外侧较大，大斑下方有一小白点，其两侧各有一个小黑点。从翅顶角向斜后方有一条暗色条纹，翅外缘有 7～9 个小黑点。

各龄幼虫特征见表 26-1。

表 26-1 黏虫各龄幼虫的形态特征

虫龄	体长/mm	身体形态特征
第 1 龄	3.4	头部无花纹，体淡黄褐色，体中段灰白色，行动似尺蠖
第 2 龄	6.4	头部无花纹，体淡黄褐色，两侧各有 4 条淡褐色纵线和白线，腹足外侧出现黑斑
第 3 龄	9.4	头部开始出现网状纹和“∧”形纹。体灰绿色，白色纵线明显，而以靠近腹足基部的 1 条最宽，腹足外侧有黑斑
第 4 龄	13.9	头部有明显的网状纹和“∧”形纹。体色和纵线与第 3 龄相似，但靠近腹足基部最宽的白色纵线上显现红褐色，并在此线之上有 1 条较宽的黑色纵线
第 5 龄	23.8	头部花纹同第 4 龄，体色和纵线与第 4 龄相似，但有 2 条红褐色纵线
第 6 龄	38.0	红褐色纵线更明显，其他似第 5 龄

三、发生规律与生活习性

1. 发生代数及为害

黏虫一年发生代数常受气候和食料等的影响，各地差异很大，在我国中东半部地区约可以划分 5 个代区(表 26-2)。

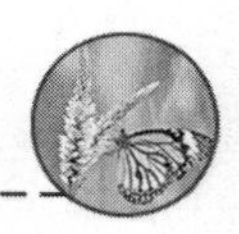

表 26-2　黏虫发生代区和为害主要作物种类

世代区	纬度	发生区域	幼虫多发代	大致时间	重点为害作物
2～3 代区	39°N 以北	东北三省，内蒙古、河北东部和北部、山西中部和北部及北京市郊等	第 2 代幼虫	6 月中旬至 7 月上旬	小麦、小米、玉米、高粱、水稻等及禾本科牧草
3～4 代区	36～39°N	山东西部和北部、河北中部、西部和南部，河南北部，山西东部及天津市等	第 3 代幼虫	7—8 月	玉米、小米、高粱、水稻等
4～5 代区	33～36°N	江苏北部、安徽北部、河南中部和南部、山东南部及湖北西北部等	第 1 代幼虫	4 月下旬至 5 月上中旬	小麦
5～6 代区	27～33°N	湖北中部、南部、江西、浙江等	第 5 代幼虫	9—10 月	晚稻，有的年份第 1 代幼虫为害小麦也较严重
6～8 代区	27°N 以南	两广、闽、台等	第 5 代或第 6 代幼虫	9—10 月	晚稻最重，越冬代或第 1 代幼虫 12 月至次年 3、4 月间为害小麦、玉米

2. 越冬和越夏

黏虫无滞育现象，在适宜的条件下，可继续繁殖。黏虫的越冬分界线大致在北纬 33°，以南地区黏虫可以越冬。同时发现夏季在华南地区很难找到黏虫，所以认为黏虫应该存在越夏的问题，关于黏虫越夏问题暂无定论。

3. 成虫习性

成虫昼伏夜出取食、交配和产卵，有一定的趋光性。对糖、酒、醋混合液的趋性很强。成虫的活动有个明显的高峰时间：黄昏峰，主要是取食；午夜峰，交配和产卵；黎明峰，寻找栖息场所。成虫繁殖力极强，在适宜条件下，每头雌蛾产卵 1 000～2 000 粒，最多可达 3 000 粒。雌蛾产卵对植物种类和部位均有一定的选择性。在各种产卵部位，卵粒排列数行成块状包在叶鞘或枯叶内。

在水稻上，多产于秧苗上部 3、4 个叶片尖端或枯心苗、白化病株的枯叶缝间或叶鞘里。在小麦上，多产于枯叶尖或苍老叶等部位。在玉米、高粱上，多产于枯叶尖或受害后萎蔫的叶片里，也喜欢在被间除的玉米、高粱枯苗上产卵。

四、黏虫的迁飞及迁飞规律

1. 黏虫迁飞证据

根据我国各地多年诱蛾记录分析，大发生世代以前，黏虫成虫有明显的突增现象，而在大发生后，羽化出的黏虫成虫则出现突减的现象。大量黏虫标记回收工作显示，1961—1962 年，在渤海、黄海海面上捕到蛾（5 月末至 6 月初）。黏虫生殖系统的研究发现，突增期诱到的雌蛾，大部分卵巢发育已达到卵粒可辨，或卵已成熟，而突减期诱到的雌蛾，卵巢仅处于卵粒尚未形成阶段。黏虫飞翔力很强，据测定，黏虫每小时飞行速度可达 20～40 km，并能持续 7～8 h 的飞行。

2. 黏虫的迁飞路线

对全国各地黏虫发生时期和为害世代的资料分析表明，黏虫在我国中东部地区具有季节性南北持续为害特点。即从春季开始，从南到北逐代发生，夏季以后又从北向南发生。

(1)北上时间和路线　华南地区 2—4 月间羽化的部分黏虫北迁到长江流域和黄河流域以南(包括山东南部、江苏、安徽、湖北、河南等)为害冬小麦，于 5 月下旬至 6 月上中旬化蛹羽化后北迁到华北、东北地区为害春麦、水稻、玉米、高粱等作物。

(2)南下时间和路线　7 月中下旬从东北、华北、内蒙古等地羽化的成虫向南迁，可到达辽宁南部、西部、内蒙古东南部和华北等地成为第 3 代虫源，9 月上中旬从华北、内蒙古西南部、辽宁南部和西部羽化的黏虫随“寒露风”继续南迁，到达湖南、广东、福建等地，成为 9—10 月间为害水稻的虫源，继续为害并越冬。

五、发生与环境条件的关系

1. 气候条件

黏虫的发生与温湿度关系十分密切，各虫期适宜的温度在 10～25 ℃，适宜的相对湿度在 85%以上，即黏虫要求温暖高湿的气候条件。

2. 与田间环境条件的关系

根据黏虫对农田小环境的适应性可知，一般生长茂密的丰产小麦田和小麦与玉米的套种田往往受害较重。作物密植田块有利于黏虫的发生。和大多数植食性昆虫一样，不当的水肥管理，有利于黏虫种群发展。但经常性中耕除草，保持作物通风透光，有利于控制黏虫的种群数量。

3. 有益生物

黏虫的天敌种类较多，有蛙类、蚂蚁、步行虫、蜘蛛、草蛉、黏虫绒茧蜂，黏虫缺须寄蝇、索线虫及黏虫白星姬蜂等捕食性和寄生性天敌。保护田间的天敌有利于控制黏虫的发生。

六、综合管理技术

1. 加强成虫监测和早期预警

对迁飞性害虫必须加强监测技术的研发和应用，如雷达、灯光诱集和性诱剂等技术，做到早发现、早预警、早计划相应的管理策略和物质准备。

2. 管理策略

在生产实际中，根据黏虫迁飞的早期预警、进程监测和发生期预报，掌握好管理黏虫种群的“诱蛾，灭卵，杀虫”3 个环节。

3. 诱杀成虫

诱杀成虫也就是“诱蛾”环节，力争将成虫杀灭于产卵以前。通常可以采用以下技术：①灯

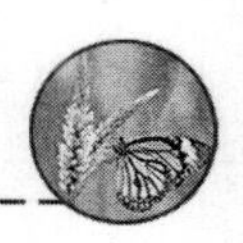

光诱杀。根据黏虫成虫具有一定的趋光性，可结合监测和管理其他鳞翅目昆虫，设置诱虫灯诱杀黏虫成虫。②糖醋酒液诱杀。黏虫成虫有喜食糖醋酒混合液的习性，通常按糖 6 份，醋 3 份，白酒 1 份，水 10 份，加 90%敌百虫 1 份调匀成糖醋酒混合液，在成虫出现时，放置到田间监测和诱杀成虫。③杨树、柳树枝把诱杀成虫。夜蛾科的许多成虫在天亮之前需要寻找栖息场所，利用这一习性，通常可以在晚上放置杨柳树枝把于作物田，早上收集杨柳枝把中的黏虫成虫，集中处理。

4.灭卵环节

这个环节主要是清除黏虫卵块于孵化之前。根据黏虫喜欢在萎蔫或枯叶上产卵的习性，利用稻草、高粱或玉米的萎蔫或干叶把，诱集黏虫的卵块，每 667m^2 放 60～100 把，一般草把高出作物冠层 15 cm 以上，每次换下的草把及时带出田外，集中销毁。

5.化学药剂调控技术

采用化学药剂调控属于杀虫环节，是继成虫和卵块管理环节之后，根据田间幼虫发生情况，如果达到了经济阈值要求的种群数量，则必须采用化学药剂调控技术。化学药剂调控适期为幼虫第 2、3 龄盛发期。药剂选择和使用的原则是首选高效低毒杀虫剂，时刻牢记轮换用药。所使用的化学药剂种类、剂量和方法参考其他章节鳞翅目害虫化学药剂调控技术。

第四节　草地螟

草地螟(*Loxostege sticticatis* L.)，又名甜菜网螟、黄绿条螟等，属于鳞翅目，螟蛾科昆虫。自新中国成立以来，草地螟曾在 1953—1959 年，1978—1983 年 2 次暴发成灾，给当时农牧业生产造成了巨大的损失。1995 年以后种群又开始回升，并形成第 3 个暴发周期，发生面积、危害程度都超出前 2 个暴发周期。仅 2002 年，在河北、山西、宁夏、内蒙古、黑龙江、吉林和辽宁等 7 省份，草地螟发生面积共 210 多万 hm^2，平均幼虫密度在 100 头/m^2 以上。

一、分布与为害

草地螟主要分布在北纬 34°～54°的森林和草原地区，在欧洲、亚洲、北美洲均有分布。我国则主要分布于东北、华北及西北等地，属一种间歇性发生、为害严重的暴发性害虫。2004 年，除了经常发生危害的河北、山西、内蒙古、黑龙江和吉林外，还涉及辽宁、陕西、宁夏、天津和北京等省份。其大面积的成虫发生范围比常年南扩 1～1.5 纬度，发生面积近 1 100 万 hm^2。

幼虫食性广，为害植物种类多，可取食为害 30 余科 200 多种植物。寄主植物以双子叶植物，如豆类、亚麻、灰菜、萹蓄、马铃薯、甜菜等为主，也可为害枸杞、榆树幼苗、苹果树等植物。2 龄前幼虫的食量很小，仅在叶背取食叶肉，残留表皮，3 龄以后幼虫食量逐渐增大，可将叶肉全部食光，仅留叶脉和表皮。

二、形态特征

(1)成虫　体长 8～10 mm，翅展 18～22 mm，体色灰褐。前翅灰褐色，其边缘有 1 条黄白

色的波状条纹，翅中央近前缘处有1个黄白色的斑纹，在前缘近顶角处有1个黄白色的短剑状纹。后翅灰褐色，其外缘也有1条黄白色波状纹，且近外缘处还有2条黑色波状纹。挤压雌虫腹部时，腹末呈一圆形的开口，其内伸出产卵器；雄虫在挤压腹末时，腹末端向左右分开两片状结构，为抱握器，并可见钩状的阳具。

(2)卵　长0.8～1.0 mm，宽0.4～0.5 mm。椭圆形，乳白色，有珍珠光泽。

(3)幼虫　初孵幼虫体长仅1.2 mm，淡黄色，后渐呈浅绿色；老熟幼虫体长16 mm以上，体褐绿色，头黑色，有明显的白斑。前胸背板黑色，有3条黄色纵纹。体黄绿色或灰绿色，有明显的暗色纵带，间有黄绿色波状细线。体上疏生刚毛，毛瘤较显著，刚毛基部黑色，外围着生2同心的黄白色环。

(4)蛹　长8～15 mm，黄色至黄褐色。腹部末端由8根刚毛构成锹形。蛹为口袋形的茧所包住，茧长20～40 mm，直立于土表下，上端开口以丝状物封盖。

三、发生规律与生活习性

1.发生世代与越冬

草地螟在年等温线0 ℃以北地区，主要包括黑龙江北部和内蒙古北部地区，为1代区。在年等温线0 ℃以南至8 ℃以北地区，即东北大部、华北大部和西北北部，为2、3代区，也是我国草地螟的主要发生和为害的地区。另外，内蒙古大部、山西大部和河北北部等地区，还发生不完全3代。草地螟具有周期性暴发成灾的特点，大发生周期为10～13年，平均11年。

草地螟在我国北方一年发生2～3代，因地区不同而不同，但以第1代为害最重。以老熟幼虫在滞育状态下于土中结茧越冬。其越冬区域大致位于北纬36°～52°的地区。在春晚、夏热、秋短的年份，草地螟常以第2代幼虫在高寒山区越冬。越冬场所为农田、草原、林地和荒地等，尤其以草原、林地、荒地越冬虫量最多。

草地螟发生时期随地区而异。内蒙古赤峰北部地区越冬代成虫5月中下旬出现，6月盛发。第1代幼虫发生在6月中旬至7月末，6月下旬至7月上旬为严重为害期，第1代成虫发生于7月中旬至8月。第2代幼虫于8月上旬开始发生，一般为害不大，陆续入土越冬。少数可在8月化蛹，羽化为2代成虫，但不再产卵而死。

在内蒙古呼伦贝尔草原，每年发生2代，越冬代成虫始见于5月中下旬，6月初为盛发期。第1代卵发生于6月上旬至7月下旬，第1代幼虫发生于6月中旬至8月中下旬。第2代幼虫发生在8月上旬至9月下旬，以后陆续越冬。

在甘肃河西地区一般每年发生2代，以老熟幼虫在地表下5 cm左右深处作土茧越冬。越冬代成虫于5月下旬始见，6月中旬为成虫高峰期，卵始见于6月上旬，6月中旬为越冬代成虫产卵高峰期；卵经5～6 d孵化为第1代幼虫，于6月中旬初始见幼虫，6月中旬末为幼虫出现高峰期，初孵幼虫经20～25 d即入土化蛹，蛹期20 d左右，1代成虫于7月中旬始见，8月中旬达到高峰，经10～15 d即可产卵。2代幼虫取食活动55 d左右后，以老龄幼虫于9月上中旬入土作茧越冬。

2.成虫习性

(1)活动习性　成虫白天潜伏在草丛或作物田内，具较强的飞翔能力，如遇惊扰，常作近距

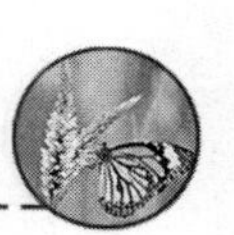

离飞移，飞行高度 0.5～5 m，飞行距离 3～5 m。成虫夜间活动主要是取食、交尾和产卵，活动盛期在 20:00—24:00，具强烈的趋光性，尤其是对黑光灯、白炽灯趋性更强。无趋化性。成虫产卵前，需吸食花蜜和水分补充营养。

(2)产卵习性 成虫产卵具选择性，对气候、植被、地形、地势、土壤的理化性质都有很强的选择性。在气温偏高的条件下，选择高海拔冷凉地区产卵；在气温偏低条件下，选择低海拔背风向阳暖区产卵。成虫选择幼虫喜食的双子叶植物上产卵，与作物相比，通常选择杂草产卵，如灰菜、猪毛菜、碱蒿类等，也喜欢在蓼科、伞形花科、豆科等作物上产卵。在适宜的环境内，草地螟产卵对植物群落中的优势杂草种及杂草密度有较强的选择性。卵多产于株高 5 cm 以下的低矮幼嫩植株茎基部及叶片背面接近地表的部位。

卵单产或块产，卵块一般 2～6 粒卵排在一起，紧贴植物表面覆瓦状排列。卵多产于寄主植物的叶背近叶脉处。在同一株寄主植物上，中部叶片的着卵量均比下部和上部叶片多；幼嫩寄主上的着卵量比老化寄主多，叶背的着卵量多于叶正面。有时也可将卵产在叶柄、茎秆、田间枯枝落叶及土表。产卵时间多集中在 0:00—3:00，一般每头雌虫产卵 83～210 粒，最多可达 294 粒。成虫产卵量与幼虫期发育、成虫补充营养及温湿度有关。成虫产卵后多在 24 h 内相继死亡。卵期 4～6 d。

(3)成虫迁飞性 许多研究已经证明，草地螟成虫具有远距离迁飞的习性。1981—1983 年山西成功实现了成虫标记回收，收到标记成虫的最远距离为 150～230 km。吉林省农科院植保所 1984 年春季应用雷达监测了主要越冬区越冬密度极大的山西应县，结果发现，当地成虫羽化盛期为 6 月 9—15 日。随着西南气流的出现，当气温升至 20 ℃以上时，成虫大量起飞和迁飞。其迁飞方向多随西南气流向东北方向。迁飞高度距地面 80～400 m，大多数集中在 80～240 m 高度层。迁飞速度在风速为 5～10 m/s 时，与风速相近。每夜迁飞距离可达 300～500 km。因此认为辽宁、吉林、黑龙江和内蒙古东部等地区的春季成虫来自主要越冬区的迁入。

3.幼虫习性

幼虫共 5 龄。初孵幼虫即具吐丝下垂的习性，常群集于寄主叶背为害，稍遇触动即后退或前移，无假死性。幼虫通常先为害杂草，后为害作物。进入 2 龄前便扩散于全株，一旦进入 3 龄，便暴食为害。幼虫还有吐丝结苞为害的习性，被结苞的叶片受害后变褐干枯或仅剩叶表皮的苤包，其内充满黑色虫粪。

幼虫具转株或转叶为害的习性。3～4 龄前幼虫靠吐丝下垂后借微风摆动在株间迁移，当接触到植株的任一部位后，便紧伏其上，稍停片刻便开始活动，寻找取食场所。

4～5 龄幼虫一般不吐丝下垂，分散为害。当遇到振动或触动时，迅速掉落于植株其他部位或地表。掉在植株上的幼虫一般静止不动或移动有限，而掉在地表的则很快钻入土缝或土块下。幼虫老熟后，钻入土层 4～9 cm 深处，作袋状丝茧，竖立土中，在茧内化蛹。

四、影响因素

1.气候条件

草地螟的发生程度，特别是越冬代成虫盛发期，与温、湿度和降水关系密切。能够正常生

存、发育和繁殖的温度范围为16～34 ℃，湿度为50%～85%。越冬幼虫在茧内可耐－31 ℃低温。但春季化蛹时如遇气温回降，易被冻死，因此春寒对成虫发生量有所控制。夏季当旬平均气温达15 ℃时成虫始见，平均气温达17 ℃时即进入盛发期。草地螟卵、幼虫、蛹、成虫产卵前期的发育起点温度分别为11.3 ℃、11.2 ℃、10.8 ℃和11.7 ℃；有效积温分别为36.3日·度、180.1日·度、176.9日·度和21.4日·度。

成虫发育最适温度为18～23 ℃，相对湿度50%～80%。雌蛾寿命随相对湿度的提高而延长，同时，产卵前期相对缩短，在长时间高温干旱条件下，成虫不孕率增加，卵孵化率降低。在连续低温高湿条件下，雌蛾产卵量减少，死亡率增加。在湿度、食物相同的条件下，20～28 ℃温度范围内，卵孵化和幼虫发育进度随温度的升高而加快，卵至幼虫的历期可缩短2～3 d。湿度大时卵和幼虫的发育速度加快，在卵和1龄幼虫上表现尤为明显。

2.植物营养

寄主植物营养条件影响幼虫、蛹的生长发育及成虫产卵量，如取食藜科植物的幼虫生长发育快，死亡率小，蛹体大而重。若蛹重在30 mg以下，羽化的成虫又得不到充分补充营养时，不能产卵，即使产卵，卵也不能孵化。

3.有益生物

天敌也是影响其发生的重要因素。草地螟的天敌种类很多，主要有寄生蜂、寄生蝇、白僵菌、细菌、蚂蚁、步行虫、鸟类等。其中幼虫的寄生蜂有7种，寄生蝇有7种，如伞裙追寄蝇[*Exorista civilis*(Rondani)]、双斑截尾寄蝇[*Nemorill maculosa*(Mergen)]、代尔夫弓鬃寄蝇(*Ceratochaetops dellphinensis* Villenuve)、草地螟帕寄蝇(*Palesisa aureoln* Richter)、草地螟追寄蝇(*Exorista pratensis* Robineau-Desvoidy)，其中伞裙追寄蝇和双斑截尾寄蝇为优势种，这些天敌有效控制了草地螟种群数量的消长。

五、预测预报

1.越冬基数调查

越冬基数调查时间一般在10月上中旬，掌握在幼虫已入土而寄主植物尚未干枯前，最晚应在牧草和大田作物收获前进行。调查工具采用四齿铁耙(由8号铁丝制成，齿距2.5 cm，齿高4 cm，全长30 cm)、铁筛、铁锹和卷尺等。

调查方法：按33 cm×33 cm或50 cm×50 cm取样(土茧密度大时用后者)，用铁丝耙扒松样点内0.5～1.0 cm的表土，再将表土轻轻移出，即可显现竖立在土层中的虫茧。用小土铲将虫茧逐个挖出，装在已分类编号的纸袋内，或将样点内0～6 cm深的土壤挖出过筛，拣出虫茧装入纸袋，带回室内。在室内观察虫茧外壁是否有孔洞，然后由上(羽化口处)而下轻轻剖开，检查茧内幼虫状态。分别统计总茧数、活茧数、死茧数，计算越冬基数、冬前成活率。汇总调查表格，估计出不同生态类型植被区的越冬虫面积。

2.春季越冬成活率调查

调查时间，翌年3月下旬至4月上旬，越冬幼虫化蛹之前，物候为多年生禾本科牧草的返青始期。调查在上年秋季调查越冬基数的基础上进行，参照上述秋季越冬基数调查方法，计算越冬幼虫冬后成活率。

3. 中期预报

依据步测百步蛾量结果发布中期预报。当百步观测蛾量为 1～500 头/100 步时，预报幼虫为轻发生(15 头/m^2 以下)；501～1 500 头/100 步时，偏轻发生(16～100 头/m^2)；1 501～3 000 头/100 步时，中等偏重发生(101～300 头/m^2)；3 000 头以上，重发生(301 头/m^2以上)。

4. 短期预报

依据田间卵量调查的结果发布短期预报。把 1 m^2的卵量视为未来幼虫发生量，再按照中期预报划分的发生级别作出预报。同时，预测 3 龄幼虫施药期，因为一般 1～2 龄幼虫期出现 7 d 左右，即达到 3 龄幼虫期。

5. 发生程度分级

根据草地螟不同发生为害年度、不同世代、主要寄主作物上平均幼虫量按以下方法划分 5 个不同发生级别。

1 级，轻发生　指当地主要寄主作物平均 1 m^2幼虫数量，接近或低于历年所需施用化学农药控制面积占发生面积 5%以下发生年度的平均 1 m^2幼虫数量。

2 级，中等偏轻　指当地主要寄主作物平均 1 m^2幼虫数量高于 1 级 10%以上，接近或低于历年所需施用化学农药控制面积占 6%～10%发生年度的平均 1 m^2幼虫数量。

3 级，中发生　指当地主要寄主作物平均 1 m^2幼虫数量高于 2 级 10%以上，接近或低于历年所需施用化学农药控制面积占 11%～30%发生年度的平均 1 m^2幼虫数量。

4 级，中等偏重　指当地主要寄主作物平均 1 m^2幼虫数量高于 3 级 10%以上，接近或低于历年所需施用化学农药控制面积占 31%～40%年度的平均 1 m^2幼虫数量。

5 级，大发生　指当地主要寄主作物平均 1 m^2幼虫数量高于 4 级 10%以上，接近或高于历年所需施用化学农药控制面积占 41%以上发生年度的平均 1 m^2幼虫数量。

六、综合管理技术

1. 管理策略

草地螟发生范围广，具有迁飞性，为害植物种类多，适应性强，可在同一生态区内并存，每次暴发有当地和异地虫源的空间连续性。因此在管理上必须认真贯彻“预防为主，综合管理”的植保方针。结合农艺管理、有益生物和化学药剂等技术，实行害虫综合管理。

完善加强草地螟预测预报技术和装备，提高其实效性及准确性；加强虫情监测体系建设，及时准确地预报草地螟的发生，是做好草地螟管理的关键。运用微机电算预测预报、病虫电视、声像预报、病虫灾害预警系统等现代手段，提高草地螟预测预报技术水平及草地螟灾情预警的实效性和准确性，及时有效地指导田间管理。

2. 农艺管理技术

(1)中耕除草　根据草地螟成虫喜将卵产在杂草上，及早或适时开展农作物中耕除草，破坏产卵场所，可起到避卵和灭卵的作用。相邻两块地同一种作物，杂草密度大与杂草少相比，卵量平均减退率为 96.4%。同一块地雨前雨后中耕除草间隔 4d(雨前杂草暴晒干枯卵死，雨后卵已孵化，杂草干枯，幼虫转移作物上)，相比虫口密度减退率为 93.2%。

如卵进入孵化盛期或幼虫期，对高密度田块应先施药后中耕除草，否则作物受害更重。提倡二次中耕除草，不仅可抗旱增产，而且因为草地螟幼虫入土结茧主要分布在垄间，适时二次中耕除草可大量杀死虫茧内的幼虫和蛹，有效地降低下代发生基数。

(2)早秋深耕、灭虫、灭蛹　1、2代幼虫主要为害和越冬在农田。无论是1代滞育幼虫还是2代越冬幼虫，农田成了草地螟的主要越冬场所。开展大面积深耕，可使翻入深土层虫茧内的幼虫窒息而死。分布在浅土层虫茧内的幼虫即使来年能化蛹、羽化也不能出土。分布在地表的虫茧被鸟类、田鼠等取食或失水干瘪而死。

3.物理调控技术

利用黑光灯诱杀成虫。草地螟成虫对黑光灯有很强的趋光性，通过诱杀成虫，可起到“杀母抑子”的作用。据测算，一盏黑光灯可控制和减轻方圆67 hm^2农作物的为害程度，虫口减退率在85%～90%。

4.有益生物保育与利用

草地螟的天敌种类很多，它们在管理草地螟种群数量和发生程度中发挥着不可替代的作用。因此，严格筛选化学药剂的种类、降低使用时间和次数，对保护和培育田间的天敌种群十分重要。据田间和室内观察，每头步甲1 d可取食10余头大龄幼虫。寄生性天敌寄生率高达9.5%～22.3%。

5.化学药剂调控技术

化学药剂目前仍是有效管理草地螟暴发的重要措施。为了提高化学药剂对草地螟的效果，一般施药时间掌握在成虫高峰期后7～10 d，此时，幼虫多数在3龄前。施药方式应采取“围圈”施药，集中歼灭。要尽量统一时间，统一用药，以防止大龄幼虫转移为害。但草地螟幼虫大面积严重发生年份，应在卵孵高峰期开始用药。大力提倡交替用药，合理轮换，科学混用，实现科学用药，延缓草地螟的抗药性。

使用药剂有90%晶体敌百虫1 000倍液、4.5%高效氯氰乳油1 500～2 000倍液喷雾，每667 m^2用药液40～45 kg，21%灭杀毙乳油3 000倍液喷雾，2.5%敌杀死、5%来福灵、2.5%功夫3000倍液喷雾，每667 m^2 用量35 kg，40%辛硫磷乳油1 000～2 000倍液喷雾、80%敌敌畏乳油1 000～1 500倍液喷雾，每667 m^2 用量35 kg，施用上述药剂均有较好的效果。使用Bt可湿性粉剂16 000 IU/mg，每667 m^2 用药量为35～40 g，兑水30 kg喷雾。喷雾时间，应选择在傍晚或阴天比较适宜。

参考文献

第一、二篇参考文献

阿衣巴提·托列吾，穆肖云，张茂新，等. 太阳能灭虫器对吐鲁番葡萄产区害虫的诱捕效果及对天敌安全性评价. 应用昆虫学报，2012，49(04)：1033-1.

安建东，陈文锋. 全球农作物蜜蜂授粉概况. 中国农学通报，2011，27(1)：374-382.

包云轩，曹云，谢晓金，等. 中国稻纵卷叶螟发生特点及北迁的大气背景. 生态学报，2015，35(11)：3519-3533.

曹宇，郅军锐，从春蕾，等. 西花蓟马寄主选择性与寄主物理性状及次生物质的关系. 植物保护，2012，38(4)：27-32.

陈瑜，马春森. 气候变暖对昆虫影响研究进展. 生态学报，2010，30(8)：2159-2172.

成新跃，徐汝梅. 昆虫种间表观竞争研究进展. 昆虫学报，2003，46(2)：237-243.

崔维娜，孙明海，孔德生，等. 鲁西南地区黑光灯下金龟甲种类组成及优势种群发生动态. 中国植保导刊，2018，38(3)：30-36.

董文霞，王国昌，孙晓玲，等. 捕食螨化学生态研究进展. 生态学报，2010，30(15)：4206-4212.

戈峰，欧阳芳. 定量评价天敌控害功能的生态能学方法. 应用昆虫学报，2014，51(1)：307-313.

龚艳，于林惠，张晓，等. 一种便于水稻病虫害统防统治的自走式喷杆喷雾机应用研究(英文). 农业科学与技术，2016，17(7)：1667-1670.

黄未末，周晓静，李超，等. 非寄主植物间套作对马铃薯甲虫种群及其天敌的影响. 环境昆虫学报，2020，42(5)：1168-1176.

贾雪晴. 新烟碱类杀虫剂在作物保护中的应用述评. 宁夏农林科技，2015，56(5)：32-34.

李明锐，张锐，李成德. 大腿小蜂属1新种记述及中国种类名录(膜翅目：小蜂科). 东北林业大学学报，2017，45(11)：104-110.

刘军和，赵紫华. 昆虫视觉在寄主寻找及定位过程中的作用. 植物保护学报，2017，44(3)：353-362.

刘树生. 天敌动物对害虫控制作用的评估方法及其应用策略. 中国生物防治，2004(1)：1-7.

马罡，马春森．气候变化下极端高温对昆虫种群影响的研究进展．中国科学：生命科学．2016，46(5)：556-564．

马中正，任彬元，赵中华，等．近年我国马铃薯四大产区病虫害发生及防控情况的比较分析．植物保护学报，2020，47(3)：463-470．

庞淑婷，董元华．土壤施肥与植食性害虫发生为害的关系．土壤，2012，44 (5)：719-726．

阮成龙，米智，朱勇．昆虫抗药性机制研究进展．蚕业科学，2012，38(2)：322-328．

王冰，李慧敏，操海群，等．挥发性化合物介导的植物-植食性昆虫-天敌三级营养互作机制及应用．中国农业科学，2021，54(8)：1653-1672．

吴文丹，尹姣，曹雅忠，等．我国昆虫病原线虫的研究与应用现状．中国生物防治学报，2014，30(6)：817-822．

吴晓青，赵晓燕，徐元章，等．植物生物防治精准化施药技术的研究进展．中国农业科技导报，2019，21(3)：13-21．

夏基康．谈谈作物抗虫性研究中的几个问题．植物保护，1980，6(4)：39-42

须志平．新烟碱类杀虫剂在作物保护方面的应用．世界农药，2009，31(1)：18-21．

徐海云，杨念婉，万方浩．昆虫群落中天敌间的致死干扰竞争作用．昆虫学报，2011，54(3)：361-367．

薛勇，杨正容，黄晓斌，等．正确处理“3R”问题确保农产品质量安全．湖北植保，2017(6)：60-62．

闫硕，秦萌，赵守歧，等．夜蛾复眼视觉与灯诱反应．中国植保导刊，2017，37(6)：30-35．

尤民生，刘雨芳，侯有明．农田生物多样性与害虫综合治理．生态学报，2004，24(1)：117-122．

袁辉霞，张建萍，李庆．土耳其斯坦叶螨对棉花不同品种(系)的寄主选择性及机理初步研究．新疆农业科学，2009，46(6)：1258-1262．

张大侠，潘寿贺，白海秀，等．纳米杀虫剂及其在农业害虫防治中的应用．昆虫学报，2020，63(10)：1276-1286．

张俊杰，阮长春，臧连生，等．我国赤眼蜂工厂化繁育技术改进及防治农业害虫应用现状．中国生物防治学报，2015，31 (5)：638-646．

张礼生，陈红印．我国天敌昆虫与生防微生物资源引种三十年成就与展望．植物保护，2016，42 (5)：24-32．

张丽阳，刘承兰．昆虫抗药性机制及抗性治理研究进展．环境昆虫学报，2016，38 (3)：640-647．

张玲玲，李青梅，贾梦圆，等．覆盖作物对猕猴桃园土壤氨氧化微生物丰度和群落结构的影响．植物营养与肥料学报，2021，27(3)：417-428．

赵思毅，魏刚，徐建俊，等．间套作生态控制病、虫、草害研究进展．中国麻业科学，2014，36(6)：275-279．

周尧，中国早期昆虫学研究史．北京：科学出版社，1957．

朱锦惠，董坤，杨智仙，等．间套作控制作物病害的机理研究进展．生态学杂志，2017，36

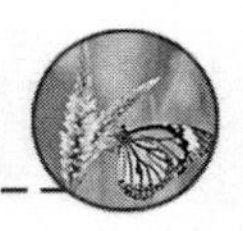

(4): 1117-1126.

朱麟，古德祥. 植物抗虫性概念的当代内涵. 昆虫知识，1999，36 (6): 355-360.

Aartsma, Y., Cusumano, A., Fernández de Bobadilla, M., et al. Understanding insect foraging in complex habitats by comparing trophic levels: insights from specialist host-parasitoid-hyperparasitoid systems. Current Opinion in Insect Science, 2019, 32:54-60.

Abdallah, Y. E. Y. Effect of plant traps and sowing dates on population density of major soybean pests. The Journal of Basic & Applied Zoology, 2012, 65(1):37-46.

Barzman, M., Bàrberi, P., Birch, A. N. E., et al. Eight principles of integrated pest management. Agronomy for Sustainable Development, 2015, 35(4): 1100-1215.

Becerra, J. X. Macroevolutionary and geographical intensification of chemical defense in plants driven by insect herbivore selection pressure. Current Opinion in Insect Science, 2015, 8: 15-21.

Beyaert, I., Hilker, M. Plant odour plumes as mediators of plant-insect interaction. Biological Reviews, 2014, 89:68-81.

Booker, B. W., Tucker, W. Push-and-pull lean strategy evaluation for online graduate courses. International Journal of Quality and Service Sciences, 2014, 6(2/3):213-220.

Cai, H., You, M., Lin, C. Effects of intercropping systems on community composition and diversity of predatory arthropods in vegetable fields. Acta Ecologica Sinica, 2010, 30(4): 190-195.

Cai, Q. N., Ma, X. M., Zhao, X., et al. Effects of host plant resistance on insect pests and its parasitoid: A case study of wheat-aphid-parasitoid system. Biological Control, 2009, 48: 134-138.

Carrasco, D., C. Larsson, M., Anderson, P. Insect host plant selection in complex environments. Current Opinion in Insect Science, 2015, 8:1-7.

Durham, T., Doucet, J., Snyder, L. U. Risk of regulation or regulation of Risk? A De Minimus Framework for Genetically Modified Crops. AgBioForum, 2011, 14 (2): 61-70.

El-Fakharany, S. K. M., Samy, M. A., Ahmed, S. A., et al. Effect of intercropping of maize, bean, cabbage and toxicants on the population levels of some insect pests and associated predators in sugar beet plantations. The Journal of Basic & Applied Zoology, 2012, 65(1):21-28.

Filazzola A, Matter S F, Macivor J S. The direct and indirect effects of extreme climate events on insects. Science of The Total Environment, 2021, 769: 145161.

Frango, E., Dicke, M., Godfray, H. C. J. Insect symbionts as hidden players in insect-plant interactions. Trends in Ecology and Evolution, 2012, 27: 705-711.

Hassanali, A., Herren, H., Khan, Z. R., et al. Integrated pest management: the push-pull approach for controlling insect pests and weeds of cereals, and its potential for other agricultural systems including animal husbandr. Phoilosophical Transactions of the Royal Society Biological Sciences. 2008, 363: 611-621.

Khan, Z. R., Midega, C. A. O., Bruce, T. J. A., et al. Exploiting phytochemicals for developing a "push-pull" crop protection strategy for cereal farmers in Africa. Journal of Experimental Botany, 2010, 61(15): 4185-4196.

Parachnowitsch, A. L., Manson, J. S. The chemical ecology of plant-pollinator interactions: recent advances and future directions. Current Opinion in Insect Science, 2015, 8: 41-46.

Liang, L., Zhang, W., Ma, G., et al. A single hot event stimulates adult performance but reduces egg survival in the priental fruit moth, *Grapholitha molesta*. PLoS One, 2014, 9 (12): e116339.

Lu, Y., Wu, K., Jiang, Y., et al. Mirid bug outbreaks in multiple crops correlated with wide-scale adoption of Bt cotton in China. Science, 2010, 328(5982): 1151-1154.

Maaß, S., Caruso, T., Rillig, M.C. Functional role of microarthropods in soil aggregation. Pedobiologia, 2015, 58(2-3): 59-63.

Meiners, T. Chemical ecology and evolution of plant-insect interactions: a multitrophic perspective. Current Opinion in Insect Science, 2015, 8:22-28.

Mohamed, M. A. Impact of planting dates, spaces and varieties on infestation of cucumber plants with whitefly, *Bemisia tabaci* (Genn.). The Journal of Basic & Applied Zoology, 2012, 65: 17-20.

Musolin, D. L. Insects in a warmer world: ecological, physiological and life-history responses of true bugs (Heteroptera) to climate change. Global Change Biology, 2007, 13(8): 1565-1585.

Parachnowisch, A. L., & Manson, J. S. The chemical ecology of plant-pollinator interactions: recent advances and future directions. Current Opinion in Insect Science, 2015, 8: 41-46.

Parsa, S., Morse, S., Bonifacio, A., et al. Obstacles to integrated pest management adoption in developing countries. Proceedings of the National Academy of Sciences of the United States of America, 2014, 111(10): 3889-3894.

Renou, M., Anton, S. Insect olfactory communication in a complex and changing world. Current Opinion in Insect Science, 2020, 42: 1-7.

Sakurai, N., Mardani-Korrani, H., Nakayasu, M., et al. Metabolome analysis identified okaramines in the soybean rhizosphere as a legacy of hairy vetch. Frontiers in Genetics, 2020, 11: 114.

Scheiner, C. & Martin, E. A. Spatiotemporal changes in landscape crop composition differently affect density and seasonal variability of pests, parasitoids and biological pest control in cabbage. Agriculture, Ecosystems and Environment, 2020, 310: 107051.

Segar, S.T., Volf, M., Sisol, M., et al. Chemical cues and genetic divergence in insects on

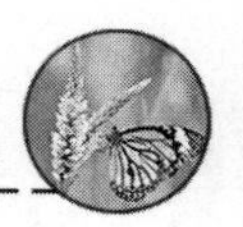

plants: conceptual cross pollination between mutualistic and antagonistic systems. Current Opinion in Insect Science, 2019, 32: 83-90.

Shikano, I., Rosa, C., Tan, C., et al. Tritrophic interactions: microbe-mediated plant effects on insect herbivores. Annual Review of Phytopathology, 2017, 55: 313-331.

Stejskal, V. 'Economic Injury Level' and preventive pest control. Journal of Pest Science, 2003, 76(6): 170-172.

Vincent, C., Hallman, G., Panneton, B., et al. Management of agricultural insects with physical control methods. Annual Review of Entomology, 2003, 48: 261-281.

Winqvist, C., Bengtsson, J., Öckinger, E., et al. Species' traits influence ground beetle responses to farm and landscape level agricultural intensification in Europe. Journal of Insect Conservation, 2014, 18(5): 837-846.

Witzgall, P., Kirsch, P., Cork, A. Sex pheromones and their impact on pest management. Journal of Chemical Ecology, 2010, 36(1): 80-100.

Xia, J., Guo, Z., Yang Z., et al. Whitefly hijacks a plant detoxification gene neutralizes plant toxins. Cell, 2021, 184: 1-13.

Yan, S., Yu, J., Han, M., et al. Intercrops can mitigate pollen-mediated gene flow from transgenic cotton while simultaneously reducing pest densities. Science of the Total Environment, 2020, 711: 134855.

Yang, J., Guo, H., Jiang, N.J., et al. Identification of a gustatory receptor tuned to sinigrin in the cabbage butterfly *Pieris rapae*. PLoS Genetics, 2021, 17 (7): e1009527.

第三篇　参考文献

地下害虫

曹雅忠,李克斌. 中国常见地下害虫图. 北京:中国农业科技出版社,2017.

陈海霞,朱明芬,许和水,等. 应用糖醋液诱集鲜食玉米田小地老虎成虫试验. 上海农业学报,2019,35(6):106-109.

程坤. 地下害虫蛴螬的生物防治技术研究进展. 吉林农业,2018(12):66.

戴德江,王华弟,宋会鸣,等. 5%二嗪磷颗粒剂对白术上小地老虎的防治效果评价. 现代农药,2015,14(4):39-41.

何发林,姜兴印,姚晨涛,等. 氯虫苯甲酰胺与6种药剂复配对小地老虎的联合毒力. 植物保护,2018,44(6):236-241.

何发林,孙石昂,于灏泳,等. 氯虫苯甲酰胺拌种对3种玉米地下害虫的防治效果. 植物保护,2020,46(1):253-261.

洪大伟,黄彤彤,李梦瑶,等. 10%噻虫胺种子处理干粉剂防治马铃薯田蛴螬的田间防效. 农药,2019,58(9):682-683+686.

胡亚亚，刘兰服，韩美坤，等. 7种药剂对甘薯田蛴螬的防治效果. 江苏师范大学学报(自然科学版)，2019，37(2)：31-34.
矫振彪，焦忠久，吴金平，等. 高山萝卜地下害虫种类及发生规律. 中国蔬菜，2014(9)：46-48.
李根，许文君，王新中，等. 不同品系昆虫病原线虫对烟草小地老虎的致病力. 环境昆虫学报，2017，39(5)：1025-1031.
李建一，曹雅忠，张帅，等. 小地老虎食诱剂糖醋酒液配方筛选及发酵增效作用. 昆虫学报，2019，62(3)：358-369.
李耀发，党志红，安静杰，等. 河北省主要作物田地下害虫种类及其分布. 中国农学通报，2018，34(28)：114-119.
梁超，郭巍，陆秀君，等. 华北大黑鳃金龟成虫周年发生动态及影响因素分析. 植物保护，2015，41(3)：169-172+177.
刘福顺，王庆雷，刘春琴，等. 大黑蛴螬活动规律及对农作物幼苗的取食趋性研究. 环境昆虫学报，2014，36(4)：635-639.
刘艳涛，孙永媛，曹金锋，等. 5种药剂对花生田蛴螬的田间药效评价. 山西农业科学，2019，47(9)：1640-1642.
宁硕瀛，瞿佳，王璐，等. 杀虫药剂对不同寄主葱地种蝇的亚致死效应及田间药效. 西北农业学报，2019，28(2)：279-287.
庞磊，吴亮，谭秀梅，等. 园林绿地金龟子生物防治研究. 江苏农业科学，2019，47(1)：88-90.
武海斌，范昆，辛力，等. 昆虫病原线虫对小地老虎的致病力测定及防治效果. 植物保护学报，2015，42(2)：244-250.
向玉勇，刘同先，张世泽. 温湿度、光照周期和寄主植物对小地老虎求偶及交配行为的影响. 植物保护学报，2018，45(2)：235-242.
张海剑，宋健，马红霞，等. 河北行唐地区玉米害虫灰地种蝇的鉴定及其对玉米种子和幼苗的为害. 昆虫学报，2018，61(9)：1114-1120.
张思佳，钱秀娟，李春杰，等. 昆虫病原线虫对大豆田八字地老虎幼虫致病力的研究. 大豆科学，2013，32(1)：63-67.
赵庆雷，信彩云，王瑜，等. 不同轮作模式对花生病虫害及产量的影响. 植物保护学报，2018，45(6)：1321-1327.
浙江农业大学植物保护系昆虫学教研组. 农业昆虫图册. 上海科学技术出版社，1964.
周方园，王钲，赵海鹏，等. 粘虫板对葱地种蝇成虫的诱杀效果. 植物保护，2012，38(3)：172-175.

小麦害虫

陈博聪，张燕宁，刘同金，等. 噻虫嗪对田间麦蚜种群防控效果与残留消减动态的关系. 植物保护，2019，45(1)：98-103.

华南农业大学．农业昆虫学(第二版)．北京:农业出版社,1995.

靳士铮，刘欣，周平侠，等．浸水淘穗法在小麦吸浆虫测报调查中的应用．中国植保导刊，2015，35（12）：48-50.

李素娟，刘爱芝，茹桃勤，等．小麦与不同作物间作模式对麦蚜及主要捕食性天敌群落的影响．华北农学报，2007，22(1)：141-144.

刘军和，禹明甫．麦蚜天敌种群对农业景观格局的响应．应用昆虫学报，2013，50(4)：912-920.

欧阳芳，门兴元，关秀敏，等．区域性农田景观格局对麦蚜及其天敌种群的生态学效应．中国科学：生命科学，2016，46(1)：139-150.

张箭，刘养利，田旭涛，等．七种杀虫剂对小麦吸浆虫和麦蚜防治效果研究．应用昆虫学报，2014．51(2)：548-553

浙江农业大学植物保护系昆虫学教研组．农业昆虫图册．上海科学技术出版社,1964.

Cai，Q. N.，Ma. X. M.，Zhao，X.，et al. Effects of host plant resistance on insect pests and its parasitoid：A case study of wheat-aphid-parasitoid system. Biological Control，2009，49：134-138.

Feng，J. L.，Zhang，J.，Yang，J.，et al. Exogenous salicylic acid improves resistance of aphid-susceptible wheat to the grain aphid，*Sitobion avenae*（F.）（Hemiptera：Aphididae）. Bulletin of Entomological Research，2021，111(5)：544-552.

Han，Y.，Wang，Y.，Bi，J. L.，et al. Constitutive and induced activities of defense-related enzymes in aphid-resistant and aphid-susceptible cultivars of wheat. Journal of Chemical Ecology，2009，35：176-182.

Pyati，P.，Bandani，A. R.，Fitches，E.，et al. Protein digestion in cereal aphids（*Sitobion avenae*）as a target for plant defence by endogenous proteinase inhibitors. Journal of Insect Physiology，2011，57：881-891.

玉米害虫

陈万斌，李玉艳，王孟卿，等．草地贪夜蛾的天敌昆虫资源、应用现状及存在的问题与建议．中国生物防治学报，2019，35（5）：658-673.

郭井菲，何康来，王振营．草地贪夜蛾的生物学特性、发展趋势及防控对策．应用昆虫学报，2019，56（3）：361-369.

郭井菲，静大鹏，太红坤，等．草地贪夜蛾形态特征及与3种玉米田为害特征和形态相近鳞翅目昆虫的比较．植物保护，2019，45（2）：7-12.

江幸福，张蕾，程云霞，等．草地贪夜蛾迁飞行为与监测技术研究进展．植物保护，2019，45（1）：12-18.

姜玉英，刘杰，朱晓明．草地贪夜蛾侵入我国的发生动态和未来趋势分析．中国植保导刊，2019，39（2）：33-35.

李定银，郅军锐，张涛，等．草地贪夜蛾对4种寄主植物的偏好性．植物保护，2019，45（6）：

50-54.

李国平，王亚楠，李辉，等. 河南省苗期玉米田草地贪夜蛾幼虫与常见其他种类害虫的识别特征. 中国生物防治学报，2019，35 (5)：747-754.

江南纪，王琛柱. 草地贪夜蛾的性信息素通讯研究进展. 昆虫学报，2019，62 (08)：993-1002.

唐璞，王知知，吴琼，等. 草地贪夜蛾的天敌资源及其生物防治中的应用. 应用昆虫学报，2019，56 (3)：370-381.

吴秋琳，姜玉英，吴孔明. 草地贪夜蛾缅甸虫源迁入中国的路径分析. 植物保护，2019，45 (2)：1-6，18.

徐建亚. 春玉米不同栽培方式对亚洲玉米螟的影响. 安徽农业科学，2003(3)：356-357，359.

杨俊杰，郭子平，罗汉钢，等. 2019 年湖北省草地贪夜蛾发生为害规律和监测技术探索. 植物保护，2020，46(3)：247-253.

姚领，房敏，李晓萌，等. 草地贪夜蛾对三种杂草的产卵和取食选择性. 植物保护，2020，46 (4)：181-184.

余金咏，周印富，于泉林，等. 亚洲玉米螟发生动态及释放松毛虫赤眼蜂防治效果. 中国农学通报，2009，25 (24)：344-351.

张智，武春生，陈智勇，等. 草地贪夜蛾成虫与灯下 4 种相似种的形态特征比较. 植物保护，2020，46 (1)：42-45 + 50.

浙江农业大学植物保护系昆虫学教研组. 农业昆虫图册. 上海科学技术出版社，1964.

Goergen, G., Kumar, P. L., Sankung, S. B., et al. First report of outbreaks of the fall armyworm *Spodoptera frugiperda* (JE Smith) (Lepidoptera, Noctuidae), a new alien invasive pest in West and Central Africa. PloS One, 2016, 11: e0165632.

Hassanali, A., Herren, H., Khan, Z. R., et al. Integrated pest management: the push-pull approach for controlling insect pests and weeds of cereals, and its potential for other agricultural systems including animal husbandry. Phoilosophical Transactions of the Royal Society: Biological Sciences, 2008, 363: 611-621.

Kansiime, M. K., Mugambi, I., Rwomushana, I., et al. Farmer perception of fall armyworm (*Spodoptera frugiderda* JE Smith) and farm - level management practices in Zambia. Pest Management Science, 2019, 75: 2840-2850.

Sivasubramaniam, N., Imthiyas, M. S. M. A review on biological management of fall armyworm on maize. 4th Annual Research Conference, 2019, 33.

马铃薯害虫

白秀娥，崔娜珍，高有才，等. 马铃薯二十八星瓢虫测报调查方法. 农业技术与装备，2012 (22)：16-17.

顾鑫，丁俊杰，杨晓贺，等. 马铃薯地上垄体栽培模式中害虫的防控技术. 中国马铃薯，2012，26(6)：362-366.

郭文超，吐尔逊，程登发，等. 我国马铃薯甲虫主要生物学、生态学技术研究进展及监测与防

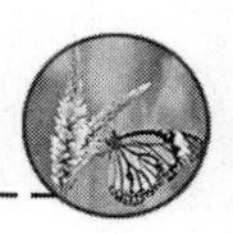

控对策. 植物保护，2014，40(1)：1-11.

华南农业大学. 农业昆虫学(第二版). 北京：农业出版社，1995.

何江，丁新华，岳荣强，等. 温度和土壤含水量对马铃薯甲虫解除冬眠影响作用. 新疆农业科学，2014，51(7)：1306-1311.

李超，程登发，郭文超，等. 新疆越冬代马铃薯甲虫出土规律及其影响因子分析. 植物保护学报，2014，41(1)：1-6.

李超，程登发，刘怀，等. 温度对马铃薯甲虫分布的影响——以新疆吐鲁番地区夏季高温对其羽化的影响为例. 中国农业科学，2013，46(4)：737-744.

李超，丁新华，王小武，等. 邻近作物分布格局与地膜覆盖种植对马铃薯甲虫种群动态的影响. 新疆农业科学，2017，54 (1)：117-123.

李超，刘怀，郭文超，等. 降水对新疆马铃薯甲虫分布的影响. 生态学报，2016，36(8)：2348-2354.

李超，彭赫，程登发，等. 马铃薯甲虫成虫田间扩散规律. 生态学报，2014，34(2)：359-366.

刘明迪，蓝帅，焦晓丹，等. 马铃薯甲虫对黑龙江省马铃薯产业的经济损失浅析. 植物检疫，2019，33(6)：54-58.

马金奉，邓春生，张燕荣，等. 四株马铃薯甲虫白僵菌菌株的鉴定. 新疆农业科学，2014，51(5)：876-884.

王波. 二十八星瓢虫的生物学特性及生物防治研究进展. 陕西农业科学，2012，58(6)：135-136.

王冬梅，陈林，张有才，等. 模型定量评价技术研究——以东北地区马铃薯甲虫风险评估为例. 植物检疫，2014，28(6)：39-45.

许咏梅，郭文超，谢香文，等. 新疆马铃薯甲虫对不同施肥及品种的响应. 西北农业学报，2011，20(4)：179-185.

闫俊杰，张梦迪，高玉林. 马铃薯块茎蛾生物学、生态学与综合治理. 昆虫学报，2019，62(12)：1469-1482.

虞国跃. “二十八星”瓢虫的辨识. 昆虫知识，2000(4)：239-242.

张建平，程玉臣，巩秀峰，等. 华北一季作区马铃薯病虫害种类、分布与为害. 中国马铃薯，2012，26(1)：30-35.

周雷，谢本贵，王香萍，等. 茄二十八星瓢虫在江汉平原不同寄主植物上的种群发生动态. 北方园艺，2015(11)：103-105.

浙江农业大学植物保护系昆虫学教研组. 农业昆虫图册. 上海科学技术出版社，1964.

Chandel，R. S.，Vashisth，S.，Soni，S.，et al. The potato tuber moth，*Phthorimaea operculella* (Zeller)，in India：biology，ecology，and control. Potato Research，2020，63(1)：15-39.

Golizadeh，A.，Esmaeili，N.，Razmjou，J.，et al. Comparative life tables of the potato tuberworm，*Phthorimaea operculella*，on leaves and tubers of different potato cultivars. Journal of Insect Science，2014，14：42.

Jensen, A. Tuberworm Monitoring with Pheromone Traps. Potato Progress, 2008, 8: 1-4.

Ma, Y. F., Xiao, C. Push-pull effects of three plant secondary metabolites on oviposition of the potato tuber moth, *Phthorimaea operculella*. Journal of Insect Science, 2013, 13(1): 1-7.

Rondon S I, Hervé M R. Effect of planting depth and irrigation regimes on potato tuberworm (Lepidoptera: Gelechiidae) damage under central pivot irrigation in the Lower Columbia Basin. Journal of Economic Entomology, 2017, 110(6): 2483-2489.

水稻害虫

程正新,黄所生,吴碧球,等. 不同水稻品种对白背飞虱取食和产卵选择性的影响. 环境昆虫学报,2016,38 (6):1084-1089.

冯春刚,李永祥,黄治华. 稻水象甲和稻象甲成虫形态及为害状的主要鉴别特征. 植物医生,2014,27(3):4-5.

关志坚,丁新华,付文君,等. 伊犁河谷地区稻水象甲生物学特性及其种群田间迁移规律的研究. 新疆农业科学,2014,51(7):1312-1318.

何剑,刘刚,黄保全. 不同药剂防治稻水象甲幼虫田间药效试验研究. 陕西农业科学,2018,64(4):11-12+66.

何江,王刚,吐尔逊,等. 光照强度对稻水象甲飞行能力的影响. 新疆农业科学,2014,51(11):2014-2019.

蒋春先,齐会会,孙明阳,等. 2010 年广西兴安地区稻纵卷叶螟发生动态及迁飞轨迹分析. 生态学报,2011,31(21):6495-6504.

蒋春先,杨秀丽,齐会会,等. 中国华南地区稻纵卷叶螟迁飞的一次雷达观测. 中国农业科学,2012,45(23):4808-4817.

李超,陈恺林,刘洋,等. 不同氮素水平对晚稻拟环纹豹蛛及稻飞虱种群动态的影响. 湖南农业科学,2014(20):37-40+44.

李超,刘洋,陈恺林,等. 灌溉方式对优质晚稻褐飞虱及其主要天敌种群动态的影响. 中国生态农业学报,2016,24(10):1391-1400.

林源,周夏芝,毕守东,等. 中稻田三种飞虱的捕食性天敌优势种及农药对天敌的影响. 生态学报,2013,33(7):2189-2199.

刘芳,江涛,赵俊玲,等. 水稻不同栽插方式对褐飞虱及其天敌种群数量的影响. 江苏农业科学,2009(6):159-161.

刘志峰,张茂文,廖晓军,等. 水旱轮作对稻水象甲防控研究. 生物灾害科学,2016,39(1):48-50.

吕亮,常向前,杨小林,等. 湖北水稻蛀秆螟虫越冬情况调查. 环境昆虫学报,2018,40(5):1051-1057.

唐清华,赵启菊,申海涛,等. 麦—稻轮作区三化螟发生规律及防治对策. 农业灾害研究,2014,4(9):6-7.

田春晖,赵文生,孙富余,等. 稻水象甲的发生规律与防治研究Ⅴ. 稻水象甲的生物学特性研

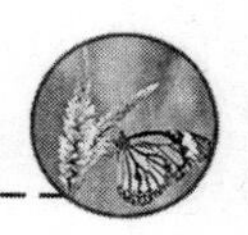

究. 辽宁农业科学，1997(3)：3-10.
王刚，吐尔逊，何江，等. 新疆荒漠绿洲生态区稻水象甲主要生物学特性及发生规律研究. 植物保护，2015. 41(1)：141-146.
王刚，吐尔逊，何江，等. 温度对稻水象甲飞行能力的影响. 新疆农业科学，2014，51(3)：464-47.
杨茂发，杨大星，徐进，等. 稻水象甲成虫活动行为的日节律. 昆虫学报，2012，56(8)：952-959.
杨少雄，杨铭，唐建祥，等. 几种药剂对稻水象甲成虫的田间防治效果研究. 陕西农业科学，2017，63(2)：33-34 + 77.
浙江农业大学植物保护系昆虫学教研组. 农业昆虫图册. 上海科学技术出版社，1964.

蔬菜害虫

安连菊，贾令鹏，阮维斌，等. 昆虫病原线虫对韭蛆和土壤线虫群落的影响. 农业环境科学学报，2012，31(5)：898-903
常晓丽，袁永达，张天澍，等. 利用全封闭式防虫网阻隔小菜蛾在青菜田发生效果研究. 上海农业学报，2019，35(2)：48-51.
常晓丽，袁永达，张天澍，等. 小菜蛾生物学特性及防治研究进展. 上海农业学报，2017，33(5)：145-150.
常亚文，沈媛，董长生，等. 江苏地区三叶斑潜蝇和美洲斑潜蝇的发生危害及种群动态. 应用昆虫学报，2016，53(4)：884-891.
陈翰秋，李亚迎，任忠虎，等. 5种药剂对不同虫态温室白粉虱的防治效果比较研究. 西藏农业科技，2017，39 (3)：15-17.
陈浩，王玉涛，周仙红，等. 韭菜迟眼蕈蚊生物防治研究现状与展望. 山东农业科学，2016，48(3)：158-161
陈秀，张正炜，赵莉，等. 5种杀虫剂对青菜黄曲条跳甲的毒力测定及田间药效. 植物保护，2020，46(2)：272-275.
崔元英. 400亿孢子/g球孢白僵菌WP对番茄烟粉虱和韭蛆的防治效果研究. 农业灾害研究，2012，2(1)：18-20
费维，童永久，孙泽豪. 生物农药防治小菜蛾和菜青虫田间效果研究. 上海农业科技，2016(5)：117，128.
冯夏，李振宇，吴青君，等. 小菜蛾系统调查及抗药性监测方法. 应用昆虫学报，2014，51(4)：1120-1124.
付敬霞. 蔬菜上主要斑潜蝇的形态特征及危害症状区别. 现代农业科技，2011(7)：193.
龚玲，郑晓宇，郑敏，等. 黄曲条跳甲的物理防治. 现代农业科技，2013(14)：134-136.
韩秀楠，贾西灵，辛杰，等. 临夏地区瑞氏钝绥螨防治温室白粉虱技术研究. 农业科技通讯，2018(4)：179-180.
贺华良，宾淑英，林进添. 黄曲条跳甲生物学·生态学特征及发生原因研究进展. 安徽农业科学，2012，40(20)：10683-10686.
胡杨，史彩华，王文凯，等. 韭蛆种群动态发生规律及综合防治研究进展. 江苏农业科学，2017，45(7)：8-13.
黄翠虹，游秀峰，王珏，等. 菜粉蝶对十字花科植物挥发物的触角电位反应及引诱剂配方的大田诱捕试验. 环境昆虫学报，2015，37(6)：1219-1226.
黄荣华，周军，张顺良，等. 菜粉蝶生物防治研究进展. 江西农业学报，2015，27(10)：46-49，57.
阚跃峰，崔向华，周林娜，等. 海南省芝麻田美洲斑潜蝇发生为害特点及防治方法. 农业科技通讯，2019(10)：196-197.
孔祥鑫，刘媛媛，杨伟男，等. 不同黄瓜品种叶片形态特征对温室白粉虱偏好的影响. 中国植保导刊，2020，40 (1)：20-24.
雷仲仁. 病虫害生物防治是实现蔬菜安全生产的主要途径. 中国农业科学，2016，49(15)：2932-2934.
李朝霞，祝国栋，赵西，等. 不同肥料对韭菜迟眼蕈蚊发生的影响. 中国农学通报，2017. 33(9)：64-68
李鹏，周真，刘志吉，等. 丽蚜小蜂和球孢白僵菌在鲁中地区防治温室粉虱的效果研究初报. 农业科技通讯，2019(12)：196-198.
李奇峰. 丽蚜小蜂防治温室白粉虱及释放技术. 园艺与种苗，2017(3)：21-23.
李慎磊，邓伟林，谷小红，等. 黄板诱杀黄曲条跳甲的关键技术研究. 环境昆虫学报，2019，41(2)：427-431.
刘晨，张伟兵，洪波，等. 陕西菜田 2 种粉虱数量结构及烟粉虱生物型鉴定. 西北农业学报，2018，27(12)：1855-1862.
刘欢，向亚林，赵晓峰，等. 黄曲条跳甲综合防治技术的研究与示范. 环境昆虫学报，2018，40(2)：461-467.
刘庆叶，王东升，黄忠阳，等. 间作番茄对甘蓝生长及其主要害虫种群数量的影响. 长江蔬菜，2020(8)：74-78.
刘万学，王文霞，王伟，等. 潜蝇姬小蜂属寄生蜂对潜叶蝇的控害特性及应用. 昆虫学报，2013，56(4)：427-437.
刘芸，尤民生. 黄曲条跳甲对十字花科蔬菜的选择性. 福建农林大学学报(自然科学版)，2007(4)：365-368.
罗明杰. “日晒高温覆膜法”防治韭蛆试验示范. 河南农业，2019(11)：25.
马小丽，何玮毅，尤民生. 取食十字花科植物的植食性昆虫与寄主植物硫苷的互作. 昆虫学报，2017，60(9)：1093-1104.
马晓丹，李朝霞，薛明，等. 韭菜迟眼蕈蚊成虫诱杀技术研究. 中国植保导刊，2013，33(2)：33～36.
母欣，刘媛媛，杨伟男，等. 温室白粉虱对不同蔬菜品种的寄主选择性. 湖北农业科学，2020，59(4)：76-80.

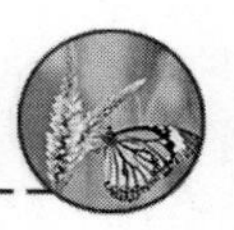

潘立婷，许永强，杜素洁，等. 入侵害虫南美斑潜蝇在西藏首次发现及其寄生蜂调查. 昆虫学报，2019，62(9)：1072-1080.

史彩华，胡静荣，杨玉婷，等. 不同药剂和施药方法对韭蛆的田间防治效果. 植物保护学报，2018，45(2)：282-289.

史彩华，杨玉婷，韩昊霖，等. 北京地区韭菜迟眼蕈蚊种群动态及越夏越冬场所调查研究. 应用昆虫学报，2016，53(6)：1174-1183.

史晋鹏，郭玲娟，高俊涛. 温室白粉虱生物防治原理及应用. 农业科技与信息，2019(15)：34-35 + 39.

宋慧英，陈常铭. 美洲斑潜蝇的形态特征. 湖南农业科学，2000(2)：33-34.

万利，王东岐，向世标，等. 黄板加性信息素对芥菜田黄曲条跳甲的诱集效果. 湖北农业科学，2018，57(24)：87-89.

王洪涛，宋朝凤，王英姿. 韭菜迟眼蕈蚊成虫对不同颜色的趋性及黄色粘虫板的诱杀效果. 江苏农业科学，2015，43(6)：133～134，233.

王金. 20%螺虫乙酯·呋虫胺悬浮剂等药剂混配防治温室白粉虱上的试验与应用. 陕西农业科学，2019，65(7)：42-43 + 72.

王秋萍，吴小毛，龙友华，等. 4 种生物农药对甘蓝菜青虫的防治效果. 中国植保导刊，2019，39(8)：65-66 + 72.

王胜华，张凤萍. 0.5%印楝素悬浮剂防治甘蓝小菜蛾田间药效试验. 现代化农业，2016(9)：1-2.

王诗琪，张啦，王占娣，等. 植物挥发物对小菜蛾行为的调节研究综述. 甘肃农业科技，2020(4)：82-86.

肖德琴，张玉康，范梅红，等. 基于视觉感知的蔬菜害虫诱捕计数算法. 农业机械学报，2018，49 (3)：51-58.

邢鲲，赵飞，韩巨才，等. 昼夜变温幅度对小菜蛾不同发育阶段生活史性状的影响. 昆虫学报，2015，58(2)：160-168.

熊腾飞，林庆胜，冯夏. 种子丸粒化包衣处理后氰啶虫胺腈的消解动态及对黄曲条跳甲的防控效果. 应用昆虫学报，2019，56(4)：826-831.

杨丹，朱麟. 寄主植物芥蓝中磷元素与菜青虫生长之间的关系. 基因组学与应用生物学，2018，37(2)：756-762.

杨晓，孔垂华，梁文举，等. 守瓜属甲虫的取食行为与寄主植物葫芦素种类的关系. 应用生态学报，2005(7)：1326-1329.

于海利，苏俊平，院海英，等. 植物源诱芯和黄板联用防治瓜菜温室白粉虱. 中国瓜菜，2019，32(10)：64-67.

于鑫，刘凤沂，张燕雄，等. 黄板及昆虫信息素诱捕黄曲条跳甲的防效评价. 广东农业科学，2014，41(14)：80-82.

袁晴，朱丹丹，朱麟. 黄守瓜对 5 种瓜类的取食嗜好性及影响因子. 海南师范大学学报(自然科学版)，2015，28(2)：159-162.

詹国勤，金军，谢鋆韬，等．小菜蛾迷向丝防治小菜蛾的效果研究．中国园艺文摘，2017，33(8)：40-42．

张河庆，席亚东，韩帅，等．四川黄守瓜的发生规律及防治措施．四川农业科技，2016(4)：24-25．

张静，陈利标，闫超，等．2%噻虫胺·氟氯氰菊酯颗粒剂对黄曲条跳甲的防治效果．热带作物学报，2019，40(8)：1606-1610．

张鹏，王秋红，赵云贺，等．韭菜迟眼蕈蚊对十三种蔬菜为害调查及趋性研究．应用昆虫学报，2015，52(3)：743-749．

张玉东，师宝君，赵轩，等．美洲斑潜蝇发生动态及药剂防治．西北农业学报，2018，27(9)：1375-1379．

赵永旭，商晗武，崔旭红．三叶草斑潜蝇及其近缘种的形态鉴别．浙江农业学报，2008(5)：362-366．

浙江农业大学植物保护系昆虫学教研组．农业昆虫图册．上海科学技术出版社，1964．

Zhu，G.，Luo，Y.，Xue，M.，et al. Resistance of garlic cultivars to *Bradysia odoriphaga* and its correlation with garlic thiosulfinates. Scientific Reports，2017，7：3249.

大豆害虫

柴伟纲，谌江华，孙梅梅，等．不同性诱剂和诱捕器对大豆豆荚螟的诱捕效果．浙江农业科学，2014(7)：1063-1064．

陈晓慧，范艳杰，田镇齐，等．温度及四种植物对大豆蚜形态发育的影响．环境昆虫学报，2015，37(2)：250-257．

程媛，韩岚岚，于洪春，等．性诱剂、赤眼蜂和化学药剂协同防治大豆食心虫的研究．应用昆虫学报，2016，53(4)：752-758．

戴海英，张礼凤，李伟，等．山东地区大豆蚜虫的发生规律及化学防治效果．山东农业科学，2017，49(7)：128-130．

戴长春，赵奎军，迟德富，等．不同大豆品种抗蚜性研究．安徽农业科学，2014，42(17)：5475-5476．

范艳杰，田镇齐，王苏吉，等．哈尔滨地区大豆蚜及其天敌昆虫的多年种群动态和相关性分析．大豆科学，2017，36(1)：104-107．

封永顺，高亮，常艳丽，等．大豆食心虫的发生测报及绿色防治技术研究．农业与技术，2019，39(5)：114-115．

韩岚岚，王坤，李东坡，等．马铃薯-大豆、玉米-大豆邻作对大豆田主要刺吸式害虫以及其他害虫的种群动态影响．应用昆虫学报，2016，53(4)：723-730．

李青超，苗亿，韩业辉，等．防治大豆食心虫的优势赤眼蜂种类筛选及田间防效测评．黑龙江农业科学，2018(3)：52-55．

李学军，郑国，许彪，等．大豆不同栽培模式与天敌协同对大豆蚜控制作用研究．沈阳师范大学学报(自然科学版)，2014，32(2)：129-134．

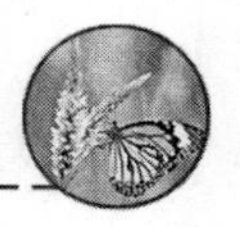

刘畅，贺磊，陈琪. 白僵菌防治大豆食心虫的优势与使用方法. 江西农业，2016(23)：15.

刘新茹，孙晓玲，任炳忠. 大豆害虫天敌昆虫的研究概况. 吉林农业大学学报，2002，24(3)：33-36，40.

刘燕茹，南晓英. 大豆食心虫防治效果试验. 现代农村科技，2018(10)：74.

吕德东，秦昊东，高宇，等. 大豆食心虫成虫产卵对寄主豆荚特征的选择性. 中国农业通报，2017，33(28)：137-141.

吕德东，徐伟，胡英露，等. 160 个春大豆品种豆荚结构及其对食心虫抗性相关分析. 中国油料作物学报，2018，40(3)：413-419.

吕德东，徐伟，史树森. 45 个春大豆品种豆荚结构特征及其对食心虫抗性评价. 大豆科学，2018，37(2)：275-283.

潘业兴，刘艳超，程海民，等. 不同诱捕器诱杀大豆食心虫效果及诱虫量相关分析. 湖北农业科学，2012，51(14)：2998-2999 + 3003.

秦昊东，高宇，徐伟，等. 土壤湿度对大豆食心虫幼虫越冬行为的影响. 大豆科学，2015，34(6)：1024-1028.

王克勤，李新民，刘春来，等. 黑龙江省大豆品种对大豆食心虫抗性评价. 大豆科学，2006(2)：153-157.

肖 婷，郭建，陈宏州，等. 低温处理对豆天蛾幼虫越冬以及化蛹的影响. 经济动物学报，2010，14(1)：49-51.

颜金龙，郭兴文. 豆天蛾发生规律及与气象因子的关系. 植保技术与推广，1998(2)：12-14.

赵奎军，高丽瞳，韩岚岚. 不同种植模式下大豆蚜种群体内生理活性物质含量及生命参数研究. 东北农业大学学报，2020，51(5)：17-23.

浙江农业大学植物保护系昆虫学教研组. 农业昆虫图册. 上海科学技术出版社，1964.

周国有，原国辉. 黄淮流域夏大豆豆荚螟的发生及防治. 安徽农业科学，2008，36(21)：9165-9166.

朱文君，刘锦，陈鹏，等. 豆荚螟成虫种群监测方法的效果比较. 山东农业科学，2018，50(10)：112-115.

Hu，D. H.，He，J.，Zhou，Y. W.，et al. Synthesis and field evaluation of the sex pheromone analogues to soybean sod borer *Leguminivora glycinivorella*. Molecules，2012，17:12140-12150.

Taghizadeh，R.，Talebi，A. A.，Fathipour，Y.，et al. Effect of ten soybean cultivars on development and reproduction of lima bean pod borer，*Etiella zinckenella* (Lepidoptera：Pyralidae) under laboratory conditions. Applied Entomology and Phytopathology，2012，79:15-28.

果树害虫

蔡青年，赵欣，胡远. 苹果蠹蛾入侵的影响因素及检疫调控措施. 中国农学通报，2007(11)：279-283.

曹涤环. 冬末春初是防治柑橘木虱好时期. 湖南农业，2017(1)：26.

陈梅香，骆有庆，赵春江，等. 梨小食心虫研究进展. 北方园艺，2009(8)：144-147.

代晓彦，任素丽，周雅婷，等. 黄龙病媒介昆虫柑橘木虱生物防治新进展. 中国生物防治学报，2014，30(3)：414-419.

杜丹超，鹿连明，张利平，等. 柑橘木虱的防治技术研究进展. 中国农学通报，2011，27(25)：178-181.

高越，王银平，王亚黎，等. 我国苹果主产区苹果叶螨种类及杀螨剂应用现状. 中国植保导刊，2019，39(2)：67-70.

华南农业大学. 农业昆虫学(第二版). 北京：农业出版社，1995.

黄婕，王蔓，门兴元，等. 加州新小绥螨对苹果全爪螨各螨态的捕食作用. 植物保护学报，2020，47(1)：46-52.

江宏燕，吴丰年，王妍晶，等. 亚洲柑橘木虱的起源、分布和扩散能力研究进展. 环境昆虫学报，2018，40(5)：1014-1020.

孔令斌，林伟，李志红，等. 气候因子对橘小实蝇生长发育及地理分布的影响. 昆虫知识，2008(4)：528-531.

李定旭，雷喜红，李政，等. 不同寄主植物对桃小食心虫生长发育和繁殖的影响. 昆虫学报，2012，55(5)：554-560.

李震，洪添胜，王建，等. 柑橘全爪螨虫害快速检测仪的研制与试验. 农业工程学报，2014，30(14)：49-56.

梁光红，陈家骅，杨建全，等. 桔小实蝇国内研究概况. 华东昆虫学报，2003(2)：90-98.

刘慧，何利庭，龚碧涯，等. 柑橘木虱在湖南发生规律的初步研究. 湖南农业科学，2019(10)：49-52.

卢成军. 山楂叶螨的形态特征与为害症状识别. 农技服务，2016，33(18)：58.

宋晓兵，彭埃天，陈霞，等. 高效氯氟・噻虫嗪等 6 种药剂对柑橘木虱的防治效果. 农药，2015，54(12)：915-917.

王飞凤，王也，陈雨晨，等. 柑橘木虱成虫趋光行为反应. 环境昆虫学报，2020，42(1)：187-192.

王福祥，刘春梅. 果树害虫诱捕集成技术应用研究. 中国植保导刊，2012，32(1)：35-37，21.

王鹏，于毅，许永玉，等. 寄主植物对桃小食心虫越冬幼虫耐寒性物质的影响. 应用生态学报，2014，25(5)：1513-1517.

王竹红，李鹏雷，葛均青，等. 柑橘木虱寄生性天敌调查及一新种记述. 中国生物防治学报，2019，35(4)：504-516 + 547.

谢秀挺，刘卫东，郑国华，等. 江西赣州柑桔木虱生活史和田间消长规律研究. 中国南方果树，2020，49(2)：1-5 + 18.

许炜明，李翌菡，张盛，等. 有色黏虫板对柑橘木虱的监测及防治研究进展. 热带作物学报，2017，38(1)：183-188.

闫文涛，仇贵生，张怀江，等. 苹果园 3 种害螨的诊断与防治实用技术. 果树实用技术与信

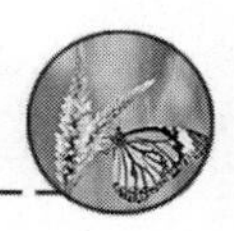

息，2015(11)：26-29+49.

杨勤民，程二东，王希国，等. 鲁西南地区苹果绵蚜(*Eriosoma lanigerum*)及其天敌种群动态与群落结构特征. 生态学报，2008(6)：2635-2644.

杨淑凤，王争科，刘敏，等. 苹果园叶螨类害虫的发生规律与防治技术. 西北园艺(果树)，2016(3)：28-30.

余继华，黄振东，张敏荣，等. 亚洲柑橘木虱的生物学研究进展及防治. 植物检疫，2018，32(5)：8-13.

翟浩，张勇，李晓军，等. 苹果矮砧密植栽培模式下桃小食心虫发生规律. 植物保护，2017，43(5)：169-173.

张怀江，闫文涛，孙丽娜，等. 不同苹果品种对桃小食心虫生长发育和繁殖的影响. 植物保护学报，2014，41(5)：519-523.

赵楠，郭婷婷，于毅，等. 光周期和温度对桃小食心虫越冬幼虫出土及病菌感染的影响. 应用昆虫学报，2015，52(5)：1107-1112.

浙江农业大学植物保护系昆虫学教研组. 农业昆虫图册. 上海科学技术出版社，1964.

周龙，杨德荣，曾志伟. 柑橘病虫害的分类分级调查方法. 特种经济动植物，2020，23(5)：48-52.

棉花害虫

蔡浩勇，黄联联，杨素梅. 棉红铃虫发生规律、特点及其防治技术. 安徽农学通报，2009，15(8)：162-164.

陈培育，封洪强，李国平，等. 3种豆科植物对棉田盲蝽象的诱集效果研究. 河南农业科学，2010(5)：66-70.

董松，李丽莉，卢增斌，等. 5种新烟碱类杀虫剂对绿盲蝽的室内毒力测定. 山东农业科学，2018，50(1)：115-117.

范广华，李冬刚，李子双，等. 不同生境对抗虫棉绿盲蝽及其天敌发生动态的影响. 中国生态农业学报，2009，17(4)：728-733.

范广华，李冬刚，李子双. 转基因抗虫棉棉盲蝽的发生规律及种群数量动态调查. 山东农业科学，2010(5)：92-93.

付晓伟，封洪强，邱峰，等. 中黑苜蓿盲蝽成虫和卵在棉株上的时空分布. 植物保护，2009，35(1)：59-61.

龚义彬. 棉蚜的鉴别与防治探讨. 农业灾害研究，2014，4(4)：23-26+62.

华南农业大学. 农业昆虫学(第二版). 北京：农业出版社，1995.

姜玉英，陆宴辉，李晶，等. 新疆棉花病虫害演变动态及其影响因子分析. 中国植保导刊，2015，35(11)：43-48.

金瑞华，周密，吴平. 美洲棉铃虫、棉铃虫、烟青虫及其成虫的鉴别. 植物检疫，2001(1)：24-27.

李慧玲，原国辉，胡晶晶，等. 寄主植物轮换饲养和次生代谢物交叉涂布对棉铃虫取食的影

像. 生态学报，2014，34(24)：7421-7427.

李淑英，朱加保，路献勇，等. 皖西南春棉田主要害虫和天敌种群时序动态格局. 中国农学通报，2016，32(14)：68-74.

鲁冲，赵博，朱芬，等. 3 种营养条件对中黑盲蝽生长发育的影响. 华中农业大学学报，2010，29(5)：557-559.

孟祥玲，韩运发. 常见八种棉盲蝽的识别. 昆虫知识，1957(2)：73-79.

商兆堂，魏建苏，蒯军，等. 棉盲蝽发生动态与气象条件关系分析. 植物保护，2010，36(5)：92-95.

宋柱琴，雷勇刚. 玛纳斯县棉田棉叶螨发生规律及农药减量防控技术. 农民致富之友，2018(3)：49.

徐文华，王瑞明，林付根，等. 棉盲蝽的寄主种类、转移规律、生态分布与寄主的适合度. 江西农业学报，2007，19(12)：45-50.

张玉莉. 喀什地区棉叶螨的发生与综合防治技术分析. 绿色植保，2019(1)：85-86.

浙江农业大学植物保护系昆虫学教研组. 农业昆虫图册. 上海科学技术出版社，1964.

Lu，Z. Z.，Baker，G. Spatial and temporal dynamics of *Helicoverpa armigera* (Lepidoptera，Noctuidae) in contrasting agricultural landscapes in northwestern China. International Journal of Pest Management，2012，59：25-34.

Razmjou，J.，Naseri，B.，Hemati，S. A. Comparative performance of the cotton bollworm，*Helicoverpa armigera* (Hubner) (Lepidoptera：Noctuidae) on various host plants. Journal of Pest Science，2014，87：29-37.

糖料作物害虫

范锦胜，张李香，王贵强. 国内甜菜产区主要害虫种类及防治技术研究动态. 中国糖料，2009(3)：57-59，76.

韩英，吴则东. 东北区发生的 3 种甜菜害虫的特征特性与防治. 中国糖料，2012(2)：66-68.

华南农业大学. 农业昆虫学(第二版). 北京：农业出版社，1995.

荆凡胜，陈斌，常怀艳，等. 玉米//甘蔗对玉米蚜、甘蔗绵蚜及其天敌昆虫的影响. 云南农业大学学报，2017，32(3)：432-441.

刘长兵. 我国甜菜害虫防治研究进展及前景. 中国糖料，2010(2)：71-74.

龙友华，吴小毛，尹显慧，等. 贵州省甘蔗园主要害虫种类调查及防治药剂筛选. 广东农业科学，2015(1)：64-67.

莫俊杰，丘君素，梁钾贤，等. 6 种不同甘蔗材料的抗螟性比较. 中国农业通报，2018，34(1)：46-50.

祁凤香. 额敏县膜下滴灌甜菜主要病虫害综合防控技术. 植物医生，2017(5)：57-58.

王芙兰，李小玲，陈静. 甘肃省引黄灌区甜菜象甲发生规律初报. 植物保护，2013，39(4)：143-146.

伍苏然，熊国如，杨本鹏，等. 海南蔗区趋光性昆虫种类及其动态研究. 热带作物学报，

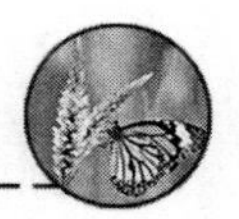

2013，34(12)：2430-2435.

熊国如，李增平，冯翠莲，等. 海南蔗区甘蔗害虫发生情况及防治对策. 热带作物学报，2010，31(12)：2243-2249.

玉山江·吐尼亚孜，张学祖. 新疆常见甜菜象甲的识别. 新疆农业科学，1984(1)：14-15+49.

张亦诚，易代勇，雷朝云，等. 甘蔗螟虫的形态特征、习性及防治技术. 贵州农业科学，2008，36(1)：95-96+64.

赵河文. 武威地区甜菜病虫害发生及防治. 中国甜菜糖业，1999(4)：37-38.

Allsopp，P. G. Integrated management of sugarcane whitegrubs in Australia：An evolving success. Annual Review of Entomology，2010，55：329-349.

Bažok，R.，Šatvar，M.，Radoš，I.，et al. Comparative efficacy of classical and biorational insecticides on sugar beet weevil，*Bothynoderes punctiventris* Germar（Coleoptera：Curculionidae）. Plant Protection Science，2016，52：134-141.

Drmić，Z.，Čačija，M.，Virić Gašparić，H.，et al. Phenology of the sugar beet weevil，*Bothynoderes punctiventris* Germar（Coleoptera：Curculionidae），in Croatia. Bulletin of Entomological Research，2019，109：518-527.

Drmić，Z.，Tóth，M.，Lemić，D.，et al. Area-wide mass trapping by pheromone-based attractants for the control of sugar beet weevil（*Bothynoderes punctiventris* Germar，Coleoptera：Curculionidae）. Pest Management Science，2017，73：2174-2183.

Lemić，D.，Benítez，H. A.，Püschel，T. A.，et al. Ecological morphology of the sugar beet weevil Croatian populations：evaluating the role of environmental conditions on body shape. Zoologischer Anzeiger，2016，260：25-32.

Susurluk，A. Potential of the entomopathogenic nematodes Steinernema feltiae，S. weiseri and Heterorhabditis bacteriophora for the biological control of the sugar beet weevil *Bothynoderes punctiventris*（Coleoptera：Curculionidae）. Journal of Pest Science，2008，81：221-225.

Tomasev，I.，Sivcev，I.，Ujváry，I.，et al. Attractant-baited traps for the sugar-beet weevil，*Bothynoderes*（*Cleonus*）*punctiventris*：preliminary study of application potential for mass trapping. Crop Protection，2007，26：1459-1464.

Tóth，M.，Ujváy，I.，Sivcev，I.，et al. An aggregation attractant for the sugar-beet weevil，*Bothynoderes punctiventris*. Entomologia Experimentalis et Applicata，2007，122：125-132.

储粮害虫

曹阳，魏雷，赵会义，等. 我国绿色储粮技术现状与展望. 粮油食品科技，2015，23(S1)：11-14.

淡振荣，赵洪. 储粮昆虫空间分布、垂直分布和年消长动态规律研究. 榆林学院学报，2009，19(2)：20-23.

邓树华，吴树会，潘琴，等. 储粮害虫物理防治技术研究. 粮食与油脂，2019，32(1)：10-12.
高华，祝玉华，甄彤. 仓储害虫检测技术的研究现状及展望. 粮油食品科技，2016，24(2)：93-96.
郝倩. 储粮害虫防治方法综述. 粮油仓储科技通讯，2018，34(3)：45-48 + 51.
贺培欢，张涛，伍祎，等. 普通肉食螨对 9 种储粮害虫的捕食能力研究. 中国粮油学报，2016，31(11)：112-117.
华南农业大学. 农业昆虫学(第二版). 北京:农业出版社,1995.
霍鸣飞，吕建华，王殿轩，等. 7 种主要储粮害虫耐低温能力研究. 河南工业大学学报(自然科学版)，2017，38(4)：101-105 + 112.
刘浩，王晓静，马建华，等. 枸杞储藏害虫印度谷螟生物学生态学特性研究初报. 宁夏大学学报(自然科学版)，2008(1)：71-73 + 96.
刘俊明，程小丽. 灯光诱捕防治储粮害虫的研究进展. 粮食加工，2014，39(5)：73-75.
沈兆鹏. 中国重要储粮螨类的识别与防治(三)辐螨亚目 革螨亚目 甲螨亚目. 黑龙江粮食，2006(4)：31-35.
史钢强. 双向混流通风、环流控温、空调补冷、臭氧杀菌储粮系统介绍. 粮油仓储科技通讯，2016(5)：18-22.
汪中明，齐艳梅，李燕羽，等. 储粮害虫诱集技术研究进展. 粮油食品科技，2014，22(5)：111-116.
汪中明，齐艳梅，李燕羽，等. 几种储粮害虫对黄色和蓝色的趋避性研究. 粮油食品科技，2018，26(1)：84-87.
王超，李刚，刘振华，等. 从有害生物生活习性角度浅析有机粮食仓储技术. 粮油仓储科技通讯，2017，33(1)：32-35 + 48.
王殿轩，冀乐，白春启，等. 我国 11 省 79 地市(州)储粮场所中印度谷螟和麦蛾的发生分布调查研究. 河南工业大学学报(自然科学版)，2017，38(6)：110-114 + 130.
韦文生. 习性防治储粮害虫试验. 粮油仓储科技通讯，2014，30(4)：36-37.
魏永威，吕建华，刘朝伟. 赤拟谷盗与锯谷盗种间竞争研究. 河南工业大学学报(自然科学版)，2016，37(6)：18-23.
冼庆，鲁玉杰. 不同光波长与光强度对赤拟谷盗趋光性影响的初步研究. 粮食储藏，2014，43(4)：9-12.
徐昉，白旭光，邱道尹，等. 国内外储粮害虫检测方法. 粮油仓储科技通讯，2001(5)：41-43.
姚渭，薛美洲，杜燕萍. 八种储粮害虫趋光性的测定. 粮食储藏，2005(2)：3-5 + 19.
喻梅，谢令德，徐广文，等. 六种检疫性储粮豆象防治研究进展. 粮食储藏，2006(6)：9-12.
张迪，王斌兴. 食品级惰性粉对 5 种储粮害虫的作用效果. 现代食品，2017(10)：88-90.
张锡军. 频振式杀虫灯诱杀害虫试验. 粮食加工，2011，36(2)：68-69.
张永富，田娟娟，彭伟彪，等. 惰性粉与黑光诱杀虫灯结合防治储粮害虫. 粮油仓储科技通讯，2012，28(5)：37-39.
浙江农业大学植物保护系昆虫学教研组. 农业昆虫图册. 上海科学技术出版社,1964.

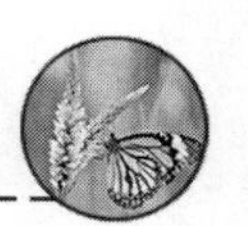

钟建军，吕建华，王洁静，等．物理防治在储粮害虫治理中的研究与应用．粮食与饲料工业，2012(12)：15-17+21．

Carli，M. D.，Bresolin，B.，Noreña，C. P. Z.，et al. Efficacy of modified atmosphere packaging to control *Sitophilus* spp. in organic maize grain. Brazilian Archives of Biology and Technology，2010，53(6)：1469-1476.

Navarro，S.，Navarro，H. 密闭储粮的生物和物理特性总结．粮食储藏，2017，46(1)：1-6.

Shadia，E.，Abd，E. Control strategies of stored product pests. Journal of Entomology，2011，8(2)：101-122.

Suiter，D. R.，Toews，M. D.，Ames，L. M. Stored product pests in the home. University of Georgia，2014.

Yan，X.，Zhou，H.，Shen，Z.，et al. National investigations of stored grain arthropods in China. 10th International Working Conference on Stored Product Protection，Julius-Kühn-Archiv，2010，425，pp212-218.

迁飞害虫

陈晓，翟保平，宫瑞杰，等．东北地区草地螟(*Loxostege sticticalis*)越冬代成虫虫源地轨迹分析．生态学报，2008，28(4)：1521-1535.

陈阳，姜玉英，刘家骧，等．标记回收法确认我国北方地区草地螟的迁飞．昆虫学报，2012，55(2)：176-182.

付晓伟，吴孔明．迁飞性昆虫对全球气候变化的响应．中国农业科学，2015，48（增刊）：1-15.

高月波，翟保平．昆虫定向机制研究进展．昆虫知识，2010，47(6)：1055-1065.

江幸福，张蕾，程云霞，等．草地贪夜蛾迁飞行为与监测技术研究进展．植物保护，2019，45(1)：12-18.

李红，罗礼智．草地螟的寄生蝇种类、寄生方式及其对寄主种群的调控作用．昆虫学报，2007，50(8)：840-849.

林昌善，夏曹铣．粘虫发生规律的研究—粘虫蛾迁飞与气流埸的关系及其运行可能形式的探讨．北京大学学报，1963(3)：291-308.

王的龙，邓泽俊，季乘风，等．判定昆虫迁飞特性与确认其虫源性质的方法．江西棉花，2009，31(4)：36-37.

吴先福，封洪强，薛芳森，等．昆虫迁飞过程中的定向行为．植物保护，2006，32(5)：1-5.

夏曾铣，蔡晓明，邓小山．粘虫发生规律的研究—Ⅱ．中国渤海和黄海海面粘虫(*Leucania separata* walker)迁飞的观察．昆虫学报，1963(Z1)：32-44.

姚青，张志涛．迁飞昆虫的研究进展．昆虫知识，1999，36(4)：239-243.

张国安，John，R. 中国七月气候条件对昆虫迁飞轨迹影响．环境科学与技术，2000(90)：52-55.

浙江农业大学植物保护系昆虫学教研组．农业昆虫图册．上海科学技术出版社，1964.

Adden, A., Wibrand, S., Pfeiffer, K., et al. The brain of a nocturnal migratory insect, the australian bogong moth. The Journal of Comparative Neurology, 2020, 11:1942-1963.

Bingman V. P., Moore P. 2017. Properties of the Atmosphere in Assisting and Hindering Animal Navigation. In Aeroecology (P. Chilson, W. Frick, J. Kelly, and F. Liechti, Editors). Springer, Cham, Switzerland. pp. 119-143.

Honkanen, A., Adden, A., Freitas, J. D., et al. The insect central complex and the neural basis of navigational strategies. Journal of Experimental Biology, 2019, 222 (Suppl_1): jeb188854.

Heinze, S. Unraveling the neural basis of insect navigation. Current Opinion in Insect Science, 2017, 24:58-67.

Hu, C., Kong, S., Wang, R., et al. Identification of migratory insects from their physical features using a decision-tree support vector machine and its application to radar entomology. Scientific Reports, 2018, 8(1):5449.

Nishanthi, S., Mohamed, S. M. I. A review on biological management of fall armyworm on maize. 4th Annual Research Conference- TRInCo. 2019.

Patrick, A. G., Stephen, M. Changes in the geomagnetic field has little effect on the overwintering range of Eastern North American fall migratory monarch butterflies (*Danaus plexippus*), indicating a lack of an innate magnetic map sense for navigation. Research Square, 2020, DOI:10.21203/rs.2.22446/v1.

Food and Agriculture Organization. Integrated management of the fall armyworm on maize: a guide for farmer field schools in Africa, 2018, pp127.

Taylor, O. R., Lovett, J. P., Gibo, D. L., et al. Is the timing, pace, and success of the monarch migration associated with sun angle? Frontiers in Ecology and Evolution, 2019, 7:442.

Verner, P. B., Paul, M. Properties of the atmosphere in assisting and hindering animal navigation. Aeroecology. 2017.